视频教学
全新升级

Office 2021
办公应用实战
从入门到精通

龙马高新教育 编著

人民邮电出版社
北京

图书在版编目（CIP）数据

Office 2021办公应用实战从入门到精通 / 龙马高新教育编著. -- 北京 : 人民邮电出版社, 2022.9
ISBN 978-7-115-59159-3

Ⅰ. ①O… Ⅱ. ①龙… Ⅲ. ①办公自动化－应用软件
Ⅳ. ①TP317.1

中国版本图书馆CIP数据核字(2022)第064875号

内 容 提 要

本书共 16 章，系统地介绍 Office 2021 的相关知识和应用方法。第 1~3 章主要介绍 Word 文档的制作方法，包括 Word 文档的基本编辑、Word 文档的美化处理，以及长文档的排版与处理等；第 4~8 章主要介绍 Excel 电子表格的制作方法，包括工作簿和工作表的基本操作、管理和美化工作表、数据的基本分析、数据的高级分析，以及 Excel 公式和函数等；第 9~10 章主要介绍 PowerPoint 演示文稿的制作方法，包括制作 PowerPoint 演示文稿，以及演示文稿动画及放映的设置等；第 11 章主要介绍 Outlook 和 OneNote 的应用方法；第 12~14 章主要介绍 Office 2021 的行业应用案例，包括文秘办公、人力资源管理，以及市场营销等；第 15~16 章主要介绍 Office 2021 的高级应用方法，包括 Office 2021 文档的共享与保护，以及 Office 2021 组件间的协作应用等。

本书提供与图书内容同步的视频教程及所有案例的配套素材和结果文件。此外，还赠送大量包含相关学习内容的视频教程、Office 实用办公模板及扩展学习电子书等。

本书不仅可供 Office 2021 的初、中级用户学习使用，也可以作为各类院校相关专业学生和计算机培训班学员的教材或辅导用书。

◆ 编　　著　龙马高新教育
　责任编辑　李永涛
　责任印制　胡　南

◆ 人民邮电出版社出版发行　　北京市丰台区成寿寺路 11 号
　邮编　100164　　电子邮件　315@ptpress.com.cn
　网址　https://www.ptpress.com.cn
　北京联兴盛业印刷股份有限公司印刷

◆ 开本：787×1092　1/16
　印张：19.25　　　　2022 年 9 月第 1 版
　字数：493 千字　　　　2022 年 9 月北京第 1 次印刷

定价：69.90 元

读者服务热线：(010)81055410　印装质量热线：(010)81055316

反盗版热线：(010)81055315

广告经营许可证：京东市监广登字 20170147 号

在信息技术飞速发展的今天，计算机已经走入人们的工作、学习和日常生活，而计算机的操作水平也成为衡量一个人的综合素质的重要标准之一。为满足广大读者的办公需求，我们针对当前办公应用的特点，组织多位相关领域专家及计算机培训教师，精心编写了本书。

写作特色

无论读者是否接触过 Office 2021，都能从本书中获益，掌握 Office 2021 的使用方法。

面向实际，精选案例

本书内容以实战案例为主线，在此基础上适当扩展知识点，以实现学以致用。

图文并茂，轻松学习

本书有效地突出了重点、难点。所有实战的操作，均配有对应的插图，以便读者在学习过程中直观、清晰地看到操作的过程和效果，从而提高学习效率。

单双栏混排，超大容量

本书采用单双栏混排的形式，大大扩充了容量，在有限的篇幅中为读者介绍更多的知识和实战案例。

高手支招，举一反三

本书在“高手私房菜”栏目中提炼了各种 Office 高级操作技巧，为读者在知识点的扩展应用上提供思路。

视频教程，互动教学

在视频教程中，我们利用工作、生活中的真实案例，帮助读者体验实际应用环境，从而全面理解知识点的运用方法。

配套资源

全程同步视频教程

本书配套的同步视频教程详细地讲解了每个实战案例的操作过程及关键步骤，能够帮助读者轻松地掌握书中的理论知识和操作技巧。

超值学习资源

本书附赠大量包含相关学习内容的视频教程、扩展学习电子书，以及本书所有案例的配套素材和结果文件等，以方便读者学习。

学习资源下载方法

读者可以使用微信扫描封底二维码，关注“职场研究社”公众号，发送“59159”后，将获得学习资源下载链接和提取码。将下载链接复制到浏览器中并访问下载页面，即可通过提取码下载本书的学习资源。

创作团队

本书由龙马高新教育编著。在本书的编写过程中，我们竭尽所能地将更好的内容呈现给读者，但书中难免有疏漏和不妥之处，敬请广大读者不吝指正。读者在学习过程中有任何疑问或建议，均可发送电子邮件至 liyongtao@ptpress.com.cn。

编者

2022 年 8 月

赠送资源

- 赠送资源 01 Office 2021 快捷键查询手册
- 赠送资源 02 Excel 函数查询手册
- 赠送资源 03 移动办公技巧手册
- 赠送资源 04 网络搜索与下载技巧手册
- 赠送资源 05 2000 个 Word 精选文档模板
- 赠送资源 06 1800 个 Excel 典型表格模板
- 赠送资源 07 1500 个 PPT 精美演示模板
- 赠送资源 08 8 小时 Windows 11 教学录像
- 赠送资源 09 13 小时 Photoshop CC 教学录像

第1章

Word文档的基本编辑

学习目标

在Word文档中插入文本并进行简单的设置是使用Word 2021（以下简称“Word”）能够实现的基本编辑操作。本章主要介绍Word文档的创建、在文档中输入文本内容、文本的选取、字体和段落格式的设置，以及批注和修订文档的方法等。

学习效果

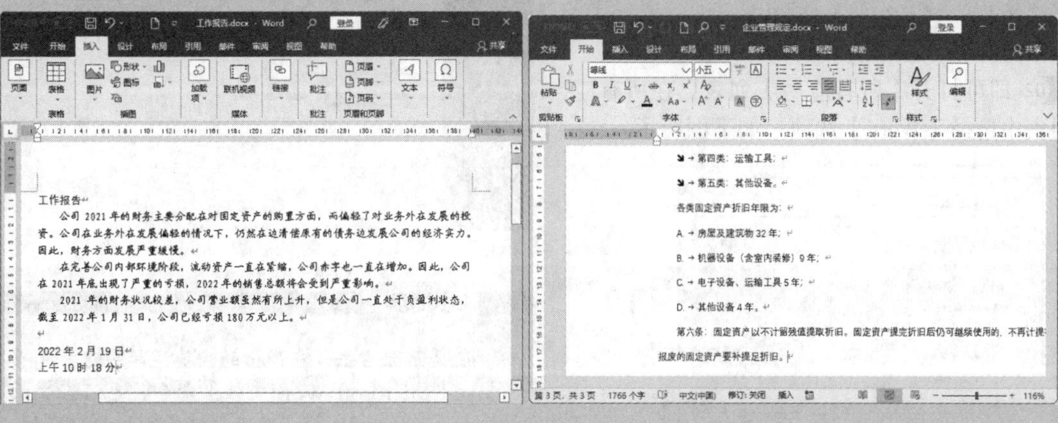

1.1 制作工作报告

工作报告是一种较为常见的文档形式，主要用于下级向上级反馈工作情况、提出意见或建议。本节就以制作工作报告文档为例，介绍Word的基本操作。

1.1.1 新建空白文档

在使用Word制作工作报告文档之前，需要先创建一个空白文档。启动Word软件时可以创建空白文档，以Windows 11系统为例，具体操作步骤如下。

步骤01 单击计算机任务栏中的【开始】按钮，弹出【开始】菜单，并单击【所有应用】按钮，如下图所示。

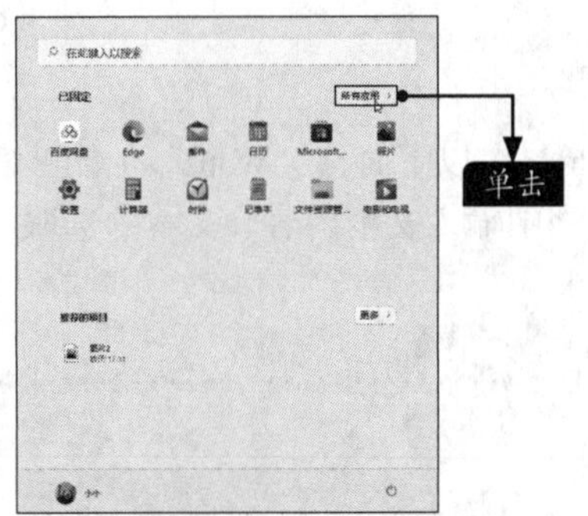

小提示

如果计算机操作系统为Windows 10，单击【开始】按钮，在弹出的所有应用列表中，可以直接选择【Word】选项。

步骤02 即可打开【所有应用】列表，在所有应用列表中选择【Word】选项，如下图所示。

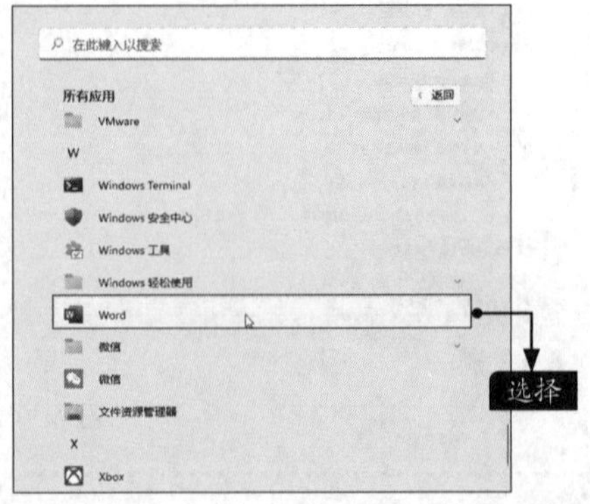

步骤03 选择后即可启动Word，下图所示为Word启动界面。

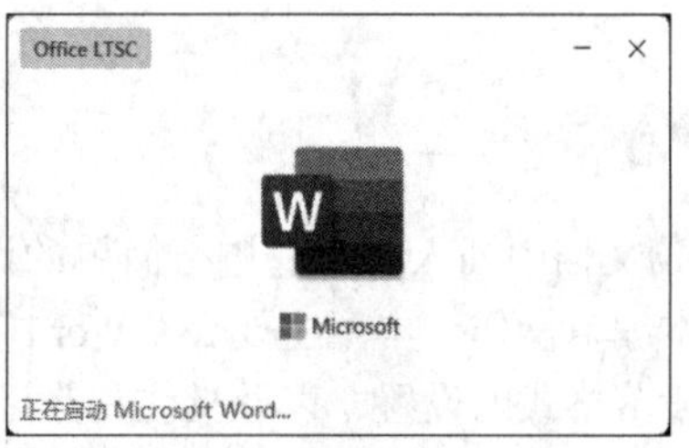

步骤04 打开Word的初始界面，即Word开始界面，单击【空白文档】按钮，如下图所示。

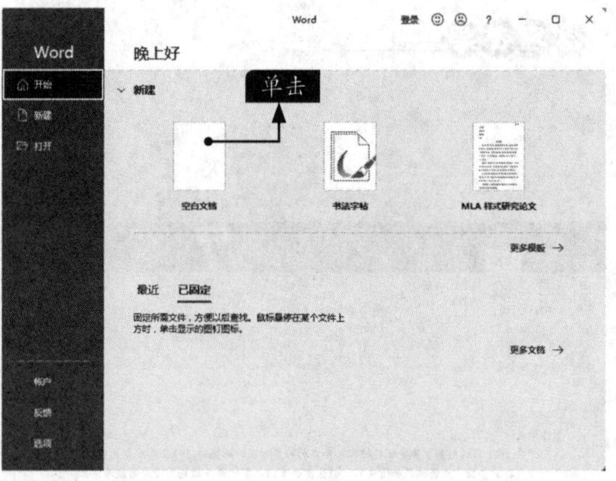

小提示

在桌面上右击，在弹出的快捷菜单中选择【新建】→【Microsoft Word文档】命令，也可在桌面上新建一个Word文档，双击新建的Word文档即可将其打开。

步骤 05 即可创建一个名称为“文档 1”的空白文档，如下图所示。

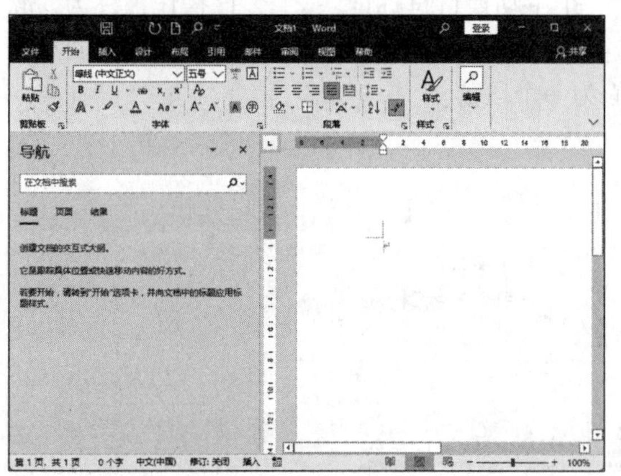

小提示

启动软件后，有以下3种方法可以创建空白文档。

（1）在【文件】选项卡下选择【新建】选项，在右侧【新建】界面中单击【空白文档】按钮。

（2）单击快速访问工具栏中的【新建空白文档】按钮，即可快速创建空白文档。

（3）按【Ctrl+N】组合键，也可以快速创建空白文档。

1.1.2 输入文本内容

文本的输入非常简单，只要会使用键盘打字，就可以在文档的编辑区域输入文本内容。当计算机桌面右下角的语言栏显示的是中文模式图标中时，在此状态下输入的文本为中文。

步骤 01 确定语言栏显示的是中文模式图标中，根据文本内容输入相应的拼音，并按【Space】键即可，例如这里输入“工作报告”，如下图所示。

步骤 02 在编辑文档时，有时也需要输入英文和英文标点符号，按【Shift】键即可在中文和英文输入法之间切换。切换至英文输入法后，直接按相应的按键即可输入英文。数字内容可直接通过小键盘输入，如下图所示。

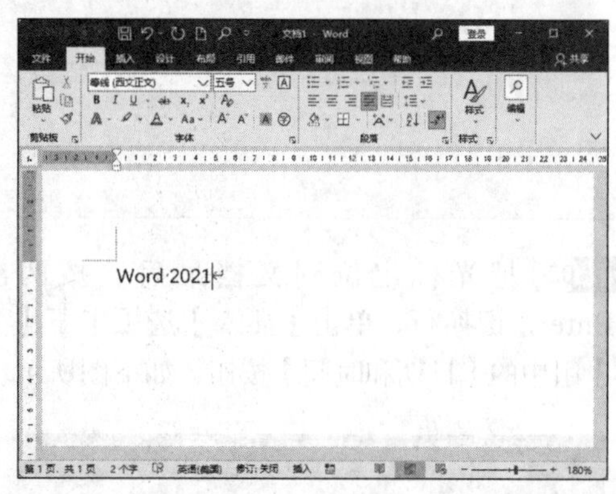

小提示

用户可以通过【Windows+Space】组合键切换计算机的输入法。

1.1.3 内容的换行——软回车与硬回车的应用

在输入文本的过程中，当文字到达一行的最右端时，输入的文本将自动跳转到下一行。如果在未输入完一行时就要换行输入，也就是产生新的段落，则可按【Enter】键来结束一个段落，这样会产生一个段落标记“↵”。此时，按【Enter】键的操作可以称为“硬回车”。

如果按【Shift+Enter】组合键来换行，会产生一个手动换行符标记“↓”，该操作被称为“软回车”。虽然此时也达到了换行输入的目的，但这样并不会结束这个段落。实际上，因软回车产生的两部分内容仍为一个整体，在Word中默认它们为一个段落。

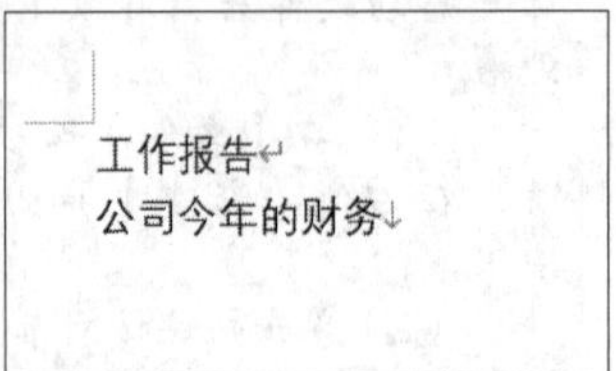

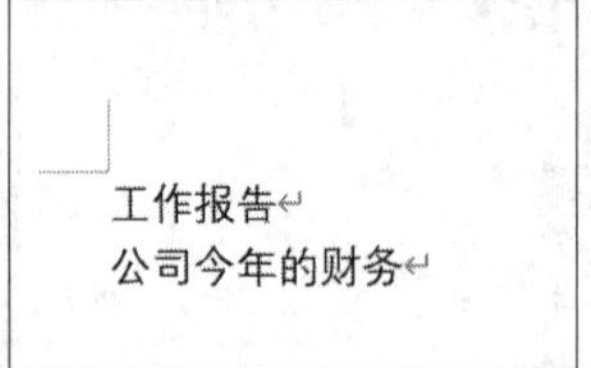

1.1.4 输入日期内容

在文档中可以方便地输入当前的日期和时间，具体操作步骤如下。

步骤 01 打开“素材\ch01\工作报告.docx”文件，将其中的内容复制到“文档1”文档中，如下图所示。

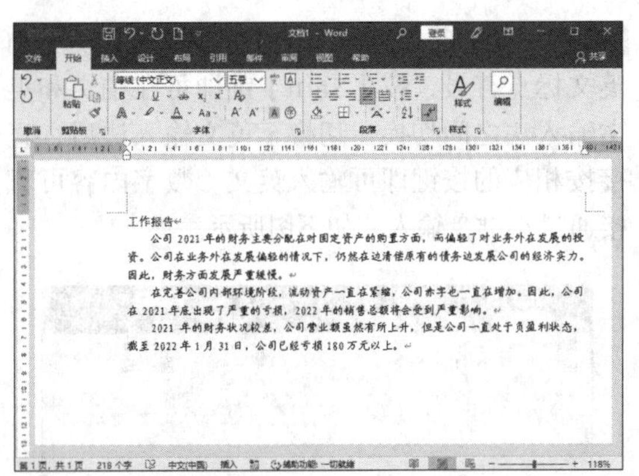

步骤 02 把光标定位到文档最后，按两次【Enter】键换行，单击【插入】选项卡下【文本】组中的【日期和时间】按钮，如下图所示。

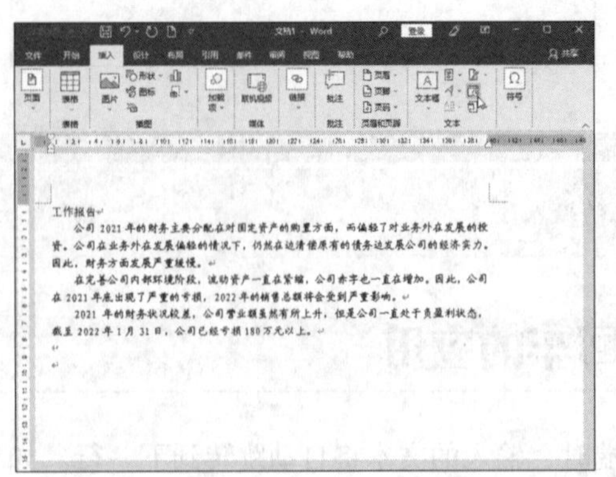

步骤 03 在弹出的【日期和时间】对话框中，设置【语言】为“中文（中国）”，然后在【可用格式】列表框中选择一种日期格式，单击【确定】按钮，如下图所示。

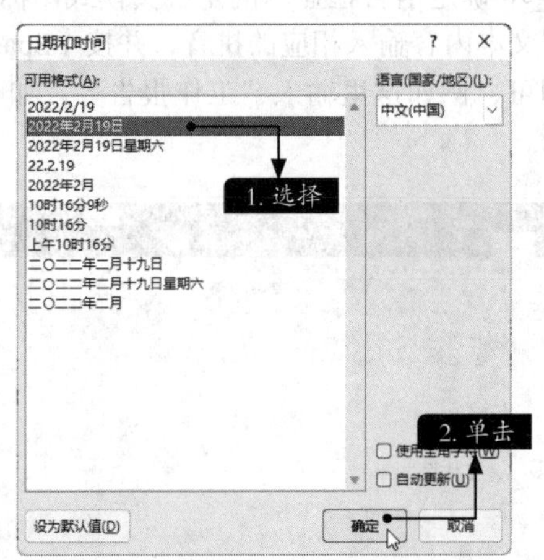

步骤 04 即可将日期插入文档中，效果如下图所示。

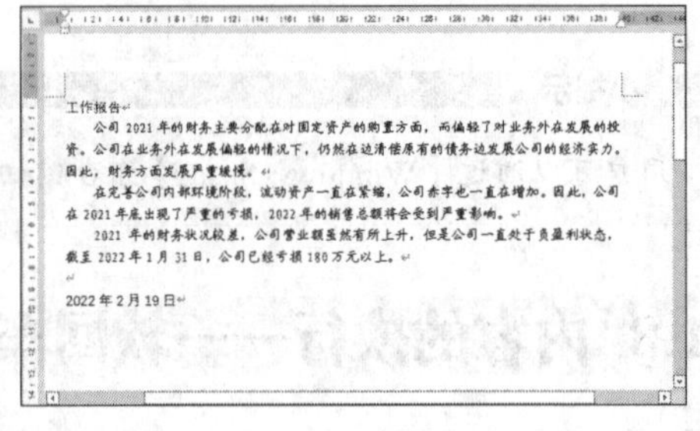

步骤 05 再次按【Enter】键换行，单击【插入】

选项卡下【文本】组中的【日期和时间】按钮。在弹出的【日期和时间】对话框的【可用格式】列表框中选择一种时间格式，选中【自动更新】复选框，单击【确定】按钮，如下图所示。

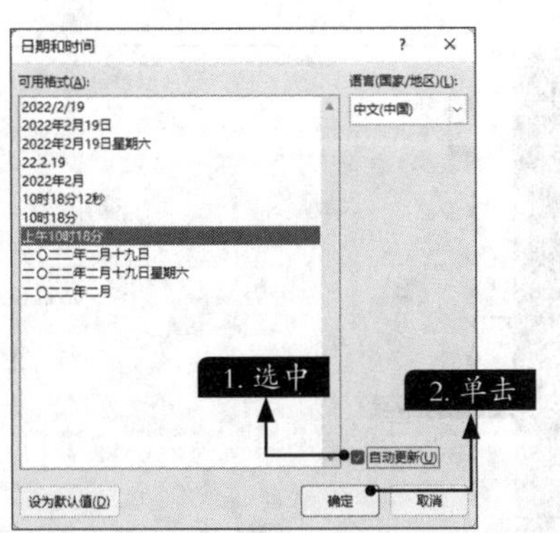

步骤 06 即可将时间插入文档中，效果如下图所示。

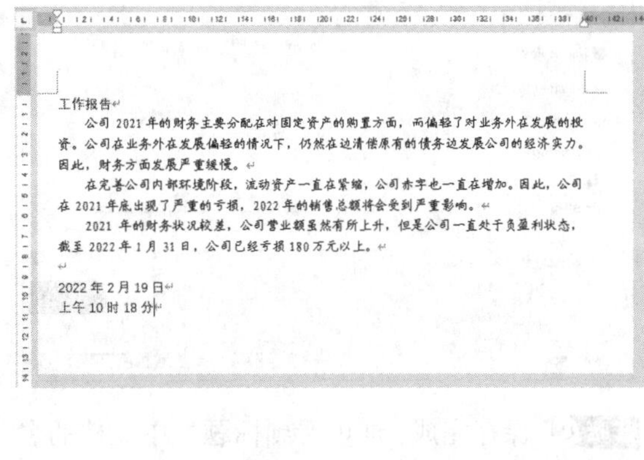

1.1.5 保存文档

文档的保存和导出是非常重要的。在使用Word编辑文档时，文档以临时文件的形式保存在计算机中，如果意外退出Word，则很容易造成工作成果的丢失。只有保存或导出文档后才能确保文档的安全。

1. 保存新建文档

保存新建文档的具体操作步骤如下。

步骤 01 Word文档编辑完成后，选择【文件】选项卡，在左侧的列表中选择【保存】选项，如下图所示。

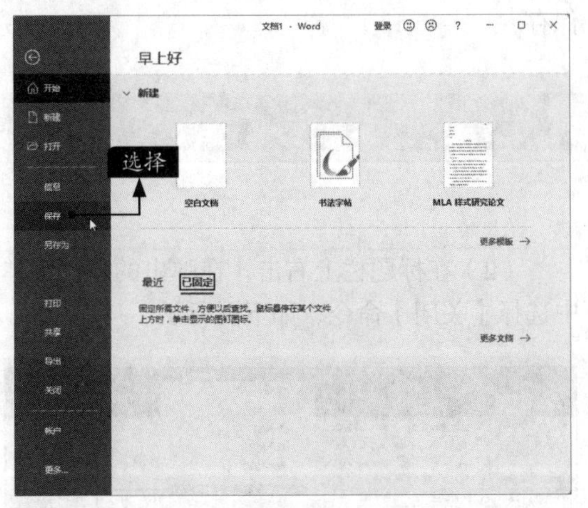

步骤 02 此时为第一次保存文档，系统会显示【另存为】界面，在【另存为】界面中单击【浏览】按钮，如右图所示。

步骤 03 打开【另存为】对话框，选择文件保存的位置，在【文件名】文本框中输入要保存文档的名称，在【保存类型】下拉列表框中选择【Word文档（*.docx）】选项，单击【保存】按钮，即可完成保存文档的操作，如下页图所示。

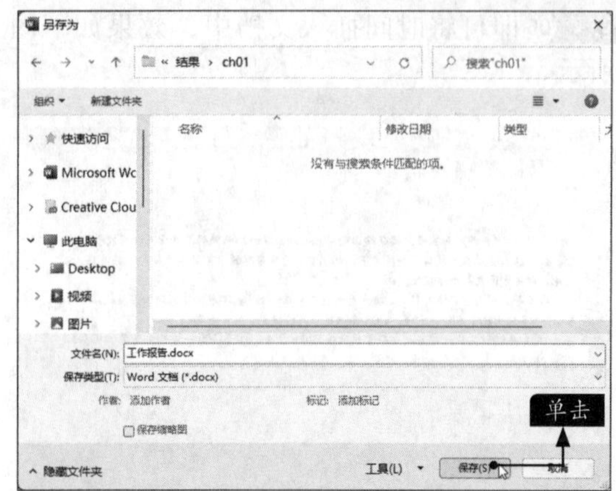

步骤04 保存完成，即可看到标题栏中文档的名称已经更改为“工作报告.docx”，如下图所示。

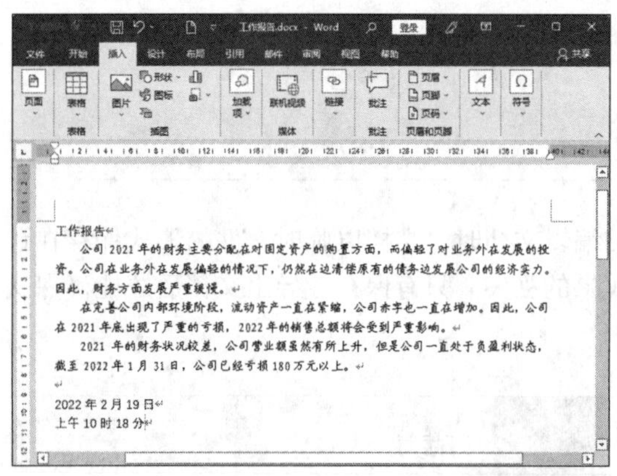

小提示

在对文档进行“另存为”操作时，可以按【F12】键直接打开【另存为】对话框。

2. 保存已有文档

对于已有文档有以下3种方法可以保存更新。

（1）单击【文件】选项卡，在左侧的列表中选择【保存】选项，如下图所示。

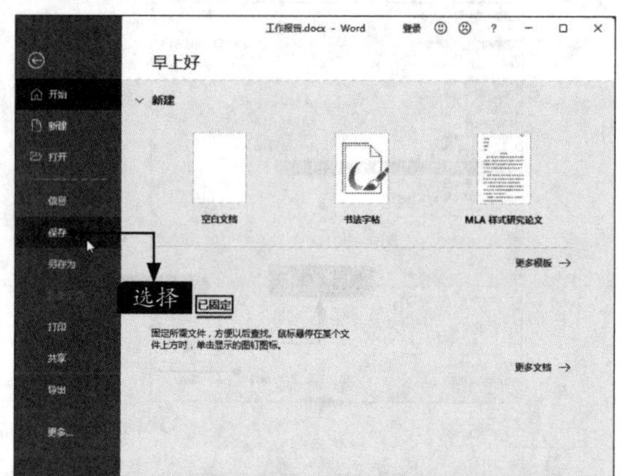

（2）单击快速访问工具栏中的【保存】按钮，如下图所示。

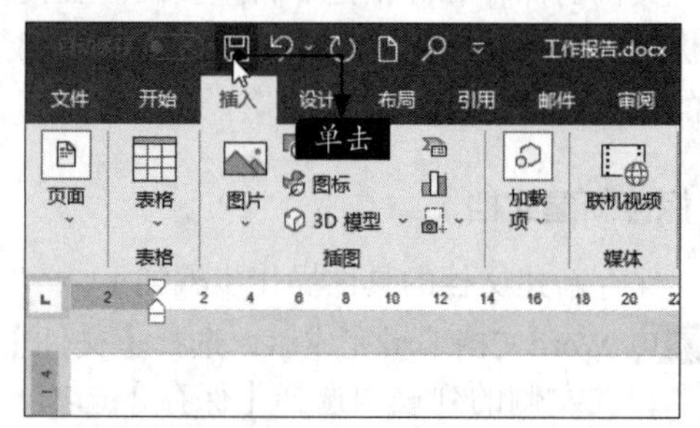

（3）使用【Ctrl+S】组合键可以实现快速保存。

1.1.6 关闭文档

关闭Word文档有以下几种方法。

（1）单击窗口右上角的【关闭】按钮，如下图所示。

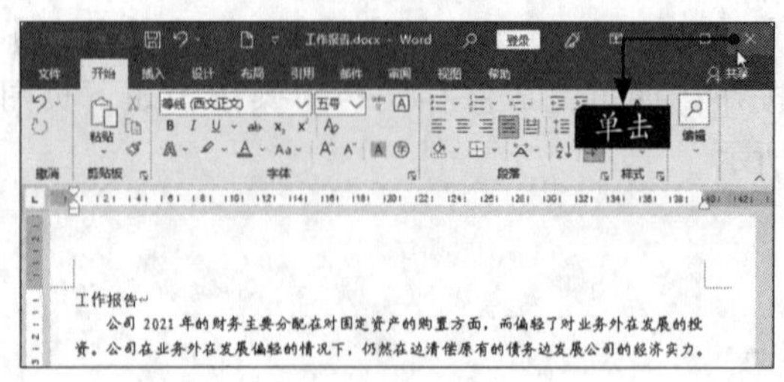

（2）在标题栏上右击，在弹出的控制菜单中选择【关闭】命令，如下图所示。

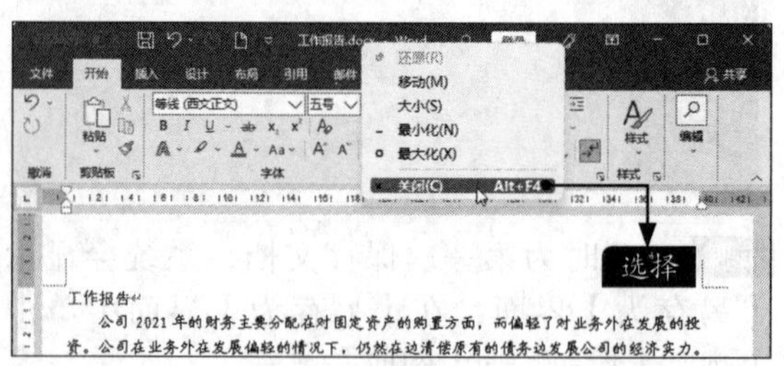

（3）选择【文件】选项卡下的【关闭】选项，如下图所示。

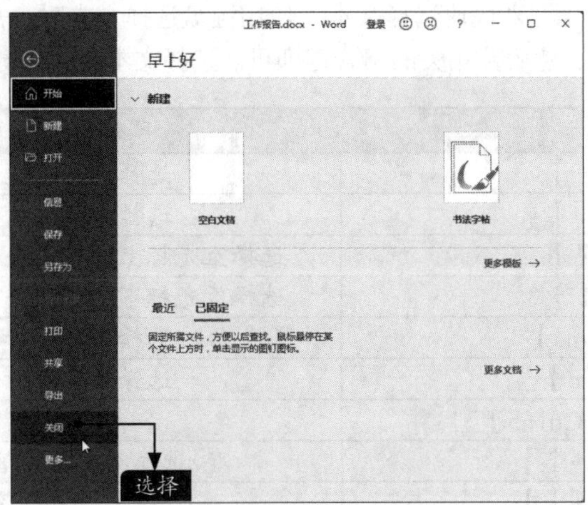

（4）直接按【Alt+F4】组合键。

1.2 制作企业管理规定

企业管理规定是企业或者职能部门为贯彻某项规定或进行某项管理工作、活动而提出的原则要求、执行标准与实施措施的规范性文档，具有较强的约束力。

本节就以制作企业管理规定文档为例，介绍如何设置文本的字体和段落格式。

1.2.1 使用鼠标和键盘选择文本

选择文本时既可以选择单个字符，也可以选择整篇文档。选择文本的方法主要有以下几种。

1. 拖曳选择文本

选择文本最常用的方法就是拖曳选取。采用这种方法可以选择文档中的任意文字，该方法是最基本和最灵活的选取方法之一。

步骤01 打开“素材\ch01\企业管理规定.docx”文件，将光标放在要选择的文本的开始位置，如放置在第3行的中间位置，如下图所示。

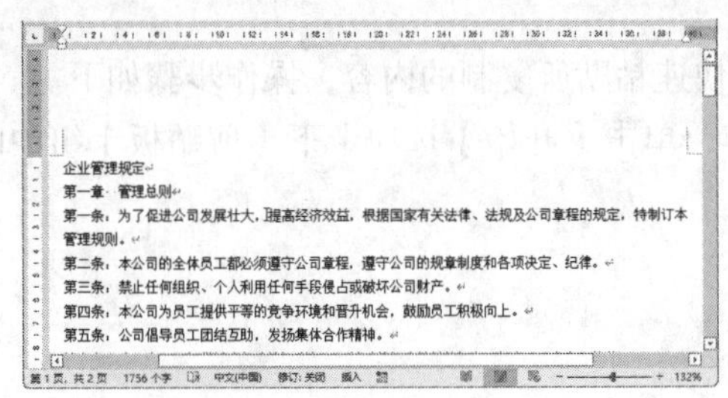

步骤02 按住鼠标左键并拖曳，这时被选中的文本会以阴影的形式显示。选择完成，释放鼠标左键，鼠标指针经过的文字就被选中了。单击文档的空白区域，即可取消文本的选择，如下图所示。

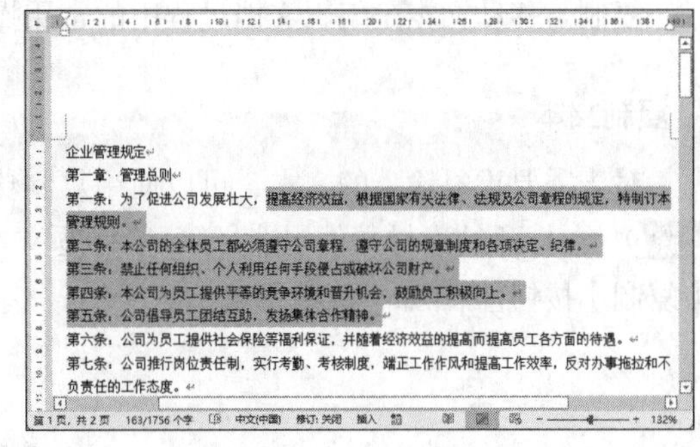

2. 用键盘选择文本

我们可以利用键盘组合键来快速选择文本。使用键盘选择文本时，需先将光标移动到待选文本的开始（或结束）位置，然后按相关的组合键即可。选择文本的组合键如下表所示。

组合键	功能
【Shift+←】	选择光标左边的一个字符
【Shift+→】	选择光标右边的一个字符
【Shift+↑】	选择至光标上一行同一位置之间的所有字符
【Shift+↓】	选择至光标下一行同一位置之间的所有字符
【Ctrl+Home】	选择至当前行的开始位置
【Ctrl+End】	选择至当前行的结束位置
【Ctrl+A】/【Ctrl+5】	选择全部文档
【Ctrl+Shift+↑】	选择至当前段落的开始位置
【Ctrl+Shift+↓】	选择至当前段落的结束位置
【Ctrl+Shift+Home】	选择至文档的开始位置
【Ctrl+Shift+End】	选择至文档的结束位置

步骤01 单击待选择文本的开始位置，然后在按住【Shift】键的同时单击文本的结束位置，此时可以看到开始位置和结束位置之间的文本已被选中，如下图所示。

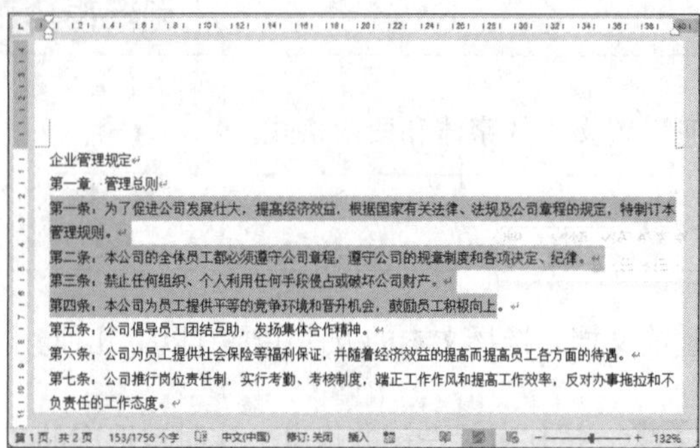

步骤02 取消之前的文本选择，然后在按住【Ctrl】键的同时按住鼠标左键并拖曳，可以选择不连续的文本，如下图所示。

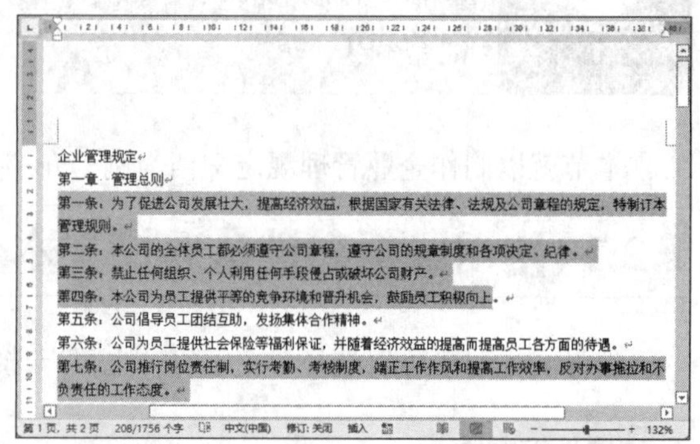

1.2.2 复制与移动文本

复制与移动文本是编辑文档过程中的常用操作。

1. 复制文本

对于需要重复输入的文本，可以使用复制功能，快速粘贴所复制的内容，操作步骤如下。

步骤01 在打开的素材文件中选择第1段标题文本内容，单击【开始】选项卡下【剪贴板】组中的【复制】按钮，如下页图所示。

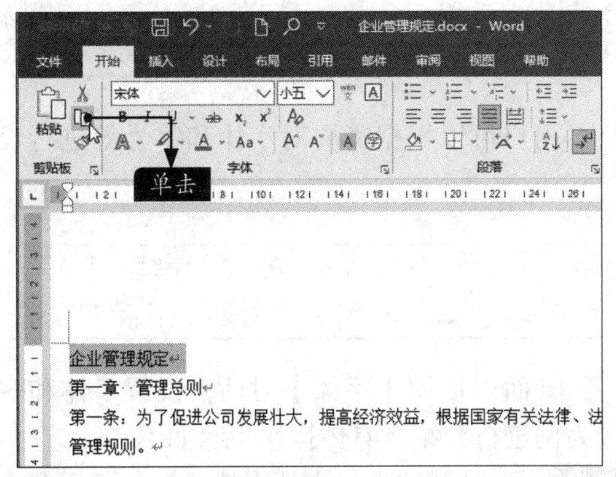

步骤02 将光标定位在要粘贴文本内容的位置，单击【开始】选项卡下【剪贴板】组中的【粘贴】下拉按钮，在弹出的下拉列表中选择【保留源格式】选项，如下图所示。

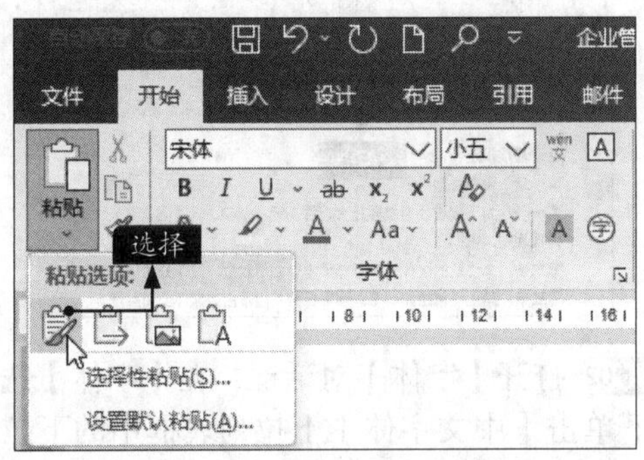

小提示

在【粘贴选项】中，用户可以根据需要选择文本格式的设置方式，各选项具体功能如下。

- 【保留源格式】选项：选择该选项后，将保留应用于复制文本的格式。
- 【合并格式】选项：选择该选项后，将丢弃应用于复制文本的大部分格式，但在仅应用于所选内容一部分时保留被视为强调效果的格式，如加粗、斜体等。
- 【图片】选项：选择该选项后，复制的对象将会被转换为图片并粘贴该图片，文本转换为图片后其内容将无法更改。
- 【只保留文本】选项：选择该选项后，复制对象的格式和非文本对象，如表格、图片、图形等，不会被复制到目标位置，仅保留文本内容。

步骤03 选择后即可将文本内容粘贴到目标位置，如右上图所示。

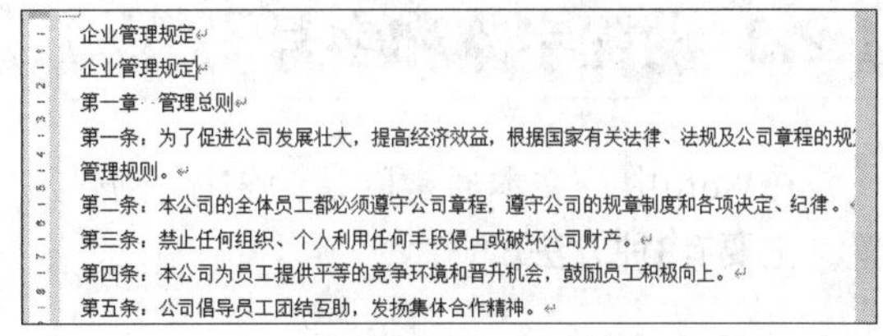

另外，用户也可以按【Ctrl+C】组合键复制文本，然后在要粘贴文本内容的位置按【Ctrl+V】组合键粘贴文本。

2. 移动文本

在输入文本内容时，使用剪切功能移动文本可以大大缩短工作时间，提高工作效率。

步骤01 在打开的素材文件中，选择第1段文本内容，单击【开始】选项卡下【剪贴板】组中的【剪切】按钮，或者按【Ctrl+X】组合键，如下图所示。

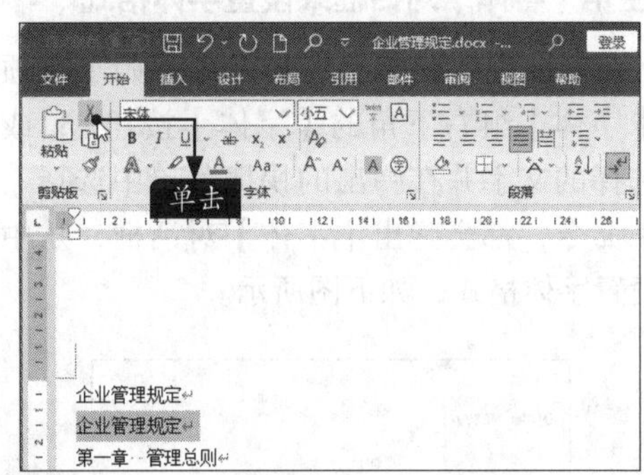

步骤02 将光标定位到文本内容最后，单击【开始】选项卡下【剪贴板】组中的【粘贴】下拉按钮，在弹出的下拉列表中选择【保留源格式】选项即可完成文本的移动操作，如下图所示。也可以按【Ctrl+V】组合键粘贴文本。

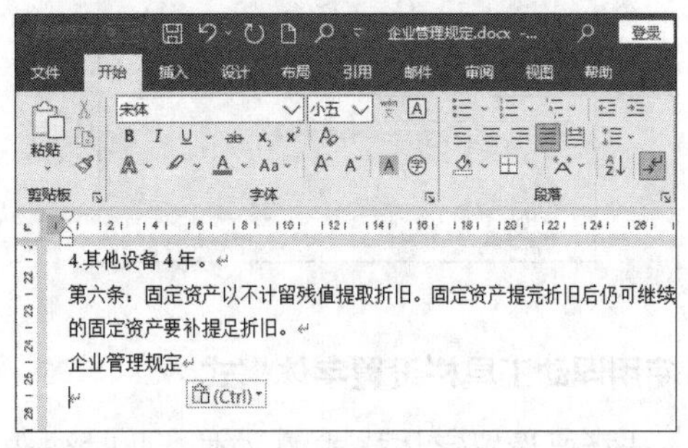

另外，选择要移动的文本，按住鼠标左键并将其拖曳至要移动到的位置，释放鼠标左键，也可以完成移动文本的操作。

1.2.3 设置字体和字号

在Word中，文本通常默认认为宋体、五号、黑色。用户可以根据需要对字体和字号等进行设置，主要有3种方法。

1. 使用【字体】组设置字体格式

在【开始】选项卡下的【字体】组中单击相应的按钮来修改字体格式是最常用的字体格式设置方法，如下图所示。

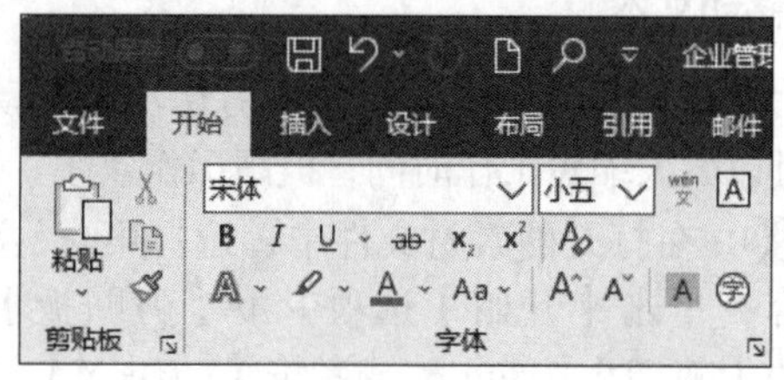

2. 使用【字体】对话框来设置字体格式

选择要设置的文字，单击【开始】选项卡下【字体】组右下角的【字体】按钮，或右击选择的文字并在弹出的快捷菜单中选择【字体】命令，都会弹出【字体】对话框，从中可以设置字体格式，如下图所示。

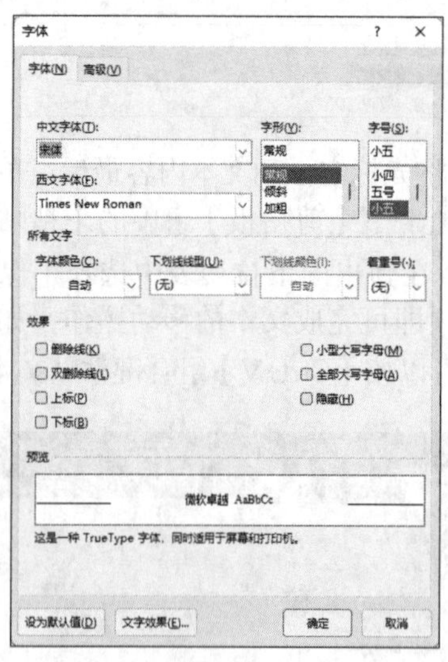

3. 使用浮动工具栏设置字体格式

选择要设置字体格式的文本，此时被选中的文本区域右上角会弹出一个浮动工具栏，单击相应的按钮即可修改字体格式，如右上图所示。

下面以使用【字体】对话框设置字体和字号为例进行介绍，具体操作步骤如下。

步骤 01 在打开的素材文件中选择第一行标题文本，单击【开始】选项卡下【字体】组右下角的【字体】按钮，如下图所示。

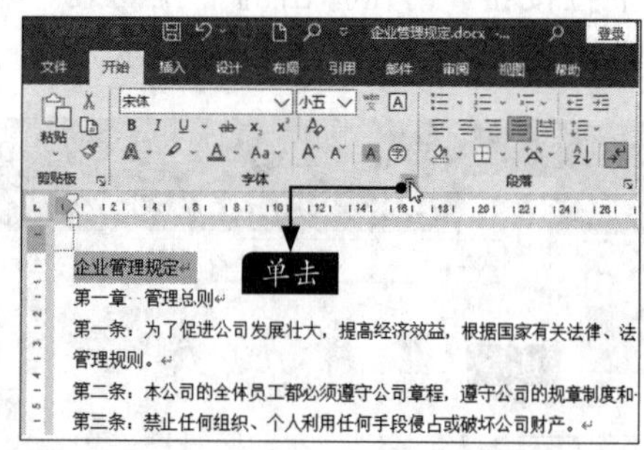

步骤 02 打开【字体】对话框，在【字体】选项卡下单击【中文字体】下拉列表框中的下拉按钮，在弹出的下拉列表中选择【微软雅黑】选项，如下图所示。

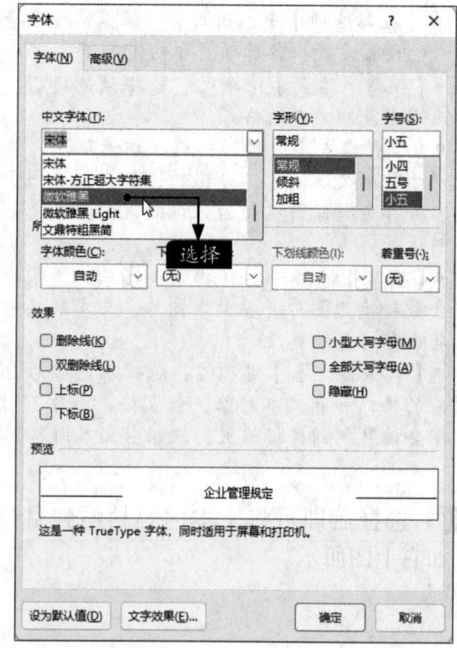

步骤 03 在【字形】列表框中选择【加粗】选项，在【字号】列表框中选择【三号】选项，单击【确定】按钮，如下图所示。

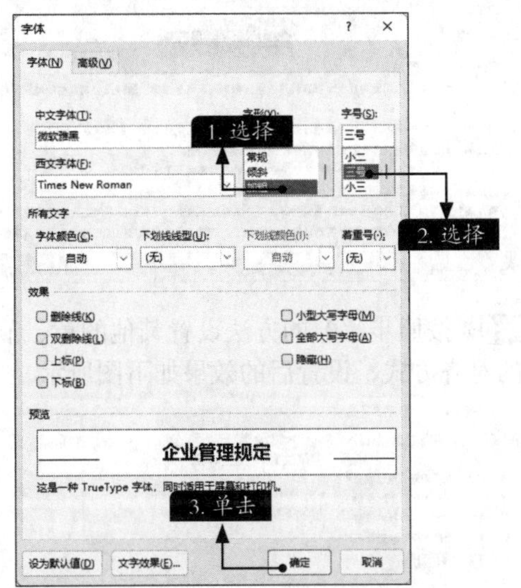

步骤 04 即可看到为所选文本设置字体和字号后的效果，如下图所示。

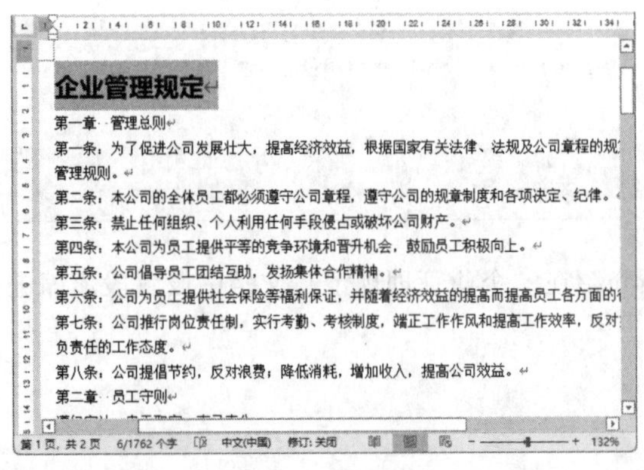

步骤 05 使用同样的方法，设置正文中“章”标题的字体为“黑体”，字号为“小四”，“节”标题的字体为“黑体”，字号为“11”，效果如下图所示。

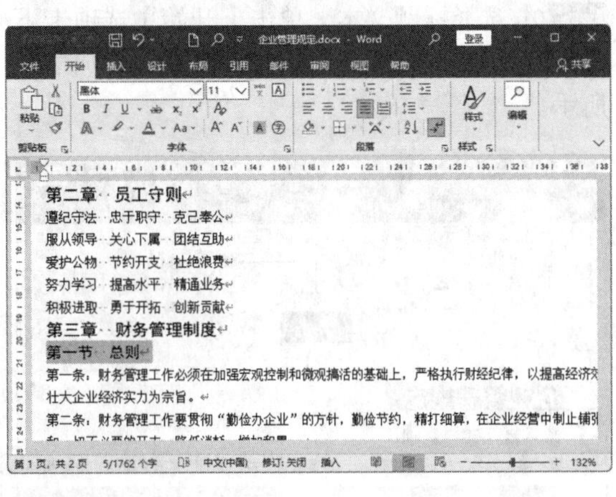

步骤 06 根据需要设置正文文本的字体和字号，如设置字体为“等线”，字号为“小五”，效果如下图所示。

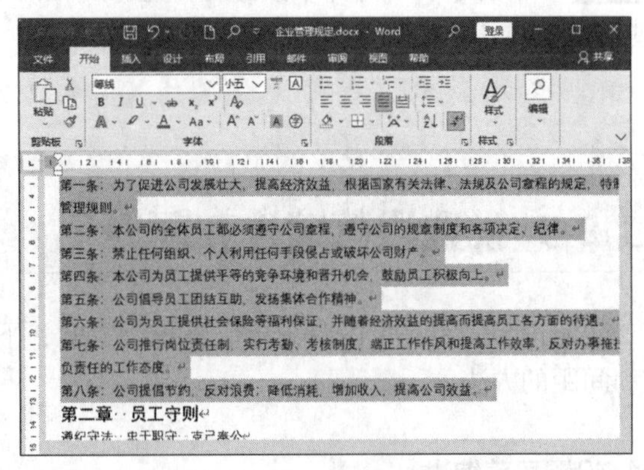

1.2.4 设置对齐方式

整齐的排版可以使文本更为美观，对齐方式就是段落中文本的排列方式。Word中提供了5种常用的对齐方式，分别为左对齐、居中对齐、右对齐、两端对齐和分散对齐，如下图所示。

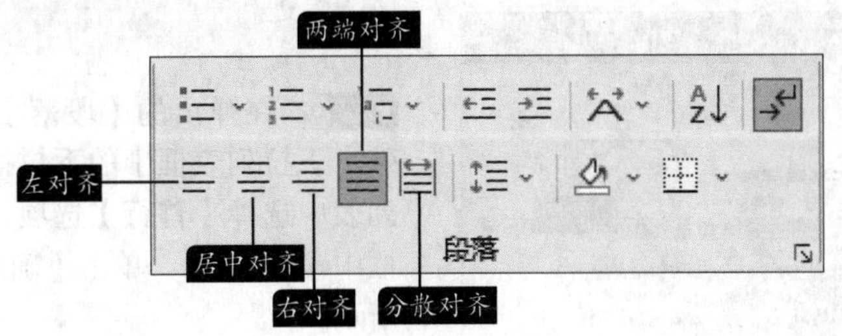

除通过功能区中【段落】组中的对齐按钮来设置外，还可以通过【段落】对话框来设置对齐方式。设置段落对齐方式的具体操作步骤如下。

步骤 01 选择标题文本，单击【开始】选项卡下【段落】组中的【居中对齐】按钮☰，如下图所示。

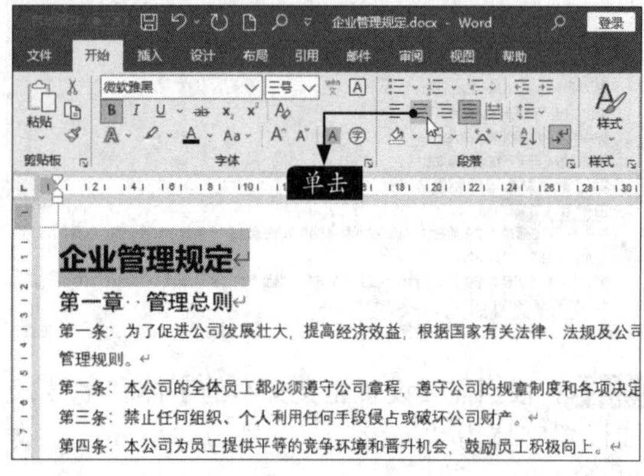

步骤 02 单击【居中对齐】按钮后，光标所在的段落即可居中显示，如右上图所示。

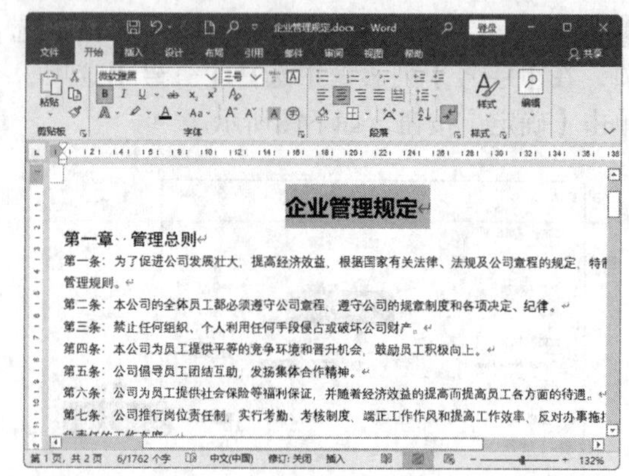

步骤 03 按照步骤01的方法设置其他的章、节标题的对齐方式，设置后的效果如下图所示。

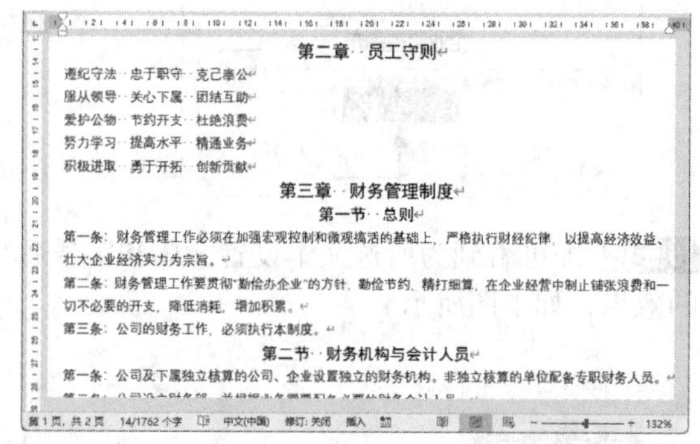

1.2.5 设置段落缩进和间距

缩进和间距是以段落为单位进行设置的，下面介绍在“企业管理规定”文档中设置段落缩进和间距的方法。

1. 设置段落缩进

段落缩进是指段落到左、右页边界的距离。根据中文的书写形式，通常情况下，正文中的每个段落都会首行缩进两个字符。设置段落缩进的具体操作步骤如下。

步骤 01 在打开的素材文件中，选择要设置缩进的正文文本，单击【段落】组右下角的【段落设置】按钮◳，如下图所示。

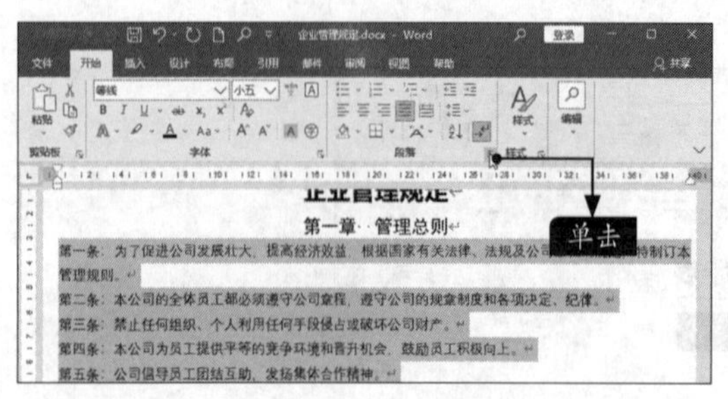

小提示

在【开始】选项卡下的【段落】组中单击【减小缩进量】按钮☰和【增加缩进量】按钮☰也可以调整缩进。

步骤 02 在弹出的【段落】对话框中单击【特殊】下拉列表框中的下拉按钮，在弹出的下拉列表中选择【首行】选项，在【缩进值】文本框中输入“2”，单击【确定】按钮，如下页图所示。

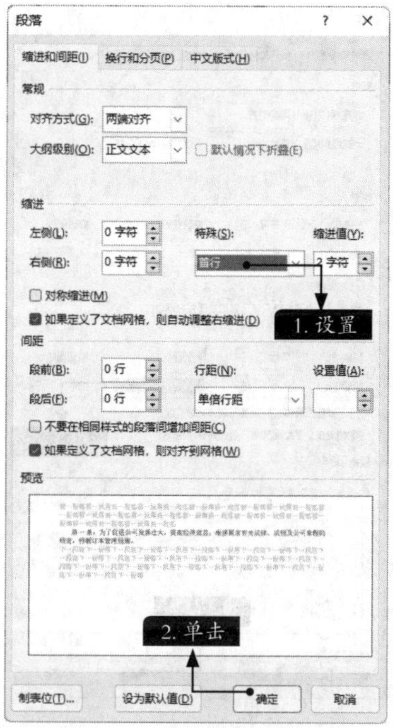

步骤03 设置正文文本首行缩进2字符后的效果如下图所示。

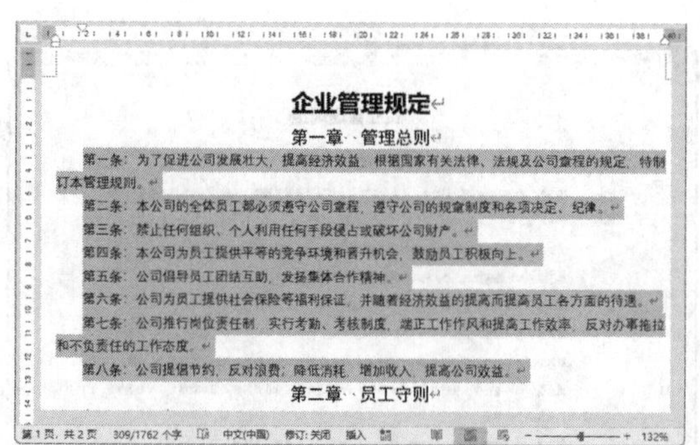

步骤04 使用同样的方法，为其他正文内容设置首行缩进2字符，如下图所示。

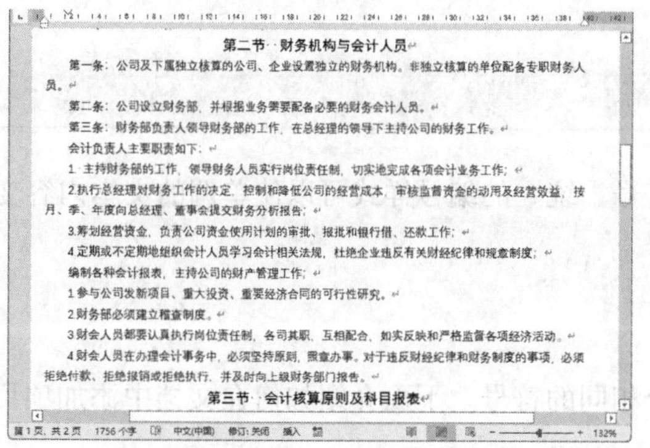

2. 设置段落间距及行距

段落间距是指文档中段落与段落之间的距离，行距是指行与行之间的距离。

步骤01 在打开的素材文件中，选择要设置间距及行距的文本并右击，在弹出的快捷菜单中选择【段落】命令，如下图所示。

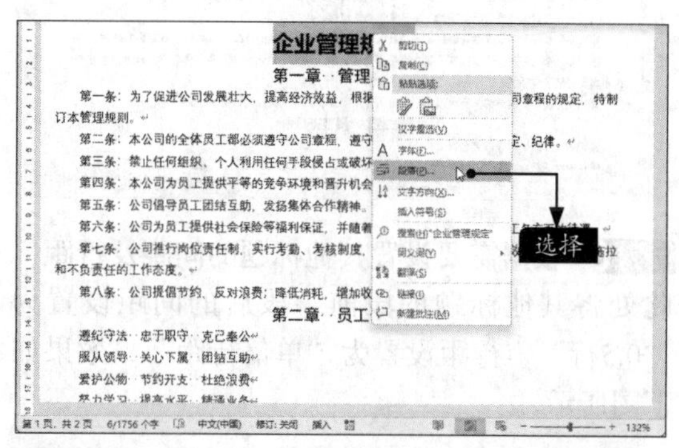

步骤02 弹出【段落】对话框，选择【缩进和间距】选项卡。在【间距】区域中分别设置【段前】和【段后】为“1行”，在【行距】下拉列表框中选择【单倍行距】选项，单击【确定】按钮，如下图所示。

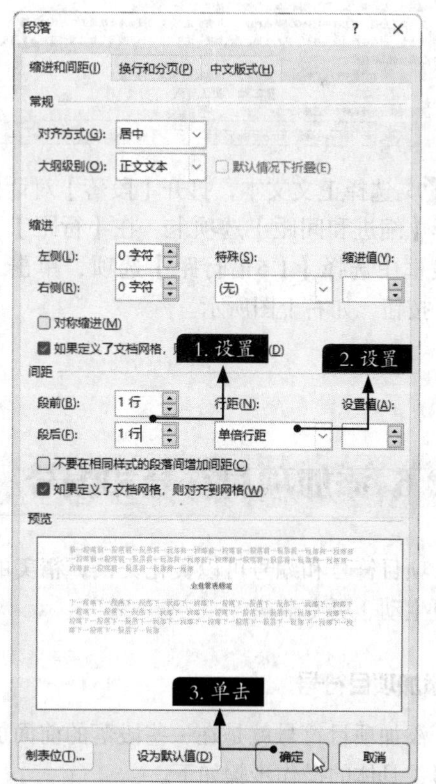

步骤03 即可看到为所选文本设置间距及行距后

的效果，如下图所示。

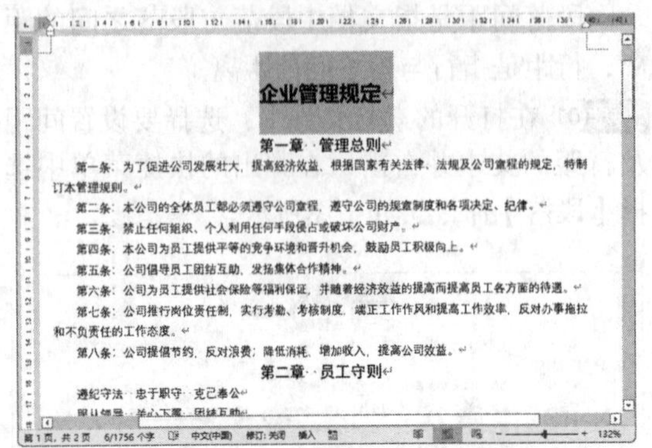

步骤 04 根据需要设置其他标题的间距及行距，此处将其他标题的段前、段后的间距设置为“0.5行”，行距设置为“单倍行距”，效果如下图所示。

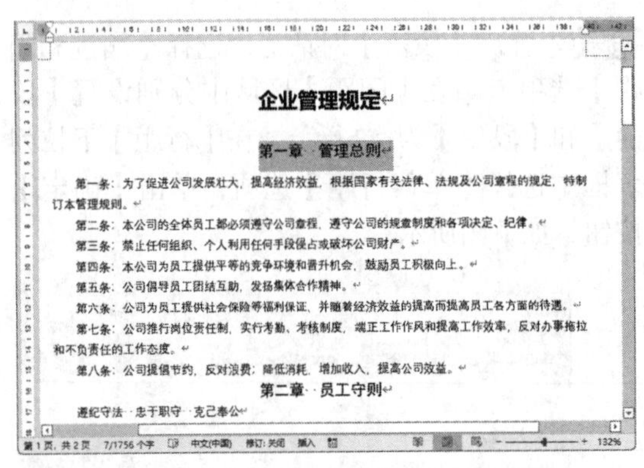

步骤 05 选择正文文本，打开【段落】对话框，选择【缩进和间距】选项卡。在【行距】下拉列表框中选择【1.5倍行距】选项，单击【确定】按钮，如右上图所示。

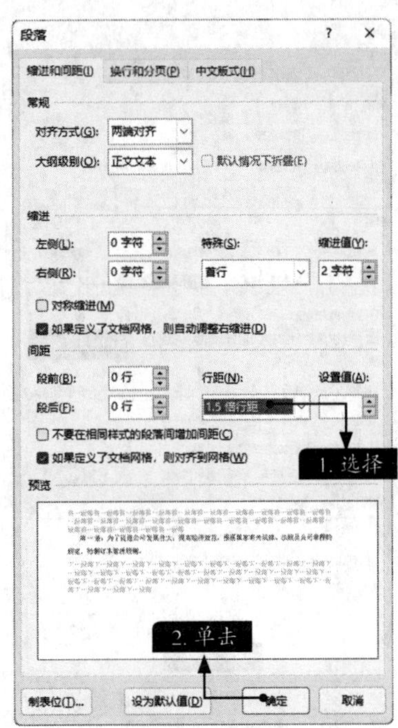

步骤 06 单击后即可设置所选文本的行距，使用同样的方法，设置全文的正文的行距，最终效果如下图所示。

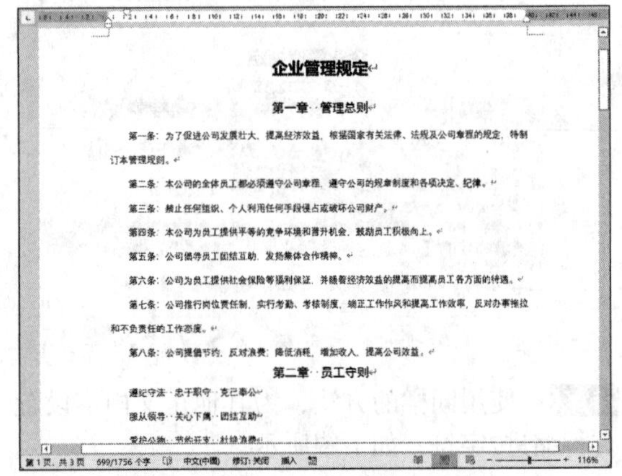

1.2.6 添加项目符号和编号

项目符号和编号可以美化文档，精美的项目符号、统一的编号样式可以使单调的文本内容变得更生动、更专业。

1. 添加项目符号

添加项目符号就是在一些段落的前面加上完全相同的符号。下面介绍如何在文档中添加项目符号，具体的操作步骤如下。

步骤 01 在打开的素材文件中，选择要添加项目符号的文本内容，如下页图所示。

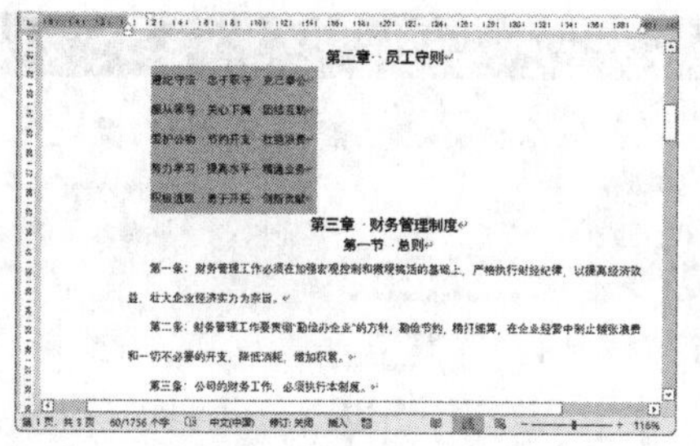

步骤 02 单击【开始】选项卡【段落】组中的【项目符号】下拉按钮☰ ˇ，在弹出的下拉列表中选择项目符号的样式，如下图所示。

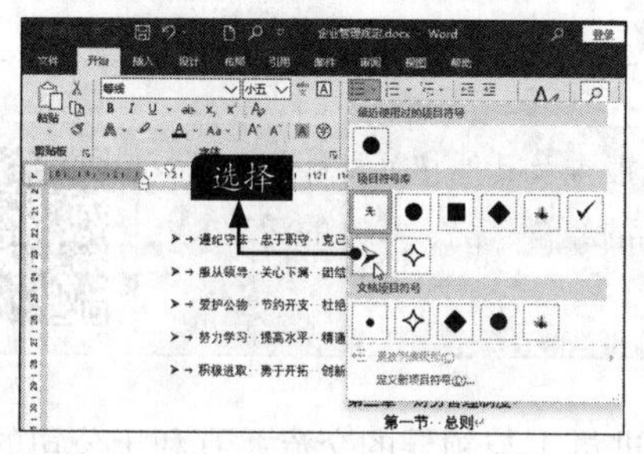

步骤 03 即可看到为所选文本添加项目符号后的效果，如下图所示。

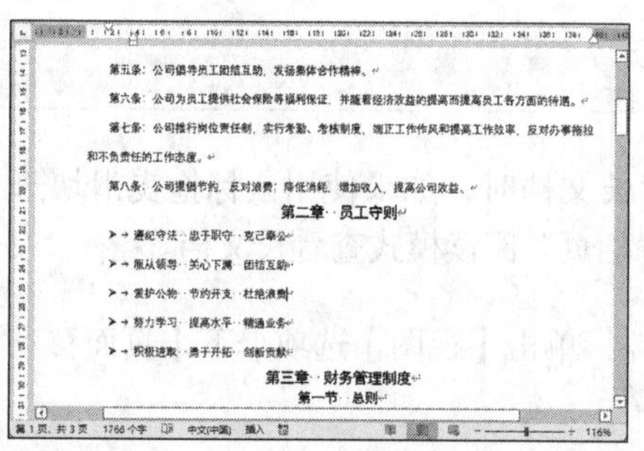

步骤 04 如果要自定义项目符号，可以在【项目符号】下拉列表中选择【定义新项目符号】选项，打开【定义新项目符号】对话框，单击【符号】按钮，如下图所示。

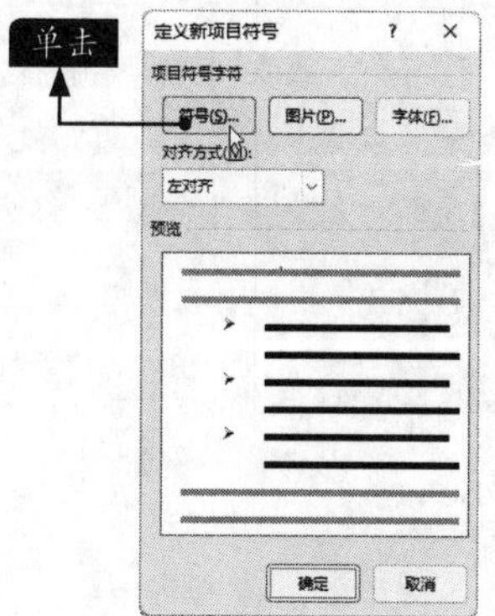

步骤 05 打开【符号】对话框，选择要设置为项目符号的符号，单击【确定】按钮，如下图所示。返回至【定义新项目符号】对话框，再次单击【确定】按钮。

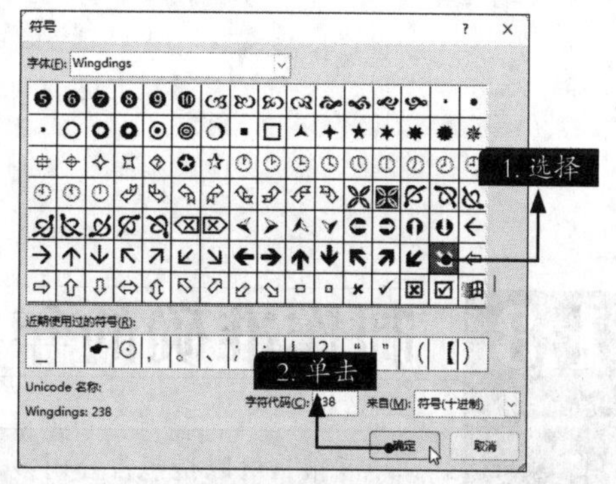

步骤 06 即可看到为所选文本添加自定义项目符号后的效果，如下图所示。

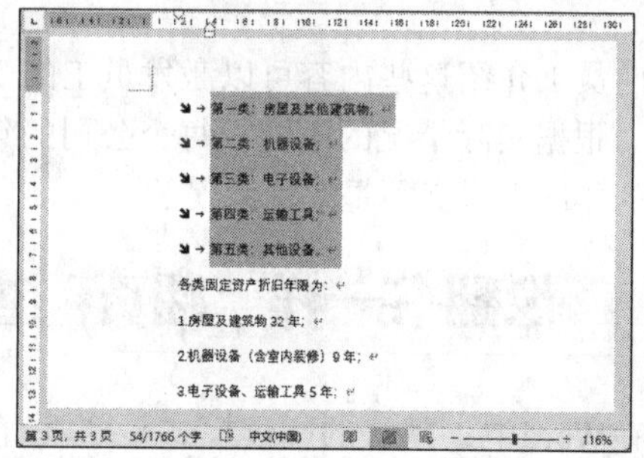

2. 添加编号

添加编号是指按照大小顺序为文档中的行或段落编号。下面介绍如何在文档中添加编号，具体的操作步骤如下。

步骤 01 在打开的素材文件中，选择要添加编号的文本内容，单击【开始】选项卡【段落】组中的【编号】下拉按钮☰ ˇ，在弹出的下拉列表中选择编号的样式，即可看到为所选文本添加编号后的预览效果，如下图所示。

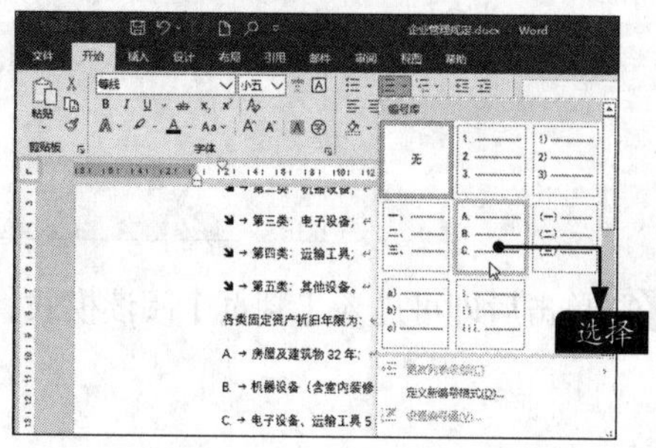

步骤 02 添加编号后，根据情况调整段落缩进，并使用同样的方法为其他需要添加编号的段落添加编号，保存该文档，效果如右图所示。

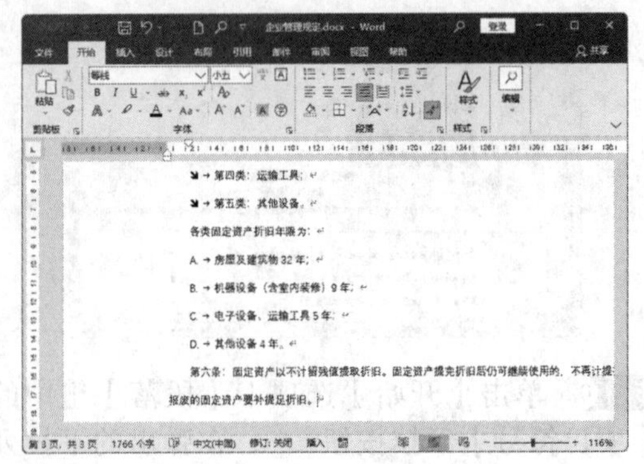

1.3 制作准确的年度报告

年度报告可以是包含公司整个年度的财务报告及其他相关文件，也可以是对公司一年历程的简单总结，如公司一年的经营状况、举办的活动、制度的改革及文化的发展等。

向员工介绍这些内容可以激发员工的工作热情、增进员工与领导的交流，有利于公司的良性发展。根据实际情况的不同，每个公司的年度报告也不相同，但是对于年度报告的制作者来说，递交的年度报告必须是准确无误的。

1.3.1 像翻书一样“翻页”查看报告

在Word中，默认的阅读模式是“垂直”，在阅读长文档时，如果使用鼠标拖曳滑块进行浏览，难免效率低下。为了更好地阅读，用户可以使用“翻页”阅读模式查看长文档。

步骤 01 打开“素材\ch01\公司年度工作报告.docx”文件，单击【视图】选项卡下【页面移动】组中的【翻页】按钮，如下图所示。

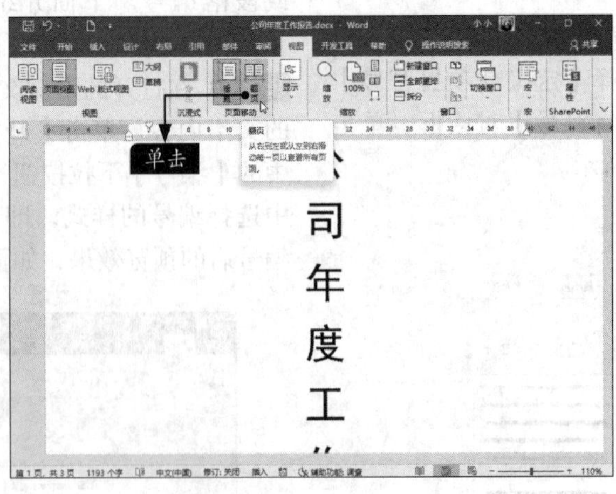

步骤 02 单击后即可进入【翻页】阅读模式，效果如下页图所示。

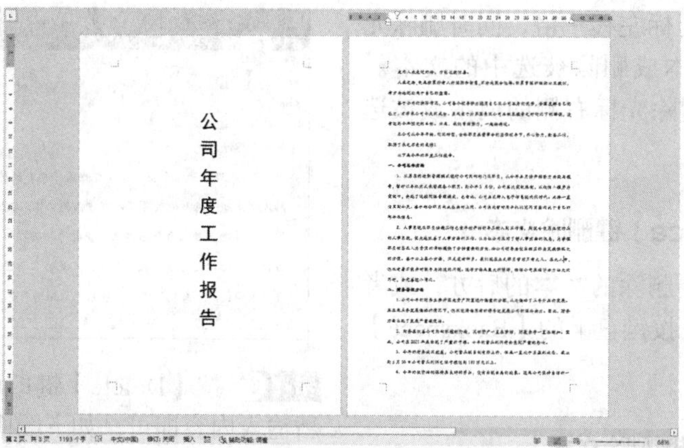

步骤03 按【Page Down】键或向下滚动一次鼠标滚轮即可向后翻页，如下图所示。

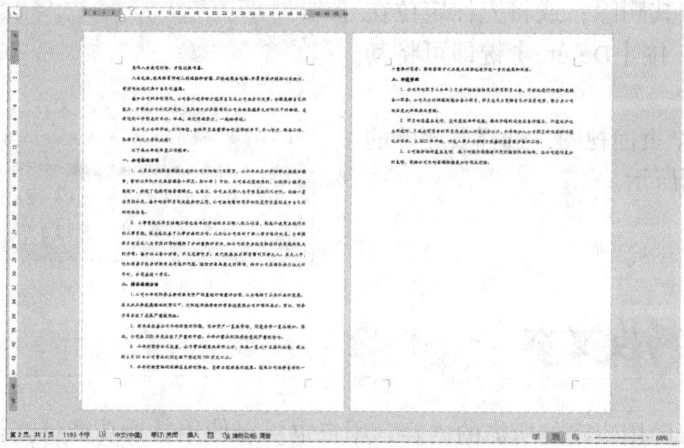

步骤04 单击【垂直】按钮，即会退出【翻页】模式，如下图所示。

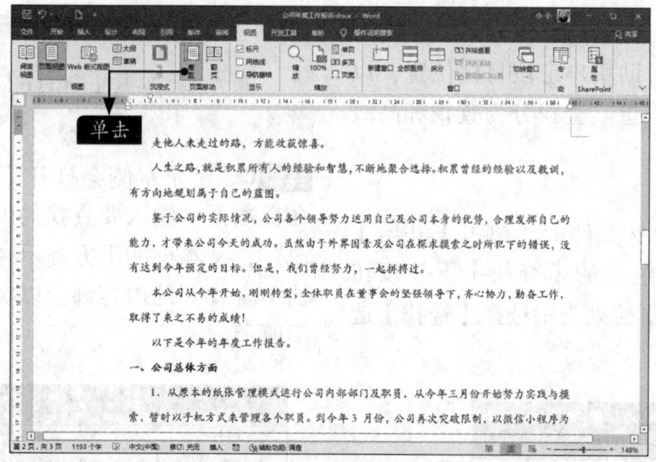

1.3.2 删除与修改文本

删除与修改错误的文本，是文档编辑过程中的常用操作。删除文本的方法有多种。

在键盘中有两个删除键，分别为【Backspace】键和【Delete】键。【Backspace】键是退格键，它的作用是使光标左移一格，同时删除光标原位置左边的文本或删除被选中的文本。【Delete】键用于删除光标右侧的文本或被选中的文本。

1. 使用【Backspace】键删除文本

将光标定位至要删除的文本的后方，或者选择要删除的文本，按键盘上的【Backspace】键即可将其删除。

2. 使用【Delete】键删除文本

选择要删除的文本，然后按键盘上的【Delete】键即可将其删除；或将光标定位在要删除的文本前面，按【Delete】键即可将其删除。

步骤 01 将视图切换至页面视图，选择要删除的文本内容，如右上图所示。

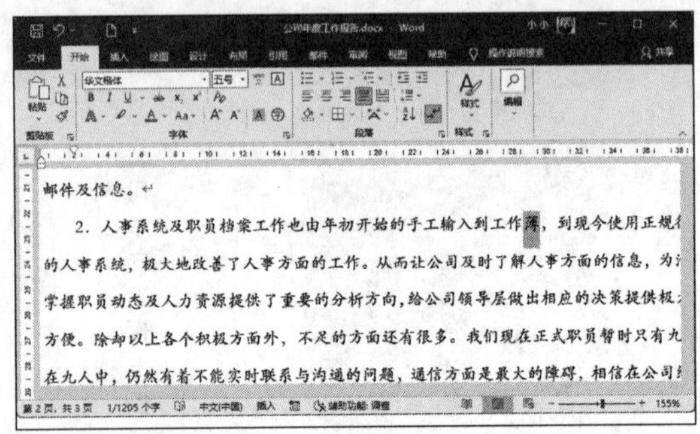

步骤 02 按【Delete】键即可将其删除，然后重新输入内容即可，如下图所示。

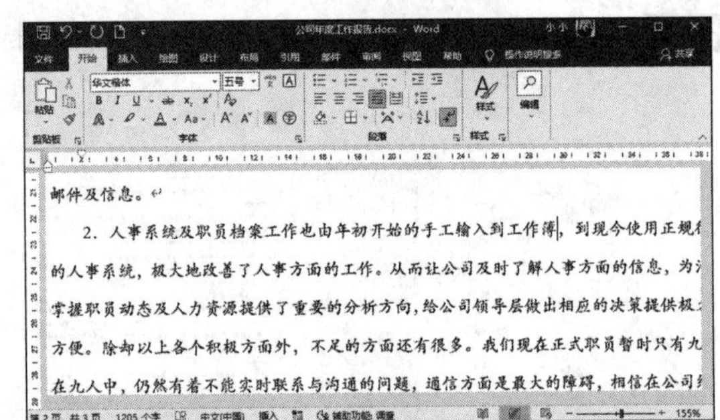

1.3.3 查找与替换文本

查找功能可以帮助用户定位所需的内容，用户也可以使用替换功能将查找到的文本或文本格式替换为新的文本或文本格式。

1. 查找

查找功能可以帮助用户定位目标位置，以便快速找到想要的信息。查找分为查找和高级查找两种。

（1）查找

步骤 01 在打开的素材文件中，单击【开始】选项卡下【编辑】组中的【查找】下拉按钮 查找，在弹出的下拉列表中选择【查找】选项，如下图所示。

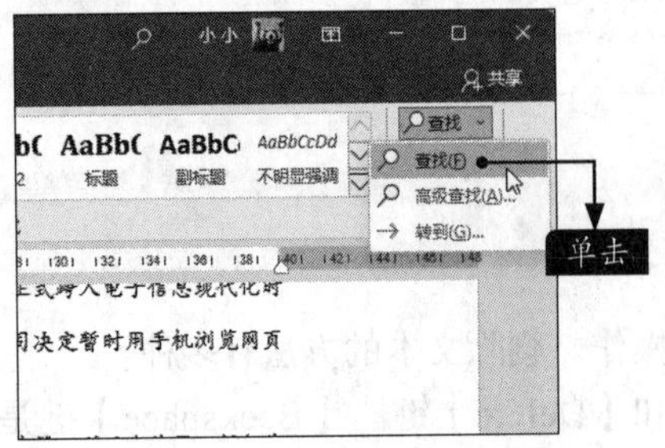

> **小提示**
>
> 用户也可以按【Ctrl+F】组合键执行【查找】命令。

步骤 02 界面左侧会打开【导航】任务窗格，在文本框中输入要查找的内容，这里输入“公司”，文本框的下方提示“29个结果”，在文档中查找到的内容都会以黄色背景显示，如下图所示。

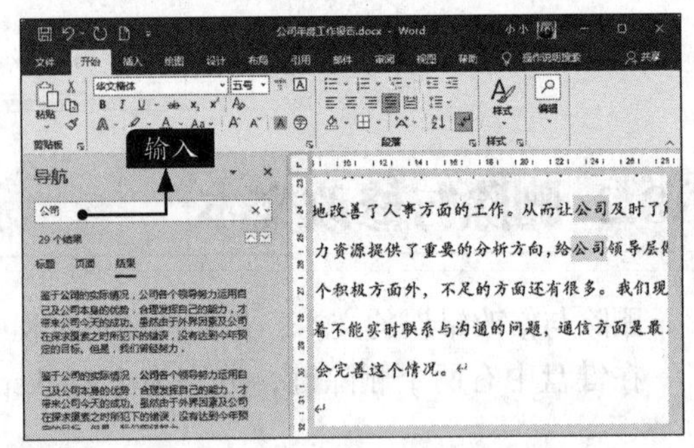

步骤03 单击任务窗格中的【下一条】按钮，则定位到下一条匹配项，如下图所示。

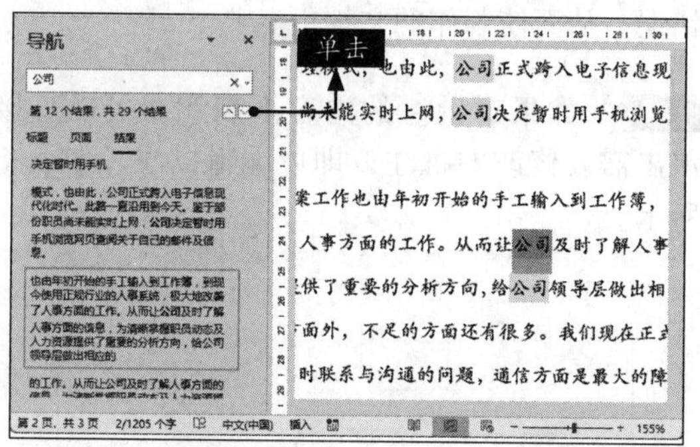

（2）高级查找

使用【高级查找】功能会通过打开【查找和替换】对话框来查找内容。

单击【开始】选项卡下【编辑】组中的【查找】下拉按钮，在弹出的下拉列表中选择【高级查找】选项，弹出【查找和替换】对话框。用户可以在【查找】选项卡的【查找内容】文本框中，输入要查找的内容，单击【查找下一处】按钮，查找相关内容。另外，也可以单击【更多】按钮，在【搜索选项】和【查找】区域设置查找内容的条件，以快速定位查找的内容，如下图所示。

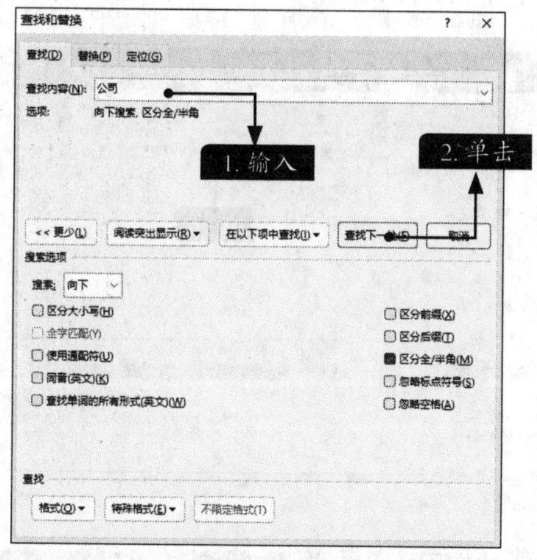

2. 替换

替换功能可以帮助用户快捷地更改查找到的文本或批量修改相同的文本。

步骤01 在打开的素材文件中，单击【开始】选项卡下【编辑】组中的【替换】按钮，或按【Ctrl+H】组合键，弹出【查找和替换】对话框，如下图所示。

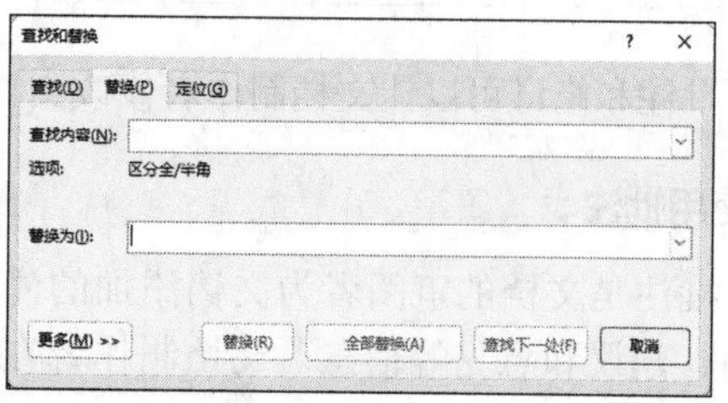

步骤02 在【替换】选项卡的【查找内容】文本框中输入需要被替换的内容（这里输入“完善”），在【替换为】文本框中输入要替换的新内容（这里输入“改善”），如下图所示。

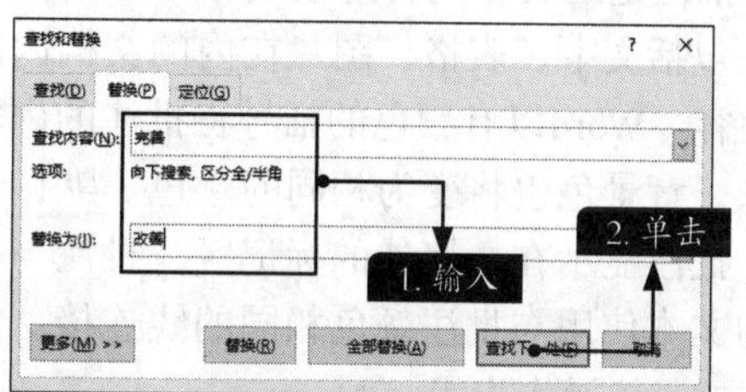

步骤03 单击【查找下一处】按钮，定位到从当前光标所在位置起，第一个满足查找条件的文本的位置，并以灰色背景显示文本，单击【替换】按钮就可以将查找到的内容替换为新内容，并跳转至查找到的第二个内容，如下图所示。

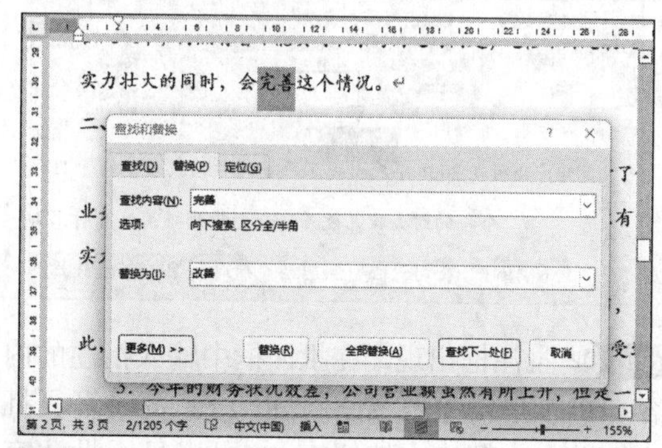

步骤04 如果用户需要将文档中所有相同的内容都替换掉，单击【全部替换】按钮，Word就会自动将整个文档内查找到的所有内容替换为新的内容，并弹出提示对话框显示完成替换的数量，如下图所示。单击【确定】按钮关闭提示对话框。

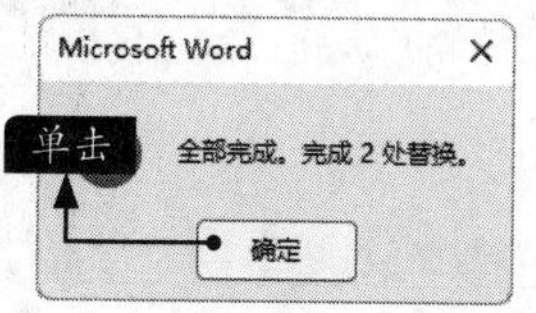

1.3.4 添加批注和修订

批注和修订可以让文档制作者修改文档，改正错误，从而使制作的文档更专业。

1. 使用批注

批注是文档的审阅者为文档添加的注释、说明、建议和意见等信息。文档制作者在把文档分发给审阅者前设置文档保护，可以使审阅者只能添加批注而不能对文档正文进行修改，批注可以方便工作组的成员之间进行交流。

（1）添加批注

批注是对文档的特殊说明，添加批注的对象是包括文本、表格、图片在内的文档内的所有内容。Word以有颜色的括号将批注的内容括起来，背景色也将变为相同的颜色。默认情况下，批注显示在文档外的标记区，批注与被批注的文本使用与批注颜色相同的线连接。添加批注的具体操作步骤如下。

步骤01 在打开的素材文件中选择要添加批注的文本，单击【审阅】选项卡下【批注】组中的【新建批注】按钮，如下图所示。

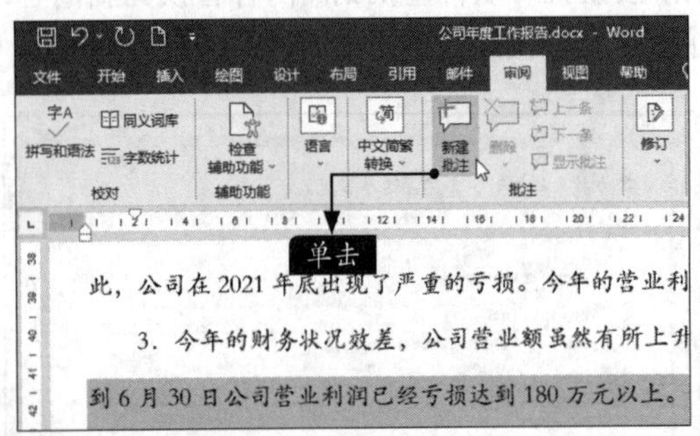

步骤02 批注框出现，在批注框中输入批注的内容即可。单击【答复】按钮可以答复批注，单击【解决】按钮可以显示批注完成，如下图所示。

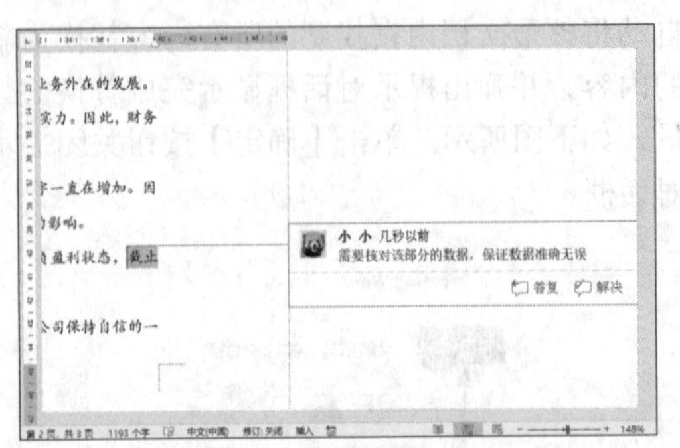

步骤03 如果对批注的内容不满意，可以直接单击需要修改的批注，即可编辑批注，如下图所示。

（2）删除批注

当不需要文档中的批注时，用户可以将其删除，删除批注常用的方法有以下3种。

方法1：选择要删除的批注，此时【审阅】选项卡下【批注】组中的【删除】下拉按钮处于可用状态，单击该下拉按钮，在弹出的下拉列表中选择【删除】选项，即可将选中的批注删除，如下图所示。删除之后，【删除】按钮处于不可用状态。

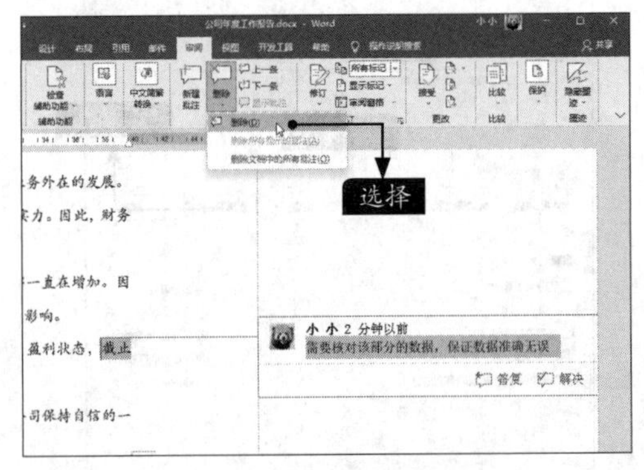

小提示

单击【批注】组中的【上一条】按钮和【下一条】按钮，可快速找到要删除的批注。

方法2：右击需要删除的批注或批注文本，在弹出的快捷菜单中选择【删除批注】，如下页图所示。

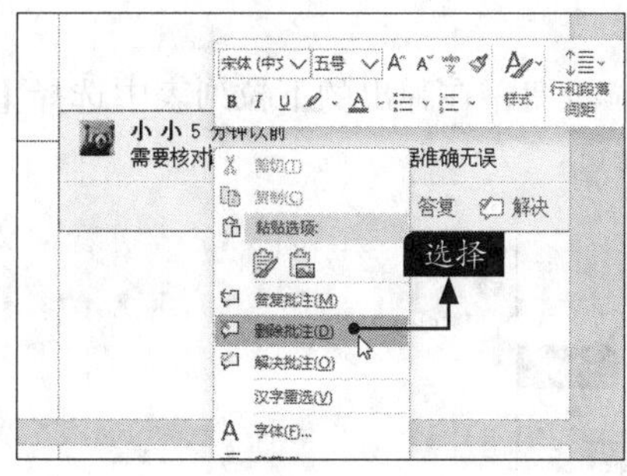

方法3：如果要删除所有批注，可以单击【审阅】选项卡下【批注】组中的【删除】下拉按钮，在弹出的下拉列表中选择【删除文档中的所有批注】选项即可，如下图所示。

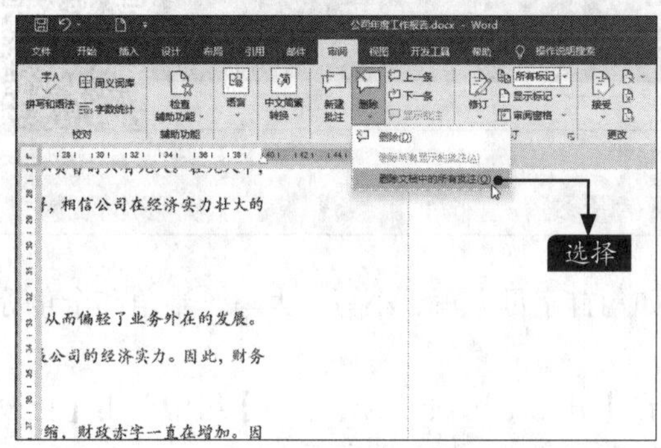

2. 使用修订

启用修订功能，审阅者的每一次插入、删除或是格式更改操作都会被标记出来。这样能够让文档制作者跟踪多位审阅者对文档做的修改，并可选择接受或者拒绝这些修改。

（1）修订文档

修订文档首先需要使文档处于修订状态。

步骤 01 打开素材文件，单击【审阅】选项卡下【修订】组中的【修订】按钮，即可使文档处于修订状态，如下图所示。

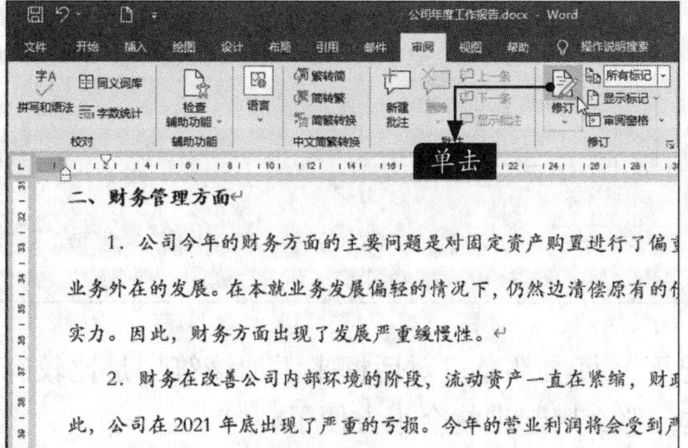

步骤 02 对处于修订状态的文档所做的所有修改都将被记录下来，如下图所示。

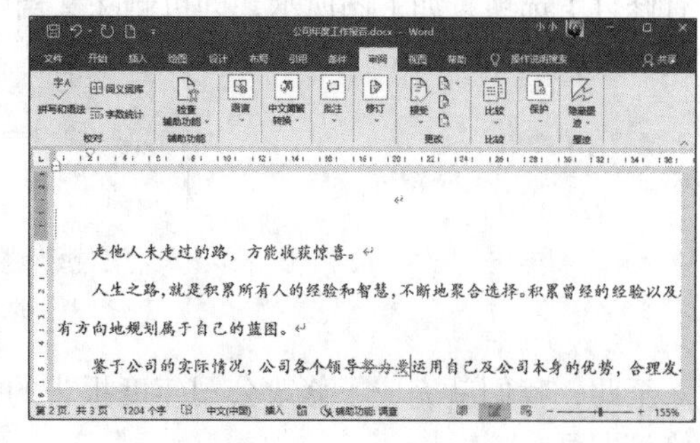

（2）接受修订

如果修订是正确的，就可以接受修订。将光标放在需要接受修订的内容处，然后单击【审阅】选项卡下【更改】组中的【接受】按钮，即可接受该修订，如下图所示。然后系统将选中下一条修订。

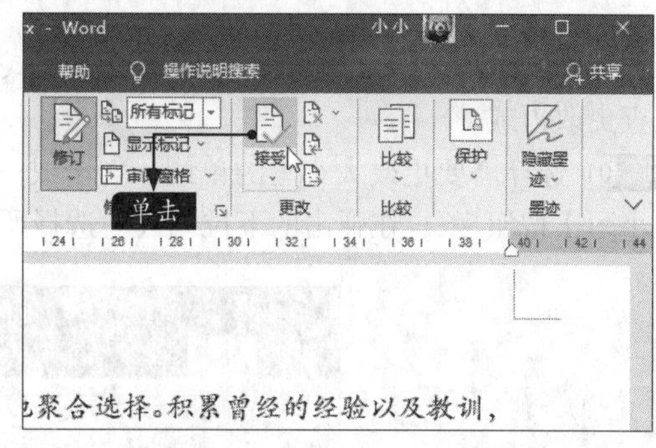

（3）拒绝修订

如果要拒绝修订，可以将光标放在需要拒绝修订的内容处，单击【审阅】选项卡下【更改】组中的【拒绝】下拉按钮，在弹出的下拉列表中选择【拒绝并移到下一处】选项，如下图所示，即可拒绝修订。然后系统将选中下一条修订。

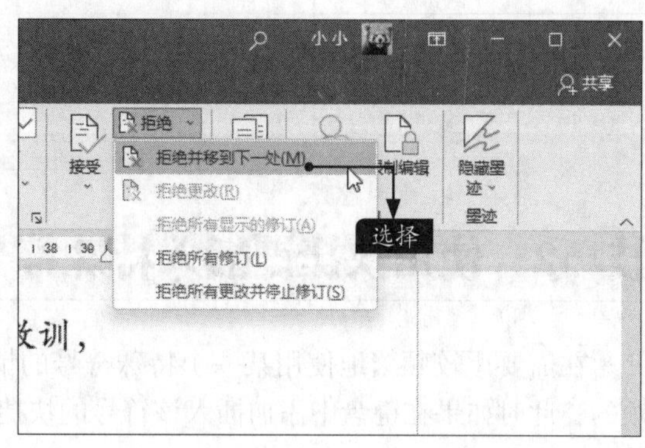

（4）删除所有修订

单击【审阅】选项卡下【更改】组中的【拒绝】下拉按钮，在弹出的下拉列表中选择【拒绝所有修订】选项，如下图所示，即可删除文档中的所有修订。

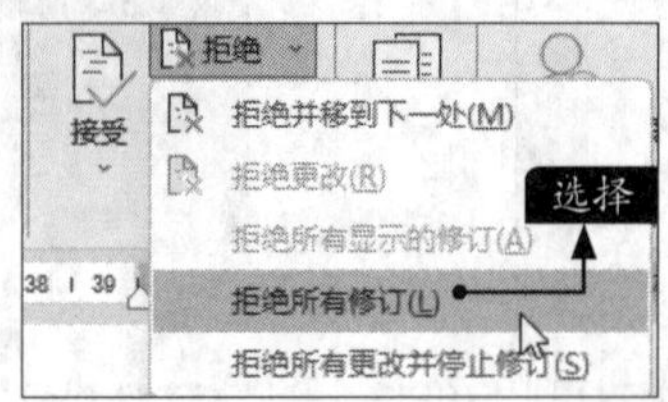

至此，我们就完成了修改公司年度报告的操作，最后只需要删除批注，并根据需要接受或拒绝修订即可。

高手私房菜

技巧1：自动更改大小写字母

Word提供了更多的单词拼写检查更改模式，例如句首字母大写、小写、大写、半角和全角等检查更改模式。

步骤01 选择需要更改大小写的单词、句子或段落，在【开始】选项卡的【字体】组中单击【更改大小写】按钮Aa，在弹出的下拉列表中选择所需要的选项即可，如下图所示。

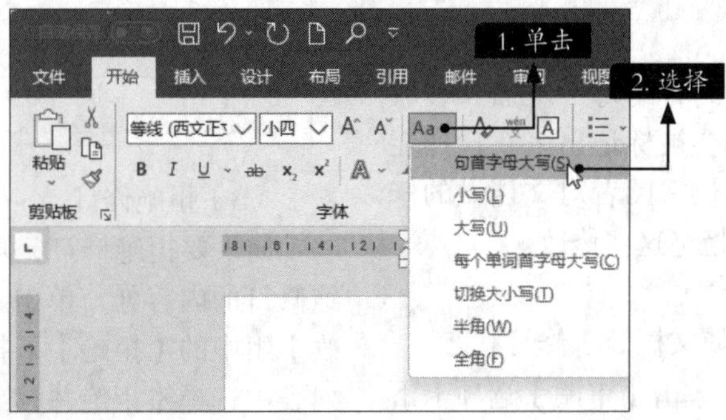

步骤02 更改后的效果如下图所示。

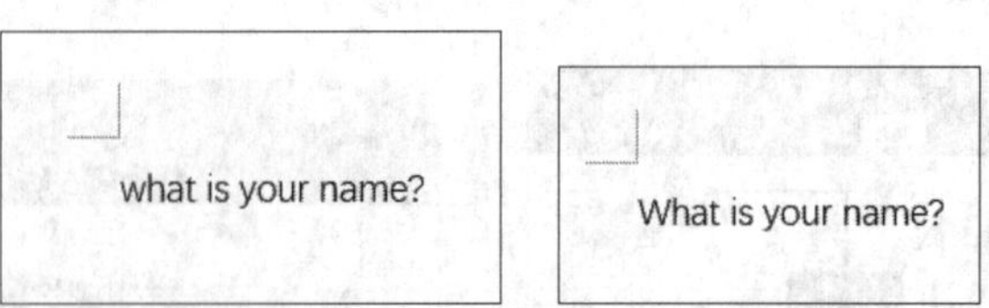

技巧2：使用快捷键插入特殊符号

在需要比较频繁地使用某一个特殊符号的情况下，每次都通过对话框来添加该符号是比较麻烦的，此时如果在键盘中添加插入该符号的快捷键，那么用起来就会很方便了。

步骤 01 打开任意文档，单击【插入】选项卡下【符号】组中的【符号】按钮，在弹出的下拉列表中选择【其他符号】选项，如下图所示。

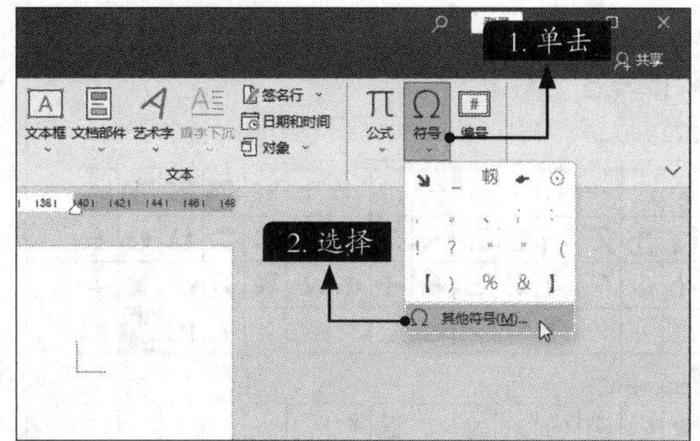

步骤 02 在弹出的【符号】对话框中选择要设置的特殊符号，单击【快捷键】按钮，如下图所示。

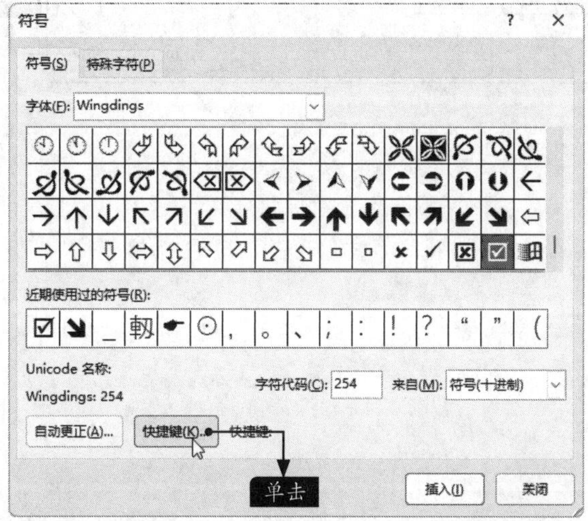

步骤 03 弹出【自定义键盘】对话框，将光标放在【请按新快捷键】文本框中，按下要指定的快捷键，如按【Alt+S】组合键，然后单击【指定】按钮，即可在【当前快捷键】列表框中出现此快捷键，如下图所示。

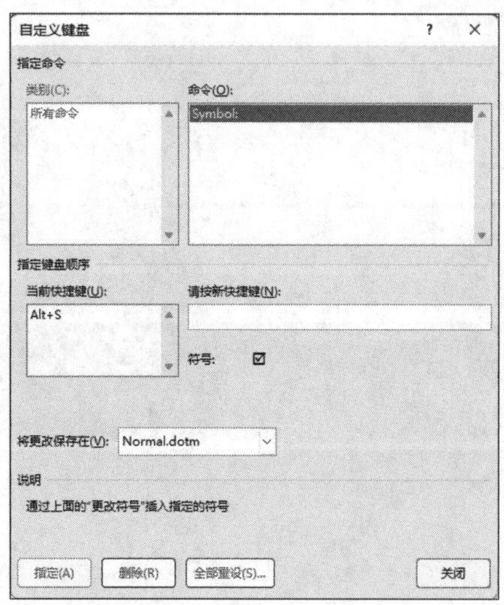

步骤 04 单击【关闭】按钮，返回【符号】对话框，即可看到指定符号的快捷键已添加成功。最后单击【关闭】按钮，关闭【符号】对话框，如下图所示。

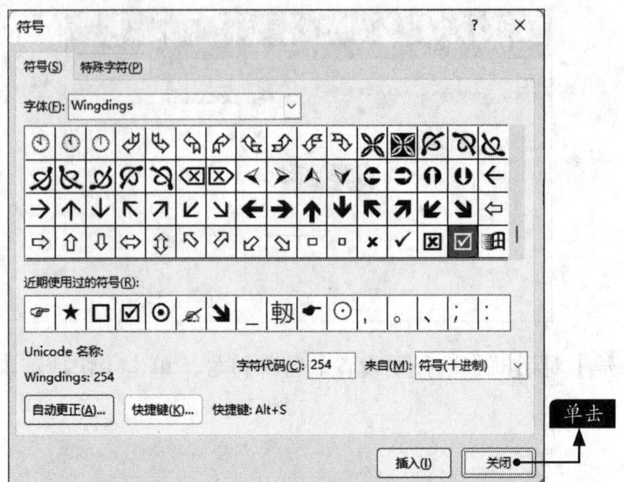

第2章

Word文档的美化处理

学习目标

一份图文并茂的文档，不仅生动形象，而且内容翔实。本章介绍页面设置、插入艺术字、插入图片、插入表格、插入形状、插入SmartArt 图形，以及插入图表等操作。

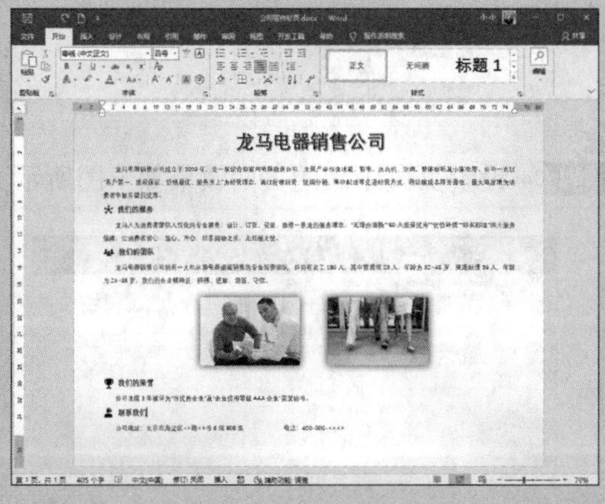

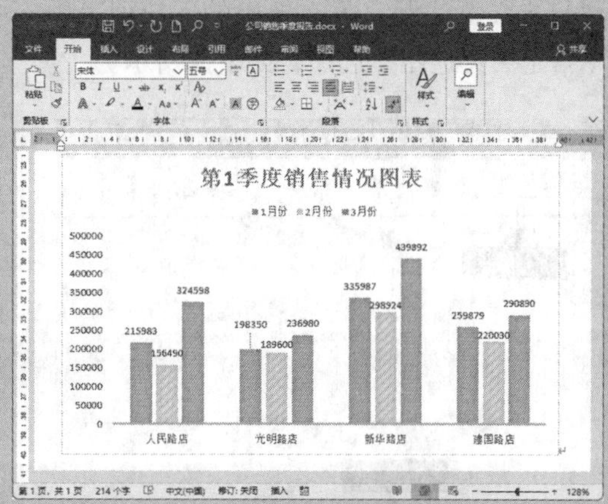

2.1 制作公司宣传彩页

宣传彩页要根据公司的性质确定主体色调和整体风格，这样才更能突出主题、吸引消费者。

2.1.1 设置页边距

页边距有两个作用：一是便于装订，二是可使文档更加美观。调整页边距功能可以设置包括上、下、左、右页边距，以及页眉和页脚距页边的距离，使用该功能设置的页边距十分精确。

步骤01 新建空白Word文档，并将其另存为“公司宣传彩页.docx”，如下图所示。

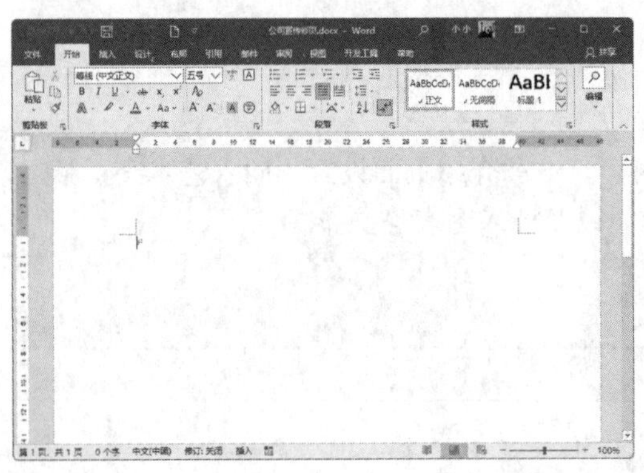

步骤02 单击【布局】选项卡下【页面设置】组中的【页边距】按钮，在弹出的下拉列表中选择一种页边距样式，即可快速设置页边距。如果要自定义页边距，可在弹出的下拉列表中选择【自定义页边距】选项，如下图所示。

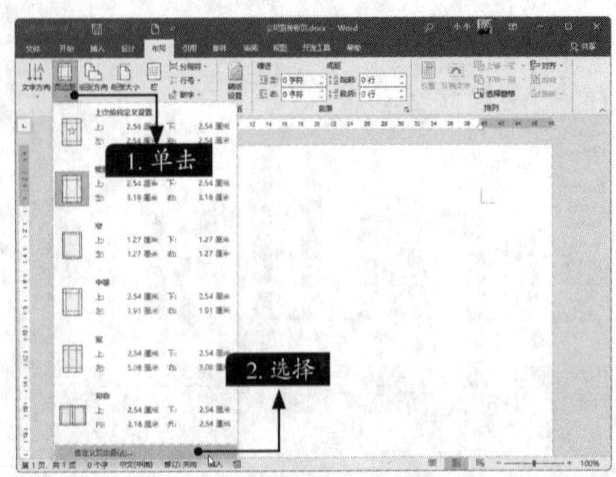

步骤03 弹出【页面设置】对话框，在【页边距】选项卡下的【页边距】区域可以自定义【上】【下】【左】【右】的页边距，如将【上】【下】【左】【右】页边距都设置为“2厘米”，单击【确定】按钮，如下图所示。

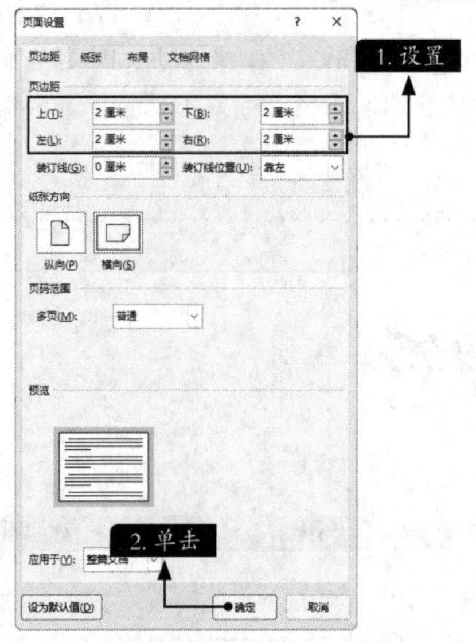

步骤04 设置页边距后的页面效果如下图所示。

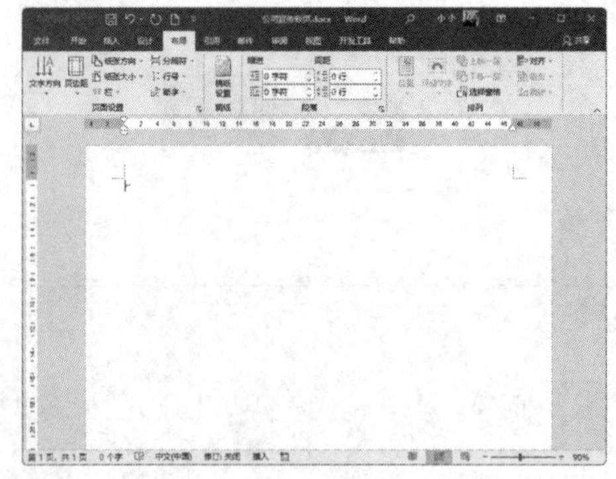

2.1.2 设置纸张的方向和大小

纸张的方向和大小，影响着文档的打印效果，因此在Word文档制作过程中设置合适的纸张方向和大小非常重要，具体操作步骤如下。

步骤 01 单击【布局】选项卡下【页面设置】组中的【纸张方向】按钮，在弹出的下拉列表中可以设置纸张方向为“横向”或“纵向”，如选择【横向】选项，如下图所示。

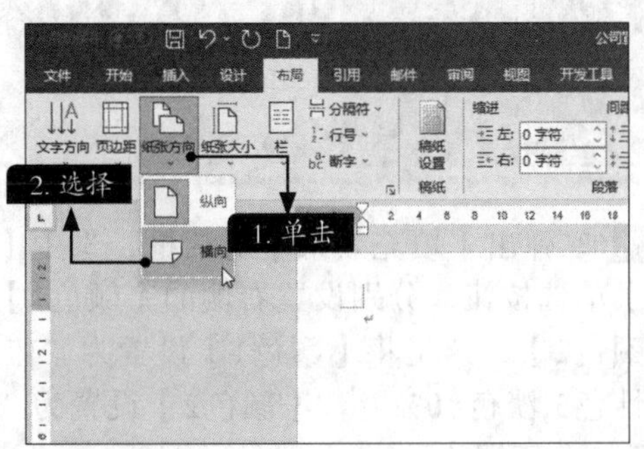

步骤 02 单击【布局】选项卡下【页面设置】组中的【纸张大小】按钮，在弹出的下拉列表中可以选择纸张的大小。如果要将纸张设置为其他大小，可选择【其他纸张大小】选项，如下图所示。

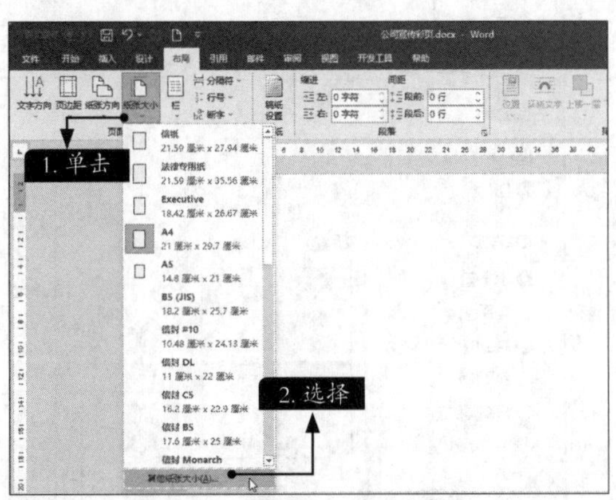

步骤 03 弹出【页面设置】对话框，在【纸张】选项卡下的【纸张大小】区域中选择【自定义大小】，并将【宽度】设置为“32厘米”，高度设置为“24厘米”，单击【确定】按钮，如下图所示。

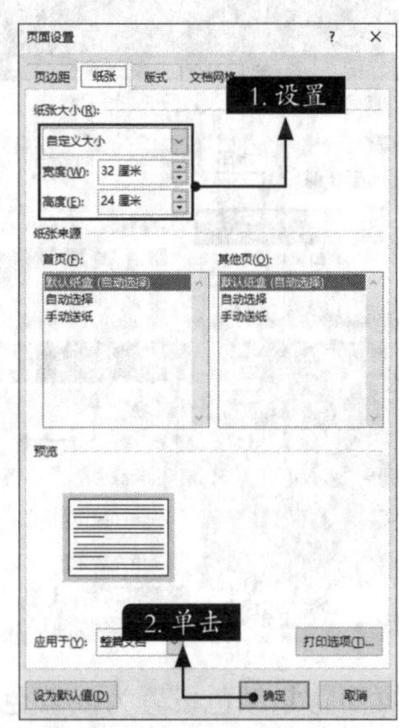

步骤 04 设置纸张的方向和大小后的效果如下图所示。

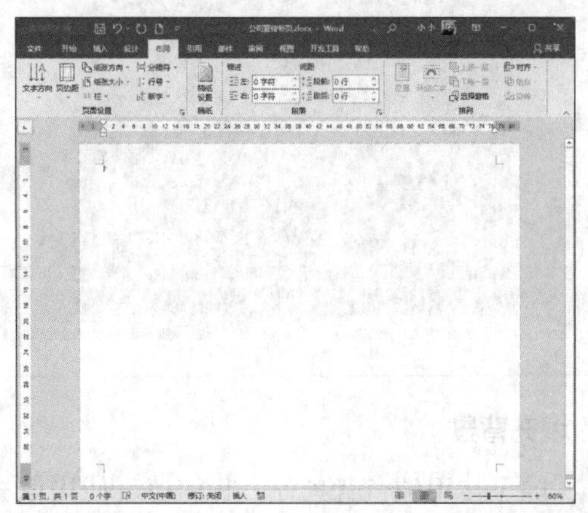

2.1.3 设置页面背景

通过Word可以设置页面背景，使文档更加美观，如设置纯色背景、填充背景等。

1. 纯色背景

下面介绍设置页面背景为纯色的方法，具体操作步骤如下。

步骤01 单击【设计】选项卡下【页面背景】组中的【页面颜色】按钮，在弹出的下拉列表中选择背景颜色，这里选择【浅蓝】，如下图所示。

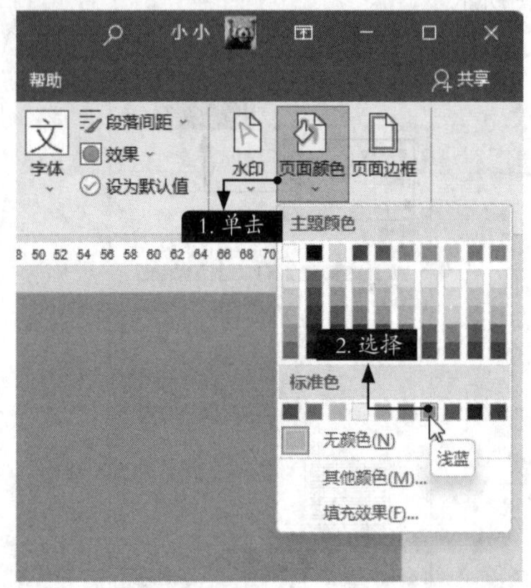

步骤02 将页面背景颜色设置为浅蓝色后的效果如下图所示。

2. 填充背景

除了使用纯色背景外，我们还可使用填充效果来设置文档的背景，包括渐变填充、纹理填充、图案填充和图片填充等，具体操作步骤如下。

步骤01 单击【设计】选项卡下【页面背景】组中的【页面颜色】按钮，在弹出的下拉列表中选择【填充效果】选项，如右上图所示。

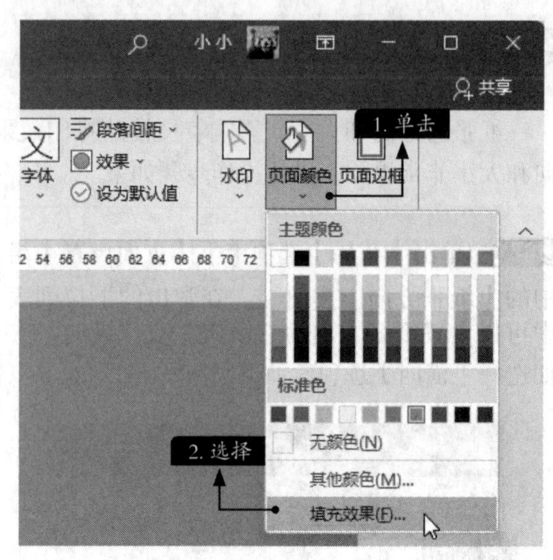

步骤02 弹出【填充效果】对话框，选中【双色】单选按钮，分别设置右侧的【颜色1】和【颜色2】，这里将【颜色1】设置为“蓝色，个性色5,淡色80%”，【颜色2】设置为“白色”，如下图所示。

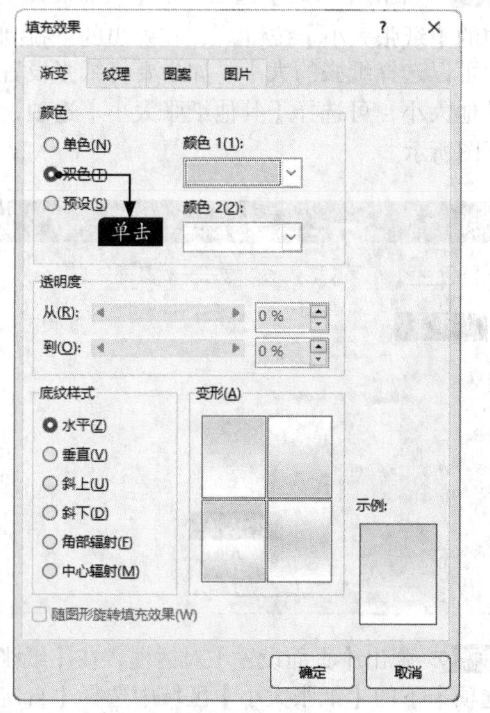

步骤03 在下方的【底纹样式】区域中，选中【角部辐射】单选按钮，然后单击【确定】按钮，如下页图所示。

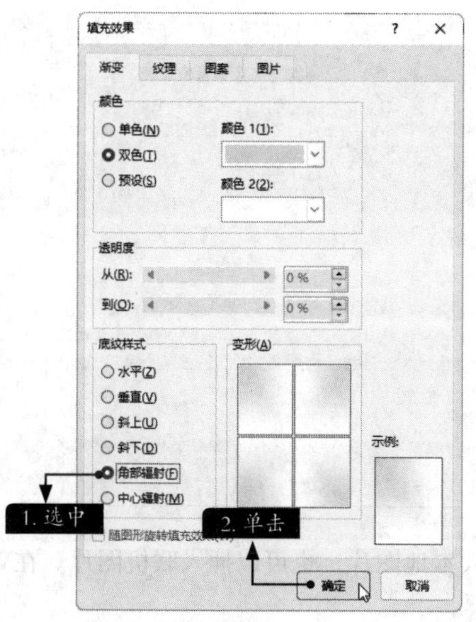

步骤 04 设置渐变填充后的页面效果如下图所示。

小提示

设置纹理填充、图案填充和图片填充的操作与上述操作类似，这里不再赘述。

2.1.4 使用艺术字美化宣传彩页

艺术字是具有特殊效果的字体。艺术字不是普通的文字，而是图形，用户可以像处理其他图形那样对其进行处理。Word的插入艺术字功能可以制作出美观的艺术字，并且操作非常简单。

创建艺术字的具体操作步骤如下。

步骤 01 单击【插入】选项卡下【文本】组中的【艺术字】按钮 ，在弹出的下拉列表中选择一种艺术字样式，如下图所示。

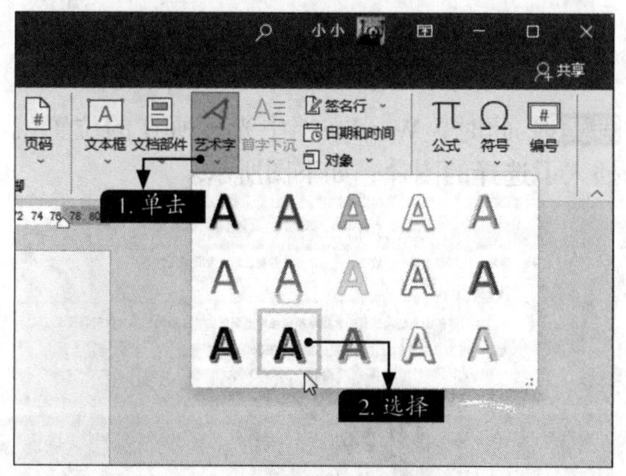

步骤 02 在文档中插入“请在此放置您的文字”艺术字文本框，如右上图所示。

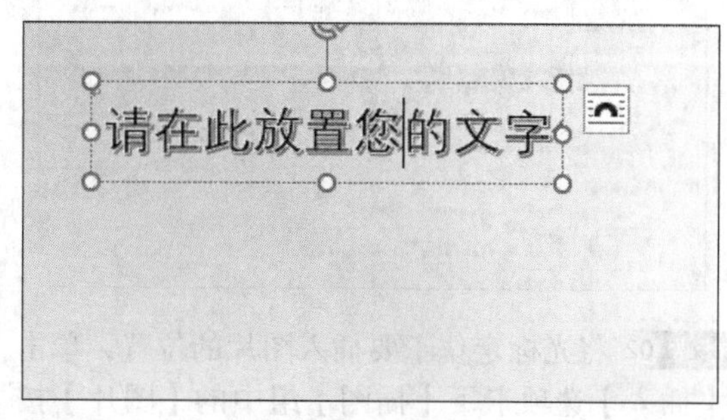

步骤 03 在艺术字文本框中输入“龙马电器销售公司”，即可完成艺术字的创建，如下图所示。

步骤 04 将鼠标指针放置在艺术字文本框上，拖曳艺术字文本框，将艺术字文本框调整至合适的位置，如右图所示。

2.1.5 插入图片

图片可以使文档更加美观。用户可以在文档中插入本地图片，也可以插入联机图片。在Word中插入保存在计算机硬盘中的图片，具体操作步骤如下。

步骤 01 打开“素材\ch02\公司宣传彩页文本.docx”文件，将其中的内容粘贴至“公司宣传彩页.docx”文档中，并根据需要调整字体、段落格式，如下图所示。

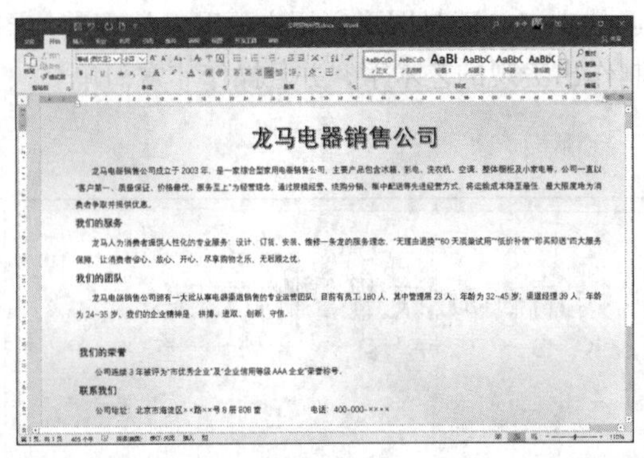

步骤 02 将光标定位于要插入图片的位置，单击【插入】选项卡下【插图】组中的【图片】按钮，在弹出的下拉列表中选择【此设备】选项，如下图所示。

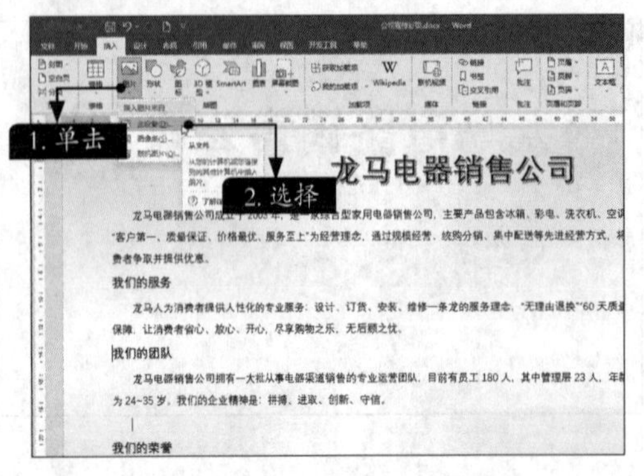

步骤 03 在弹出的【插入图片】对话框中选择需要插入的“素材\ch02\01.png”，单击【插入】按钮，如下图所示。

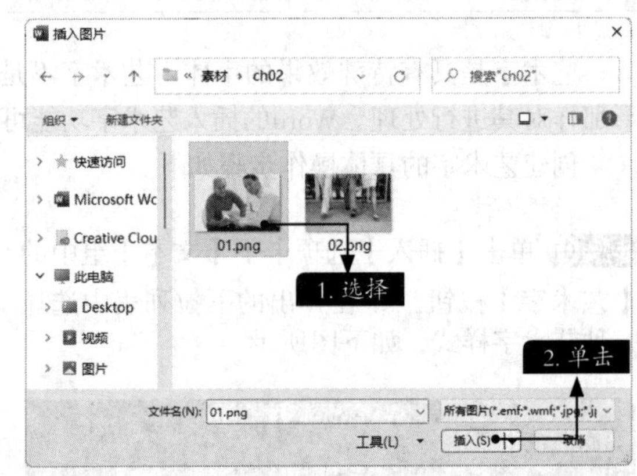

步骤 04 此时，Word文档中光标所在的位置就插入了选择的图片，如下图所示。

2.1.6 设置图片的格式

图片插入Word文档后，其格式不一定符合要求，这时就需要对图片的格式进行适当的设置。

1. 调整图片的大小及位置

插入图片后可以根据需要调整图片的大小及位置，具体操作步骤如下。

步骤01 选择插入的图片，将鼠标指针放在图片4个角的控制点上，当鼠标指针变为⤡形状或⤢形状时，按住鼠标左键并拖曳，调整图片的大小，效果如下图所示。

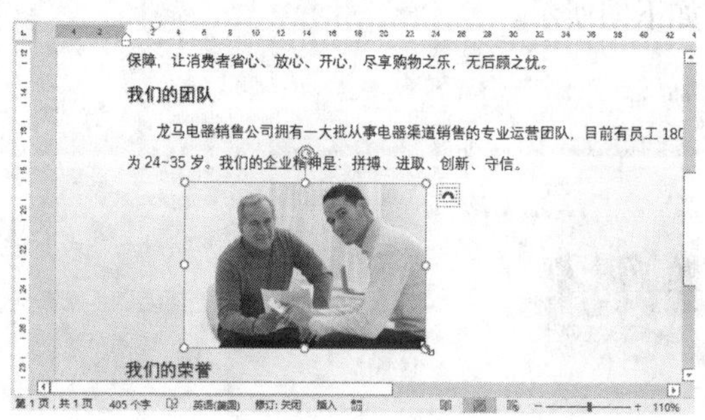

> **小提示**
>
> 在【图片工具-图片格式】选项卡下的【大小】组中可以精确调整图片的大小，如下图所示。
>
> 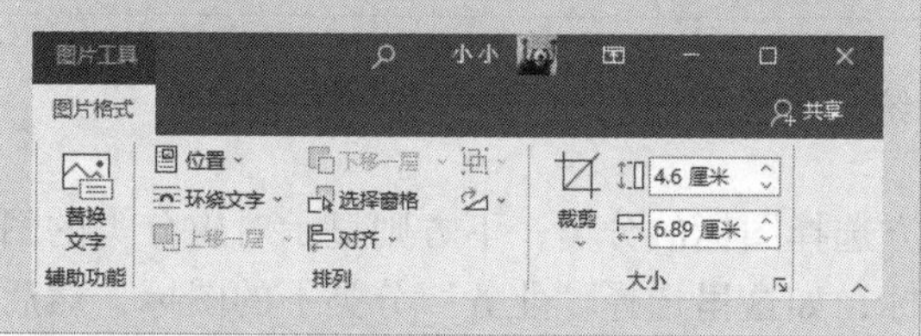
>

步骤02 将光标定位至该图片后面，插入“素材\ch02\02.png”，并根据上述步骤调整图片的大小，效果如下图所示。

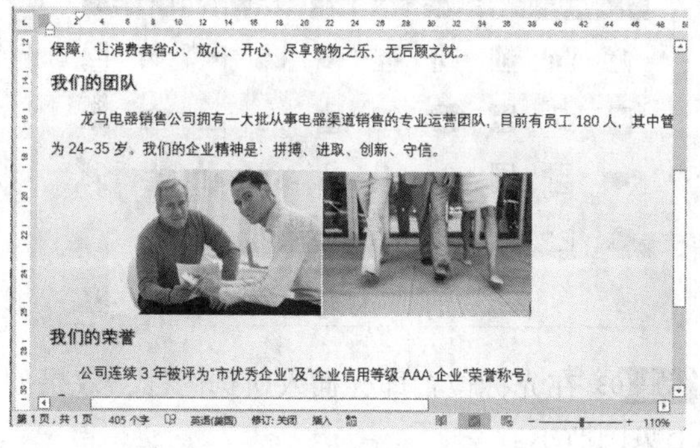

步骤03 选择插入的两张图片，将其设置为居中，如下图所示。

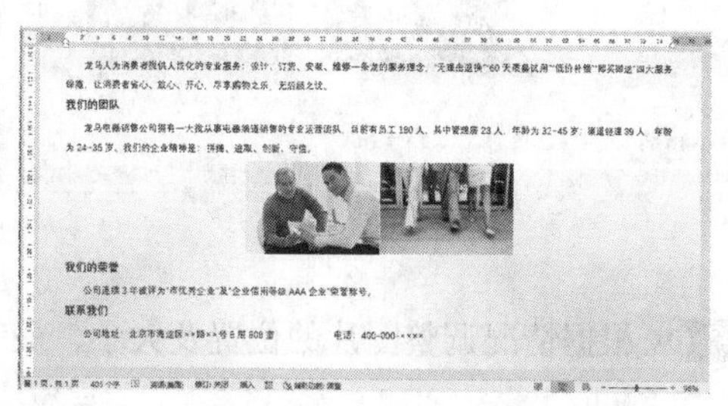

步骤04 可以通过按【Space】键，使两张图片间留有空白，如下图所示。

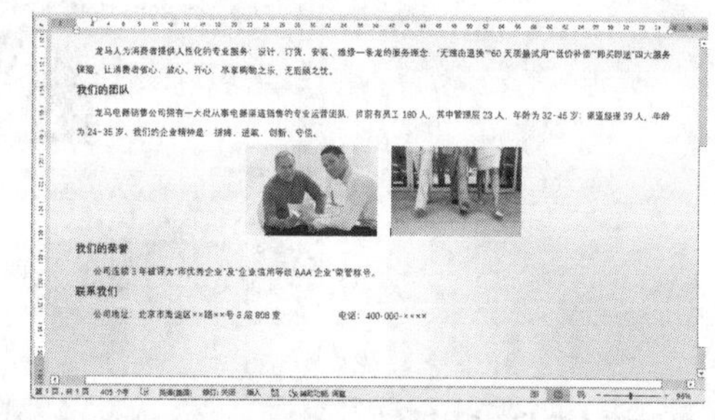

2. 美化图片

插入图片后，用户还可以调整图片的颜色、设置艺术效果、修改图片的样式，使图片更美观。美化图片的具体操作步骤如下。

步骤01 选择要编辑的图片，单击【图片工具-图片格式】选项卡下【图片样式】组中的【其他】按钮▽，在弹出的下拉列表中选择一种图片样式，即可改变图片样式，如这里选择【居中矩形阴影】，如下图所示。

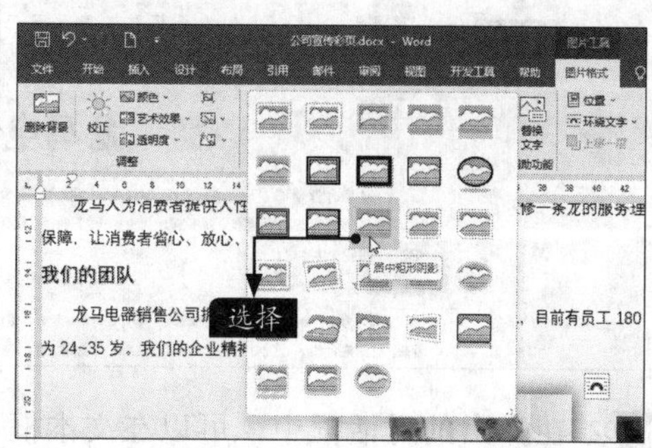

步骤 02 为图片应用样式后的效果如下图所示。

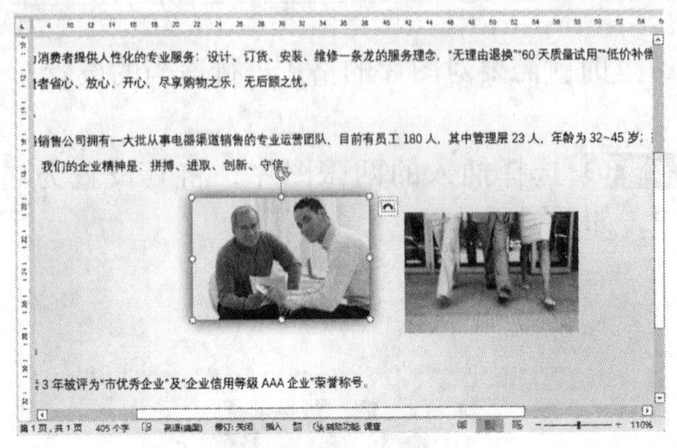

步骤 03 使用同样的方法，为第二张图片应用【居中矩形阴影】效果，如下图所示。

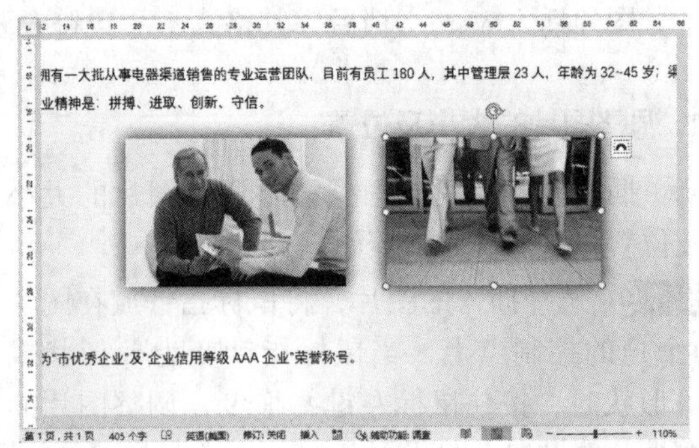

步骤 04 根据情况调整图片的位置及大小，最终效果如下图所示。

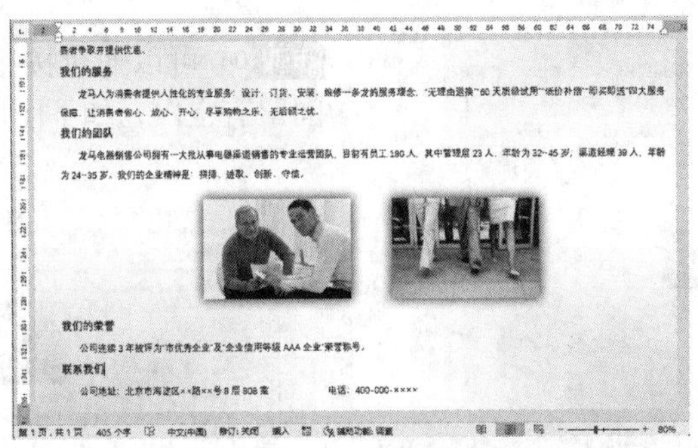

2.1.7 插入图标

在Word中，用户可以根据需要在文档中插入系统自带的图标。

步骤 01 将光标定位在标题前的位置，单击【插入】选项卡下【插图】组中的【图标】按钮，如下图所示。

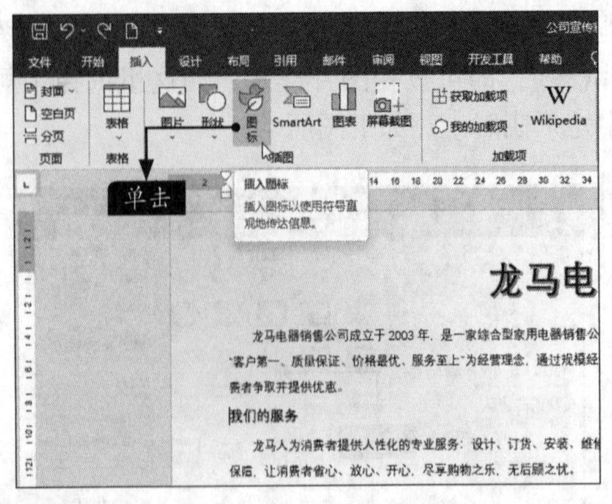

步骤 02 在弹出的对话框中，可以在文本框下方选择图标的分类，下方则显示对应分类的图标，如这里选择“业务”分类下的图标，然后单击【插入】按钮，如下图所示。

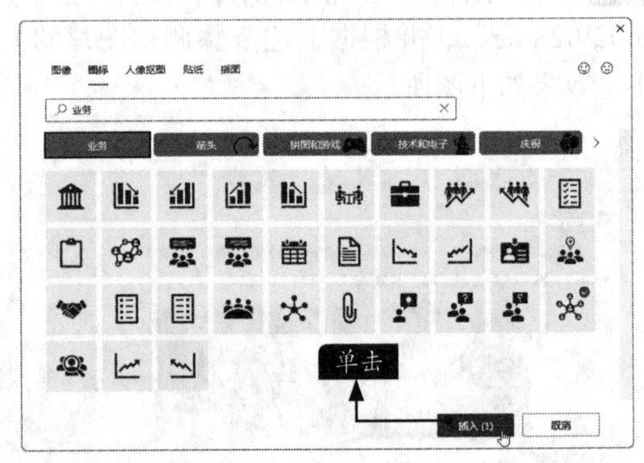

步骤 03 在光标位置即会插入所选图标，效果如下页图所示。

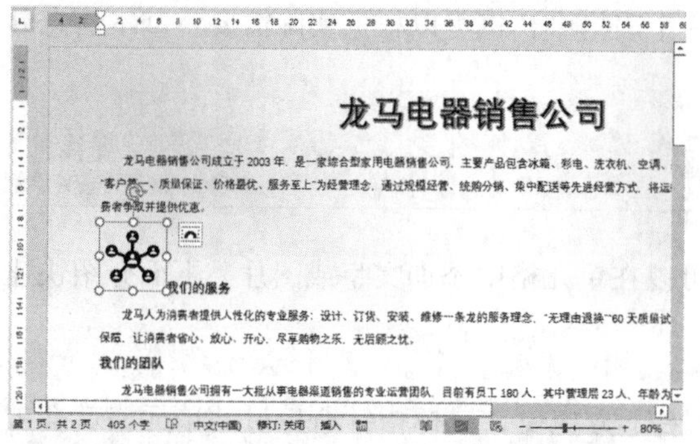

步骤 04 选择插入的图标，将鼠标指针放置在图标的右下角，鼠标指针变为形状，拖曳调整其大小，如下图所示。

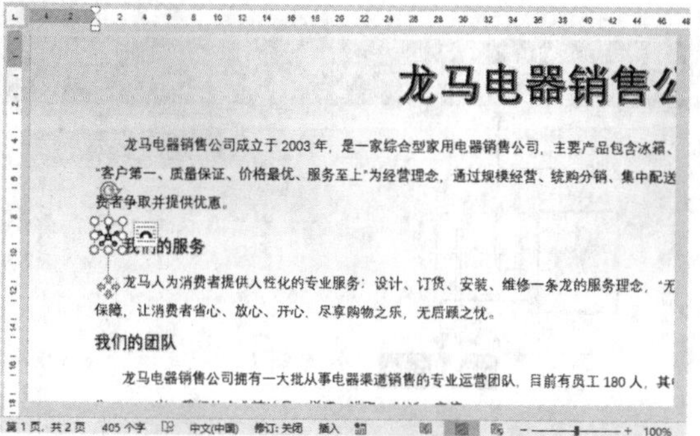

步骤 05 选择该图标，单击图标右侧的【布局选项】按钮，在弹出的下拉列表中选择【紧密型环绕】选项，如下图所示。

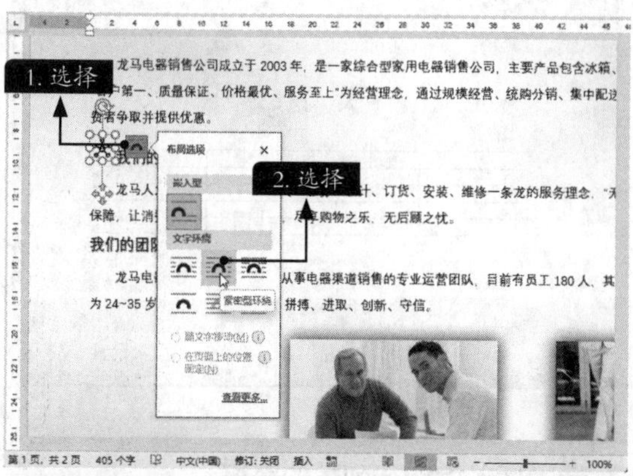

步骤 06 为图标设置布局后的效果如下图所示。

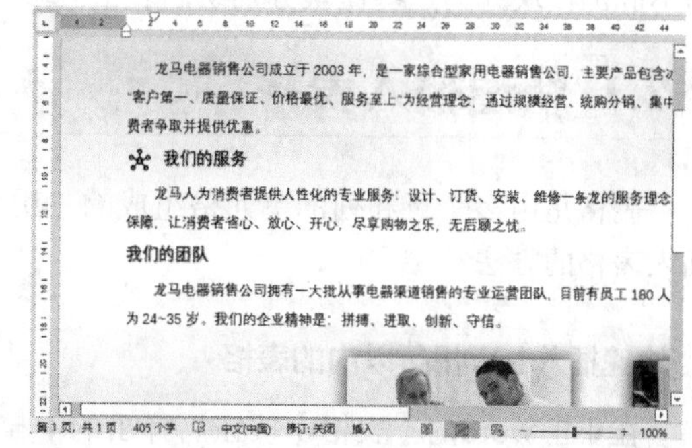

步骤 07 使用同样的方法设置其他标题的图标，效果如下图所示。

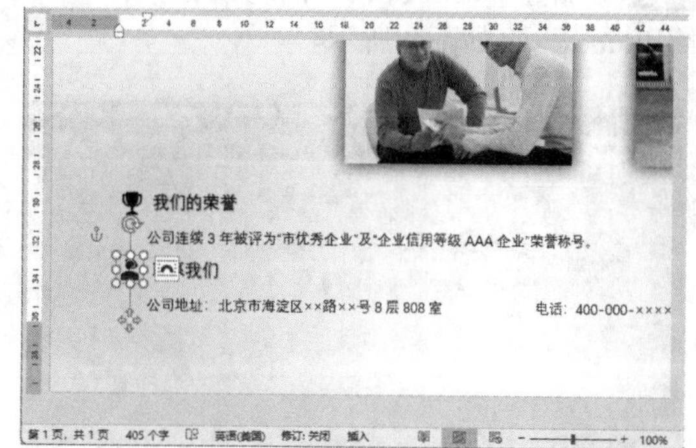

步骤 08 图标设置完成后，可根据情况调整文档的细节并保存，最终效果如下图所示。

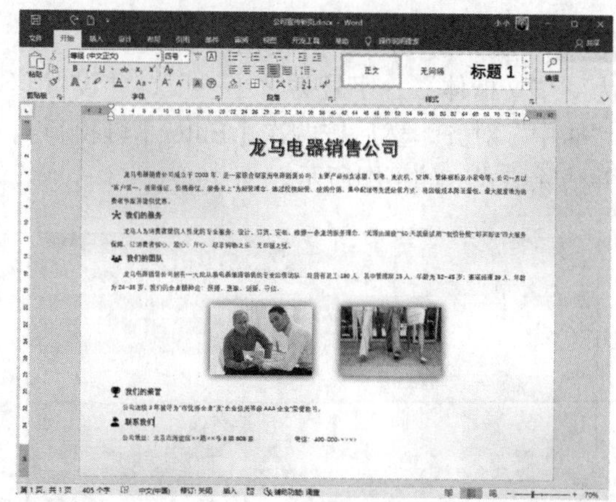

2.2 制作个人求职简历

求职简历可以是表格形式，也可以是其他形式。事实证明，简明扼要、切中要点、朴实无华、坦白真切的简历胜过投机取巧的简历。

在制作简历时，可以将所有介绍内容放置在一个表格中，也可以根据实际需要将基本信息分为不同的模块并为这些模块分别绘制表格。

2.2.1 快速插入表格

表格是由多个行和列的单元格组成的，用户可以在单元格中添加文字或图片。下面介绍快速插入表格的方法。

1. 快速插入10列8行以内的表格

在单击Word的【表格】按钮后弹出的下拉列表中可以快速创建10列8行以内的表格，具体操作步骤如下。

步骤 01 新建Word文档，并将其另存为“个人简历.docx”，如下图所示。

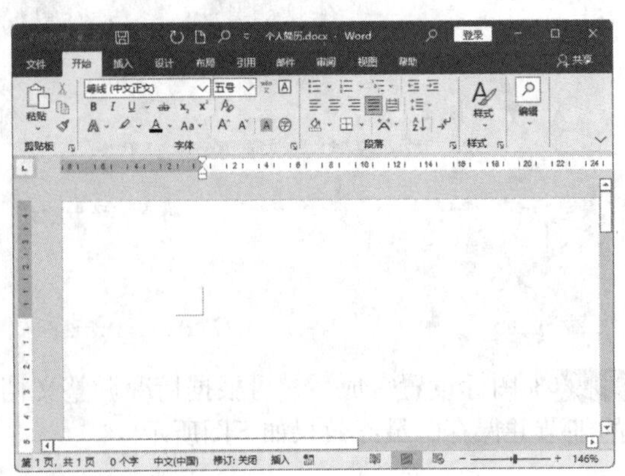

步骤 02 输入标题“个人简历”，设置其字体为“华文楷体”，字号为“小一”，并设置其“居中”对齐，然后按两次【Enter】键换行，并清除格式，如下图所示。

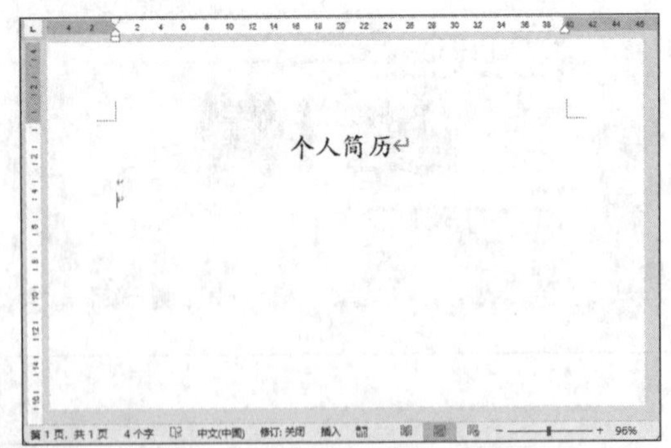

步骤 03 将光标定位到需要插入表格的位置，单击【插入】选项卡下【表格】组中的【表格】按钮，在弹出的下拉列表中选择网格显示框，即将鼠标指针指向网格显示框左上角，向右下方拖曳，鼠标指针所掠过的单元格就会被全部选中并高亮显示。在网格顶部的提示栏中会显示被选中表格的行数和列数，同时在光标所在区域可以预览到所要插入的表格，如下图所示。

步骤 04 单击即可插入表格，如下图所示。

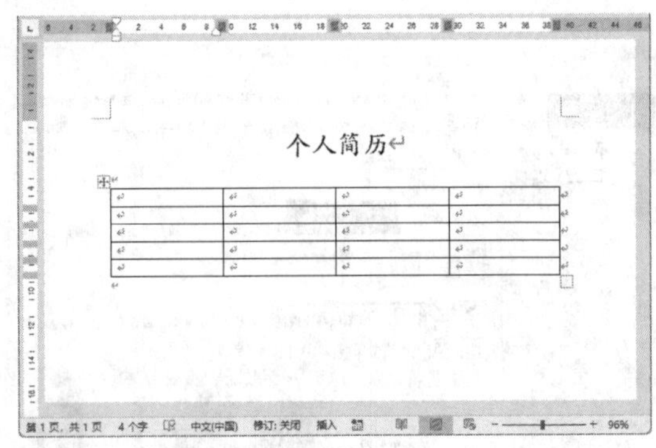

2. 精确插入指定行列数的表格

使用上述方法，虽然可以快速创建表格，但是只能创建10列8行以内的表格，且不方便插入指定行列数的表格，而通过【插入表格】对话框，则可以在创建表格时不受行数和列数的限制，并且可以对表格的宽度进行调整。

步骤 01 删除上一节创建的表格，将光标定位到需要插入表格的位置，在单击【表格】按钮后弹出的下拉列表中选择【插入表格】选项。弹出【插入表格】对话框，在【表格尺寸】区域中设置【列数】为“5”，【行数】为“9”，其他为默认，然后单击【确定】按钮，如下图所示。

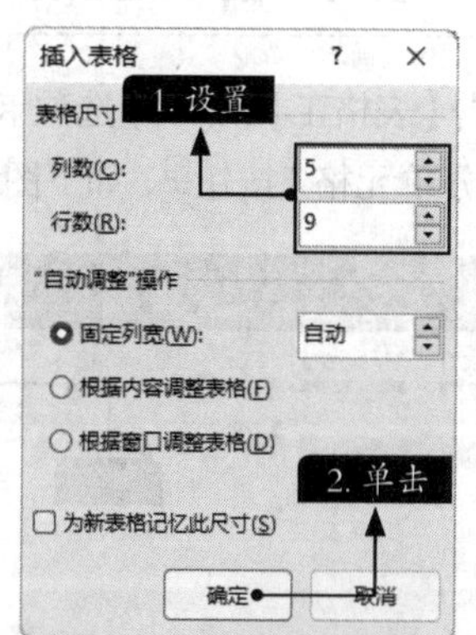

步骤 02 在文档中插入一个9行5列的表格，如下图所示。

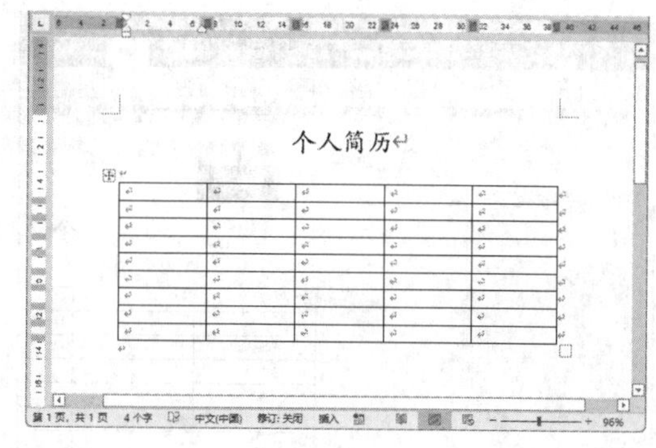

小提示

当用户需要创建不规则的表格时，可以使用表格绘制工具来创建表格。单击【插入】选项卡下【表格】组中的【表格】按钮，在其下拉列表中选择【绘制表格】选项，如下左图所示。当鼠标指针变为铅笔形状时，在需要绘制表格的地方单击并拖曳绘制出表格的外边界，形状为矩形。在该矩形中绘制行线、列线，直至满意为止。按【Esc】键退出表格绘制模式，如下右图所示。

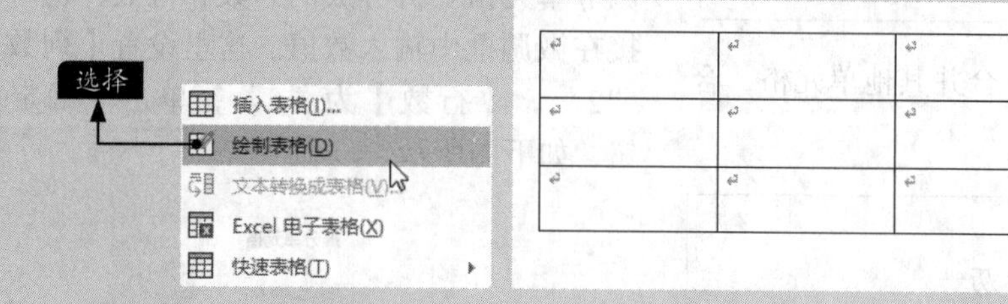

2.2.2 合并和拆分单元格

把相邻单元格之间的边线擦除，就可以将两个或多个单元格合并成一个大的单元格。而在一个单元格中添加一条或多条边线，就可以将一个单元格拆分成两个或多个小单元格。下面介绍如何合并与拆分单元格。

1. 合并单元格

实际操作中，有时需要将表格的某一行或某一列中的多个单元格合并为一个单元格。使用【合并单元格】选项可以快速地清除多余的线条，使多个单元格合并成一个单元格。

步骤 01 在创建的表格中，选择要合并的单元格，如右图所示。

个人简历

步骤 02 单击【表格工具-布局】选项卡下【合并】组中的【合并单元格】按钮，如下图所示。

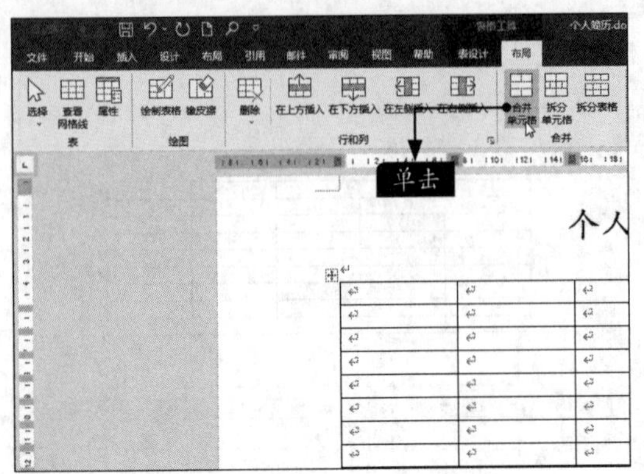

步骤 03 所选单元格合并，形成一个新的单元格，如下图所示。

个人简历

步骤 04 使用同样的方法，合并其他单元格，合并后的效果如下图所示。

个人简历

2. 拆分单元格

拆分单元格就是将被选中的单元格拆分成等宽的多个小单元格。可以同时对多个单元格进行拆分。

步骤 01 选择要拆分的单元格或者将光标移动到要拆分的单元格中，这里选择第6行第2列单元格，如右上图所示。

步骤 02 单击【表格工具-布局】选项卡下【合并】组中的【拆分单元格】按钮，如下图所示。

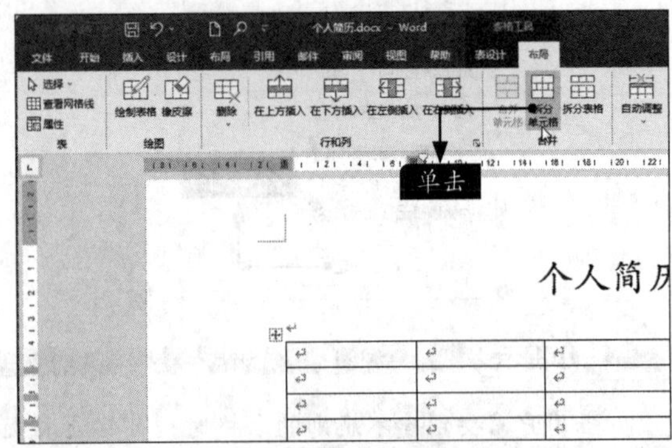

步骤 03 弹出【拆分单元格】对话框，单击【列数】和【行数】微调框右侧的微调按钮，分别调节单元格要拆分成的列数和行数，也可以直接在微调框中输入数值。这里设置【列数】为“2”，【行数】为“5”，单击【确定】按钮，如下图所示。

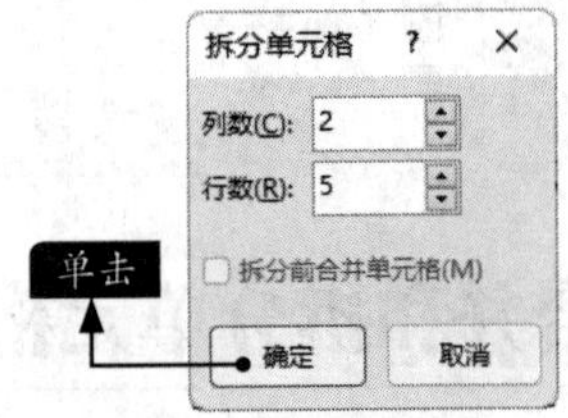

步骤 04 此时将被选中的单元格拆分成5行2列的单元格，效果如下图所示。

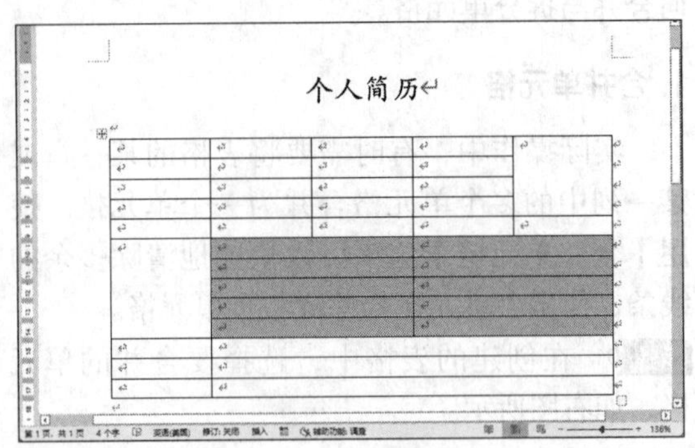

2.2.3 调整表格的行与列

在Word中插入表格后，还可以对表格进行编辑，如添加、删除行和列及设置行高和列宽等。

1. 添加、删除行和列

使用表格时，经常会出现单元格的行、列不够用或多余的情况。Word提供了多种添加或删除单元格行、列的方法。

（1）插入行

下面介绍如何在表格中插入整行。

步骤 01 将光标定位在某个单元格，切换到【表格工具-布局】选项卡，在【行和列】组中，选择相对于当前单元格将要插入的新行的位置，这里单击【在上方插入】按钮，如下图所示。

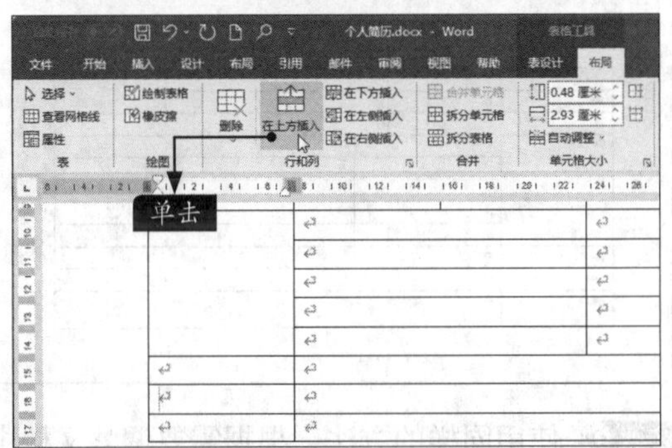

步骤 02 即可在选择行的上方插入新行，效果如下图所示。插入列的操作与此类似。

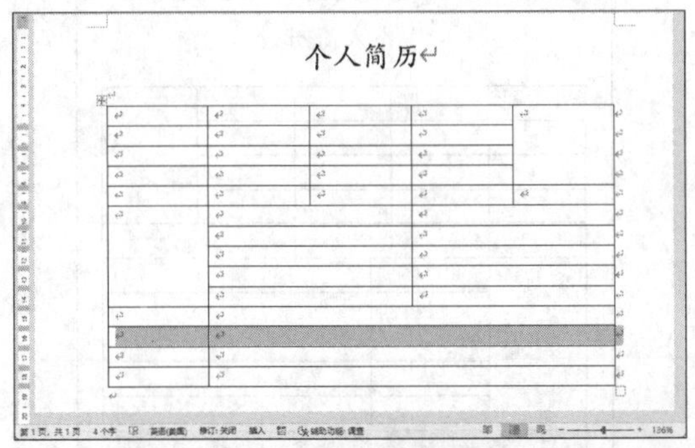

小提示

将光标定位在某行最后一个单元格的外边，按【Enter】键，即可快速添加新行。

另外，在表格的左侧或顶端，将鼠标指针移动到行与行或列与列之间，将显示标记，单击该标记，即可在该标记下方插入行或右侧插入列。

（2）删除行或列

删除行或列有以下两种方法。

方法一：使用快捷键

步骤 01 选择需要删除的行或列，按【Backspace】键，如下图所示。

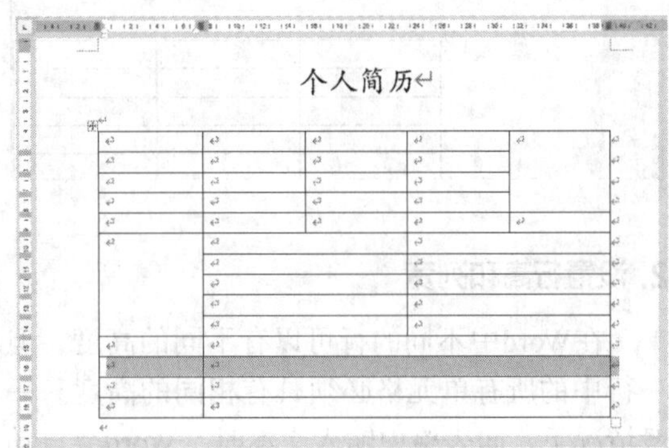

步骤 02 即可删除选定的行或列，如下图所示。

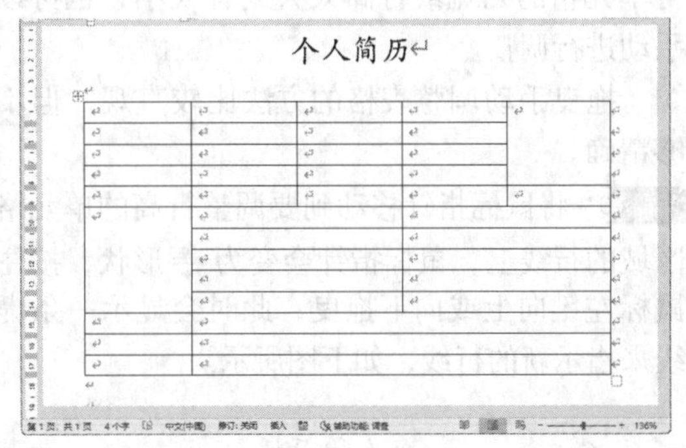

在使用该方法时，应选中整行或整列，然后按【Backspace】键方可删除，否则会弹出【删除单元格】对话框，询问删除哪些单元格，如下图所示。

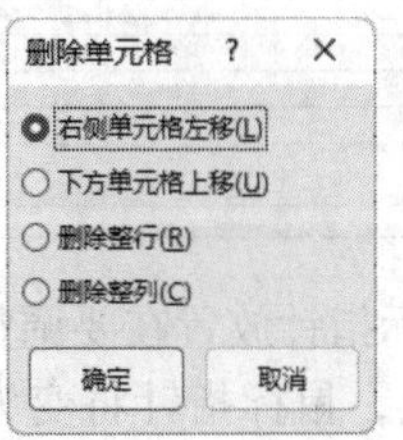

方法二：使用功能区

选择需要删除的行或列，单击【表格工具-布局】选项卡下【行和列】组中的【删除】按钮，在弹出的下拉列表中选择【删除列】或【删除行】选项，即可将选择的列或行删除，如下图所示。

2. 设置行高和列宽

在Word中不同的行可以有不同的高度，但一行中的所有单元格必须具有相同的高度。一般情况下，向表格中输入文本时，Word会自动调整单元格的行高以适应输入的内容。如果觉得单元格的列宽或行高太大或者太小，也可以手动进行调整。

拖曳手动调整表格的方法比较直观，但不够精确。

步骤 01 将鼠标指针移动到要调整行高的单元格区域的行线上，鼠标指针会变为÷形状，按住鼠标左键向上或向下拖曳，此时会显示一条虚线来指示新的行线，如下图所示。

个人简历

步骤 02 将鼠标指针放置在要调整列宽的单元格区域的列线上，鼠标指针将变为+‖+形状，按住鼠标左键向左或向右拖曳，即可改变所选单元格区域的列宽，如下图所示。

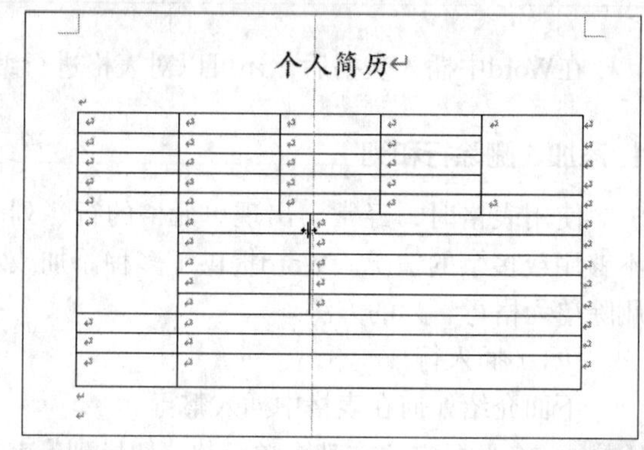

步骤 03 拖曳至合适位置处释放鼠标左键，即可完成调整列宽的操作，如下图所示。

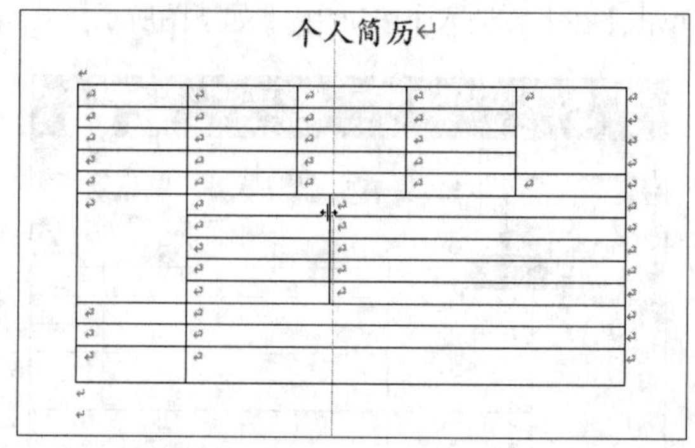

步骤 04 使用同样的方法，根据需要调整文档中各单元格区域的行高及列宽，最终效果如下图所示。

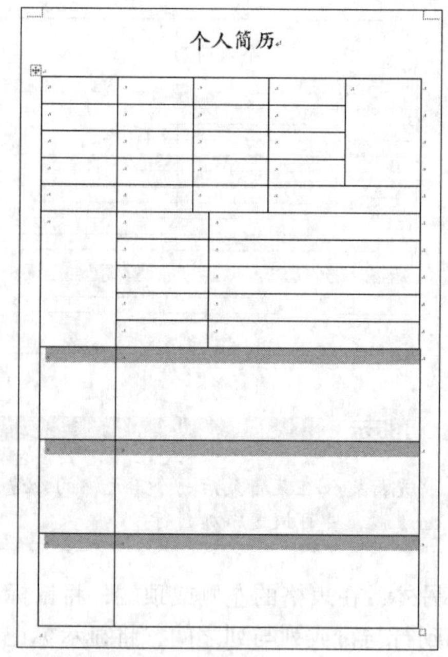

此外，在【表格工具-布局】选项卡下的【单元格大小】组中单击【表格行高】和【表格列宽】微调框后的微调按钮或者直接输入数据，即可精确调整各单元格区域行高及列宽，如右图所示。

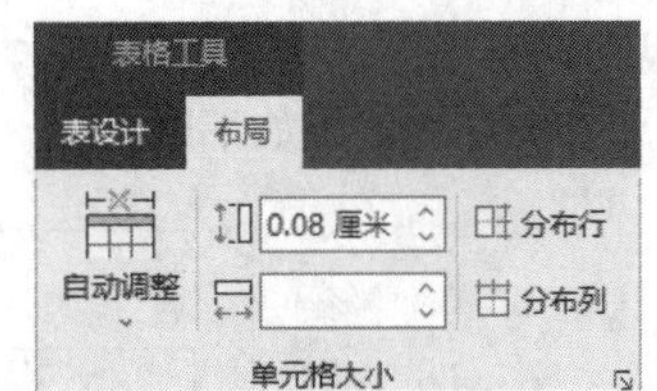

2.2.4 编辑表格内容格式

表格创建完成后，即可在表格中输入内容并设置内容的格式，具体操作步骤如下。

步骤01 根据需要在表格中输入内容，效果如下图所示。

个人简历

姓名		性别		照片
出生年月		民族		
学历		专业		
电话		电子邮箱		
籍贯		联系地址		
求职意向	目标职位			
	目标行业			
	期望薪金			
	期望工作地区			
	到岗时间			
教育经历				
工作经历				
个人评价				

步骤02 选择前5行，设置文本字体为“楷体”，字号为“14”，效果如下图所示。

个人简历

姓名		性别		照片
出生年月		民族		
学历		专业		
电话		电子邮箱		
籍贯		联系地址		
求职意向	目标职位			
	目标行业			
	期望薪金			
	期望工作地区			
	到岗时间			

步骤03 单击【表格工具-布局】选项卡下【对齐方式】组中的【水平居中】按钮☰，将文本设置为水平居中对齐，如下图所示。

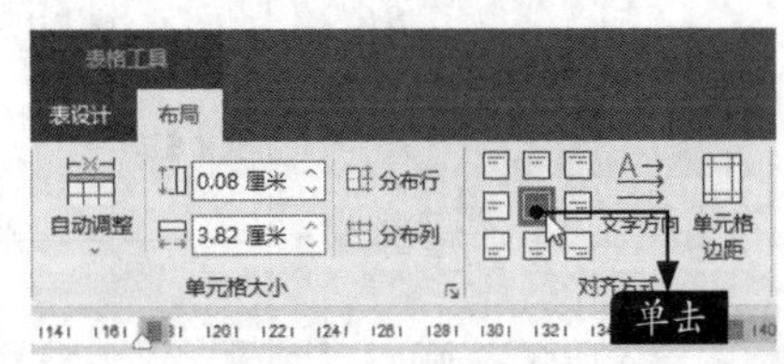

步骤04 为文本设置对齐方式后的效果如下图所示。

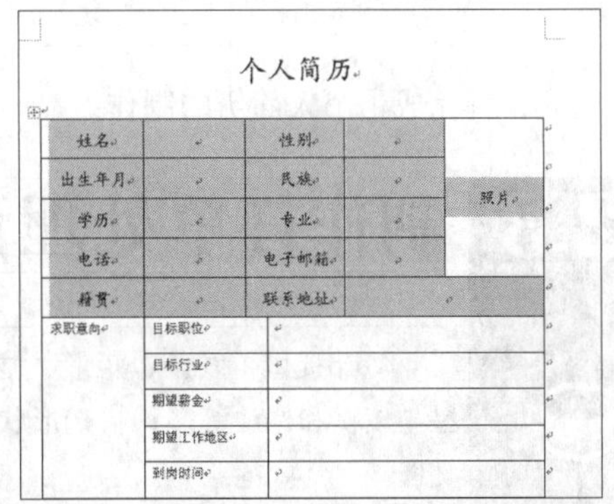

个人简历

姓名		性别		照片
出生年月		民族		
学历		专业		
电话		电子邮箱		
籍贯		联系地址		
求职意向	目标职位			
	目标行业			
	期望薪金			
	期望工作地区			
	到岗时间			

步骤05 使用同样的方法，根据需要设置“求职意向”后面的单元格文本的字体为“楷体”，字号为“14”，对齐方式为“中部左对齐”，效果如下图所示。

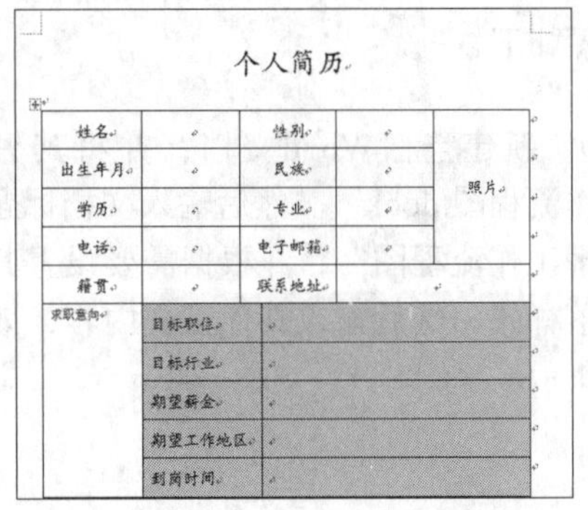

个人简历

姓名		性别		照片
出生年月		民族		
学历		专业		
电话		电子邮箱		
籍贯		联系地址		
求职意向	目标职位			
	目标行业			
	期望薪金			
	期望工作地区			
	到岗时间			

步骤 06 根据需要设置其他文本的字体为“楷体”，字号为“16”，添加加粗效果，并设置对齐方式为“水平居中”，效果如下图所示。

个人简历

姓名		性别		照片
出生年月		民族		
学历		专业		
电话		电子邮箱		
籍贯		联系地址		
求职意向	目标职位			
	目标行业			
	期望薪金			
	期望工作地区			
	到岗时间			
教育履历				
工作经历				
个人评价				

至此，就完成了个人简历的制作。

2.3 制作订单处理流程图

Word提供了线条、矩形、基本形状、箭头总汇、公式形状、流程图、星与旗帜和标注等多种自选形状，用户可以根据需要选择适当的形状美化文档。

2.3.1 绘制流程图形状

流程图可以展示某一项工作的流程，比文字描述更直观、更形象。绘制流程图形状的具体操作步骤如下。

步骤 01 新建空白Word文档，并将其另存为“工作流程图.docx”。然后输入文档标题“订单处理工作流程图”，并根据需要设置其字体和段落样式，然后输入其他正文内容，效果如右图所示。

订单处理工作流程图

网上订单处理工作流程图如下。

步骤 02 单击【插入】选项卡下【插图】组中的【形状】按钮，在弹出的下拉列表中选择“椭圆”形状，如下图所示。

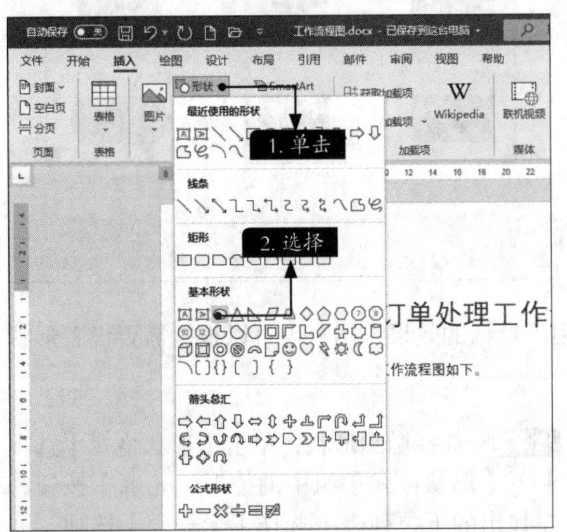

步骤 03 在文档中确定好要绘制形状的起始位置，按住鼠标左键并拖曳至合适位置，松开鼠标左键，即可完成椭圆形状的绘制，如下图所示。

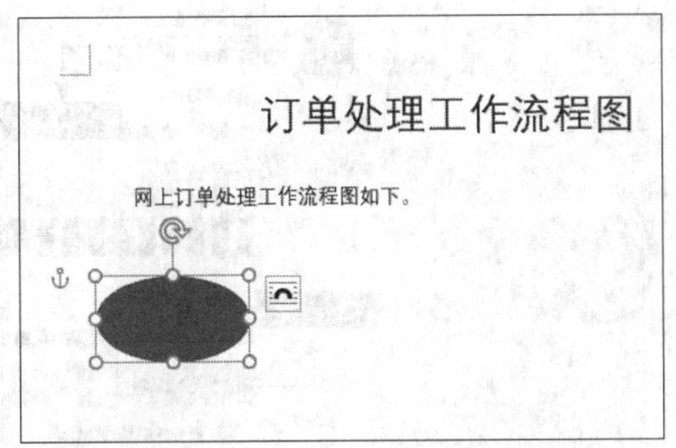

步骤 04 单击【插入】选项卡下【插图】组中的【形状】按钮，在弹出的下拉列表中选择【流程图】区域中的“流程图：过程”形状，如下图所示。

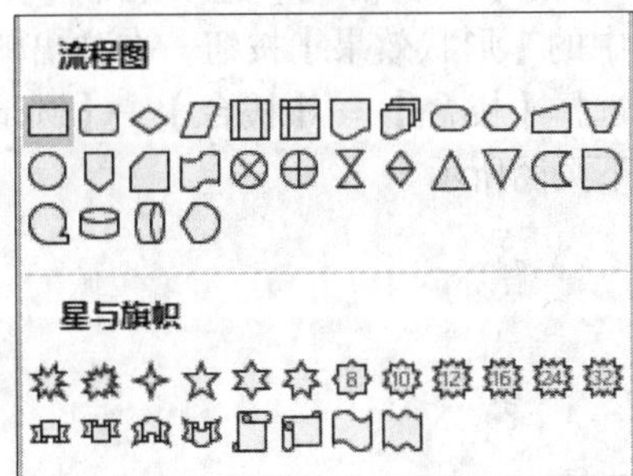

步骤 05 在文档中绘制“流程图：过程”形状后的效果如下图所示。

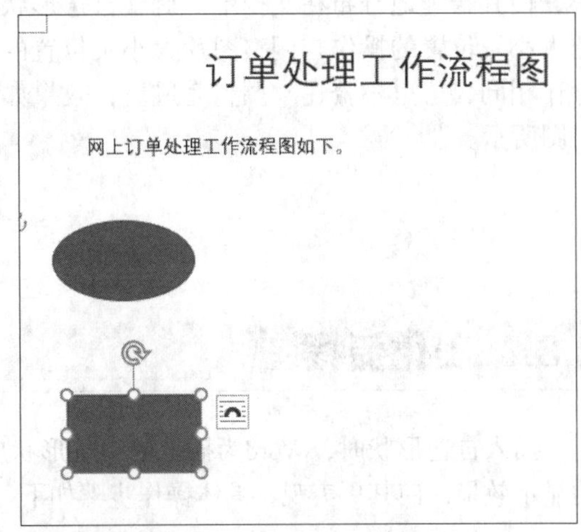

步骤 06 选择绘制的“流程图：过程”形状，按【Ctrl+C】组合键复制，然后按6次【Ctrl+V】组合键，完成图形的粘贴，如下图所示。

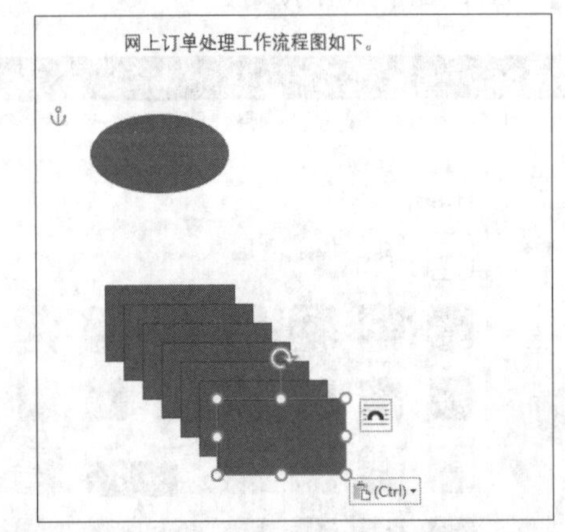

步骤 07 重复步骤04~步骤05的操作，绘制“流程图：终止”形状，效果如下图所示。

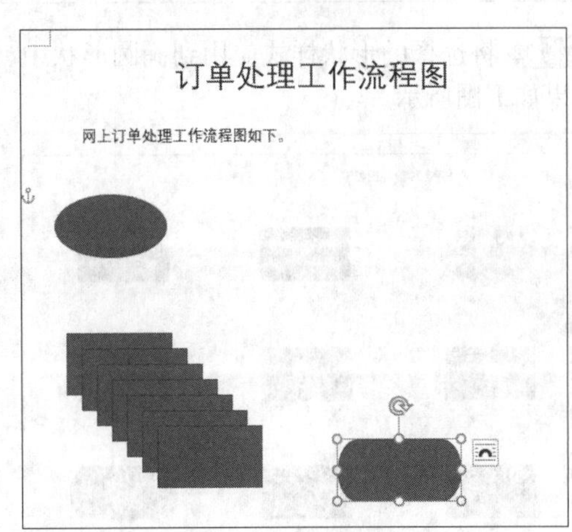

步骤08 依次选择绘制的形状，调整其位置和大小，使其合理地分布在文档中。调整自选形状的大小及位置的操作与调整图片大小及位置的操作相同，这里不赘述。调整完成后，效果如右图所示。

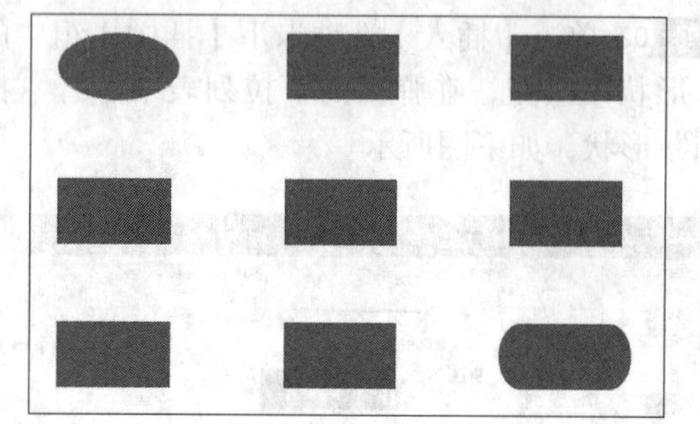

2.3.2 美化流程图

插入自选形状时，Word为插入的自选形状应用了默认的效果，用户也可以根据需要设置形状的显示效果，使其更美观，具体操作步骤如下。

步骤01 选择椭圆形状，单击【形状格式】选项卡下【形状样式】组中的【其他】按钮，在弹出的下拉列表中选择【中等效果-绿色,强调颜色 6】样式，如下图所示。

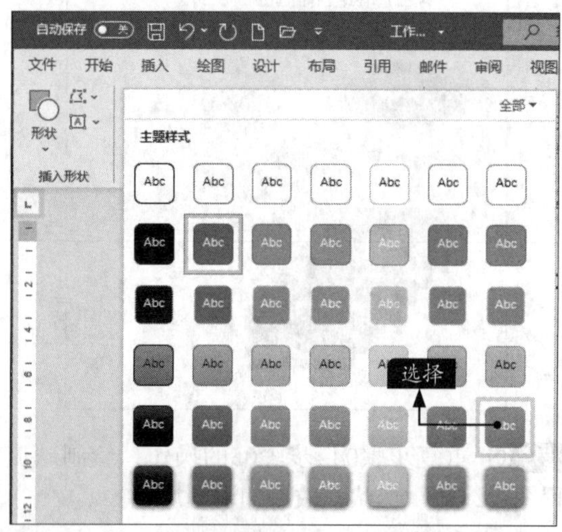

步骤02 将选择的形状样式应用到椭圆形状中，效果如下图所示。

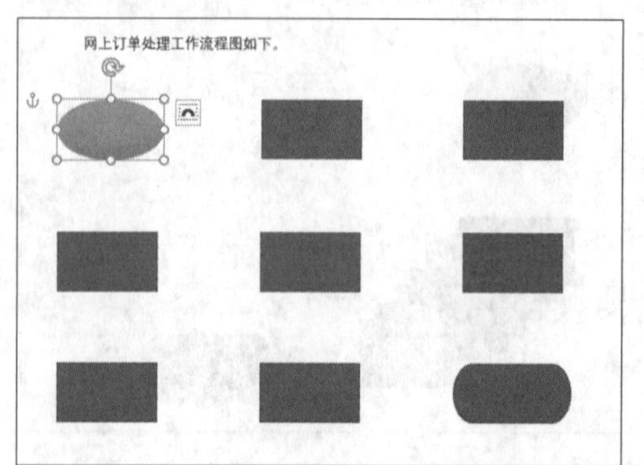

步骤03 选择椭圆形状，单击【形状格式】选项卡下【形状样式】组中的【形状轮廓】按钮，在弹出的下拉列表中选择【无轮廓】选项，如下图所示。

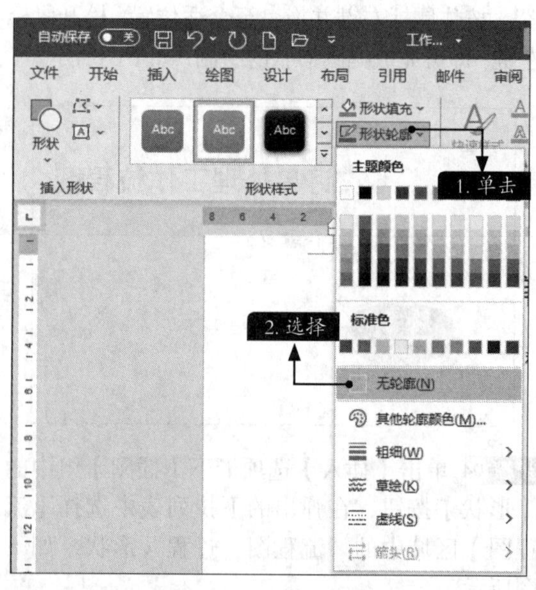

步骤04 单击【形状格式】选项卡下【形状样式】组中的【形状效果】按钮，在弹出的下拉列表中选择【棱台】→【棱台】→【圆形】选项，如下页图所示。

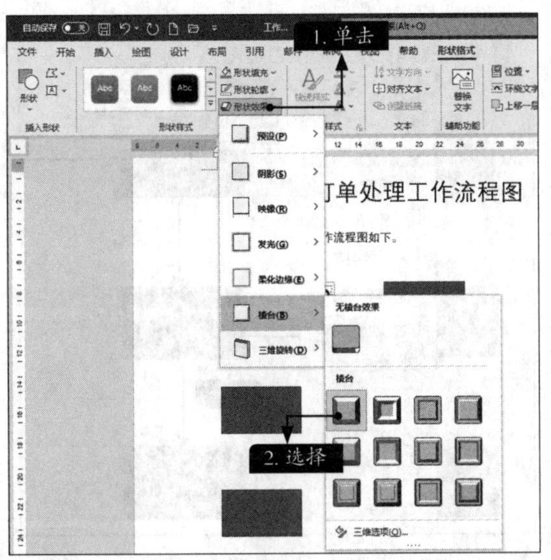

步骤 05 美化椭圆形状后的效果如右上图所示。

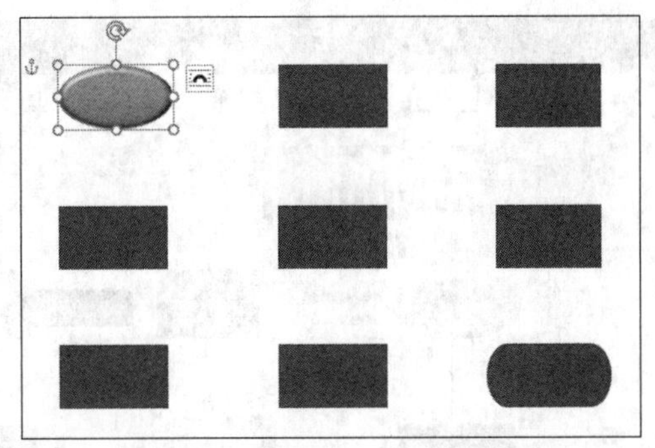

步骤 06 使用同样的方法，根据需要美化其他自选形状，最终效果如下图所示。

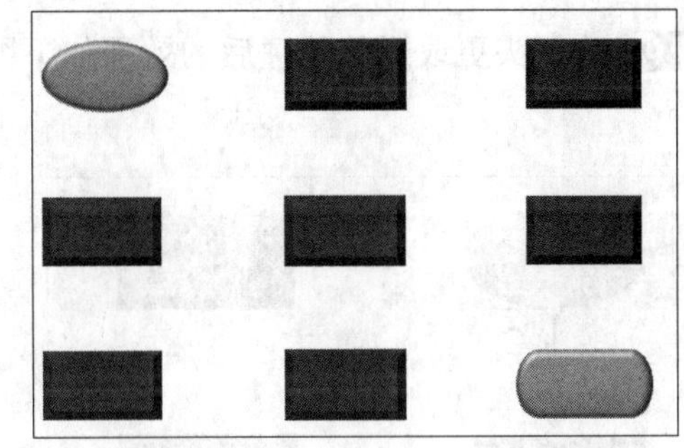

2.3.3 连接所有流程图形状

绘制并美化流程图形状后，需要将绘制的形状连接起来，并输入流程描述文字，以完成流程图的绘制，具体操作步骤如下。

步骤 01 单击【插入】选项卡下【插图】组中的【形状】按钮，在弹出的下拉列表中，选择“直线箭头”形状，如下图所示。

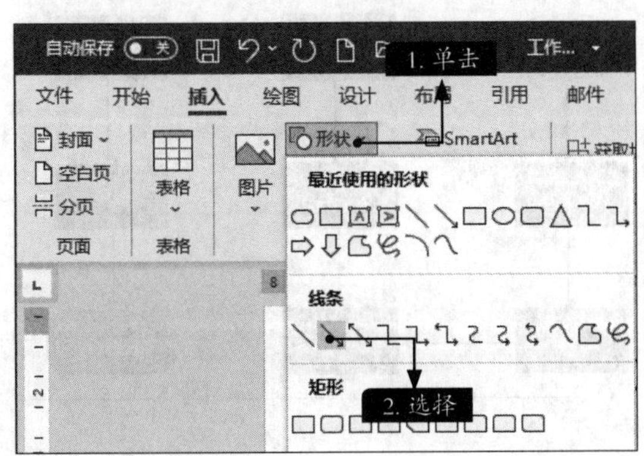

步骤 02 按住【Shift】键，在文档中绘制直线箭头，如右上图所示。

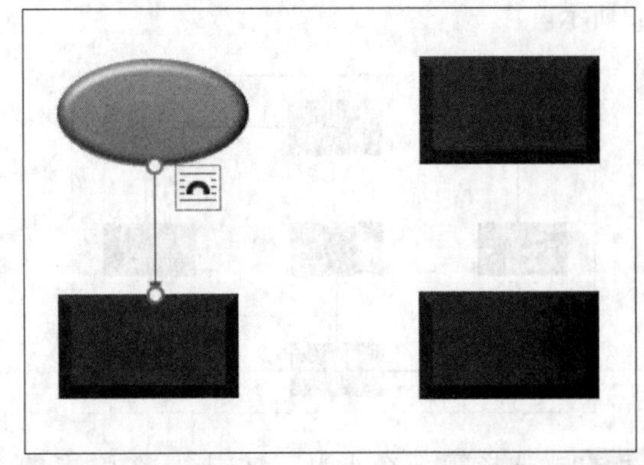

步骤 03 选择绘制的形状，单击【形状格式】选项卡下【形状样式】组中的【形状轮廓】按钮，在弹出的下拉列表中选择【黑色】选项，将直线箭头颜色设置为“黑色”，【粗细】设置为“1.5磅”，并将【箭头】设置为“箭头样式2”，如下页图所示。

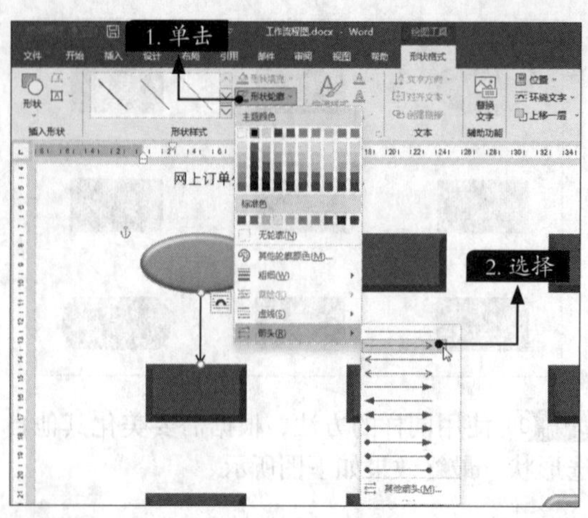

步骤 04 为箭头更改形状轮廓后的效果如下图所示。

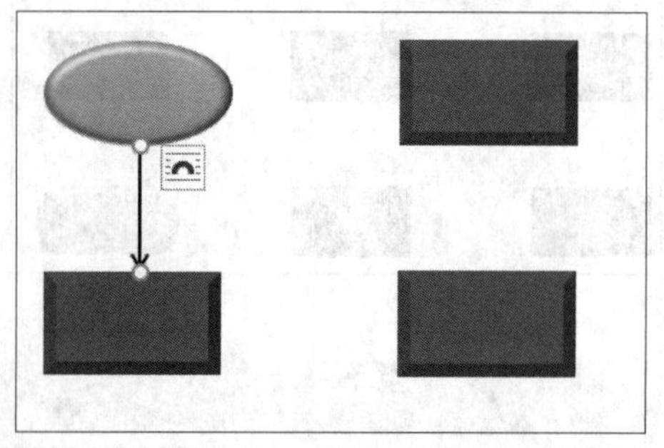

步骤 05 设置直线箭头的形状轮廓后，可以选择并复制绘制的直线箭头，调整直线箭头的形状，并将其移动至合适的位置，最终效果如下图所示。

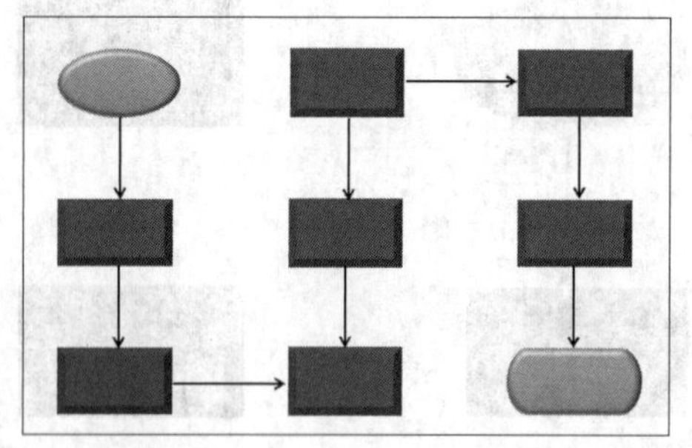

步骤 06 选择第一个形状，右击，在弹出的快捷菜单中选择【添加文字】命令，如右上图所示。

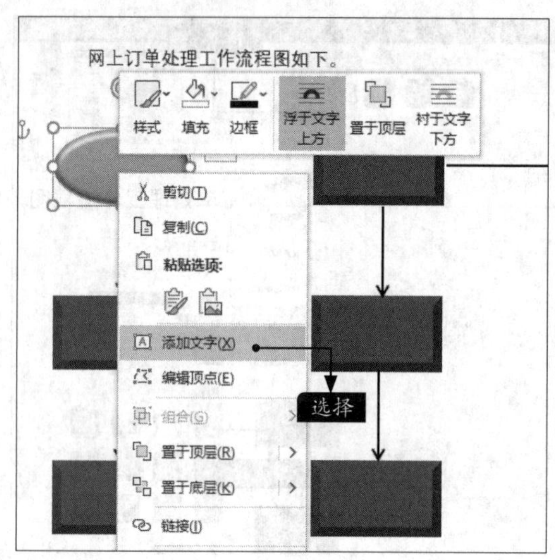

步骤 07 形状中会显示光标，输入“提交订单”，并根据需要设置文字的字体样式，效果如下图所示。

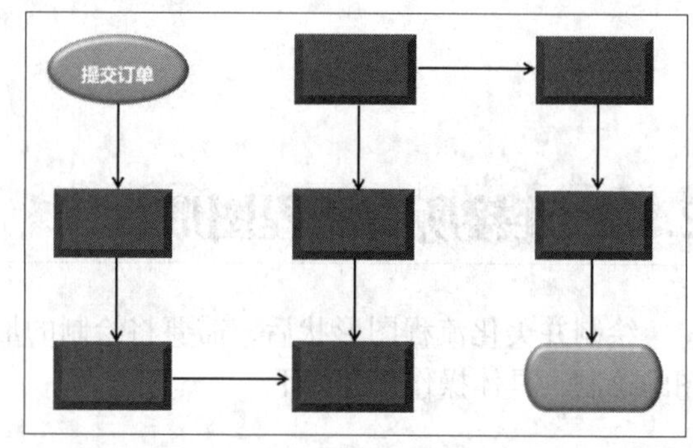

步骤 08 使用同样的方法添加其他文字，就完成了流程图的制作，效果如下图所示。

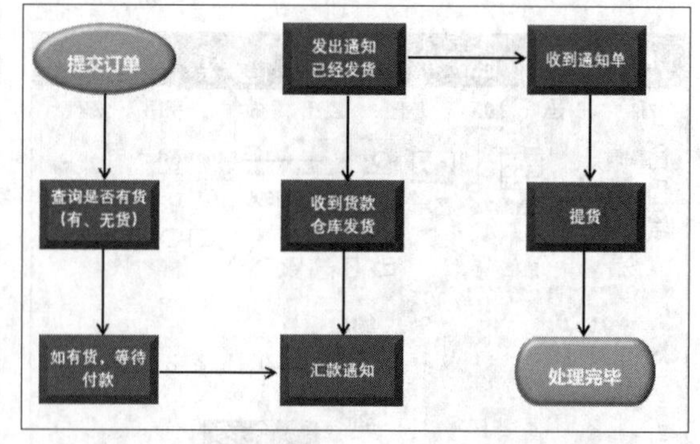

2.3.4 为流程图插入制图信息

流程图绘制完成后，可以根据需要在其下方插入制图信息，如制图人的姓名、绘制图形的日期等，具体操作步骤如下。

步骤 01 单击【插入】选项卡下【文本】组中的【文本框】按钮，在弹出的下拉列表中选择【绘制横排文本框】选项，如下图所示。

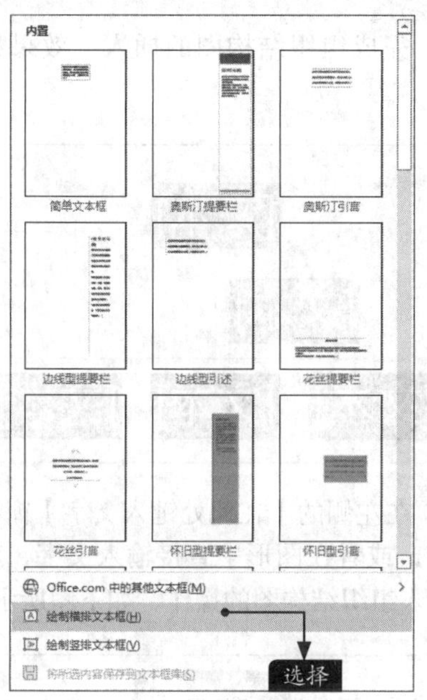

步骤 02 在流程图下方绘制文本框，并在文本框中输入制图信息，然后根据需要设置文字样式，如下图所示。

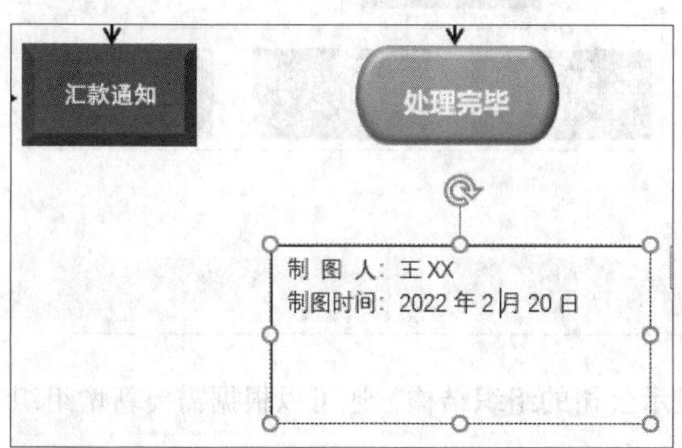

步骤 03 调整文本框的大小，并在【形状格式】选项卡下【形状样式】组中单击【形状轮廓】按钮，在弹出的下拉列表中选择【无轮廓】选项，如下图所示。

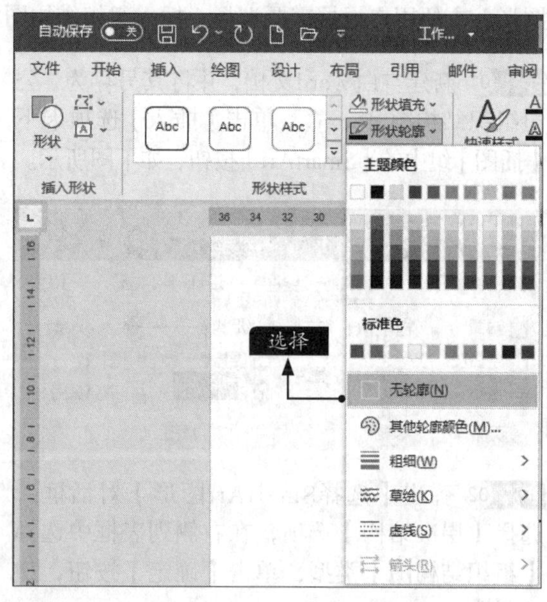

步骤 04 至此，就完成了工作流程图的制作，最终效果如下图所示。

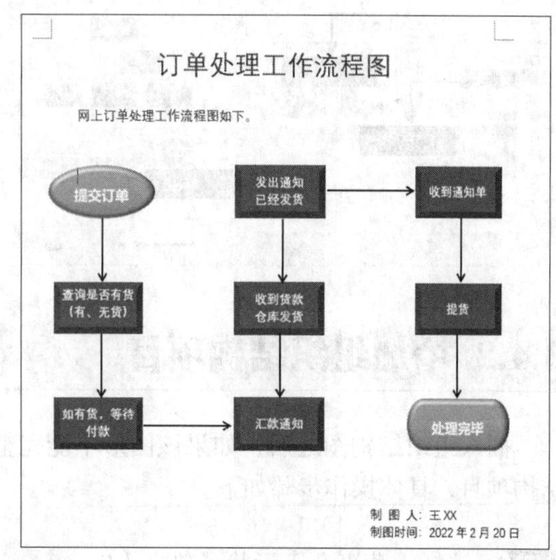

2.4 制作公司组织结构图

SmartArt图形可以形象直观地展示重要的文本信息，吸引用户的眼球。下面就来使用SmartArt图形制作公司组织结构图。

2.4.1 插入组织结构图

Word2021提供了列表、流程、循环、层次结构、关系、矩阵、棱锥图、图片等多种SmartArt图形，方便用户根据需要选择。插入组织结构图的具体操作步骤如下。

步骤01 新建空白Word文档，并将其另存为“公司组织结构图.docx”。单击【插入】选项卡下【插图】组中的【SmartArt】按钮，如下图所示。

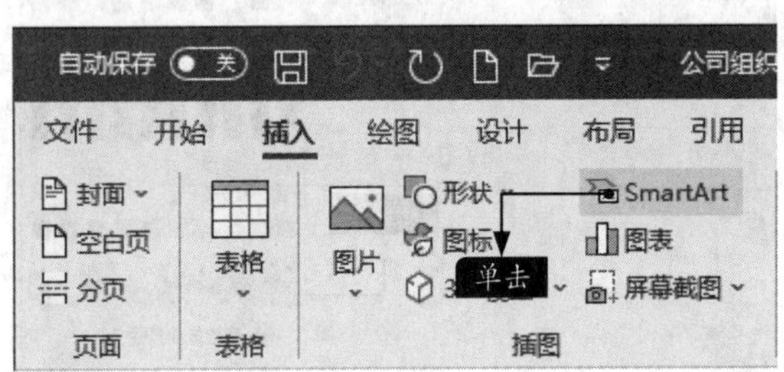

步骤02 弹出【选择SmartArt图形】对话框，选择【层次结构】选项，在右侧列表框中选择【组织结构图】类型，单击【确定】按钮，如下图所示。

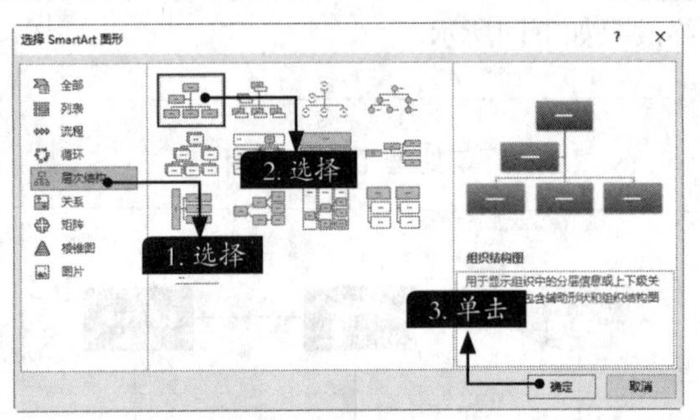

步骤03 完成组织结构图的插入，效果如下图所示。

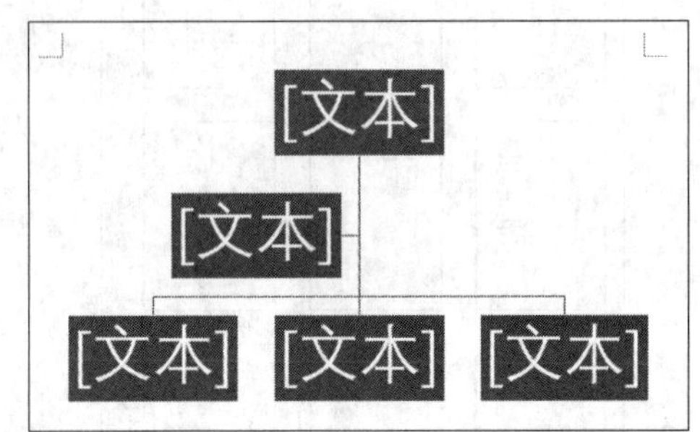

步骤04 在左侧的【在此处键入文字】窗格中输入文字，或者在图形中直接输入文字，就可以完成插入组织结构图的操作，如下图所示。

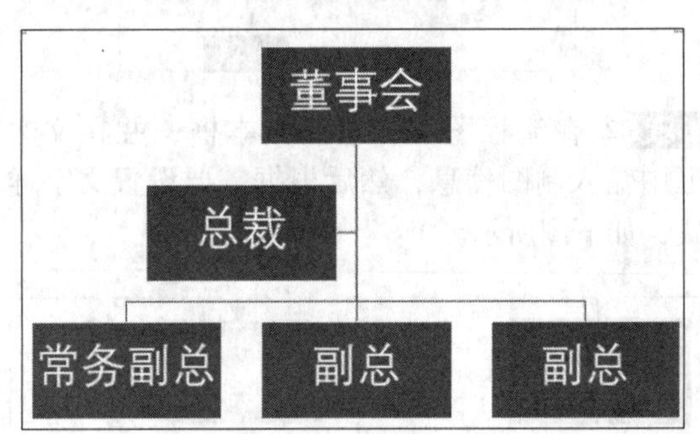

2.4.2 增加组织结构项目

插入组织结构图之后，如果该图形不能完整显示公司的组织结构，还可以根据需要新增组织结构项目，具体操作步骤如下。

步骤01 选择【董事会】形状，单击【SmartArt设计】选项卡下【创建图形】组中的【添加形状】下拉按钮，在弹出的下拉列表中选择【添加助理】选项，如右图所示。

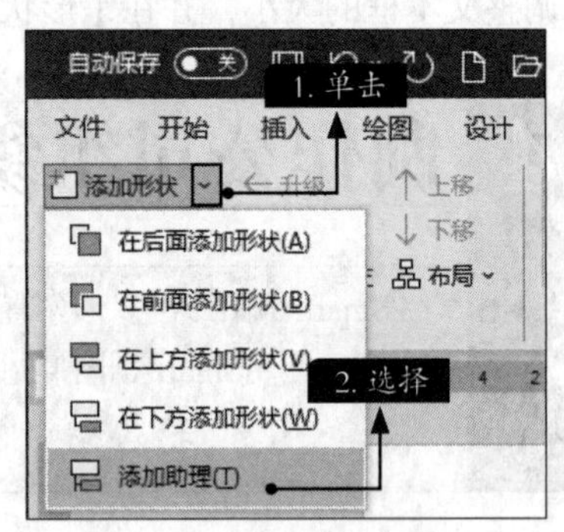

步骤02 在【董事会】图形下方会添加新的形状，效果如下图所示。

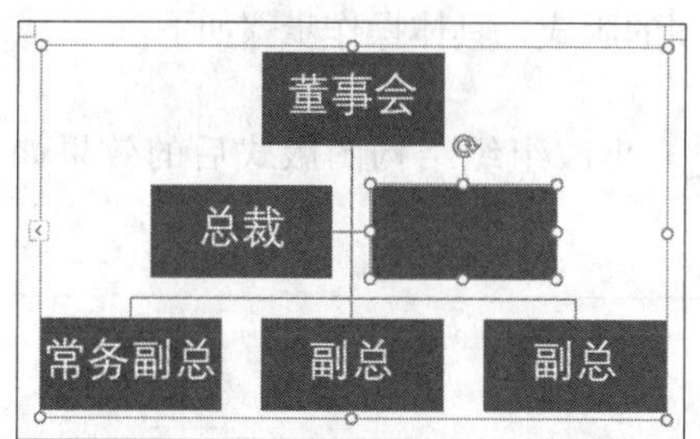

步骤03 选择【常务副总】形状，单击【SmartArt设计】选项卡下【创建图形】组中的【添加形状】下拉按钮，在弹出的下拉列表中选择【在下方添加形状】选项，如下图所示。

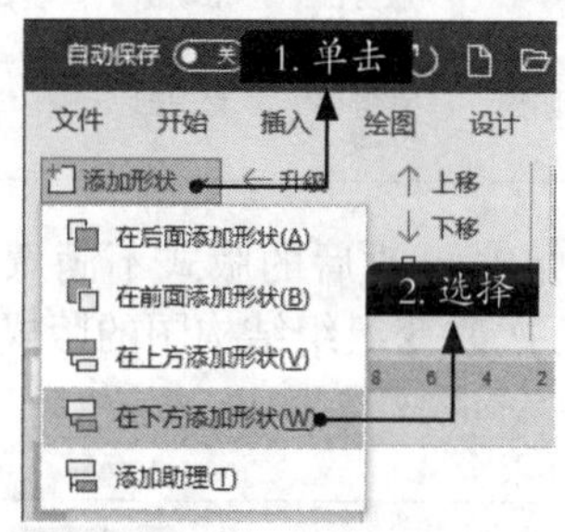

步骤04 在选择形状的下方会添加新的形状，如下图所示。

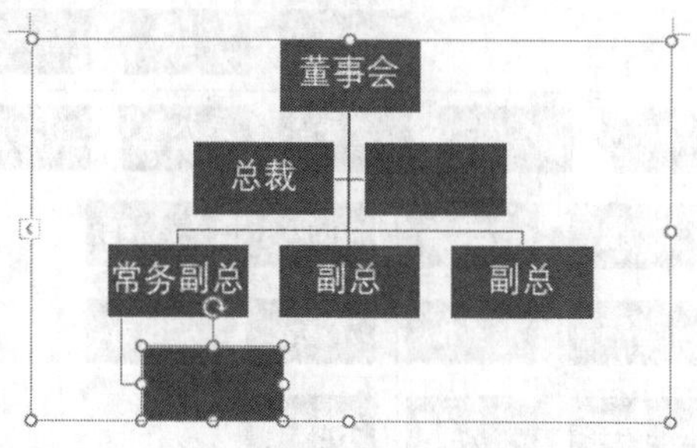

步骤05 重复步骤03的操作，在【常务副总】形状下方再次添加新形状，如下图所示。

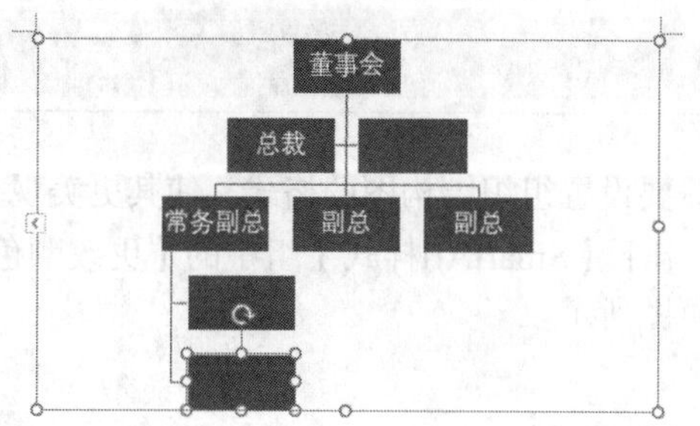

步骤06 选择【常务副总】形状下方添加的第一个新形状，并在其下方添加形状，如下图所示。

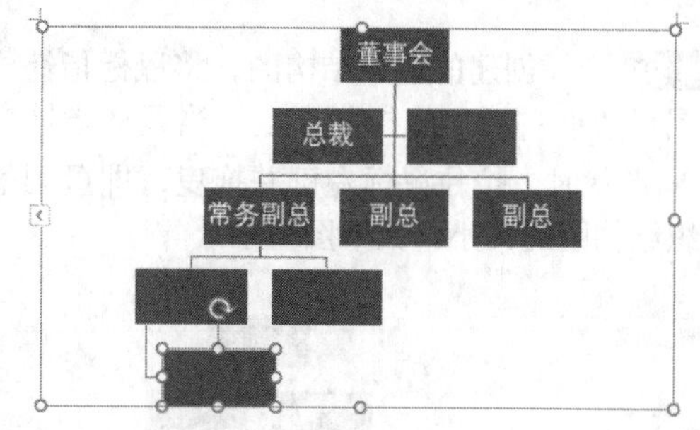

步骤07 重复上面的操作，添加其他形状，增加组织结构项目后的效果如下图所示。

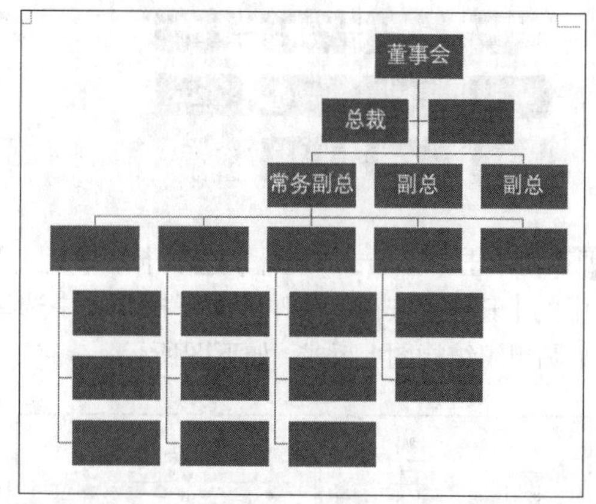

步骤08 根据需要在新添加的形状中输入相关文字内容，如下图所示。

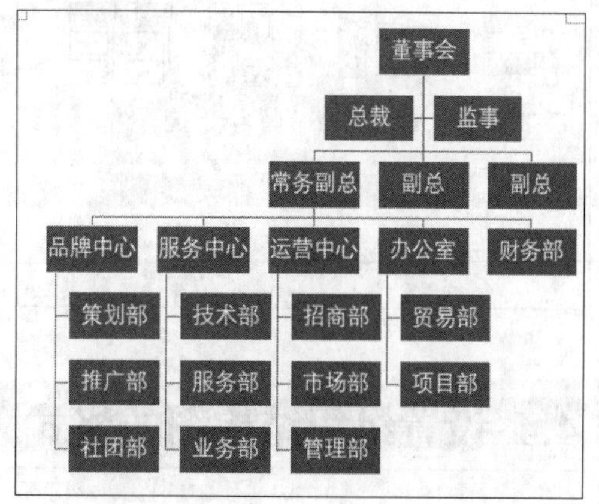

小提示

如果要删除形状，只需要选择要删除的形状，按【Delete】键即可。

2.4.3 改变组织结构图的版式

创建组织结构图后，还可以根据需要更改组织结构图的版式，具体操作步骤如下。

步骤 01 选择创建的组织结构图，将鼠标指针放在图形边框右下角的控制点上，当鼠标指针变为↘形状时，按住鼠标左键并拖曳，即可调整组织结构图的大小，如下图所示。

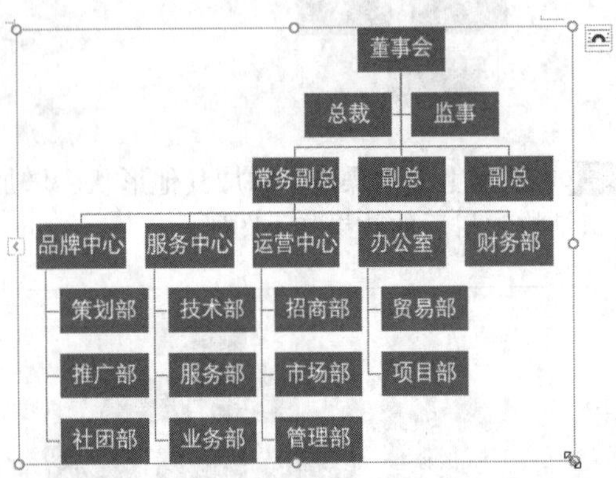

步骤 02 单击【SmartArt设计】选项卡下【版式】组中的【其他】按钮，在弹出的下拉列表中选择【半圆组织结构图】版式，如下图所示。

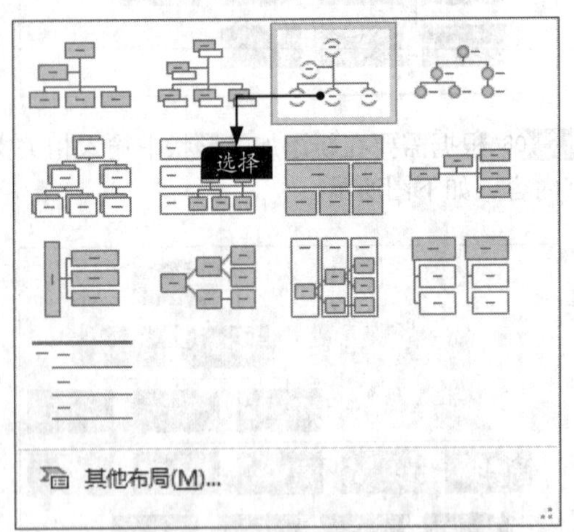

步骤 03 更改组织结构图版式后的效果如下图所示。

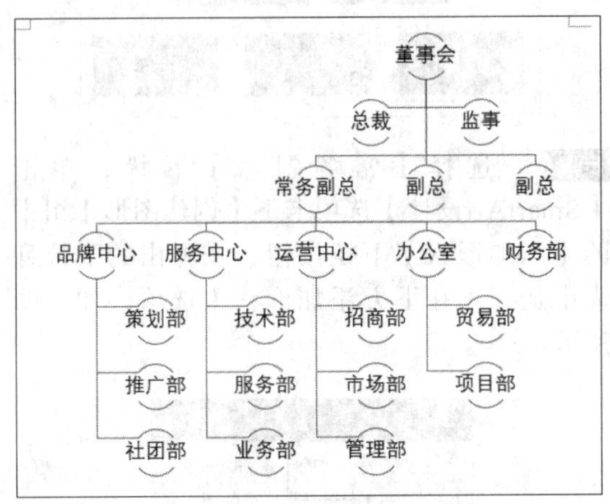

步骤 04 如果对更改后的版式不满意，还可以根据需要再次改变组织结构图的版式，如下图所示。

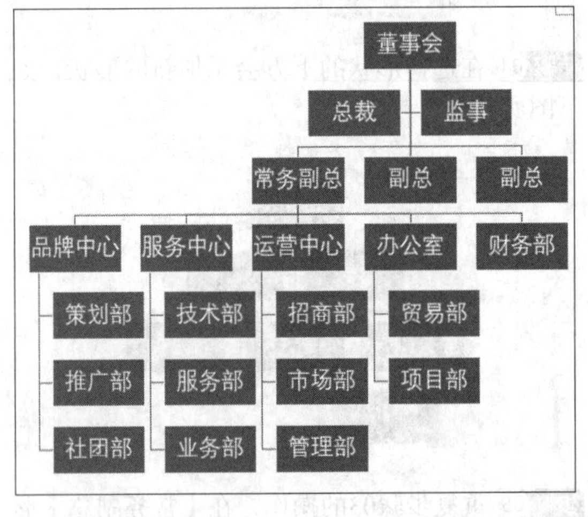

2.4.4 设置组织结构图的格式

绘制组织结构图并更改其版式之后，就可以根据需要设置组织结构图的格式，使其更美观。

步骤 01 选择组织结构图，单击【SmartArt 设计】选项卡下【SmartArt样式】组中的【更改颜色】按钮，在弹出的下拉列表中选择一种彩色样式，如下页图所示。

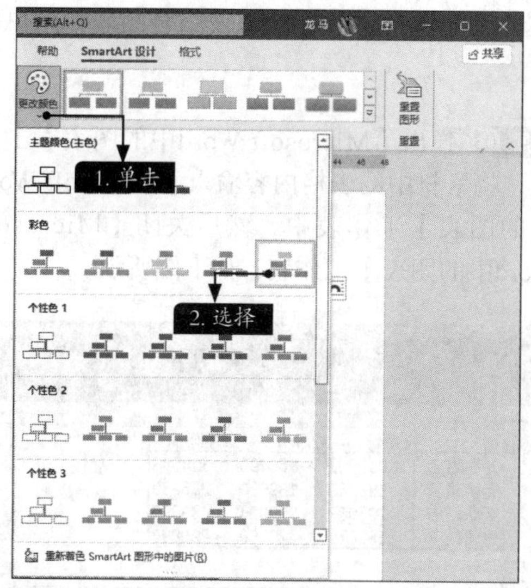

步骤 02 为组织结构图更改颜色后的效果如下图所示。

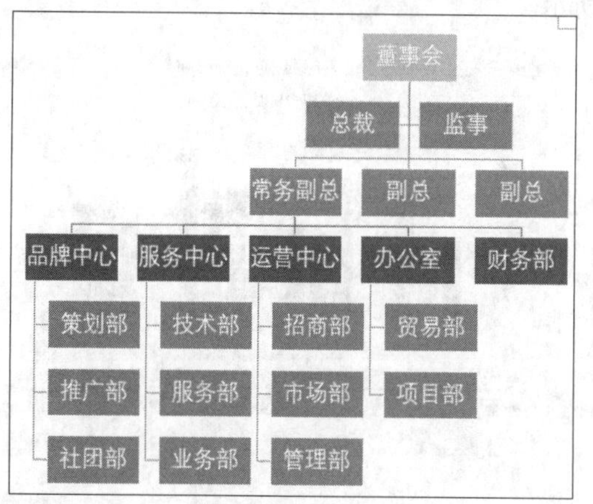

步骤 03 选择组织结构图，单击【SmartArt设计】选项卡下【SmartArt样式】组中的【其他】按钮，在弹出的下拉列表中选择一种SmartArt样式，如下图所示。

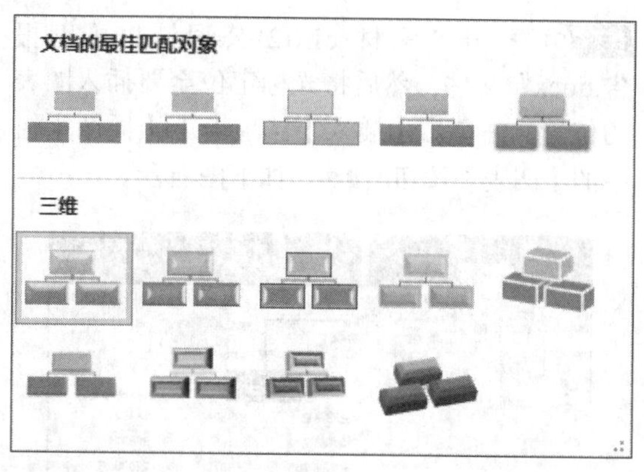

步骤 04 更改SmartArt图形的样式后，图形中文字的样式会随之发生改变，用户需要重新设置文字的样式，制作完成后，组织结构图的效果如下图所示。

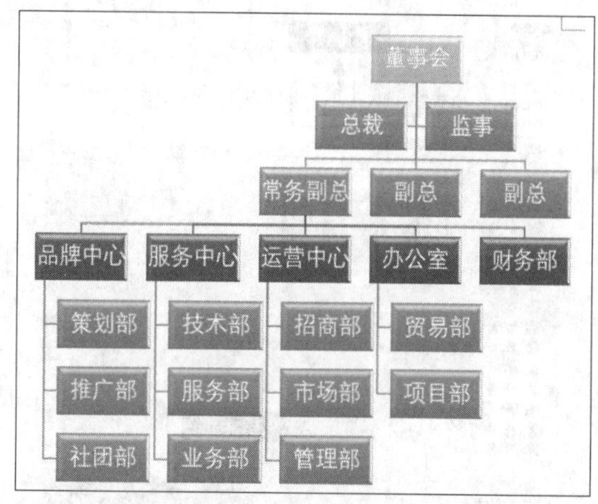

至此，就完成了公司组织结构图的制作。

2.5 制作公司销售季度图表

Word提供了插入图表的功能，可以对数据进行简单的分析，从而清楚地表达数据的变化关系、分析数据的规律，以便进行预测。

本节以在Word中制作公司销售季度图表为例，介绍在Word中使用图表的方法。

2.5.1 插入图表

Word提供了柱形图、折线图、饼图、条形图、面积图、XY散点图、地图、股价图、曲面图、雷达图、树状图、旭日图、直方图、箱形图、瀑布图、漏斗图等图表以及组合图表，用户可以根据需要插入图表。插入图表的具体操作步骤如下。

步骤01 打开“素材\ch02\公司销售季度报告.docx”文件，然后将光标定位至要插入图表的位置，并单击【插入】选项卡下【插图】组中的【图表】按钮，如下图所示。

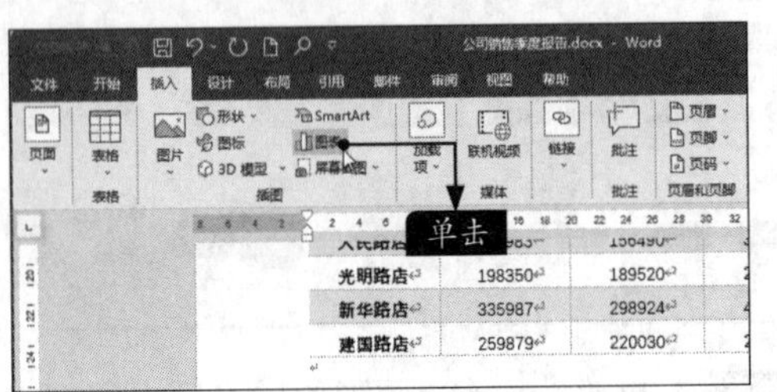

步骤02 弹出【插入图表】对话框，选择要插入的图表，这里选择【柱形图】→【簇状柱形图】选项，单击【确定】按钮，如下图所示。

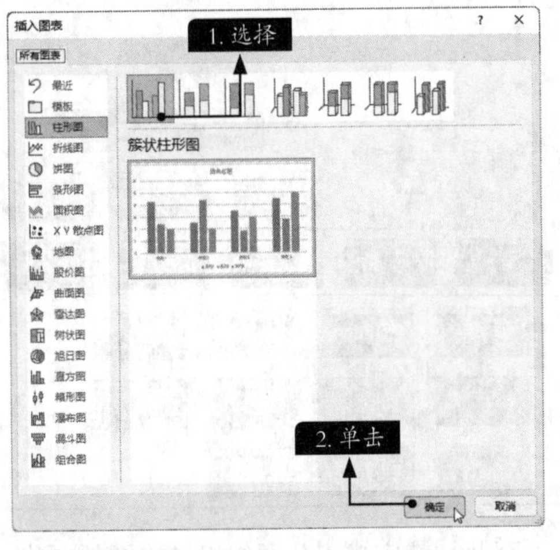

步骤03 弹出【Microsoft Word中的图表】工作表，将素材中的表格内容输入【Microsoft Word中的图表】工作表中，然后关闭【Microsoft Word中的图表】工作表，如下图所示。

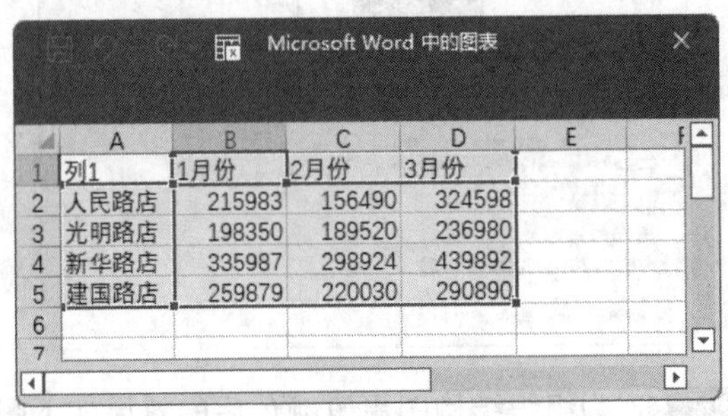

Microsoft Word 中的图表

	A	B	C	D
1	列1	1月份	2月份	3月份
2	人民路店	215983	156490	324598
3	光明路店	198350	189520	236980
4	新华路店	335987	298924	439892
5	建国路店	259879	220030	290890

步骤04 完成插入图表的操作，效果如下图所示。

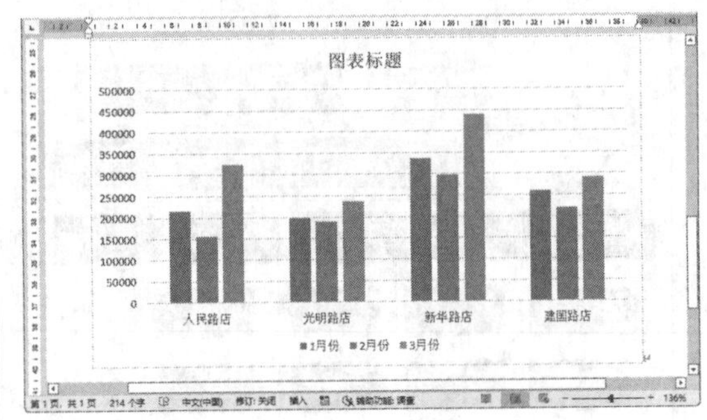

2.5.2 编辑图表中的数据

插入图表后，如果发现数据输入有误或者需要修改数据，只要对数据进行修改，图表的显示会自动发生变化。将光明路店2月份的销量由“189520”更改为“189600”的具体操作步骤如下。

步骤01 在打开的文件的表格中选择第3行第3列单元格中的数据，删除选择的数据并输入“189600”，如右图所示。

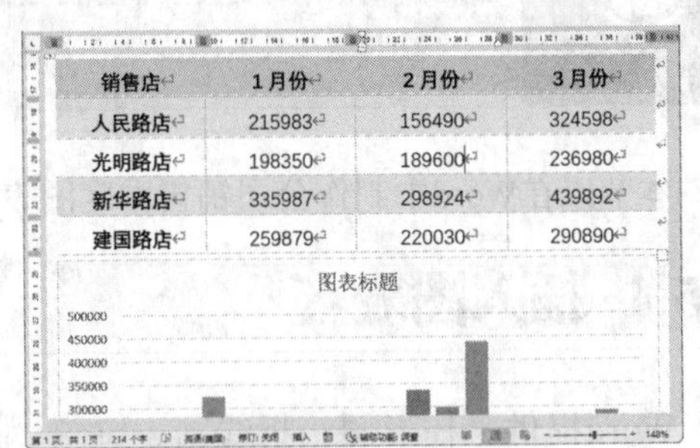

销售店	1月份	2月份	3月份
人民路店	215983	156490	324598
光明路店	198350	189600	236980
新华路店	335987	298924	439892
建国路店	259879	220030	290890

步骤 02 在下方创建的图表上右击，在弹出的快捷菜单中选择【编辑数据】命令，如下图所示。

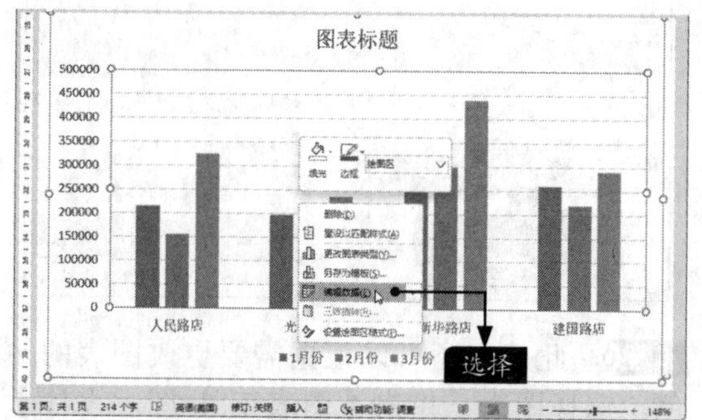

步骤 03 弹出【Microsoft Word中的图表】工作表，将C3单元格的数据由“189520”更改为“189600”，并关闭【Microsoft Word中的图表】工作表。

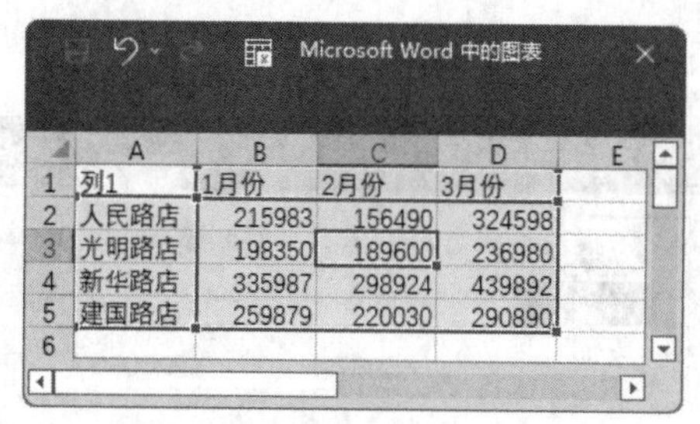

	A	B	C	D	E
1	列1	1月份	2月份	3月份	
2	人民路店	215983	156490	324598	
3	光明路店	198350	189600	236980	
4	新华路店	335987	298924	439892	
5	建国路店	259879	220030	290890	
6					

步骤 04 图表中显示的数据也会随之发生变化，如下图所示。

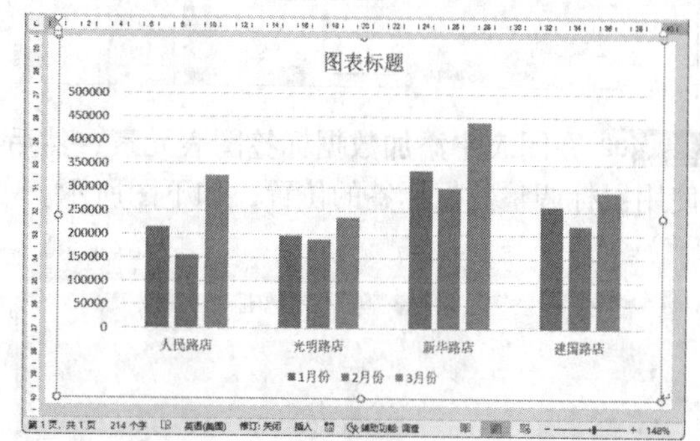

2.5.3 美化图表

完成图表的编辑后，用户可以对图表进行美化操作，如设置图表标题、添加图表元素、更改图表样式等。

1. 设置图表标题

设置图表标题的具体操作步骤如下。

步骤 01 选择图表中的【图表标题】文本框，删除文本框中的内容并输入“第1季度销售情况图表”，如下图所示。

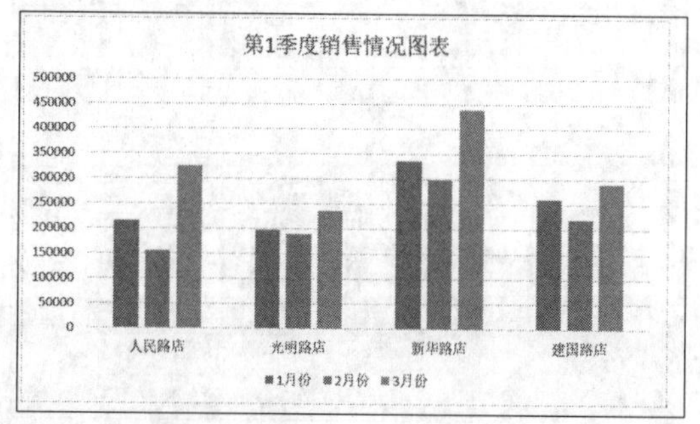

步骤 02 选择输入的文本，根据需要设置其字体为“华文楷体”，效果如右图所示。

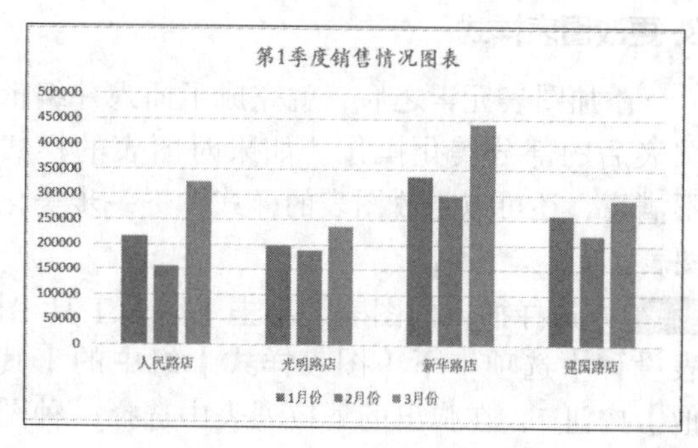

2. 添加图表元素

数据标签、数据表、图例、趋势线等图表元素均可添加至图表中，以便能更直观地查看和分析数据。

步骤 01 选择图表，单击【图表工具-图表设计】选项卡下【图表布局】组中【添加图表元素】按钮，在弹出的下拉列表中选择【数据标签】→【其他数据标签选项】选项，如下页图所示。

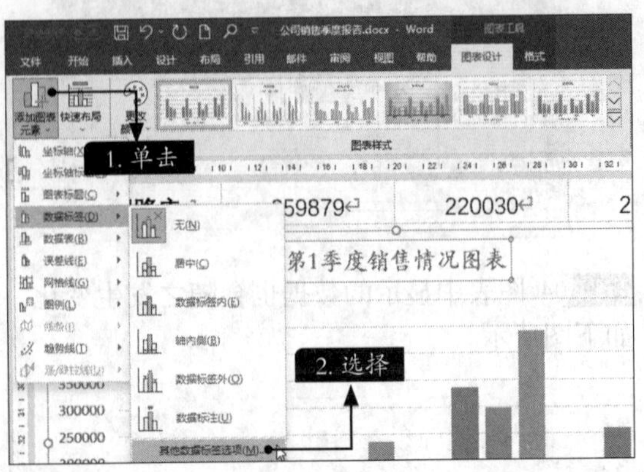

步骤 02 在图表中添加数据标签图表元素，然后使用鼠标调整数据标签的位置，如下图所示。

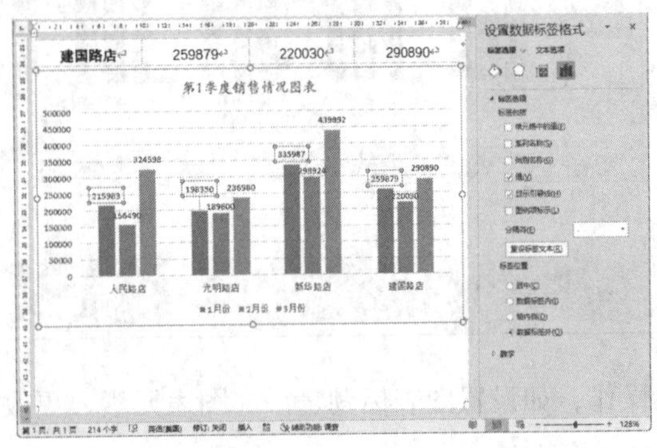

3. 更改图表样式

添加图表元素之后，就完成了插入并编辑图表后的部分美化操作。如果对图表的样式不满意，还可以更改图表的样式，进一步美化图表。

步骤 01 选择插入的图表，单击【图表工具-图表设计】选项卡下【图表样式】组中的【其他】按钮，在弹出的下拉列表中选择一种图表样式，如下图所示。

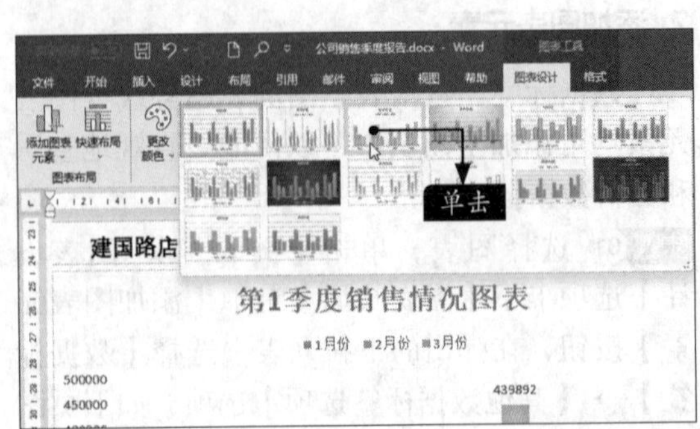

步骤 02 更改图表样式后的效果如下图所示。

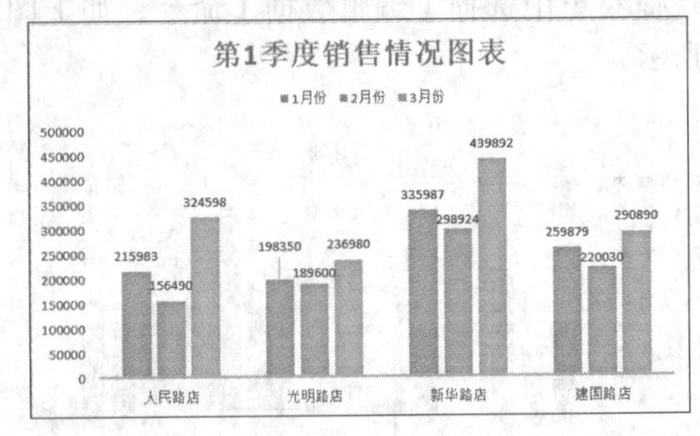

步骤 03 此外，还可以根据需要更改图表的颜色。选择图表，单击【图表工具-图表设计】选项卡下【图表样式】组中【更改颜色】按钮，在弹出的下拉列表中选择一种颜色样式，如下图所示。

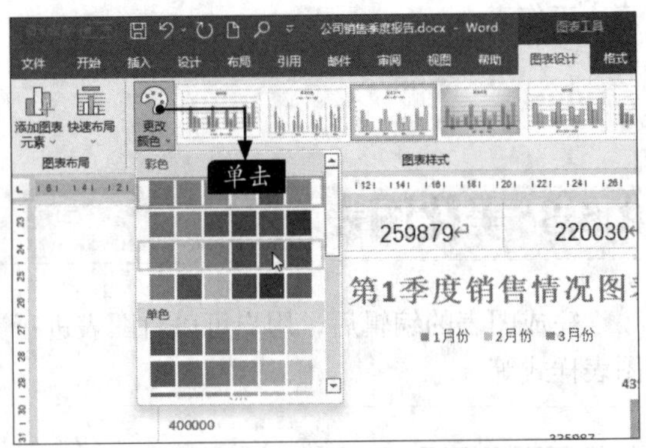

步骤 04 更改颜色后，就完成了《公司销售季度图表》的制作，最终效果如下图所示。

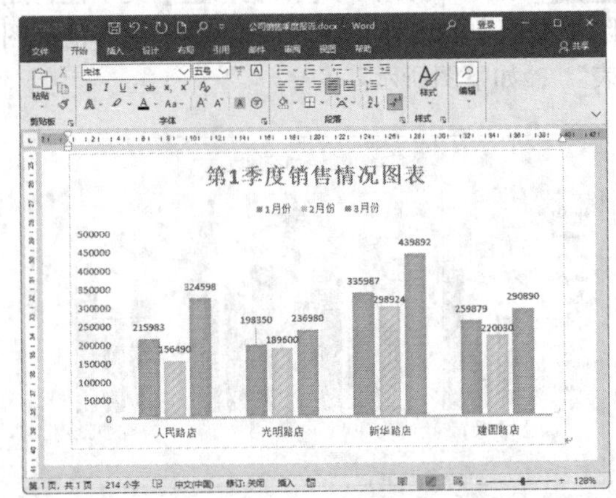

高手私房菜

技巧1：巧用【Alt+Enter】组合键快速重复输入内容

在使用Word制作文档时，如果遇到需要输入重复的内容，除了复制外，用户还可以借助快捷键来输入。

例如，在Word文档中输入“重复输入内容”文本，如果希望重复输入该文本，可在输入该文本后，按【Alt+Enter】组合键，将自动重复输入刚才输入的内容，如下图所示。

每按一次【Alt+Enter】组合键，则重复输入一次。另外，在输入内容后，按【F4】键或【Ctrl+Y】组合键（【重复键入】按钮的快捷键），也可以实现重复输入。

技巧2：为跨页表格自动添加表头

如果表格行较多，一页内未能显示的内容将会自动显示在下一页中，默认情况下，下一页的表格是没有表头的。用户可以根据需要为跨页的表格设置自动添加表头，具体操作步骤如下。

步骤01 打开“素材\ch02\跨页表格.docx”文件，可以看到第2页上方没有显示表头，如下图所示。

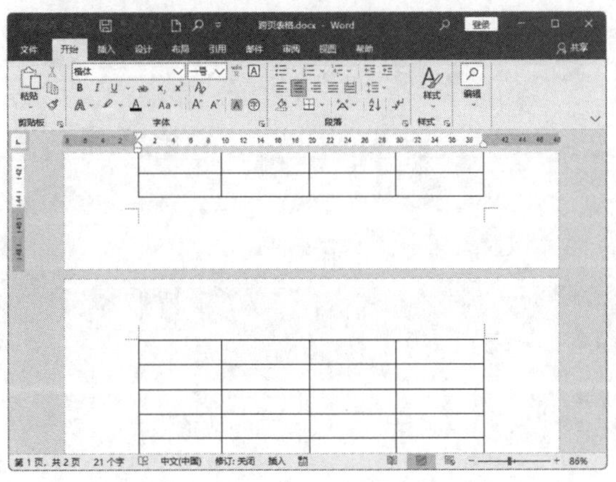

步骤02 选择第1页的表头并右击，在弹出的快捷菜单中选择【表格属性】命令，如下图所示。

步骤03 打开【表格属性】对话框，选中【行】选项卡下【选项】区域中的【在各页顶端以标题行形式重复出现】复选框，单击【确定】按钮，如下页图所示。

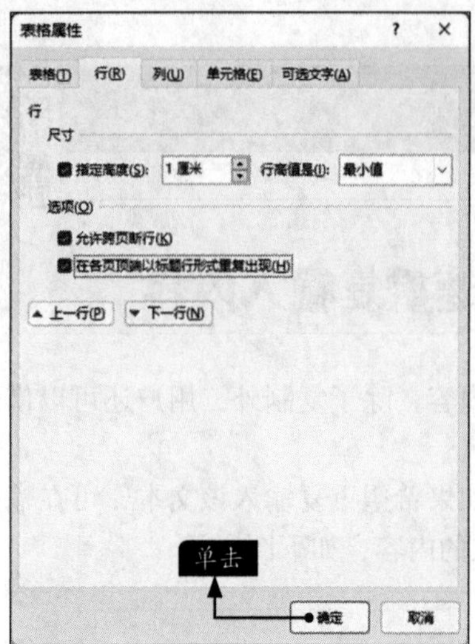

步骤 04 即可在下一页表格首行添加跨页表头，效果如下图所示。

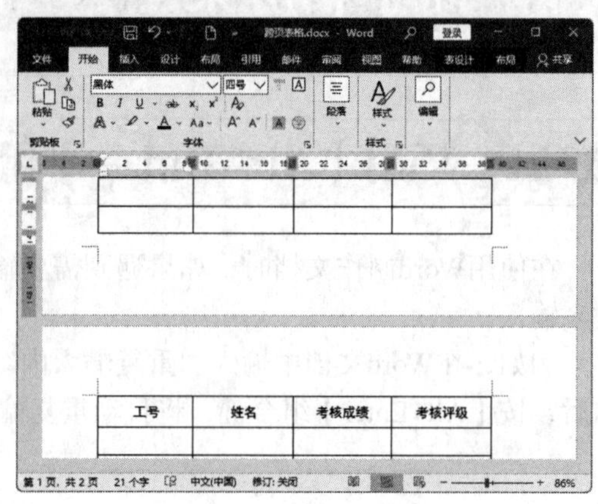

第3章

长文档的排版与处理

学习目标

Word具有强大的文字排版功能，对于一些长文档，为其设置高级版式，可以使文档看起来更专业。本章需要读者掌握样式、页眉和页脚、分页符、页码、目录以及打印文档的相关操作。

学习效果

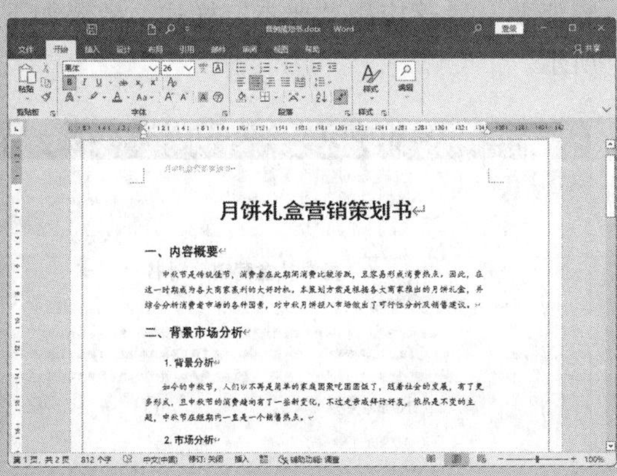

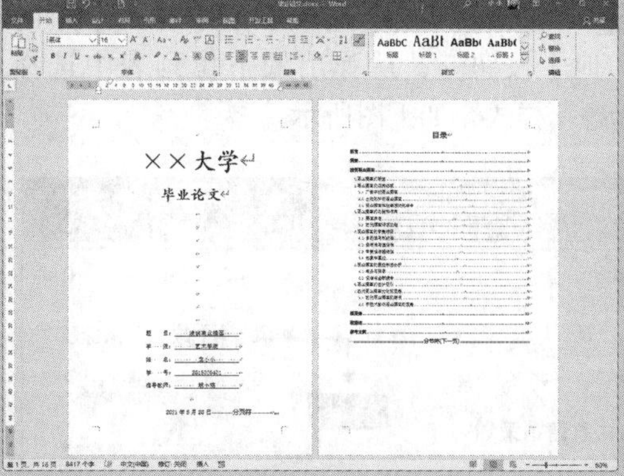

3.1 制作营销策划书模板

在制作某一类格式统一的长文档时，可以先制作一份完整的文档，然后将其存储为模板。在制作其他文档时，就可以直接在该模板中制作，这样不仅能节约时间，还能减少格式错误。

3.1.1 应用内置样式

样式包含字符样式和段落样式，字符样式的设置以单个字符为单位，段落样式的设置以段落为单位。样式是特定格式的集合，它规定了文本和段落的格式，并以不同的样式名称标记。通过样式可以简化操作、节约时间，还有助于保持整份文档的一致性。Word中内置了多种标题和正文的样式，用户可以根据需要应用这些内置的样式。

步骤01 打开“素材\ch03\营销策划书.docx”文件，选择要应用样式的文本，或者将光标定位至要应用样式的段落内，这里将光标定位至标题段落内，如下图所示。

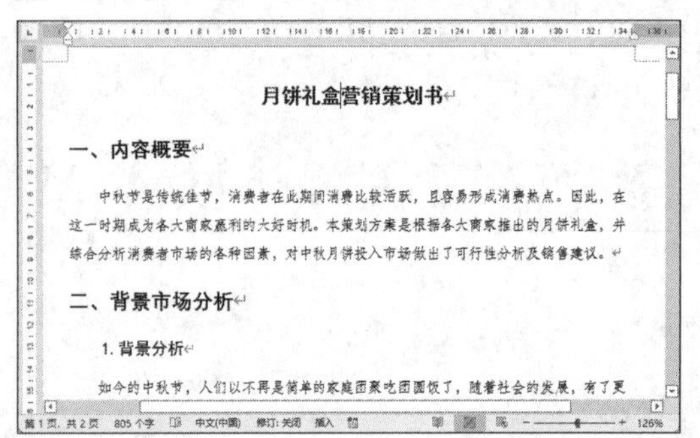

步骤02 单击【开始】选项卡下【样式】组的【其他】按钮，从弹出的下拉列表中选择“标题”样式，如下图所示。

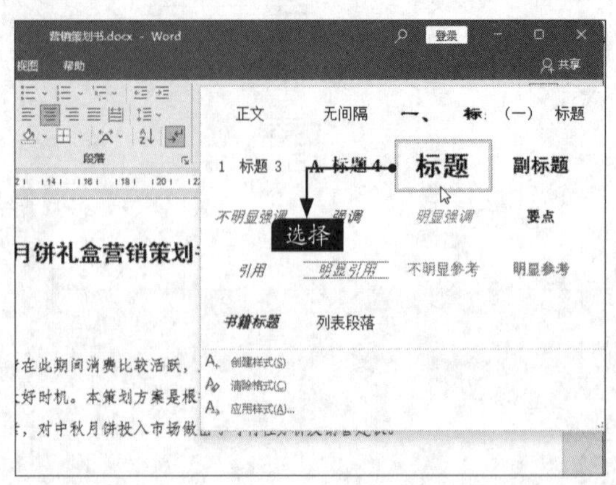

步骤03 即可将“标题”样式应用至所选的段落中，如下图所示。

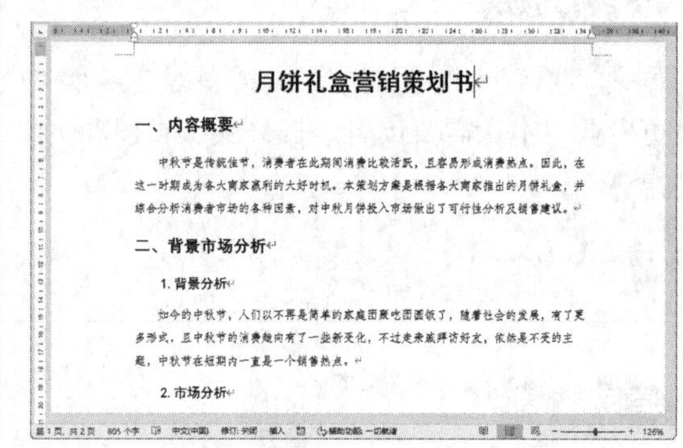

步骤04 使用同样的方法，还可以为“一、内容概要”段落应用“要点”样式，效果如下图所示。

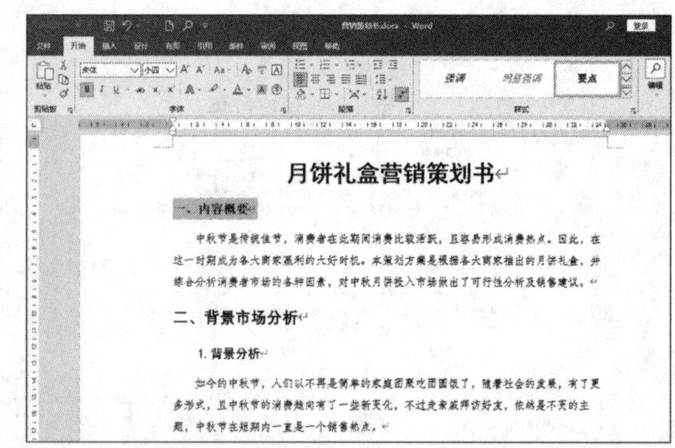

3.1.2 自定义样式

当系统内置的样式不能满足需求时，用户还可以自行创建样式，具体操作步骤如下。

步骤01 在打开的素材文件中，选择“月饼礼盒营销策划书”，然后在【开始】选项卡的【样式】组中单击【样式】按钮，弹出【样式】窗格，如下图所示。

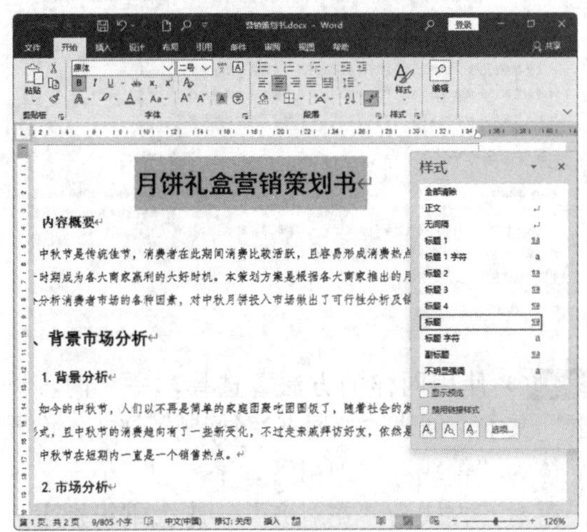

步骤02 单击【新建样式】按钮，弹出【根据格式化创建新样式】对话框，如下图所示。

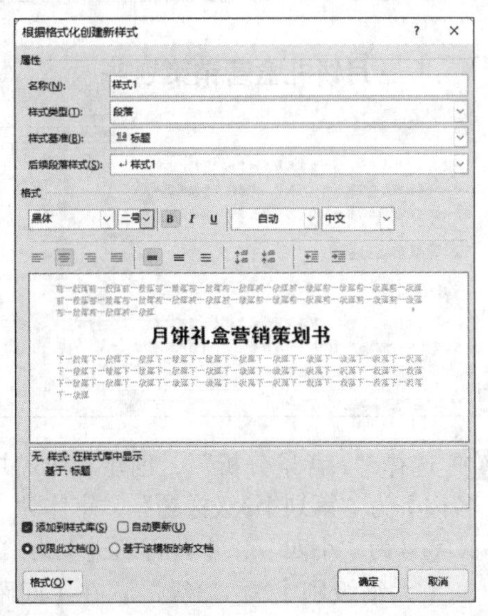

步骤03 在【属性】区域中，在【名称】文本框中输入新建样式的名称，例如输入“策划书标题”，设置【样式基准】为“(无样式)”，在【格式】区域根据需要设置字体为“黑体”，字号为“一号”，如右上图所示。

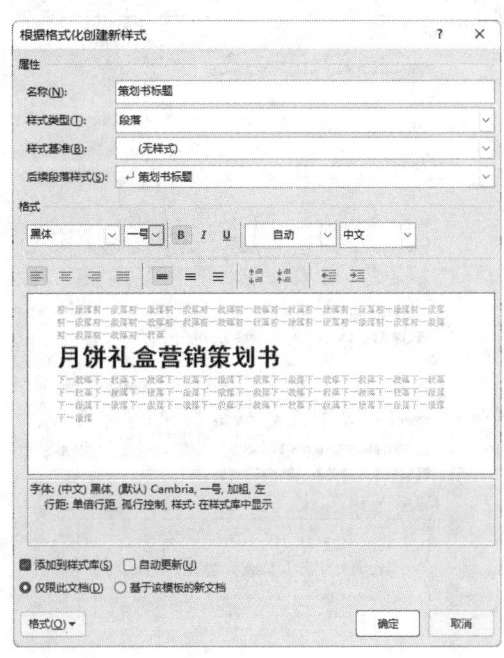

步骤04 单击左下角的【格式】按钮，在弹出的下拉列表中选择【段落】选项，如下图所示。

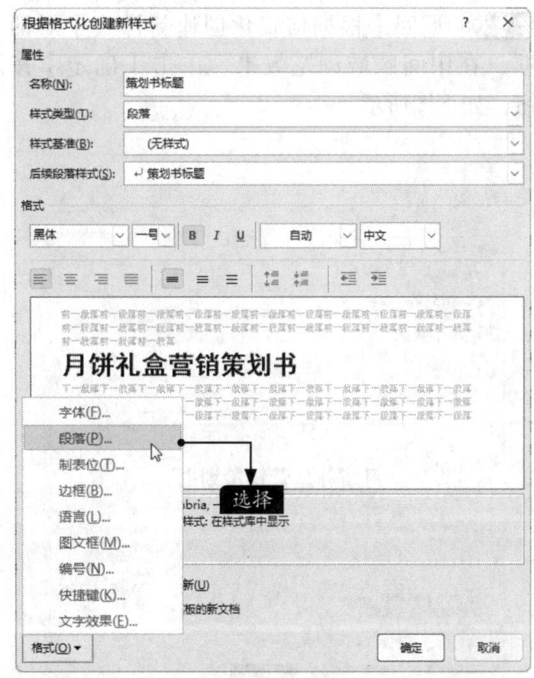

步骤05 弹出【段落】对话框，在【常规】区域中设置【对齐方式】为“居中”，【大纲级

别】为“1级”，在【间距】区域中分别设置【段前】和【段后】为“0.5行”，单击【确定】按钮，如下图所示。

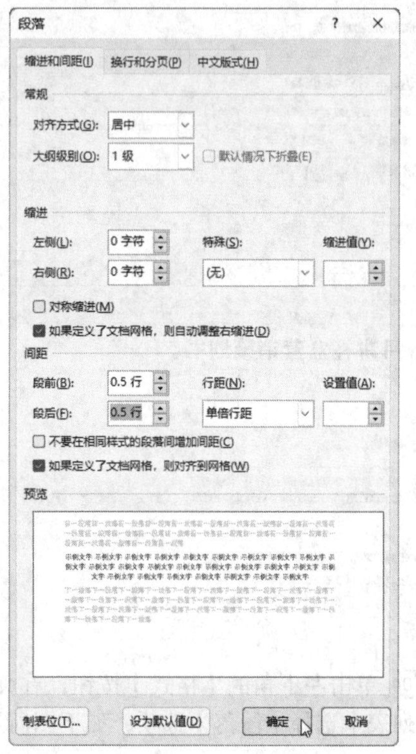

步骤06 返回【根据格式化创建新样式】对话框，在中间区域浏览效果，单击【确定】按钮，如下图所示。

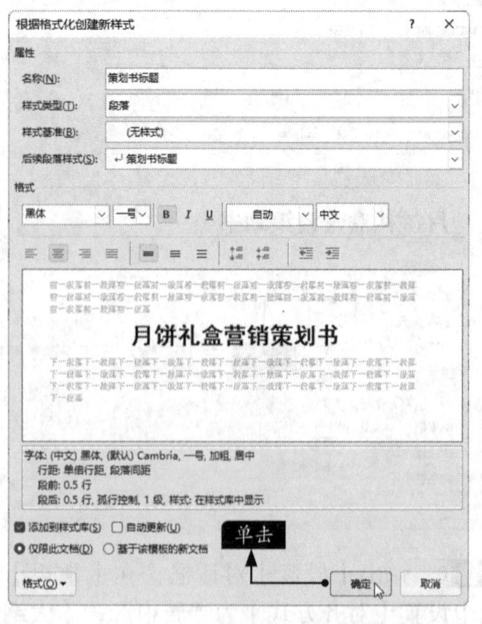

步骤07 在【样式】窗格中可以看到创建的新样式，在文档中显示为文本设置该新样式后的效果，如下图所示。

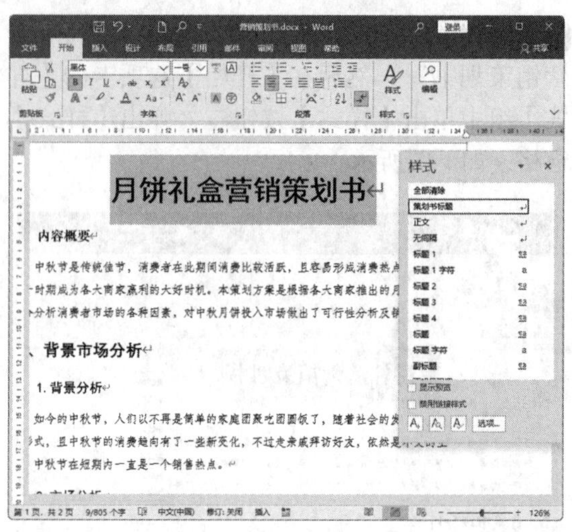

步骤08 使用同样的方法，选择“一、内容概要”文本，创建“策划书2级标题”样式，设置字体为“等线”“加粗”，字号为“小三”，段落对齐方式为“左对齐”，【大纲级别】为“2级”，在【间距】区域中分别设置【段前】和【段后】为“0.5行”，效果如下图所示。

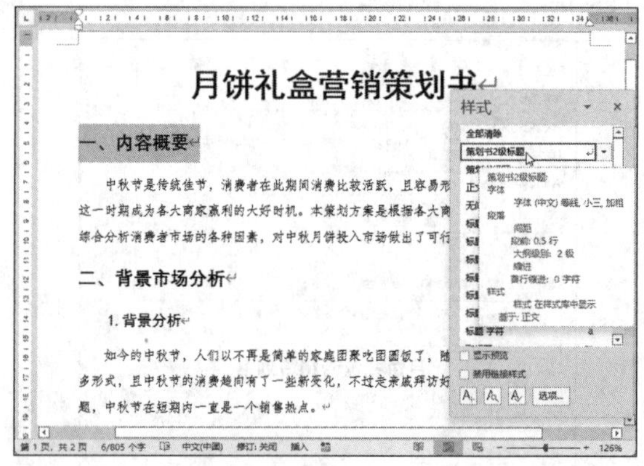

步骤09 选择“1.背景分析”，创建新样式并设置【名称】为“策划书3级标题”，字体为“黑体”，字号为“小四”，【首行缩进】为“2字符”，【大纲级别】为“3级”，在【间距】区域中分别设置【段前】和【段后】为“0.5行”，【行距】设置为“多倍行距”，【设置值】为“1.3”，效果如下页图所示。

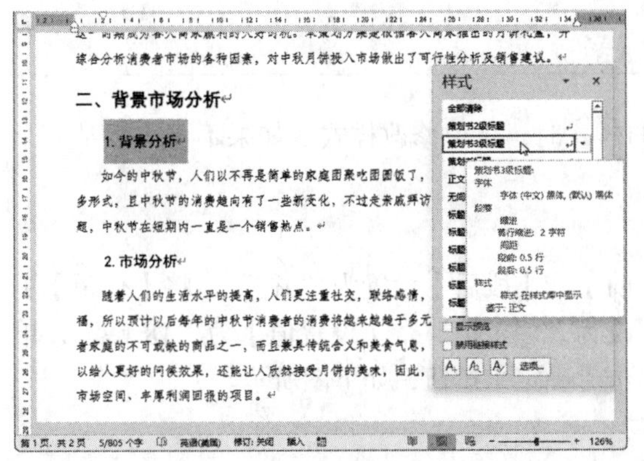

步骤 10 选择正文，创建新样式并设置【名称】为“策划书正文”，字体为“华文楷体”，字号为“五号”，【首行缩进】为“2 字符”，在【间距】区域中设置【行距】为“1.5倍行距”，效果如下图所示。

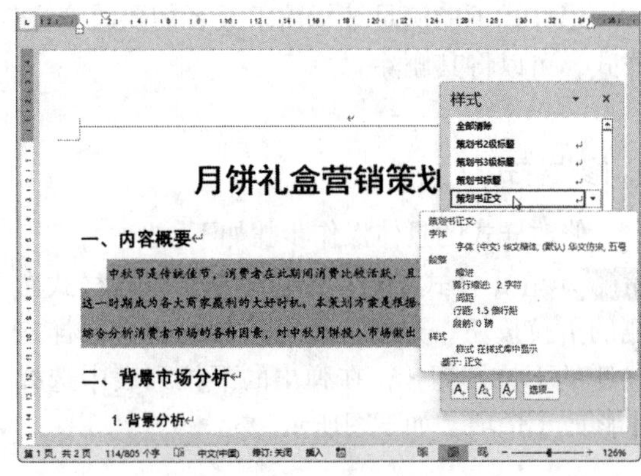

3.1.3 应用样式

创建自定义样式后，用户就可以根据需要将自定义的样式应用至其他段落中，具体操作步骤如下。

步骤 01 选择“二、背景市场分析”文本，在【样式】窗格中单击“策划书2级标题”样式，即可将自定义的样式应用至所选段落中，如下图所示。

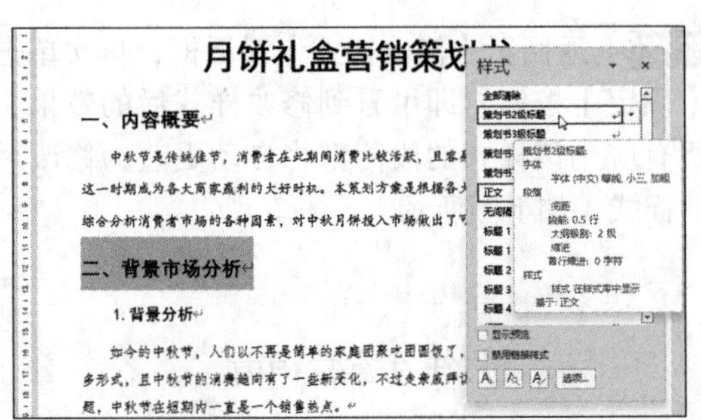

步骤 02 使用同样的方法，为其他需要应用“策划书2级标题”样式的段落应用该样式，如下图所示。

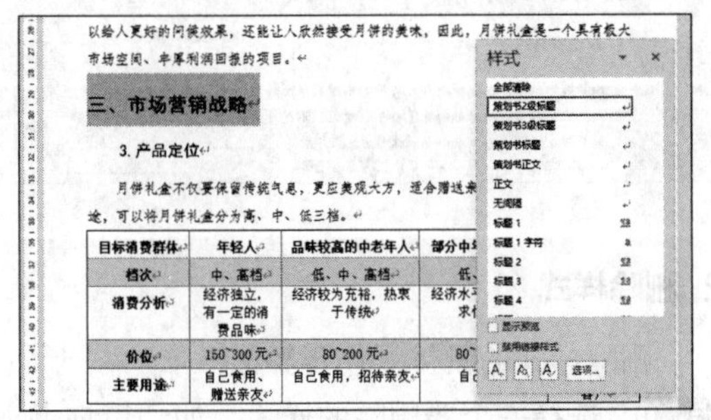

步骤 03 选择其他标题内容，在【样式】窗格中单击“策划书3级标题”样式，即可将自定义的样式应用至所选段落中，如下图所示。

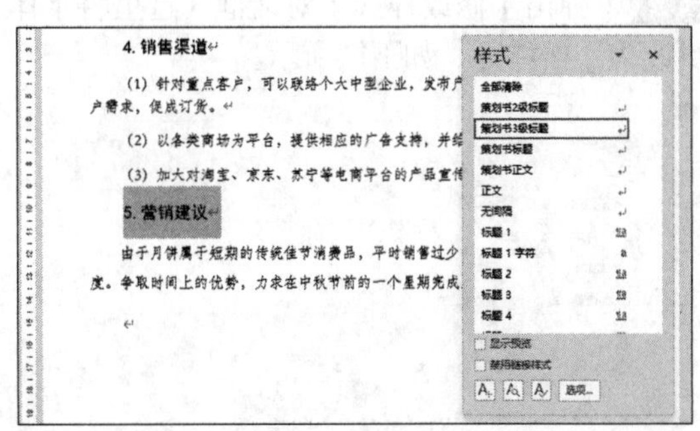

步骤 04 使用同样的方法，为正文应用“策划书正文”样式，如下图所示。

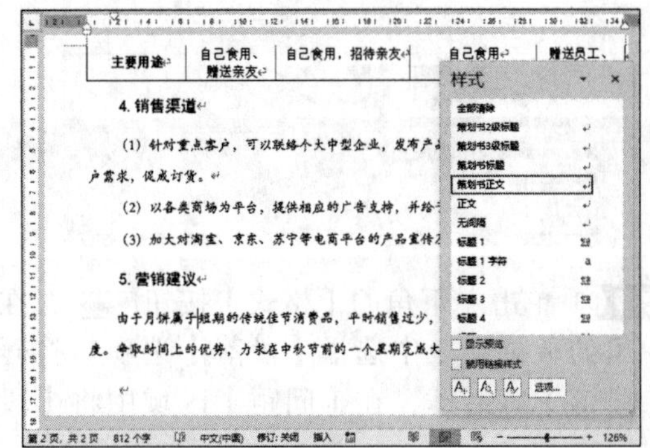

3.1.4 修改和删除样式

当样式不能满足编辑需求或者需要改变文档的样式时，可以修改样式。如果不再需要某一个样式，可以将其删除。

1. 修改样式

修改样式的具体操作步骤如下。

步骤 01 在【样式】窗格中单击所要修改样式右侧的下拉按钮，这里单击“策划书正文”样式右侧的下拉按钮▾，在弹出的下拉列表中选择【修改】选项，如下图所示。

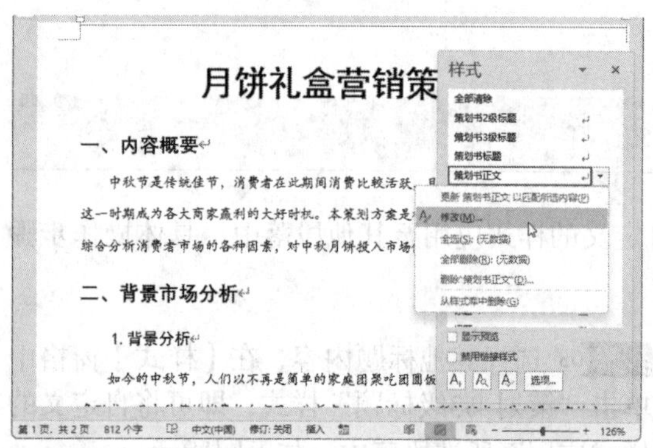

步骤 02 弹出【修改样式】对话框，这里将字体更改为“楷体”，如下图所示。

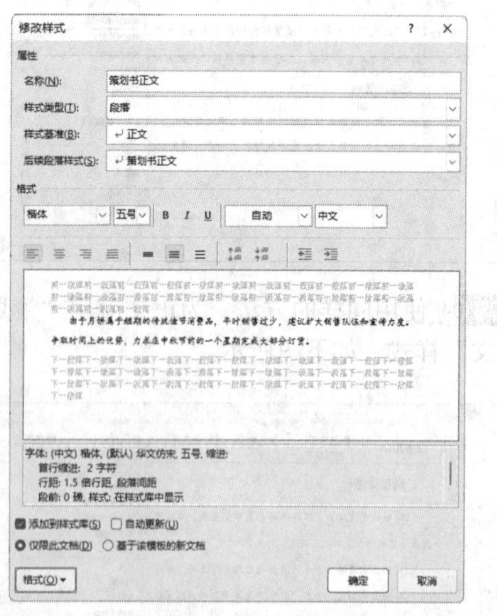

步骤 03 单击左下角的【格式】按钮 格式(O)▾，在弹出的下拉列表中选择【段落】选项。打开【段落】对话框，在【间距】区域中将【段前】和【段后】设置为“0行”，将【行距】更改为“固定值”，【设置值】为“18 磅”，单击【确定】按钮，如下图所示。

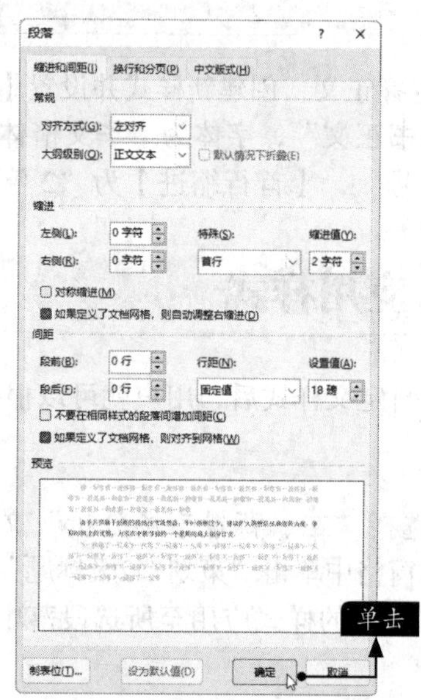

步骤 04 返回至【修改样式】对话框，再次单击【确定】按钮，即可看到修改样式后的效果，所有应用该样式的段落都将自动更改为修改后的样式，如下图所示。

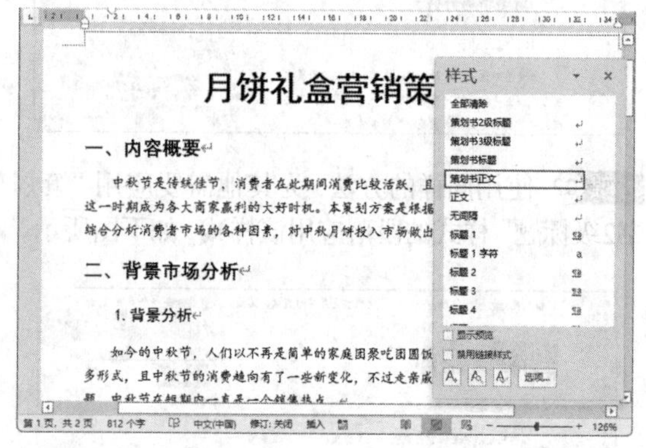

2. 删除样式

删除样式的具体操作步骤如下。

步骤 01 选择一个要删除的样式，如“策划书正文”样式，在【样式】窗格中单击该样式右侧的下拉按钮，在弹出的下拉列表中选择【删除“策划书正文”】选项，如下图所示。

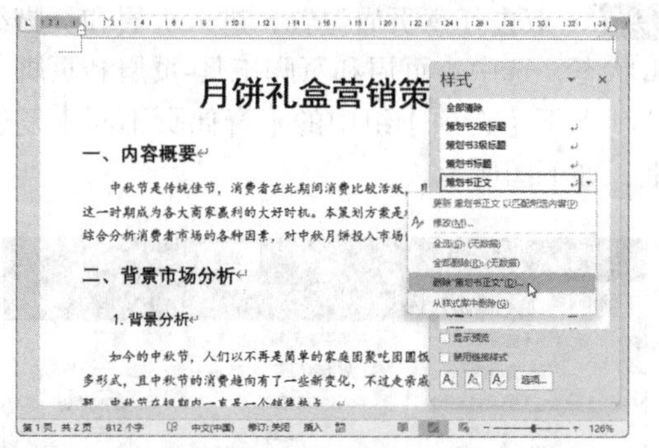

步骤02 弹出【Microsoft Word】对话框，单击【是】按钮，即可将选择的样式删除，如下图所示。

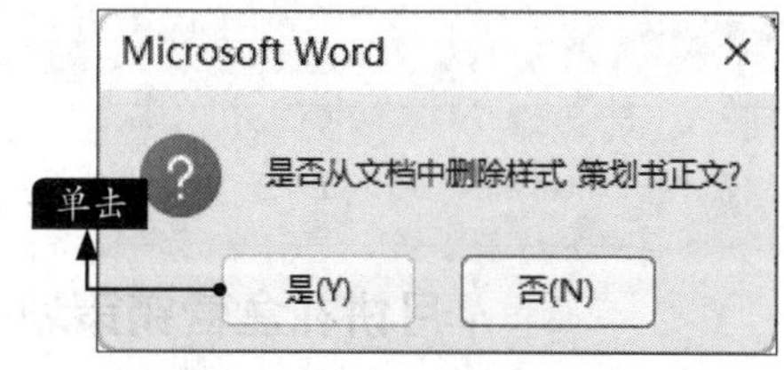

3.1.5 添加页眉和页脚

Word提供了丰富的页眉和页脚模板，使插入页眉和页脚的操作变得更为快捷。

1. 插入页眉和页脚

在页眉和页脚中可以输入文档的基本信息，例如在页眉中输入文档名称、章节标题或者作者姓名等信息，在页脚中输入文档的创建时间、页码等，这不仅能使文档更美观，还能向读者快速传递文档的基本信息。在Word中插入页眉和页脚的具体操作步骤如下。

（1）插入页眉

插入页眉的具体操作步骤如下。

步骤01 在打开的素材文件中，单击【插入】选项卡下【页眉和页脚】组中的【页眉】按钮，弹出下拉列表，选择【奥斯汀】页眉样式，如下图所示。

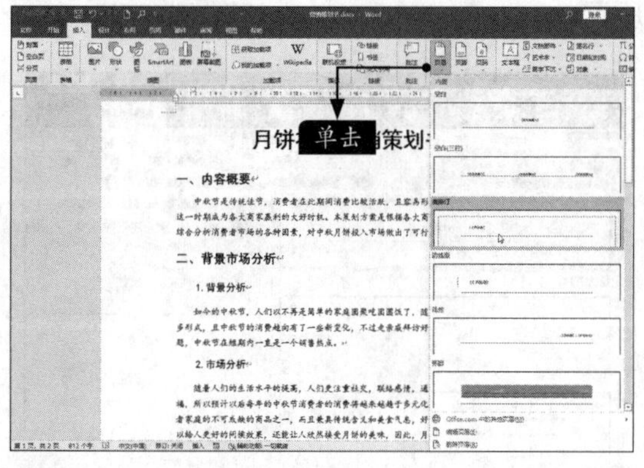

步骤02 Word会在文档每一页的顶部都插入页眉，并显示【文档标题】文本域，如下图所示。

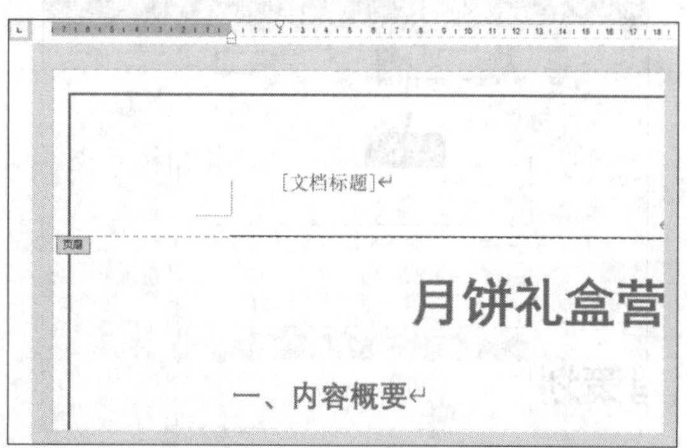

步骤03 在页眉的【文档标题】文本域中输入文档的标题，选择输入的标题，设置其字体为“等线（中文正文）”，字号为“9”，如下图所示。

步骤 04 单击【页眉和页脚】选项卡下【关闭】组中的【关闭页眉和页脚】按钮，即可看到插入页眉的效果，如下图所示。

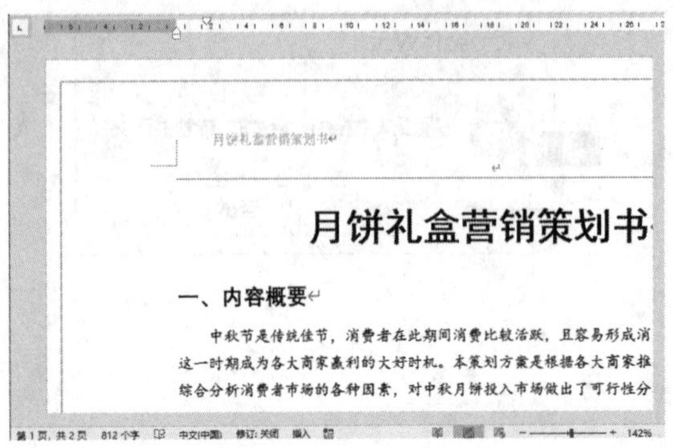

（2）插入页脚

插入页脚的具体操作步骤如下。

步骤 01 在【插入】选项卡中单击【页眉和页脚】组中的【页脚】按钮，弹出下拉列表，这里选择【奥斯汀】选项，如下图所示。

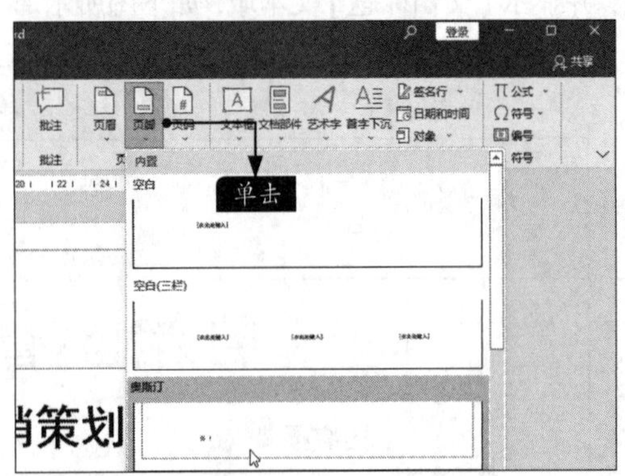

步骤 02 文档自动跳转至页脚编辑状态，可以根据需要输入页脚内容。单击【页眉和页脚】选项卡下【关闭】组中的【关闭页眉和页脚】按钮，即可看到插入页脚的效果，如下图所示。

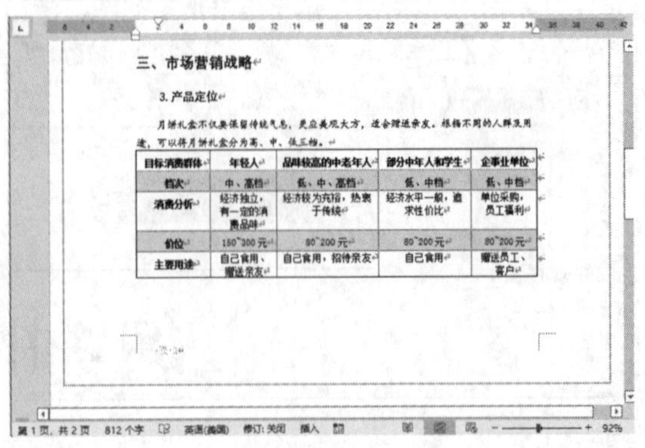

2. 为奇偶页创建不同的页眉和页脚

文档的奇偶页可以创建不同的页眉和页脚，具体操作步骤如下。

步骤 01 双击任意页眉位置，进入页眉和页脚编辑状态，选中【页眉和页脚工具-页眉和页脚】选项卡下【选项】组中的【奇偶页不同】复选框，如下图所示。

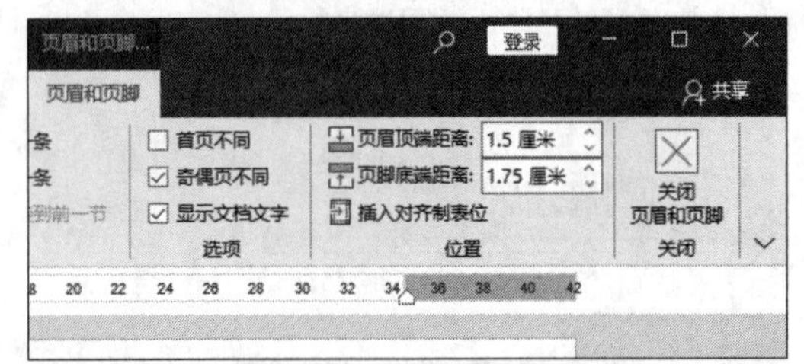

步骤 02 即可看到偶数页页眉位置将显示“偶数页页眉”字样，并且页眉位置的页眉信息也已经被清除，如下图所示。

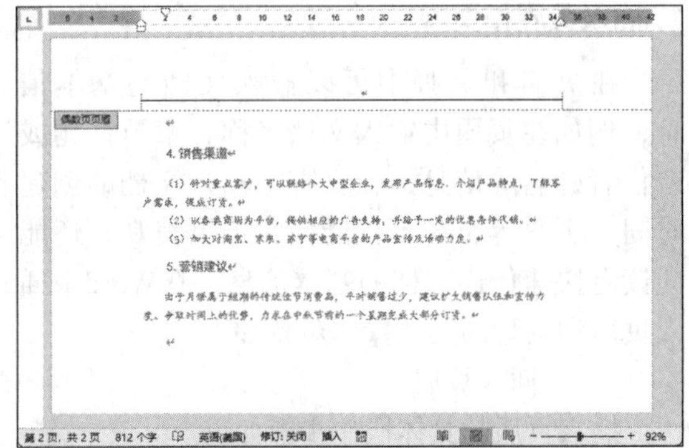

步骤 03 将光标定位至偶数页的页眉中，单击【页眉和页脚工具-页眉和页脚】选项卡下【页眉和页脚】组中的【页眉】按钮，在弹出的下拉列表中选择【空白】页眉样式，如下图所示。

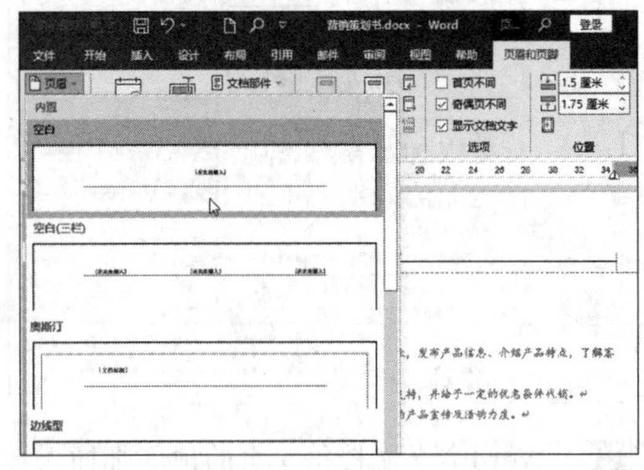

步骤 04 插入偶数页页眉，输入“××食品公司”文本。设置该文本的字体为“等线”，字号为“9”，字体颜色为“蓝色,个性色1”，并设置对齐方式为“右对齐”，如下图所示。

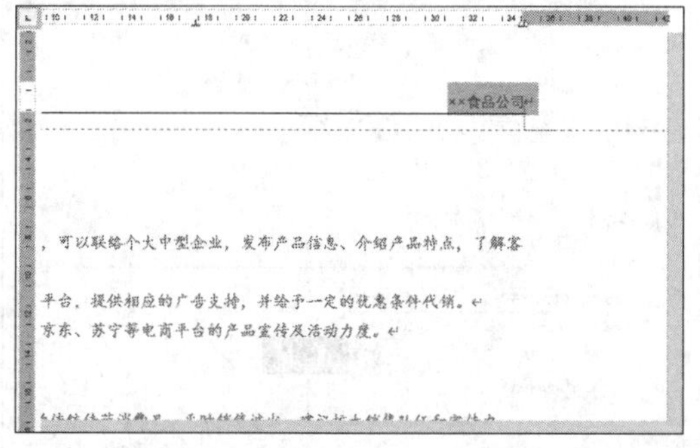

步骤 05 单击【页眉和页脚工具-页眉和页脚】选项卡下【导航】组中的【转至页脚】按钮，切换至偶数页的页脚位置，在页脚位置插入页脚，并进行相应的设置，如下图所示。

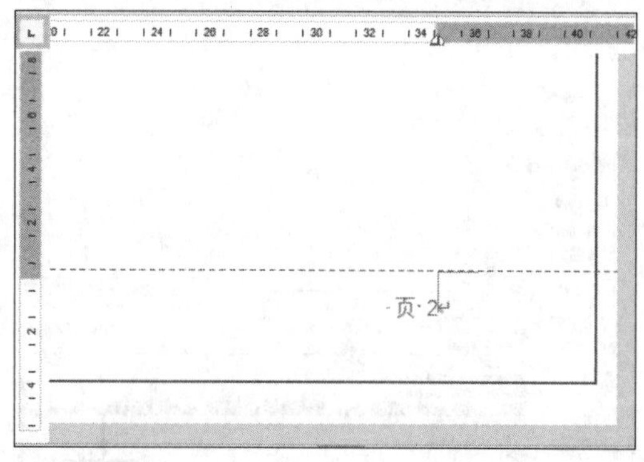

步骤 06 单击【关闭页眉和页脚】按钮，就完成了创建奇偶页不同页眉和页脚的操作，如下图所示。

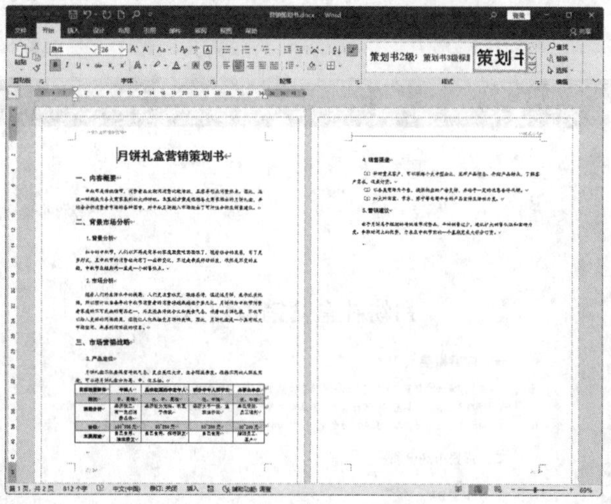

3.1.6 保存模板

文档制作完成之后，可以将其另存为模板。制作同类的文档时，直接打开模板并编辑文本即可，以便节约时间，提高工作效率。保存模板的具体操作步骤如下。

步骤 01 选择【文件】选项卡，在【文件】选项卡下选择【另存为】选项，在右侧【另存为】界面单击【浏览】按钮，如右图所示。

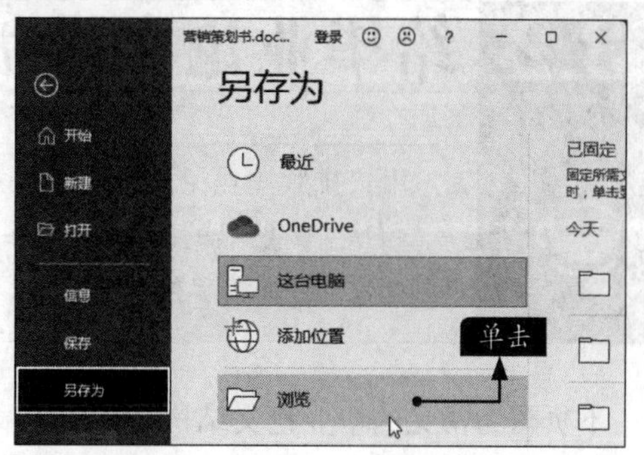

步骤 02 弹出【另存为】对话框，在【保存类型】下拉列表框中选择【Word模板（*.dotx）】选项，如下图所示。

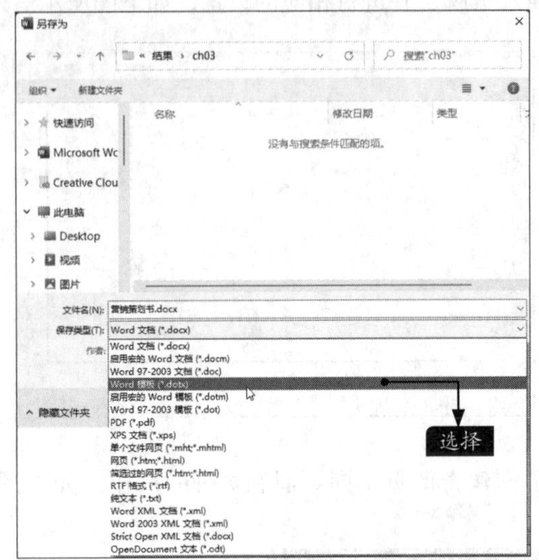

步骤 03 选择模板存储的位置，单击【保存】按钮，即可完成模板的存储，如下图所示。

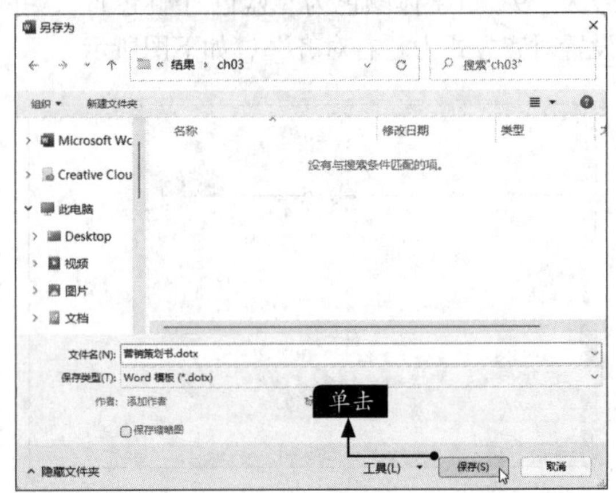

步骤 04 此时，可以看到文档的标题已经更改为“营销策划书.dotx”，表明此时的文档格式为模板格式，如下图所示。

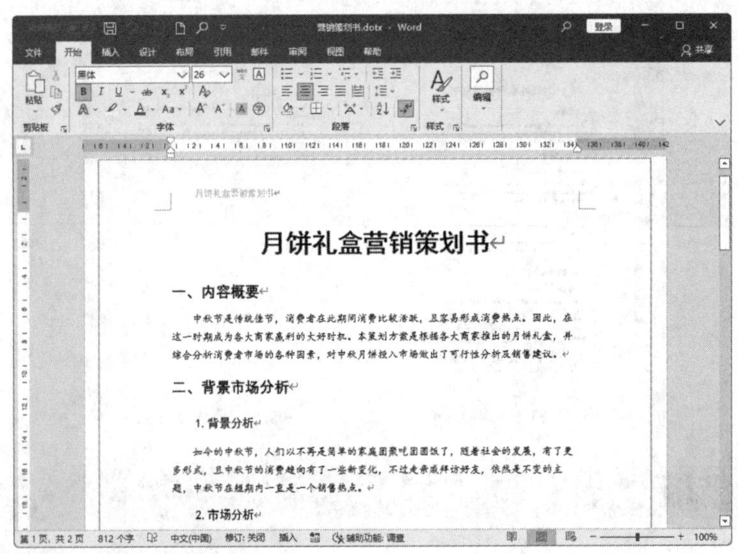

至此，就完成了制作营销策划书模板的操作。

3.2 给毕业论文排版

用户排版毕业论文时需要注意，文档中同一类别的文本的格式要统一，层次要有明显的区分，对同一级别的段落应设置相同的大纲级别，此外某些页面还需要单独显示。

下页图为常见的毕业论文结构。

分节符　分节符

第 1 部分　第 2 部分　第 3 部分

封面　摘要　目录　导论　正文　……　结束语　参考文献　致谢

3.2.1 为标题和正文应用样式

排版毕业论文时，用户通常需要先制作毕业论文封面，然后为标题和正文内容设置并应用样式。

1. 设计毕业论文封面

在排版毕业论文的时候，首先需要为其设计封面，以描述个人信息。

步骤 01 打开“素材\ch03\毕业论文.docx”文件，将光标定位至文档的最前面，如下图所示。

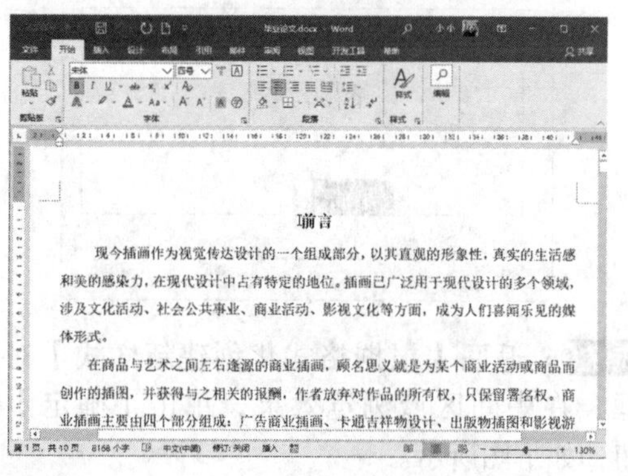

步骤 02 按【Ctrl+Enter】组合键即可插入空白页，在新创建的空白页输入学校信息、个人介绍和指导教师姓名等信息，如下图所示。

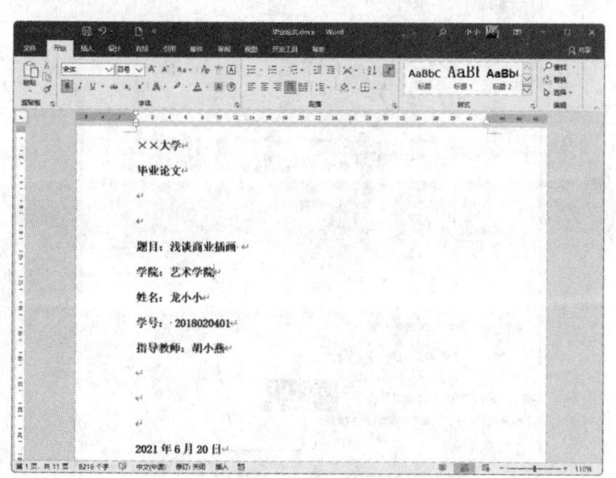

步骤 03 根据需要为不同的信息设置不同的样式，如下图所示。

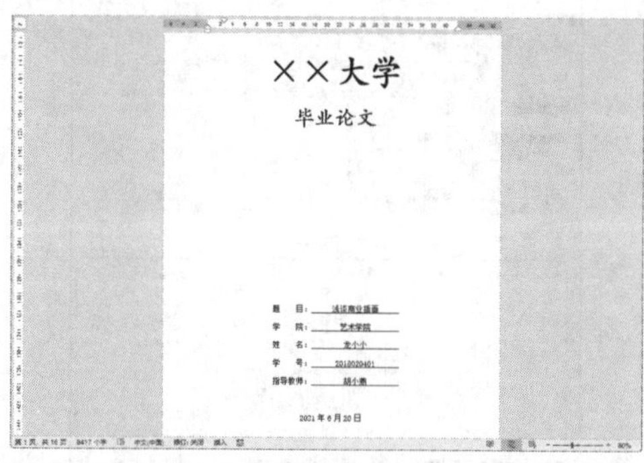

2. 设置毕业论文的样式

毕业论文通常会要求统一样式，用户需要根据学校提供的样式信息对毕业论文进行统一设置。

步骤 01 选择需要应用样式的文本，单击【开始】选项卡下【样式】组中的【样式】按钮，如下图所示。

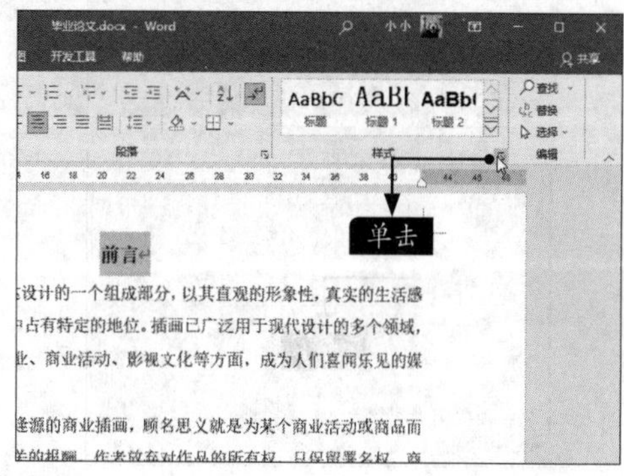

步骤 02 弹出【样式】窗格，单击【新建样式】按钮A+，如下图所示。

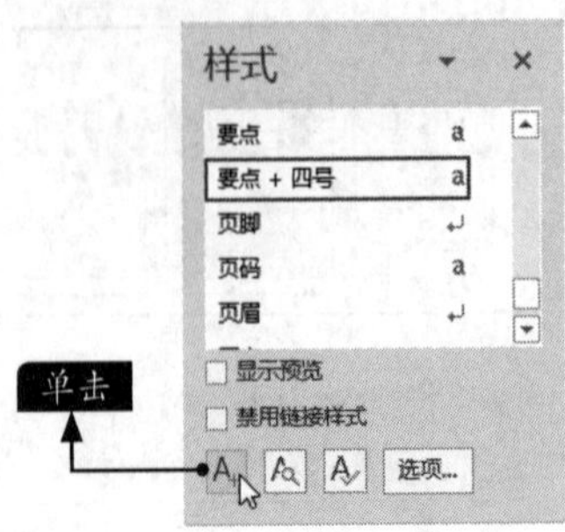

步骤 03 弹出【根据格式化创建新样式】对话框，在【名称】文本框中输入新建样式的名称，例如输入"论文标题1"，在【格式】区域设置字体样式，如下图所示。

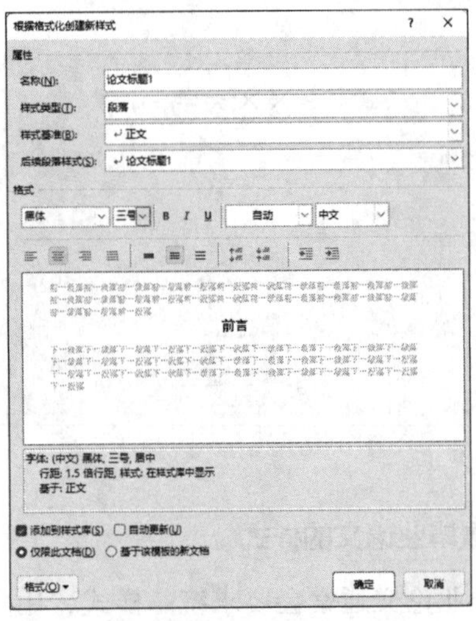

步骤 04 单击左下角的【格式】按钮，在弹出的下拉列表中选择【段落】选项，如下图所示。

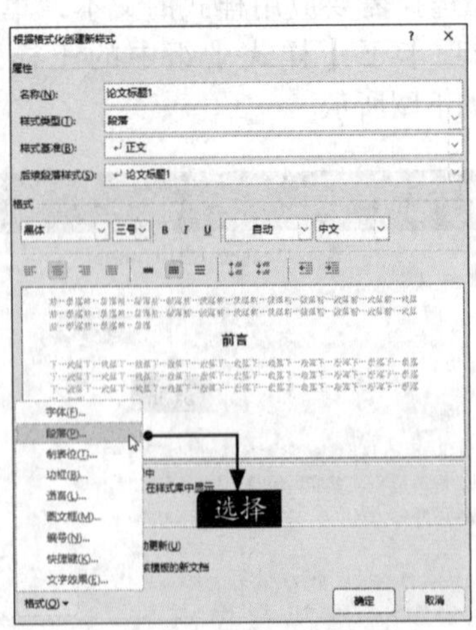

步骤 05 选择后即可打开【段落】对话框，根据要求设置段落样式，在【缩进和间距】选项卡下的【常规】区域中单击【大纲级别】下拉列表框中的下拉按钮，在弹出的下拉列表中选择【1级】选项，然后设置【间距】，设置完成后，单击【确定】按钮，如下图所示。

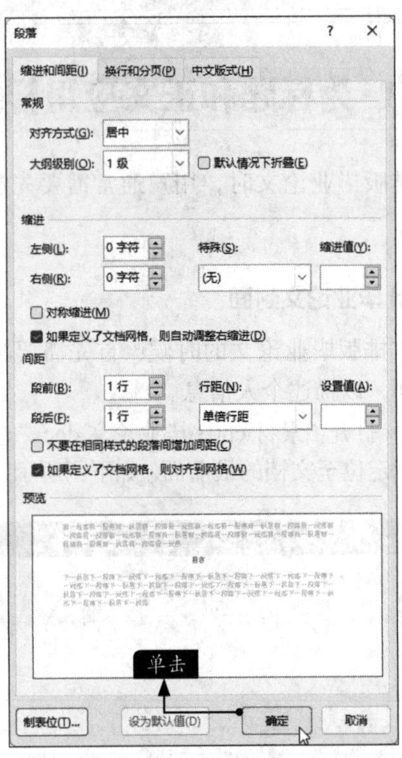

步骤 06 返回【根据格式化创建新样式】对话框，在中间区域浏览效果，单击【确定】按钮，如下图所示。

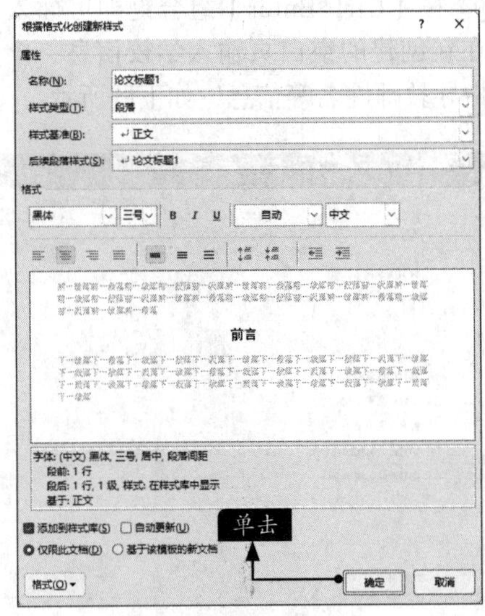

步骤07 在【样式】窗格中可以看到创建的新样式，Word文档中会显示为所选文本设置该新样式后的效果，如下图所示。

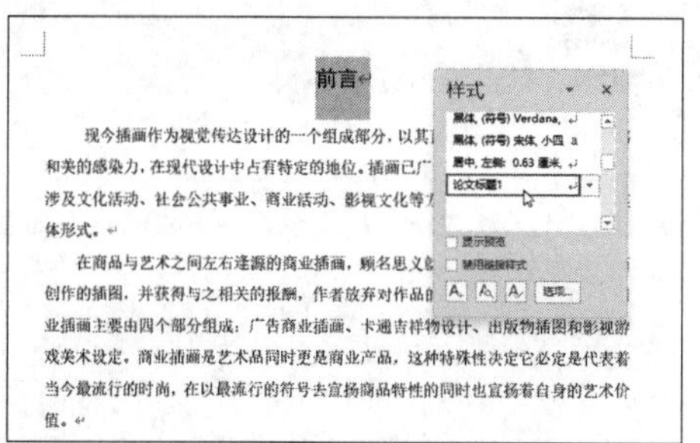

步骤08 选择其他需要应用该样式的段落，单击【样式】窗格中的【论文标题1】样式，即可应用该样式。使用同样的方法为其他标题及正文设置样式。最终效果如下图所示。

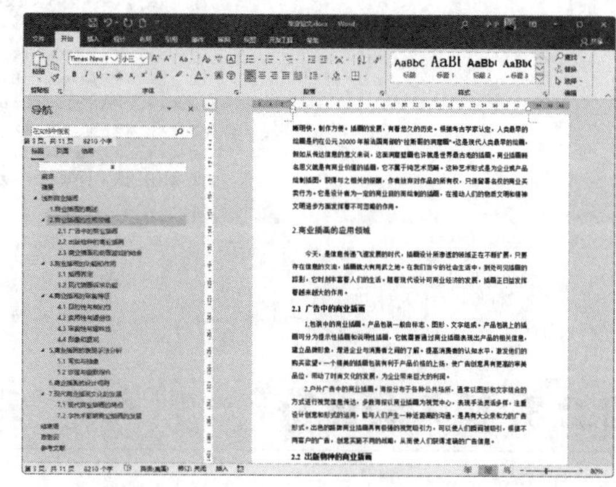

3.2.2 使用格式刷

在编辑长文档时，用户可以使用格式刷快速应用样式，具体操作步骤如下。

步骤01 选择"参考文献"下的第一行文本，设置其字体为"楷体"，字号为"12"，效果如下图所示。

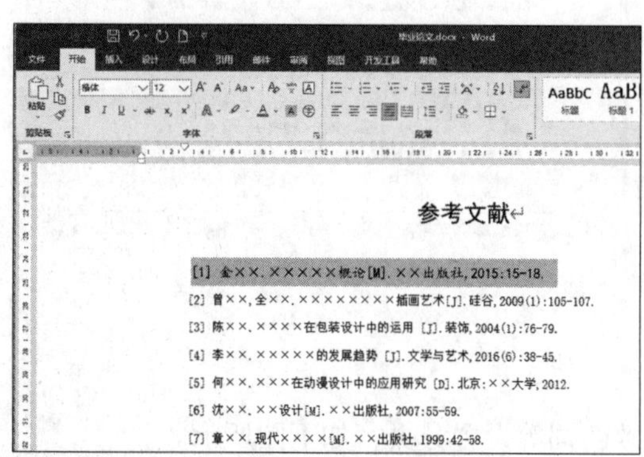

步骤02 选择设置后的段落，单击【开始】选项卡下【剪贴板】组中的【格式刷】按钮，如右上图所示。

> **小提示**
>
> 单击【格式刷】按钮，可执行一次样式复制操作；如果需要大量复制样式，则需双击该按钮，鼠标指针旁会一直存在一个小刷子，若要取消操作，单击【格式刷】按钮或按【Esc】键即可。

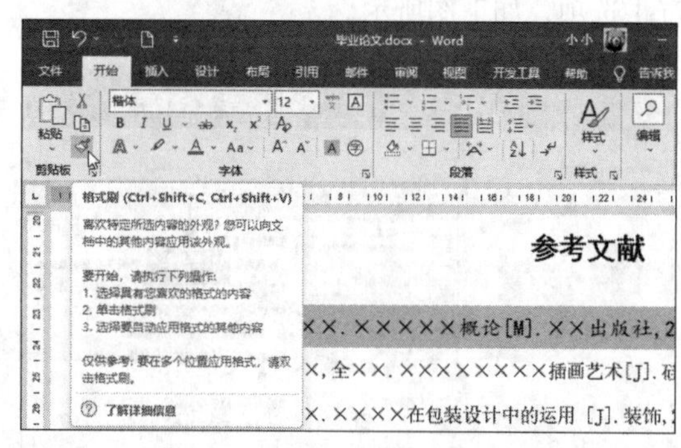

步骤03 鼠标指针将变为形状，选择其他要应用该样式的段落，如下图所示。

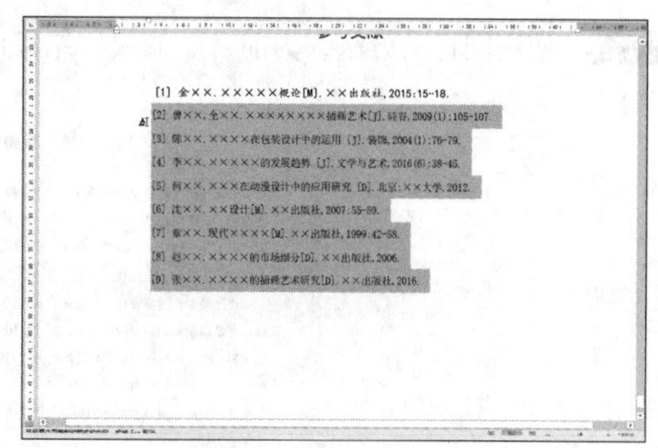

步骤04 将该样式应用至其他段落中的效果如下页图所示。

参考文献

[1] 金××. ×××××概论[M]. ××出版社, 2015:15-18.
[2] 曾××, 金××. ××××××××插画艺术[J]. 硅谷, 2009(1):105-107.
[3] 陈××. ××××在包装设计中的运用 [J]. 装饰, 2004(1):76-79.
[4] 李××. ×××××的发展趋势 [J]. 文学与艺术, 2016(6):38-45.
[5] 何××. ×××在动漫设计中的应用研究 [D]. 北京: ××大学, 2012.
[6] 沈××. ××设计[M]. ××出版社, 2007:55-59.
[7] 章××. 现代××××[M]. ××出版社, 1999:42-58.
[8] 赵××. ××××的市场细分[D]. ××出版社, 2006.
[9] 张××. ××××的插画艺术研究[D]. ××出版社, 2016.

3.2.3 插入分页符

在排版毕业论文时，有些内容需要另起一页显示，如前言、摘要、结束语、致谢词、参考文献等，可以通过插入分页符来实现，具体操作步骤如下。

步骤01 将光标放在“参考文献”前，单击【布局】选项卡下【页面设置】组中的【分隔符】按钮 分隔符，在弹出的下拉列表中选择【分页符】选项，如下图所示。

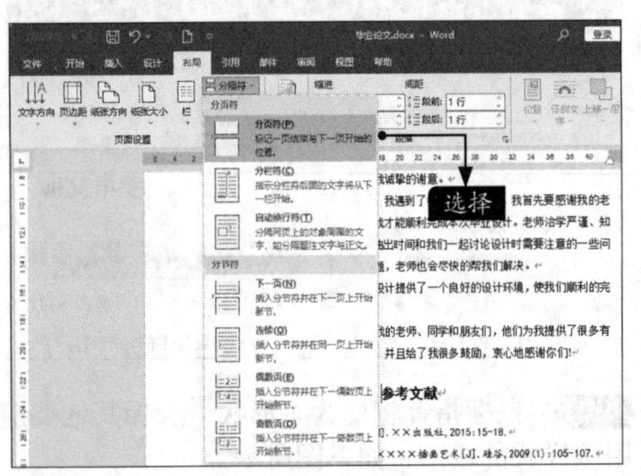

步骤02 选择后，“参考文献”及其下方的内容将另起一页显示，如下图所示。

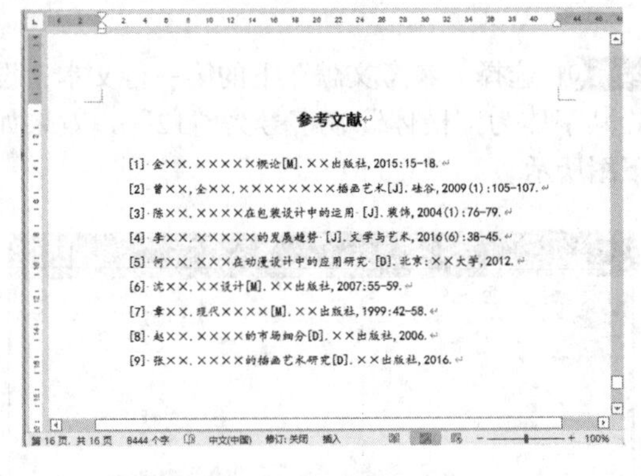

参考文献

[1] 金××. ×××××概论[M]. ××出版社, 2015:15-18.
[2] 曾××, 金××. ××××××××插画艺术[J]. 硅谷, 2009(1):105-107.
[3] 陈××. ××××在包装设计中的运用 [J]. 装饰, 2004(1):76-79.
[4] 李××. ×××××的发展趋势 [J]. 文学与艺术, 2016(6):38-45.
[5] 何××. ×××在动漫设计中的应用研究 [D]. 北京: ××大学, 2012.
[6] 沈××. ××设计[M]. ××出版社, 2007:55-59.
[7] 章××. 现代××××[M]. ××出版社, 1999:42-58.
[8] 赵××. ××××的市场细分[D]. ××出版社, 2006.
[9] 张××. ××××的插画艺术研究[D]. ××出版社, 2016.

步骤03 使用同样的方法，为前言、摘要、结束语及致谢词等设置分页，如下图所示。

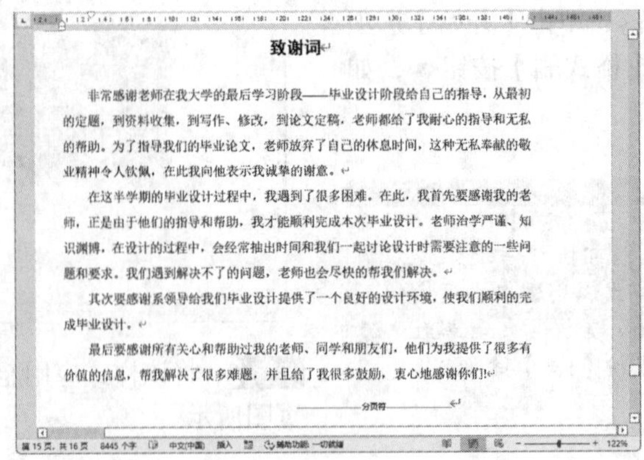

致谢词

非常感谢老师在我大学的最后学习阶段——毕业设计阶段给自己的指导，从最初的定题，到资料收集，到写作、修改，到论文定稿，老师都给了我耐心的指导和无私的帮助。为了指导我们的毕业论文，老师放弃了自己的休息时间，这种无私奉献的敬业精神令人钦佩，在此我向他表示我诚挚的谢意。

在这半学期的毕业设计过程中，我遇到了很多困难，在此，我首先要感谢我的老师，正是由于他们的指导和帮助，我才能顺利完成本次毕业设计。老师治学严谨、知识渊博，在设计的过程中，会经常抽出时间和我们一起讨论设计时需要注意的一些问题和要求，我们遇到解决不了的问题，老师也会尽快的帮我们解决。

其次要感谢系领导给我们毕业设计提供了一个良好的设计环境，使我们顺利的完成毕业设计。

最后要感谢所有关心和帮助过我的老师、同学和朋友们，他们为我提供了很多有价值的信息，帮我解决了很多难题，并且给了我很多鼓励，衷心地感谢你们!

分页符

3.2.4 设置页眉和页码

毕业论文可能需要插入页眉，使其看起来更美观。如果要生成目录，还需要在文档中插入页码。设置页眉和页码的具体操作步骤如下。

步骤01 单击【插入】选项卡下【页眉和页脚】组中的【页眉】按钮，在弹出的下拉列表中选择【空白】页眉样式，如下图所示。

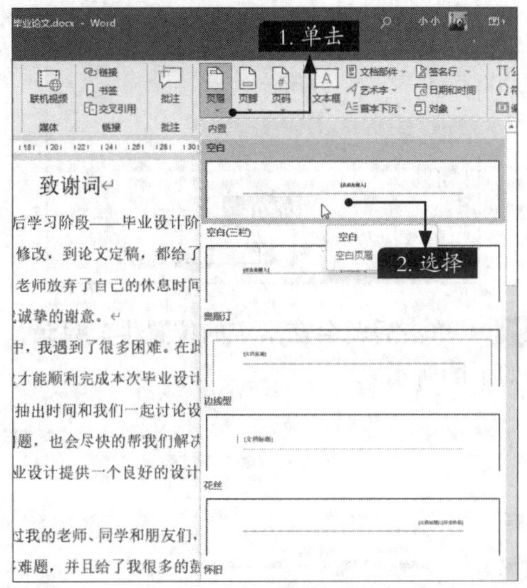

步骤02 在【页眉和页脚工具-页眉和页脚】选项卡下的【选项】组中选中【首页不同】和【奇偶页不同】复选框，如下图所示。

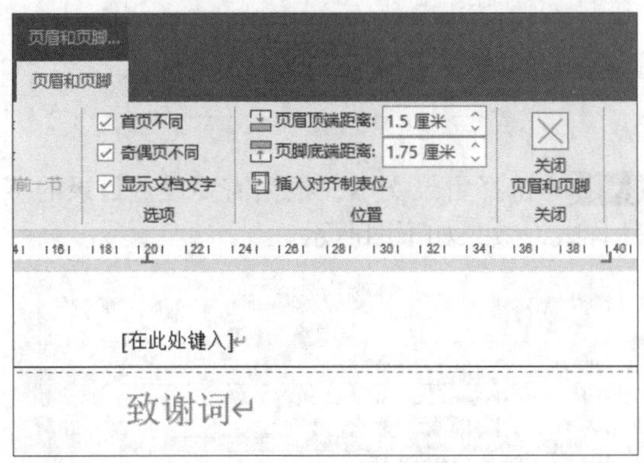

步骤03 在奇数页页眉中输入内容，并根据需要设置字体样式，如下图所示。

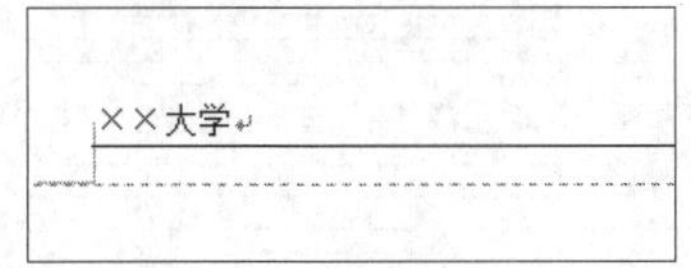

步骤04 创建偶数页页眉，输入内容并设置字体样式，如下图所示。

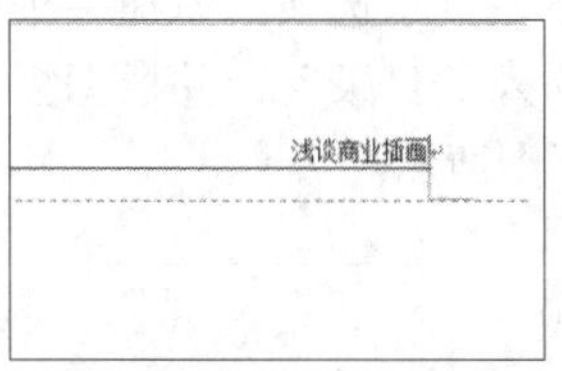

步骤05 单击【页眉和页脚工具-页眉和页脚】选项卡下【页眉和页脚】组中的【页码】按钮，在弹出的下拉列表中选择一种页码格式，如下图所示。

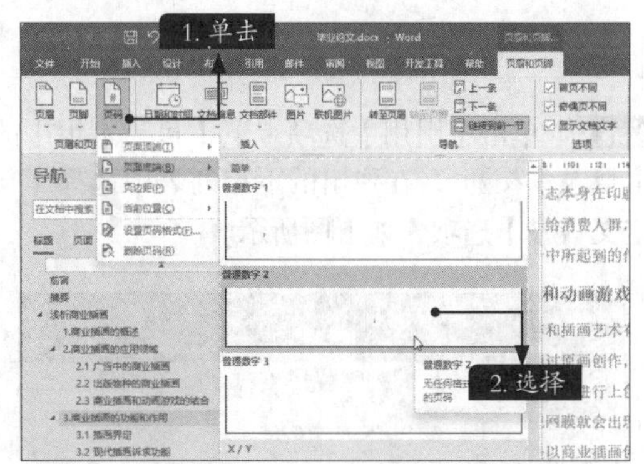

步骤06 选择后即可在页面底端插入页码，单击【关闭页眉和页脚】按钮，如下图所示。

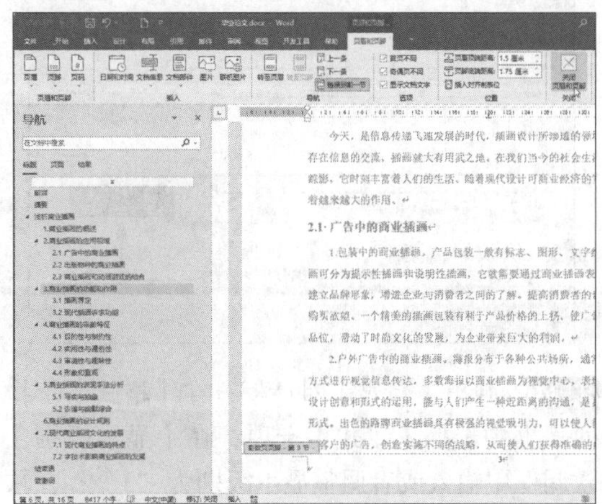

3.2.5 生成并编辑目录

插入页码后，即可生成目录，具体操作步骤如下。

步骤 01 将光标定位至文档第2页最前面的位置，单击【布局】选项卡下【页面布置】组中的【分隔符】按钮 分隔符，在弹出的下拉列表中选择【下一页】选项，添加一个空白页，在空白页中输入“目录”，并根据需要设置字体样式，如下图所示。

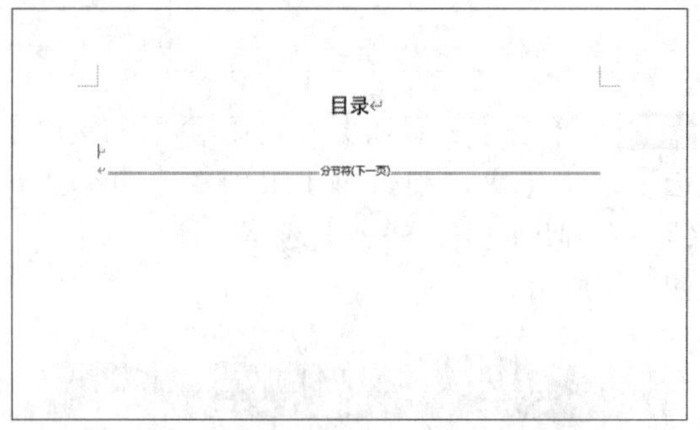

步骤 02 单击【引用】选项卡下【目录】组中的【目录】按钮，在弹出的下拉列表中选择【自定义目录】选项，如下图所示。

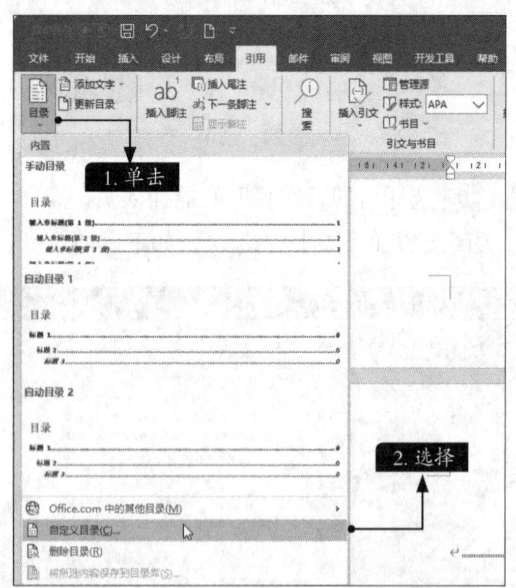

步骤 03 弹出【目录】对话框，在【格式】下拉列表框中选择【正式】选项，在【显示级别】微调框中输入或者调整显示级别为“3”，在预览区域可以看到设置后的效果，各项设置完成后，单击【确定】按钮，如右上图所示。

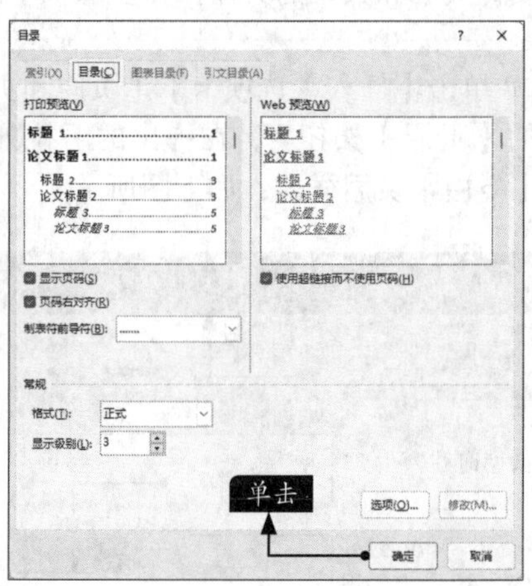

步骤 04 单击后就会在指定的位置生成目录，效果如下图所示。

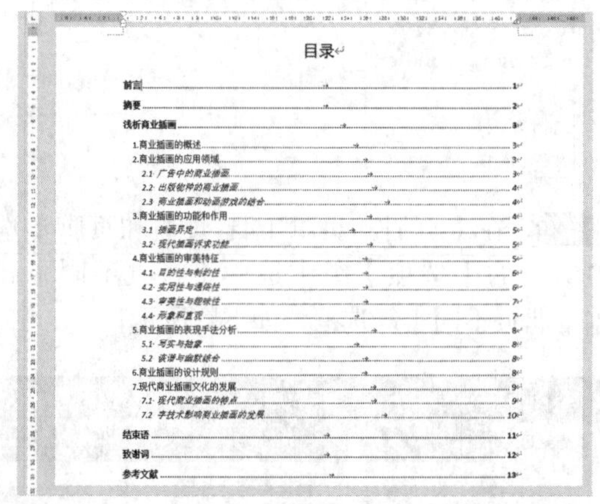

步骤 05 选择目录文本，根据需要设置目录的字体样式，效果如下图所示。

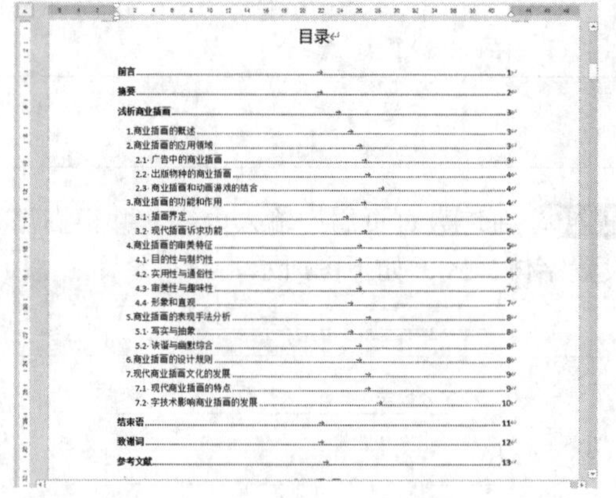

步骤 06 完成毕业论文的排版操作，最终效果如下图所示。

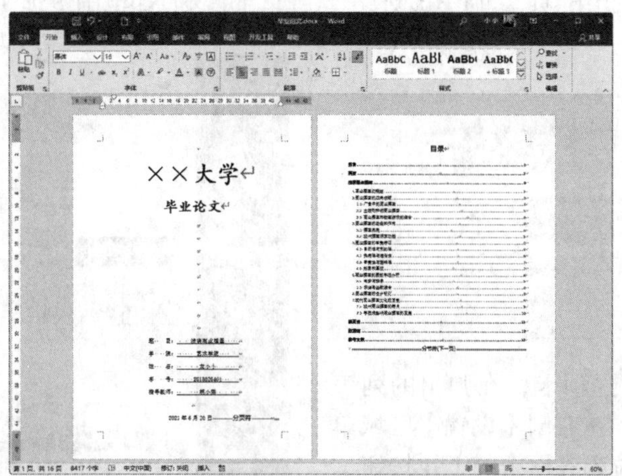

3.2.6 打印论文

论文排版完成后，可以将其打印出来。本节主要介绍Word文档的打印技巧。

1. 直接打印文档

确保文档没有问题后，就可以直接打印文档。

步骤 01 选择【文件】选项卡下的【打印】选项，在【打印机】下拉列表框中选择要使用的打印机，如下图所示。

步骤 02 用户可以在【份数】微调框中输入打印的份数，单击【打印】按钮，即可开始打印文档，如右图所示。

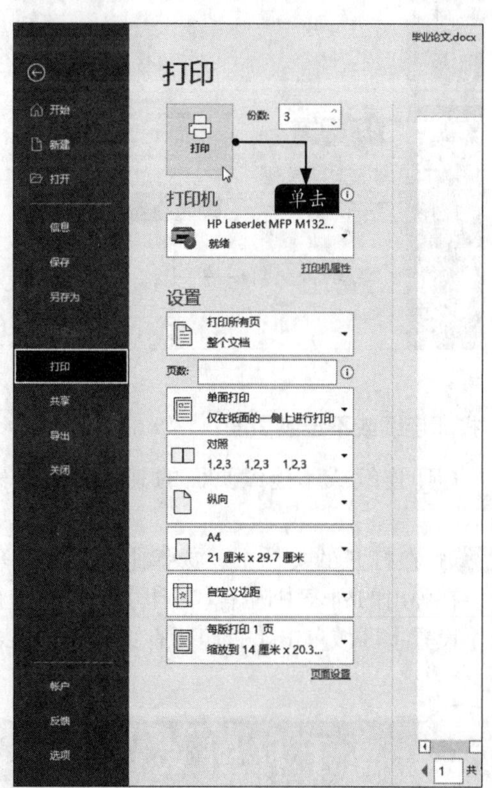

2. 打印当前页面

如果只需要打印当前页面，可以使用以下步骤。

步骤01 在打开的文档中，将光标定位至要打印的Word页面，这里定位至第4页，如下图所示。

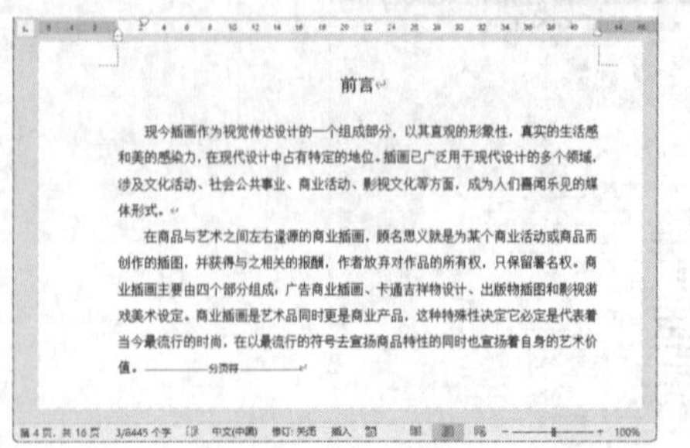

步骤02 选择【文件】选项卡，在弹出的列表中选择【打印】选项，在右侧【设置】区域单击【打印所有页】下拉列表框中的下拉按钮，在弹出的下拉列表中选择【打印当前页面】选项。随后设置要打印的份数，单击【打印】按钮即可进行打印，如下图所示。

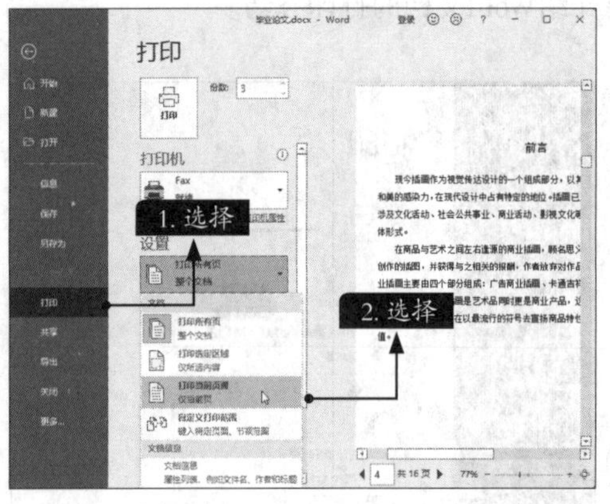

3. 打印连续或不连续页面

打印连续或不连续页面的具体操作步骤如下。

步骤01 在打开的文档中，选择【文件】选项卡，在弹出的列表中选择【打印】选项，在右侧【设置】区域单击【打印所有页】下拉列表框中的下拉按钮，在弹出的下拉列表中选择【自定义打印范围】选项，如下图所示。

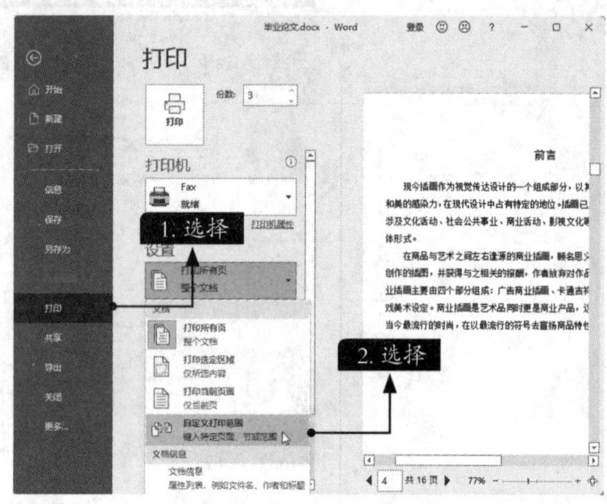

步骤02 在下方的【页数】文本框中输入要打印的页码，并设置要打印的份数，单击【打印】按钮即可进行打印，如下图所示。

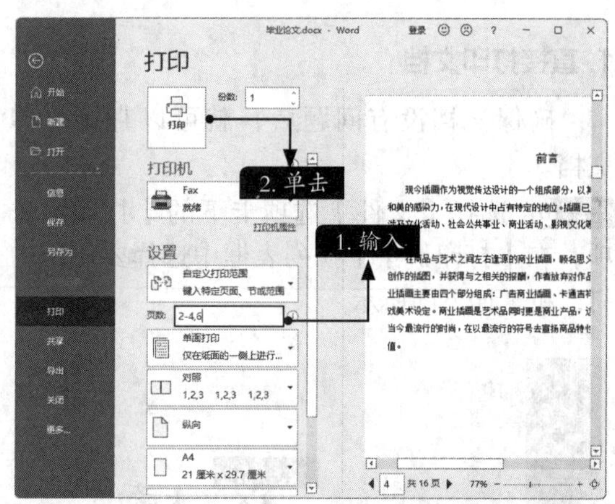

小提示

连续页码可以使用英文半角连接符连接开始页码和结束页码，不连续的页码可以使用英文半角逗号分隔。

高手私房菜

技巧1：去除页眉中的横线

在添加页眉时，经常会看到自动添加的分割线，该分割线可以删除。

步骤01 双击页眉位置，进入页眉编辑状态，将光标定位在页眉处，并单击【开始】选项卡下【样式】组中的【其他】按钮，在弹出的下拉列表中选择【清除样式】选项，如下图所示。

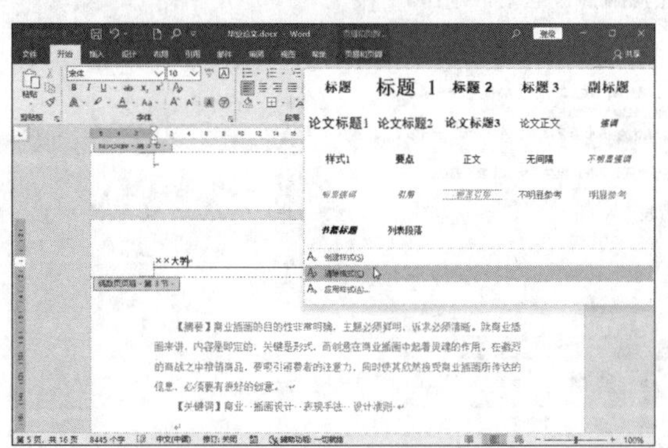

步骤02 此时，页眉中的分割线即被删除，如下图所示。

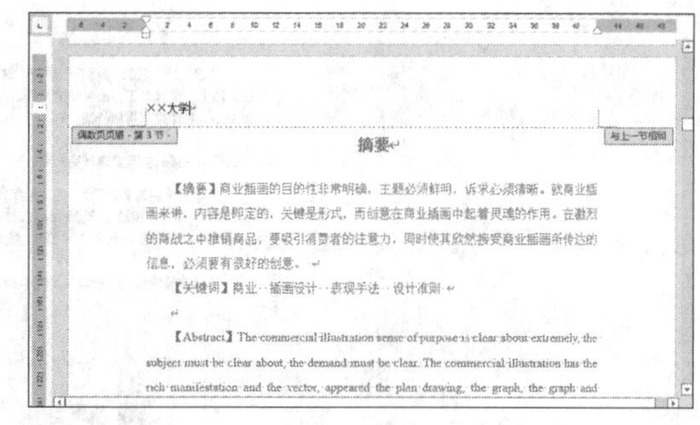

技巧2：合并多个文档

如果要将多个文档合并到一个文档中，使用复制、粘贴功能一篇一篇地合并，不仅费时，还容易出错。而使用Word提供的插入文件中的文字功能，就可以快速实现将多个文档合并到一个文档中的操作，具体操作步骤如下。

步骤01 新建空白Word文档，并将其另存为"合并多个文档.docx"，如下图所示。

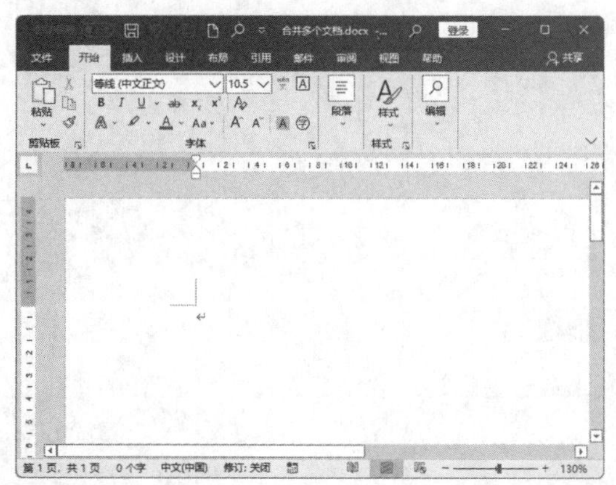

步骤02 单击【插入】选项卡下【文本】组中【对象】按钮，在弹出的下拉列表中选择【文件中的文字】选项，如右上图所示。

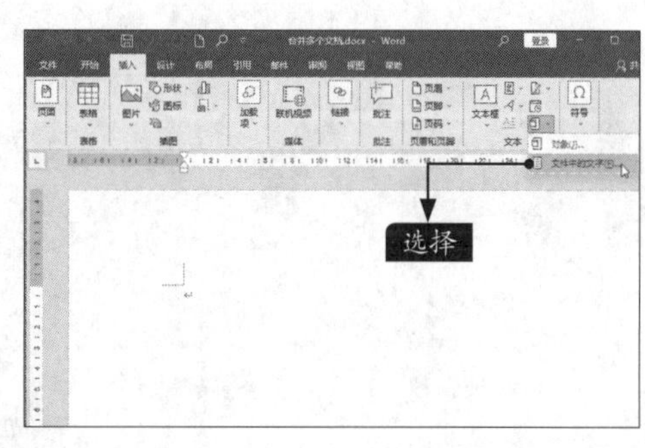

步骤03 打开【插入文件】对话框，选择要合并的文档，单击【插入】按钮，如下图所示。

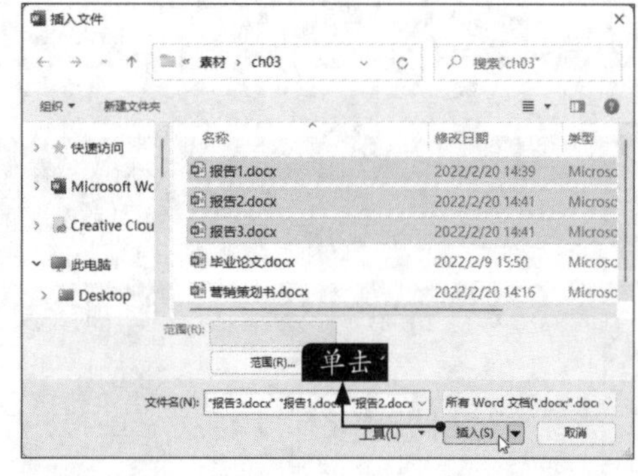

步骤 04 单击后，即可将选择的文档快速合并到一个文档中，如下图所示。

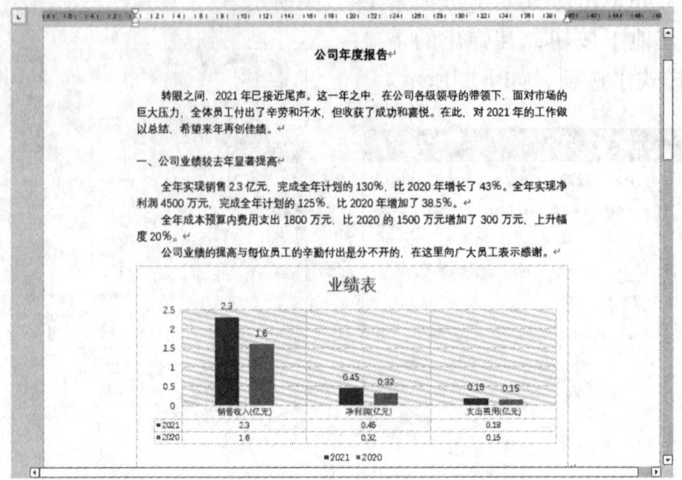

第4章

工作簿和工作表的基本操作

Excel 2021（以下简称“Excel”）主要用于处理电子表格，可以进行复杂的数据运算。本章主要介绍工作簿和工作表的基本操作，如创建工作簿、工作表的常用操作、单元格的基本操作以及输入文本等内容。

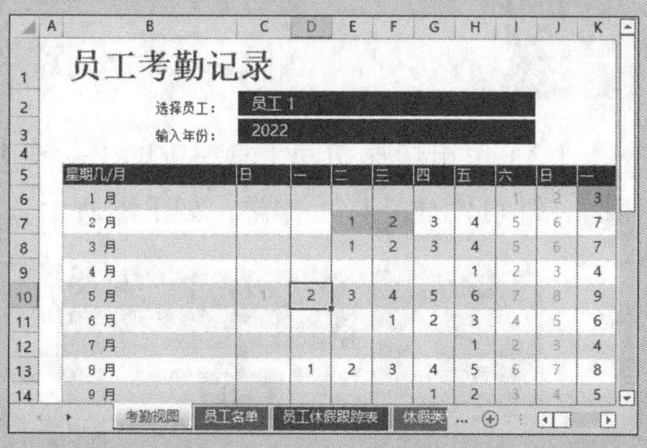

公司采购信息表

序号	物资名称	单价	单位	数量	合计	采购日期	入库单	备注
1	纸巾	¥ 45	箱	3	¥ 135	2022/4/1	√	
2	圆珠笔	¥ 18	包	15	¥ 270	2022/4/1	√	
3	文件夹	¥ 4	个	20	¥ 80	2022/4/3	√	
4	白板笔	¥ 20	盒	5	¥ 100	2022/4/6	√	
5	长尾夹41mm	¥ 13	盒	6	¥ 78	2022/4/7	√	
6	长尾夹25mm	¥ 11	盒	5	¥ 55	2022/4/8	√	
7	复印纸	¥ 155	箱	3	¥ 465	2022/4/11	√	
8	工字钉	¥ 5	盒	4	¥ 20	2022/4/12	√	
9	刻录盘	¥ 6	张	20	¥ 120	2022/4/16	√	
10	回形针	¥ 9	盒	3	¥ 27	2022/4/17	√	
11	钉书针	¥ 5	盒	6	¥ 30	2022/4/20	√	
12	白板120*100	¥ 25	个	2	¥ 50	2022/4/23	√	
13	座位牌	¥ 7	个	45	¥ 315	2022/4/24	√	
14	拉链袋	¥ 12	包	9	¥ 108	2022/4/26	√	
15	扫把	¥ 23	个	5	¥ 115	2022/4/28	√	

4.1 创建员工出勤跟踪表

本节通过创建员工出勤跟踪表介绍工作簿及工作表的基本操作。

4.1.1 创建空白工作簿

工作簿是指在Excel中用来存储并处理工作数据的文件，其扩展名是.xlsx。通常所说的Excel文件指的就是工作簿文件。使用Excel创建员工出勤跟踪表之前，首先要创建一个工作簿。

1. 启动Excel时创建空白工作簿

步骤 01 启动Excel时，在打开的界面中单击右侧的【空白工作簿】按钮，如下图所示。

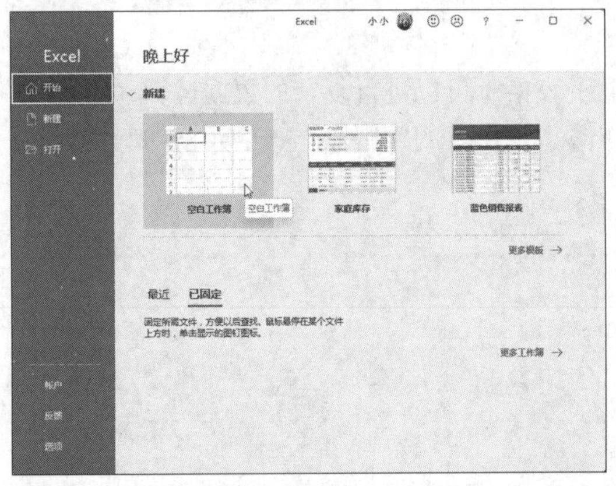

步骤 02 系统会自动创建一个名称为“工作簿1”的工作簿，如下图所示。

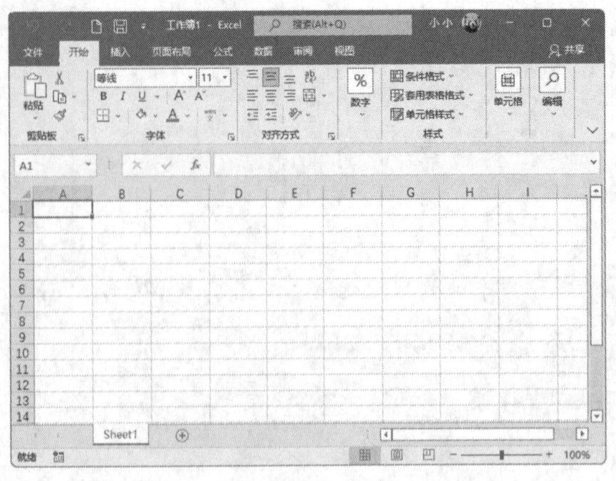

2. 启动Excel后创建空白工作簿

启动Excel后可以通过以下3种方法创建空白工作簿。

（1）启动Excel后，单击【文件】→【新建】→【空白工作簿】按钮，即可创建空白工作簿，如下图所示。

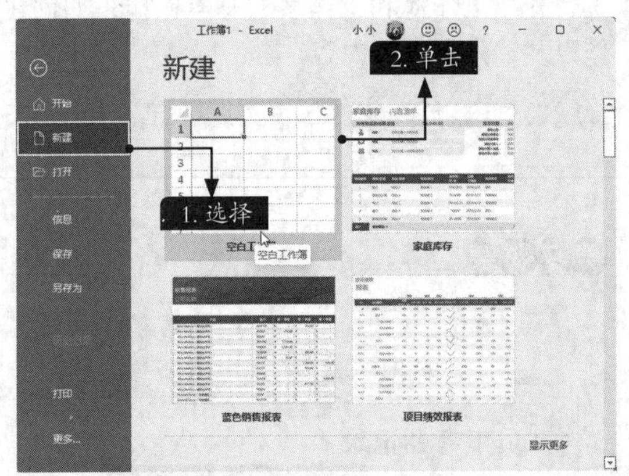

（2）单击快速访问工具栏中的【新建】按钮，即可创建空白工作簿，如下图所示。

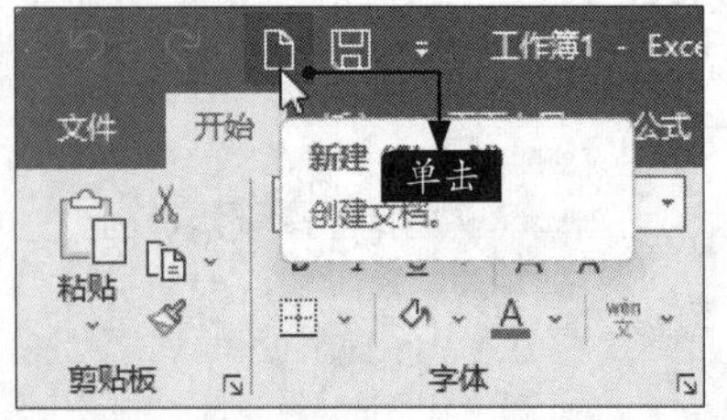

（3）按【Ctrl+N】组合键也可以快速创建空白工作簿。

4.1.2 使用模板创建工作簿

用户可以使用系统自带的模板或搜索联机模板，通过在模板上进行修改以创建工作簿。例如，可以通过Excel模板，创建员工出勤跟踪表，具体的操作步骤如下。

步骤01 选择【文件】选项卡，在弹出的列表中选择【新建】选项，然后在【搜索联机模板】文本框中输入“员工出勤跟踪表”，单击【开始搜索】按钮，如下图所示。

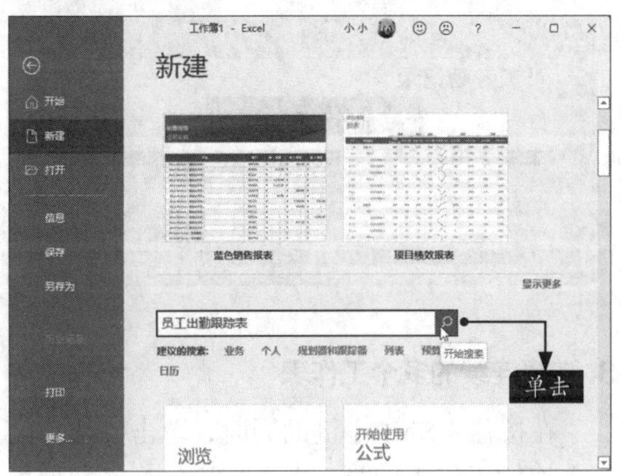

步骤02 单击后，会显示搜索结果，单击搜索到的第一个【员工出勤跟踪表】按钮，如下图所示。

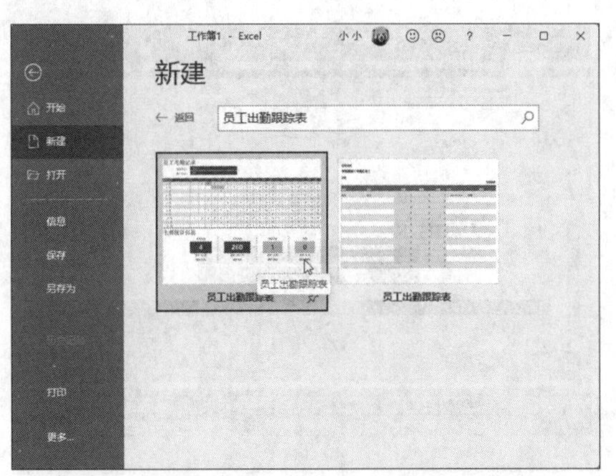

步骤03 弹出【员工出勤跟踪表】预览界面，单击【创建】按钮，即可下载该模板，如下图所示。

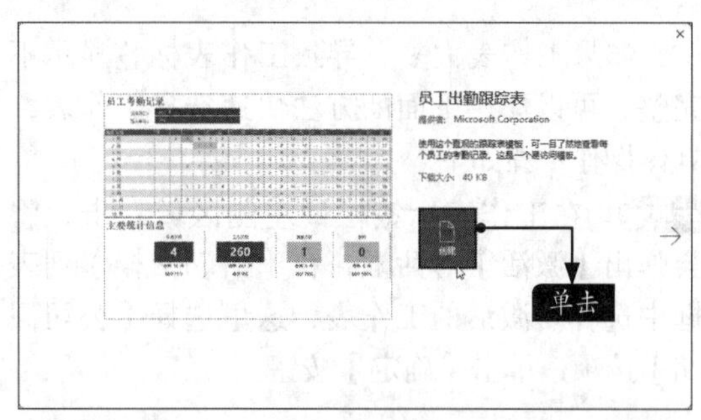

步骤04 下载完成后，系统会自动打开该模板，此时用户只需在表格中输入或修改相应的数据即可，如下图所示。

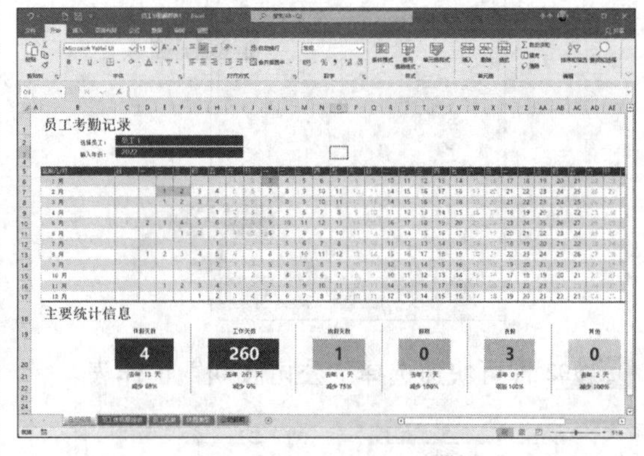

4.1.3 选择单个或多个工作表

在使用模板创建的工作簿中可以看到多个工作表，在编辑工作表之前首先要选择工作表，选择工作表有多种方法。

1. 选择单个工作表

选择单个工作表时只需要在要选择的工作表的标签上单击，即可选择该工作表。例如在“员工休假跟踪表”工作表的标签上单击，即可选择“员工休假跟踪表”工作表，如下页图所示。

员工休假跟踪表

员工姓名	开始日期	结束日期	休假类型	天数
员工 1	2022/1/3	2022/1/3	病假	1
员工 2	2022/1/17	2022/1/18	其他	2
员工 3	2022/1/18	2022/1/21	其他	4
员工 5	2021/12/10	2021/12/16	丧假	5
员工 4	2021/12/1	2021/12/2	病假	2
员工 1	2021/11/14	2021/11/18	假期	4
员工 4	2022/1/31	2022/2/4	病假	5
员工 4	2021/12/1	2021/12/6	其他	4
员工 4	2021/12/10	2021/12/16	其他	5
员工 2	2022/1/13	2022/1/15	病假	2

如果工作表太多，导致工作表标签显示不完整，可以使用下面的方法快速选择工作表，具体操作步骤如下。

步骤 01 在工作表标签栏最左侧区域右击，将会弹出【激活】对话框，在【活动文档】列表框中选择要激活的工作表，这里选择【公司假期】选项，单击【确定】按钮。

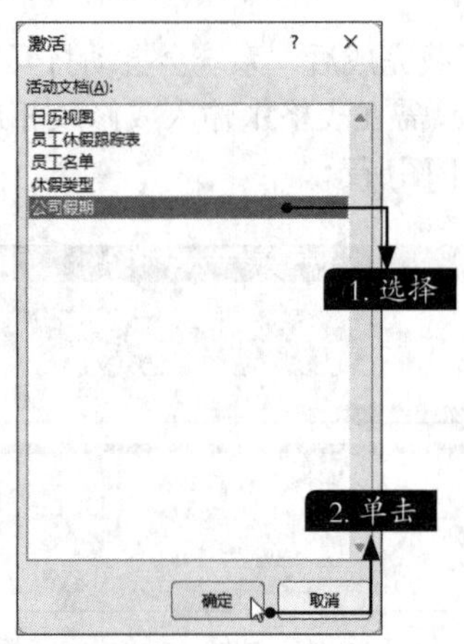

步骤 02 即可快速选择“公司假期”工作表。

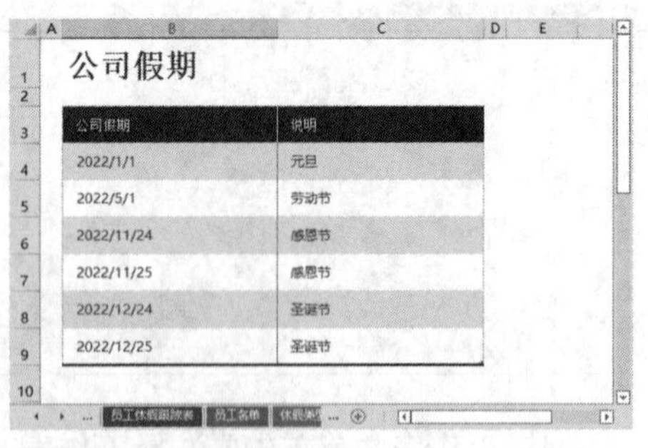

公司假期

公司假期	说明
2022/1/1	元旦
2022/5/1	劳动节
2022/11/24	感恩节
2022/11/25	感恩节
2022/12/24	圣诞节
2022/12/25	圣诞节

2. 选择不连续的多个工作表

如果要同时编辑多个不连续的工作表，可以在按住【Ctrl】键的同时，单击要选择的多个不连续工作表的标签，释放【Ctrl】键，即可完成对多个不连续工作表的选择。标题栏中将显示“组”字样，如下图所示。

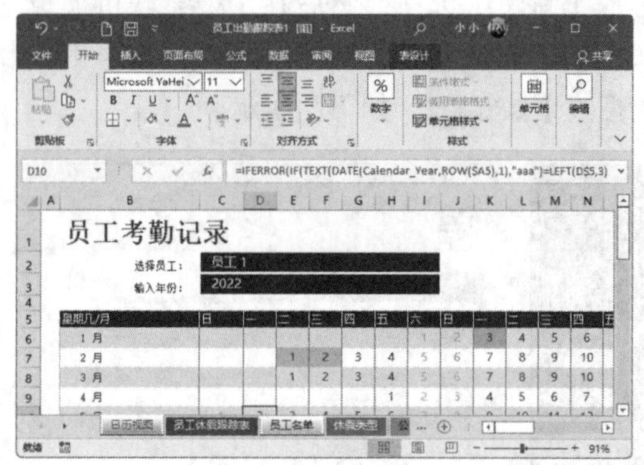

3. 选择连续的多个工作表

在按住【Shift】键的同时，单击要选择的多个连续工作表的第一个工作表的标签和最后一个工作表的标签，释放【Shift】键，即可完成对多个连续工作表的选择，如下图所示。

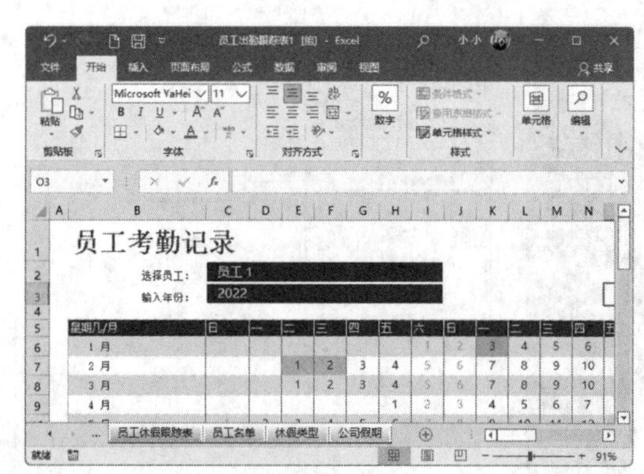

小提示

按【Ctrl+Page UP/Page Down】组合键，可以快速切换工作表。

4.1.4 重命名工作表

每个工作表都有自己的名称，默认情况下以“Sheet1”“Sheet2”“Sheet3”……命名工作表。这种命名方式不便于管理工作表，因此可以对工作表重命名，以便更好地管理工作表。

步骤01 双击要重命名的工作表的标签“日历视图”，进入可编辑状态，如下图所示。

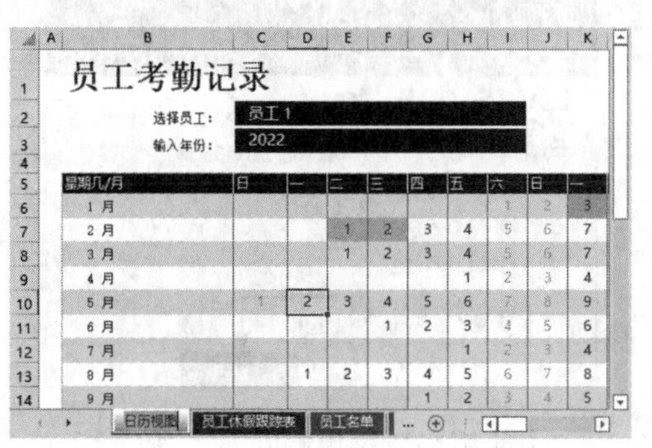

步骤02 输入新的标签名后，按【Enter】键，即可完成对该工作表的标签的重命名操作，如下图所示。

4.1.5 新建和删除工作表

如果在使用Excel时，需要使用更多的工作表，则需要新建工作表。对于不需要的工作表也可以将其删除。本节讲述新建和删除工作表的方法。

1. 新建工作表

步骤01 在打开的Excel工作簿中，单击【新工作表】按钮⊕，如下图所示。

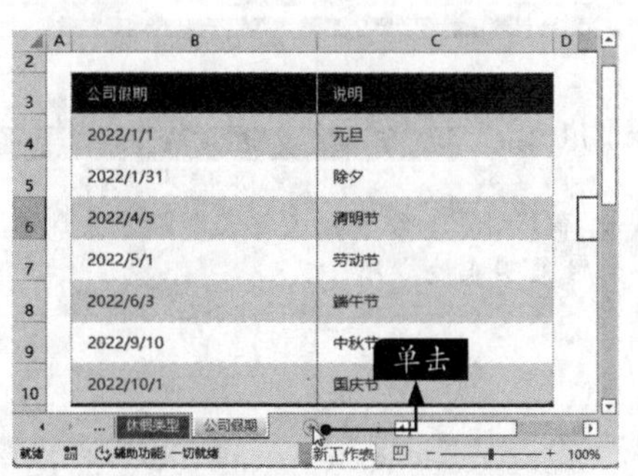

步骤02 即可创建一个名为“Sheet1”的新工作表，如下图所示。

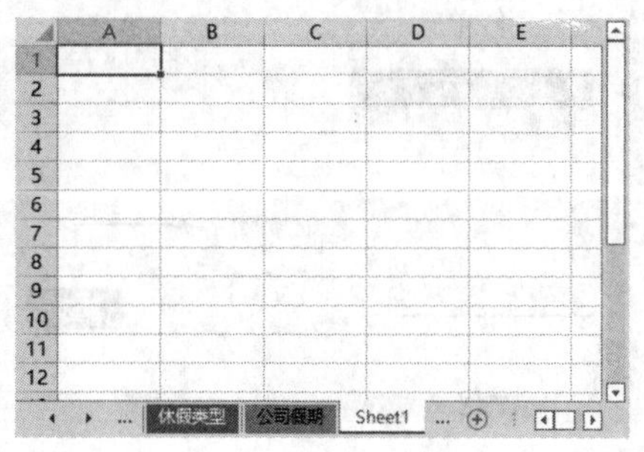

步骤03 另外，在工作表标签上右击，在弹出的快捷菜单中选择【插入】命令，如下图所示。

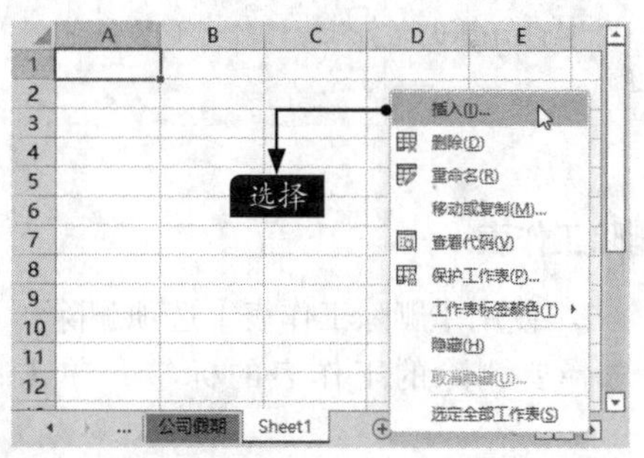

步骤04 在弹出的【插入】对话框，选择默认的【工作表】，单击【确定】按钮，如下图所示。

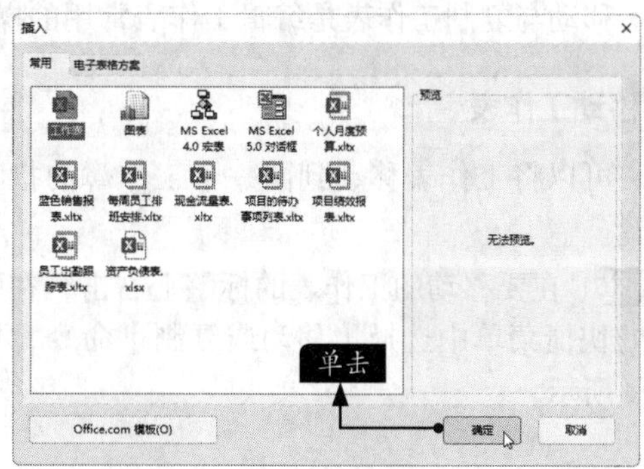

步骤05 单击后即可创建新工作表，如下图所示。

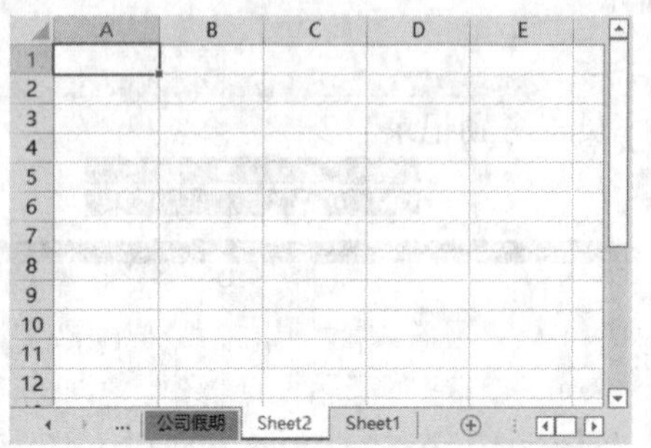

步骤06 另外，用户单击【开始】选项卡下【单元格】组中的【插入】下拉按钮 插入，在弹出的下拉列表中选择【插入工作表】选项，即可插入新工作表，如下图所示。

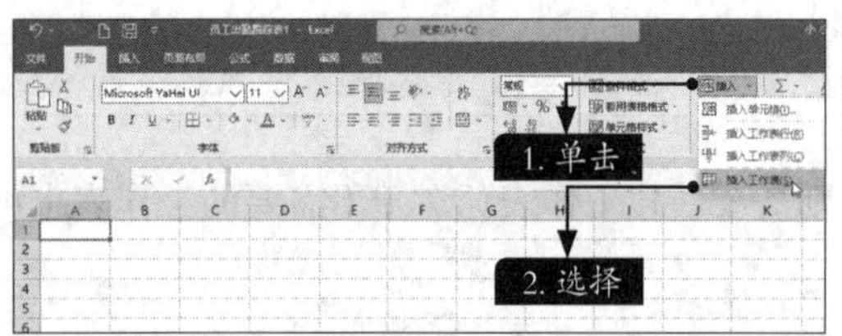

小提示

按【Shift+F11】组合键，可以快速新建工作表。

2. 删除工作表

（1）使用【删除工作表】选项删除

选择要删除的工作表的标签，单击【开始】选项卡【单元格】组中的【删除】下拉按钮 删除，在弹出的下拉列表中选择【删除工作表】选项，如下图所示。

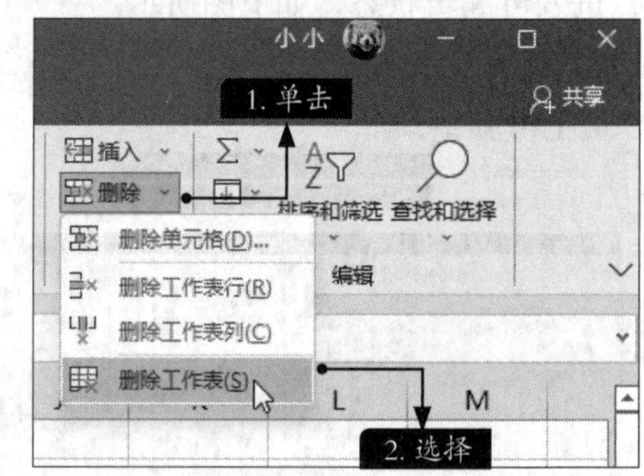

（2）使用快捷菜单删除

在要删除的工作表的标签上右击，在弹出的快捷菜单中选择【删除】命令，即可将当前所选工作表删除，如下图所示。

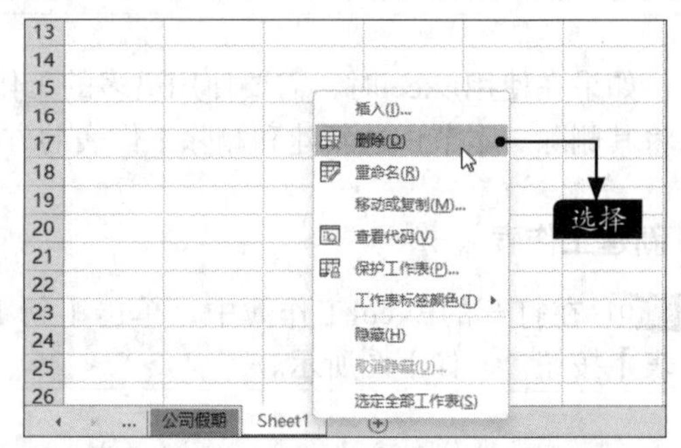

小提示

选择【删除】命令，工作表即被永久删除，该命令的效果不能被撤销。

4.1.6 移动和复制工作表

移动与复制工作表是编辑工作表常用的操作。

1. 移动工作表

可以将工作表移动到同一个工作簿的指定位置。

步骤01 在要移动的工作表的标签上右击，在弹出的快捷菜单中选择【移动或复制】命令，如右图所示。

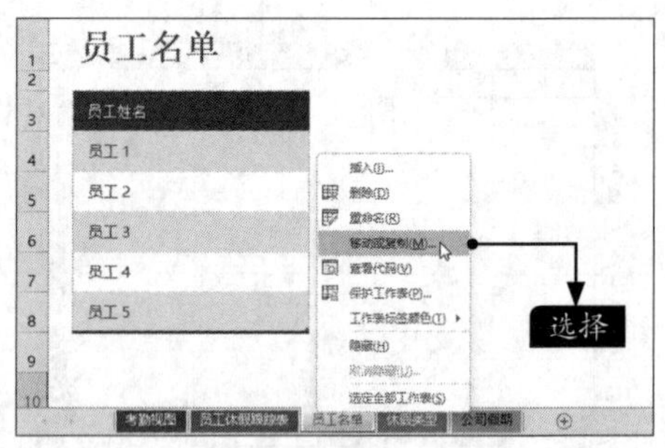

步骤 02 在弹出的【移动或复制工作表】对话框中选择要移动的位置，单击【确定】按钮，如下图所示。

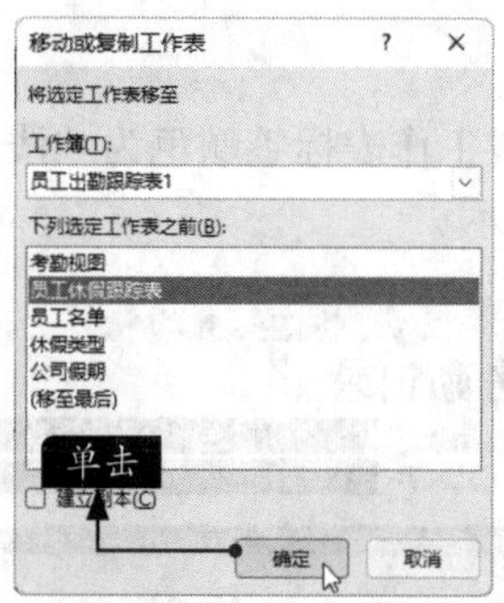

步骤 03 将要移动的工作表移动到指定的位置，如下图所示。

小提示

选择要移动的工作表的标签，按住鼠标左键不放拖曳，可看到一个黑色倒三角随鼠标指针移动而移动。移动黑色倒三角到目标位置，释放鼠标左键，工作表即可被移动到新的位置，如下图所示。

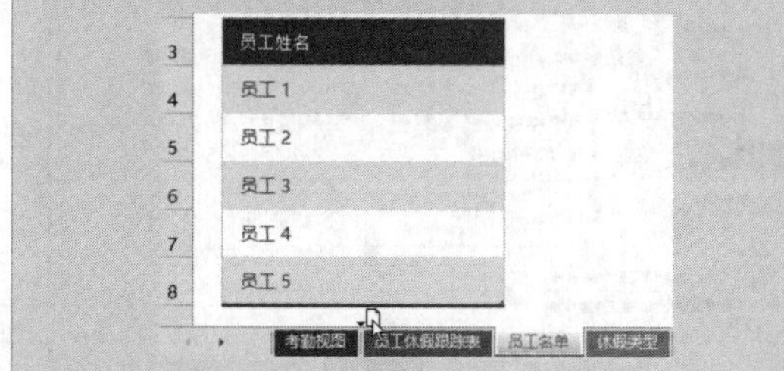

2. 复制工作表

用户可以在一个或多个工作簿中复制工作表，复制工作表有以下两种方法。

（1）使用鼠标复制

用鼠标复制工作表的步骤与移动工作表的步骤相似，只需在拖曳的同时按住【Ctrl】键即可。

步骤 01 选择要复制的工作表的标签，按住【Ctrl】键的同时按住鼠标左键，如下图所示。

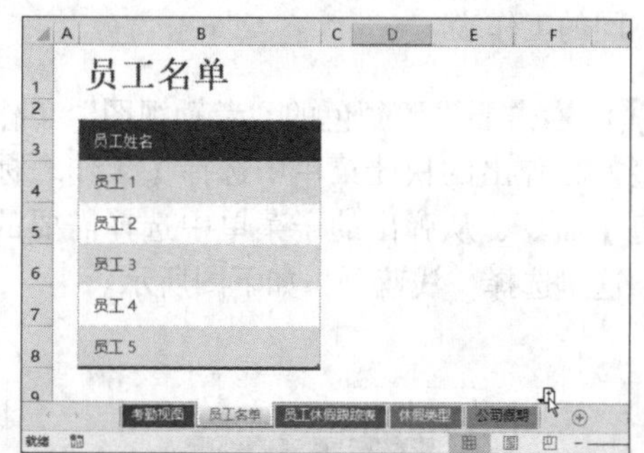

步骤 02 将鼠标指针移动到工作表的新位置，黑色倒三角会随鼠标指针移动，释放鼠标左键，工作表即被复制到新位置，如下图所示。

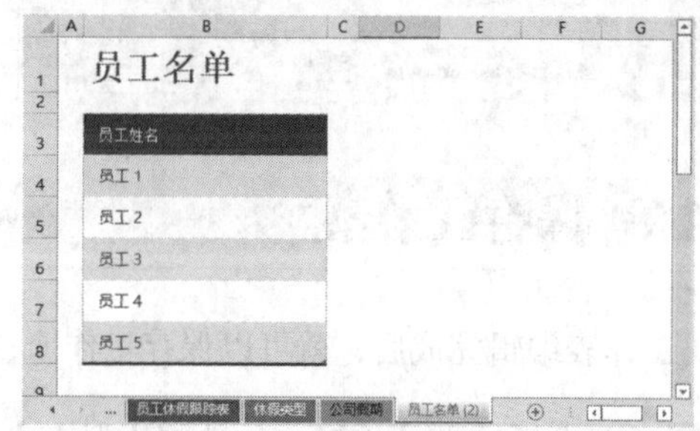

（2）使用快捷菜单复制

选择要复制的工作表，在工作表标签上右击，在弹出的快捷菜单中选择【移动或复制】命令。在弹出的【移动或复制工作表】对话框中选择要复制的目标工作簿和插入的位置，然后选中【建立副本】复选框。如果要复制到其他工作簿中，将该工作簿打开，在待复制工作表所在工作簿中打开【移动或复制工作表】对话框，在【工作簿】下拉列表框中选择该工作簿名称，选中【建立副本】复选框，单击【确定】按钮即可，如下图所示。

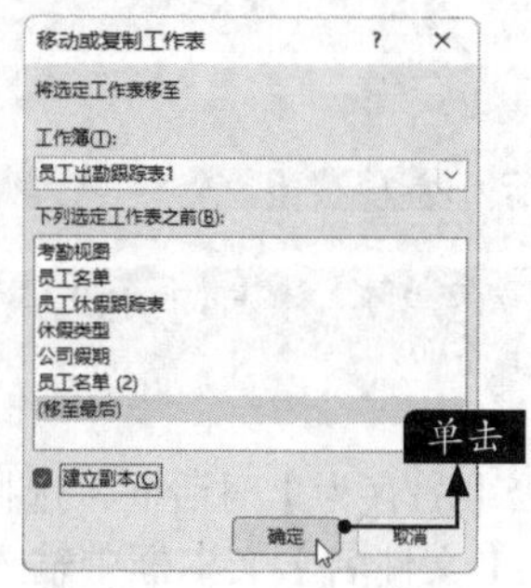

4.1.7 设置工作表标签颜色

Excel具有针对工作表标签的美化功能，用户可以根据需要对标签的颜色进行设置，以便于区分不同的工作表。

步骤01 右击要设置颜色的“考勤视图”工作表标签，在弹出的快捷菜单中选择【工作表标签颜色】命令，从弹出的子菜单中选择需要的颜色，这里选择“浅蓝”，如下图所示。

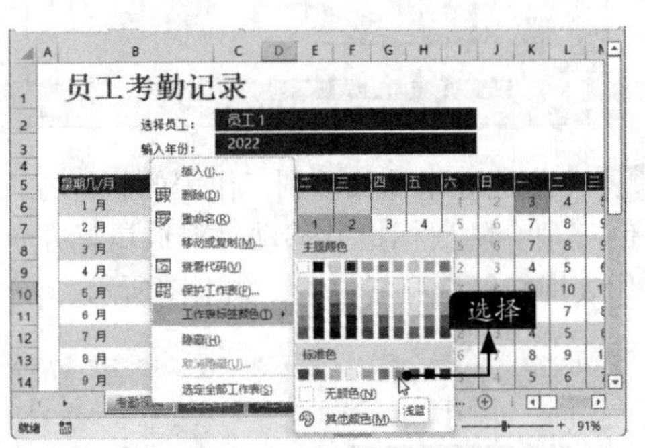

步骤02 设置工作表标签颜色为“浅蓝”后的效果如下图所示。

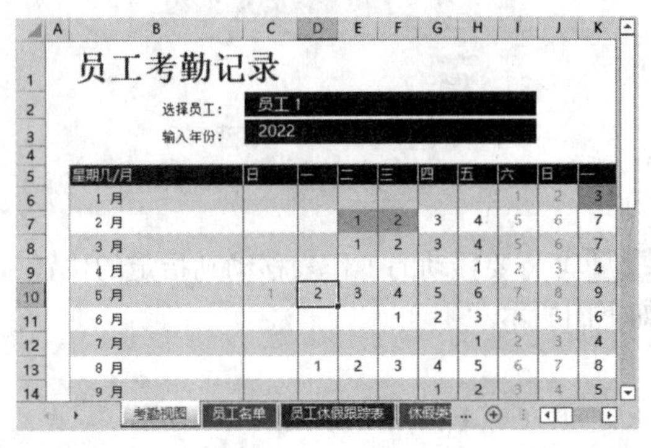

4.1.8 保存工作簿

工作表编辑完成后，就可以保存工作簿，具体操作步骤如下。

步骤01 选择【文件】选项卡，选择【保存】选项，在右侧【另存为】界面中单击【浏览】按钮。

小提示

首次保存文档时，选择【保存】选项，将会打开【另存为】界面。

步骤02 弹出【另存为】对话框，选择文件存储的位置，在【文件名】文本框中输入要保存的文件名称“员工出勤跟踪表.xlsx”，单击【保存】按钮。此时，就完成了保存工作簿的操作，如下图所示。

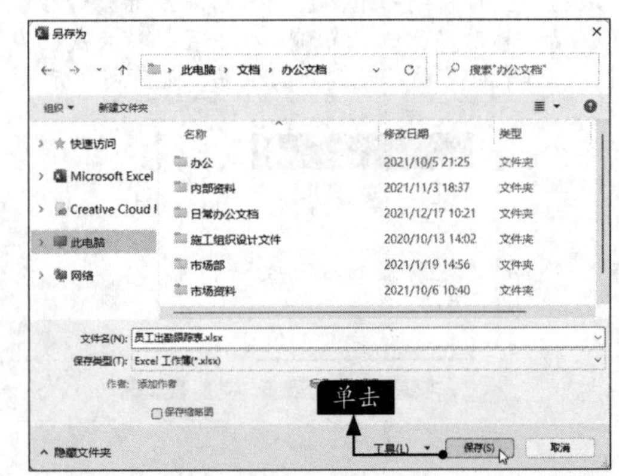

小提示

对已保存过的工作簿再次编辑后，可以通过以下方法保存文档。

（1）按【Ctrl+S】组合键。

（2）单击快速访问工具栏中的【保存】按钮。

（3）选择【文件】选项卡下的【保存】选项。

4.2 修改公司采购信息表

公司采购信息表主要记录了公司采购商品的基本信息。本节以修改公司采购信息表为例，介绍工作表中单元格及行与列的基本操作。

4.2.1 选择单元格或单元格区域

对单元格进行编辑操作前，首先要选择单元格或单元格区域。默认情况下，启动Excel并创建新的工作簿时，单元格A1自动处于选中状态。

1. 选择单元格

打开“素材\ch04\公司采购信息表.xlsx”文件，单击某一单元格，若单元格的边框变成绿色，则此单元格处于选中状态。当前单元格的地址显示在名称框中，在工作表格区内，鼠标指针会呈白色的✥形状，如下图所示。

C6 | 20

	A	B	C	D	E
1	公司采购信息表				
2	序号	物资名称	单价	单位	数量
3	1	纸巾	¥ 45	箱	3
4	2	圆珠笔	¥ 18	包	15
5	3	文件夹	¥ 4	个	20
6	4	白板笔	¥ 20	盒	5
7	5	长尾夹41mm	¥ 13	盒	6
8	6	长尾夹25mm	¥ 11	盒	5
9	7	复印纸	¥ 155	箱	3
10	8	工字钉	¥ 5	盒	4

公司采购信息表　就绪　130%

在名称框中输入目标单元格的地址，如“B2”，按【Enter】键即可选中第B列和第2行交汇处的单元格，如下图所示。

B2 | 物资名称

	A	B	C	D	E
1	公司采购信息表				
2	序号	物资名称	单价	单位	数量
3	1	纸巾	¥ 45	箱	3
4	2	圆珠笔	¥ 18	包	15
5	3	文件夹	¥ 4	个	20
6	4	白板笔	¥ 20	盒	5
7	5	长尾夹41mm	¥ 13	盒	6
8	6	长尾夹25mm	¥ 11	盒	5
9	7	复印纸	¥ 155	箱	3
10	8	工字钉	¥ 5	盒	4

公司采购信息表　就绪　130%

2. 选择单元格区域

单元格区域是由多个单元格组成的区域。根据组成单元格区域的单元格间的相互联系情况，可将单元格区域分为连续区域和不连续区域。

（1）选择连续的单元格区域

在连续区域中，多个单元格之间是相互连续、紧密衔接的，连接的区域形状呈规则的矩形。连续区域的单元格地址标识一般使用“左上角单元格地址：右下角单元格地址”表示，下图即一个连续区域，单元格地址为A1:C5，包含从A1单元格到C5单元格共15个单元格，如下图所示。

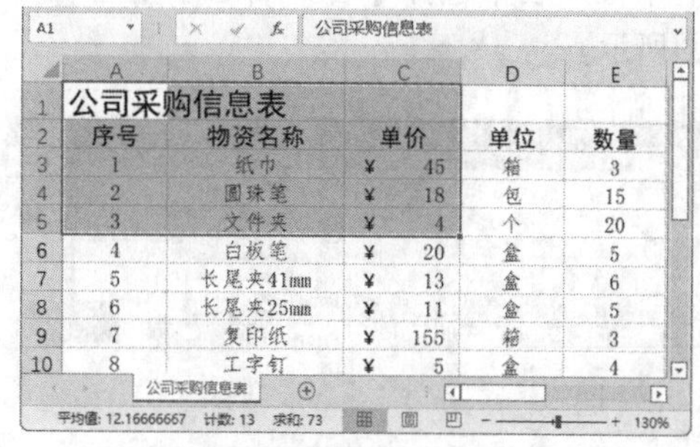

A1 | 公司采购信息表

	A	B	C	D	E
1	公司采购信息表				
2	序号	物资名称	单价	单位	数量
3	1	纸巾	¥ 45	箱	3
4	2	圆珠笔	¥ 18	包	15
5	3	文件夹	¥ 4	个	20
6	4	白板笔	¥ 20	盒	5
7	5	长尾夹41mm	¥ 13	盒	6
8	6	长尾夹25mm	¥ 11	盒	5
9	7	复印纸	¥ 155	箱	3
10	8	工字钉	¥ 5	盒	4

公司采购信息表　平均值: 12.16666667　计数: 13　求和: 73　130%

（2）选择不连续的单元格区域

不连续单元格区域是指不相邻的单元格或单元格区域，不连续区域的单元格地址主要由单元格或单元格区域的地址组成，以“,”分隔。例如，“A1:B4,C7:C9,E10”为一个不连续区域的单元格地址，表示该不连续区域包含单元格地址为A1:B4、C7:C9的两个连续区域和

E10单元格，如下图所示。

	A	B	C	D	E	F
1	公司采购信息表					
2	序号	物资名称	单价	单位	数量	合计
3	1	纸巾	¥ 45	箱	3	¥ 135
4	2	圆珠笔	¥ 18	包	15	¥ 270
5	3	文件夹	¥ 4	个	20	¥ 80
6	4	白板笔	¥ 20	盒	5	¥ 100
7	5	长尾夹41mm	¥ 13	盒	6	¥ 78
8	6	长尾夹25mm	¥ 11	盒	5	¥ 55
9	7	复印纸	¥ 155	箱	3	¥ 465
10	8	工字钉	¥ 5	盒	4	¥ 20
11	9	刻录盘	¥ 6	张	20	¥ 120
12	10	回形针	¥ 9	盒	3	¥ 27
13	11	钉书针	¥ 5	盒	6	¥ 30

除了选择连续和不连续单元格区域外，还可以选择所有单元格，即选择整个工作表，方法有以下两种。

① 单击工作表左上角行号与列标相交处的【选择全部】按钮，即可选择整个工作表。

② 按【Ctrl+A】组合键也可以选择整个工作表，如下图所示。

	A	B	C	D	E
1	公司采购信息表				
2	序号	物资名称	单价	单位	数量
3	1	纸巾	¥ 45	箱	3
4	2	圆珠笔	¥ 18	包	15
5	3	文件夹	¥ 4	个	20
6	4	白板笔	¥ 20	盒	5
7	5	长尾夹41mm	¥ 13	盒	6
8	6	长尾夹25mm	¥ 11	盒	5
9	7	复印纸	¥ 155	箱	3
10	8	工字钉	¥ 5	盒	4
11	9	刻录盘	¥ 6	张	20
12	10	回形针	¥ 9	盒	3

4.2.2 合并与拆分单元格

合并与拆分单元格是最常用的单元格操作之一，它不仅可以满足用户编辑表格中数据的需求，也可以使工作表整体更加美观。

1. 合并单元格

合并单元格是指在工作表中，将两个或多个选定的相邻单元格合并成一个单元格。

步骤01 在打开的素材文件中选择A1:I1单元格区域，单击【开始】选项卡下【对齐方式】组中【合并后居中】下拉按钮 合并后居中，在弹出的下拉列表中选择【合并后居中】选项，如下图所示。

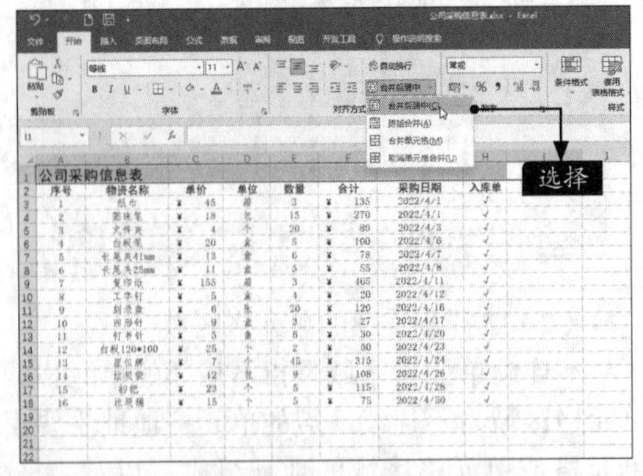

步骤02 即可将选择的单元格区域合并，且居中显示单元格内的文本，如右上图所示。

公司采购信息表								
序号	物资名称	单价	单位	数量	合计	采购日期	入库单	备注
1	纸巾	¥ 45	箱	3	¥ 135	2022/4/1	√	
2	圆珠笔	¥ 18	包	15	¥ 270	2022/4/1	√	
3	文件夹	¥ 4	个	20	¥ 80	2022/4/3	√	
4	白板笔	¥ 20	盒	5	¥ 100	2022/4/6	√	
5	长尾夹41mm	¥ 13	盒	6	¥ 78	2022/4/7	√	
6	长尾夹25mm	¥ 11	盒	5	¥ 55	2022/4/8	√	
7	复印纸	¥ 155	箱	3	¥ 465	2022/4/11	√	
8	工字钉	¥ 5	盒	4	¥ 20	2022/4/12	√	
9	刻录盘	¥ 6	张	20	¥ 120	2022/4/16	√	
10	回形针	¥ 9	盒	3	¥ 27	2022/4/17	√	
11	钉书针	¥ 5	盒	6	¥ 30	2022/4/20	√	
12	白板120*100	¥ 25	个	2	¥ 50	2022/4/23	√	
13	[illegible]	¥ 7	个	45	¥ 315	2022/4/24	√	
14	垃圾袋	¥ 12	包	9	¥ 108	2022/4/26	√	
15	扫把	¥ 23	个	5	¥ 115	2022/4/28	√	
16	接线板	¥ 15	个	5	¥ 75	2022/4/30	√	

2. 拆分单元格

在工作表中，还可以将合并后的单元格拆分成多个单元格。

选择合并后的单元格，单击【开始】选项卡下【对齐方式】组中【合并后居中】下拉按钮，在弹出的下拉列表中选择【取消单元格合并】选项，如下图所示，该单元格即被取消合并，恢复成合并前的多个单元格。

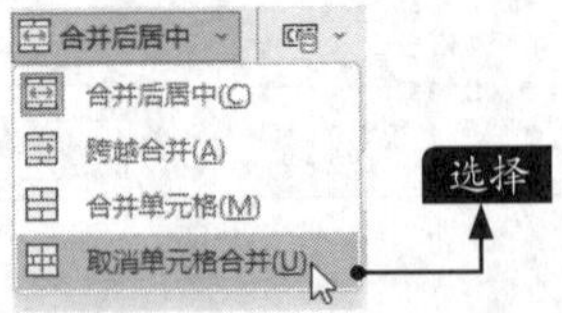

小提示

在合并后的单元格上右击，在弹出的快捷菜单中选择【设置单元格格式】命令，弹出【设置单元格格式】对话框，在【对齐】选项卡下取消选中【合并单元格】复选框，然后单击【确定】按钮，也可拆分合并后的单元格，如下图所示。

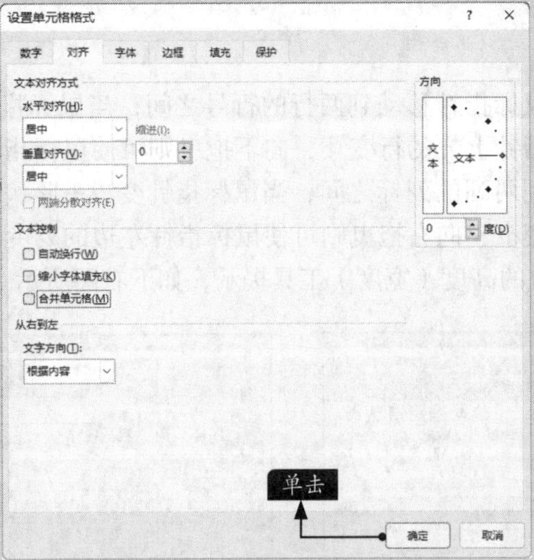

4.2.3 插入或删除行与列

在工作表中，用户可以根据需要插入或删除行和列，其具体操作步骤如下。

1. 插入行与列

在工作表中插入新行，当前行则向下移动。而插入新列，当前列则向右移动。如选择某行或某列后，右击，在弹出的快捷菜单中选择【插入】命令，即可插入行或列，如下图所示。

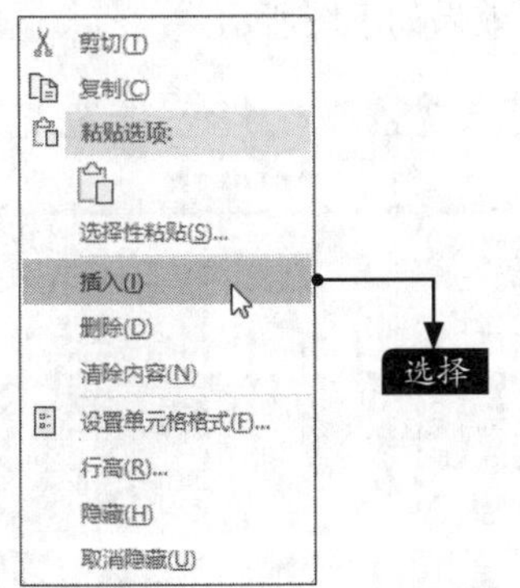

2. 删除行或列

工作表中多余的行或列，可以删除。删除行或列的方法有多种，最常用的有以下3种。

（1）选择要删除的行或列，右击，在弹出的快捷菜单中选择【删除】命令，即可将其删除。

（2）选择要删除的行或列，单击【开始】选项卡下【单元格】组中的【删除】下拉按钮，在弹出的下拉列表中选择【删除单元格】选项，即可将被选中的行或列删除。

（3）选择要删除的行或列中的一个单元格，右击，在弹出的快捷菜单中选择【删除】命令，在弹出的【删除文档】对话框中选中【整行】或【整列】单选按钮，然后单击【确定】按钮即可，如下图所示。

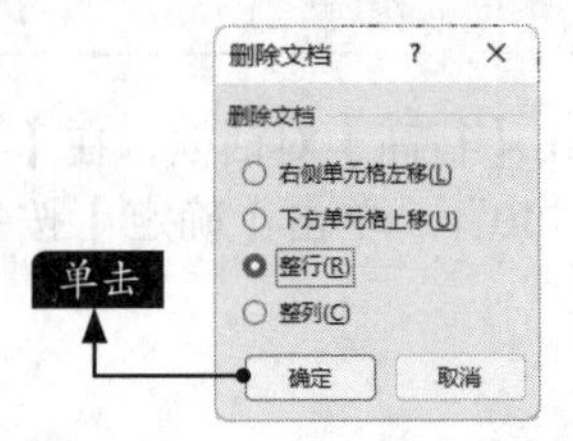

4.2.4 设置行高与列宽

在工作表中，当单元格的高度或宽度不足时会导致数据显示不完整，这时就需要调整行高与列宽。

1. 手动调整行高与列宽

如果要调整行高，将鼠标指针移动到两行的行号之间，当鼠标指针变成✛形状时，按住鼠标左键向上拖曳可以使鼠标指针上方的行变矮，向下拖曳则可使鼠标指针上方的行变高。如果要调整列宽，将鼠标指针移动到两列的列标之间，当鼠标指针变成✛形状时，按住鼠标左键向左拖曳可以使鼠标指针左边的列变窄，向右拖曳则可使鼠标指针左边的列变宽，如下左图所示。拖曳时将显示出以点和像素为单位的高度（宽度）工具提示，如下右图所示。

2. 精确调整行高与列宽

虽然使用鼠标可以快速调整行高或列宽，但是其精确度不高。如果需要调整行高或列宽为固定值，就需要使用【行高】或【列宽】命令进行调整。

步骤01 在打开的素材文件中选择第1行，在行号上右击，在弹出的快捷菜单中选择【行高】命令，如下图所示。

步骤02 弹出【行高】对话框，在【行高】文本框中输入“30”，单击【确定】按钮，如右上图所示。

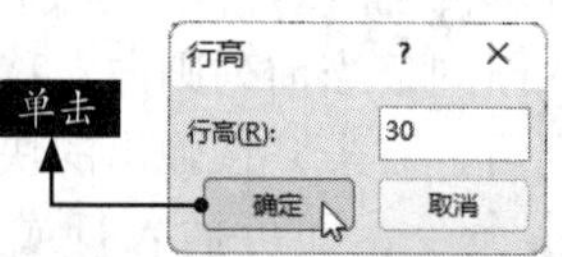

步骤03 单击后，第1行的行高被精确调整为“30”，效果如下图所示。

步骤04 使用同样的方法，设置第2行的行高为“20”，第3行至第18行的行高为“18”，并设

置A列、H列的列宽为“7”B列、G列和I列的列宽为“14”，第C列至第F列的列宽为“9”，效果如下图所示。

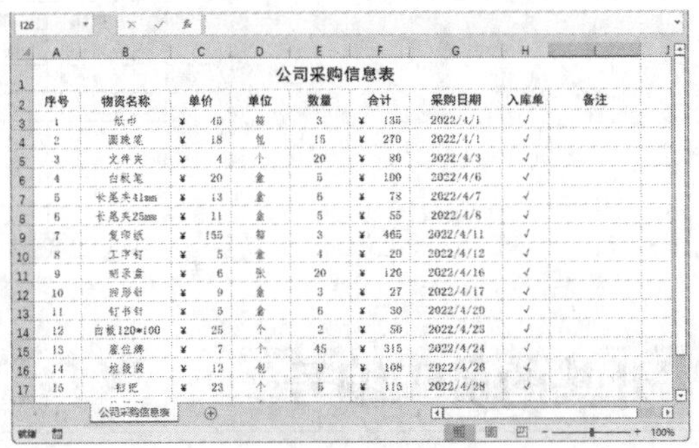

公司采购信息表								
序号	物资名称	单价	单位	数量	合计	采购日期	入库单	备注
1	纸巾	¥ 45	箱	3	¥ 135	2022/4/1	√	
2	圆珠笔	¥ 18	包	15	¥ 270	2022/4/1	√	
3	文件夹	¥ 4	个	20	¥ 80	2022/4/3	√	
4	白板笔	¥ 20	盒	5	¥ 100	2022/4/6	√	
5	长尾夹41mm	¥ 13	盒	6	¥ 78	2022/4/7	√	
6	长尾夹25mm	¥ 11	盒	5	¥ 55	2022/4/8	√	
7	复印纸	¥ 155	箱	3	¥ 465	2022/4/11	√	
8	工字钉	¥ 5	盒	4	¥ 20	2022/4/12	√	
9	[illegible]	¥ 6	张	20	¥ 120	2022/4/16	√	
10	回形针	¥ 9	盒	3	¥ 27	2022/4/17	√	
11	订书钉	¥ 5	盒	6	¥ 30	2022/4/20	√	
12	白板120*100	¥ 25	个	2	¥ 50	2022/4/23	√	
13	座位牌	¥ 7	个	45	¥ 315	2022/4/24	√	
14	垃圾袋	¥ 12	包	9	¥ 108	2022/4/26	√	
15	扫把	¥ 23	个	5	¥ 115	2022/4/28	√	

至此，就完成了修改公司采购信息表的操作。

4.3 制作员工基本情况统计表

员工基本情况统计表中需要容纳文本、数值、日期等多种类型的数据。本节以制作员工基本情况统计表为例，介绍在Excel中输入和编辑数据的方法。

4.3.1 输入文本内容

对于单元格中输入的数据，Excel会自动地根据数据的类型进行处理并显示出来。

步骤 01 打开“素材\ch04\员工基本情况统计表.xlsx”文件，如下图所示。

步骤 02 双击A2单元格，增加输入文本内容，如“人力资源部”，如右上图所示。

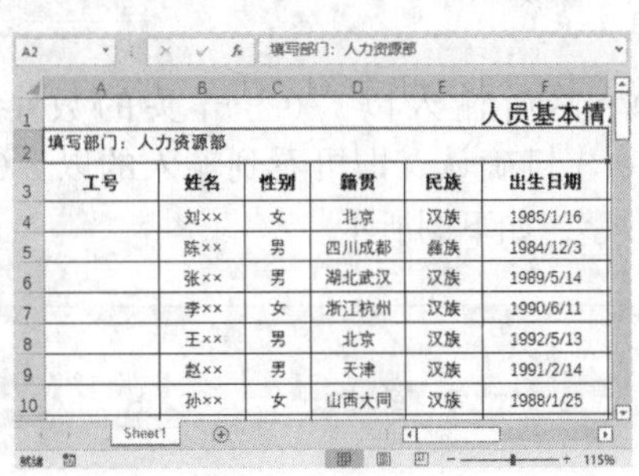

人员基本情					
填写部门：人力资源部					
工号	姓名	性别	籍贯	民族	出生日期
	刘××	女	北京	汉族	1985/1/16
	陈××	男	四川成都	彝族	1984/12/3
	张××	男	湖北武汉	汉族	1989/5/14
	李××	女	浙江杭州	汉族	1990/6/11
	王××	男	北京	汉族	1992/5/13
	赵××	男	天津	汉族	1991/2/14
	孙××	女	山西大同	汉族	1988/1/25

步骤 03 单击其他单元格或按【Enter】键，即可完成对文本内容的输入，如下图所示。

步骤04 使用同样的方法，在“填写时间”后面输入时间，如右图所示。

G2 填写时间：2022年3月1日

	G	H	I	J	K
1	况统计表				
2					填写时间：2022年3月1日
3	学历	职位	部门	入职时间	基本工资
4	硕士	人事经理	人力部	2013/6/18	¥12,000
5	硕士	销售经理	市场部	2014/2/14	¥13,000
6	本科	技术总监	技术部	2014/5/16	¥12,000
7	本科	人事副总	人力部	2015/4/23	¥9,000
8	本科	研发经理	研发部	2016/5/22	¥12,000
9	大专	销售副总	市场部	2018/6/15	¥9,000
10	大专	人事副总	人力部	2017/7/25	¥7,800

4.3.2 输入以“0”开头的员工编号

在输入以数字“0”开头的数字串时，Excel将自动省略开头的“0”。用户可以使用下面的操作方法输入以“0”开头的员工编号，具体操作步骤如下。

步骤01 选择A4单元格，输入一个英文半角单引号“'”，如下图所示。

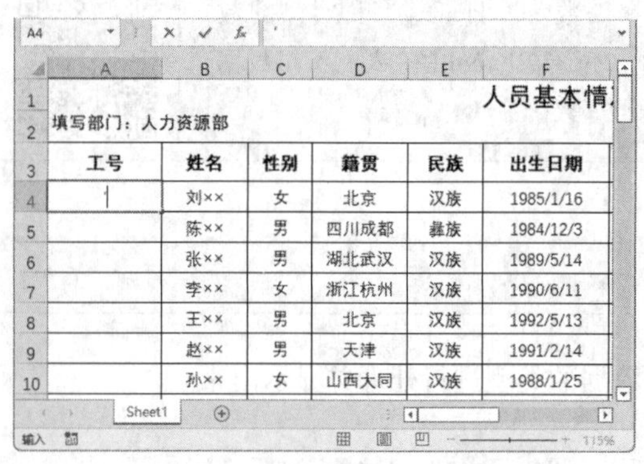

	A	B	C	D	E	F
1						人员基本情
2	填写部门：人力资源部					
3	工号	姓名	性别	籍贯	民族	出生日期
4	'	刘××	女	北京	汉族	1985/1/16
5		陈××	男	四川成都	彝族	1984/12/3
6		张××	男	湖北武汉	汉族	1989/5/14
7		李××	女	浙江杭州	汉族	1990/6/11
8		王××	男	北京	汉族	1992/5/13
9		赵××	男	天津	汉族	1991/2/14
10		孙××	女	山西大同	汉族	1988/1/25

步骤02 然后输入以“0”开头的数字，按【Enter】键确认，即可看到输入的以“0”开头的数字，如下图所示。

A4 '0001001

	A	B	C	D	E
1					
2	填写部门：人力资源部				
3	工号	姓名	性别	籍贯	民族
4	0001001	刘××	女	北京	汉族
5		陈××	男	四川成都	彝族
6		张××	男	湖北武汉	汉族
7		李××	女	浙江杭州	汉族

步骤03 选择A5单元格，并右击，在弹出的快捷菜单中选择【设置单元格格式】命令，弹出【设置单元格格式】对话框，选择【数字】选项卡，在【分类】列表框中选择【文本】选项，单击【确定】按钮，如下图所示。

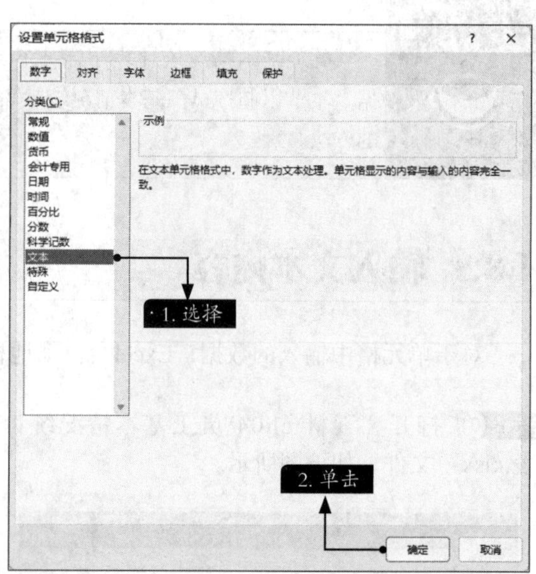

步骤04 此时，在A5单元格中输入以“0”开头的数字“0001002”，按【Enter】键确认，也可以输入以“0”开头的数字，如下图所示。

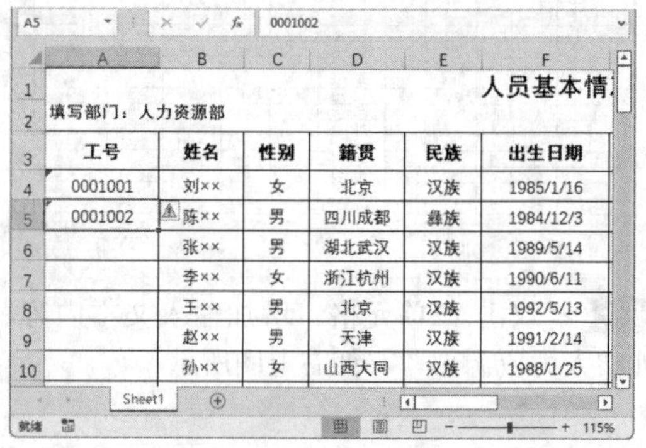

	A	B	C	D	E	F
1						人员基本情
2	填写部门：人力资源部					
3	工号	姓名	性别	籍贯	民族	出生日期
4	0001001	刘××	女	北京	汉族	1985/1/16
5	0001002	陈××	男	四川成都	彝族	1984/12/3
6		张××	男	湖北武汉	汉族	1989/5/14
7		李××	女	浙江杭州	汉族	1990/6/11
8		王××	男	北京	汉族	1992/5/13
9		赵××	男	天津	汉族	1991/2/14
10		孙××	女	山西大同	汉族	1988/1/25

4.3.3 快速填充输入数据

在输入数据时，除了常规的输入方法外，如果要输入的数据本身有关联性，用户可以使用填充功能，批量输入数据。

步骤01 选择A4:A5单元格区域，将鼠标指针放在该单元格右下角的填充柄上，可以看到鼠标指针变为黑色的✚形状，如下图所示。

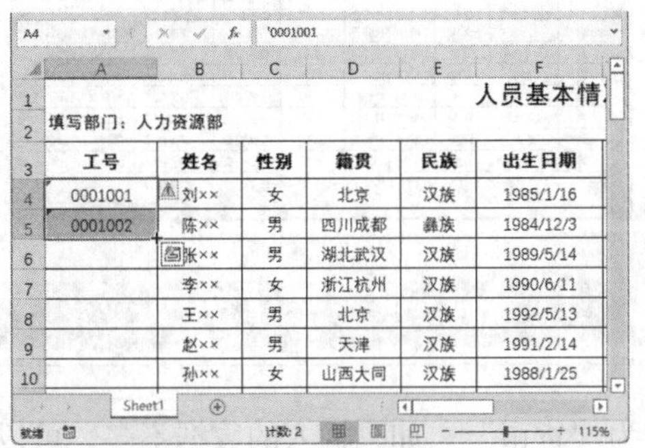

步骤02 按住鼠标左键，并向下拖曳至A25单元格，即可完成快速填充数据的操作，如下图所示。

4.3.4 设置员工入职日期格式

在工作表中输入日期或时间时，需要用特定的格式。日期和时间也可以参与运算。Excel内置了一些日期与时间的格式，当输入的数据与这些格式相匹配时，Excel会自动将它们识别为日期或时间数据。设置员工入职日期格式的具体操作步骤如下。

步骤01 选择F4:F25单元格区域，并右击，在弹出的快捷菜单中选择【设置单元格格式】命令，如下图所示。

步骤02 弹出【设置单元格格式】对话框，选择【数字】选项卡，在【分类】列表框中选择【日期】选项，在右侧【类型】列表框中选择一种日期类型，单击【确定】按钮，如右图所示。

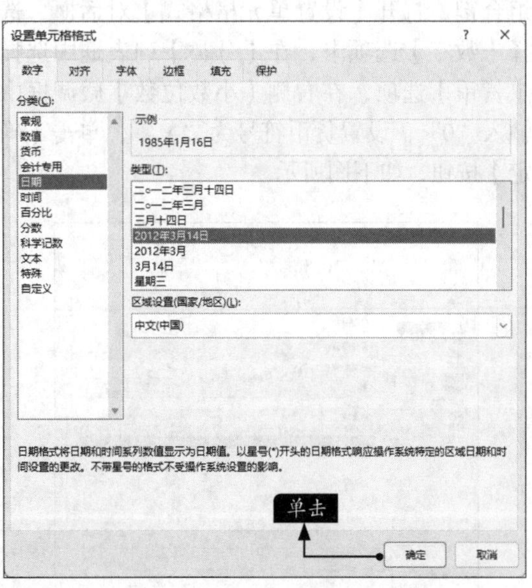

步骤03 返回工作表后，系统会将F4:F25单元格区域的数据设置为所选的日期类型，如下页图

所示。

性别	籍贯	民族	出生日期	学历	职位	部门	入职时间
女	北京	汉族	1985年1月16日	硕士	人事经理	人力部	2013/6/18
男	四川成都	彝族	1984年12月3日	硕士	销售经理	市场部	2014/2/14
男	湖北武汉	汉族	1989年5月14日	本科	技术总监	技术部	2014/5/16
女	浙江杭州	汉族	1990年6月11日	本科	人事副总	人力部	2015/4/23
男	北京	汉族	1992年5月13日	本科	研发经理	研发部	2016/5/22
男	天津	汉族	1991年2月14日	大专	销售副总	市场部	2018/6/15
女	山西大同	汉族	1988年1月25日	大专	人事副总	人力部	2017/7/25
女	甘肃兰州	回族	1991年4月30日	硕士	财务总监	财务部	2016/2/20
男	河南郑州	汉族	1995年8月15日	本科	会计	财务部	2015/4/15
女	上海	汉族	1995年7月13日	本科	出纳	财务部	2016/3/26
男	云南昆明	傣族	1996年7月22日	本科	研发专员	研发部	2015/7/25
男	上海	汉族	1998年6月23日	硕士	研发专员	研发部	2016/2/23
男	山东济南	汉族	1995年3月15日	硕士	研发专员	研发部	2017/8/16
女	山西太原	汉族	1992年2月10日	本科	研发专员	研发部	2018/12/3
男	重庆	汉族	1991年9月19日	本科	研发专员	研发部	2019/2/24
男	福建福州	畲族	1995年10月1日	本科	研发专员	研发部	2019/3/10

步骤04 使用同样的方法，也可以将J4:J25单元格区域的数据设置为所选的日期格式，如下图所示。

性别	籍贯	民族	出生日期	学历	职位	部门	入职时间
女	北京	汉族	1985年1月16日	硕士	人事经理	人力部	2013年6月18日
男	四川成都	彝族	1984年12月3日	硕士	销售经理	市场部	2014年2月14日
男	湖北武汉	汉族	1989年5月14日	本科	技术总监	技术部	2014年5月16日
女	浙江杭州	汉族	1990年6月11日	本科	人事副总	人力部	2015年4月23日
男	北京	汉族	1992年5月13日	本科	研发经理	研发部	2016年5月22日
男	天津	汉族	1991年2月14日	大专	销售副总	市场部	2018年6月15日
女	山西大同	汉族	1988年1月25日	大专	人事副总	人力部	2017年7月25日
女	甘肃兰州	回族	1991年4月30日	硕士	财务总监	财务部	2016年2月20日
男	河南郑州	汉族	1995年8月15日	本科	会计	财务部	2015年4月15日
女	上海	汉族	1995年7月13日	本科	出纳	财务部	2016年3月26日
男	云南昆明	傣族	1996年7月22日	本科	研发专员	研发部	2015年7月25日
男	上海	汉族	1998年6月23日	硕士	研发专员	研发部	2016年2月23日
男	山东济南	汉族	1995年3月15日	硕士	研发专员	研发部	2017年8月16日
女	山西太原	汉族	1992年2月10日	本科	研发专员	研发部	2018年12月3日
男	重庆	汉族	1991年9月19日	本科	研发专员	研发部	2019年2月24日
男	福建福州	畲族	1995年10月1日	本科	研发专员	研发部	2019年3月10日

4.3.5 设置单元格的货币格式

当输入的数据表示金额时，需要设置单元格格式为“货币”。如果输入的数据不多，可以直接按【Shift+4】组合键在单元格中输入带货币符号的金额。

小提示

这里的数字“4”为键盘中字母键上方的数字键，而并非小键盘中的数字键。在英文输入法下，按【Shift+4】组合键，会出现“$”符号；在中文输入法下，则出现“￥”符号。

此外，用户也可以将单元格格式设置为货币格式，具体操作步骤如下。

步骤01 选择K4:K25单元格区域，按【Ctrl+1】组合键，打开【设置单元格格式】对话框，选择【数字】选项卡，在【分类】列表框中选择【货币】选项，在右侧【小数位数】微调框中输入“0”，设置货币符号为“￥”，单击【确定】按钮，如下图所示。

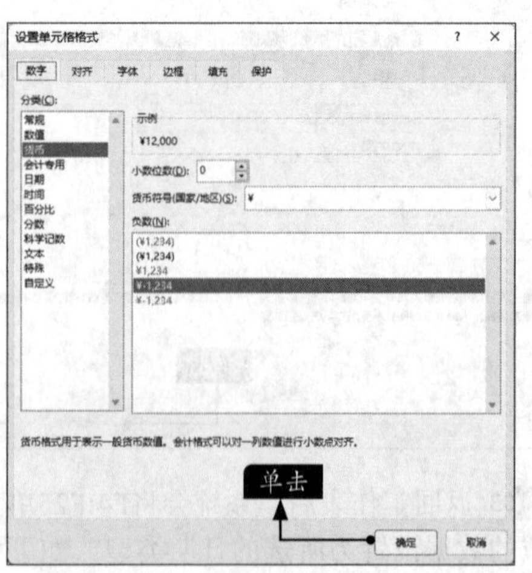

步骤02 返回至工作表后，最终效果如下图所示。

人员基本情况统计表

填写时间：2022年3月1日

民族	出生日期	学历	职位	部门	入职时间	基本工资
汉族	1985年1月16日	硕士	人事经理	人力部	2013年6月18日	¥12,000
彝族	1984年12月3日	硕士	销售经理	市场部	2014年2月14日	¥13,000
汉族	1989年5月14日	本科	技术总监	技术部	2014年5月16日	¥12,000
汉族	1990年6月11日	本科	人事副总	人力部	2015年4月23日	¥9,000
汉族	1992年5月13日	本科	研发经理	研发部	2016年5月22日	¥12,000
汉族	1991年2月14日	大专	销售副总	市场部	2018年6月15日	¥9,000
汉族	1988年1月25日	大专	人事副总	人力部	2017年7月25日	¥7,800
回族	1991年4月30日	硕士	财务总监	财务部	2016年2月20日	¥8,500
汉族	1995年8月15日	本科	会计	财务部	2015年4月15日	¥5,500
汉族	1995年7月13日	本科	出纳	财务部	2016年3月26日	¥4,500
傣族	1996年7月22日	本科	研发专员	研发部	2015年7月25日	¥6,500
汉族	1998年6月23日	硕士	研发专员	研发部	2016年2月23日	¥6,300
汉族	1995年3月15日	硕士	研发专员	研发部	2017年8月16日	¥6,000
汉族	1992年2月10日	本科	研发专员	研发部	2018年12月3日	¥5,800

4.3.6 修改单元格中的数据

在表格中输入的数据出现错误或者格式不正确时，就需要对数据进行修改。修改单元格中数据的具体操作步骤如下。

步骤 01 选择K25单元格并右击，在弹出的快捷菜单中选择【清除内容】命令，如下图所示。

小提示

也可以按【Delete】键清除单元格内容。

步骤 02 将单元格中的数据清除，重新输入正确的数据即可，如下图所示。

	E	F	G	H	I	J	K
9	汉族	1991年2月14日	大专	销售副总	市场部	2018年6月15日	¥9,000
10	汉族	1988年1月25日	大专	人事副总	人力部	2017年7月25日	¥7,800
11	回族	1991年4月30日	硕士	财务总监	财务部	2016年2月20日	¥8,500
12	汉族	1995年8月15日	本科	会计	财务部	2015年4月15日	¥5,500
13	汉族	1995年7月13日	本科	出纳	财务部	2016年3月26日	¥4,500
14	傣族	1996年7月22日	本科	研发专员	研发部	2015年7月25日	¥6,500
15	汉族	1998年6月23日	硕士	研发专员	研发部	2016年2月23日	¥6,300
16	汉族	1995年3月15日	硕士	研发专员	研发部	2017年8月16日	¥6,000
17	汉族	1992年2月10日	本科	研发专员	研发部	2018年12月3日	¥5,800
18	汉族	1991年9月19日	本科	研发专员	研发部	2019年2月24日	¥5,500
19	畲族	1995年10月1日	本科	研发专员	研发部	2019年3月10日	¥5,500
20	汉族	1993年5月16日	大专	销售专员	市场部	2020年3月16日	¥4,500
21	汉族	2000年6月19日	大专	销售专员	市场部	2016年4月19日	¥4,500
22	汉族	1994年6月25日	大专	销售专员	市场部	2020年6月13日	¥4,500
23	汉族	1995年6月18日	本科	销售专员	市场部	2021年1月10日	¥3,800
24	汉族	1996年3月24日	大专	销售专员	市场部	2021年11月15日	¥3,800
25	汉族	1998年5月13日	大专	销售专员	市场部	2022年2月14日	¥3,600

小提示

选择包含错误数据的单元格，直接输入正确的数据，也可以完成修改数据的操作。

至此，就完成了制作员工基本情况统计表的操作。

高手私房菜

技巧1：删除最近使用过的工作簿记录

Excel可以记录最近使用过的工作簿，用户也可以将这些记录信息删除。

步骤 01 在Excel中，选择【文件】选项卡，在弹出的列表中选择【打开】选项，即可看到右侧【工作簿】选项卡中的列表显示了最近打开的工作簿的信息，如下图所示。

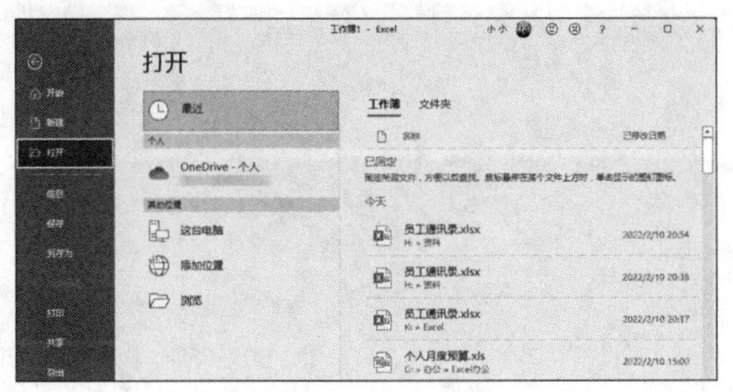

步骤 02 右击要删除的工作簿记录，在弹出的快捷菜单中，选择【从列表中删除】命令，即可将该记录删除，如下图所示。

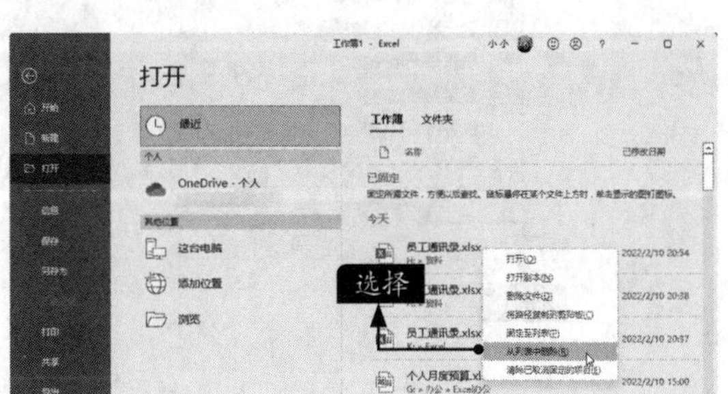

步骤03 如果用户要将最近使用过的工作簿记录全部删除，可选择【消除已取消固定的项目】命令，在弹出的提示对话框中单击【是】按钮，即可快速删除全部最近使用过的工作簿记录，如下图所示。

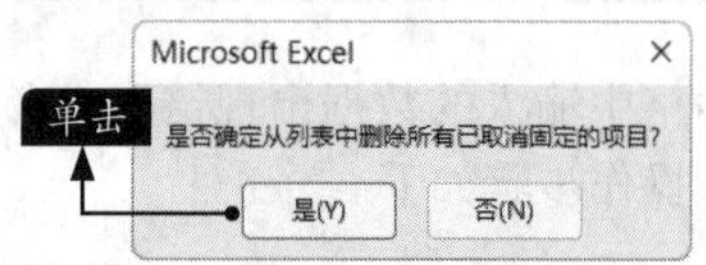

技巧2：保护工作表的安全

在使用Excel的过程中，为了保证Excel文件中的数据安全，防止其他人员对工作表进行编辑和修改，可以对工作表进行保护，添加密码。

步骤01 选择需要保护的工作表，如选择“员工出勤跟踪表.xlsx”工作簿中的“考勤视图”工作表，单击【审阅】选项卡下【保护】组中的【保护工作表】按钮，如下图所示。

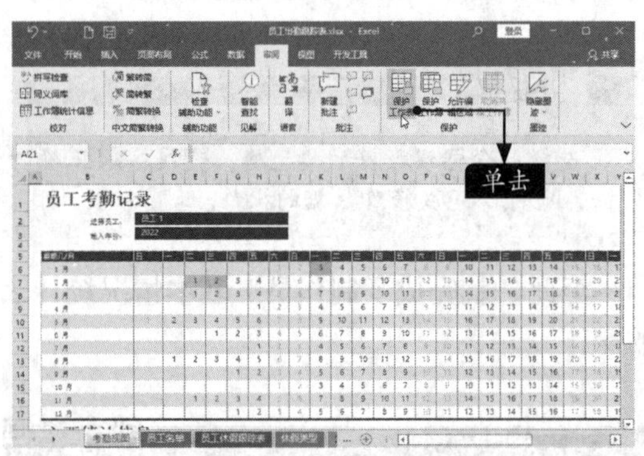

步骤02 弹出【保护工作表】对话框，在【取消工作表保护时使用的密码】文本框中输入密码，如输入“123456”，在【允许此工作表的所有用户进行】列表框中选中可允许的操作，单击【确定】按钮，如下图所示。

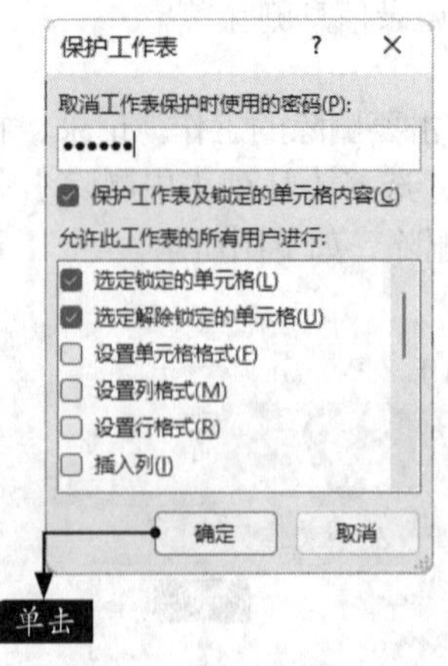

步骤03 弹出【确认密码】对话框，输入设置的密码“123456”，单击【确定】按钮，如下图所示。

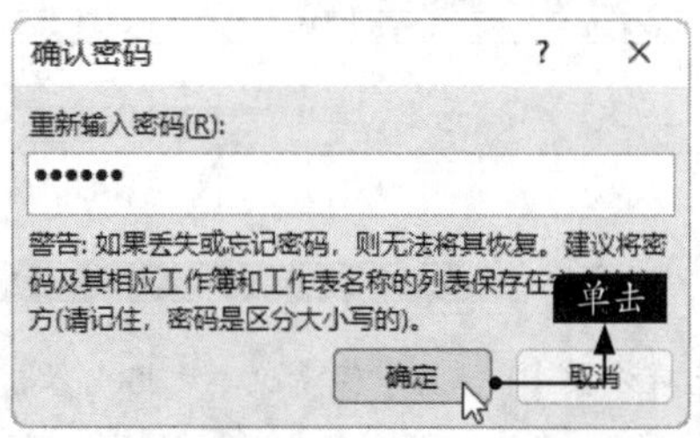

步骤04 当对工作表进行操作时，即会弹出如下提示。如果要撤销密码，可以单击【审阅】选项卡下【保护】组中的【撤销（图中为“消”）工作表保护】按钮，输入设置的密码，撤销保护即可。

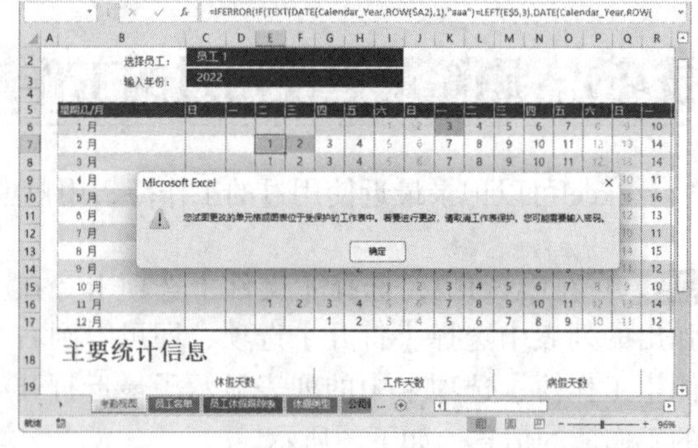

第5章

管理和美化工作表

学习目标

通过工作表的管理和美化操作，可以设置工作表文本的样式，并且使工作表层次分明、结构清晰、重点突出。本章将介绍设置字体、设置对齐方式、添加边框、设置表格样式、套用单元格样式以及突出显示单元格效果等操作。

学习效果

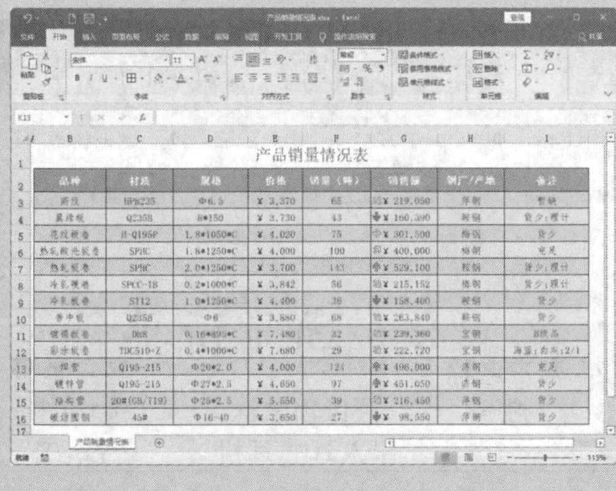

5.1 美化公司销货清单

在Excel中通常通过设置字体、设置对齐方式、添加边框及插入图片等操作来美化工作表。本节以美化公司销货清单为例，介绍工作表的美化方法。

5.1.1 设置字体

在Excel中，用户可以根据需要设置输入数据的字体、字号等，具体操作步骤如下。

步骤01 打开“素材\ch05\公司销货清单.xlsx”文件，选择A1:I1单元格区域，单击【开始】选项卡下【对齐方式】组中【合并后居中】下拉按钮，在弹出的下拉列表中选择【合并单元格】选项，如下图所示。

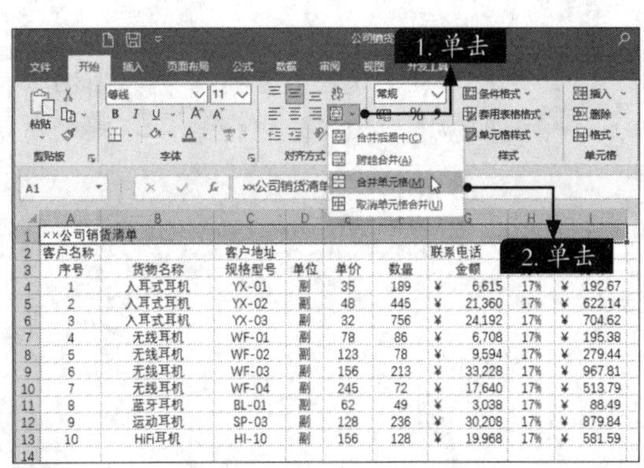

步骤02 即可将选择的单元格区域合并。选择A1单元格，单击【开始】选项卡下【字体】组中【字体】下拉列表框中的下拉按钮，在弹出的下拉列表中选择需要的字体，这里选择【华文楷体】选项，如下图所示。

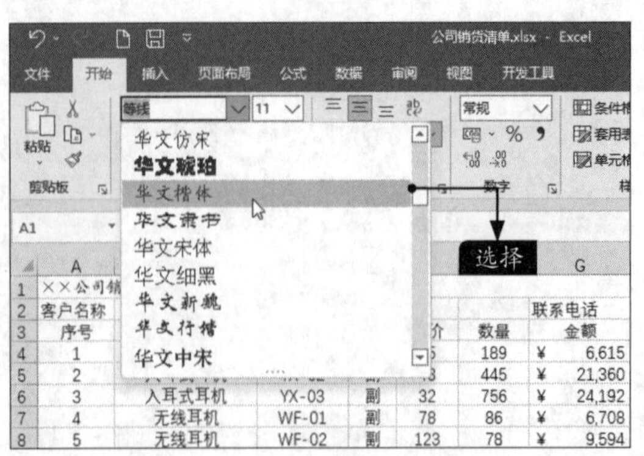

步骤03 为A1单元格设置字体后的效果如下图所示。

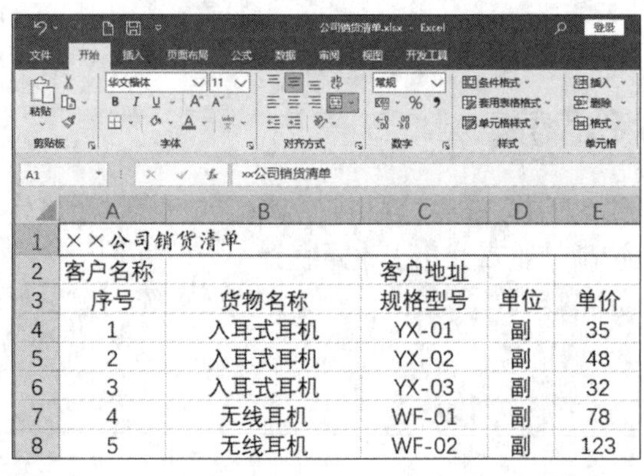

步骤04 选择A1单元格，单击【开始】选项卡下【字体】组中【字号】下拉列表框中的下拉按钮，在弹出的下拉列表中选择【20】选项，如下图所示。

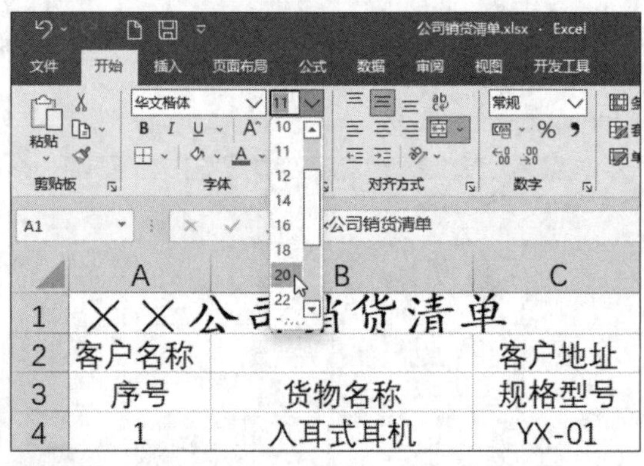

步骤05 完成对字号的设置，并根据情况调整行高，效果如下页图所示。

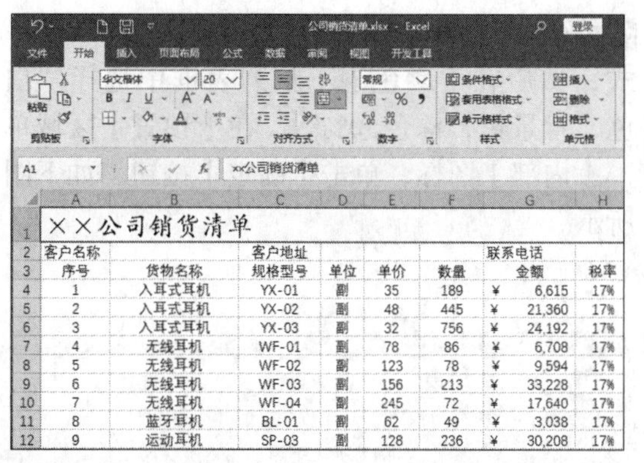

步骤06 根据需要，合并其他单元格，并设置其他单元格中的字体和字号，最终效果如右图所示。

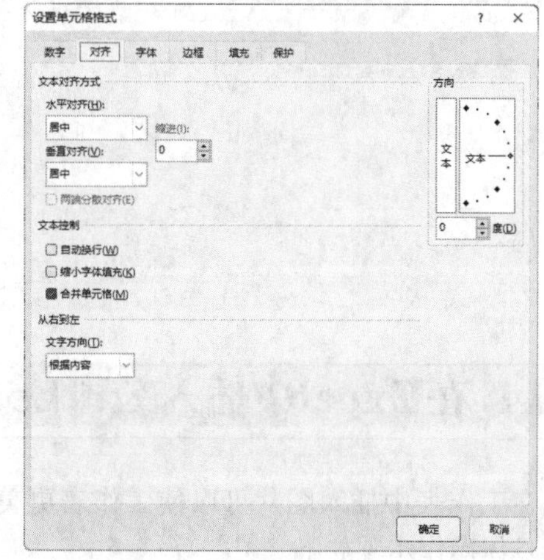

5.1.2 设置对齐方式

Excel允许为单元格数据设置的对齐方式有左对齐、右对齐和居中对齐等。设置方法有以下两种。

（1）在打开的素材文件中，选择A1单元格，单击【开始】选项卡下【对齐方式】组中的【垂直居中】按钮☰和【居中】按钮☰，则选择的单元格中的数据将被居中显示，如下图所示。

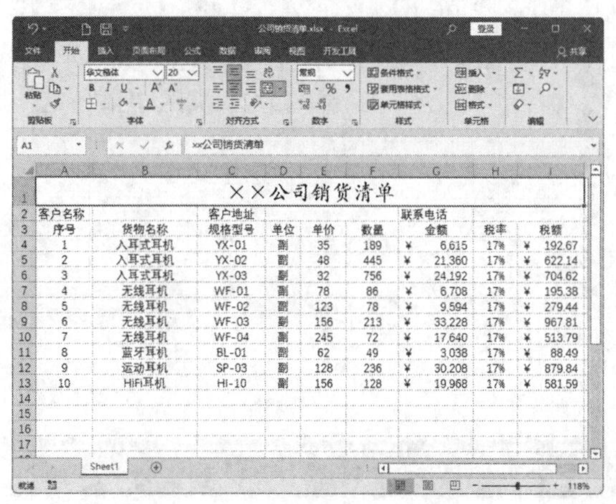

（2）通过【设置单元格格式】对话框设置对齐方式。选择要设置对齐方式的其他单元格区域，在【开始】选项卡中单击【对齐方式】选项组右下角的【对齐设置】按钮↘，在弹出的【设置单元格格式】对话框中选择【对齐】选项卡，在【文本对齐方式】区域的【水平对齐】下拉列表框中选择【居中】选项，在【垂直对齐】下拉列表框中选择【居中】选项，单击【确定】按钮即可，如下图所示。

5.1.3 添加边框

在Excel中，单元格四周的灰色网格线默认是不能被打印出来的。为了使表格更加规范、美观，可以为表格设置边框。使用对话框添加边框的具体操作步骤如下。

步骤01 选择要添加边框的A2:I25单元格区域，单击【开始】选项卡下【字体】选项组右下角的【字体设置】按钮，如下图所示。

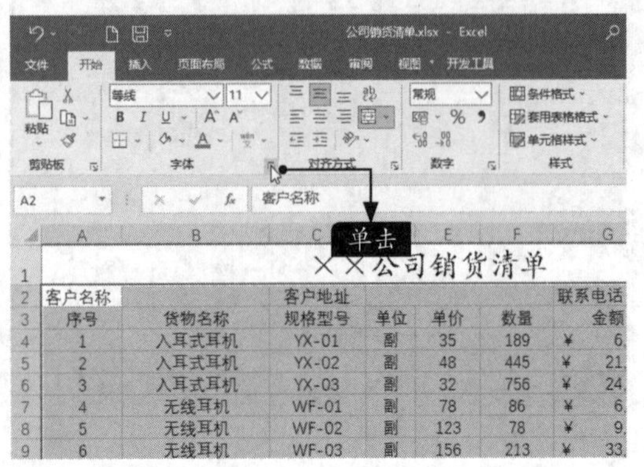

步骤02 弹出【设置单元格格式】对话框，选择【边框】选项卡，在【样式】列表框中选择一种样式，然后在【颜色】下拉列表框中选择“黑色”，在【预置】区域单击【外边框】图标，如下图所示。

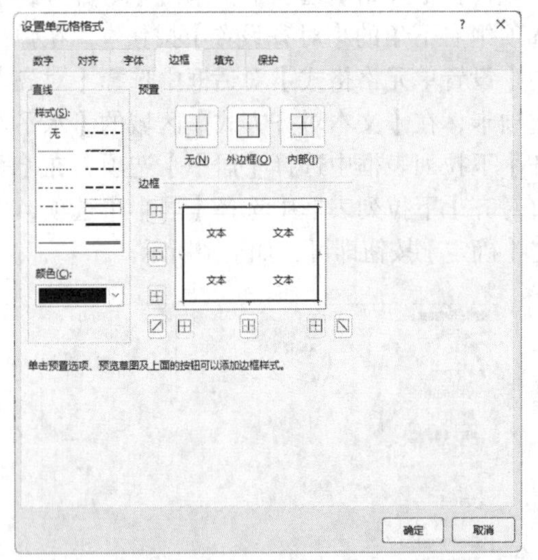

步骤03 再次在【样式】列表框中选择一种样式，然后在【颜色】下拉列表框中选择“白色，背景色，深色50%”，在【预置】区域单击【内部】图标，单击【确定】按钮，如下图所示。

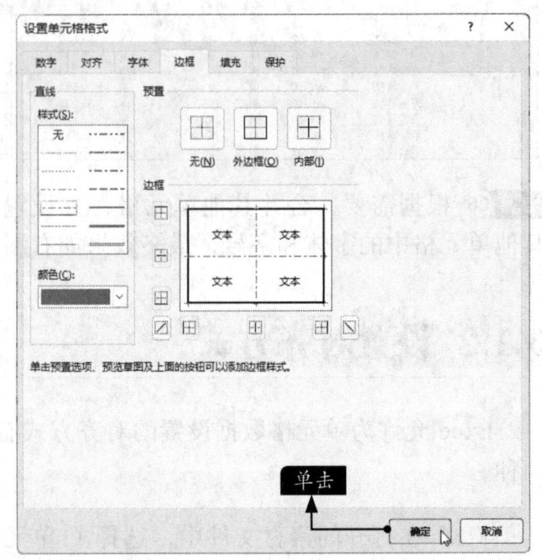

步骤04 添加边框后，最终效果如下图所示。

××公司销货清单

客户名称		客户地址				联系电话		
序号	货物名称	规格型号	单位	单价	数量	金额	税率	税额
1	入耳式耳机	YX-01	副	35	189	¥ 6,615	17%	¥ 192.67
2	入耳式耳机	YX-02	副	48	445	¥ 21,360	17%	¥ 622.14
3	入耳式耳机	YX-03	副	32	756	¥ 24,192	17%	¥ 704.62
4	无线耳机	WF-01	副	78	86	¥ 6,708	17%	¥ 195.38
5	无线耳机	WF-02	副	123	78	¥ 9,594	17%	¥ 279.44
6	无线耳机	WF-03	副	156	213	¥ 33,228	17%	¥ 967.81
7	无线耳机	WF-04	副	245	72	¥ 17,640	17%	¥ 513.79
8	蓝牙耳机	BL-01	副	62	49	¥ 3,038	17%	¥ 88.49
9	运动耳机	SP-03	副	128	236	¥ 30,208	17%	¥ 879.84
10	HiFi耳机	HI-10	副	156	128	¥ 19,968	17%	¥ 581.59
小计						¥ 172,551		¥ 5,025.76
总计						¥ 172,551		¥ 5,025.76
备注								

Sheet1

5.1.4 在Excel中插入公司Logo

在工作表中插入图片可以使工作表更美观。下面以插入公司Logo为例，介绍插入图片的方法，具体操作步骤如下。

步骤01 在打开的素材文件中，单击【插入】选项卡下【插图】组中的【图片】按钮，在弹出的下拉列表中选择【此设备】选项，如下页图所示。

步骤02 弹出【插入图片】对话框，访问要插入图片的存储位置，并选择要插入的公司Logo，单击【插入】按钮，如下图所示。

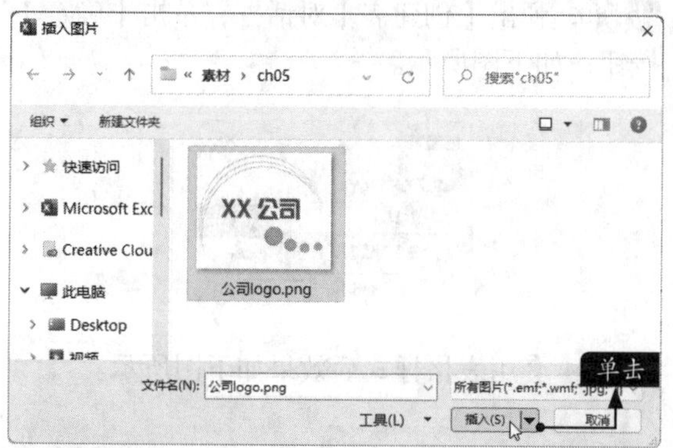

步骤03 即可将选择的图片插入工作表中，如下图所示。

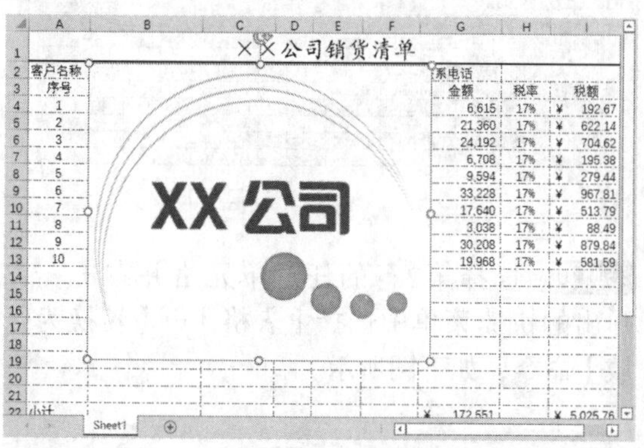

步骤04 将鼠标指针放在图片4个角的控制点上，当鼠标指针变为↘形状时，按住鼠标左键并拖曳，将图片放缩至合适大小后释放鼠标左键，即可调整插入的公司Logo的大小，如右上图所示。

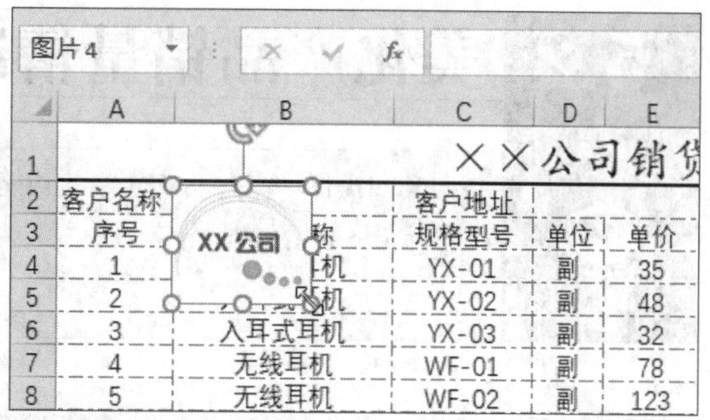

步骤05 将鼠标指针放置在图片上，当鼠标指针变为✥形状时，按住鼠标左键并拖曳至合适位置释放鼠标左键，就可以调整图片的位置，如下图所示。

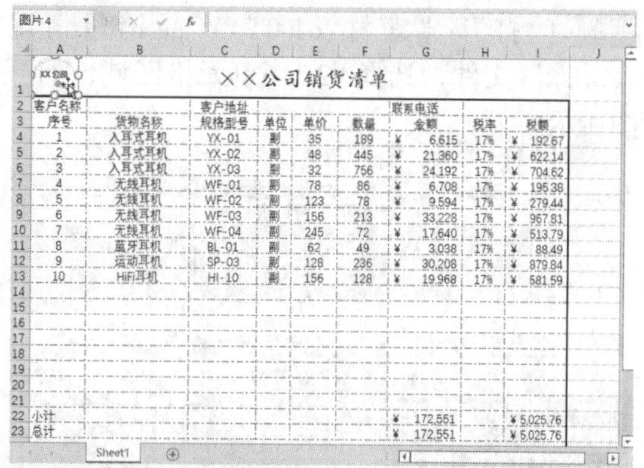

步骤06 选择插入的图片，在【图片格式】选项卡下【调整】和【图片样式】组中还可以根据需要调整图片的样式，最终效果如下图所示。

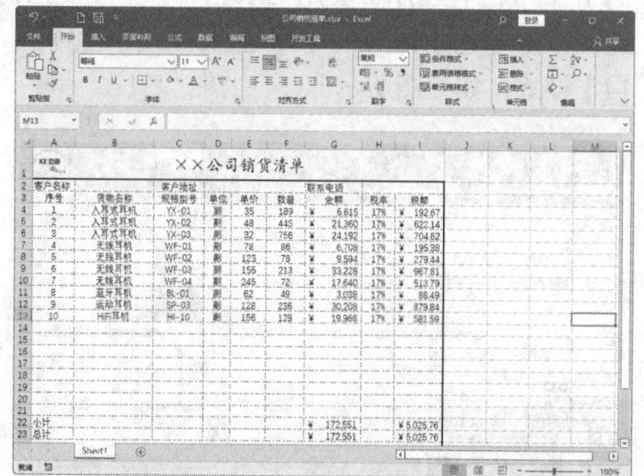

至此，就完成了美化公司销货清单的操作。

5.2 美化产品销量情况表

Excel提供了多种美化表格的功能，通过美化表格，可以更好地帮助用户进行表格数据分析。

5.2.1 快速设置表格样式

Excel预置有60种常用的样式，并将60种样式分为“浅色”“中等色”和“深色”3组，用户可以自动套用这些预先定义好的样式，以提高工作效率。套用表格样式的具体操作步骤如下。

步骤01 打开“素材\ch05\产品销量情况表.xlsx”文件，选择A2:I16单元格区域，如下图所示。

产品销量情况表

品种	材质	规格	价格	销量（吨）	销售额	钢厂/产地	备注
高线	HPB235	Φ6.5	¥ 3,370	65	¥ 219,050	萍钢	暂缺
翼缘板	Q235B	8*150	¥ 3,730	43	¥ 160,390	鞍钢	货少;理计
花纹板卷	H-Q195P	1.8*1050*C	¥ 4,020	75	¥ 301,500	梅钢	货少
热轧酸洗板卷	SPHC	1.8*1250*C	¥ 4,000	100	¥ 400,000	梅钢	充足
热轧板卷	SPHC	2.0*1250*C	¥ 3,700	143	¥ 529,100	鞍钢	货少;理计
冷轧硬卷	SPCC-1B	0.2*1000*C	¥ 3,842	56	¥ 215,152	梅钢	货少;理计
冷轧板卷	ST12	1.0*1250*C	¥ 4,400	36	¥ 158,400	鞍钢	货少
普中板	Q235B	Φ6	¥ 3,880	68	¥ 263,840	鞍钢	货少
镀锡板卷	DR8	0.16*895*C	¥ 7,480	32	¥ 239,360	宝钢	8级品
彩涂板卷	TDC51D+Z	0.4*1000*C	¥ 7,680	29	¥ 222,720	宝钢	海蓝;白灰;2/1
焊管	Q195-215	Φ20*2.0	¥ 4,000	124	¥ 496,000	济钢	充足
镀锌管	Q195-215	Φ27*2.5	¥ 4,650	97	¥ 451,050	济钢	货少
结构管	20#(GB/T19)	Φ25*2.5	¥ 5,550	39	¥ 216,450	萍钢	货少
碳结圆钢	45#	Φ16-40	¥ 3,650	27	¥ 98,550	萍钢	货少

步骤02 单击【开始】选项卡下【样式】组中的【套用表格格式】按钮 套用表格格式，在弹出的下拉列表中选择要套用的表格样式，如这里选择【中等色】区域的【绿色,表样式中等深浅14】样式，如下图所示。

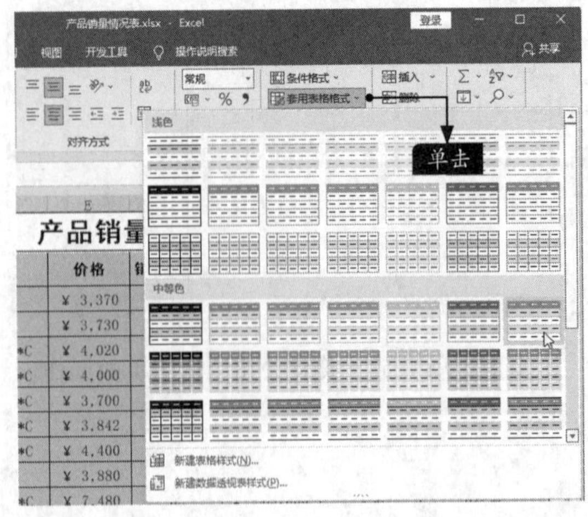

步骤03 弹出【创建表】对话框，单击【确定】按钮，如下图所示。

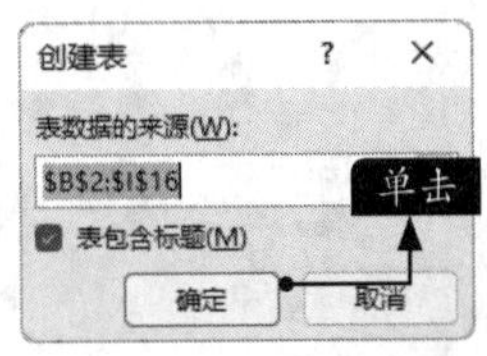

步骤04 套用表格样式后效果如下图所示。

步骤05 选择第2行的任意单元格并右击，在弹出的快捷菜单中选择【表格】→【转换为区域】命令，如下图所示。

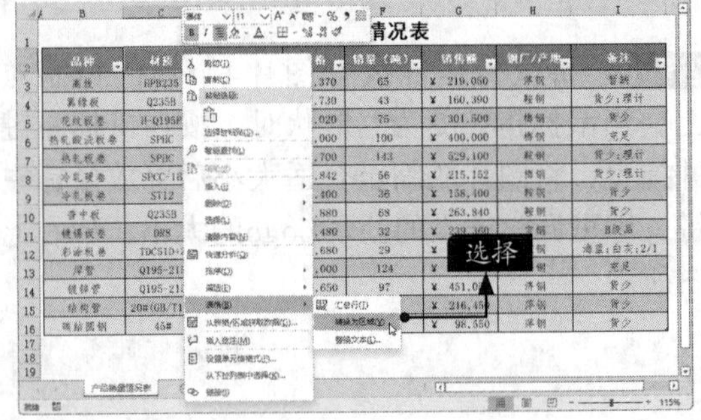

步骤06 在弹出的提示框中单击【是】按钮，如下图所示。

步骤07 即可取消表格的筛选状态，最终效果如右图所示。

产品销量情况表

品种	材质	规格	价格	销量（吨）	销售额	钢厂/产地	备注
高线	HPB235	Φ6.5	¥ 3,370	65	¥ 219,050	萍钢	暂缺
[illegible]	Q235B	8*150	¥ 3,730	43	¥ 160,390	鞍钢	货少；现计
花纹板卷	H-Q195P	1.8*1050*C	¥ 4,020	75	¥ 301,500	梅钢	货少
热轧酸洗板卷	SPHC	1.8*1250*C	¥ 4,000	100	¥ 400,000	梅钢	充足
热轧板卷	SPHC	2.0*1250*C	¥ 3,700	143	¥ 529,100	鞍钢	货少；现计
冷轧硬卷	SPCC-1B	0.2*1000*C	¥ 3,842	56	¥ 215,152	梅钢	货少；现计
冷轧板卷	ST12	1.0*1250*C	¥ 4,400	36	¥ 158,400	鞍钢	货少
普中板	Q235B	Φ6	¥ 3,880	68	¥ 263,840	鞍钢	货少
镀锡板卷	DR8	0.16*895*C	¥ 7,480	32	¥ 239,360	宝钢	B级品
彩涂板卷	TDC51D+Z	0.4*1000*C	¥ 7,680	29	¥ 222,720	宝钢	海蓝；白灰；2/1
焊管	Q195-215	Φ20*2.0	¥ 4,000	124	¥ 496,000	济钢	充足
镀锌管	Q195-215	Φ27*2.5	¥ 4,650	97	¥ 451,050	济钢	货少
结构管	20#(GB/T19)	Φ25*2.5	¥ 5,550	39	¥ 216,450	萍钢	货少
碳结圆钢	45#	Φ16-40	¥ 3,650	27	¥ 98,550	萍钢	货少

5.2.2 套用单元格样式

Excel中内置了“好、差和适中”“数据和模型”“标题”“主题单元格样式”“数字格式”等多种单元格样式，用户可以根据需要选择要套用的单元格样式，具体操作步骤如下。

步骤01 在打开的素材文件中，选择A1单元格，单击【开始】选项卡下【样式】组中的【单元格样式】按钮 单元格样式，在弹出的下拉列表中选择要套用的单元格样式，如这里选择【标题】区域的【标题】选项，如下图所示。

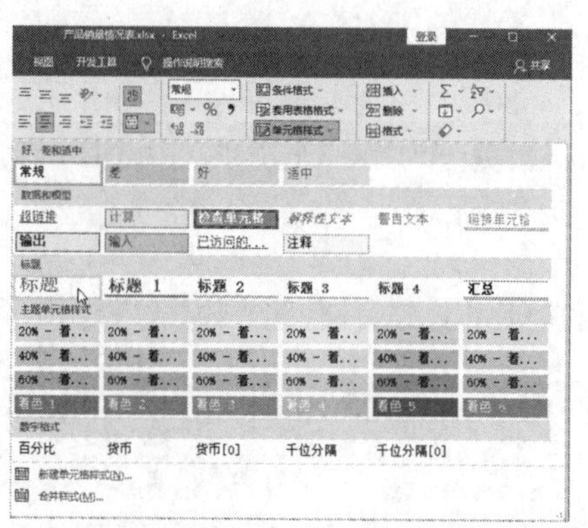

步骤02 套用单元格样式后，最终效果如下图所示。

产品销量情况表

品种	材质	规格	价格	销量（吨）	销售额	钢厂/产地	备注
高线	HPB235	Φ6.5	¥ 3,370	65	¥ 219,050	萍钢	暂缺
[illegible]	Q235B	8*150	¥ 3,730	43	¥ 160,390	鞍钢	货少；现计
花纹板卷	H-Q195P	1.8*1050*C	¥ 4,020	75	¥ 301,500	梅钢	货少
热轧酸洗板卷	SPHC	1.8*1250*C	¥ 4,000	100	¥ 400,000	梅钢	充足
热轧板卷	SPHC	2.0*1250*C	¥ 3,700	143	¥ 529,100	鞍钢	货少；现计
冷轧硬卷	SPCC-1B	0.2*1000*C	¥ 3,842	56	¥ 215,152	梅钢	货少；现计
冷轧板卷	ST12	1.0*1250*C	¥ 4,400	36	¥ 158,400	鞍钢	货少
普中板	Q235B	Φ6	¥ 3,880	68	¥ 263,840	鞍钢	货少
镀锡板卷	DR8	0.16*895*C	¥ 7,480	32	¥ 239,360	宝钢	B级品
彩涂板卷	TDC51D+Z	0.4*1000*C	¥ 7,680	29	¥ 222,720	宝钢	海蓝；白灰；2/1
焊管	Q195-215	Φ20*2.0	¥ 4,000	124	¥ 496,000	济钢	充足
镀锌管	Q195-215	Φ27*2.5	¥ 4,650	97	¥ 451,050	济钢	货少
结构管	20#(GB/T19)	Φ25*2.5	¥ 5,550	39	¥ 216,450	萍钢	货少
碳结圆钢	45#	Φ16-40	¥ 3,650	27	¥ 98,550	萍钢	货少

5.2.3 突出显示单元格效果

使用突出显示单元格效果可以突出显示大于、小于、介于、等于、文本包含某一值和发生日期在某一值或者值区间的单元格，也可以突出显示重复值。在产品销量情况表中突出显示销量大于100的单元格的具体操作步骤如下。

步骤01 在打开的素材文件中，选择F3:F16单元格区域，如下页图所示。

步骤 02 单击【开始】选项卡下【样式】组中的【条件格式】按钮，在弹出的下拉列表中选择【突出显示单元格规则】→【大于】选项，如下图所示。

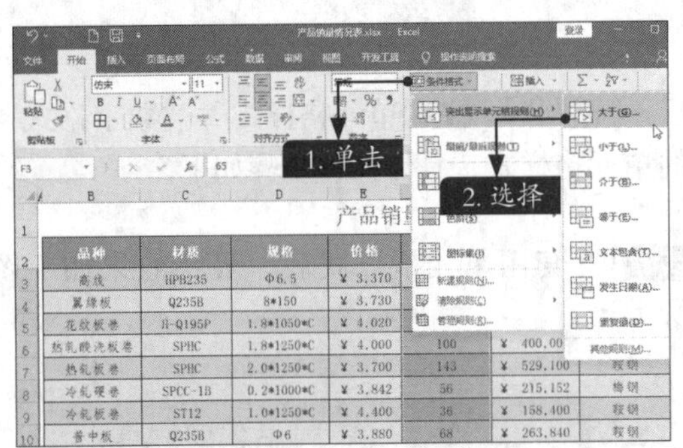

步骤 03 在弹出的【大于】对话框的文本框中输入“100”，在【设置为】下拉列表框中选择【浅红填充色深红色文本】选项，单击【确定】按钮，如下图所示。

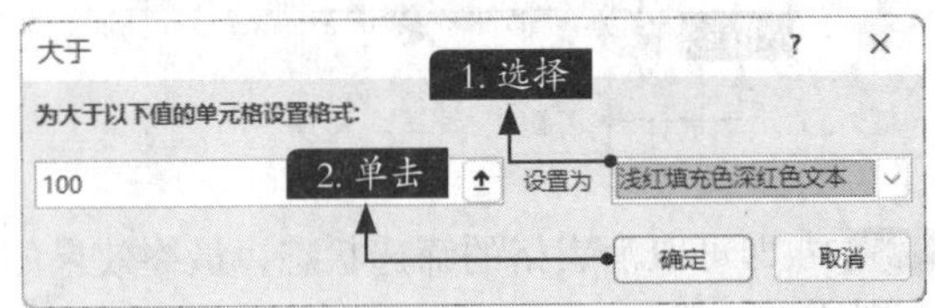

步骤 04 突出显示销量大于100的产品，效果如下图所示。

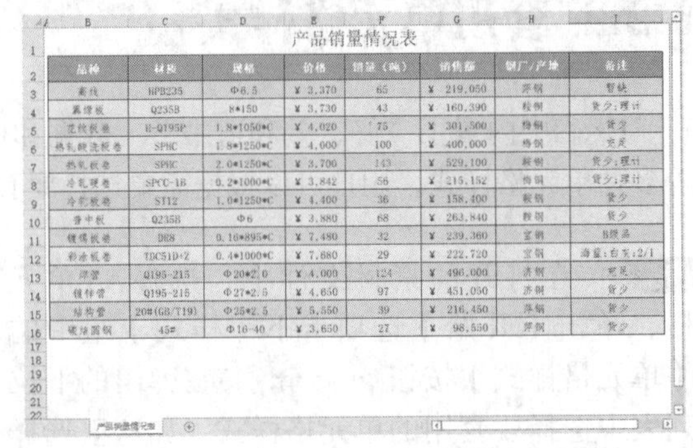

产品销量情况表

品种	材质	规格	价格	销量（吨）	销售额	钢厂/产地	备注
高线	HPB235	Φ6.5	¥ 3,370	65	¥ 219,050	[illegible]	暂缺
[illegible]	Q235B	8*150	¥ 3,730	43	¥ 160,390	[illegible]	货少;理计
花纹板卷	H-Q195P	1.8*1050*C	¥ 4,020	75	¥ 301,500	[illegible]	货少
热轧酸洗板卷	SPHC	1.8*1250*C	¥ 4,000	100	¥ 400,000	[illegible]	充足
热轧板卷	SPHC	2.0*1250*C	¥ 3,700	143	¥ 529,100	[illegible]	货少;理计
冷轧硬卷	SPCC-1B	0.2*1000*C	¥ 3,842	56	¥ 215,152	[illegible]	货少;理计
冷轧板卷	ST12	1.0*1250*C	¥ 4,400	36	¥ 158,400	[illegible]	货少
普中板	Q235B	Φ6	¥ 3,880	68	¥ 263,840	[illegible]	货少
镀锡板卷	DR8	0.16*895*C	¥ 7,480	32	¥ 239,360	[illegible]	[illegible]
彩涂板卷	TDC51D+Z	0.4*1000*C	¥ 7,680	29	¥ 222,720	[illegible]	[illegible]
焊管	Q195-215	Φ20*2.0	¥ 4,000	124	¥ 496,000	济钢	充足
镀锌管	Q195-215	Φ27*2.5	¥ 4,650	97	¥ 451,050	济钢	货少
结构管	20#(GB/T19)	Φ25*2.5	¥ 5,550	39	¥ 216,450	[illegible]	货少
碳结圆钢	45#	Φ16-40	¥ 3,650	27	¥ 98,550	[illegible]	货少

5.2.4 使用小图标显示销售额情况

使用图标集可以对数据进行注释，并且可以按阈值将数据分为3 ~ 5个类别，每个图标代表一个值的范围。使用“五向箭头”显示销售额的具体操作步骤如下。

步骤 01 在打开的素材文件中，选择G3:G16单元格区域。单击【开始】选项卡下【样式】组中的【条件格式】按钮，在弹出的下拉列表中选择【图标集】→【方向】→【五向箭头（彩色）】选项，如下图所示。

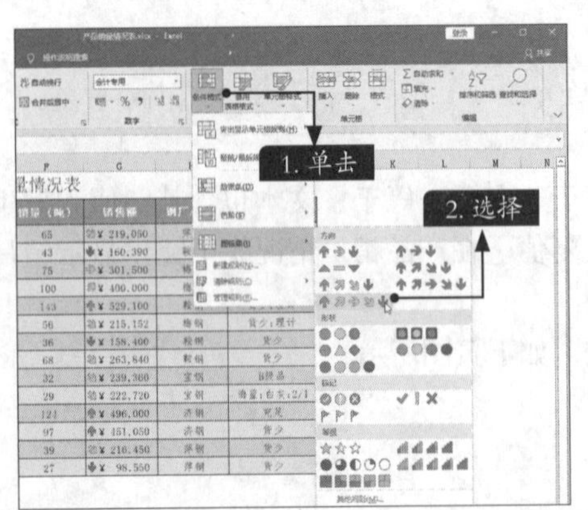

步骤 02 使用小图标注释销售额，效果如下图所示。

小提示

此外，还可以使用数据条和色阶等突出显示数据，操作方法类似，这里就不赘述了。

5.3 查看和打印现金流量分析表

学习Excel，还要学会查看工作表，即掌握工作表的查看方式，从而实现快速地找到自己想要的信息。通过打印可以将电子表格以纸质的形式呈现，便于阅读和归档。

5.3.1 使用视图查看工作表

在Excel中提供了4种视图来查看工作表，用户可以根据需求进行使用。

1. 普通视图

普通视图是默认的显示方式，即对工作表的视图不做任何修改。可以使用右侧的垂直滚动条和下方的水平滚动条来浏览当前窗口显示不完全的数据。

步骤01 打开“素材\ch05\现金流量分析表.xlsx”文件，在当前的窗口中即可浏览数据，单击右侧的垂直滚动条并向下拖曳，即可浏览下面的数据，如下图所示。

步骤02 单击下方的水平滚动条并向右拖曳，即可浏览右侧的数据，如下图所示。

2. 分页预览

使用分页预览可以查看打印文档时使用的分页符的位置。使用分页预览的操作步骤如下。

步骤01 单击【视图】选项卡下【工作簿视图】组中的【分页预览】按钮，即可切换为分页预览视图，如下图所示。

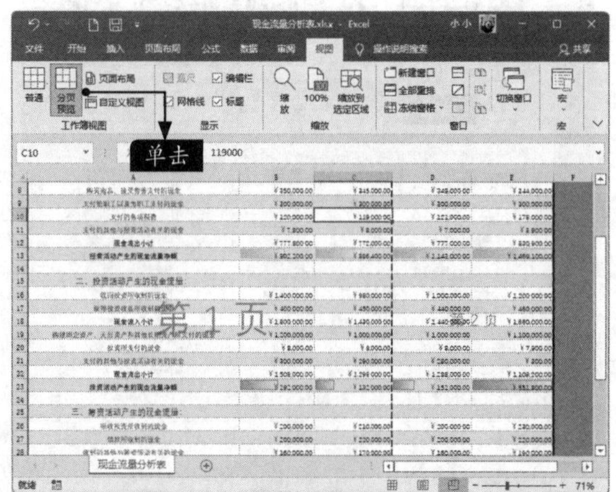

小提示

用户可以单击Excel状态栏中的【分页预览】按钮，进入分页预览视图。

步骤02 将鼠标指针放至蓝色的虚线处，指针变为↔形状时按住鼠标左键并拖曳，可以调整每页的范围，如下页图所示。

3. 页面布局

可以使用页面布局视图查看工作表。Excel提供了一个水平标尺和一个垂直标尺，因此用户可以精确测量单元格、区域、对象和页边距，而标尺可以帮助用户定位对象，并直接在工作表上查看或编辑页边距。

步骤 01 单击【视图】选项卡下【工作簿视图】组中的【页面布局】按钮，即可进入页面布局视图，如下图所示。

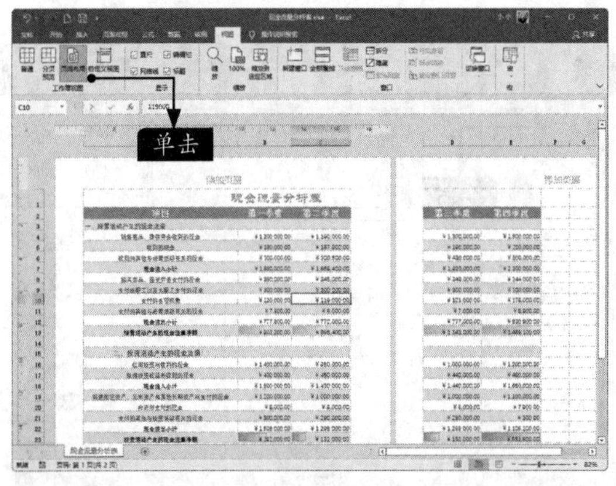

小提示

用户可以单击Excel状态栏中的【页面布局】按钮，进入页面布局视图。

步骤 02 将鼠标指针移到页面的中缝处，鼠标指针变成形状时单击，即可隐藏空白区域，只显示有数据的区域。单击【工作簿视图】组中的【普通】按钮，可返回普通视图，如右上图所示。

4. 自定义视图

使用自定义视图可以将工作表中特定的显示设置和打印设置保存在特定的视图中。

步骤 01 单击【视图】选项卡下【工作簿视图】组中的【自定义视图】按钮，如下图所示。

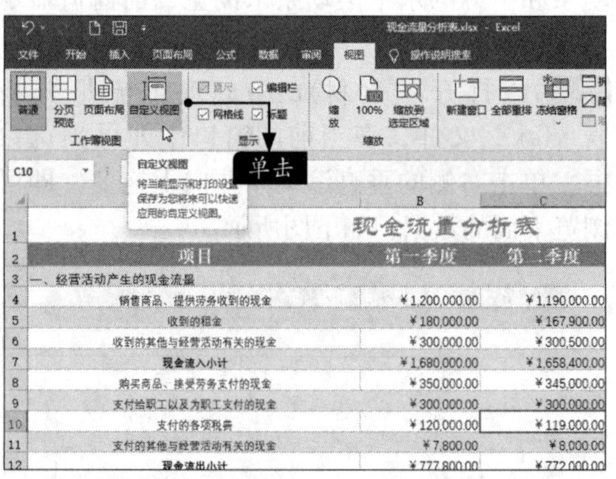

小提示

如果【自定义视图】处于不可用状态，将表格转换为区域即可使用。

步骤 02 在弹出的【视图管理器】中单击【添加】按钮，如下图所示。

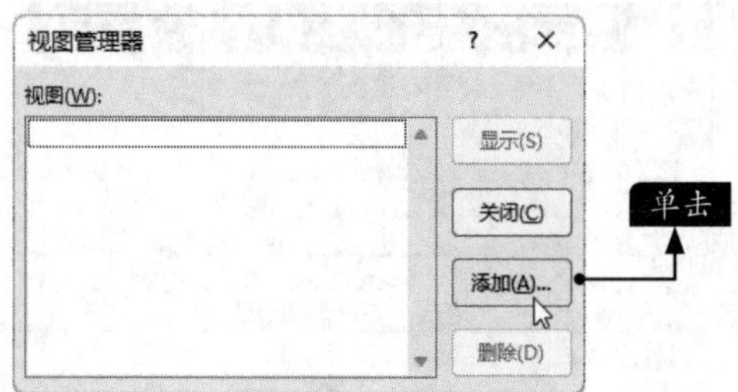

步骤 03 弹出【添加视图】对话框，在【名称】

文本框中输入自定义视图的名称，如“自定义视图”；【视图包括】区域中【打印设置】和【隐藏行、列及筛选设置】复选框已默认选中，单击【确定】按钮即可完成【自定义视图】的添加，如下图所示。

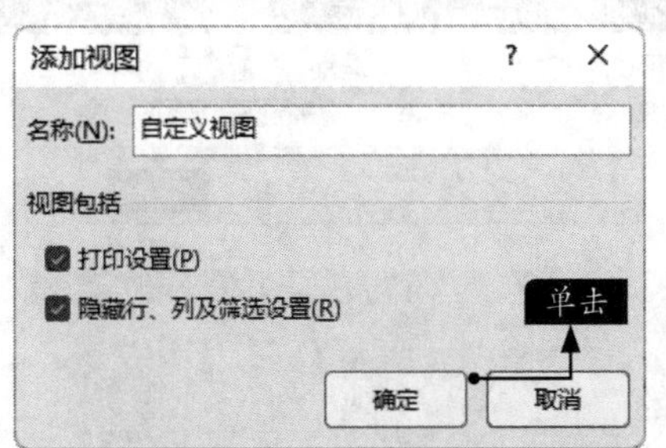

步骤04 若要显示保存的视图状态，可单击【自定义视图】按钮，弹出【视图管理器】对话框，在其中选择需要打开的视图，单击【显示】按钮，如右上图所示。

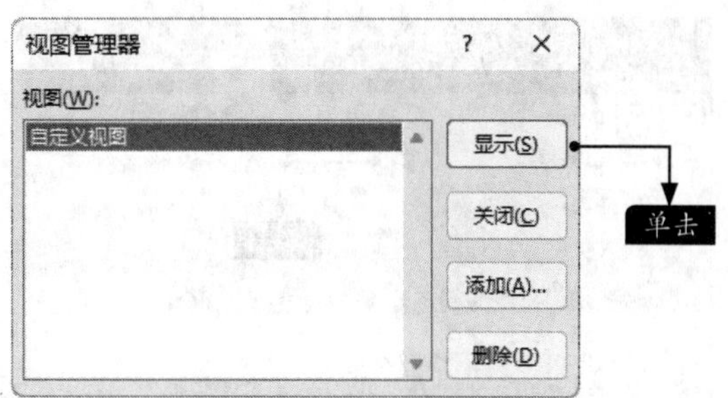

步骤05 即可打开自定义该视图时所打开的工作表，如下图所示。

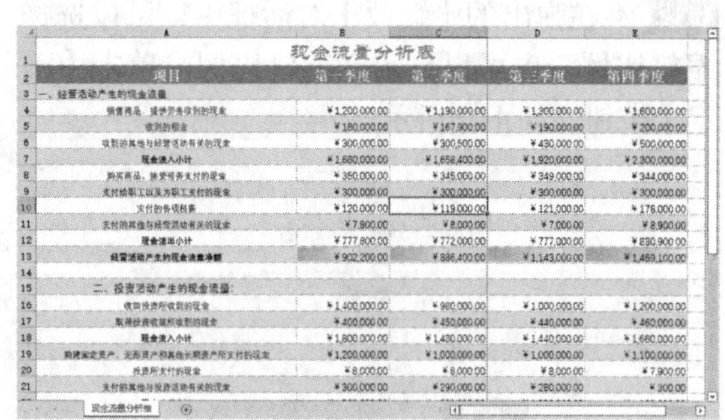

5.3.2 放大或缩小工作表查看数据

在查看工作表时，为了方便查看，可以放大或缩小工作表，操作的方法有很多种，用户可以根据使用习惯进行选择和操作。

步骤01 通过状态栏调整。在打开的素材文件中，拖曳窗口右下角的【缩放】滑块可改变工作表的显示比例，向左拖曳滑块，缩小显示工作表；向右拖曳滑块，放大显示工作表。另外，单击【缩小】按钮–或【放大】按钮+，也可进行缩小或放大的操作，如下图所示。

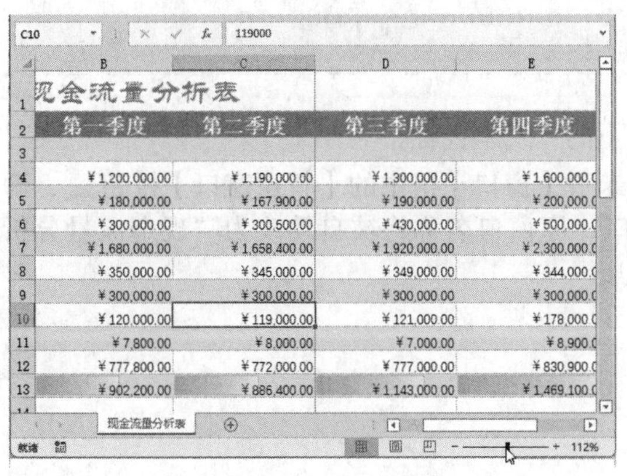

步骤02 按住【Ctrl】键不放，向上滑动鼠标滚轮，可以放大显示工作表；向下滚动鼠标滚轮，可以缩小显示工作表，如下图所示。

步骤03 使用【缩放】对话框。如果要缩小或放大精准的比例，则可以使用【缩放】对话框进行操作。单击【视图】选项卡下【缩放】组中的【缩放】按钮或单击状态栏上的【缩放级别】按钮112%，如下页图所示。

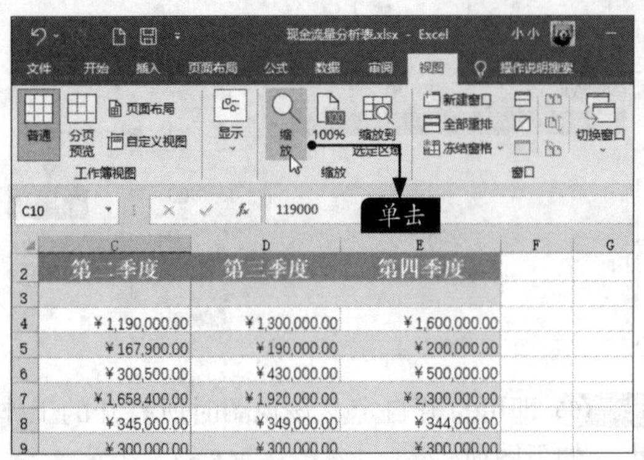

步骤 04 在弹出的【缩放】对话框中，可以选择缩放比例，也可以自定义缩放比例，单击【确定】按钮，如下图所示。

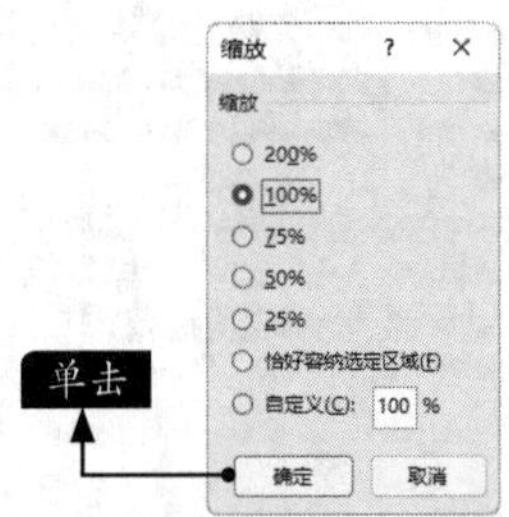

步骤 05 单击后即可完成调整，如下图所示。

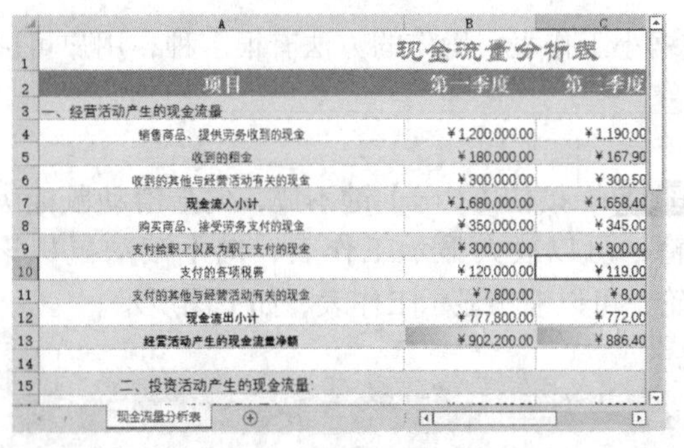

步骤 06 缩放到选定区域。用户可以使所选的单元格区域充满整个窗口，这将有助于关注重点数据。单击【视图】选项卡下【缩放】组中的【缩放到选定区域】按钮，如下图所示。

步骤 07 单击后可以放大显示所选单元格区域，并使其充满整个窗口，如下图所示。如果要恢复正常显示，单击【100%】按钮即可。

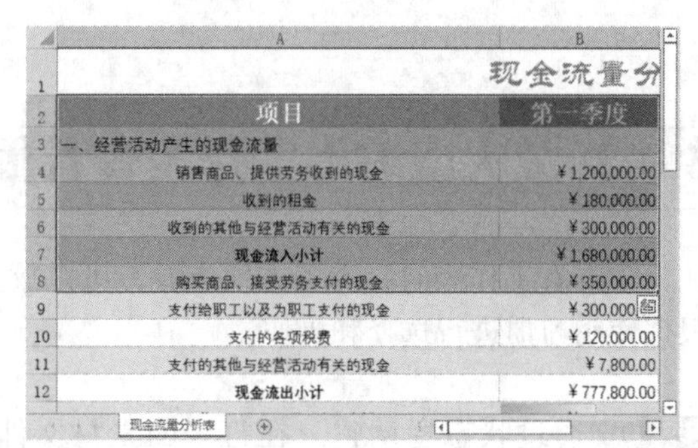

5.3.3 对比查看数据

如果需要对比不同区域中的数据，可以使用以下的方式来查看。

步骤 01 在打开的素材文件中，单击【视图】选项卡下【窗口】组中的【新建窗口】按钮，即可新建一个名为“现金流量分析表.xlsx:2”的窗口，原窗口名称将被自动改为“现金流量分析表.xlsx:1”，如下页图所示。

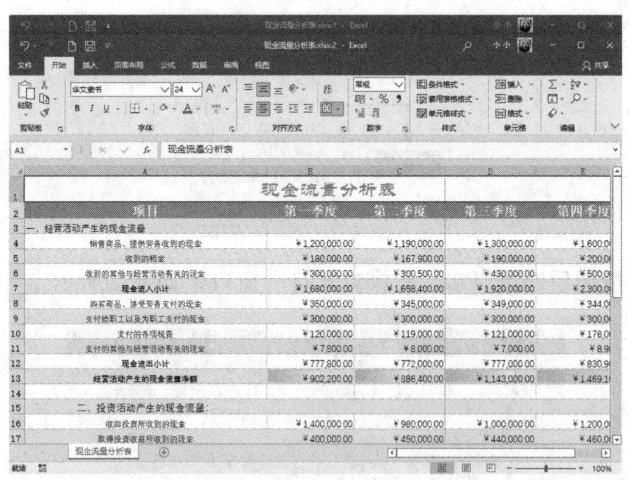

步骤 02 选择【视图】选项卡，单击【窗口】组中的【并排查看】按钮并排查看，即可将两个窗口并排放置，如下图所示。

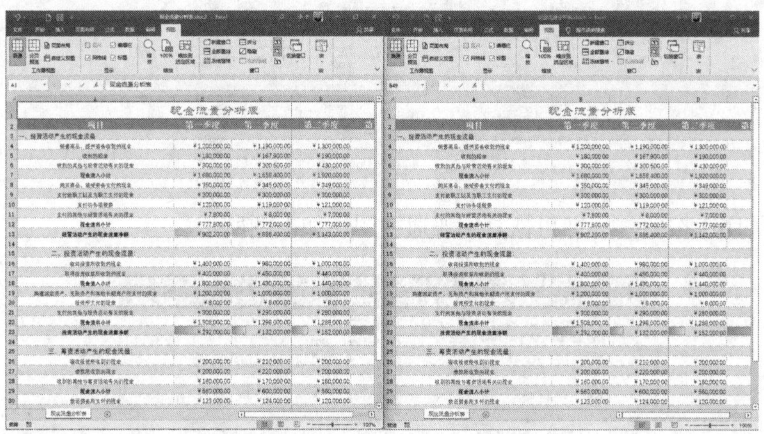

步骤 03 在【同步滚动】状态下，拖曳其中一个窗口的滚动条时，另一个窗口的滚动条也会同步滚动，如下图所示。

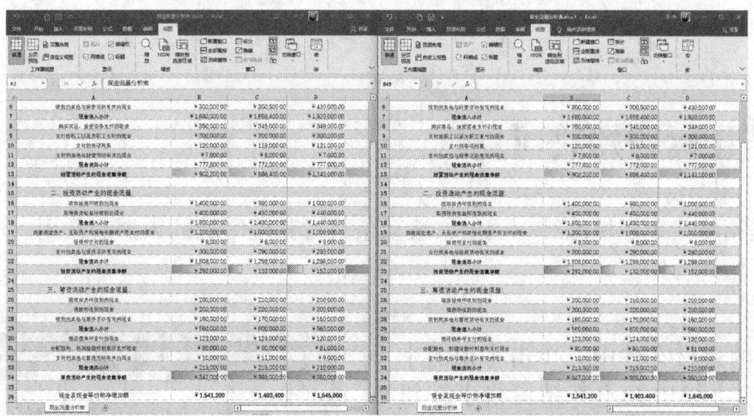

步骤 04 单击“现金流量分析表.xlsx:1”工作表【视图】选项卡下的【全部重排】按钮，弹出【重排窗口】对话框，从中可以设置窗口的排列方式，选中【水平并排】单选按钮，如下页图所示。

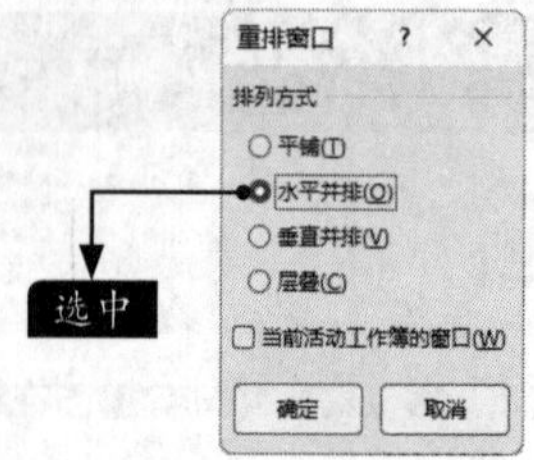

步骤 05 单击【确定】按钮后即可以水平并排方式排列窗口，如下图所示。

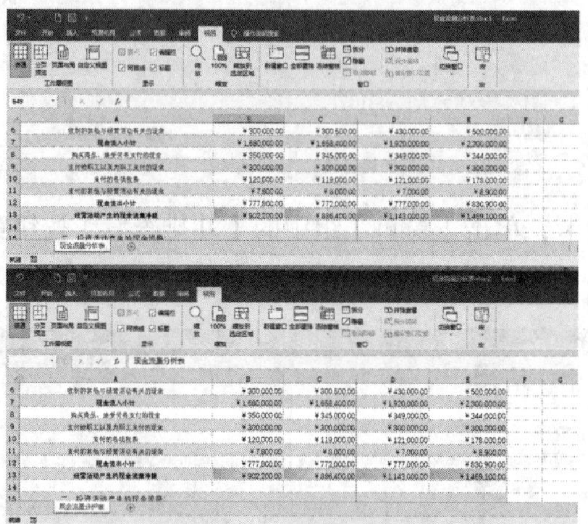

步骤 06 单击【关闭】按钮，即可恢复到普通视图，如下图所示。

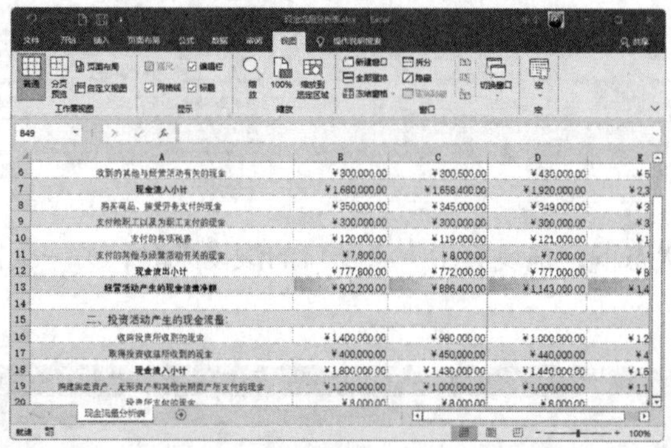

5.3.4 冻结让标题始终可见

冻结查看是指将指定区域冻结、固定，滚动条只对其他区域的数据起作用。这里我们来设置冻结窗格让标题始终可见。

步骤 01 在打开的素材文件中，单击【视图】选项卡下【窗口】组中的【冻结窗格】按钮，在弹出的下拉列表中选择【冻结首行】选项，如右图所示。

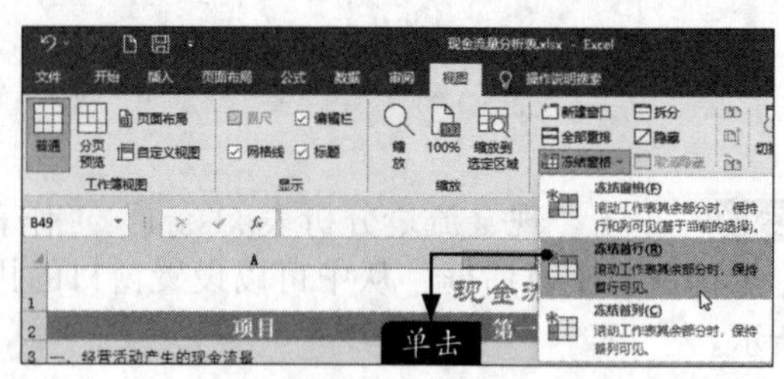

小提示

只能冻结工作表的首行和首列，无法冻结工作表中间的行和列。当单元格处于编辑模式（正在向单元格中输入公式或数据）或工作表受保护时，【冻结窗格】选项不可用。如果要取消单元格编辑模式，按【Enter】键或【Esc】键即可。

步骤 02 在首行下方会显示一条黑线，并固定首行，向下拖曳垂直滚动条，首行一直会显示在当前窗口中，如下图所示。

	A	B	C	D
1	现金流量分析表			
23	投资活动产生的现金流量净额	¥292,000.00	¥132,000.00	¥152,000.00
24				
25	三、筹资活动产生的现金流量:			
26	吸收投资所收到的现金	¥200,000.00	¥210,000.00	¥200,000.00
27	借款所收到的现金	¥200,000.00	¥220,000.00	¥200,000.00
28	收到的其他与筹资活动有关的现金	¥160,000.00	¥170,000.00	¥160,000.00
29	现金流入小计	¥560,000.00	¥600,000.00	¥560,000.00
30	偿还债务所支付的现金	¥123,000.00	¥124,000.00	¥120,000.00
31	分配股利、利润或偿付利息所支付现金	¥80,000.00	¥80,000.00	¥81,000.00
32	支付的其他与筹资活动有关的现金	¥10,000.00	¥11,000.00	¥9,000.00
33	现金流出小计	¥213,000.00	¥215,000.00	¥210,000.00
34	筹资活动产生的现金流量净额	¥347,000.00	¥385,000.00	¥350,000.00
35				
36	现金及现金等价物净增加额	¥1,541,200	¥1,403,400	¥1,645,000

现金流量分析表

步骤 03 在单击【冻结窗格】按钮后弹出的下拉列表中选择【冻结首列】选项，在首列右侧会显示一条黑线，并固定首列，如右上图所示。

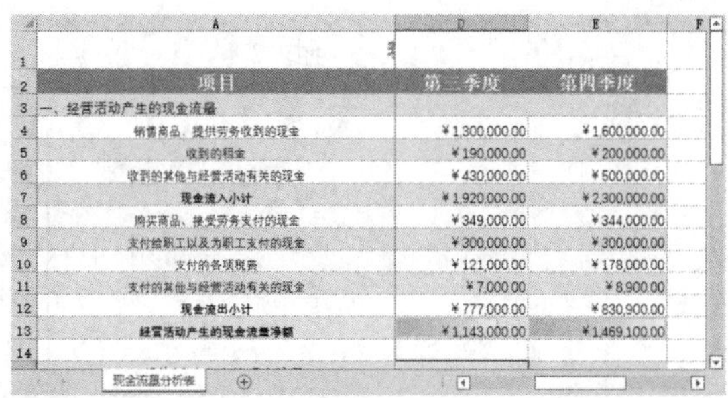

	A	D	E
1			
2	项目	第三季度	第四季度
3	一、经营活动产生的现金流量		
4	销售商品、提供劳务收到的现金	¥1,300,000.00	¥1,600,000.00
5	收到的租金	¥190,000.00	¥200,000.00
6	收到的其他与经营活动有关的现金	¥430,000.00	¥500,000.00
7	现金流入小计	¥1,920,000.00	¥2,300,000.00
8	购买商品、接受劳务支付的现金	¥349,000.00	¥344,000.00
9	支付给职工以及为职工支付的现金	¥300,000.00	¥300,000.00
10	支付的各项税费	¥121,000.00	¥178,000.00
11	支付的其他与经营活动有关的现金	¥7,000.00	¥8,900.00
12	现金流出小计	¥777,000.00	¥830,900.00
13	经营活动产生的现金流量净额	¥1,143,000.00	¥1,469,100.00
14			

现金流量分析表

步骤 04 如果要取消冻结行和列，单击【冻结窗格】按钮，在弹出的下拉列表中选择【取消冻结窗格】选项，即可取消冻结行和列，如下图所示。

5.3.5 打印预览

用户不仅可以在打印之前查看文档的排版布局，还可以通过设置得到最佳效果，具体操作步骤如下。

步骤 01 选择【文件】选项卡，在弹出的列表中选择【打印】选项，在右侧可以看到预览效果，如下图所示。

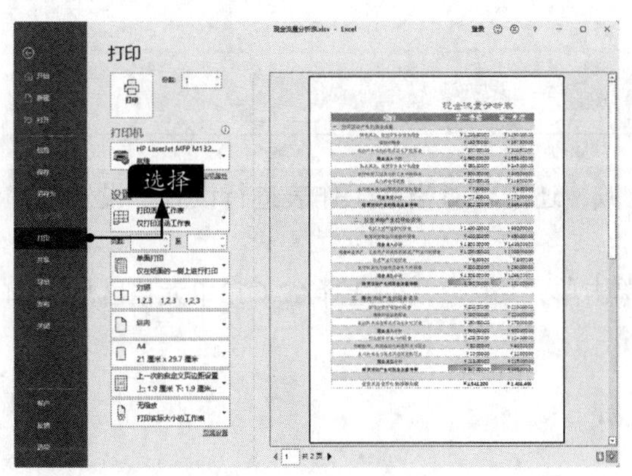

小提示

在预览区域的下面，会显示当前的页数和总页数，如果有多页，单击【下一页】按钮▸或【上一页】按钮◂，可以预览每一页的打印内容。

步骤 02 单击窗口右下角的【显示边距】按钮，可以开启或关闭页边距、页眉和页脚边距以及列宽的控制线，拖曳边界和列间隔线可以调整打印效果，如下页图所示。

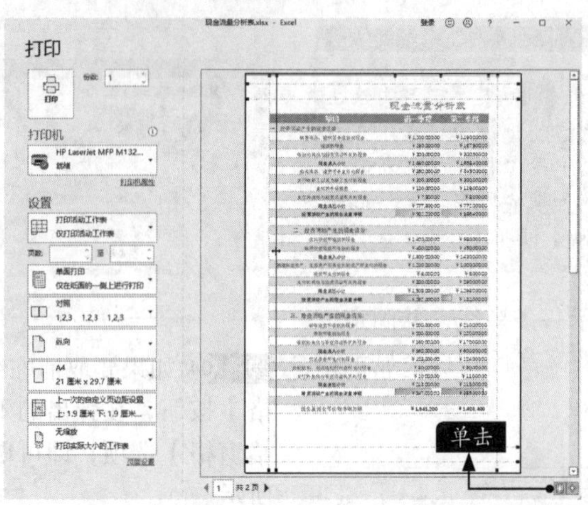

5.3.6 打印当前工作表

页面设置完成后，就可以打印了。不过，在打印之前还需要对打印选项进行设置。

步骤 01 选择【文件】选项卡，在弹出的列表中选择【打印】选项，如下图所示。

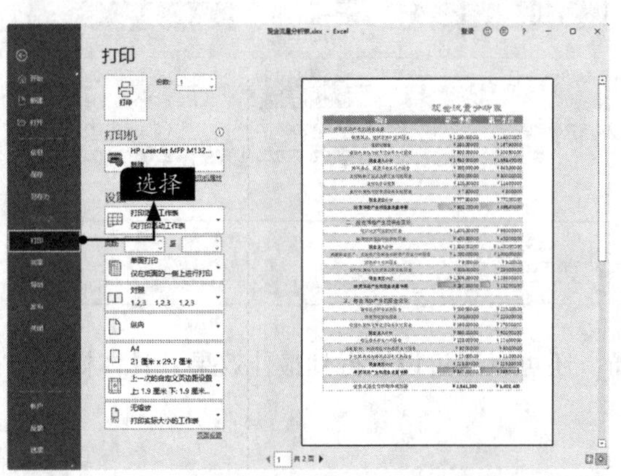

步骤 02 在界面的中间区域设置打印的份数，选择要连接的打印机，设置打印的工作表范围、页码范围，以及打印的方式、纸张、页边距和缩放比例等。设置完成后，单击【打印】按钮，即可开始打印，如下图所示。

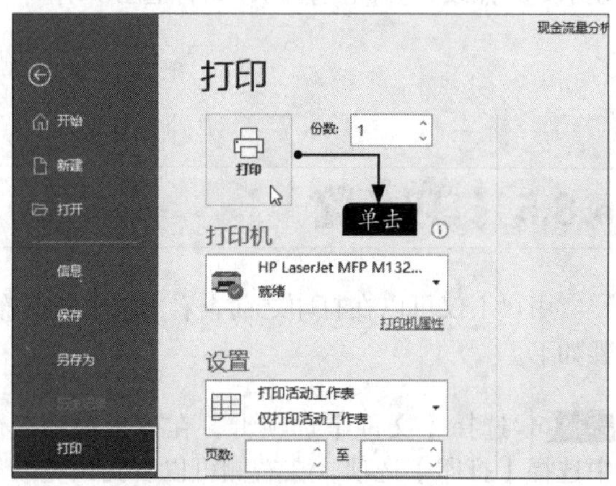

5.3.7 仅打印指定区域

在打印工作表时，如果仅打印工作表的指定区域，还需要对当前工作表进行设置。设置打印指定区域的具体操作步骤如下。

步骤 01 选择单元格A2，在按住【Shift】键的同时单击单元格C13，即选择A2:C13单元格区域，如下页图所示。

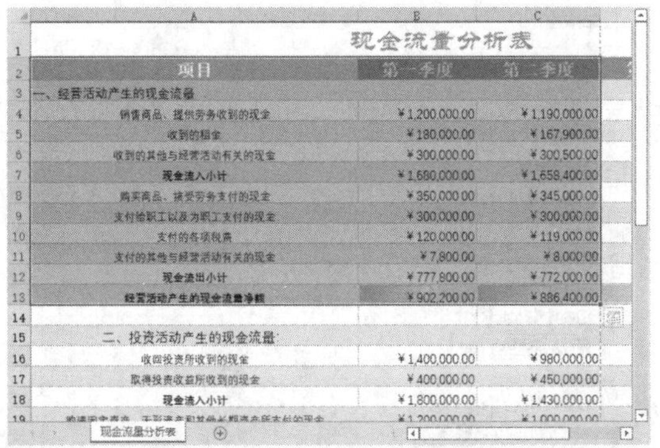

步骤 02 选择【文件】选项卡，在弹出的列表中选择【打印】选项，在中间的【设置】区域中单击【打印活动工作表】下拉列表框，在弹出的下拉列表中选择【打印选定区域】选项，然后单击【打印】按钮，即可打印选定区域的数据，如下图所示。

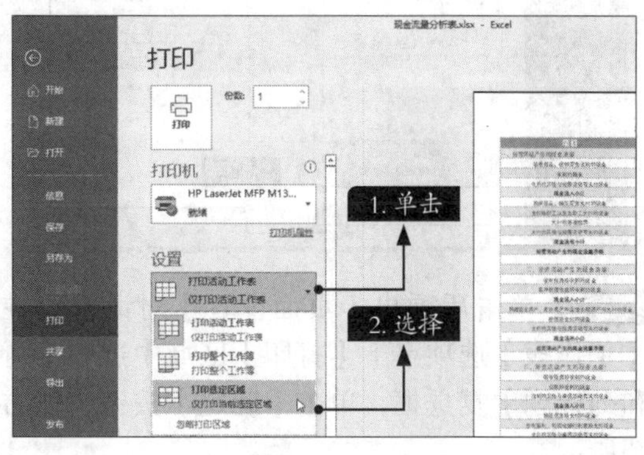

5.3.8 将工作表打印到一个页面上

如果在打印工作表时，表格内容过多，无法在一个页面显示，会给打印工作带来麻烦。为了更方便查看，我们可以把工作表打印到一个页面上。

步骤 01 选择【文件】选项卡下的【打印】选项，在【设置】区域中单击【无缩放】下拉列表框，在弹出的下拉列表中选择【将工作表调整为一页】选项，如下图所示。

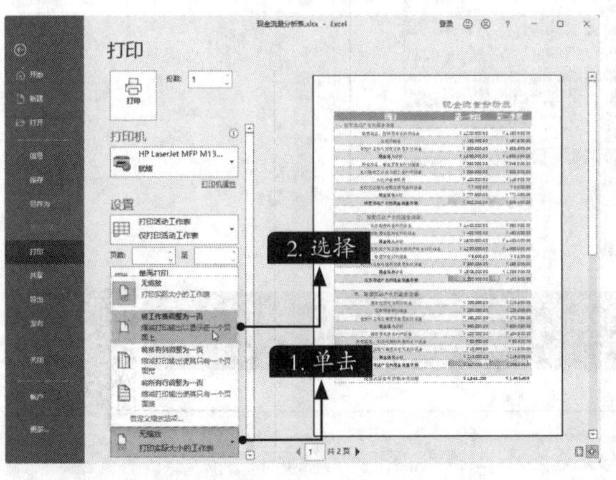

步骤 02 此时，在右侧预览区域中即可看到将工作表内容缩放到一页的效果，单击【打印】按钮即可打印，如下图所示。

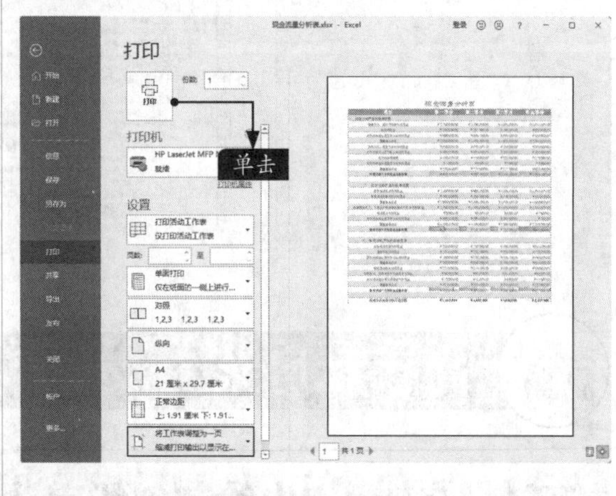

5.3.9 打印行号和列标

在打印表格时可以根据需要将行号和列标打印出来，具体操作步骤如下。

步骤 01 在【打印】界面，单击中间区域右下角的【页面设置】超链接，如下页图所示。

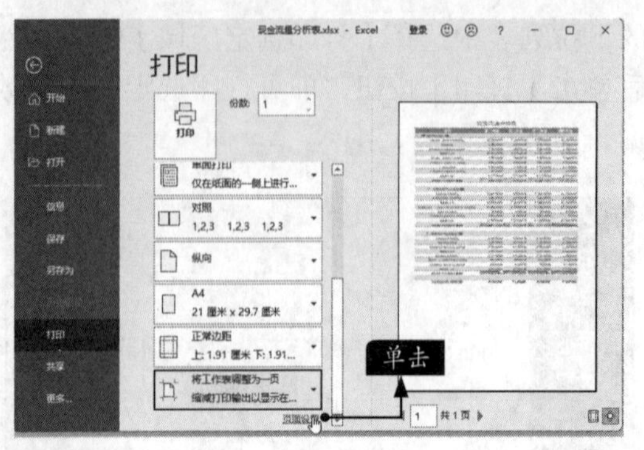

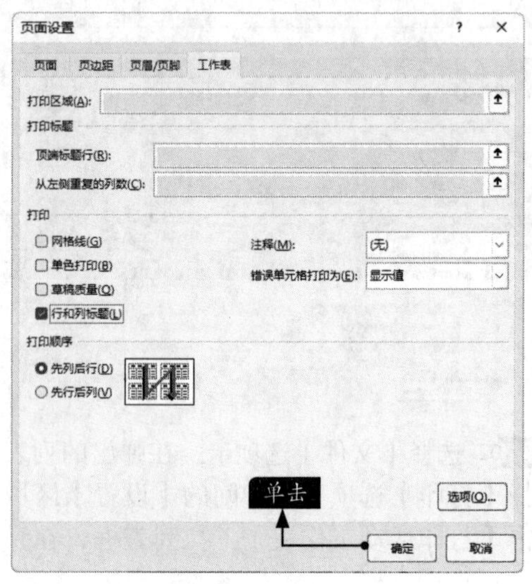

步骤 02 单击后弹出【页面设置】对话框，在【工作表】选项卡下【打印】区域中选中【行和列标题】复选框，单击【确定】按钮，如右图所示。

步骤 03 返回【打印】界面，在预览区域中可以看到显示行号、列标后的效果，如下图所示。

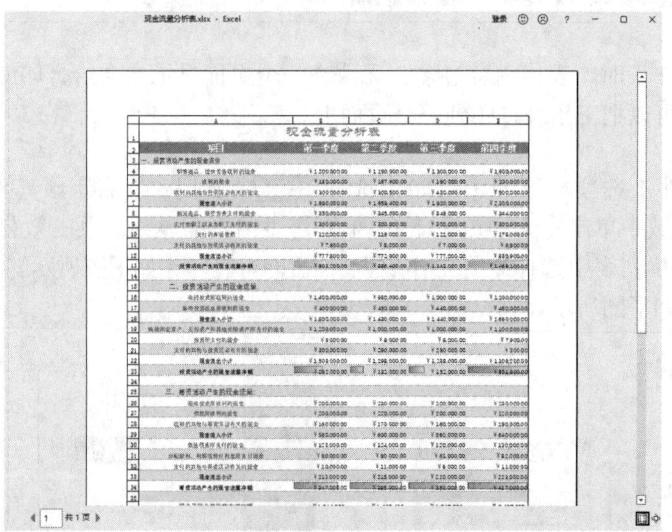

高手私房菜

技巧1：在Excel中绘制斜线表头

制作表格时，有时会涉及交叉项目，需要使用斜线表头。斜线表头主要分为单斜线表头和多斜线表头，下面介绍如何绘制这两种斜线表头。

1. 绘制单斜线表头

单斜线表头是较为常用的斜线表头，适用于有两个交叉项目的工作表，具体绘制方法如下。

步骤 01 新建一个空白工作簿，在B1和A2单元格中输入内容，如下页图所示。

	A	B	C
1		项目	
2	日期		
3			
4			
5			

步骤 02 选择A1单元格，按【Ctrl+1】组合键，打开【设置单元格格式】对话框，选择【边框】选项卡。在【样式】列表框中选择一种线型，然后在边框区域选择斜线样式，单击【确定】按钮，如下图所示。

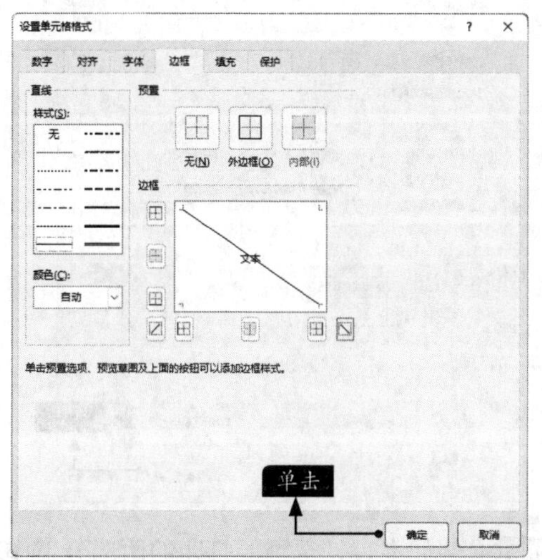

步骤 03 返回工作表，即可看到A1单元格中添加的斜线，如下图所示。

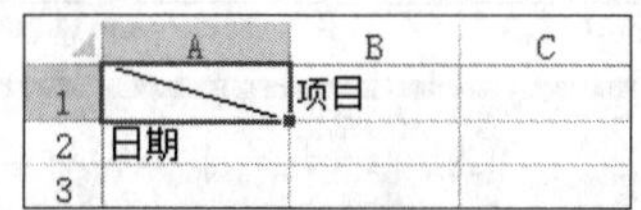

小提示

单击【开始】选项卡下【字体】组中的【下框线】下拉按钮，在弹出的下拉列表中选择【绘制边框】选项，即可绘制斜线。

步骤 04 使用同样的办法，选择B2单元格，设置同样的斜线，使其成为A1:B2单元格区域的对角线，最终效果如下图所示。

	A	B	C
1		项目	
2	日期		
3			

小提示

用户也可以复制A1单元格中的斜线到B2单元格中，同样可以取得上图所示的效果。

2. 绘制多斜线表头

如果工作表中有多个交叉项目，就需要绘制多斜线表头，如双斜线、三斜线等，绘制多斜线表头可采用下述方法。

步骤 01 新建一个空白工作表，选择A1单元格，并调整该单元格的大小，如下图所示。

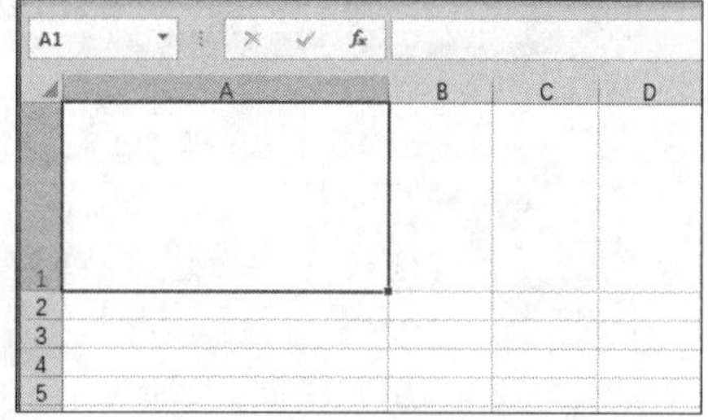

步骤 02 单击【插入】选项卡下【插图】组中的【形状】按钮，在弹出的下拉列表中选择【直线】选项，然后根据需要在单元格中绘制多条斜线，如下图所示。

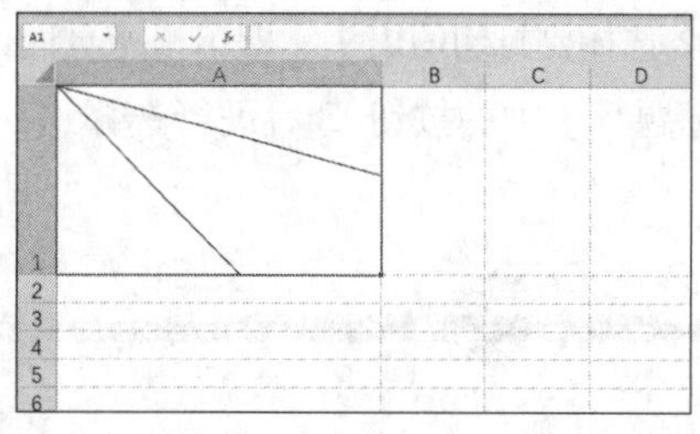

步骤 03 单击【插入】选项卡下【文本】组中的【文本框】按钮，在单元格中绘制横排文本框，在横排文本框中输入文本内容，并设置横排文本框为“无轮廓”，最终效果如下图所示。

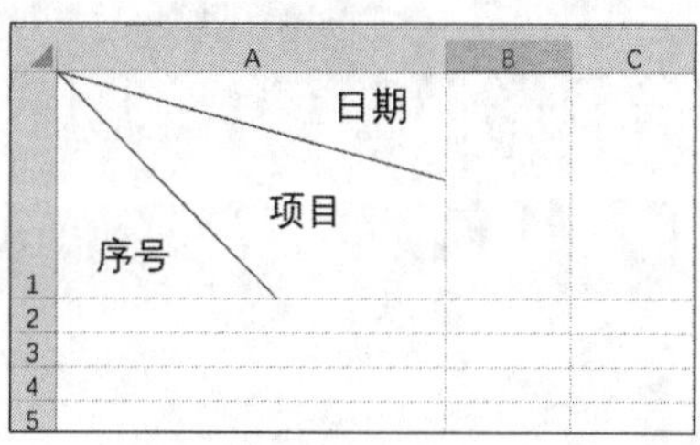

技巧2：让打印出的每页都有表头

在使用Excel时，可能会遇到超长表格，但是其表头只有一个。为了更好地打印和查阅，我们就需要使每页都能打印表头，可以使用以下方法。

步骤 01 打开“素材\ch05\商品库存清单.xlsx”文件，单击【页面布局】选项卡下【页面设置】组中的【打印标题】按钮，弹出【页面设置】对话框，单击【工作表】选项卡【打印标题】区域中【顶端标题行】文本框右侧的按钮，如下图所示。

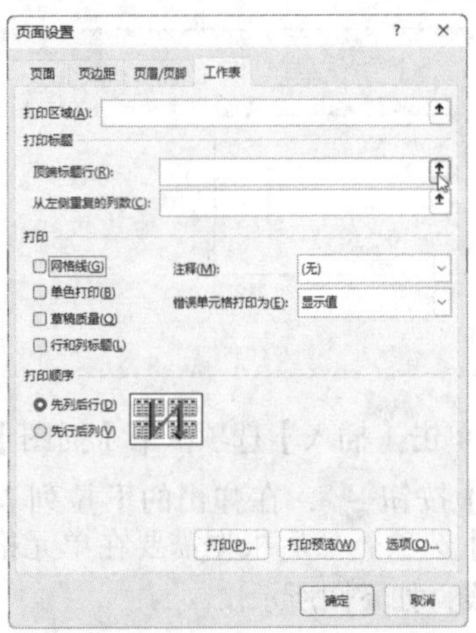

步骤 02 选择要打印的表头，即单击【页面设置-顶端标题行】中的按钮后进行选择，如下图所示。

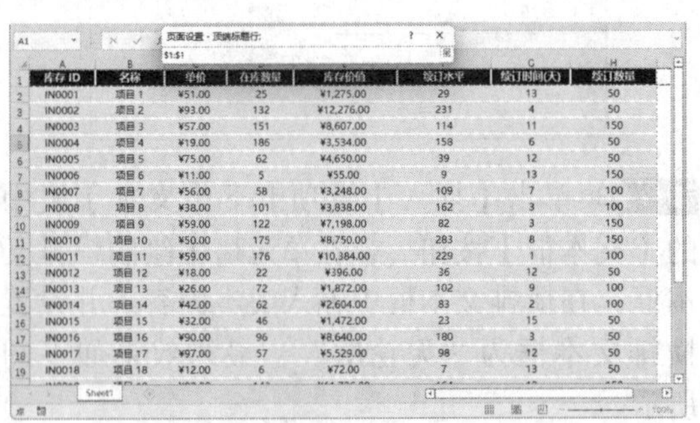

步骤 03 返回到【页面设置】对话框，单击【确定】按钮，如下图所示。

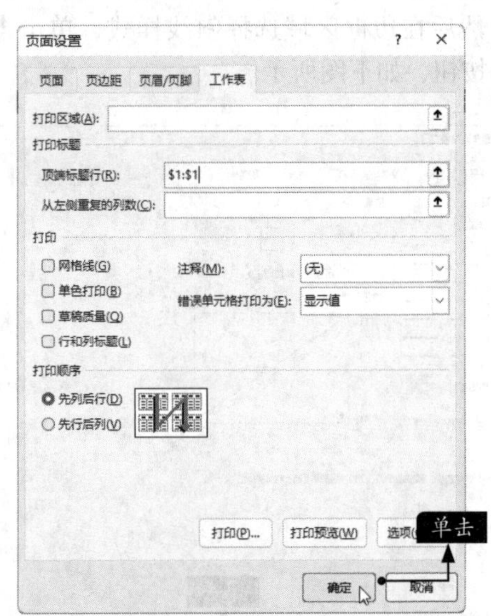

步骤 04 例如本表，选择要打印的两部分工作表区域，并单击【Ctrl+P】组合键，在预览区域可以看到效果，如下图所示。

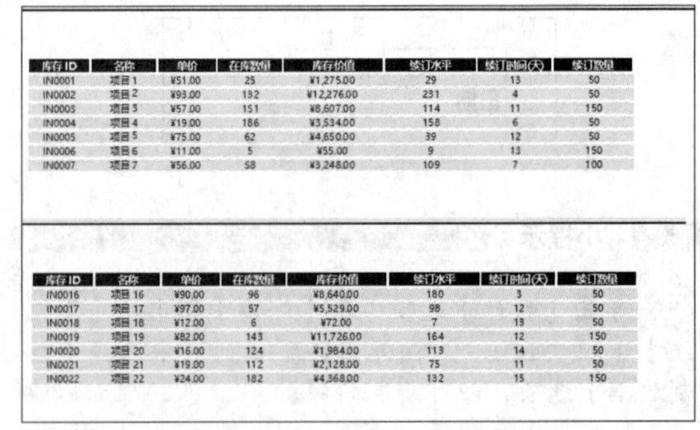

第6章 数据的基本分析

学习目标

数据分析是Excel的重要功能。使用Excel的排序功能可以将数据表中的内容按照特定的规则排列，便于用户观察数据之间的规律；使用筛选功能可以对数据进行“过滤”，将满足用户条件的数据单独显示；使用分类显示和分类汇总功能可以对数据进行分类；使用合并计算功能可以汇总单独区域中的数据，在单个输出区域中合并计算结果等。

学习效果

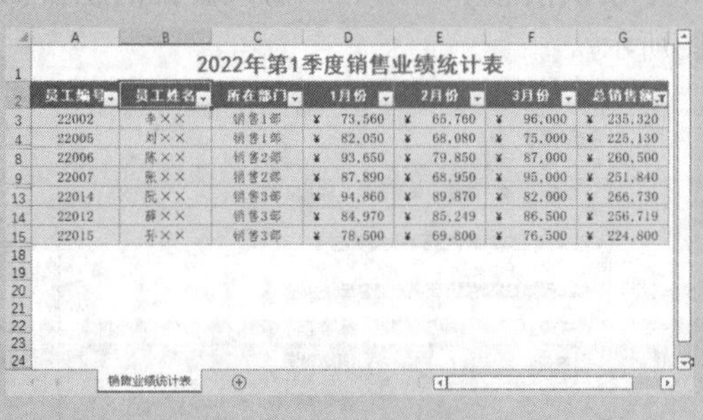

2022年第1季度销售业绩统计表

员工编号	员工姓名	所在部门	1月份	2月份	3月份	总销售额
22002	李××	销售1部	¥ 73,560	¥ 65,760	¥ 96,000	¥ 235,320
22005	刘××	销售1部	¥ 82,050	¥ 68,080	¥ 75,000	¥ 225,130
22006	陈××	销售2部	¥ 93,650	¥ 79,850	¥ 87,000	¥ 260,500
22007	张××	销售2部	¥ 87,890	¥ 68,950	¥ 95,000	¥ 251,840
22014	阮××	销售3部	¥ 94,860	¥ 89,870	¥ 82,000	¥ 266,730
22012	薛××	销售3部	¥ 84,970	¥ 85,249	¥ 86,500	¥ 256,719
22015	孙××	销售3部	¥ 78,500	¥ 69,800	¥ 76,500	¥ 224,800

销售业绩统计表

销售情况表

销售日期	购货单位	产品	数量	单价	合计
2022/3/25	XX数码店	AI音箱	260	¥ 199.00	¥ 51,740.00
2022/3/5	XX数码店	VR眼镜	100	¥ 213.00	¥ 21,300.00
2022/3/15	XX数码店	VR眼镜	50	¥ 213.00	¥ 10,650.00
2022/3/15	XX数码店	蓝牙音箱	60	¥ 78.00	¥ 4,680.00
2022/3/30	XX数码店	平衡车	30	¥ 999.00	¥ 29,970.00
2022/3/16	XX数码店	智能手表	60	¥ 399.00	¥ 23,940.00
2022/3/15	YY数码店	AI音箱	300	¥ 199.00	¥ 59,700.00
2022/3/25	YY数码店	VR眼镜	200	¥ 213.00	¥ 42,600.00
2022/3/4	YY数码店	蓝牙音箱	50	¥ 78.00	3,900.00
2022/3/30	YY数码店	智能手表	200	¥ 399.00	¥ 79,800.00
2022/3/8	YY数码店	智能手表	150	¥ 399.00	¥ 59,850.00

销售情况表

6.1 分析公司销售业绩统计表

公司通常需要使用Excel计算公司员工的销售业绩情况。在Excel中，设置数据的有效性可以帮助用户分析工作表中的数据，例如对数值进行有效性的设置、排序、筛选等。

本节以制作公司销售业绩统计表为例介绍数据的基本分析方法。

6.1.1 设置数据的有效性

在向工作表输入数据时，为了防止用户输入错误的数据，可以为单元格中的数据设置有效的数据范围，限制用户只能输入指定范围内的数据，这样可以极大地降低数据处理操作的复杂性，具体操作步骤如下。

步骤01 打开“素材\ch06\公司销售业绩统计表.xlsx”文件，选择A3:A17单元格区域。单击【数据】选项卡【数据工具】组中的【数据验证】按钮 数据验证，如下图所示。

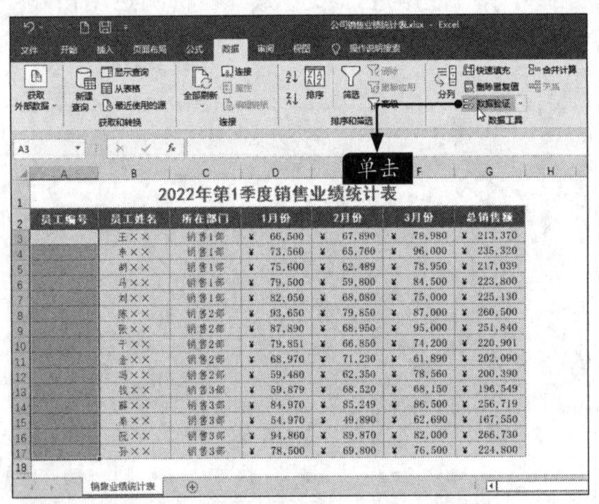

步骤02 弹出【数据验证】对话框，选择【设置】选项卡，在【允许】下拉列表框中选择【文本长度】，在【数据】下拉列表中选择【等于】，在【长度】文本框中输入“5”，如右上图所示。

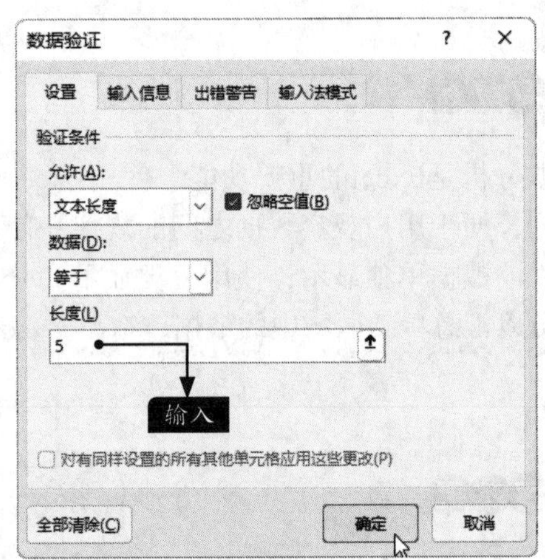

步骤03 选择【出错警告】选项卡，在【样式】下拉列表框中选择【警告】选项，在【标题】和【错误信息】文本框中输入警告信息，如下图所示。

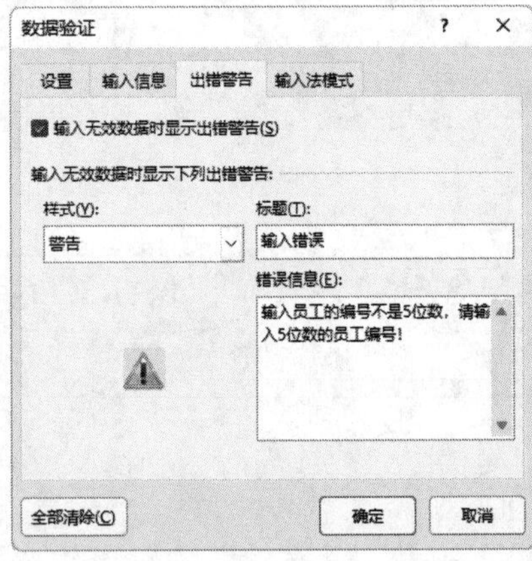

步骤04 单击【确定】按钮，返回工作表，在A3:A17单元格中输入不符合要求的数字时，会提示如下警告信息，如下图所示。

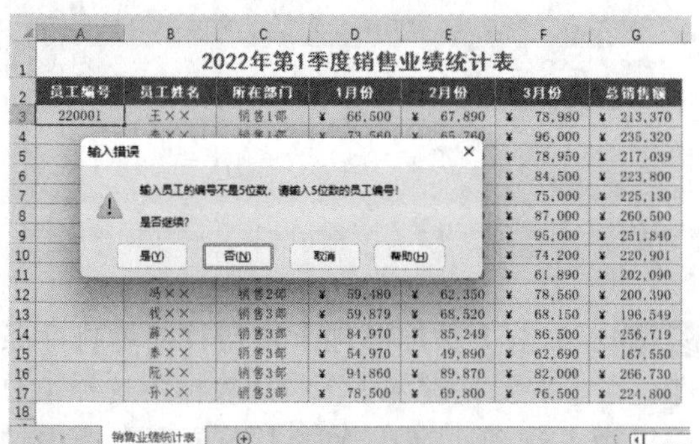

步骤05 单击【否】按钮，返回工作表中，并输入正确的员工编号，如右上图所示。

步骤06 在A列的其他单元格中输入员工编号，如下图所示。

6.1.2 对销售业绩进行排序

用户可以对销售业绩进行排序，下面介绍单条件排序和自定义排序的操作。

1. 单条件排序

Excel提供了多种排序方法，用户可以在公司销售业绩统计表中根据销售业绩进行单条件排序，具体操作步骤如下。

步骤01 接上一节的操作，如果要按照总销售额由低到高进行排序，选择总销售额所在的G列的任意一个单元格，如下图所示。

步骤02 单击【数据】选项卡下【排序和筛选】组中的【升序】按钮，如右上图所示。

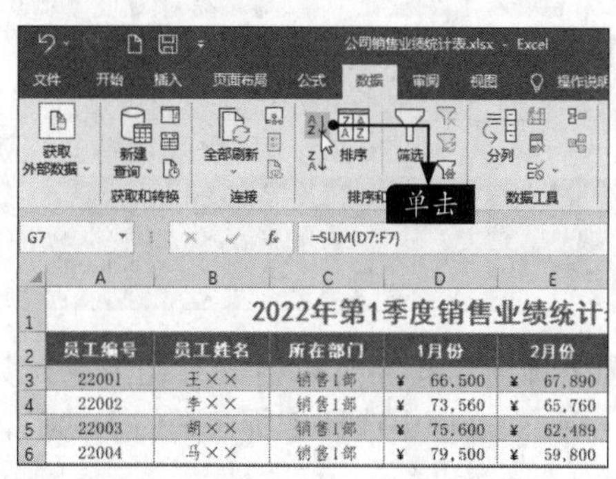

步骤03 按照总销售额由低到高的顺序显示数据，如下图所示。

步骤04 单击【数据】选项卡下【排序和筛选】组中的【降序】按钮，即可按照总销售额由高到低的顺序显示数据，如下图所示。

2022年第1季度销售业绩统计表

员工编号	员工姓名	所在部门	1月份	2月份	3月份	总销售额
22014	阮××	销售3部	¥ 94,860	¥ 89,870	¥ 82,000	¥ 266,730
22006	陈××	销售2部	¥ 93,650	¥ 79,850	¥ 87,000	¥ 260,500
22012	薛××	销售3部	¥ 84,970	¥ 85,249	¥ 86,500	¥ 256,719
22007	张××	销售2部	¥ 87,890	¥ 68,950	¥ 95,000	¥ 251,840
22002	李××	销售1部	¥ 73,560	¥ 65,760	¥ 96,000	¥ 235,320
22005	刘××	销售1部	¥ 82,050	¥ 68,080	¥ 75,000	¥ 225,130
22015	孙××	销售3部	¥ 78,500	¥ 69,800	¥ 76,500	¥ 224,800
22004	马××	销售1部	¥ 79,500	¥ 59,800	¥ 84,500	¥ 223,800
22008	于××	销售2部	¥ 79,851	¥ 66,850	¥ 74,200	¥ 220,901
22003	胡××	销售1部	¥ 75,600	¥ 62,489	¥ 78,950	¥ 217,039
22001	王××	销售1部	¥ 66,500	¥ 67,890	¥ 78,980	¥ 213,370
22009	金××	销售2部	¥ 68,970	¥ 71,230	¥ 61,890	¥ 202,090
22010	冯××	销售2部	¥ 59,480	¥ 62,350	¥ 78,560	¥ 200,390
22011	钱××	销售3部	¥ 59,879	¥ 68,520	¥ 68,150	¥ 196,549
22013	秦××	销售3部	¥ 54,970	¥ 49,890	¥ 62,690	¥ 167,550

销售业绩统计表

2. 多条件排序

在公司销售业绩统计表中，用户可以根据部门，并按照员工的销售业绩进行排序。

步骤01 在打开的素材文件中，单击【数据】选项卡下【排序和筛选】组中的【排序】按钮，如下图所示。

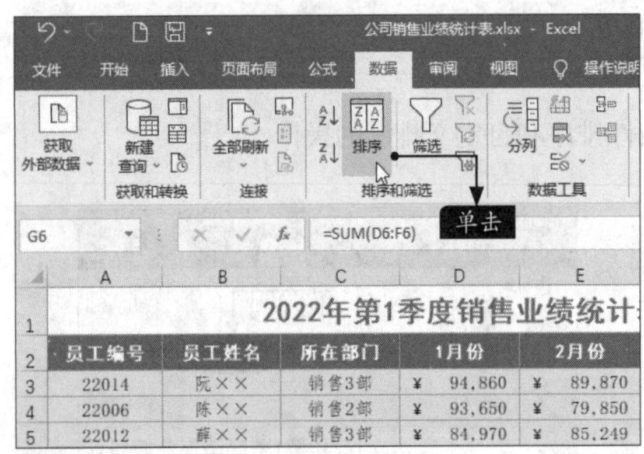

步骤02 弹出【排序】对话框，在【主要关键字】下拉列表框中选择【所在部门】选项，在【次序】下拉列表框中选择【升序】选项，如下图所示。

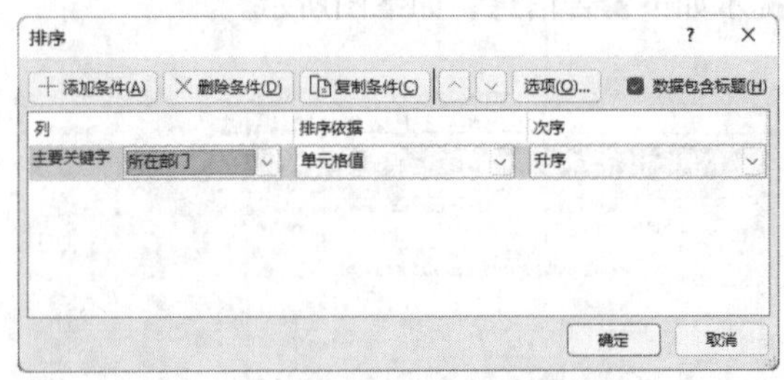

步骤03 单击【添加条件】按钮，新增排序条件，在【次要关键字】下拉列表框中选择【总销售额】选项，在【次序】下拉列表框中选择【降序】选项，单击【确定】按钮，如下图所示。

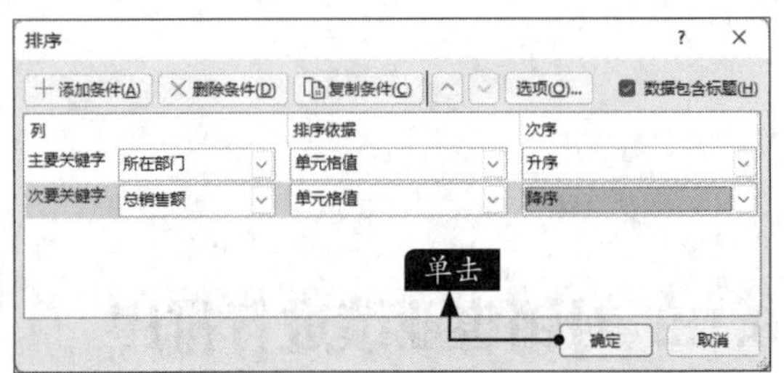

步骤04 可查看到按照多条件排序后的结果，如下图所示。

2022年第1季度销售业绩统计表

员工编号	员工姓名	所在部门	1月份	2月份	3月份	总销售额
22002	李××	销售1部	¥ 73,560	¥ 65,760	¥ 96,000	¥ 235,320
22005	刘××	销售1部	¥ 82,050	¥ 68,080	¥ 75,000	¥ 225,130
22004	马××	销售1部	¥ 79,500	¥ 59,800	¥ 84,500	¥ 223,800
22003	胡××	销售1部	¥ 75,600	¥ 62,489	¥ 78,950	¥ 217,039
22001	王××	销售1部	¥ 66,500	¥ 67,890	¥ 78,980	¥ 213,370
22006	陈××	销售2部	¥ 93,650	¥ 79,850	¥ 87,000	¥ 260,500
22007	张××	销售2部	¥ 87,890	¥ 68,950	¥ 95,000	¥ 251,840
22008	于××	销售2部	¥ 79,851	¥ 66,850	¥ 74,200	¥ 220,901
22009	金××	销售2部	¥ 68,970	¥ 71,230	¥ 61,890	¥ 202,090
22010	冯××	销售2部	¥ 59,480	¥ 62,350	¥ 78,560	¥ 200,390
22014	阮××	销售3部	¥ 94,860	¥ 89,870	¥ 82,000	¥ 266,730
22012	薛××	销售3部	¥ 84,970	¥ 85,249	¥ 86,500	¥ 256,719
22015	孙××	销售3部	¥ 78,500	¥ 69,800	¥ 76,500	¥ 224,800
22011	钱××	销售3部	¥ 59,879	¥ 68,520	¥ 68,150	¥ 196,549
22013	秦××	销售3部	¥ 54,970	¥ 49,890	¥ 62,690	¥ 167,550

销售业绩统计表

6.1.3 对数据进行筛选

Excel提供了对数据进行筛选的功能，可以准确、方便地找出符合条件的数据，具体操作步骤如下。

1. 单条件筛选

Excel中的单条件筛选，就是将符合某一种条件的数据筛选出来，具体操作步骤如下。

步骤01 在打开的工作簿中，选择【总销售额】列中的任一单元格，如下页图所示。

	A	B	C	D	E	F	G
1	2022年第1季度销售业绩统计表						
2	员工编号	员工姓名	所在部门	1月份	2月份	3月份	总销售额
3	22002	李××	销售1部	¥ 73,560	¥ 65,760	¥ 96,000	¥ 235,320
4	22005	刘××	销售1部	¥ 82,050	¥ 68,080	¥ 75,000	¥ 225,130
5	22004	马××	销售1部	¥ 79,500	¥ 59,800	¥ 84,500	¥ 223,800
6	22003	胡××	销售1部	¥ 75,600	¥ 62,489	¥ 78,950	¥ 217,039
7	22001	王××	销售1部	¥ 66,500	¥ 67,890	¥ 78,980	¥ 213,370
8	22006	陈××	销售2部	¥ 93,650	¥ 79,850	¥ 87,000	¥ 260,500
9	22007	张××	销售2部	¥ 87,890	¥ 68,950	¥ 95,000	¥ 251,840
10	22008	于××	销售2部	¥ 79,851	¥ 66,850	¥ 74,200	¥ 220,901
11	22009	金××	销售2部	¥ 68,970	¥ 71,230	¥ 61,890	¥ 202,090
12	22010	冯××	销售2部	¥ 59,480	¥ 62,350	¥ 78,560	¥ 200,390
13	22014	阮××	销售3部	¥ 94,860	¥ 89,870	¥ 82,000	¥ 266,730
14	22012	蒋××	销售3部	¥ 84,970	¥ 85,249	¥ 86,500	¥ 256,719
15	22015	孙××	销售3部	¥ 78,500	¥ 69,800	¥ 76,500	¥ 224,800
16	22011	钱××	销售3部	¥ 59,879	¥ 68,520	¥ 68,150	¥ 196,549
17	22013	秦××	销售3部	¥ 54,970	¥ 49,890	¥ 62,690	¥ 167,550

步骤 02 在【数据】选项卡中，单击【排序和筛选】组中的【筛选】按钮，如下图所示，进入【自动筛选】状态，此时在标题行每列的右侧都会出现一个下拉按钮。

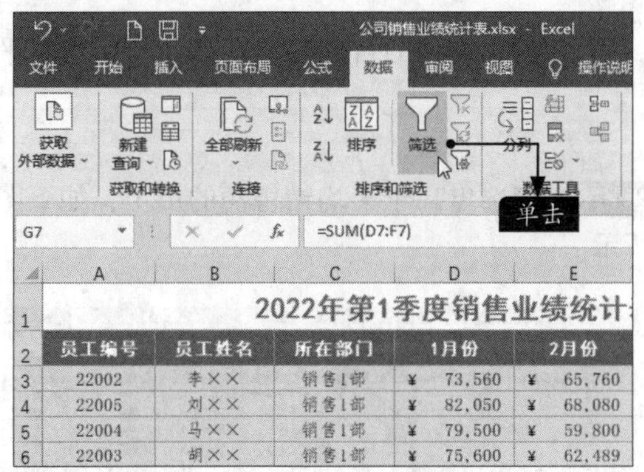

步骤 03 单击【员工姓名】列右侧的下拉按钮，在弹出的下拉列表中取消选中【全选】复选框，选中【李××】和【秦××】复选框，单击【确定】按钮，如下图所示。

步骤 04 经过筛选后的数据清单如图所示，可以看出仅显示了姓名为“李××”和“秦××”的员工的销售业绩，其他员工的销售业绩被隐藏，如右上图所示。

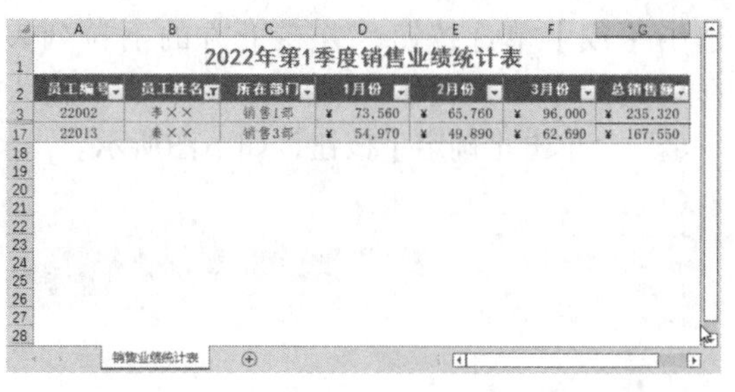

	A	B	C	D	E	F	G
1	2022年第1季度销售业绩统计表						
2	员工编号	员工姓名	所在部门	1月份	2月份	3月份	总销售额
3	22002	李××	销售1部	¥ 73,560	¥ 65,760	¥ 96,000	¥ 235,320
17	22013	秦××	销售3部	¥ 54,970	¥ 49,890	¥ 62,690	¥ 167,550

2. 按文本筛选

在工作簿中，可以根据文本进行筛选，如在上面的工作簿中筛选出姓“冯”和姓“金”的员工的销售业绩，具体操作步骤如下。

步骤 01 接上一节的操作，单击【员工姓名】列右侧的下拉按钮，在弹出的下拉列表中选中【全选】复选框，单击【确定】按钮，使所有员工的销售业绩显示出来，如下图所示。

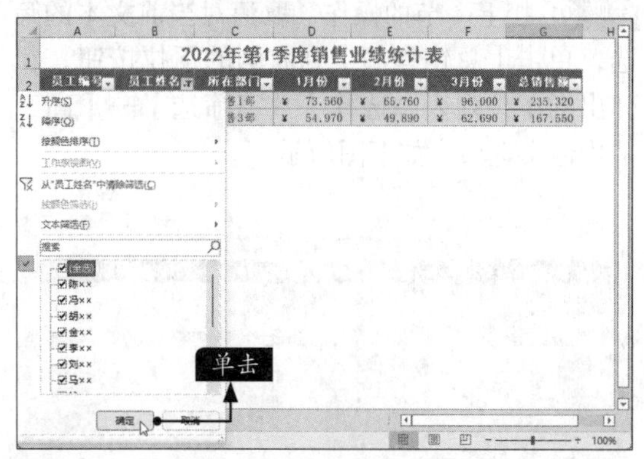

步骤 02 单击【员工姓名】列右侧的下拉按钮，在弹出的下拉列表中选择【文本筛选】→【开头是】选项，如下图所示。

步骤 03 弹出【自定义自动筛选方式】对话框，在【开头是】后面的文本框中输入“冯”，

选中【或】单选按钮，并在下方的下拉列表框中选择【开头是】选项，在文本框中输入“金”，单击【确定】按钮，如下图所示。

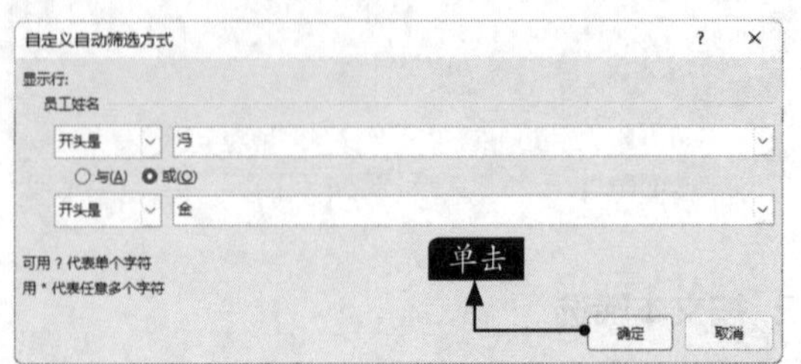

步骤 04 筛选出姓“冯”和姓“金”的员工的销售业绩，如下图所示。

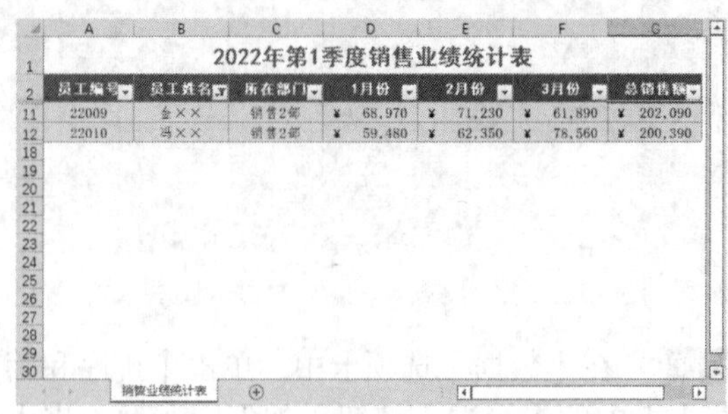

6.1.4 筛选销售业绩高于平均销售额的员工

如果要查看哪些员工的销售额高于平均销售额，可以使用Excel的自动筛选功能，不用计算平均值就可筛选出高于平均销售额的员工。

步骤 01 接上一节的操作，取消对当前文本的筛选，单击【总销售额】列右侧的下拉按钮，在弹出的下拉列表中选择【数字筛选】→【高于平均值】选项，如下图所示。

步骤 02 筛选出高于平均销售额的员工，如下图所示。

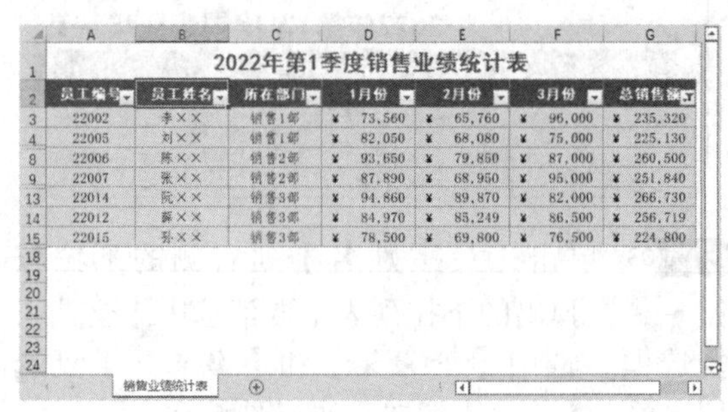

6.2 制作汇总销售记录表

汇总销售记录表主要使用分类汇总功能，将大量的数据分级后对其进行汇总计算，并显示各级别的汇总信息。本节以制作汇总销售记录表为例介绍汇总功能的使用方法。

6.2.1 建立分级显示

为了便于管理Excel中的数据，可以建立分级显示，分级最多为8个级别，每组1级。每个内部级别在分级显示符号中由较大的数字表示，它们分别显示其前一外部级别的明细数据，这些外部级别在分级显示符号中均由较小的数字表示。使用分级显示可以对数据分组并快速显示汇总行或汇总列，或者显示每组的明细数据。可创建行的分级显示（如本节示例所示）、列的分级显示或者行和列的分级显示，具体操作步骤如下。

步骤01 打开“素材\ch06\汇总销售记录表.xlsx”文件，选择A1:F2单元格区域，如下图所示。

销售情况表					
销售日期	购货单位	产品	数量	单价	合计
2022/3/5	XX数码店	VR眼镜	100	¥ 213.00	¥ 21,300.00
2022/3/15	XX数码店	VR眼镜	50	¥ 213.00	¥ 10,650.00
2022/3/16	XX数码店	智能手表	60	¥ 399.00	¥ 23,940.00
2022/3/30	XX数码店	平衡车	30	¥ 999.00	¥ 29,970.00
2022/3/15	XX数码店	蓝牙音箱	60	¥ 78.00	¥ 4,680.00
2022/3/25	XX数码店	AI音箱	260	¥ 199.00	¥ 51,740.00
2022/3/25	YY数码店	VR眼镜	200	¥ 213.00	¥ 42,600.00
2022/3/30	YY数码店	智能手表	200	¥ 399.00	¥ 79,800.00
2022/3/15	YY数码店	AI音箱	300	¥ 199.00	¥ 59,700.00
2022/3/4	YY数码店	蓝牙音箱	50	¥ 78.00	¥ 3,900.00
2022/3/8	YY数码店	智能手表	150	¥ 399.00	¥ 59,850.00

步骤02 单击【数据】选项卡下【分级显示】组中的【组合】下拉按钮，在弹出的下拉列表中选择【组合】选项，如下图所示。

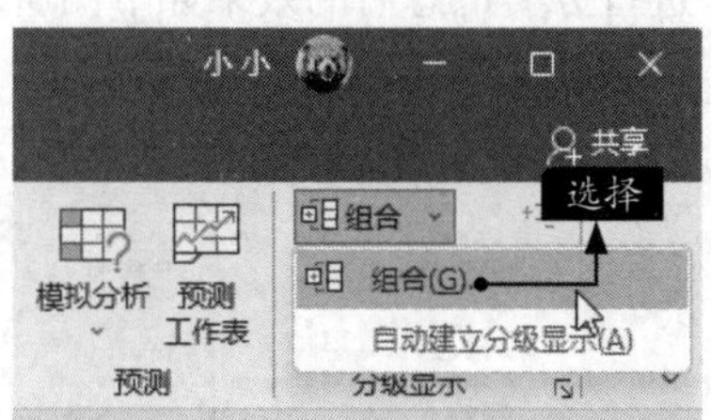

步骤03 弹出【组合】对话框，选中【行】单选按钮，单击【确定】按钮，如下图所示。

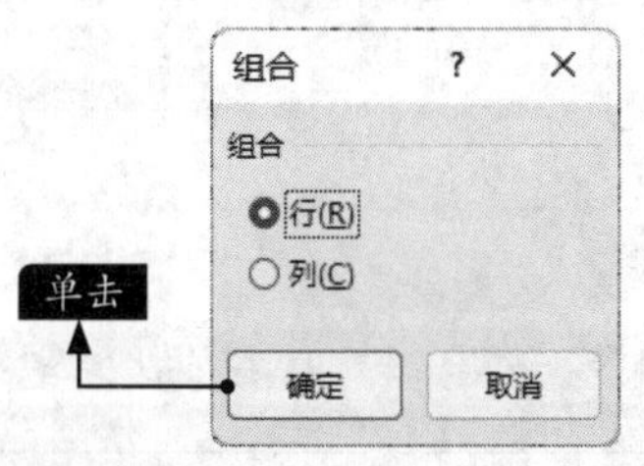

步骤04 将A1:F2单元格区域设置为一个级别，如下图所示。

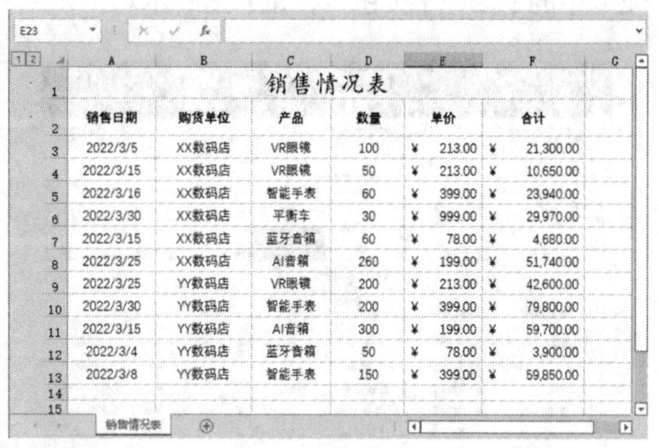

步骤05 使用同样的方法设置A3:F13单元格区域，如下图所示。

步骤06 单击按钮1，即可将分级后的区域折叠，如下图所示。

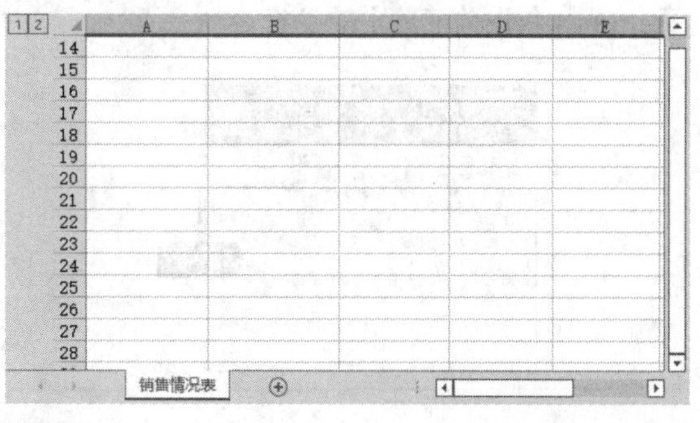

6.2.2 创建简单分类汇总

使用分类汇总的数据表，每一列数据都要有列标题。Excel使用列标题来决定如何创建数据组以及如何计算总和。在汇总销售记录表中，创建简单分类汇总的具体操作步骤如下。

步骤01 打开“素材/ch06/汇总销售记录表.xlsx”文件，选择F列的任一单元格，单击【数据】选项卡中的【降序】按钮，如下图所示。

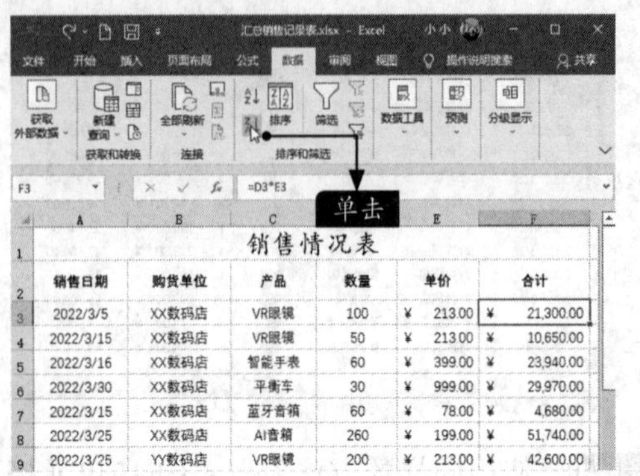

步骤02 单击后即可对表格进行排序，如下图所示。

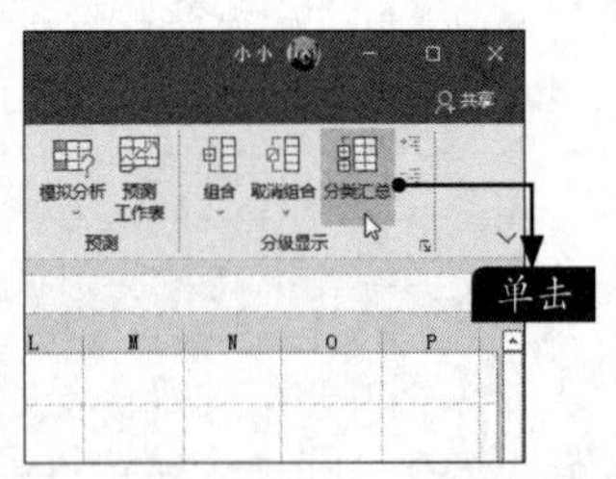

步骤03 在【数据】选项卡中，单击【分级显示】组中的【分类汇总】按钮，如下图所示，弹出【分类汇总】对话框。

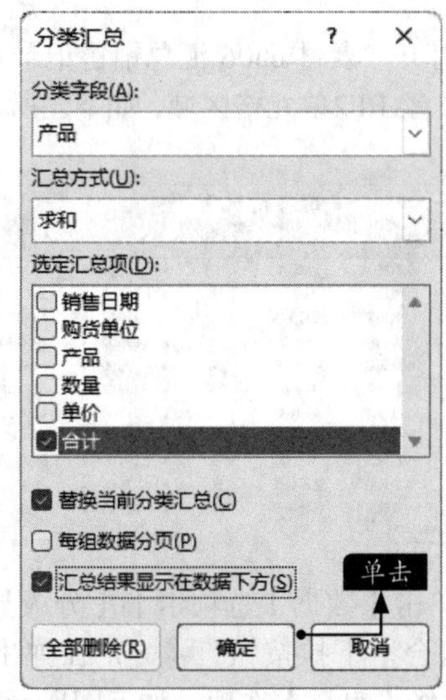

步骤04 在【分类字段】下拉列表框中选择【产品】选项，表示以“产品”字段进行分类汇总，在【汇总方式】下拉列表框中选择【求和】选项，在【选定汇总项】列表框中选中【合计】复选框，并选中【汇总结果显示在数据下方】复选框，单击【确定】按钮，如下图所示。

步骤05 进行分类汇总后的效果如下图所示。

6.2.3 创建多重分类汇总

在Excel中，要根据两个或更多个分类字段对工作表中的数据进行分类汇总，可以先按分类字段的优先级对相关字段排序，再按分类字段的优先级多次执行分类汇总，后面执行分类汇总时，需取消选中【替换当前分类汇总】复选框。

步骤01 打开“素材\ch06\汇总销售记录表.xlsx”文件，选择数据区域中的任意单元格，单击【数据】选项卡【排序和筛选】组中的【排序】按钮，如下页图所示。

销售情况表			
销售日期	购货单位	产品	数量
2022/3/5	XX数码店	VR眼镜	100
2022/3/15	XX数码店	VR眼镜	50
2022/3/16	XX数码店	智能手表	60
2022/3/30	XX数码店	平衡车	30
2022/3/15	XX数码店	蓝牙音箱	60
2022/3/25	XX数码店	AI音箱	260
2022/3/25	YY数码店	VR眼镜	200

步骤02 弹出【排序】对话框，设置【主要关键字】为【购货单位】、【次序】为【升序】，然后单击【添加条件】按钮，如下图所示。

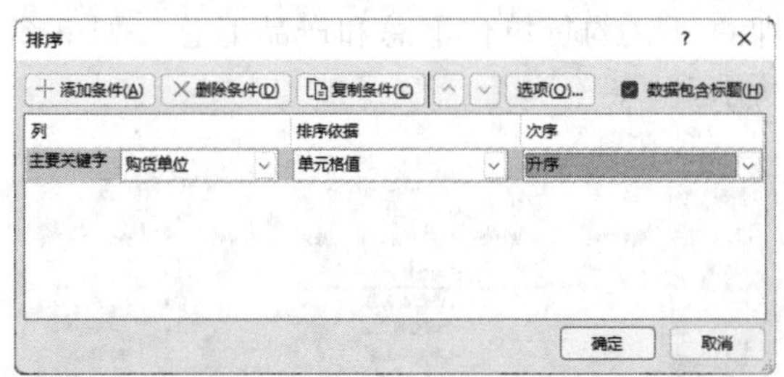

步骤03 设置【次要关键字】为【产品】、【次序】为【升序】，单击【确定】按钮，如下图所示。

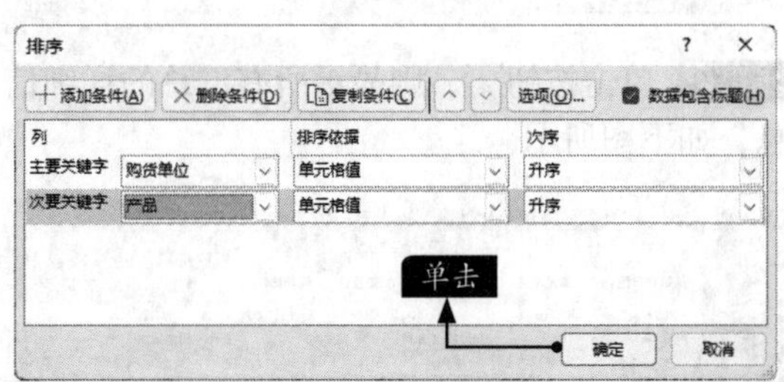

步骤04 单击【分级显示】组中的【分类汇总】按钮，如右上图所示。

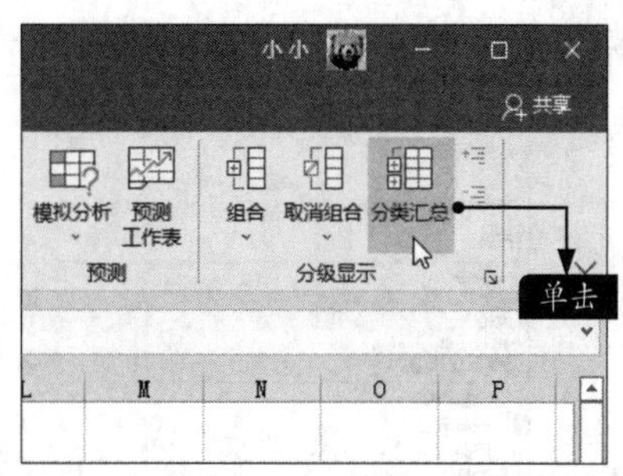

步骤05 弹出【分类汇总】对话框，在【分类字段】下拉列表框中选择【购货单位】选项，在【汇总方式】下拉列表框中选择【求和】选项，在【选定汇总项】列表框中选中【合计】复选框，并选中【汇总结果显示在数据下方】复选框，单击【确定】按钮，如下图所示。

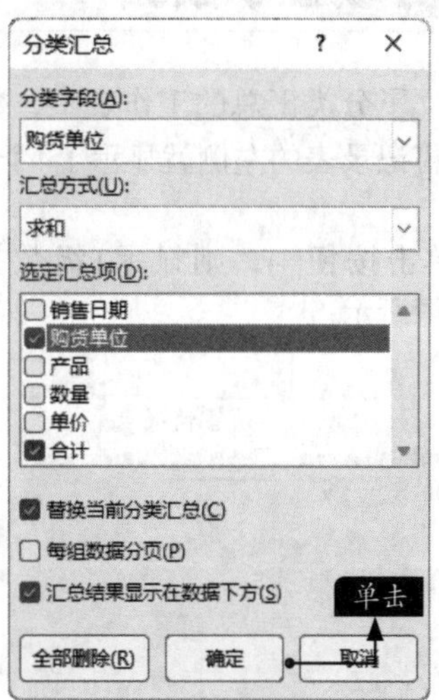

步骤06 分类汇总后的工作表如下图所示。

销售情况表					
销售日期	购货单位	产品	数量	单价	合计
2022/3/25	XX数码店	AI音箱	260	¥ 199.00	¥ 51,740.00
2022/3/5	XX数码店	VR眼镜	100	¥ 213.00	¥ 21,300.00
2022/3/15	XX数码店	VR眼镜	50	¥ 213.00	¥ 10,650.00
2022/3/15	XX数码店	蓝牙音箱	60	¥ 78.00	¥ 4,680.00
2022/3/30	XX数码店	平衡车	30	¥ 999.00	¥ 29,970.00
2022/3/16	XX数码店	智能手表	60	¥ 399.00	¥ 23,940.00
XX数码店 汇总	0				¥ 142,280.00
2022/3/15	YY数码店	AI音箱	300	¥ 199.00	¥ 59,700.00
2022/3/25	YY数码店	VR眼镜	200	¥ 213.00	¥ 42,600.00
2022/3/4	YY数码店	蓝牙音箱	50	¥ 78.00	¥ 3,900.00
2022/3/30	YY数码店	智能手表	200	¥ 399.00	¥ 79,800.00
2022/3/8	YY数码店	智能手表	150	¥ 399.00	¥ 59,850.00
YY数码店 汇总	0				¥ 245,850.00
总计	0				¥ 388,130.00

步骤07 再次单击【分类汇总】按钮，在【分类字段】下拉列表框中选择【产品】选项，在【汇总方式】下拉列表框中选择【求和】选项，在【选定汇总项】列表框中选中【合计】复选框，取消选中【替换当前分类汇总】复选

框，单击【确定】按钮，如下图所示。

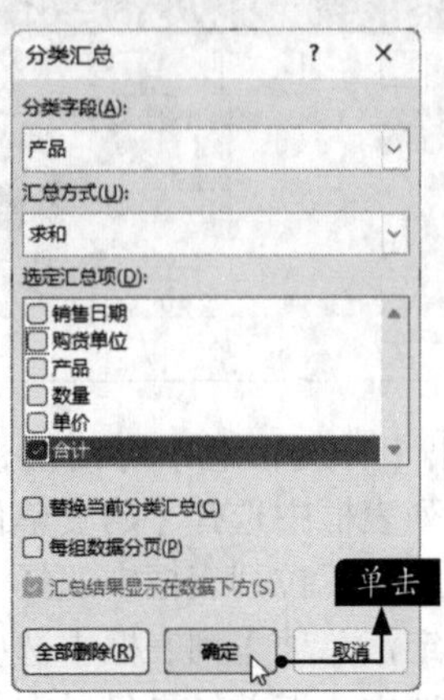

步骤08 此时，即建立了两重分类汇总，如下图所示。

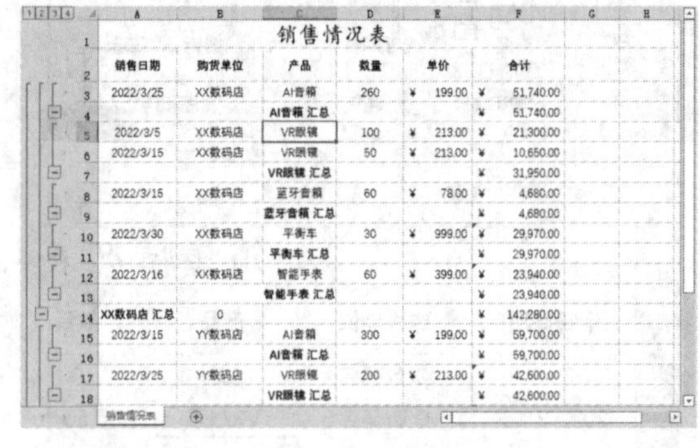

	销售日期	购货单位	产品	数量	单价	合计
1	销售情况表					
2	销售日期	购货单位	产品	数量	单价	合计
3	2022/3/25	XX数码店	AI音箱	260	¥ 199.00	¥ 51,740.00
4			AI音箱 汇总			¥ 51,740.00
5	2022/3/5	XX数码店	VR眼镜	100	¥ 213.00	¥ 21,300.00
6	2022/3/15	XX数码店	VR眼镜	50	¥ 213.00	¥ 10,650.00
7			VR眼镜 汇总			¥ 31,950.00
8	2022/3/15	XX数码店	蓝牙音箱	60	¥ 78.00	¥ 4,680.00
9			蓝牙音箱 汇总			¥ 4,680.00
10	2022/3/30	XX数码店	平衡车	30	¥ 999.00	¥ 29,970.00
11			平衡车 汇总			¥ 29,970.00
12	2022/3/16	XX数码店	智能手表	60	¥ 399.00	¥ 23,940.00
13			智能手表 汇总			¥ 23,940.00
14	XX数码店 汇总	0				¥ 142,280.00
15	2022/3/15	YY数码店	AI音箱	300	¥ 199.00	¥ 59,700.00
16			AI音箱 汇总			¥ 59,700.00
17	2022/3/25	YY数码店	VR眼镜	200	¥ 213.00	¥ 42,600.00
18			VR眼镜 汇总			¥ 42,600.00

6.2.4 分级显示数据

在建立了分类汇总的工作表中，数据是分级显示的，并在左侧显示级别。如多重分类汇总后的汇总销售记录表的左侧就显示了4个级别。

步骤01 单击按钮1，则显示1级数据，即总计，如下图所示。

	销售日期	购货单位	产品	数量	单价	合计
1	销售情况表					
2	销售日期	购货单位	产品	数量	单价	合计
25	总计	0				¥ 388,130.00

步骤02 单击按钮2，则显示1级和2级数据，即总计和购货单位汇总，如下图所示。

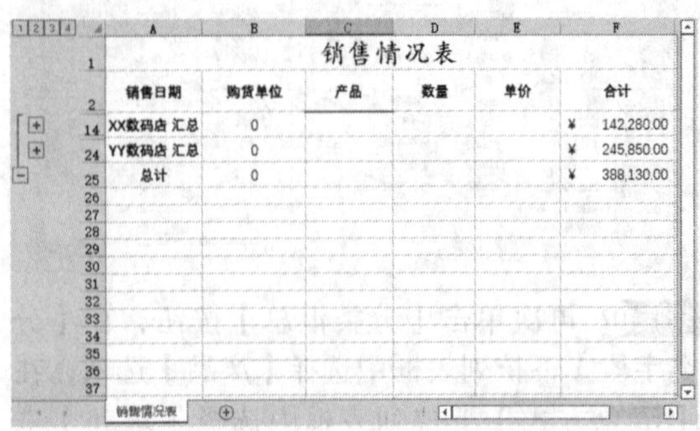

	销售日期	购货单位	产品	数量	单价	合计
1	销售情况表					
2	销售日期	购货单位	产品	数量	单价	合计
14	XX数码店 汇总	0				¥ 142,280.00
24	YY数码店 汇总	0				¥ 245,850.00
25	总计	0				¥ 388,130.00

步骤03 单击按钮3，则显示1、2、3级数据，即总计、购货单位汇总和产品汇总，如下图所示。

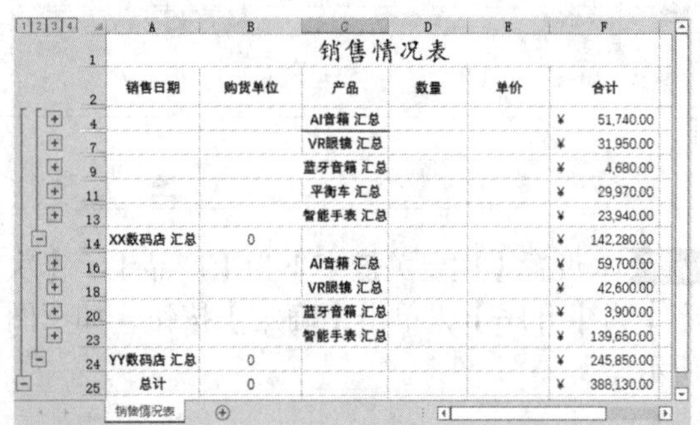

	销售日期	购货单位	产品	数量	单价	合计
1	销售情况表					
2	销售日期	购货单位	产品	数量	单价	合计
4			AI音箱 汇总			¥ 51,740.00
7			VR眼镜 汇总			¥ 31,950.00
9			蓝牙音箱 汇总			¥ 4,680.00
11			平衡车 汇总			¥ 29,970.00
13			智能手表 汇总			¥ 23,940.00
14	XX数码店 汇总	0				¥ 142,280.00
16			AI音箱 汇总			¥ 59,700.00
18			VR眼镜 汇总			¥ 42,600.00
20			蓝牙音箱 汇总			¥ 3,900.00
23			智能手表 汇总			¥ 139,650.00
24	YY数码店 汇总	0				¥ 245,850.00
25	总计	0				¥ 388,130.00

步骤04 单击按钮4，则显示所有汇总的详细信息，如下图所示。

	销售日期	购货单位	产品	数量	单价	合计
1	销售情况表					
2	销售日期	购货单位	产品	数量	单价	合计
3	2022/3/25	XX数码店	AI音箱	260	¥ 199.00	¥ 51,740.00
4			AI音箱 汇总			¥ 51,740.00
5	2022/3/5	XX数码店	VR眼镜	100	¥ 213.00	¥ 21,300.00
6	2022/3/15	XX数码店	VR眼镜	50	¥ 213.00	¥ 10,650.00
7			VR眼镜 汇总			¥ 31,950.00
8	2022/3/15	XX数码店	蓝牙音箱	60	¥ 78.00	¥ 4,680.00
9			蓝牙音箱 汇总			¥ 4,680.00
10	2022/3/30	XX数码店	平衡车	30	¥ 999.00	¥ 29,970.00
11			平衡车 汇总			¥ 29,970.00
12	2022/3/16	XX数码店	智能手表	60	¥ 399.00	¥ 23,940.00
13			智能手表 汇总			¥ 23,940.00
14	XX数码店 汇总	0				¥ 142,280.00
15	2022/3/15	YY数码店	AI音箱	300	¥ 199.00	¥ 59,700.00
16			AI音箱 汇总			¥ 59,700.00
17	2022/3/25	YY数码店	VR眼镜	200	¥ 213.00	¥ 42,600.00
18			VR眼镜 汇总			¥ 42,600.00
19	2022/3/4	YY数码店	蓝牙音箱	50	¥ 78.00	¥ 3,900.00

6.2.5 清除分类汇总

如果不再需要分类汇总，可以将其清除，其操作步骤如下。

步骤 01 接上一节的操作，选择分类汇总后工作表数据区域内的任一单元格。在【数据】选项卡中，单击【分级显示】组中的【分类汇总】按钮，弹出【分类汇总】对话框，如下图所示。

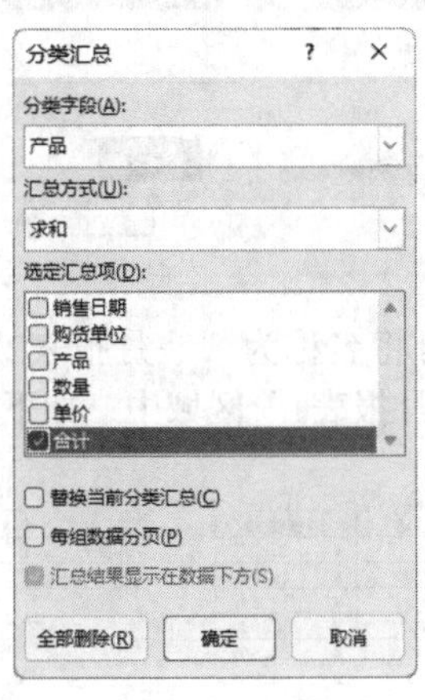

步骤 02 在【分类汇总】对话框中，单击【全部删除】按钮即可清除分类汇总，结果如下图所示。

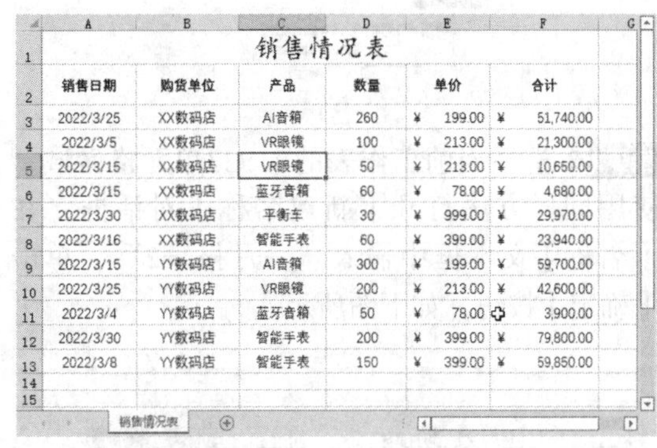

销售情况表

销售日期	购货单位	产品	数量	单价	合计
2022/3/25	XX数码店	AI音箱	260	¥ 199.00	¥ 51,740.00
2022/3/5	XX数码店	VR眼镜	100	¥ 213.00	¥ 21,300.00
2022/3/15	XX数码店	VR眼镜	50	¥ 213.00	¥ 10,650.00
2022/3/15	XX数码店	蓝牙音箱	60	¥ 78.00	¥ 4,680.00
2022/3/30	XX数码店	平衡车	30	¥ 999.00	¥ 29,970.00
2022/3/16	XX数码店	智能手表	60	¥ 399.00	¥ 23,940.00
2022/3/15	YY数码店	AI音箱	300	¥ 199.00	¥ 59,700.00
2022/3/25	YY数码店	VR眼镜	200	¥ 213.00	¥ 42,600.00
2022/3/4	YY数码店	蓝牙音箱	50	¥ 78.00	¥ 3,900.00
2022/3/30	YY数码店	智能手表	200	¥ 399.00	¥ 79,800.00
2022/3/8	YY数码店	智能手表	150	¥ 399.00	¥ 59,850.00

销售情况表

6.3 合并计算数码产品销售报表

本例主要讲述的是如何对数码产品销售报表使用合并计算来生成汇总表，帮助用户了解使用合并计算的方法。

6.3.1 按照位置合并计算

按照位置合并计算就是按数据在工作表中的同样的顺序排列所有工作表中的数据，将它们放在同一位置中。

步骤 01 打开“素材\ch06\数码产品销售报表.xlsx”文件。选择“一月报表”工作表的A1:C5单元格区域，在【公式】选项卡中，单击【定义的名称】组中的【定义名称】按钮 定义名称，如右图所示。

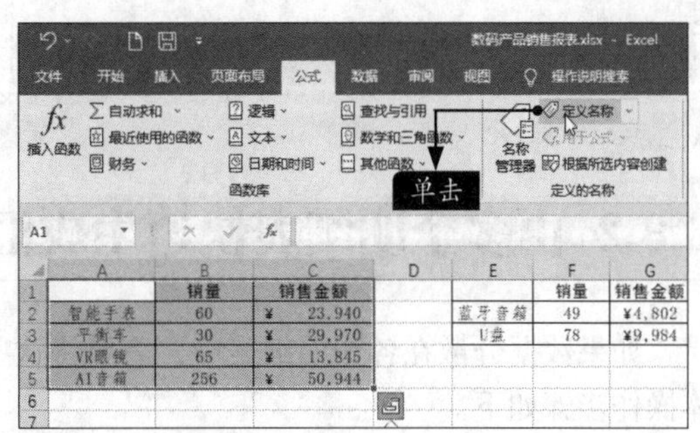

	销量	销售金额
智能手表	60	¥ 23,940
平衡车	30	¥ 29,970
VR眼镜	65	¥ 13,845
AI音箱	256	¥ 50,944

	销量	销售金额
蓝牙音箱	49	¥4,802
U盘	78	¥9,984

步骤 02 弹出【新建名称】对话框，在【名称】文本框中输入“一月报表1”，单击【确定】按钮，如下图所示。

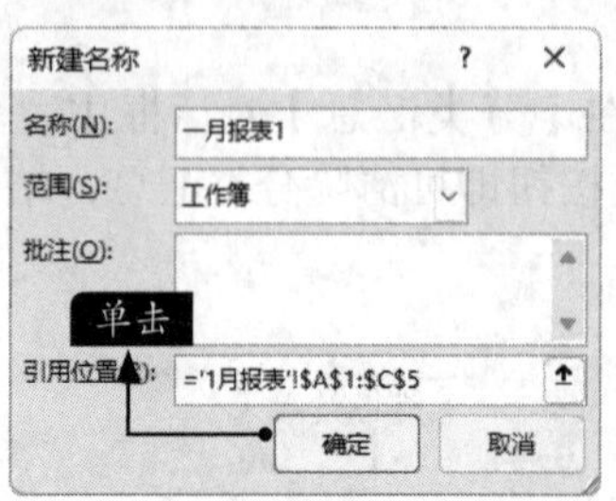

步骤 03 选择当前工作表的E1:G3单元格区域，使用同样方法打开【新建名称】对话框，在【名称】文本框中输入“一月报表2”，单击【确定】按钮，如下图所示。

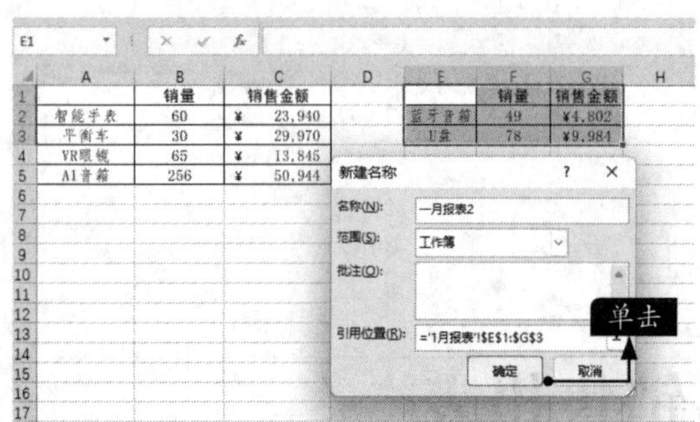

步骤 04 选择工作表中的A6单元格，在【数据】选项卡中，单击【数据工具】组中的【合并计算】按钮，如下图所示。

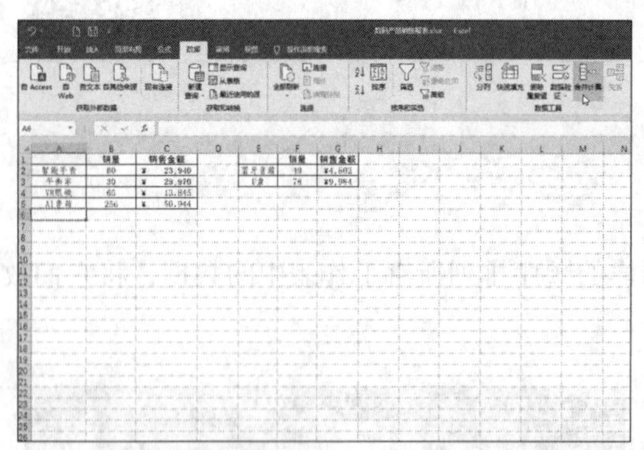

步骤 05 在弹出的【合并计算】对话框的【引用位置】文本框中输入“一月报表2”，单击【添加】按钮，把“一月报表2”添加到【所有引用位置】列表框中并选中【最左列】复选框，单击【确定】按钮，如下图所示。

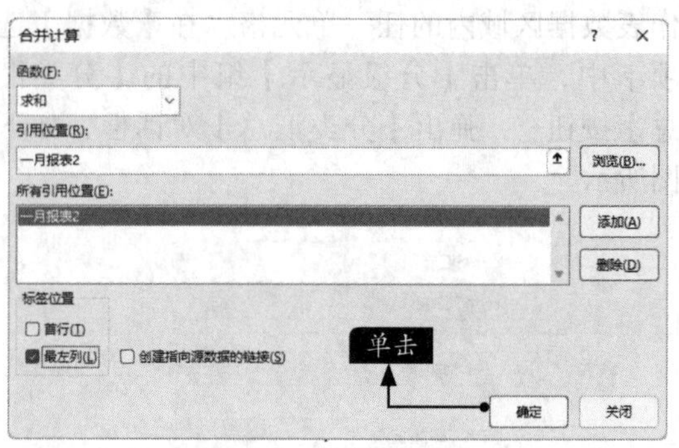

步骤 06 即可将名称为“一月报表2” 的区域合并到“一月报表1”区域中，如下图所示。

	A	B	C	D	E	F	G
1		销量	销售金额			销量	销售金额
2	智能手表	60	¥ 23,940		蓝牙音箱	49	¥4,802
3	平衡车	30	¥ 29,970		U盘	78	¥9,984
4	VR眼镜	65	¥ 13,845				
5	AI音箱	256	¥ 50,944				
6	蓝牙音箱	49	¥ 4,802				
7	U盘	78	¥ 9,984				

第一季度销售报表　一月报表

小提示

合并前要确保每个数据区域都采用表格格式，即第一行中的每列都具有标签，同一列中包含相似的数据，并且在表格中没有空行或空列。

6.3.2 由多个明细表快速生成汇总表

如果数据分散在各个明细表中，需要将这些数据汇总到1个总表中，也可以使用合并计算，具体操作步骤如下。

步骤01 接上一节的操作，选择“第一季度销售报表”工作表A1单元格，如下图所示。

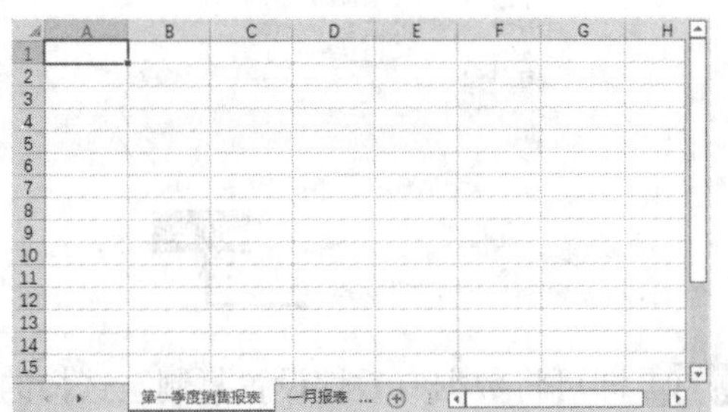

步骤02 在【数据】选项卡中，单击【数据工具】组中的【合并计算】按钮，弹出【合并计算】对话框，将光标定位在【引用位置】文本框中，然后选择“一月报表”工作表中的A1:C7单元格区域，单击【添加】按钮，如下图所示。

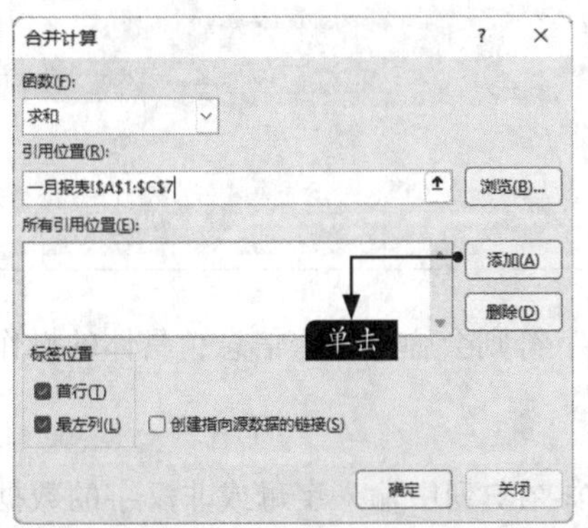

步骤03 重复此操作，依次添加二月、三月报表的数据区域，并选中【首行】、【最左列】复选框，单击【确定】按钮，如下图所示。

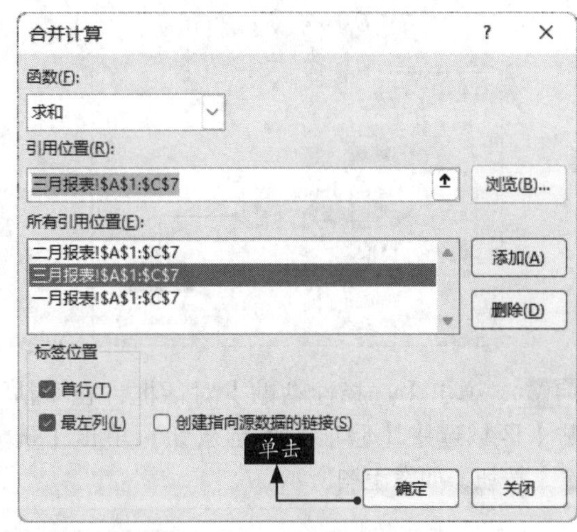

步骤04 合并计算后的数据如下图所示。

	销量	销售金额
智能手表	192	¥ 76,608
平衡车	101	¥100,899
VR眼镜	146	¥ 31,098
AI音箱	650	¥129,350
蓝牙音箱	179	¥ 17,542
U盘	282	¥ 36,096

高手私房菜

技巧1：复制数据有效性

反复设置数据有效性不免有些麻烦，为了节省时间，可以选择复制数据有效性的设置，具体方法如下。

步骤01 选择设置有数据有效性的单元格或单元格区域，按【Ctrl+C】组合键进行复制，如右图所示。

2022年第1季度销售业绩统计表

员工编号	员工姓名	所在部门	1月份	2月份	3月份	总销售额
22002	李××	销售1部	¥ 73,560	¥ 65,760	¥ 96,000	¥ 235,320
22005	刘××	销售1部	¥ 82,050	¥ 68,080	¥ 75,000	¥ 225,130
22006	陈××	销售2部	¥ 93,650	¥ 79,850	¥ 87,000	¥ 260,500
22007	张××	销售2部	¥ 87,890	¥ 68,950	¥ 95,000	¥ 251,840
22014	阮××	销售3部	¥ 94,860	¥ 89,870	¥ 82,000	¥ 266,730
22012	薛××	销售3部	¥ 84,970	¥ 85,249	¥ 86,500	¥ 256,719
22015	孙××	销售3部	¥ 78,500	¥ 69,800	¥ 76,500	¥ 224,800

步骤 02 选择需要设置数据有效性的目标单元格或单元格区域，右击，在弹出的快捷菜单中选择【选择性粘贴】命令，如下图所示。

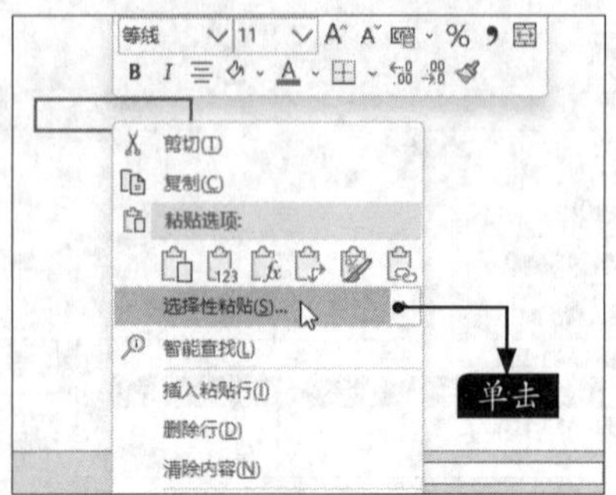

步骤 03 弹出【选择性粘贴】对话框，在【粘贴】区域选中【验证】单选按钮，单击【确定】按钮，如右上图所示。

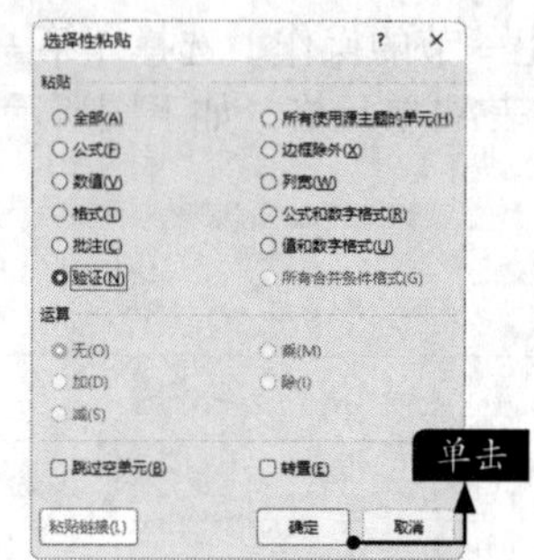

步骤 04 即可将数据有效性设置复制至选择的单元格或单元格区域，如下图所示。

技巧2：限制只能输入汉字

可以限制用户在工作表中只能输入数字，输入其他字符则会弹出报警信息，具体的操作步骤如下。

步骤 01 选择需要设置数据有效性的单元格区域（如B列），在【数据】选项卡中，单击【数据工具】组中的【数据验证】按钮 数据验证，弹出【数据验证】对话框，在【设置】选项卡的【允许】下拉列表框中选择【自定义】选项，并在【公式】文本框中输入公式“=AND(LENB(ASC(B1))=LENB(B1),LEN(B1)*2=LENB(B1))”，单击【确定】按钮。

步骤 02 在B列中输入字母或非汉字的数据时，就会弹出警告框。

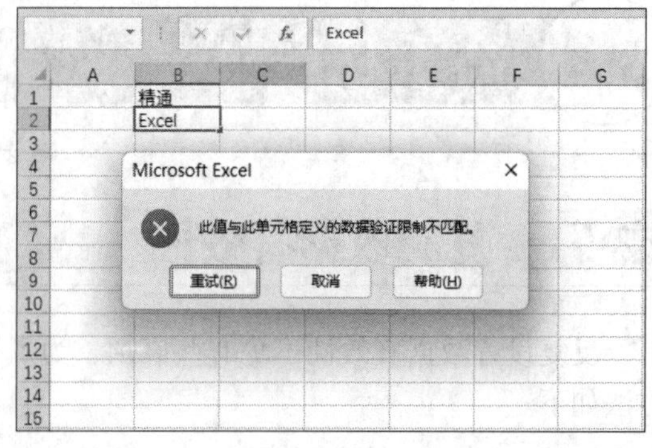

第7章 数据的高级分析

学习目标

数据透视表和数据透视图可以清晰地展示出数据的汇总情况，二者对于数据的分析、决策起着至关重要的作用。

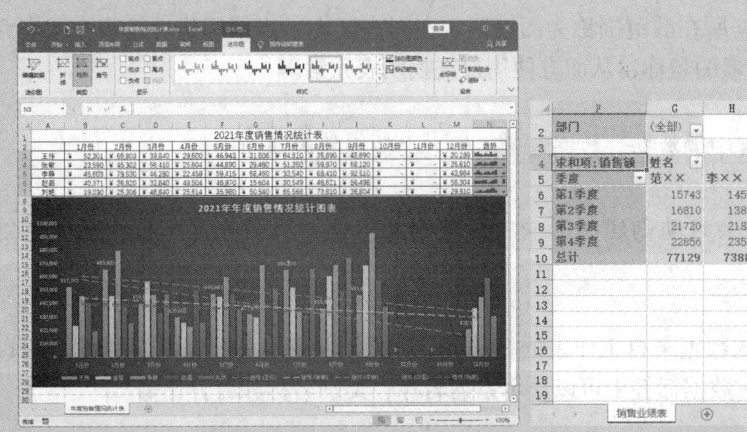

部门	(全部)					
求和项:销售额	姓名					
季度	范××	李××	刘××	王××	赵××	总计
第1季度	15743	14582	15380	21752	21583	89040
第2季度	16810	13892	26370	18596	15269	90937
第3季度	21720	21820	15480	13257	12480	84757
第4季度	22856	23590	18569	19527	20179	104721
总计	77129	73884	75799	73132	69511	369455

7.1 制作年度销售情况统计表

制作年度销售情况统计表主要是用于计算公司的年利润。在Excel中，创建图表可以帮助用户分析工作表中的数据。本节以制作年度销售情况统计表为例介绍图表的创建方法。

7.1.1 认识图表的构成元素

图表主要由图表区、绘图区、图表标题、数据标签、坐标轴、图例、数据表和背景组成，如下图所示。

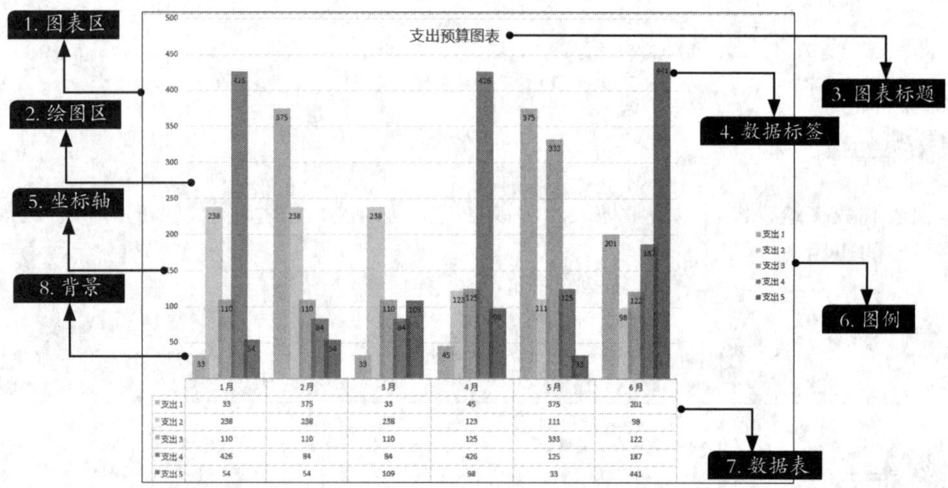

（1）图表区

整个图表以及图表中的数据所在的范围称为图表区。在图表区中，当鼠标指针停留在图表元素上方时，Excel 会显示图表元素的名称，从而方便用户查找图表元素。

（2）绘图区

绘图区主要用于显示数据表中的数据，数据随着工作表中数据的更新而更新。

（3）图表标题

创建图表完成后，图表中会自动创建用于输入标题的文本框，只需在文本框中输入标题即可。

（4）数据标签

图表中绘制的相关数据点的数据来自工作表的行和列。如果要快速标识图表中的数据，可以为图表的数据添加数据标签，在数据标签中可以显示系列名称、类别名称和百分比等。

（5）坐标轴

默认情况下，Excel会自动确定坐标轴的刻度值，也可以自定义刻度以满足使用需要。当图表中绘制的坐标轴所用数值涵盖范围较大时，可以将垂直坐标轴的刻度改为对数刻度。

（6）图例

图例用方框表示，用于标识图表中的数据系列所指定的颜色或图案。创建图表后，图例以默认的颜色来显示图表中的数据系列。

（7）数据表

数据表是反映图表源数据的表格，默认的图表一般都不显示数据表。单击【图表工具-图表设计】选项卡下【图表布局】组中的【添加图表元素】按钮，在弹出的下拉列表中选择【数据表】选项，在其子列表中选择相应的选项即可显示数据表。

（8）背景

背景主要用于衬托图表，可以使图表更加美观。

7.1.2 创建图表的3种方法

创建图表的方法有3种，分别是使用快捷键创建图表、使用功能区创建图表和使用图表向导创建图表。

1. 使用快捷键创建图表

按【Alt+F1】组合键或者按【F11】键可以快速创建图表。按【Alt+F1】组合键可以创建嵌入式图表；按【F11】键可以创建工作表图表。使用快捷键创建工作表图表的具体操作步骤如下。

步骤01 打开“素材\ch07\年度销售情况统计表.xlsx”文件，如下图所示。

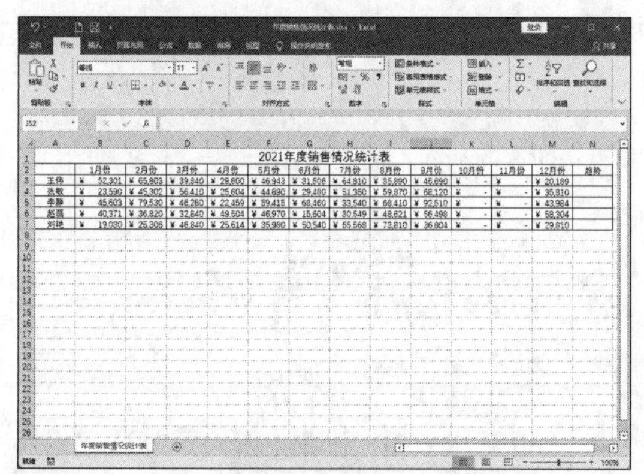

步骤02 选择A2:M7单元格区域，按【F11】键，即可根据所选区域的数据创建一个名为“Chart1”的工作表图表，如右上图所示。

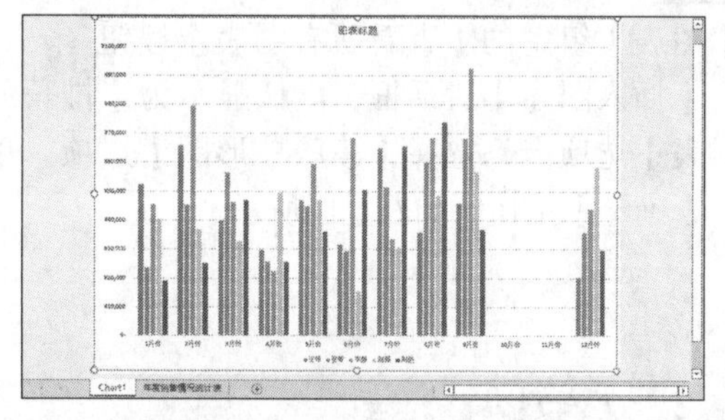

2. 使用功能区创建图表

使用功能区创建图表的具体操作步骤如下。

步骤01 打开素材文件，选择A2:M7单元格区域，单击【插入】选项卡下【图表】组中的【插入柱形图或条形图】按钮，从弹出的下拉列表中选择【二维柱形图】区域内的【簇状柱形图】选项，如下图所示。

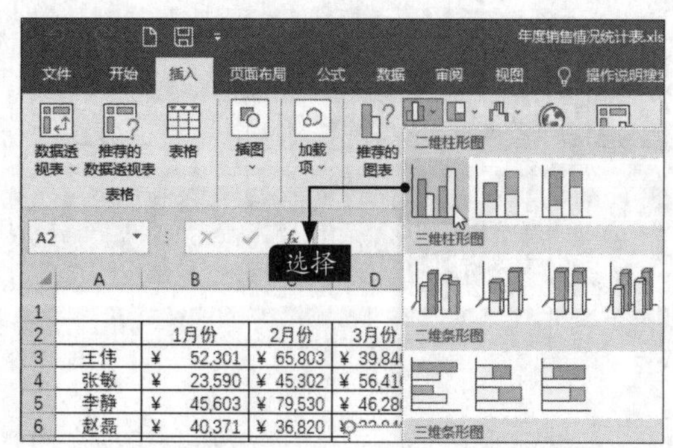

步骤02 在该工作表中创建一个柱形图表，如下图所示。

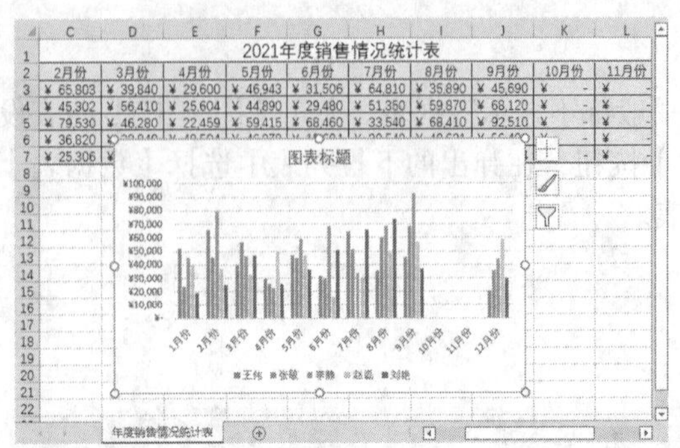

3. 使用图表向导创建图表

使用图表向导也可以创建图表，具体操作步骤如下。

步骤01 打开素材文件，单击【插入】选项卡下【图表】组中的【查看所有图表】按钮，打开【插入图表】对话框，默认显示为【推荐的图表】选项卡，选择【簇状柱形图】选项，单击【确定】按钮，如右上图所示。

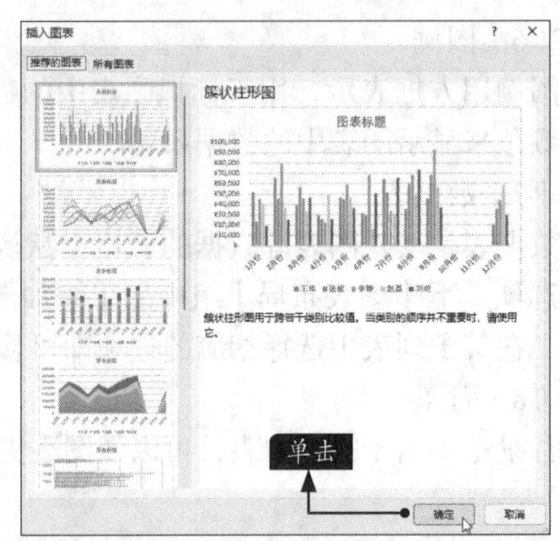

步骤02 调整图表的位置，即可完成图表的创建，如下图所示。

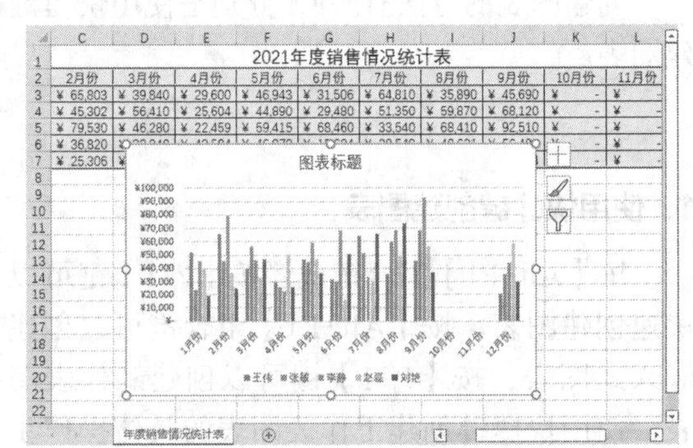

7.1.3 编辑图表

如果用户对创建的图表不满意，在Excel中还可以对图表进行相应的修改。本节介绍编辑图表的方法。

步骤01 打开“素材\ch07\年度销售情况统计表.xlsx”文件，选择A2:M7单元格区域，并创建柱形图，如下图所示。

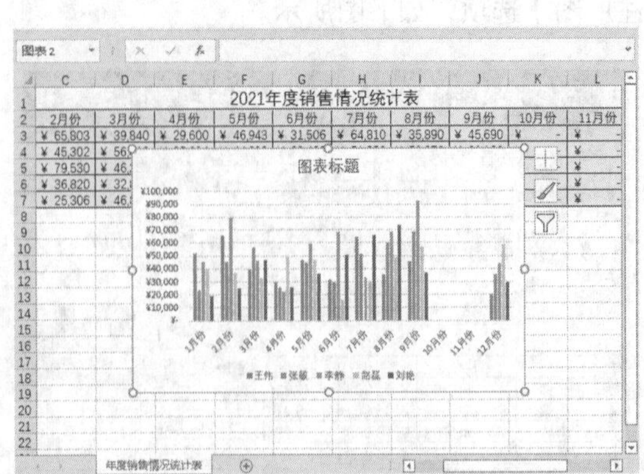

步骤02 将鼠标指针移至图表的控制点上，鼠标指针变为形状，如下图所示。

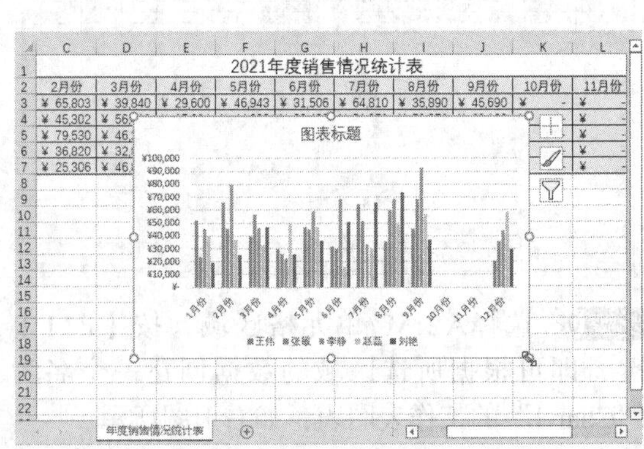

步骤03 按鼠标左键并拖曳，即可对图表的大小进行调整，然后调整图表位置，效果如下页图所示。

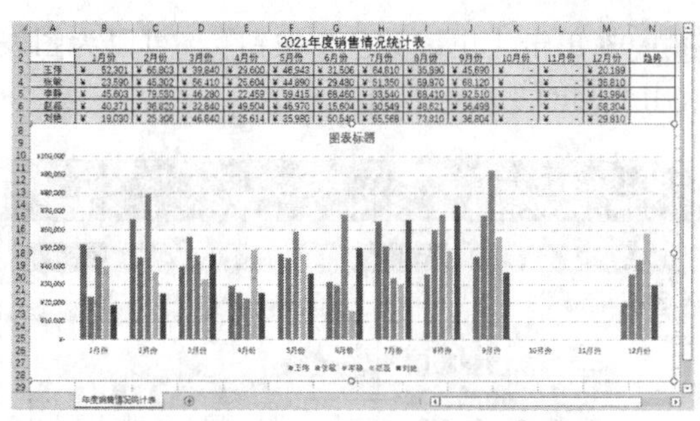

步骤04 选择图表，在【图表工具-图表设计】选项卡中，单击【图表布局】组中的【添加图表元素】按钮，在弹出的下拉列表中选择【网格线】→【主轴主要垂直网格线】选项，如下图所示。

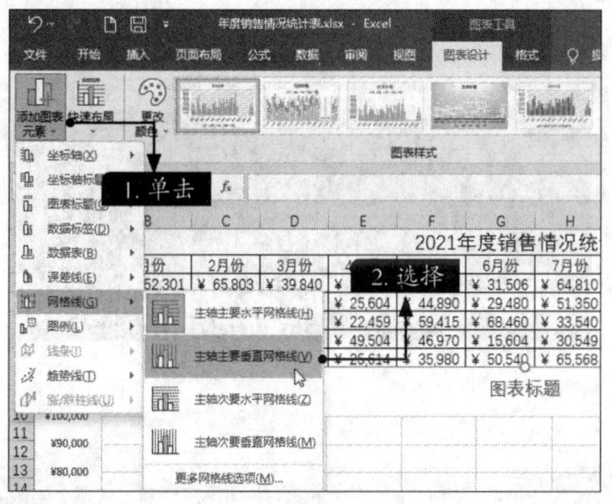

步骤05 在图表中插入网格线后，在“图表标题”文本框处将标题修改为“2021年年度销售情况统计图表”，如下图所示。

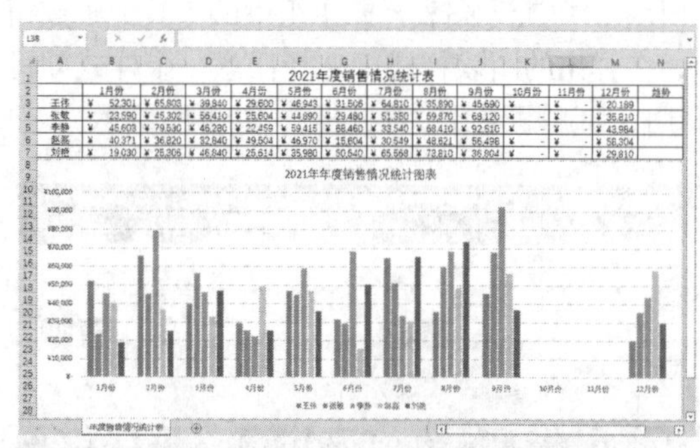

步骤06 添加数据标签。选择要添加数据标签的分类，如选择“王伟”柱体，单击【图表工具-图表设计】选项卡下【图表布局】组中的【添加图表元素】按钮，在弹出的下拉列表中选择【数据标签】→【数据标签外】选项，如下图所示。

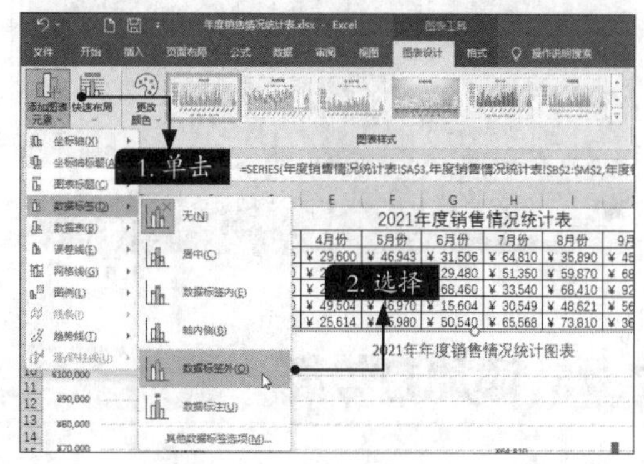

步骤07 为图表添加数据标签后，效果如下图所示。

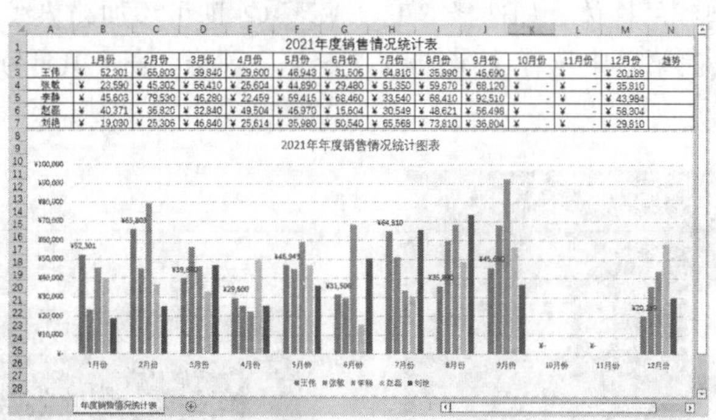

7.1.4 美化图表

在Excel中创建图表后，系统会根据创建的图表提供多种图表样式，使用这些样式可以对图表起到美化的作用。

步骤01 选择图表，在【图标工具-图表设计】选项卡下，单击【图表样式】组中的【其他】按钮 ，在弹出的图表样式中选择任意一个样式即可套用，如这里选择“样式8”，如下图所示。

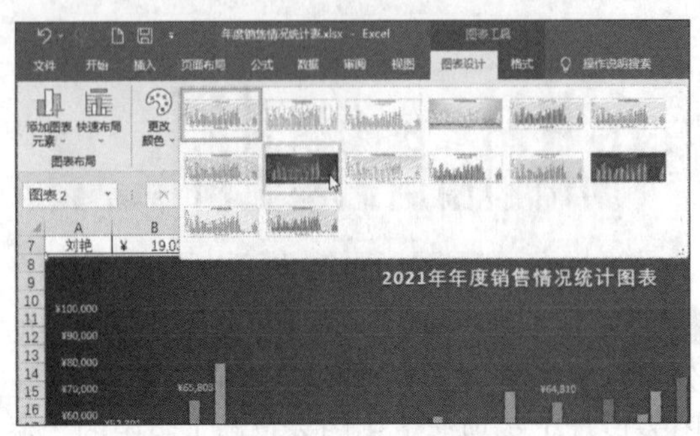

步骤02 即可应用图表样式，效果如下图所示。

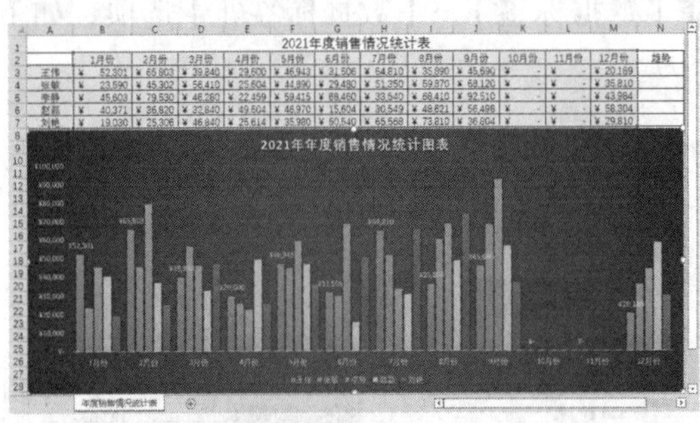

步骤03 单击【更改颜色】按钮 ，可以为图表应用不同的颜色，如下图所示。

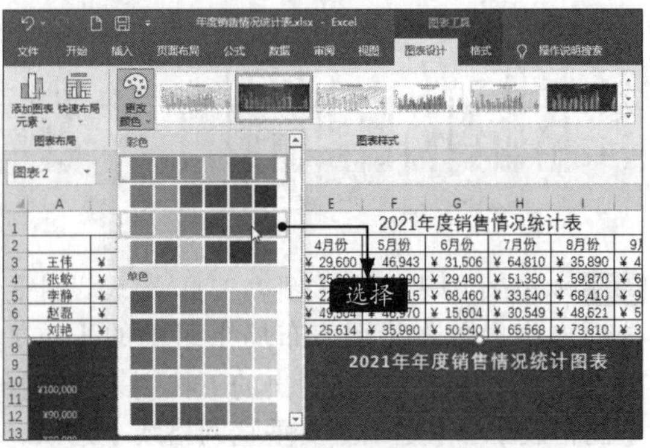

步骤04 最终修改后的图表如下图所示。

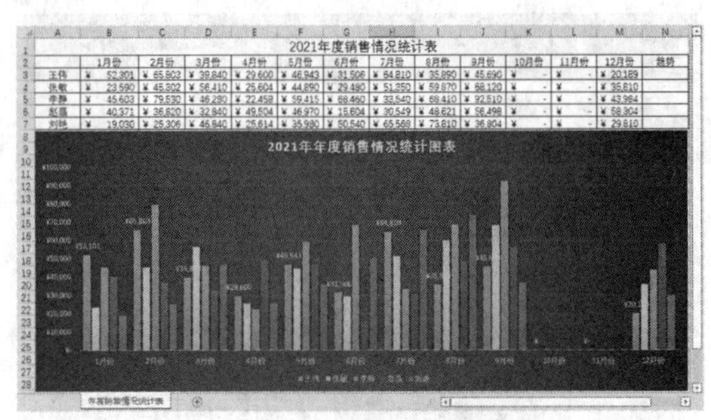

7.1.5 添加趋势线

在图表中，趋势线可以指出数据的发展趋势。在一些情况下，可以通过趋势线预测出其他的数据。

步骤01 右击要添加趋势线的柱体，如选择“王伟”柱体，在弹出的快捷菜单中选择【添加趋势线】命令，如下图所示。

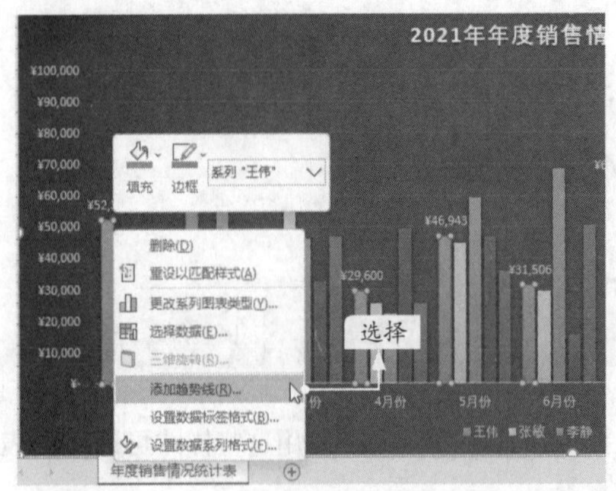

步骤02 即可添加趋势线，并显示【设置趋势线格式】窗格，在【填充与线条】选项卡下将【短划线类型】设置为【实线】，如下图所示。

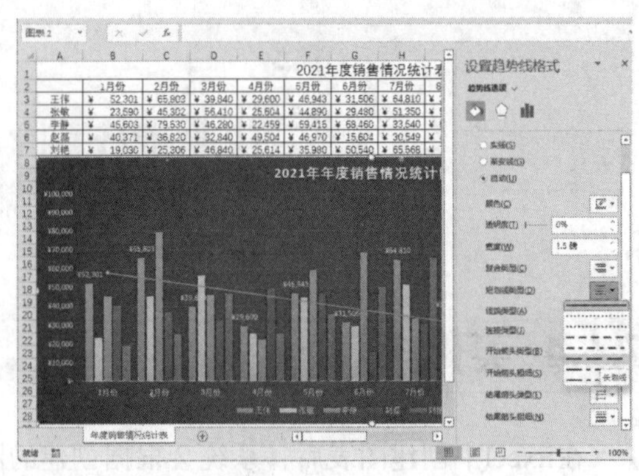

步骤03 这样，“王伟”柱体的趋势线即添加完

成，如下图所示。

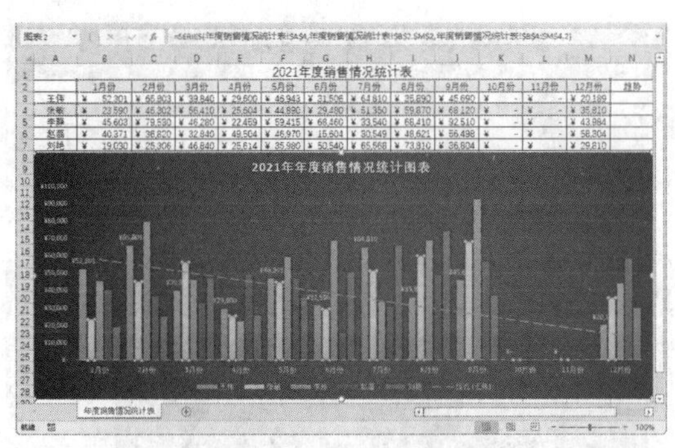

步骤04 使用同样的方法，为其他柱体添加趋势线，效果如下图所示。

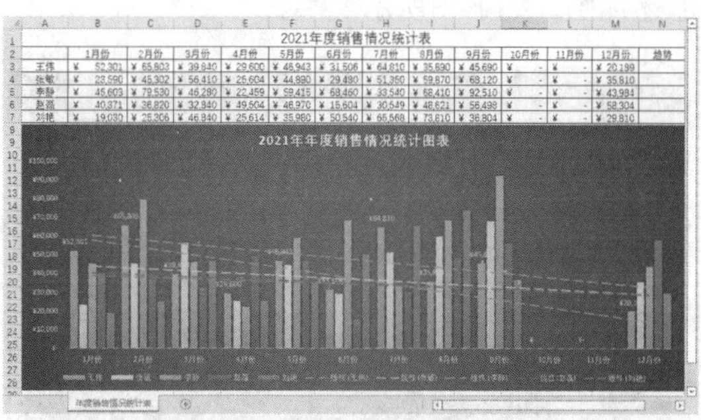

7.1.6 创建和编辑迷你图

迷你图是一种小型图表，可放在工作表内的单个单元格中。由于其尺寸已经过压缩，因此迷你图能够以简明且直观的方式显示大量数据所反映出的信息。使用迷你图可以显示一系列数值的趋势，如季节性的数据增长或降低、经济周期或突出显示最大值和最小值等。将迷你图放在它所表示的数据附近时会产生明显的效果。

1. 创建迷你图

在单元格中创建折线迷你图的具体操作步骤如下。

步骤01 在打开的素材文件中，选择N3单元格，单击【插入】选项卡下【迷你图】组中的【折线】按钮，弹出【创建迷你图】对话框，在【数据范围】文本框中设置引用数据单元格范围，在【位置范围】文本框中设置插入折线迷你图的单元格，然后单击【确定】按钮，如下图所示。

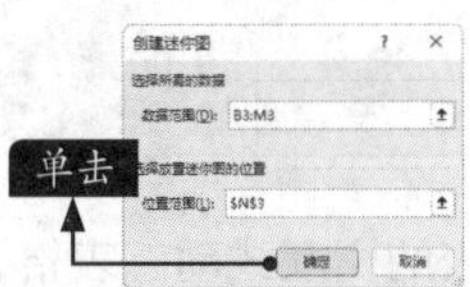

步骤02 即可创建折线迷你图，如下图所示。

	I	J	K	L	M	N
1	计表					
2	8月份	9月份	10月份	11月份	12月份	趋势
3	¥ 35,890	¥ 45,690	¥ -	¥ -	¥ 20,189	
4	¥ 59,870	¥ 68,120	¥ -	¥ -	¥ 35,810	
5	¥ 68,410	¥ 92,510	¥ -	¥ -	¥ 43,984	
6	¥ 48,621	¥ 56,498	¥ -	¥ -	¥ 58,304	
7	¥ 73,810	¥ 36,804	¥ -	¥ -	¥ 29,810	
8						
9	计图表					
10						
11						
12						
13						

年度销售情况统计表

步骤03 使用同样的方法，创建其他员工的折线迷你图。另外，也可以把鼠标指针放在创建好折线迷你图的单元格右下角，待鼠标指针变为+形状时，通过拖曳创建其他员工的折线迷你图，如下图所示。

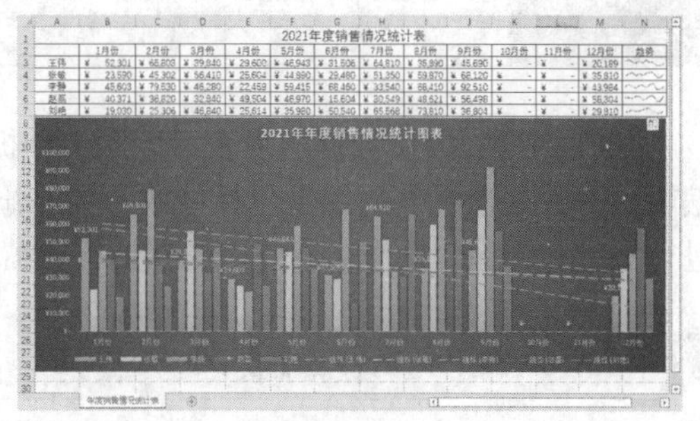

小提示

如果使用填充方式创建迷你图，修改其中一个迷你图时，其他迷你图也随之改变。

2. 编辑迷你图

创建迷你图后还可以对迷你图进行编辑，具体操作步骤如下。

步骤01 更改迷你图类型。选择本小节创建的迷你图，单击【迷你图】选项卡下【类型】组中的【柱形】按钮，即可快速将迷你图更改为柱形迷你图，如下图所示。

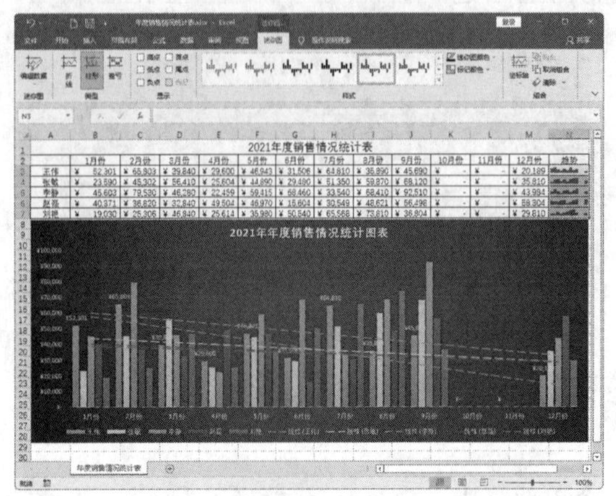

步骤 02 标注显示迷你图。选择插入的迷你图，在【迷你图】选项卡下，在【显示】组中选中要突出显示的点，如选中【高点】复选框，则以红色突出显示迷你图的最高点，如下图所示。

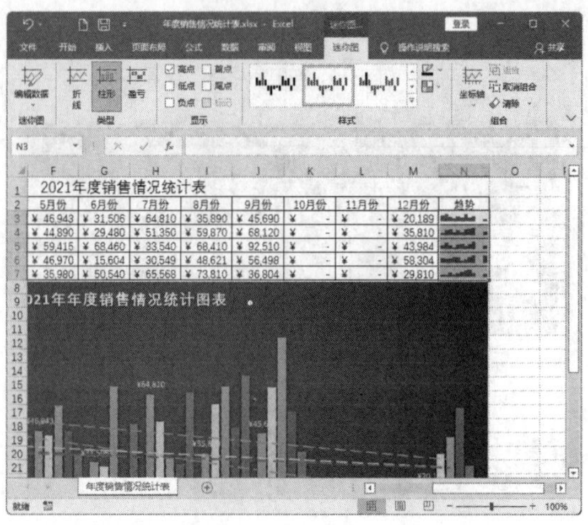

小提示

用户也可以单击【标记颜色】按钮，在弹出的下拉列表中设置标记点的颜色。

7.2 制作销售业绩透视表

销售业绩透视表可以清晰地展示出数据的汇总情况，对于数据的分析、决策起着至关重要的作用。

在Excel中，使用数据透视表可以深入分析数值数据。创建数据透视表以后，就可以对它进行编辑，对数据透视表的编辑包括修改布局、添加或删除字段、格式化表中的数据，以及对透视表进行复制和删除等操作。本节以制作销售业绩透视表为例介绍透视表的相关操作。

7.2.1 认识数据透视表

数据透视表是一种能够对大量数据快速汇总和建立交叉列表的交互式动态表格，能帮助用户分析、组织既有数据，是Excel中的数据分析利器，如下图所示。

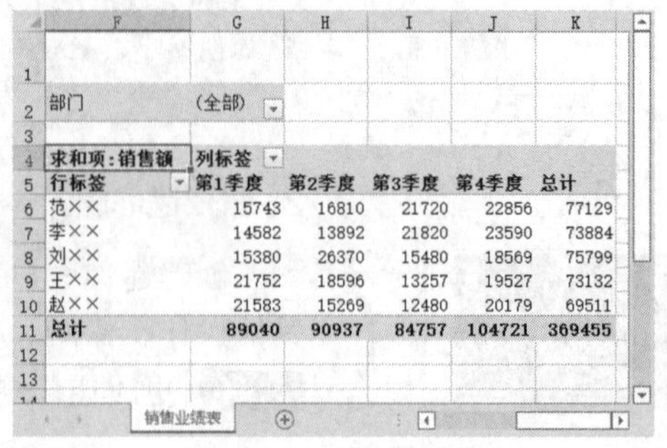

部门	(全部)				
求和项:销售额	列标签				
行标签	第1季度	第2季度	第3季度	第4季度	总计
范××	15743	16810	21720	22856	77129
李××	14582	13892	21820	23590	73884
刘××	15380	26370	15480	18569	75799
王××	21752	18596	13257	19527	73132
赵××	21583	15269	12480	20179	69511
总计	89040	90937	84757	104721	369455

数据透视表的主要用途是根据大量数据生成动态的数据报告、对数据进行分类汇总和聚合、帮助用户分析和组织数据等。此外，数据透视表还可以对记录数量较多、结构复杂的工作表进行筛选、排序、分组和有条件地设置格式，显示数据中的规律。

（1）可以使用多种方式查询大量数据。

（2）按分类和子分类对数据进行分类汇总和计算。

（3）展开或折叠要关注结果的数据级别，查看部分区域汇总数据的明细。

（4）将行移动到列或将列移动到行，以查看不同汇总方式的源数据。

（5）对最有用和最关注的数据子集进行筛选、排序、分组和有条件地设置格式，使用户能够关注所需的信息。

（6）提供简明、有吸引力并且带有批注的联机报表或打印报表。

7.2.2 数据透视表的组成结构

对于任何一个数据透视表来说，都可以将其整体结构划分为四大区域，分别是行区域、列区域、值区域和筛选器，如下图所示。

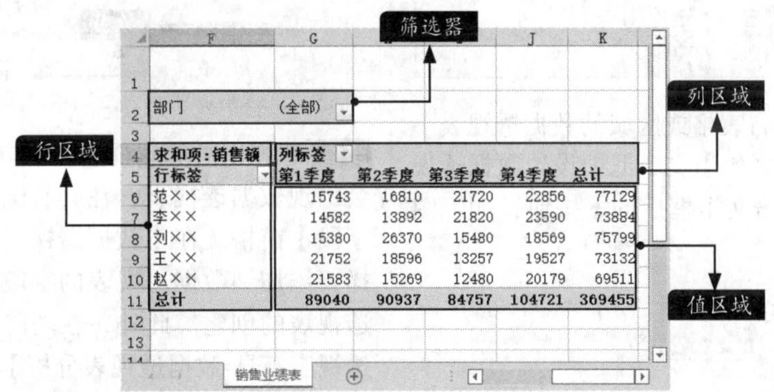

（1）行区域

行区域位于数据透视表的左侧，它是拥有行方向的字段，此字段中的每项占据一行。如上图中，“范××”“李××”等位于行区域。通常在行区域中放置一些可用于进行分组或分类的内容，如产品、名称和地点等。

（2）列区域

列区域位于数据透视表的顶部，它是具有列方向的字段，此字段中的每个项占用一列。如上图中，第1季度至第4季度的项（元素）水平放置在列区域，从而形成透视表中的列字段。通查放在列区域的字段常见的是显示趋势的日期时间字段类型，如月份、季度、年份、周期等，此外也可以存放分组或分类的字段。

（3）值区域

在数据透视表中，包含数值的大面积区域就是值区域。值区域中的数据是对数据透视表中行字段和列字段数据的计算和汇总，该区域中的数据一般都是可以进行运算的。默认情况下，Excel会对值区域中的数值型数据进行求和，对文本型数据进行计数。

（4）筛选器

筛选器位于数据透视表的最上方，由一个或多个下拉列表组成，通过选择下拉列表中的选项，可以对整个数据透视表中的数据进行筛选。

7.2.3 创建数据透视表

创建数据透视表的具体操作步骤如下。

步骤 01 打开“素材\ch07\销售业绩透视表.xlsx”文件，单击【插入】选项卡下【表格】组中的【数据透视表】按钮，如下图所示。

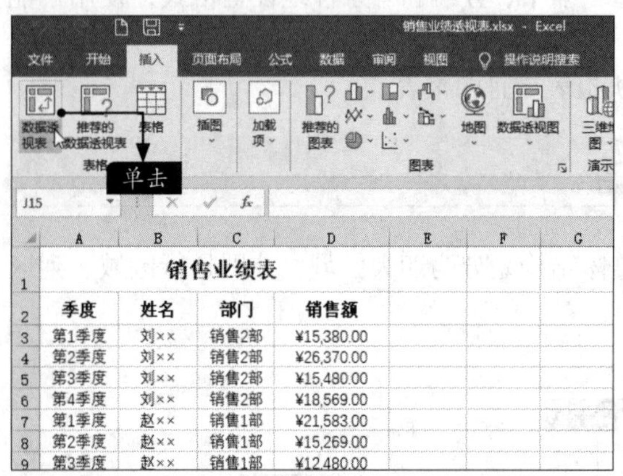

步骤 02 弹出【来自表格或区域的数据透视表】对话框，在【表/区域】文本框中设置数据透视表的数据源，单击文本框后的按钮，如下图所示。

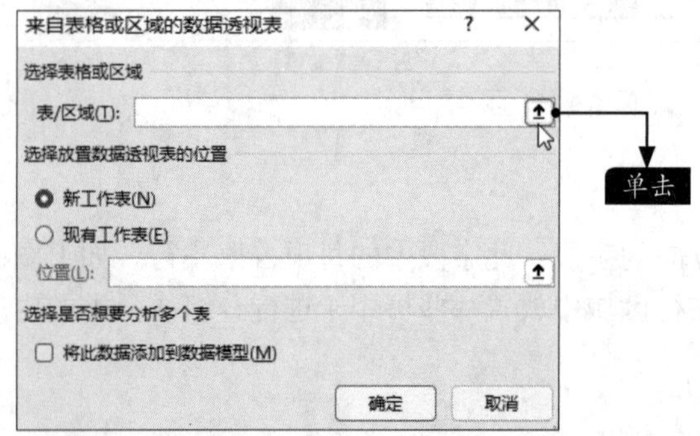

步骤 03 按住鼠标左键并拖曳选择A2:D22单元格区域，然后单击按钮，如下图所示。

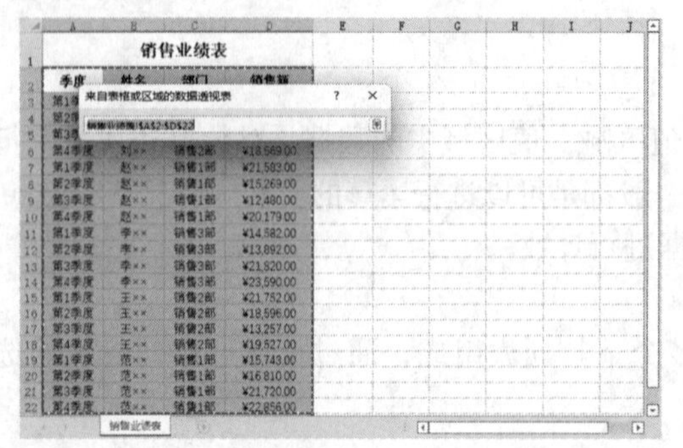

步骤 04 返回【来自表格或区域的数据透视表】对话框，在【选择放置数据透视表的位置】区域选中【现有工作表】单选按钮，并选择一个单元格，单击【确定】按钮。

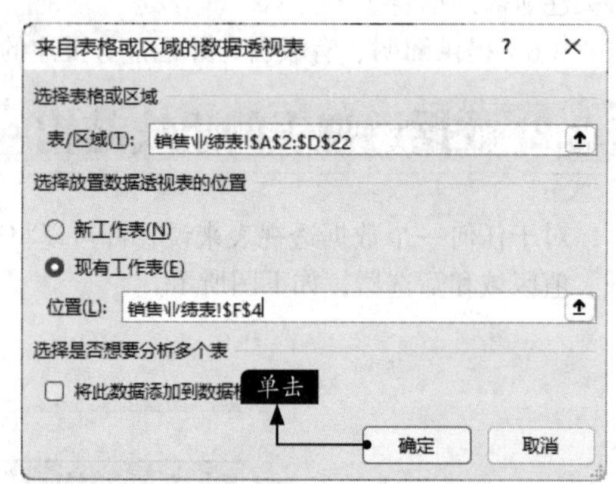

步骤 05 弹出数据透视表的编辑界面，工作表中会出现数据透视表，在其右侧是【数据透视表字段】窗格。在【数据透视表字段】窗格中选择要添加到数据透视表的字段，即可完成数据透视表的创建。此外，在功能区会出现【数据透视表工具-数据透视表分析】和【数据透视表工具-设计】两个选项卡，如下图所示。

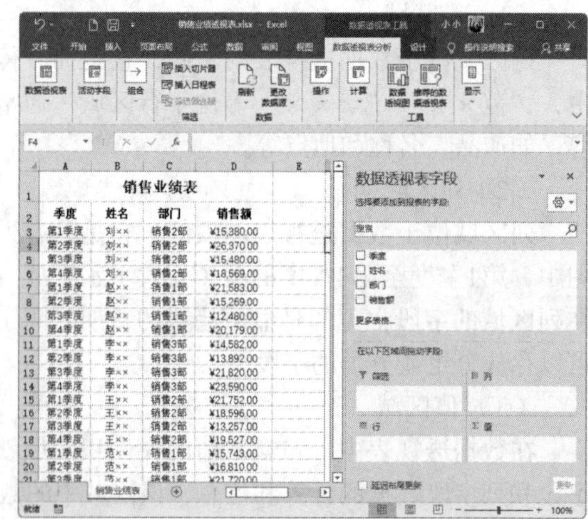

步骤 06 将【销售额】字段拖曳到【值】区域中，将【季度】拖曳至【列】区域中，将【姓名】拖曳至【行】区域中，将【部门】拖曳至

【筛选】区域中，如下图所示。

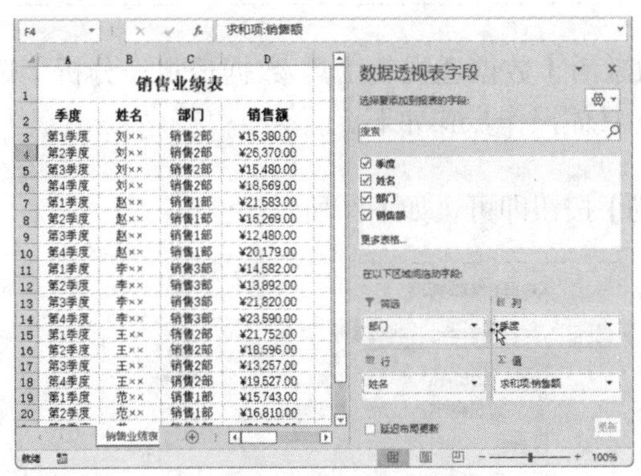

步骤 07 创建的数据透视表如下图所示。

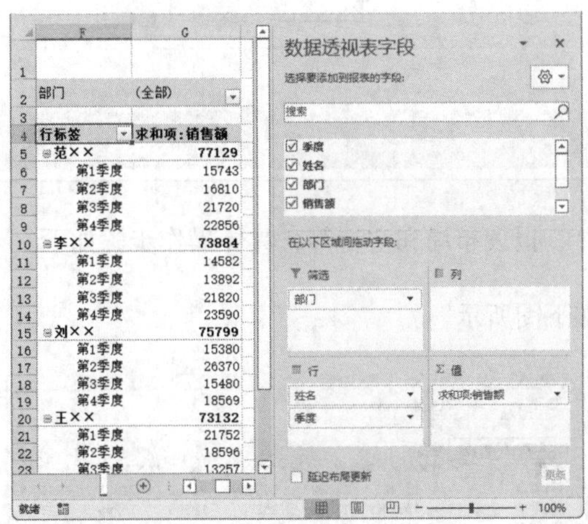

7.2.4 修改数据透视表

创建数据透视表后可以对透视表的行和列进行互换，从而修改数据透视表的布局，重组数据透视表。

步骤 01 打开【数据透视表字段】窗格，将右侧的【列】区域中【季度】拖曳到【行】区域中，如下图所示。

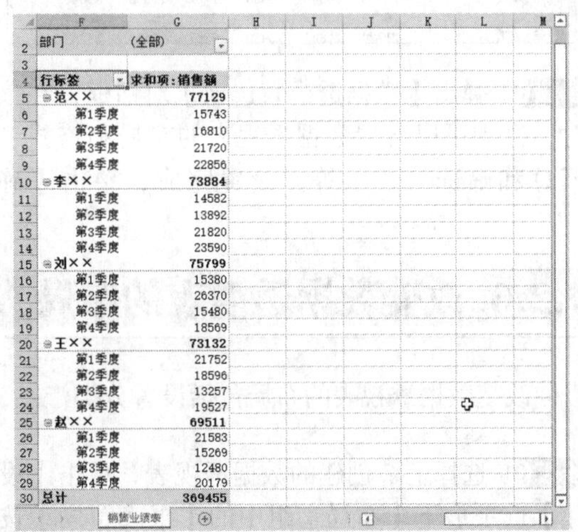

小提示

如果【数据透视表字段】窗格关闭，可通过单击【数据透视表工具-数据透视表分析】选项卡下【显示】组中的【字段列表】按钮，打开该窗格。

步骤 02 此时左侧的数据透视表如右上图所示。

步骤 03 将【姓名】拖曳到【列】区域中，此时左侧的透视表如下图所示。

7.2.5 设置数据透视表选项

选择创建的数据透视表，Excel在功能区将自动激活【数据透视表工具-数据透视表分析】选项卡，用户可以在该选项卡中设置数据透视表选项，具体操作步骤如下。

步骤01 接上一节的操作，单击【数据透视表工具-数据透视表分析】选项卡下的【数据透视表】组中【选项】下拉按钮 选项，在弹出的下拉列表中选择【选项】选项，如下图所示。

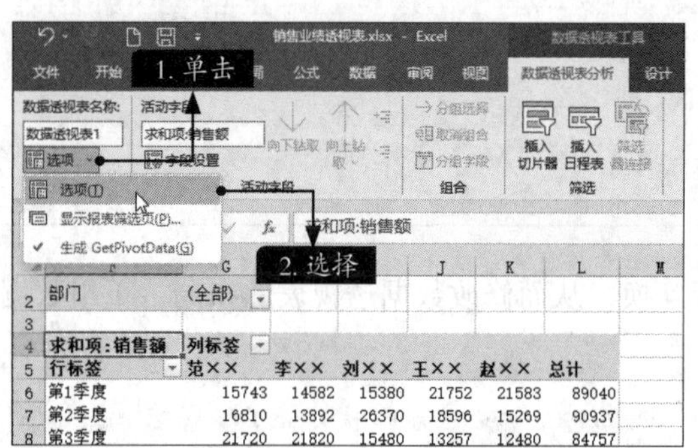

步骤02 弹出【数据透视表选项】对话框，在该对话框中可以设置数据透视表的布局和格式、汇总和筛选、显示等。设置完成，单击【确定】按钮即可，如下图所示。

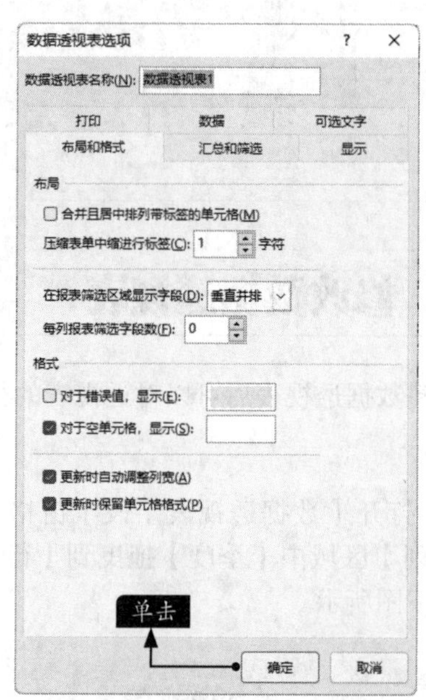

7.2.6 改变数据透视表的布局

改变数据透视表的布局包括设置分类汇总、总计、报表布局和空行等，具体操作步骤如下。

步骤01 选择上节创建的数据透视表，单击【设计】选项卡下【布局】组中的【报表布局】按钮，在弹出的下拉列表中选择【以表格形式显示】选项，如下图所示。

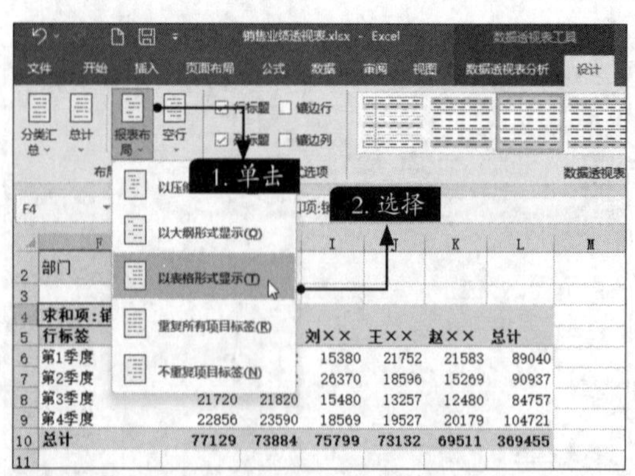

步骤02 该数据透视表即以表格形式显示，效果如下图所示。

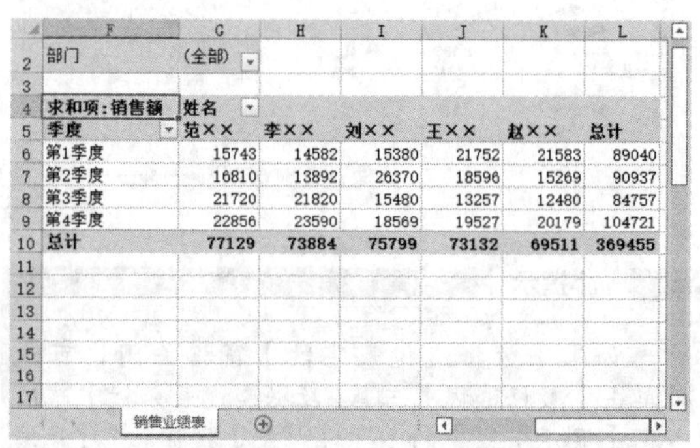

部门	(全部)					
求和项:销售额	姓名					
季度	范××	李××	刘××	王××	赵××	总计
第1季度	15743	14582	15380	21752	21583	89040
第2季度	16810	13892	26370	18596	15269	90937
第3季度	21720	21820	15480	13257	12480	84757
第4季度	22856	23590	18569	19527	20179	104721
总计	77129	73884	75799	73132	69511	369455

小提示

此外，还可以在下拉列表中选择【以压缩形式显示】、【以大纲形式显示】、【重复所有项目标签】和【不重复项目标签】等选项。

7.2.7 设置数据透视表的样式

创建数据透视表后，还可以对其样式进行设置，使数据透视表更加美观。

步骤01 接上一节的操作，选择透视表区域，单击【数据透视表工具-设计】选项卡下【数据透视表样式】组中的【其他】按钮 ，在弹出的下拉列表中选择一种样式，如下图所示。

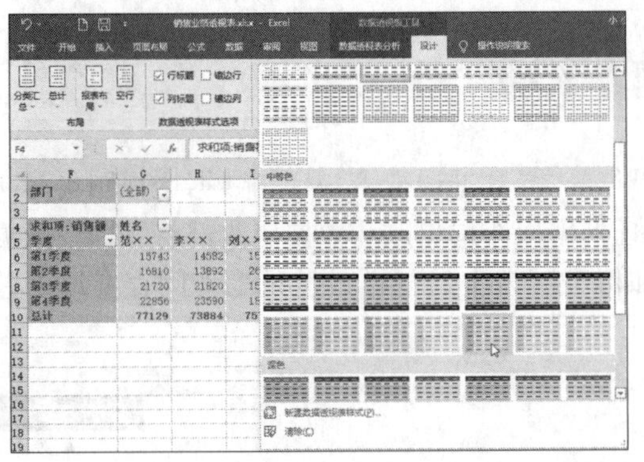

步骤02 更改数据透视表的样式，如下图所示。

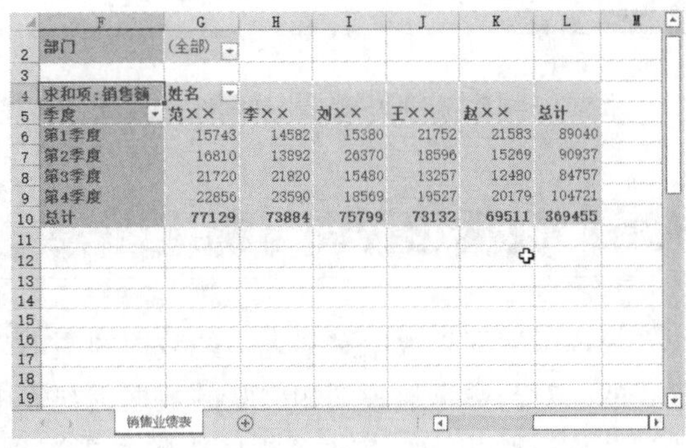

7.2.8 数据透视表中的数据操作

修改数据源中的数据时，数据透视表不会自动更新，用户需要执行数据操作才能刷新数据透视表。刷新数据透视表有两种方法。

（1）单击【数据透视表工具-数据透视表分析】选项卡下【数据】组中的【刷新】按钮 ，或单击【刷新】下拉按钮后在弹出的下拉列表中选择【刷新】或【全部刷新】选项，如下图所示。

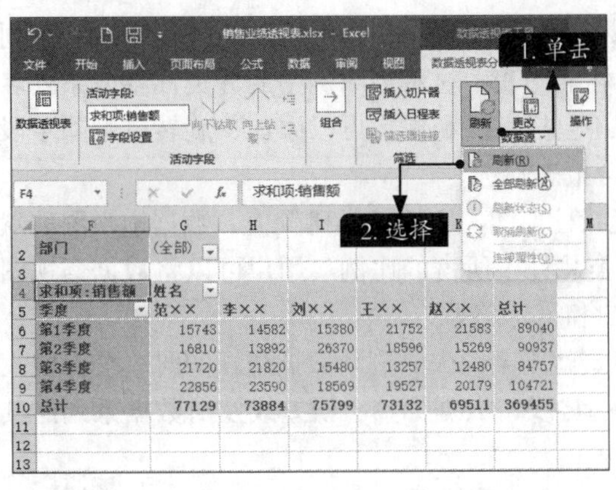

（2）在数据透视表值区域中的任意一个单元格上右击，在弹出的快捷菜单中选择【刷新】命令，如下图所示。

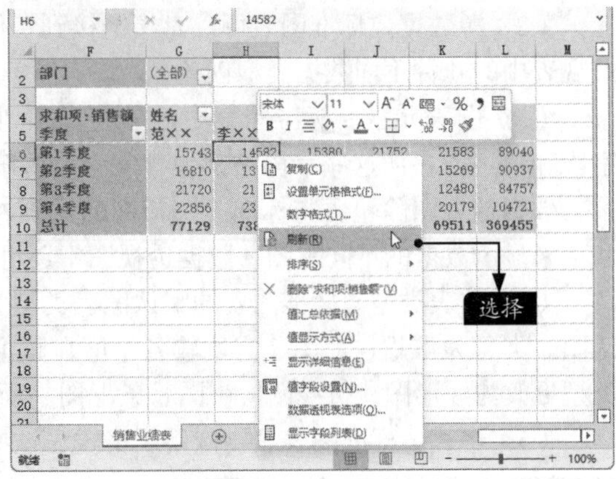

7.3 制作公司经营情况明细表数据透视图

公司经营情况明细表主要用于列举计算公司的经营情况明细。在Excel中，制作数据透视图可以帮助用户分析工作表中的数据，让公司领导对公司的经营、收支情况一目了然，减少查看表格的时间。

本节以制作公司经营情况明细表数据透视图为例介绍数据透视图的使用方法。

7.3.1 数据透视图与标准图表之间的区别

数据透视图是数据透视表中的数据的图形表示形式。与数据透视表一样，数据透视图也是交互式的。对与数据透视图相关联的数据透视表中的任何字段布局更改和数据更改都将立即在数据透视图中反映出来。数据透视图中的大多数操作和标准图表中的一样，但是二者间存在以下差别，标准图表和数据透视图如下图所示。

标准图表

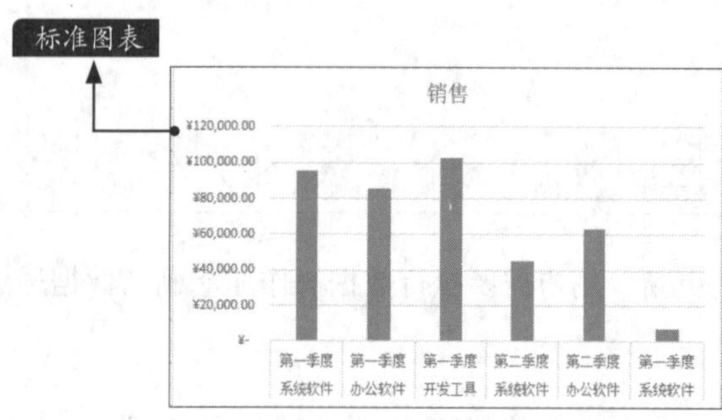

数据透视图

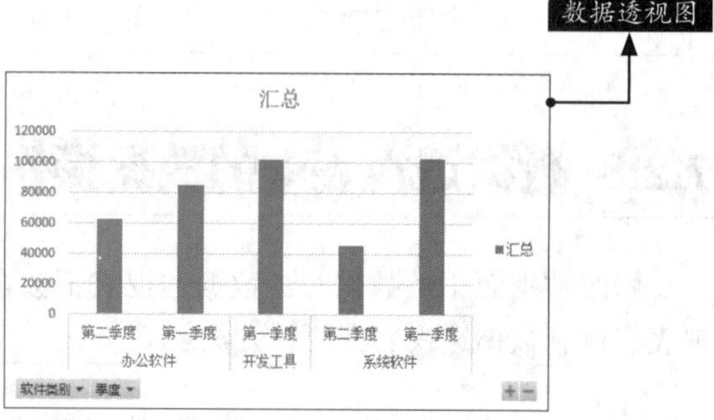

（1）交互。对于标准图表，需要为查看的每个数据视图创建一个图表，它们不交互。对于数据透视图，只要创建单个图表就可通过更改报表布局或显示的明细数据以不同的方式交互查看数据。

（2）源数据。标准图表可以直接链接到工作表单元格中，数据透视图可以基于相关联的数据透视表中的几种不同数据类型创建。

（3）图表元素。标准图表中的分类、系列和数据分别对应数据透视图中的分类字段、系列字段和值字段，而这些字段中都包含项，这些项在标准图表中显示为图例中的分类标签或系列名称。数据透视图除包含与标准图表相同的元素外，还包括字段和项，可以添加、旋转或删除字段和项来显示数据的不同视图。数据透视图中还可包含报表筛选。

（4）图表类型。标准图表的默认图表类型为簇状柱形图，它按分类比较值。数据透视图的默认图表类型为堆积柱形图，它比较各个值在整个分类总计中所占的比例。用户可以将数据透视图类型更改为柱形图、折线图、饼图、条形图、面积图和雷达图等。

（5）格式。标准图表只要应用了格式，这些格式就不会消失。刷新数据透视图时，会保留大多数格式（包括元素、布局和样式），但是不保留趋势线、数据标签、误差线及对数据系列的其他更改。

（6）移动或调整项的大小。在标准图表中，可移动和重新调整这些元素的大小。在数据透视图中，即使可为图例选择一个预设位置并可更改标题的字体大小，也无法移动或重新调整绘图区、图例、图表标题或坐标轴标题的大小。

（7）图表位置。默认情况下，标准图表是嵌入在工作表中的。而数据透视图默认情况下是创建在工作表上的，数据透视图创建后，还可将其重新定位到工作表上。

7.3.2 创建数据透视图

在工作簿中，用户可以使用两种方法创建数据透视图：一种是直接通过工作表中的数据区域创建数据透视图，另一种是通过已有的数据透视表创建数据透视图。

1. 通过数据区域创建数据透视图

在工作表中，通过数据区域创建数据透视图的具体操作步骤如下。

步骤 01 打开“素材\ch07\公司经营情况明细表.xlsx”文件，选择数据区域中的一个单元格，单击【插入】选项卡下【图表】组中的【数据透视图】下拉按钮，在弹出下拉列表中选择【数据透视图】选项，如下图所示。

步骤 02 弹出【创建数据透视图】对话框，选择数据区域和放置数据透视图的位置，单击【确定】按钮，如下图所示。

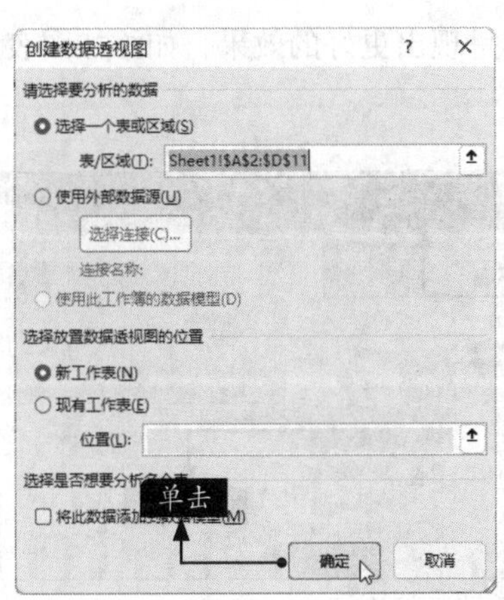

步骤 03 弹出数据透视表的编辑界面，工作表中会出现数据透视表和数据透视图，在其右侧出现的是【数据透视表字段】窗格，如下图所示。

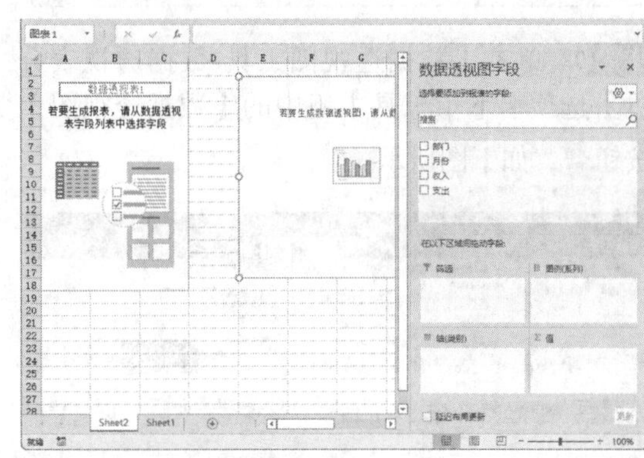

步骤 04 在【数据透视表字段】窗格中选择要添加到数据透视图的字段，即可完成数据透视图的创建，如下图所示。

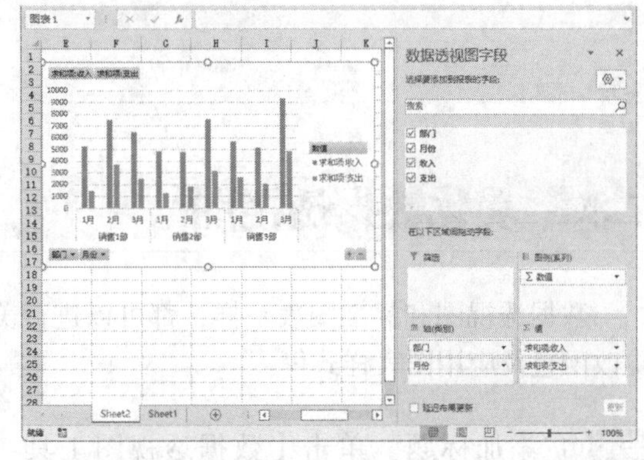

2. 通过数据透视表创建数据透视图

在工作簿中，用户可以先创建数据透视表，再通过数据透视表创建数据透视图，具体操作步骤如下。

步骤 01 打开“素材\ch07\公司经营情况明细表.xlsx”文件，并创建一个数据透视表，如下页图所示。

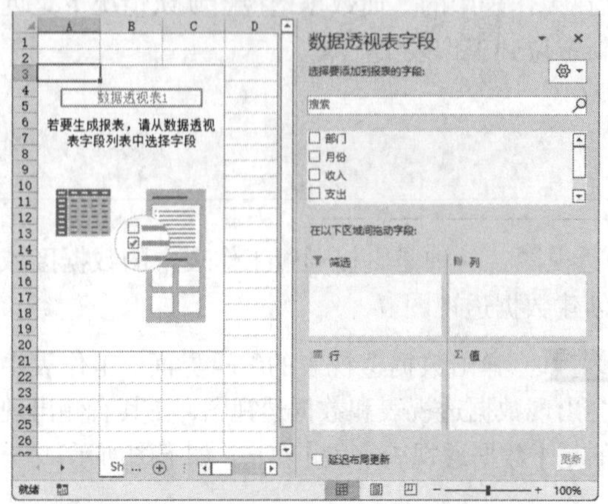

步骤 02 单击【数据透视图工具-数据透视表分析】选项卡下【工具】组中的【数据透视图】按钮，如下图所示。

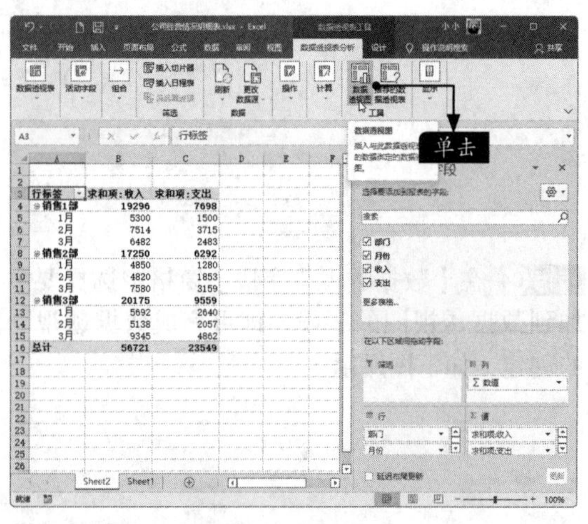

步骤 03 弹出【插入图表】对话框，选择一种图表类型，单击【确定】按钮，如下图所示。

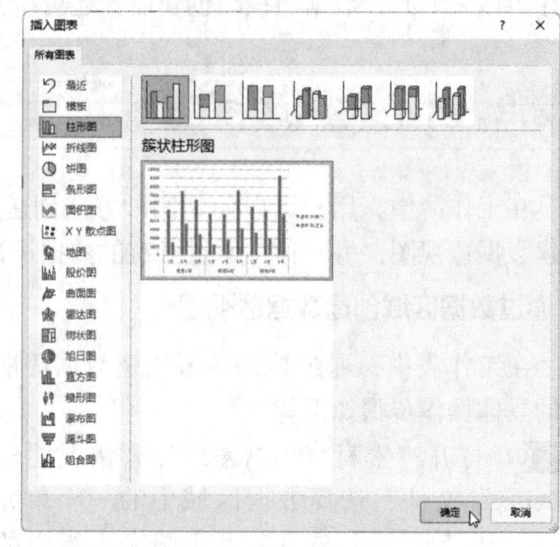

步骤 04 完成数据透视图的创建，如下图所示。

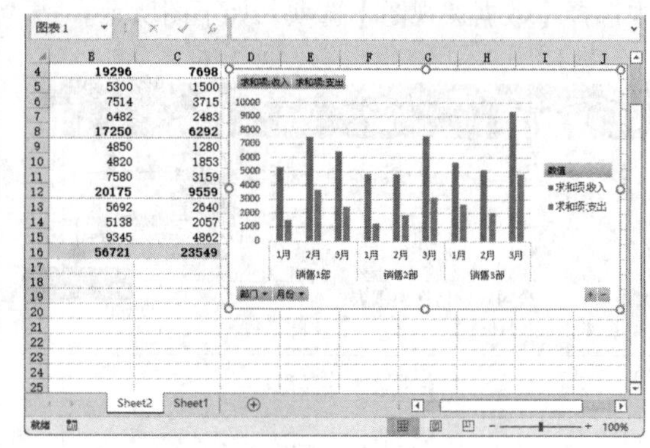

7.3.3 美化数据透视图

数据透视图和标准图表一样，都可以进行美化，使其呈现出更好的效果，如添加图表元素、更改颜色及应用图表样式等。

步骤 01 添加标题。单击【数据透视图工具-设计】→【图表布局】组中的【添加图表元素】按钮，在弹出的下拉列表中选择【图表标题】→【图表上方】选项，如右图所示。

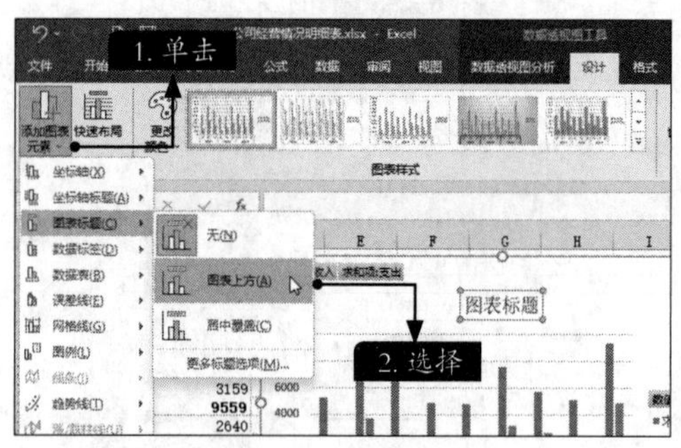

步骤 02 即可添加标题，另外也可以为字体设置艺术字样式，如下图所示。

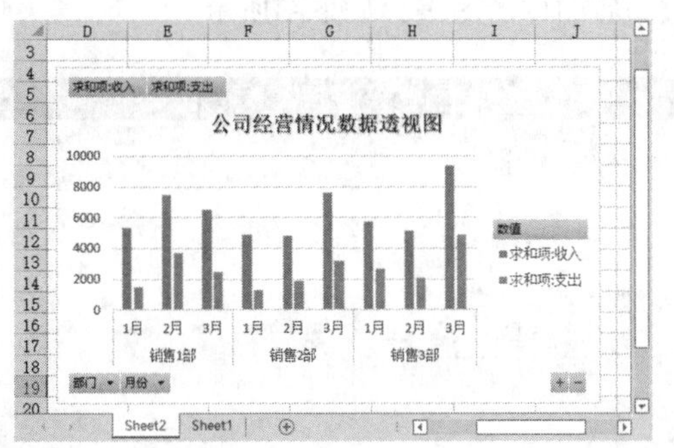

步骤 03 更改图表颜色。单击【数据透视图工具-设计】→【图表样式】组中的【更改颜色】按钮，在弹出的下拉列表中选择要应用的颜色，如下图所示。

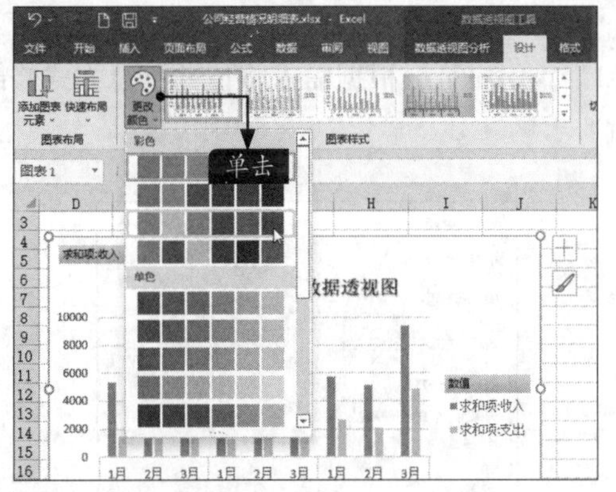

步骤 04 即可更改图表的颜色，如右上图所示。

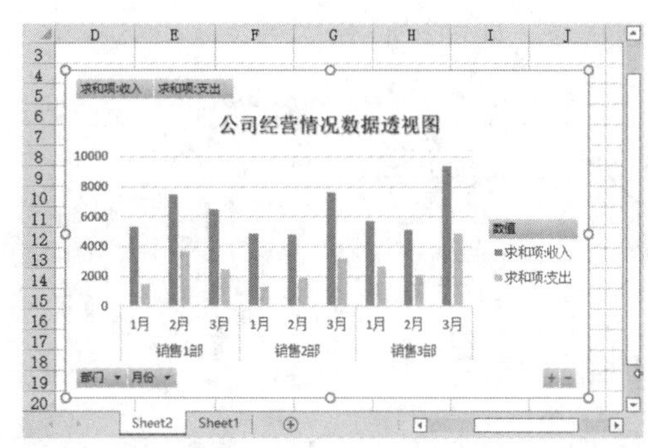

步骤 05 更改图表样式。单击【数据透视图工具-设计】→【图表样式】组中的【其他】按钮，在弹出的下拉列表中选择一种样式，如下图所示。

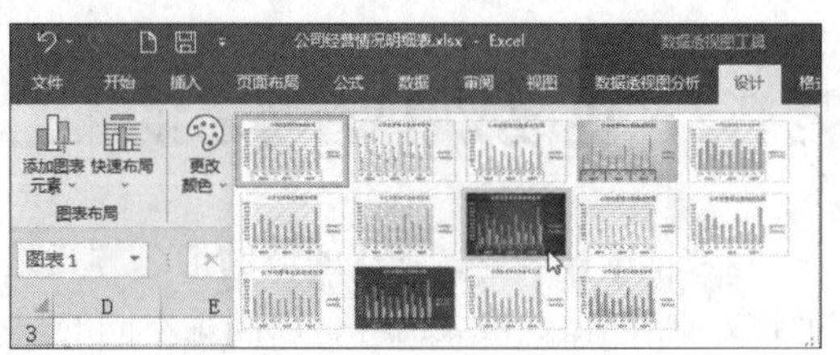

步骤 06 即可为数据透视图的应用新样式，如下图所示。

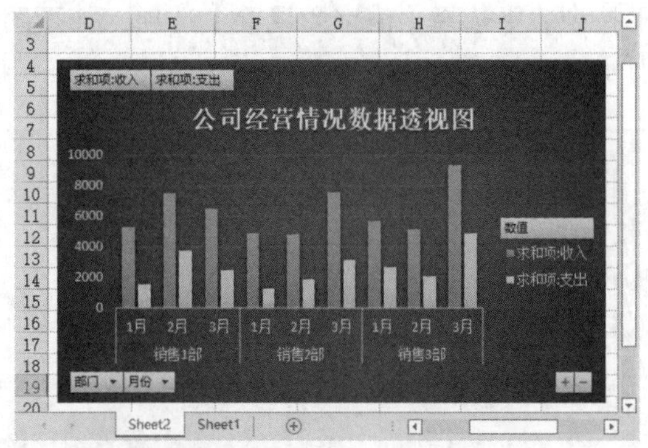

高手私房菜

技巧1：如何在Excel中制作动态图表

动态图表是可以根据选项的变化显示不同数据源的图表。一般制作动态图表主要采用筛选、公式及窗体控件等方法，下面以筛选的方法制作动态图表为例，具体操作步骤如下。

步骤 01 打开“素材\ch07\商品销售情况表.xlsx”文件，插入柱形图。然后选择数据区域的任一单元格，单击【数据】→【筛选】按钮，此时在标题行每列的右侧出现一个下拉按钮，即表示进入筛选状态，如下图所示。

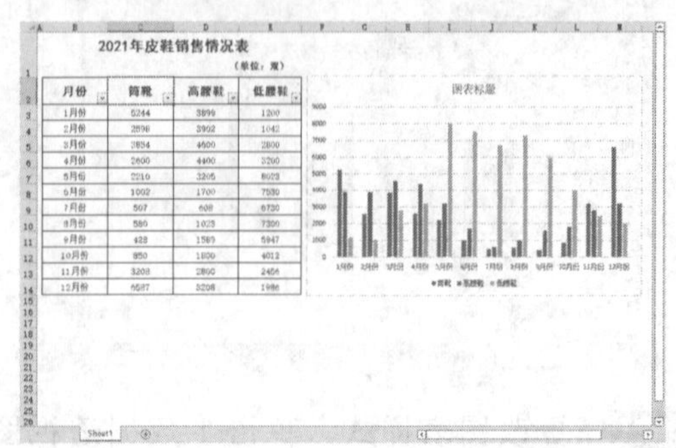

步骤02 单击A2单元格右侧的下拉按钮▼，在弹出的下拉列表中，取消选中【（全选）】复选框，如选中【10月】【11月】【12月】和【1月】复选框，单击【确定】按钮，数据区域将只显示筛选的数据，图表区域将自动显示筛选数据后的柱形图表，如下图所示。

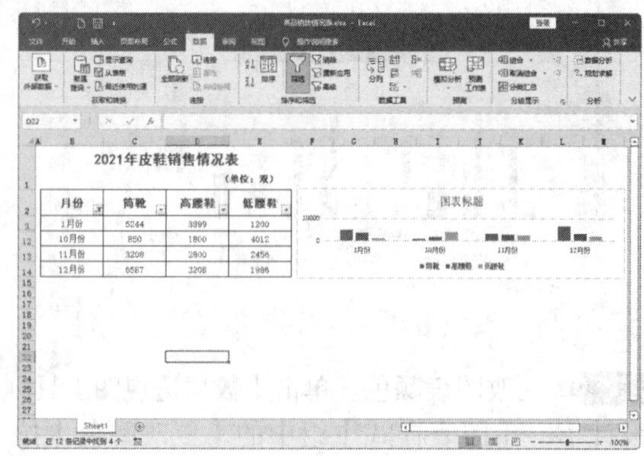

技巧2：更改数据透视表的汇总方式

在数据透视表中，默认的值的汇总方式是“求和”，用户可以根据需求将值的汇总方式修改为计数、平均值、最大值等，以满足不同的数据分析要求。

步骤01 选择数据透视表，在【数据透视表字段】窗格中单击【求和项：收入】，在弹出的下拉列表中选择【值字段设置】选项，如下图所示。

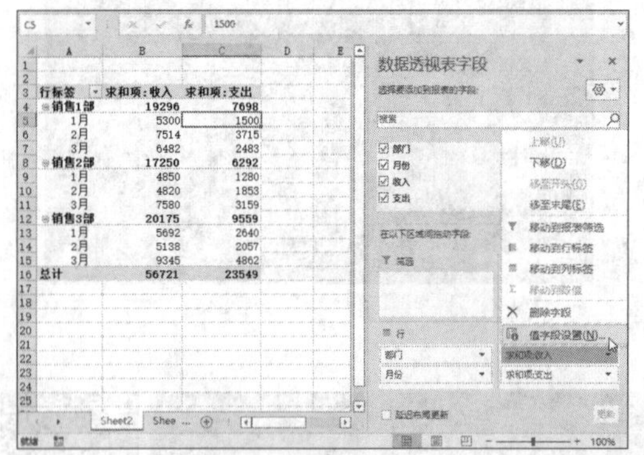

步骤02 弹出【值字段设置】对话框，在【值汇总方式】选项卡下的【计算类型】列表框中，选择要设置的汇总方式，如选择【平均值】选项，单击【确定】按钮，如右上图所示。

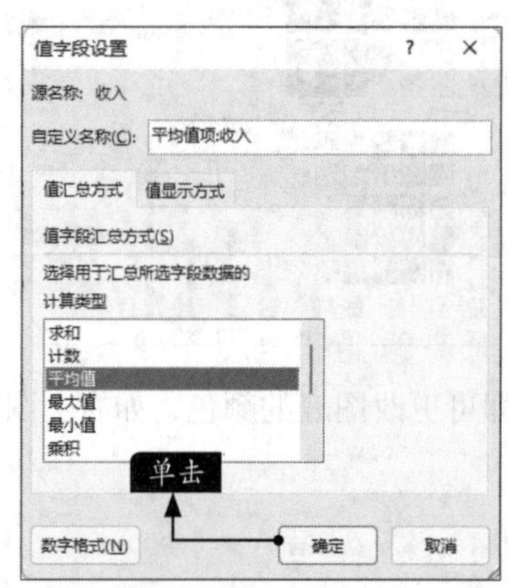

步骤03 即可更改数据透视表值的汇总方式，效果如下图所示。

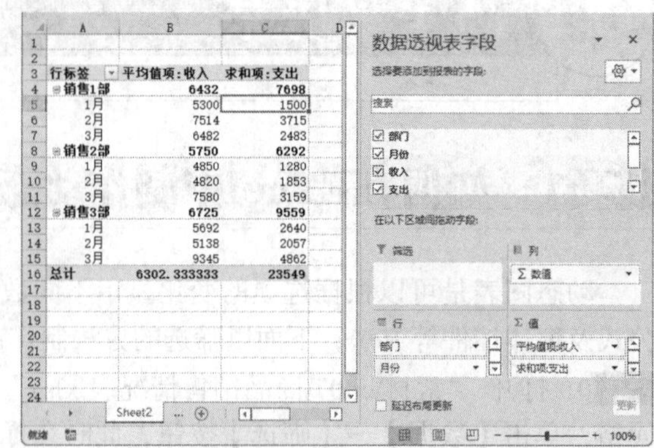

第8章

Excel公式和函数

学习目标

公式和函数是Excel的重要组成部分，它们使Excel拥有了强大的计算能力，为用户分析和处理工作表中的数据提供了很大的方便。使用公式和函数可以节省处理数据的时间，降低在处理大量数据时的出错率。用好公式和函数，是使用Excel高效、便捷地分析和处理数据的保证。

E12 =C12-D12+奖励扣除表!E12

员工薪资管理系统				
员工编号	员工姓名	应发工资	个人所得税	实发工资
101001	刘一	¥10,520.0	¥849.0	¥10,021.0
101002	陈二	¥7,764.0	¥321.4	¥7,862.6
101003	张三	¥13,404.0	¥1,471.0	¥11,813.0
101004	李四	¥8,900.0	¥525.0	¥8,315.0
101005	王五	¥8,724.0	¥489.8	¥9,334.2
101006	赵六	¥13,496.0	¥1,494.0	¥12,247.0
101007	孙七	¥5,620.0	¥107.0	¥5,728.0
101008	周八	¥5,724.0	¥117.4	¥6,386.6
101009	吴九	¥3,888.0	¥11.6	¥4,026.4
101010	郑十	¥2,816.0	¥0.0	¥3,086.0

工资表 员工基本信息 销售奖金表

D4 =IF((COUNTIF($C$3:$C$10,C4))>1,"重复","")

电话来访记录表			
开始时间	结束时间	电话来电	重复
8:00	8:30	123456	
9:00	9:30	456123	重复
10:00	10:30	456321	
11:00	11:30	456123	重复
12:00	12:30	123789	
13:00	13:30	987654	
14:00	14:30	456789	
15:00	15:38	321789	

Sheet1

8.1 制作家庭开支明细表

家庭开支明细表主要用于计算家庭的日常开支情况，是日常生活中最常用的统计表格之一。

在Excel中，公式可以帮助用户分析工作表中的数据，例如对数值进行加、减、乘、除等运算。本节以制作家庭开支明细表为例介绍公式的使用方法。

8.1.1 认识公式

公式就是一个等式，是由一组数据和运算符组成的。使用公式时必须以等号“=”开头，后面紧接数据和运算符。下面为应用公式的几个例子。

=2022+1

=SUM（A1:A9）

=现金收入-支出

上面的例子体现了公式的语法，即公式以等号“=”开头，后面紧接数据和运算符，数据可以是常数、单元格引用、单元格名称和工作表函数等。

在单元格中输入公式，可以进行计算，然后返回结果。公式使用运算符来处理数值、文本、工作表函数及其他函数，在一个单元格中计算出一个数值。数值和文本可以位于其他的单元格中，这样可以方便地更改数据，赋予工作表动态特征。

小提示

函数是Excel内置的一段程序，可以完成预定的计算功能。公式是用户根据数据统计、处理和分析的实际需要，利用函数式、引用、常量等参数，通过运算符连接起来，完成用户需求的计算功能的一种表达式。

输入单元格中的公式可以由下列几个元素组成（注意以等号“=”开头）。

（1）运算符，如“+”（相加）或“*”（相乘）。

（2）单元格引用（包含定义名称的单元格和区域）。

（3）数值和文本。

（4）工作表函数（如SUM函数或AVERAGE函数）。

在单元格中输入公式后，单元格中会显示公式计算的=结果。当选中单元格的时候，公式本身会出现在编辑栏里。下面给出几个公式示例。

=2022*0.5	公式只使用了数值，使用范围有限，建议使用单元格与单元格相乘
=A1+A2	把单元格A1和A2中的值相加
=Income−Expenses	用单元格Income（收入）的值减去单元格Expenses（支出）的值
=SUM(A1:A12)	将A1到A12所有单元格中的数值相加
=A1=C12	比较单元格A1和C12中的值，如果相等，公式返回值为TRUE；反之则为FALSE

8.1.2 输入公式

在单元格中输入公式的方法可分为手动输入和单击输入两种。

1. 手动输入

在选定的单元格中输入“=3+5”。输入时，输入的内容会同时出现在单元格和编辑栏中，按【Enter】键后该单元格会显示运算结果“8”。

2. 单击输入

单击输入公式更简单快捷，也不容易出错，具体操作步骤如下。

步骤01 打开“素材\ch08\家庭开支明细表.xlsx”文件，选择D10单元格，输入“=”，如下图所示。

步骤02 选择E3单元格，单元格周围会显示一个活动虚框，同时对该单元格的引用会出现在D10单元格和编辑栏中，如下图所示。

步骤03 输入加号“+”，选择E4单元格，单元格E3的虚线边框会变为实线边框，如下图所示。

步骤04 重复步骤03，依次选择E5、E6、E7、E8和E9单元格，如下图所示。

步骤05 按【Enter】键或单击【输入】按钮✔，即可计算出结果，如下图所示。

8.1.3 自动求和

在Excel中不使用功能区中的选项也可以快速地完成单元格中数据的计算。

1. 自动显示计算结果

自动显示计算结果功能就是用于查看选定的单元格区域的各种汇总数值，包括平均值、包含数据的单元格计数、求和、最大值和最小值等。如在打开的素材文件中，选择E3:E9单元格区域，在状态栏中即可看到计算结果，如下图所示。

家庭个人日常支出明细表

类别	序号	消费内容	支付方式	支出金额	支出日期
固定支出	1	房贷	银行卡	¥ 1,980.00	1月21日
	2	电费	支付宝	¥ 156.78	1月23日
	3	水费	支付宝	¥ 52.35	1月27日
	4	天然气费	支付宝	¥ 65.56	1月28日
	5	手机话费	支付宝	¥ 150.00	1月30日
	6	宽带费	微信	¥ 60.00	1月31日
	7	保险	银行卡	¥ 240.00	1月31日
	固定支出小计		¥		2,704.69
食品	1	蔬菜	微信	¥ 356.50	月度累计
	2	肉类	支付宝	¥ 125.15	月度累计
	3	调料	支付宝	¥ 45.50	月度累计
	4	奶制品	支付宝	¥ 89.50	月度累计
	5	水果类	支付宝	¥ 76.35	月度累计
	6	零食饮品	微信	¥ 95.68	月度累计

平均值：¥386.38 计数：7 求和：¥2,704.69

如果未显示计算结果，则可在状态栏上右击，在弹出的快捷菜单中选择需要命令，如【求和】【平均值】等，如下图所示。

- ✓ 平均值(A) ¥386.38
- ✓ 计数(C) 7
- 数值计数(T)
- 最小值(I)
- 最大值(X)
- ✓ 求和(S) ¥2,704.69
- ✓ 上传状态(U)
- ✓ 视图快捷方式(V)
- ✓ 缩放滑块(Z)
- ✓ 缩放(Z) 100%

2. 自动求和

在日常工作中，常用的计算方式是求和，Excel将它设定成【自动求和】按钮，位于【开始】选项卡的【编辑】组中，该按钮可以自动设定对应的单元格区域的引用地址。另外，在【公式】选项卡下的【函数库】组中，也集成了【自动求和】按钮。自动求和的具体操作步骤如下。

步骤01 在打开的素材文件中，选择D18单元格，在【公式】选项卡中，单击【函数库】组中的【自动求和】按钮，如下图所示。

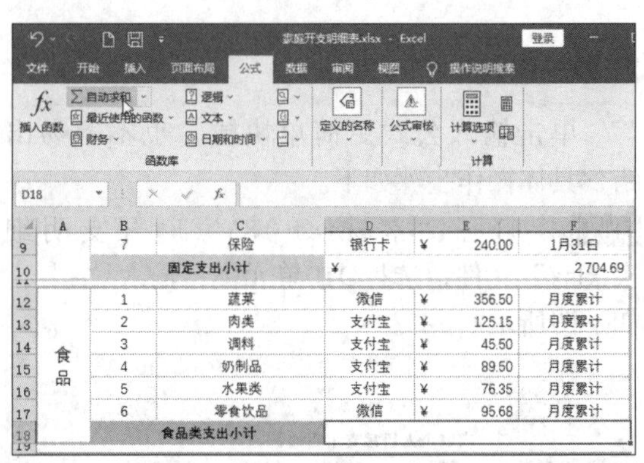

步骤02 求和函数SUM(D10:F17)即会出现在D18单元格中，表示求该区域的数据总和，如下图所示。

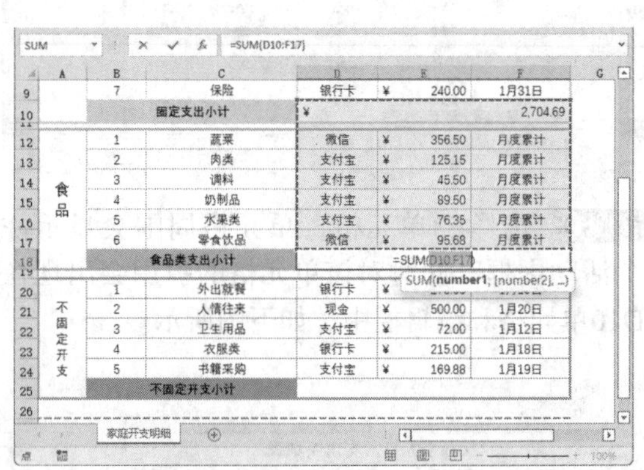

小提示

如果要求和，按【Alt+=】组合键，可快速执行求和操作。

步骤03 更改参数为E12:E17单元格区域，E12:E17单元格区域被闪烁的虚线框包围，在此函数的下方会自动显示有关该函数的格式及参数，如下页图所示。

步骤04 单击编辑栏上的【输入】按钮✓，或者按【Enter】键，即可在D18单元格中计算出E12:E17单元格区域中数值的和，如右图所示。

小提示

【自动求和】按钮Σ，不仅可以求出一组数据的总和，还可以在多组数据中自动求出每组的总和。

8.1.4 使用单元格引用计算开支

单元格的引用就是引用单元格的地址，即把单元格的数据和公式联系起来。

1. 单元格引用样式与引用

单元格引用有不同的表示方法，既可以直接使用相应的地址表示，也可以用单元格的名字表示。用地址来表示单元格引用有两种样式，一种是A1引用样式，如下左图所示；另一种是R1C1引用样式，如下右图所示。

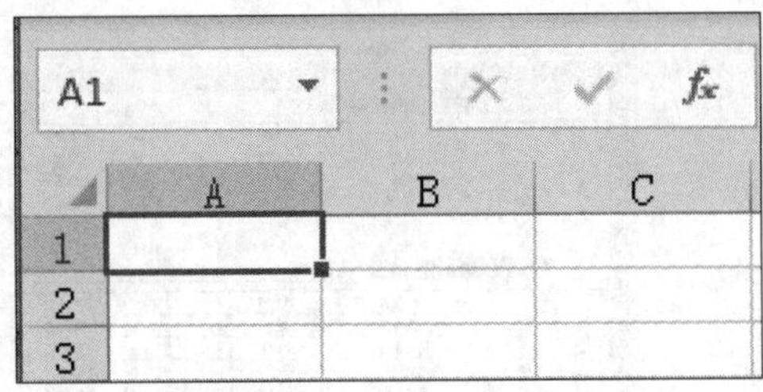

（1）A1引用样式

A1引用样式是Excel的默认引用类型。这种引用样式是用字母表示列（从A到XFD，共16 384列），用数字表示行（从1到1 048 576）。引用的时候先写列字母，再写行数字。若要引用单元格，输入列标和行号即可。例如，B2引用B列和2行交叉处的单元格，如下图所示。

如果要引用单元格区域，可以输入该区域左上角单元格的地址、比例号:和该区域右下角单元格的地址。例如在“家庭开支明细表.xlsx”中，在D18单元格输入的公式中就引用了E12:E17单元格区域，如下图所示。

D18 =SUM(E12:E17)

	A	B	C	D		E	F
4	固定支出	2	电费	支付宝	¥	156.78	1月23日
5		3	水费	支付宝	¥	52.35	1月27日
6		4	天然气费	支付宝	¥	66.56	1月28日
7		5	手机话费	支付宝	¥	150.00	1月30日
8		6	宽带费	微信	¥	60.00	1月31日
9		7	保险	银行卡	¥	240.00	1月31日
10		固定支出小计		¥			2,704.69
12	食品	1	蔬菜	微信	¥	356.50	月度累计
13		2	肉类	支付宝	¥	125.15	月度累计
14		3	调料	支付宝	¥	45.50	月度累计
15		4	奶制品	支付宝	¥	89.50	月度累计
16		5	水果类	支付宝	¥	76.35	月度累计
17		6	零食饮品	微信	¥	95.68	月度累计
18		食品类支出小计		¥			788.68
20	不固	1	外出就餐	银行卡	¥	278.00	1月15日
21		2	人情往来	现金	¥	500.00	1月20日

家庭开支明细

（2）R1C1引用样式

在R1C1引用样式中，用“R”加行数字和“C”加列数字来表示单元格的位置。若表示相对引用，行数字和列数字都用方括号[]括起来；如果不加方括号，则表示绝对引用。如当前单元格是A1，则该单元格的R1C1引用样式为R1C1；加方括号R[1]C[1]则表示引用当前单元格下面一行和右边一列的单元格，即B2。

小提示

R代表Row，是行的意思；C代表Column，是列的意思。A1引用样式与R1C1引用样式中的绝对引用等价。

如果要启用R1C1引用样式，可以选择【文件】选项卡，在弹出的列表中选择【选项】选项，在弹出的【Excel选项】对话框的左侧选择【公式】选项，在右侧的【使用公式】区域中选中【R1C1引用样式】复选框，单击【确定】按钮即可，如下图所示。

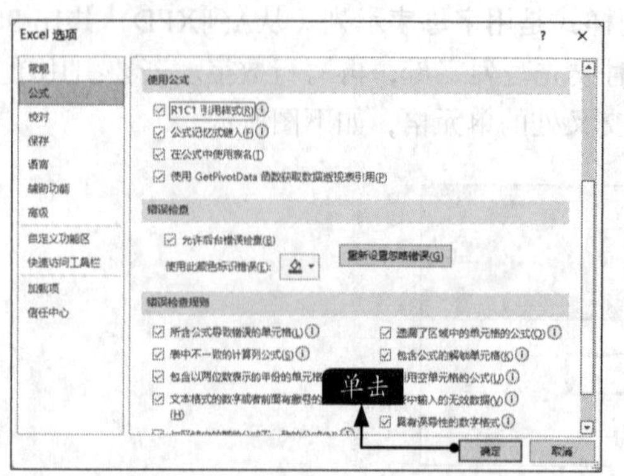

2. 相对引用

相对引用是指对单元格的引用会随公式所在单元格的位置的变更而改变。复制公式时，系统不是把原来的单元格地址原样照搬，而是根据公式原来的位置和复制的目标位置来推算出公式中单元格地址相对原来位置的变化。默认的情况下，公式使用的是相对引用。

3. 绝对引用

绝对引用是指在复制公式时，无论如何改变公式的位置，其引用单元格的地址都不会改变。绝对引用的表示形式是在普通地址的前面加“$”，如C1单元格的绝对引用形式是$C$1。

4. 混合引用

除了相对引用和绝对引用，还有混合引用，也就是相对引用和绝对引用的共同引用。当需要固定行引用而改变列引用，或者固定列引用而改变行引用时，就要用到混合引用，即相对引用部分发生改变，绝对引用部分不变。例如$B5、B$5都是混合引用。

步骤 01 在打开的素材文件中，选择D25单元格，输入公式“=$E20+$E21+$E22+$E23+$E24”，按【Enter】键，如下图所示。

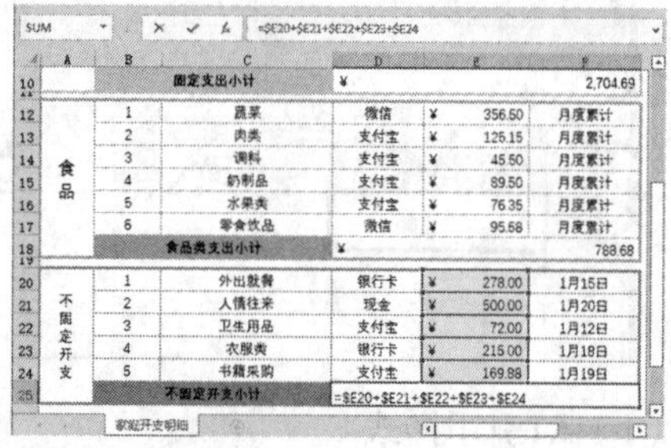

SUM =$E20+$E21+$E22+$E23+$E24

	A	B	C	D		E	F
10		固定支出小计		¥			2,704.69
12	食品	1	蔬菜	微信	¥	356.50	月度累计
13		2	肉类	支付宝	¥	125.15	月度累计
14		3	调料	支付宝	¥	45.50	月度累计
15		4	奶制品	支付宝	¥	89.50	月度累计
16		5	水果类	支付宝	¥	76.35	月度累计
17		6	零食饮品	微信	¥	95.68	月度累计
18		食品类支出小计		¥			788.68
20	不固定开支	1	外出就餐	银行卡	¥	278.00	1月15日
21		2	人情往来	现金	¥	500.00	1月20日
22		3	卫生用品	支付宝	¥	72.00	1月12日
23		4	衣服类	银行卡	¥	215.00	1月18日
24		5	书籍采购	支付宝	¥	169.88	1月19日
25		不固定开支小计		=$E20+$E21+$E22+$E23+$E24			

家庭开支明细

步骤 02 即可计算出结果，此时的引用即混合引用，如下图所示。

D25 =$E20+$E21+$E22+$E23+$E24

	A	B	C	D		E	F
10		固定支出小计		¥			2,704.69
12	食品	1	蔬菜	微信	¥	356.50	月度累计
13		2	肉类	支付宝	¥	125.15	月度累计
14		3	调料	支付宝	¥	45.50	月度累计
15		4	奶制品	支付宝	¥	89.50	月度累计
16		5	水果类	支付宝	¥	76.35	月度累计
17		6	零食饮品	微信	¥	95.68	月度累计
18		食品类支出小计		¥			788.68
20	不固定开支	1	外出就餐	银行卡	¥	278.00	1月15日
21		2	人情往来	现金	¥	500.00	1月20日
22		3	卫生用品	支付宝	¥	72.00	1月12日
23		4	衣服类	银行卡	¥	215.00	1月18日
24		5	书籍采购	支付宝	¥	169.88	1月19日
25		不固定开支小计		¥			1,234.88

家庭开支明细

5. 三维引用

三维引用是对跨工作表或工作簿中的单元格或单元格区域的引用。三维引用的形式为“[工作簿名]工作表名!单元格地址”。

小提示

跨工作簿引用单元格或单元格区域时，引用对象的前面必须用“!”作为工作表分隔符，用方括号作为工作簿分隔符，其一般形式为“[工作簿名]工作表名!单元格地址”。

6. 循环引用

当一个单元格内的公式直接或间接地引用了这个公式本身所在的单元格时，就把这种情况称为循环引用。在工作簿中使用循环引用时，在状态栏中会显示“循环引用”字样，并显示循环引用的单元格地址。

下面就使用单元格引用计算总开支，具体操作步骤如下。

步骤01 在打开的素材文件中选择E27单元格，在编辑栏中输入函数公式“=SUM(D10:D25)”，如下图所示。

SUM | =SUM(D10:D25)

	A	B	C	D	E	F
13	食品	2	肉类	支付宝	¥ 125.15	月度累计
14		3	调料	支付宝	¥ 45.50	月度累计
15		4	奶制品	支付宝	¥ 89.50	月度累计
16		5	水果类	支付宝	¥ 76.35	月度累计
17		6	零食饮品	微信	¥ 95.68	月度累计
18		食品类支出小计		¥		788.68
20	不固定开支	1	外出就餐	银行卡	¥ 278.00	1月15日
21		2	人情往来	现金	¥ 500.00	1月20日
22		3	卫生用品	支付宝	¥ 72.00	1月12日
23		4	衣服类	银行卡	¥ 215.00	1月18日
24		5	书籍采购	支付宝	¥ 169.88	1月19日
25		不固定开支小计		¥		1,234.88
26						
27		2022年1月家庭总开支			=SUM(D10:D25)	
28						

家庭开支明细

步骤02 单击【输入】按钮✓或者按【Enter】键，即可使用相对引用计算出总开支，如右上图所示。

E27 | =SUM(D10:D25)

	A	B	C	D	E	F
13	食品	2	肉类	支付宝	¥ 125.15	月度累计
14		3	调料	支付宝	¥ 45.50	月度累计
15		4	奶制品	支付宝	¥ 89.50	月度累计
16		5	水果类	支付宝	¥ 76.35	月度累计
17		6	零食饮品	微信	¥ 95.68	月度累计
18		食品类支出小计		¥		788.68
20	不固定开支	1	外出就餐	银行卡	¥ 278.00	1月15日
21		2	人情往来	现金	¥ 500.00	1月20日
22		3	卫生用品	支付宝	¥ 72.00	1月12日
23		4	衣服类	银行卡	¥ 215.00	1月18日
24		5	书籍采购	支付宝	¥ 169.88	1月19日
25		不固定开支小计		¥		1,234.88
26						
27		2022年1月家庭总开支			¥ 4,728.25	
28						

家庭开支明细

步骤03 选择E27单元格，在编辑栏中修改函数公式为“=SUM($D$10:$D$25)”，然后单击【输入】按钮，也可计算出总开支，此时的引用方式为绝对引用，如下图所示。

E27 | =SUM($D$10:$D$25)

	A	B	C	D	E	F
13	食品	2	肉类	支付宝	¥ 125.15	月度累计
14		3	调料	支付宝	¥ 45.50	月度累计
15		4	奶制品	支付宝	¥ 89.50	月度累计
16		5	水果类	支付宝	¥ 76.35	月度累计
17		6	零食饮品	微信	¥ 95.68	月度累计
18		食品类支出小计		¥		788.68
20	不固定开支	1	外出就餐	银行卡	¥ 278.00	1月15日
21		2	人情往来	现金	¥ 500.00	1月20日
22		3	卫生用品	支付宝	¥ 72.00	1月12日
23		4	衣服类	银行卡	¥ 215.00	1月18日
24		5	书籍采购	支付宝	¥ 169.88	1月19日
25		不固定开支小计		¥		1,234.88
26						
27		2022年1月家庭总开支			¥ 4,728.25	
28						

家庭开支明细

步骤04 再次选择E27单元格，在编辑栏中修改函数公式为“=$D$10+D18+$D25”，然后单击【输入】按钮，即可计算出总开支，此时的引用方式为混合引用，如下图所示。

E27 | =$D$10+D18+$D25

	A	B	C	D	E	F
13	食品	2	肉类	支付宝	¥ 125.15	月度累计
14		3	调料	支付宝	¥ 45.50	月度累计
15		4	奶制品	支付宝	¥ 89.50	月度累计
16		5	水果类	支付宝	¥ 76.35	月度累计
17		6	零食饮品	微信	¥ 95.68	月度累计
18		食品类支出小计		¥		788.68
20	不固定开支	1	外出就餐	银行卡	¥ 278.00	1月15日
21		2	人情往来	现金	¥ 500.00	1月20日
22		3	卫生用品	支付宝	¥ 72.00	1月12日
23		4	衣服类	银行卡	¥ 215.00	1月18日
24		5	书籍采购	支付宝	¥ 169.88	1月19日
25		不固定开支小计		¥		1,234.88
26						
27		2022年1月家庭总开支			¥ 4,728.25	
28						

家庭开支明细

8.2 制作员工薪资管理系统

员工薪资管理系统由工资表、员工基本信息表、销售奖金表、业绩奖金标准和税率表组成，每个工作表里的数据都需要经过大量的运算才能得出，各个工作表之间也需要使用函数相互调用。

8.2.1 输入函数

输入函数的方法很多，可以根据需要进行选择，但要做到准确、快速输入，具体操作步骤如下。

步骤01 打开“素材\ch08\员工薪资管理系统.xlsx”文件，选择“员工基本信息”工作表，并选择E3单元格，输入“=”，如下图所示。

员工基本信息表				
员工编号	员工姓名	入职日期	基本工资	五险一金
101001	刘一	2009/1/20	¥6,500.00	=
101002	陈二	2010/5/10	¥5,800.00	
101003	张三	2010/6/25	¥5,800.00	
101004	李四	2011/2/13	¥5,000.00	
101005	王五	2013/8/15	¥4,800.00	
101006	赵六	2015/4/20	¥4,200.00	
101007	孙七	2016/10/2	¥4,000.00	
101008	周八	2017/6/15	¥3,800.00	
101009	吴九	2018/5/20	¥3,600.00	
101010	郑十	2018/11/2	¥3,200.00	

步骤02 单击D3单元格，该单元格周围会显示活动的虚线框，同时编辑栏中会显示“=D3”，表示D3单元格已被引用，如下图所示。

员工基本信息表				
员工编号	员工姓名	入职日期	基本工资	五险一金
101001	刘一	2009/1/20	¥6,500.00	=D3
101002	陈二	2010/5/10	¥5,800.00	
101003	张三	2010/6/25	¥5,800.00	
101004	李四	2011/2/13	¥5,000.00	
101005	王五	2013/8/15	¥4,800.00	
101006	赵六	2015/4/20	¥4,200.00	
101007	孙七	2016/10/2	¥4,000.00	
101008	周八	2017/6/15	¥3,800.00	
101009	吴九	2018/5/20	¥3,600.00	
101010	郑十	2018/11/2	¥3,200.00	

步骤03 输入乘号“*”，并输入“12%”。按【Enter】键确认，即可完成公式的输入并得出结果，如下图所示。

员工基本信息表				
员工编号	员工姓名	入职日期	基本工资	五险一金
101001	刘一	2009/1/20	¥6,500.00	¥780.00
101002	陈二	2010/5/10	¥5,800.00	
101003	张三	2010/6/25	¥5,800.00	
101004	李四	2011/2/13	¥5,000.00	
101005	王五	2013/8/15	¥4,800.00	
101006	赵六	2015/4/20	¥4,200.00	
101007	孙七	2016/10/2	¥4,000.00	
101008	周八	2017/6/15	¥3,800.00	
101009	吴九	2018/5/20	¥3,600.00	
101010	郑十	2018/11/2	¥3,200.00	

步骤04 使用填充功能，填充至E12单元格，计算出所有员工的五险一金金额，如下图所示。

员工基本信息表				
员工编号	员工姓名	入职日期	基本工资	五险一金
101001	刘一	2009/1/20	¥6,500.00	¥780.00
101002	陈二	2010/5/10	¥5,800.00	¥696.00
101003	张三	2010/6/25	¥5,800.00	¥696.00
101004	李四	2011/2/13	¥5,000.00	¥600.00
101005	王五	2013/8/15	¥4,800.00	¥576.00
101006	赵六	2015/4/20	¥4,200.00	¥504.00
101007	孙七	2016/10/2	¥4,000.00	¥480.00
101008	周八	2017/6/15	¥3,800.00	¥456.00
101009	吴九	2018/5/20	¥3,600.00	¥432.00
101010	郑十	2018/11/2	¥3,200.00	¥384.00

8.2.2 自动更新员工基本信息

员工薪资管理系统中的最终数据都将显示在“工资表”工作表中，如果“员工基本信息”工作表中的基本信息改变，则“工资表”工作表中的相应数据也要随之改变。实现自动更新员工基本信息功能的具体操作步骤如下。

步骤01 选择“工资表”工作表，选择A3单元格。在编辑栏中输入公式“=TEXT(员工基本信息!A3,0)”，如右图所示。

员工薪资管理系统				
员工编号	员工姓名	应发工资	个人所得税	实发工资
=TEXT(员工基本信息!A3,0)				

步骤02 按【Enter】键确认，即可将“员工基本信息”工作表相应单元格的工号引用到“工资表”工作表的A3单元格，如下图所示。

步骤03 使用快速填充功能可以将公式填充在A4至A12单元格中，如下图所示。

步骤04 选择B3单元格，在编辑栏中输入“=TEXT(员工基本信息!B3,0)”。按【Enter】键确认，即可在B3单元格中显示员工姓名，如下图所示。

小提示

公式“=TEXT(员工基本信息!B3,0)”用于显示“员工基本信息”工作表中B3单元格中的员工姓名。

步骤05 使用快速填充功能可以将公式填充在B4至B12单元格中，如下图所示。

员工薪资管理系统

员工编号	员工姓名	应发工资	个人所得税	实发工资
101001	刘一			
101002	陈二			
101003	张三			
101004	李四			
101005	王五			
101006	赵六			
101007	孙七			
101008	周八			
101009	吴九			
101010	郑十			

8.2.3 计算奖金及扣除数据

奖金是企业员工工资的重要组成部分，奖金根据员工的业绩被划分为几个等级，每个等级的奖金比例也不同，具体操作步骤如下。

步骤01 切换至“销售奖金表”工作表，选择D3单元格，在单元格中输入公式“=HLOOKUP(C3,业绩奖金标准!$B$2:$F$3,2)”，如右图所示。

步骤02 按【Enter】键确认，即可得出奖金比例，如下图所示。

D3 =HLOOKUP(C3,业绩奖金标准!$B$2:$F$3,2)

销售业绩表				
员工编号	员工姓名	销售额	奖金比例	奖金
101001	张XX	48000	0.1	
101002	王XX	38000		
101003	李XX	52000		
101004	赵XX	45000		
101005	钱XX	45000		
101006	孙XX	62000		
101007	李XX	30000		
101008	胡XX	34000		
101009	马XX	24000		
101010	刘XX	8000		

员工基本信息　销售奖金表

步骤03 使用填充柄将公式填充进其余单元格，如下图所示。

D12 =HLOOKUP(C12,业绩奖金标准!$B$2:$F$3,2)

销售业绩表				
员工编号	员工姓名	销售额	奖金比例	奖金
101001	张XX	48000	0.1	
101002	王XX	38000	0.07	
101003	李XX	52000	0.15	
101004	赵XX	45000	0.1	
101005	钱XX	45000	0.1	
101006	孙XX	62000	0.15	
101007	李XX	30000	0.07	
101008	胡XX	34000	0.07	
101009	马XX	24000	0.03	
101010	刘XX	8000	0	

员工基本信息　销售奖金表

步骤04 选择E3单元格，在单元格中输入公式“=IF(C3<50000,C3*D3,C3*D3+500)”，如下图所示。

SUM =IF(C3<50000,C3*D3,C3*D3+500)

销售业绩表				
员工编号	员工姓名	销售额	奖金比例	奖金
101001	张XX	48000	0.1	500)
101002	王XX	38000	0.07	
101003	李XX	52000	0.15	
101004	赵XX	45000	0.1	
101005	钱XX	45000	0.1	
101006	孙XX	62000	0.15	
101007	李XX	30000	0.07	
101008	胡XX	34000	0.07	
101009	马XX	24000	0.03	
101010	刘XX	8000	0	

员工基本信息　销售奖金表

步骤05 按【Enter】键确认，即可计算出该员工的奖金，如下图所示。

E3 =IF(C3<50000,C3*D3,C3*D3+500)

销售业绩表				
员工编号	员工姓名	销售额	奖金比例	奖金
101001	张XX	48000	0.1	4800
101002	王XX	38000	0.07	
101003	李XX	52000	0.15	
101004	赵XX	45000	0.1	
101005	钱XX	45000	0.1	
101006	孙XX	62000	0.15	
101007	李XX	30000	0.07	
101008	胡XX	34000	0.07	
101009	马XX	24000	0.03	
101010	刘XX	8000	0	

员工基本信息　销售奖金表

步骤06 使用快速填充功能得出其余员工的奖金，如下图所示。

E12 =IF(C12<50000,C12*D12,C12*D12+500)

销售业绩表				
员工编号	员工姓名	销售额	奖金比例	奖金
101001	张XX	48000	0.1	4800
101002	王XX	38000	0.07	2660
101003	李XX	52000	0.15	8300
101004	赵XX	45000	0.1	4500
101005	钱XX	45000	0.1	4500
101006	孙XX	62000	0.15	9800
101007	李XX	30000	0.07	2100
101008	胡XX	34000	0.07	2380
101009	马XX	24000	0.03	720
101010	刘XX	8000	0	0

员工基本信息　销售奖金表

公司对加班会有相应的奖励，而迟到、请假则会扣除部分工资，下面在“奖励扣除表”中计算奖励和扣除数据，具体操作步骤如下。

步骤01 切换至“奖励扣除表”工作表，选择E3单元格，输入公式“=C3-D3”，如下图所示。

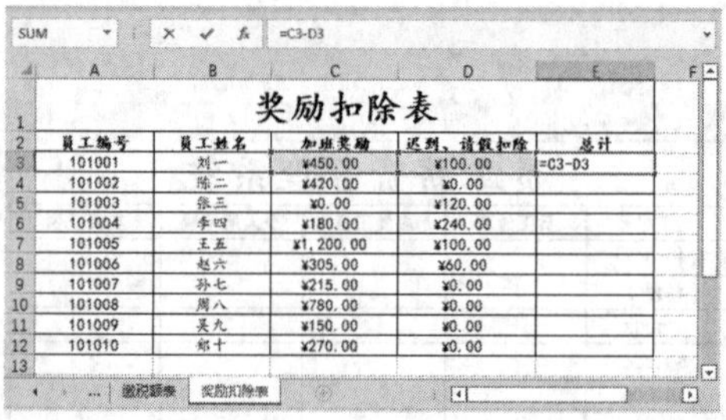

SUM =C3-D3

奖励扣除表				
员工编号	员工姓名	加班奖励	迟到、请假扣除	总计
101001	刘一	¥450.00	¥100.00	=C3-D3
101002	陈二	¥420.00	¥0.00	
101003	张三	¥0.00	¥120.00	
101004	李四	¥180.00	¥240.00	
101005	王五	¥1,200.00	¥100.00	
101006	赵六	¥305.00	¥60.00	
101007	孙七	¥215.00	¥0.00	
101008	周八	¥780.00	¥0.00	
101009	吴九	¥150.00	¥0.00	
101010	郑十	¥270.00	¥0.00	

缴税额表　奖励扣除表

步骤02 按【Enter】键确认，即可得出员工“刘一”的应奖励或扣除数据，如下图所示。

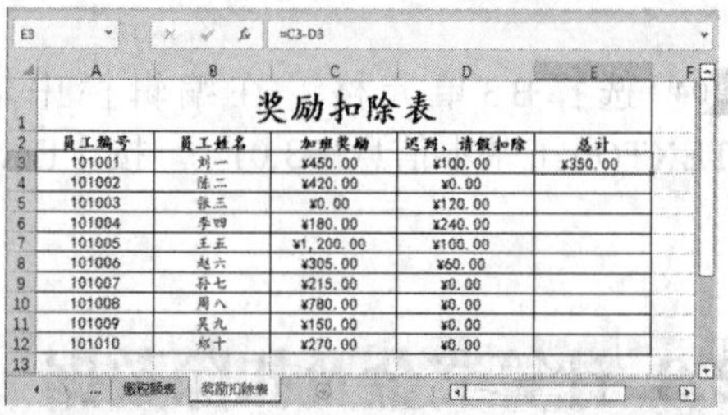

E3 =C3-D3

奖励扣除表				
员工编号	员工姓名	加班奖励	迟到、请假扣除	总计
101001	刘一	¥450.00	¥100.00	¥350.00
101002	陈二	¥420.00	¥0.00	
101003	张三	¥0.00	¥120.00	
101004	李四	¥180.00	¥240.00	
101005	王五	¥1,200.00	¥100.00	
101006	赵六	¥305.00	¥60.00	
101007	孙七	¥215.00	¥0.00	
101008	周八	¥780.00	¥0.00	
101009	吴九	¥150.00	¥0.00	
101010	郑十	¥270.00	¥0.00	

缴税额表　奖励扣除表

步骤03 使用填充功能，计算出每位员工的奖励或扣除数据，如果结果中用括号包括数值，则表示为负值，即应扣除数据，如下图所示。

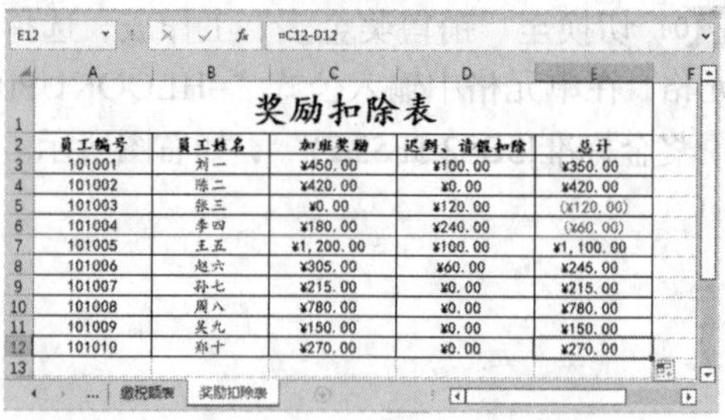

E12 =C12-D12

奖励扣除表				
员工编号	员工姓名	加班奖励	迟到、请假扣除	总计
101001	刘一	¥450.00	¥100.00	¥350.00
101002	陈二	¥420.00	¥0.00	¥420.00
101003	张三	¥0.00	¥120.00	(¥120.00)
101004	李四	¥180.00	¥240.00	(¥60.00)
101005	王五	¥1,200.00	¥100.00	¥1,100.00
101006	赵六	¥305.00	¥60.00	¥245.00
101007	孙七	¥215.00	¥0.00	¥215.00
101008	周八	¥780.00	¥0.00	¥780.00
101009	吴九	¥150.00	¥0.00	¥150.00
101010	郑十	¥270.00	¥0.00	¥270.00

缴税额表　奖励扣除表

8.2.4 计算个人所得税

个人所得税根据个人收入的不同，实行阶梯形式的征收税率，因此直接计算起来比较复杂。在本案例中，直接给出了当月应缴税额，直接使用函数引用即可，具体操作步骤如下。

1. 计算应发工资

步骤01 切换至“工资表”工作表，选择C3单元格，如下图所示。

员工薪资管理系统

员工编号	员工姓名	应发工资	个人所得税	实发工资
101001	刘一			
101002	陈二			
101003	张三			
101004	李四			
101005	王五			
101006	赵六			
101007	孙七			
101008	周八			
101009	吴九			
101010	郑十			

步骤02 在单元格中输入公式“=员工基本信息!D3-员工基本信息!E3+销售奖金表!E3”，如下图所示。

=员工基本信息!D3-员工基本信息!E3+销售奖金表!E3

员工薪资管理系统

员工编号	员工姓名	应发工资	个人所得税	实发工资
101001	刘一	售奖金表!E3		
101002	陈二			
101003	张三			
101004	李四			
101005	王五			
101006	赵六			
101007	孙七			
101008	周八			
101009	吴九			
101010	郑十			

步骤03 按【Enter】键确认，即可计算出当前员工的应发工资，如下图所示。

=员工基本信息!D3-员工基本信息!E3+销售奖金表!E3

员工薪资管理系统

员工编号	员工姓名	应发工资	个人所得税	实发工资
101001	刘一	¥10, 520. 0		
101002	陈二			
101003	张三			
101004	李四			
101005	王五			
101006	赵六			
101007	孙七			
101008	周八			
101009	吴九			
101010	郑十			

步骤04 使用快速填充功能得出其余员工的应发工资，如下图所示。

=员工基本信息!D12-员工基本信息!E12+销售奖金表!E12

员工薪资管理系统

员工编号	员工姓名	应发工资	个人所得税	实发工资
101001	刘一	¥10, 520. 0		
101002	陈二	¥7, 764. 0		
101003	张三	¥13, 404. 0		
101004	李四	¥8, 900. 0		
101005	王五	¥8, 724. 0		
101006	赵六	¥13, 496. 0		
101007	孙七	¥5, 620. 0		
101008	周八	¥5, 724. 0		
101009	吴九	¥3, 888. 0		
101010	郑十	¥2, 816. 0		

2. 计算个人所得税

步骤01 计算员工“刘一”的个人所得税，在“工资表”工作表中选择D3单元格。在单元格中输入公式“=VLOOKUP(A3,缴税额表!$A$3:$B$12,2,0)”，如下图所示。

=VLOOKUP(A3,缴税额表!$A$3:$B$12,2,0)

员工薪资管理系统

员工编号	员工姓名	应发工资	个人所得税	实发工资
101001	刘一	¥10, 520. 0	0)	
101002	陈二	¥7, 764. 0		
101003	张三	¥13, 404. 0		
101004	李四	¥8, 900. 0		
101005	王五	¥8, 724. 0		
101006	赵六	¥13, 496. 0		
101007	孙七	¥5, 620. 0		
101008	周八	¥5, 724. 0		
101009	吴九	¥3, 888. 0		
101010	郑十	¥2, 816. 0		

小提示

公式“=VLOOKUP(A3,缴税额表!$A$3:$B$12,2,0)”是指在“缴税额表”的A3:B12单元格区域中，查找与A3单元格相同的值，并返回第2列数据，0表示精确查找。

步骤02 按【Enter】键，即可得出员工“刘一”应缴纳的个人所得税，如下页图所示。

D3 =VLOOKUP(A3,缴税额表!$A$3:$B$12,2,0)

员工薪资管理系统

员工编号	员工姓名	应发工资	个人所得税	实发工资
101001	刘一	¥10,520.0	¥849.0	
101002	陈二	¥7,764.0		
101003	张三	¥13,404.0		
101004	李四	¥8,900.0		
101005	王五	¥8,724.0		
101006	赵六	¥13,496.0		
101007	孙七	¥5,620.0		
101008	周八	¥5,724.0		
101009	吴九	¥3,888.0		
101010	郑十	¥2,816.0		

工资表 | 员工基本信息 | 销售奖金表 ...

步骤03 使用快速填充功能填充其余单元格，计算出其余员工应缴纳的个人所得税，如下图所示。

D12 =VLOOKUP(A12,缴税额表!$A$3:$B$12,2,0)

员工薪资管理系统

员工编号	员工姓名	应发工资	个人所得税	实发工资
101001	刘一	¥10,520.0	¥849.0	
101002	陈二	¥7,764.0	¥321.4	
101003	张三	¥13,404.0	¥1,471.0	
101004	李四	¥8,900.0	¥525.0	
101005	王五	¥8,724.0	¥489.8	
101006	赵六	¥13,496.0	¥1,494.0	
101007	孙七	¥5,620.0	¥107.0	
101008	周八	¥5,724.0	¥117.4	
101009	吴九	¥3,888.0	¥11.6	
101010	郑十	¥2,816.0	¥0.0	

工资表 | 员工基本信息 | 销售奖金表 ...

8.2.5 计算个人实发工资

实发工资由基本工资、五险一金扣除、奖金、加班奖励、其他扣除等组成。在“工资表”工作表中计算实发工资的具体操作步骤如下。

步骤01 在“工资表”工作表，单击E3单元格，输入公式“=C3-D3+奖励扣除表!E3”。按【Enter】键确认，即可得出员工“刘一”的实发工资，如下图所示。

E3 =C3-D3+奖励扣除表!E3

员工薪资管理系统

员工编号	员工姓名	应发工资	个人所得税	实发工资
101001	刘一	¥10,520.0	¥849.0	¥10,021.0
101002	陈二	¥7,764.0	¥321.4	
101003	张三	¥13,404.0	¥1,471.0	
101004	李四	¥8,900.0	¥525.0	
101005	王五	¥8,724.0	¥489.8	
101006	赵六	¥13,496.0	¥1,494.0	
101007	孙七	¥5,620.0	¥107.0	
101008	周八	¥5,724.0	¥117.4	
101009	吴九	¥3,888.0	¥11.6	
101010	郑十	¥2,816.0	¥0.0	

工资表 | 员工基本信息 | 销售奖金表 ...

步骤02 使用填充柄将公式填充进其余单元格，得出其余员工的实发工资，如下图所示。

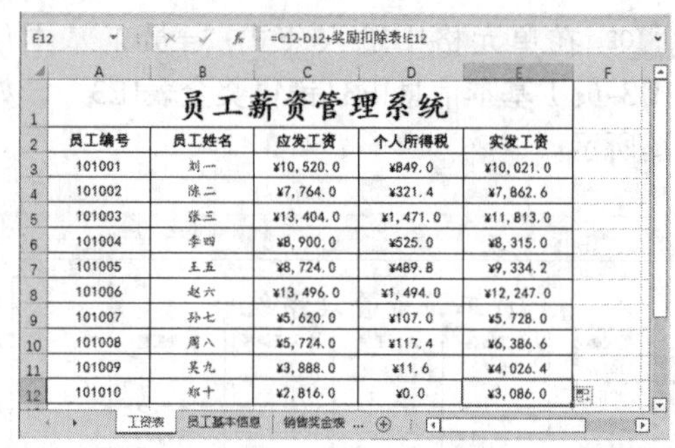

E12 =C12-D12+奖励扣除表!E12

员工薪资管理系统

员工编号	员工姓名	应发工资	个人所得税	实发工资
101001	刘一	¥10,520.0	¥849.0	¥10,021.0
101002	陈二	¥7,764.0	¥321.4	¥7,862.6
101003	张三	¥13,404.0	¥1,471.0	¥11,813.0
101004	李四	¥8,900.0	¥525.0	¥8,315.0
101005	王五	¥8,724.0	¥489.8	¥9,334.2
101006	赵六	¥13,496.0	¥1,494.0	¥12,247.0
101007	孙七	¥5,620.0	¥107.0	¥5,728.0
101008	周八	¥5,724.0	¥117.4	¥6,386.6
101009	吴九	¥3,888.0	¥11.6	¥4,026.4
101010	郑十	¥2,816.0	¥0.0	¥3,086.0

工资表 | 员工基本信息 | 销售奖金表 ...

至此，就完成了员工薪资管理系统的制作。

8.3 其他常用函数

本节介绍几种常用函数的使用方法。

8.3.1 使用IF函数根据绩效判断应发的奖金

IF函数是Excel中最常用的函数之一，它允许进行逻辑值和看到的内容之间的比较。当比较结果为Ture，则执行某些操作，否则执行其他操作。

IF函数的功能、格式和参数，如下表所示。

IF函数	
功能	IF函数通过判断指定的条件为“真”（TRUE）或“假”（FALSE）来返回相对应的内容
格式	IF(logical_test,value_if_true,[value_if_false])
参数	logical_test：必需参数，表示判断的条件
	value_if_true：必需参数，表示当判断条件为逻辑“真”（TRUE）时，显示该处给定的内容，如果省略，返回“TRUE”
	value_if_false：可选参数，表示当判断条件为逻辑“假”（FALSE）时，显示该处给定的内容，如果省略，返回“FALSE”

IF函数可以嵌套64层关系式，用参数value_if_true和value_if_false构造复杂的判断条件进行综合评测。不过，在实际工作中，则不建议这样做，因为多个IF语句要求大量的条件，不容易确保逻辑完全正确。

在对员工进行绩效考核评定时，可以根据员工的业绩来分配奖金。例如当业绩大于或等于10 000时，给予奖金2 000元，否则给予奖金1 000元。

步骤01 打开“素材\ch08\员工业绩表.xlsx”文件，在单元格C2中输入公式“=IF(B2>=10000,2000,1000)”，按【Enter】键即可计算出该员工的奖金，如下图所示。

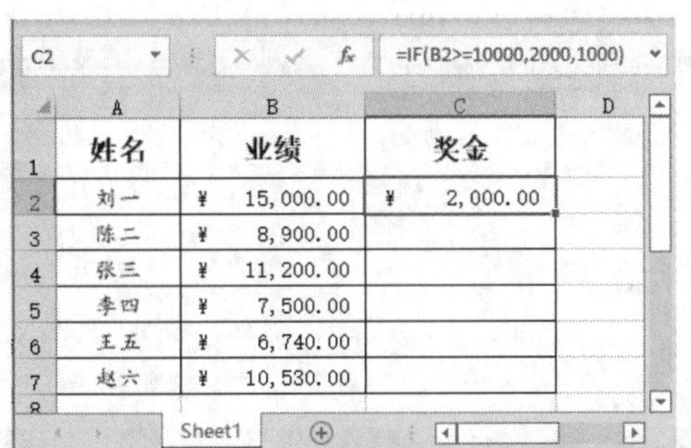

步骤02 利用填充功能，填充其他单元格，计算其他员工的奖金，如下图所示。

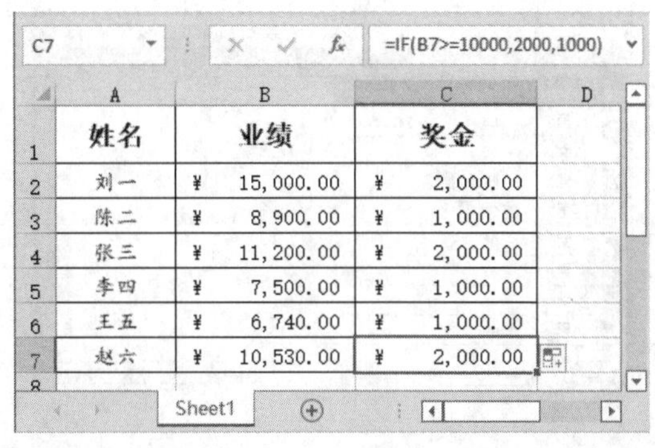

8.3.2 使用OR函数根据员工性别和年龄判断员工是否退休

OR函数是较为常用的逻辑函数，表示“或”的逻辑关系。当任何一个参数的逻辑值为真时，该函数返回TRUE；当所有参数都为假时，则返回FALSE。

OR函数功能、格式和参数，如下表所示。

OR函数	
功能	如果任何一个参数逻辑值为 TRUE，即返回 TRUE；所有参数的逻辑值为FALSE，即返回FALSE
格式	OR(logical1, [logical2], …)

续表

OR函数	
参数	logical1, logical2,…：logical1是必需的，后续逻辑值是可选的。这些是1～255个需要进行判断的条件，结果可以为TRUE或FALSE
说明	参数必须计算为逻辑值，如 TRUE 或 FALSE，或者为包含逻辑值的数组或引用。 如果数组或引用参数中包含文本或空白单元格，则这些值将被忽略。 如果指定的区域中不包含逻辑值，则 OR返回错误值 #VALUE!。 可以使用 OR 数组公式以查看数组中是否出现了某个值。若要输入数组公式，请按【Ctrl+Shift+Enter】组合键

例如，对员工信息进行统计记录后，需要根据年龄判断职工退休与否，这里可以使用OR结合AND函数来实现。首先根据相关规定设定退休条件为男员工60岁，女员工55岁。

步骤01 打开 "素材\ch08\员工退休统计表.xlsx"文件，选择D2单元格，在编辑栏中输入公式"=OR(AND(B2="男",C2>60),AND(B2="女",C2>55))"，按【Enter】键即可根据该员工的性别和年龄判断其是否退休。如果是，显示"TRUE"；反之，则显示"FALSE"，如下图所示。

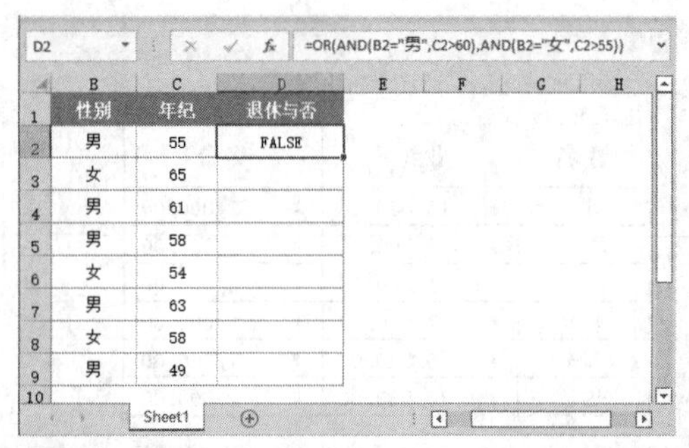

步骤02 利用填充功能，填充其他单元格，判断其他职工是否退休，如下图所示。

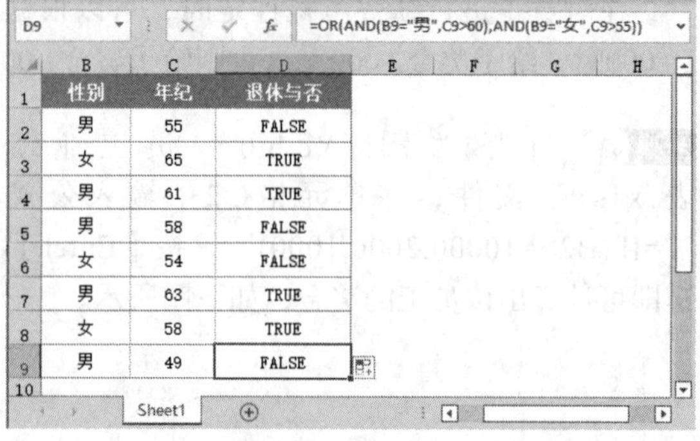

8.3.3 使用HOUR函数计算员工当日工资

HOUR函数用于返回时间值的小时数，其功能、格式和参数，如下表所示。

HOUR函数	
功能	HOUR函数用于返回时间值的小时数，计算某个时间值或者代表时间的序列编号对应的小时数，该小时数是指定在0和23之间（包括0和23）的整数（表示一天中某个小时）
格式	HOUR(serial_number)
参数	serial_number：表示需要计算小时数的时间值。这个参数的数据格式是Excel可以识别的所有时间格式

例如，员工上班的工时工资是25元/小时，可以使用HOUR函数计算员工一天的工资，具体操作步骤如下。

步骤 01 打开"素材\ch08\当日工资表.xlsx"文件，设置D2:D7单元格区域格式为"常规"，在D2单元格中输入公式"=HOUR(C2-B2)*25"，按【Enter】键，得出计算结果，如下图所示。

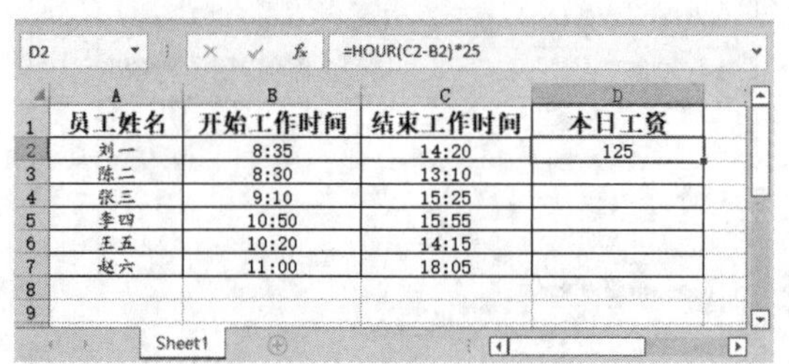

员工姓名	开始工作时间	结束工作时间	本日工资
刘一	8:35	14:20	125
陈二	8:30	13:10	
张三	9:10	15:25	
李四	10:50	15:55	
王五	10:20	14:15	
赵六	11:00	18:05	

步骤 02 利用快速填充功能，完成其他员工的本日工资计算，如下图所示。

员工姓名	开始工作时间	结束工作时间	本日工资
刘一	8:35	14:20	125
陈二	8:30	13:10	100
张三	9:10	15:25	150
李四	10:50	15:55	125
王五	10:20	14:15	75
赵六	11:00	18:05	175

8.3.4 使用SUMIFS函数统计某日期区间的销售金额

SUMIF函数是对满足一个条件的值进行相加，而SUMIFS函数可以用于计算满足多个条件的全部参数的总和。SUMIFS函数的功能、格式和参数，如下表所示。

SUMIFS函数	
功能	对一组满足给定条件指定的单元格的值求和
格式	SUMIFS(sum_range, criteria_range1, criteria1, [criteria_range2, criteria2], ...)
参数	sum_range：必需参数，表示对一个或多个单元格的值求和，单元格的值包括数字或包含数字的名称、名称、区域或单元格引用，空值和文本值将被忽略
	criteria_range1：必需参数，表示在其中计算关联条件的第一个区域
	criteria1：必需参数，表示条件的形式为数字、表达式、单元格引用或文本，可用来定义对criteria_range参数中的哪些单元格的值求和
	criteria_range2, criteria2, …：可选参数，表示附加的区域及其关联条件。最多可以输入127个区域/条件对

例如，如果需要对区域 A1:A20 中的单元格的数值求和，且需符合以下条件：B1:B20 中的相应数值大于零(0)且C1:C20 中的相应数值小于10，可以采用如下公式。

=SUMIFS(A1:A20,B1:B20," >0" ,C1:C20," <10")

如果想要在销售统计表中统计出一定日期区间内的销售金额，可以使用SUMIFS函数来实现。例如，想要计算2022年2月1日到2022年2月10日的销售金额，具体操作步骤如下。

步骤 01 打开"素材\ch08\统计某日期区域的销售金额.xlsx"文件。选择B10单元格，单击【插入函数】按钮 fx，如下图所示。

日期	产品名称	产品类型	销售量	销售金额
2022/2/2	洗衣机	电器	15	12000
2022/2/22	冰箱	电器	3	15000
2022/2/3	衣柜	家居	8	7200
2022/2/24	跑步机	健身器材	2	4600
2022/2/5	双人床	家居	5	4500
2022/2/26	空调	电器	7	21000
2022/2/10	收腹机	健身器材	16	3200

步骤 02 弹出【插入函数】对话框，单击【或选择类别】下拉列表框中的下拉按钮，在弹出的下拉列表中选择【数学与三角函数】选项，在【选择函数】列表框中选择【SUMIFS】函数，单击【确定】按钮，如下图所示。

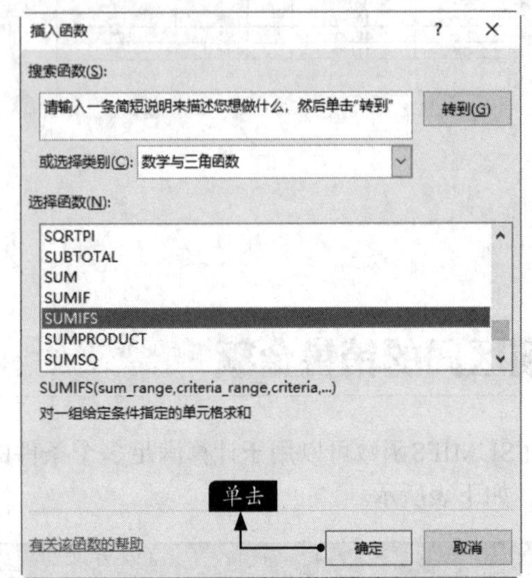

步骤 03 弹出【函数参数】对话框，单击【Sum_range】文本框右侧的按钮，如下图所示。

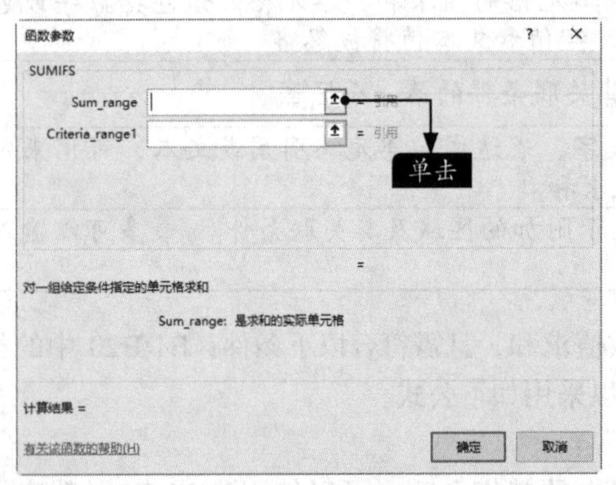

步骤 04 返回工作表，选择E2:E8单元格区域，单击【函数参数】对话框右侧的按钮，如下图所示。

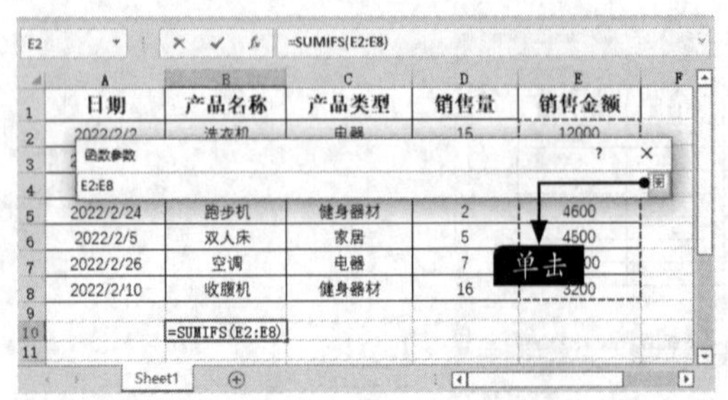

步骤 05 返回【函数参数】对话框，使用同样的方法设置参数【Criteria_range1】的数据区域为A2:A8单元格区域，如下图所示。

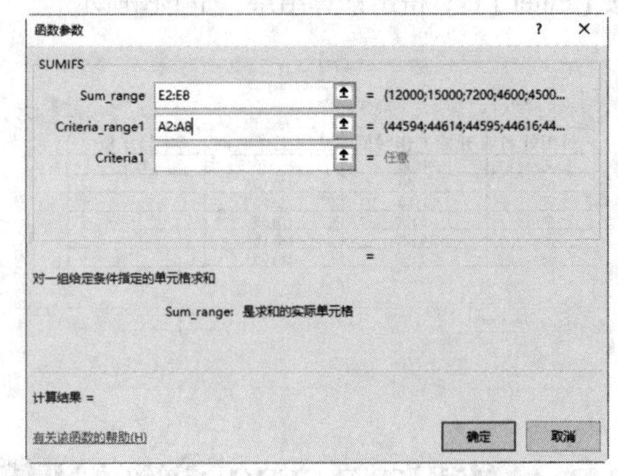

步骤 06 在【Criteria1】文本框中输入"">2022-2-1""，即设置区域1的条件参数为"">2022-2-1""，如下图所示。

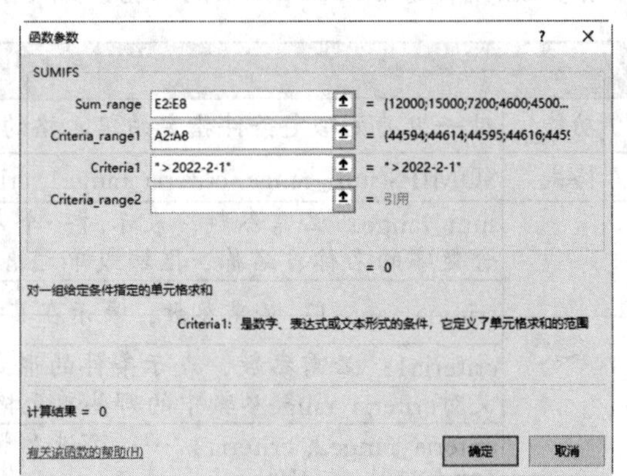

步骤 07 使用同样的方法设置【Criteria2】为"A2:A8"，条件参数为""<2022-2-10""，单击【确定】按钮，如下图所示。

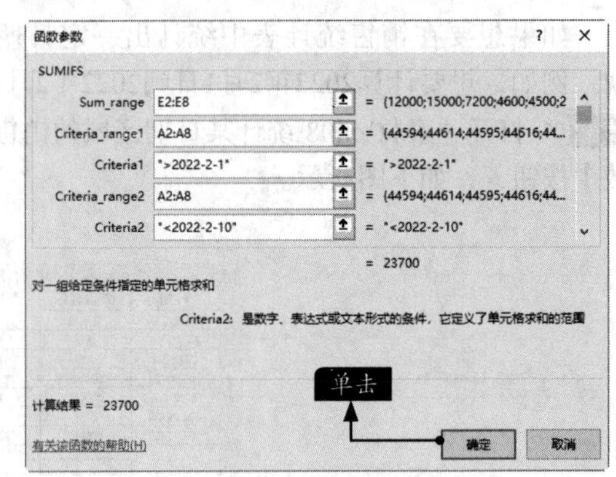

步骤08 返回工作表，即可计算出2022年2月1日到2022年2月10日的销售金额，在编辑栏中显示出计算公式“=SUMIFS(E2:E8,A2:A8,">2022-2-1",A2:A8,"<2022-2-10")”，如下图所示。

B10 =SUMIFS(E2:E8,A2:A8,">2022-2-1",A2:A8,"<2022-2-10")

	A	B	C	D	E
1	日期	产品名称	产品类型	销售量	销售金额
2	2022/2/2	洗衣机	电器	15	12000
3	2022/2/22	冰箱	电器	3	15000
4	2022/2/3	衣柜	家居	8	7200
5	2022/2/24	跑步机	健身器材	2	4600
6	2022/2/5	双人床	家居	5	4500
7	2022/2/26	空调	电器	7	21000
8	2022/2/10	收腹机	健身器材	16	3200
9					
10		23700			
11					

Sheet1

8.3.5 使用PRODUCT函数计算每件商品的金额

PRODUCT函数用来计算给出数字的乘积，其功能、格式和参数，如下表所示。

PRODUCT函数	
功能	使所有以参数形式给出的数字相乘并返回乘积
格式	PRODUCT(number1,[number2],…)
参数	number1：必需参数表示要相乘的第一个数字或单元格区域
	number2,…：可选参数表示要相乘的其他数字或单元格区域，最多可以使用255个参数

例如，A1和A2单元格中包含数字，则可以使用公式“=PRODUCT(A1,A2)”将这两个数字相乘，也可以通过使用乘*数学运算符（如“=A1*A2”）执行相同的操作。

当需要使很多单元格的值相乘时，PRODUCT函数会很有用。例如，公式“=PRODUCT(A1:A3,C1:C3)”等价于“=A1*A2*A3*C1*C2*C3”。

如果要在乘积结果后乘某个数值，例如，公式“=PRODUCT(A1:A2,2)”等价于“=A1*A2*2”。

例如，一些公司会不定时为商品做促销活动，需要根据商品的单价、数量以及折扣来计算每件商品的金额，使用PRODUCT函数可以实现这一操作。

步骤01 打开“素材\ch08\计算每件商品的金额.xlsx”文件，选择E2单元格，在编辑栏中输入公式“=PRODUCT(B2,C2,D2)”，按【Enter】键，即可计算出该产品的金额，如下图所示。

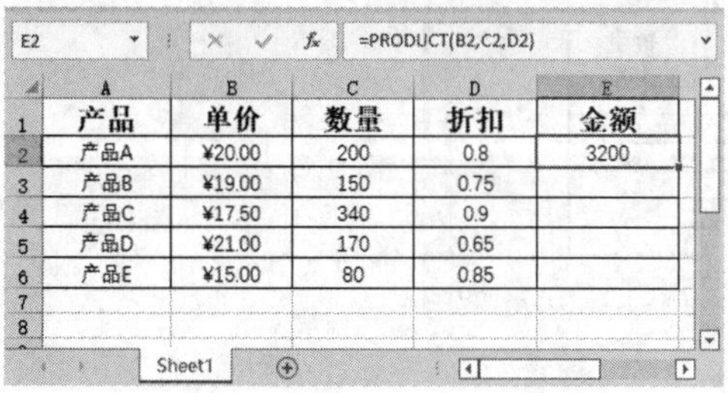

E2 =PRODUCT(B2,C2,D2)

	A	B	C	D	E
1	产品	单价	数量	折扣	金额
2	产品A	¥20.00	200	0.8	3200
3	产品B	¥19.00	150	0.75	
4	产品C	¥17.50	340	0.9	
5	产品D	¥21.00	170	0.65	
6	产品E	¥15.00	80	0.85	
7					
8					

Sheet1

步骤02 利用快速填充功能，完成对其他产品金额的计算，如下图所示。

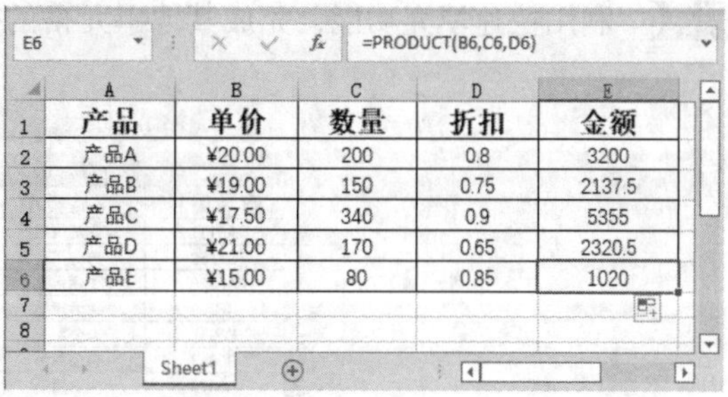

E6 =PRODUCT(B6,C6,D6)

	A	B	C	D	E
1	产品	单价	数量	折扣	金额
2	产品A	¥20.00	200	0.8	3200
3	产品B	¥19.00	150	0.75	2137.5
4	产品C	¥17.50	340	0.9	5355
5	产品D	¥21.00	170	0.65	2320.5
6	产品E	¥15.00	80	0.85	1020
7					
8					

Sheet1

8.3.6 使用FIND函数判断商品的类型

FIND函数是用于查找文本字符串的函数，其功能、格式和参数，如下表所示。

FIND函数	
功能	查找文本字符串函数。以字符为单位，查找一个文本字符串在另一个字符串中出现的起始位置编号
格式	FIND(find_text, within_text, start_num)
参数	find_text：必需参数，表示要查找的文本或文本所在的单元格。输入要查找的文本需要用双引号引起来
	within_text：必需参数，表示要查找的文本或文本所在的单元格
	start_num：必需参数，指定开始搜索的字符。如果省略start_num，则其值为1
备注	如果find_text为空文本("")，则FIND会匹配搜索字符串中的文本（编号为start_num或1的字符）。 find_text不能包含任何通配符。 如果within_text中没有find_text，则FIND返回错误值#VALUE!。 如果start_num不大于0，则FIND返回错误值#VALUE!。 如果start_num大于within_text的长度，则FIND返回错误值#VALUE!

例如，仓库中有两种商品，假设商品编号以“A”开头的为生活用品，以“B”开头的为办公用品。使用FIND函数可以判断商品的类型，商品编号以“A”开头的商品显示为“生活用品”，否则显示为“办公用品”。下面通过FIND函数来判断商品的类型。

步骤01 打开“素材\ch08\判断商品的类型.xlsx”文件，选择B2单元格，在其中输入公式“=IF(ISERROR(FIND("A",A2)),IF(ISERROR(FIND("B",A2)),"","办公用品"),"生活用品")”，按【Enter】键，即可显示该商品的类型，如下图所示。

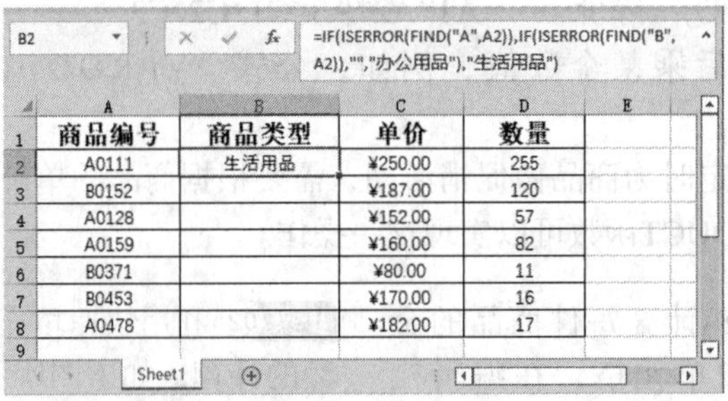

B2 =IF(ISERROR(FIND("A",A2)),IF(ISERROR(FIND("B",A2)),"","办公用品"),"生活用品")

	A	B	C	D	E
1	商品编号	商品类型	单价	数量	
2	A0111	生活用品	¥250.00	255	
3	B0152		¥187.00	120	
4	A0128		¥152.00	57	
5	A0159		¥160.00	82	
6	B0371		¥80.00	11	
7	B0453		¥170.00	16	
8	A0478		¥182.00	17	
9					

Sheet1

步骤02 利用快速填充功能，完成其他单元格的操作，如下图所示。

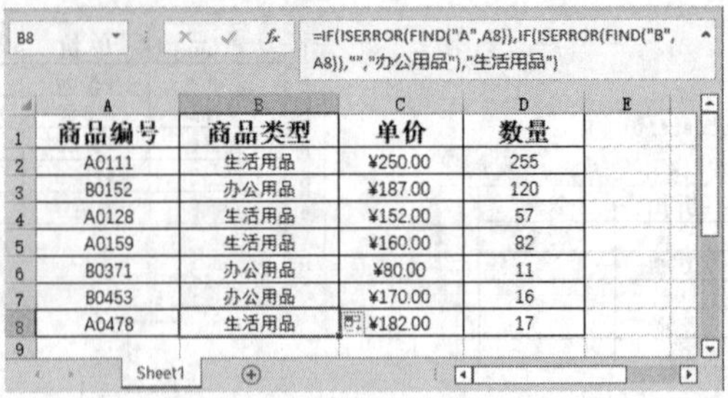

B8 =IF(ISERROR(FIND("A",A8)),IF(ISERROR(FIND("B",A8)),"","办公用品"),"生活用品")

	A	B	C	D	E
1	商品编号	商品类型	单价	数量	
2	A0111	生活用品	¥250.00	255	
3	B0152	办公用品	¥187.00	120	
4	A0128	生活用品	¥152.00	57	
5	A0159	生活用品	¥160.00	82	
6	B0371	办公用品	¥80.00	11	
7	B0453	办公用品	¥170.00	16	
8	A0478	生活用品	¥182.00	17	
9					

Sheet1

8.3.7 使用LOOKUP函数计算多人的销售业绩总和

LOOKUP函数可以在单行区域、单列区域或数组中查找值。LOOKUP函数具有两种语法形式：向量形式和数组形式，如下表所示。

语法形式	功能	用法
向量形式	在单行区域或单列区域（称为“向量”）中查找值，然后返回第二个单行区域或单列区域中相同位置的值	当要查询的值列表较大或者值可能会随时间而改变时，使用向量形式
数组形式	在数组的第一行或第一列中查找指定的值，然后返回数组的最后一行或最后一列中相同位置的值	当要查询的值列表较小或者值在一段时间内保持不变时，使用数组形式

（1）向量形式

向量是只含一行或一列的区域。LOOKUP函数的向量形式的作用是在单行区域或单列区域中查找值，然后返回第二个单行区域或单列区域中相同位置的值。当用户要指定包含要匹配的值的区域时，请使用LOOKUP函数的向量形式。LOOKUP函数的另一种形式将自动在第一行或第一列中进行查找。LOOKUP函数的向量形式的功能、格式和参数如下表所示。

LOOKUP函数：向量形式	
功能	向量形式的LOOKUP函数可以在单行或单列区域中查找值
格式	LOOKUP(lookup_value, lookup_vector, [result_vector])
参数	lookup_value：必需参数，表示LOOKUP函数在第一个向量中搜索的值。lookup_value可以是数字、文本、逻辑值、名称或对值的引用
	lookup_vector：必需参数，只包含一行或一列的区域。lookup_vector的值可以是文本、数字或逻辑值
	result_vector：可选参数，只包含一行或一列的区域。result_vector参数必须与lookup_vector大小相同
说明	如果LOOKUP函数找不到lookup_value，则该函数会与lookup_vector中小于或等于lookup_value的最大值进行匹配。 如果lookup_value小于lookup_vector中的最小值，则LOOKUP会返回错误值#N/A

（2）数组形式

LOOKUP函数的数组形式的作用是在数组的第一行或第一列中查找指定的值，并返回数组最后一行或最后一列中同一位置的值。当要匹配的值位于数组的第一行或第一列中时，请使用LOOKUP函数的数组形式。当要指定列或行的位置时，请使用LOOKUP函数的另一种形式。

LOOKUP函数的数组形式与HLOOKUP和VLOOKUP函数非常相似，区别在于：HLOOKUP函数在第一行中搜索lookup_value的值，VLOOKUP函数在第一列中搜索，而LOOKUP函数根据数组维度进行搜索。一般情况下，最好使用HLOOKUP或VLOOKUP函数，而不是LOOKUP函数的数组形式。LOOKUP函数的这种形式是为了与其他电子表格程序兼容而提供的。LOOKUP函数的数组形式的功能、格式和参数如下页表所示。

<table>
<tr><th colspan="2">LOOKUP函数：数组形式</th></tr>
<tr><td>功能</td><td>LOOKUP函数的数组形式在数组的第一行或第一列中查找指定的值，并返回数组最后一行或最后一列内同一位置的值</td></tr>
<tr><td>格式</td><td>LOOKUP(lookup_value,array)</td></tr>
<tr><td rowspan="2">参数</td><td>lookup_value：必需参数，表示LOOKUP函数在数组中搜索的值。lookup_value可以是数字、文本、逻辑值、名称或对值的引用</td></tr>
<tr><td>array：必需参数，包含要与lookup_value进行比较的数字、文本或逻辑值的单元格区域</td></tr>
<tr><td>说明</td><td>如果数组包含宽度比高度大的区域（列数多于行数）LOOKUP函数会在第一行中搜索lookup_value的值。
如果数组是正方的或者高度大于宽度（行数多于列数），LOOKUP函数会在第一列中进行搜索。
使用HLOOKUP和VLOOKUP函数，用户可以通过索引以向下或遍历的方式搜索，但是LOOKUP始终选择行或列中的最后一个值</td></tr>
</table>

例如，使用LOOKUP函数，在选中区域处于升序条件下可查找多个值。

步骤01 打开“素材\ch08\销售业绩总和.xlsx”文件，选择A3:A8单元格区域，单击【数据】选项卡下【排序与筛选】组中的【升序】按钮进行排序，如下图所示。

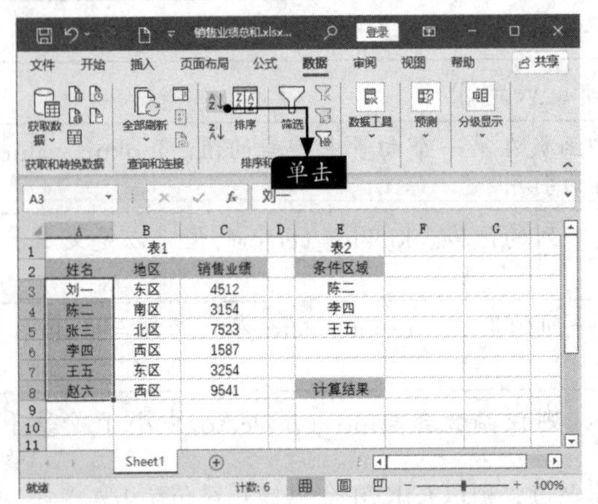

步骤02 弹出【排序提醒】对话框，选中【扩展选定区域】单选按钮，单击【排序】按钮，如下图所示。

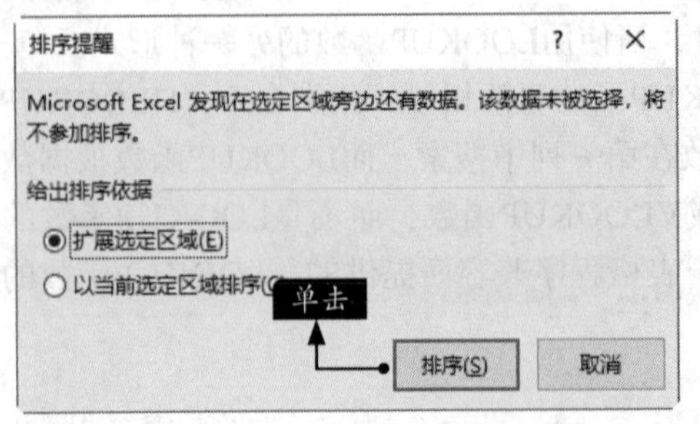

步骤03 排序结果如下图所示。

	A	B	C	D	E	F
1		表1			表2	
2	姓名	地区	销售业绩		条件区域	
3	陈二	南区	3154		陈二	
4	李四	西区	1587		李四	
5	刘一	东区	4512		王五	
6	王五	东区	3254			
7	张三	北区	7523			
8	赵六	西区	9541		计算结果	
9						

步骤04 选择F8单元格，输入公式“=SUM(LOOKUP(E3:E5,A3:C8))”，按【Ctrl+Shift+Enter】组合键，即可计算出结果，如下图所示。

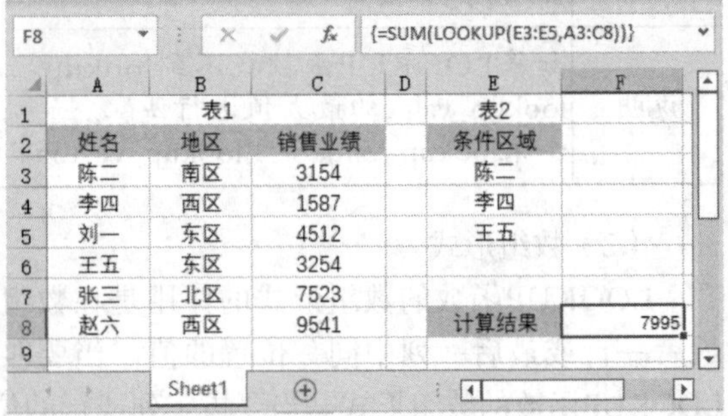

8.3.8 使用COUNTIF函数查询重复的电话记录

COUNTIF函数是一个统计函数，用于统计满足某个条件的单元格的数量。COUNTIF函数的功能、格式及参数，如下表所示。

COUNTIF函数	
功能	对区域中满足单个指定条件的单元格进行计数
格式	COTNTIF（range,criteria）
参数	range：必需参数，表示要对其进行计数的一个或多个单元格，其中包括数字或名称、数组或包含数字的引用，空值或文本值将被忽略
	criteria：必需参数，用来确定将对哪些单元格进行计数，可以是数字、表达式、单元格引用或文本字符串

例如，通过使用IF函数和COUNTIF函数，可以轻松统计出重复数据，具体的操作步骤如下。

步骤01 打开“素材\ch08\来电记录表.xlsx”文件，在D3单元格中输入公式“=IF((COUNTIF($C$3:$C$10,C3))>1,"重复","")”，按【Enter】键，即可计算出电话来访记录是否存在重复，如下图所示。

步骤02 使用填充柄快速填充D4:D10单元格区域，最终计算结果如下图所示。

高手私房菜

技巧1：同时计算多个单元格数值

在Excel中，当对某行或某列的单元格使用相同公式计算时，除了计算某个单元格数值，然后对其他单元格进行填充外，还有一种快捷的计算方法，可以同时计算多个单元格的数值。

步骤01 打开“素材\ch08\计算每件商品的金额.xlsx”文件，选择要计算的E2:E6单元格区域，然后输入公式“=PRODUCT(B2,C2,D2)”，如下页图所示。

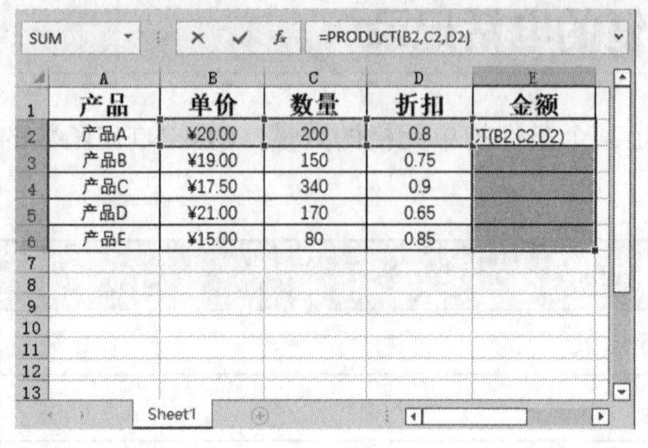

SUM =PRODUCT(B2,C2,D2)

	A	B	C	D	E
1	产品	单价	数量	折扣	金额
2	产品A	¥20.00	200	0.8	T(B2,C2,D2)
3	产品B	¥19.00	150	0.75	
4	产品C	¥17.50	340	0.9	
5	产品D	¥21.00	170	0.65	
6	产品E	¥15.00	80	0.85	

步骤02 按【Ctrl+Enter】组合键，即可计算出所选单元格区域中各单元格的数值，如下图所示。

E2 =PRODUCT(B2,C2,D2)

	A	B	C	D	E
1	产品	单价	数量	折扣	金额
2	产品A	¥20.00	200	0.8	3200
3	产品B	¥19.00	150	0.75	2137.5
4	产品C	¥17.50	340	0.9	5355
5	产品D	¥21.00	170	0.65	2320.5
6	产品E	¥15.00	80	0.85	1020

平均值: 2806.6 计数: 5 求和: 14033

技巧2：查看部分公式的运行结果

如果一个公式过于复杂，可以查看各部分公式的运算结果，具体的操作步骤如下。

步骤01 在工作表中输入如下图所示的内容，并在B5单元格中输入“=A1+A3-A2+A4”，按【Enter】键，即可在B5中显示运算结果，如下图所示。

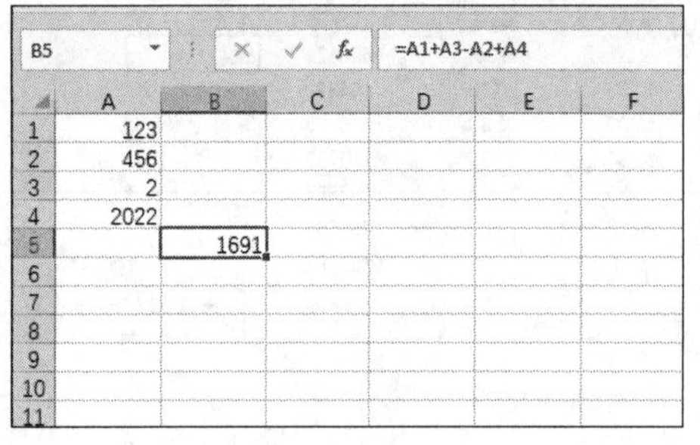

B5 =A1+A3-A2+A4

	A	B
1	123	
2	456	
3	2	
4	2022	
5		1691

步骤02 在编辑栏的公式中选择“A1+A3-A2”，按【F9】键，即可显示此公式的部分运算结果，如下图所示。

SUM =-331+A4

	A	B
1	123	
2	456	
3	2	
4	2022	
5		=-331+A4

第9章

制作PowerPoint演示文稿

用PowerPoint 2021（以下简称“PowerPoint”）制作幻灯片，可以使演示文稿有声有色、图文并茂，也可以使报告取得最佳效果。此外，对文字与图片的适当编辑也可以突出报告的重点内容，使公司同事能够快速浏览报告或演示文稿中的优点与不足，提高工作效率。

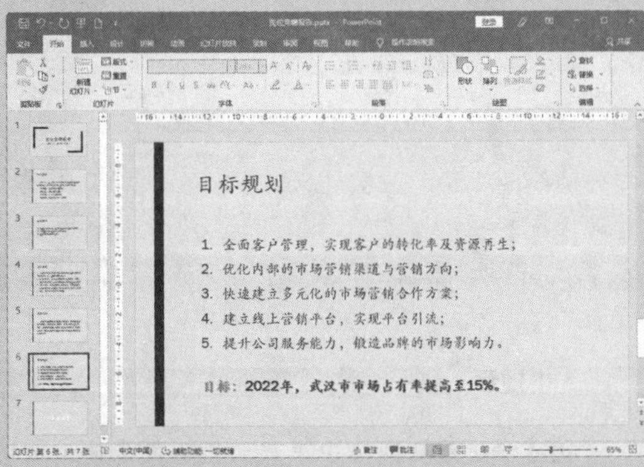

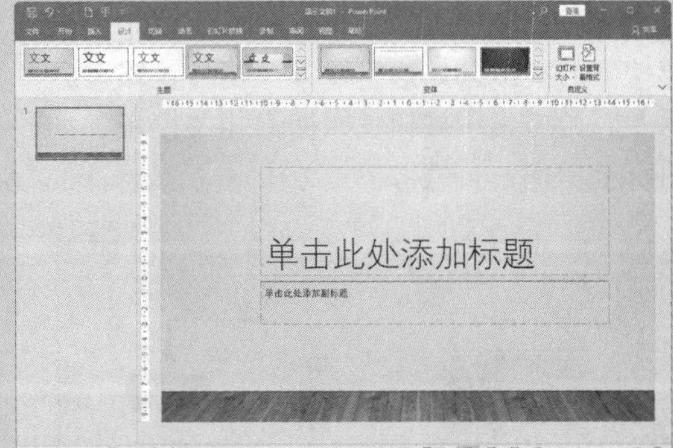

9.1 制作销售策略演示文稿

销售策略演示文稿主要用于展示公司的销售策划方案。在PowerPoint中，可以使用多种方法创建演示文稿，还可以修改幻灯片的主题并编辑幻灯片的母版等。

本节以制作销售策略演示文稿为例介绍幻灯片的基本制作方法。

9.1.1 使用联机模板创建演示文稿

PowerPoint中有大量的联机模板，用户可在设计不同类别的演示文稿时选择使用，既美观漂亮，又可节省大量时间。

步骤01 在【文件】选项卡下，选择【新建】选项，在右侧【新建】界面显示了多种PowerPoint的联机模板，如下图所示。

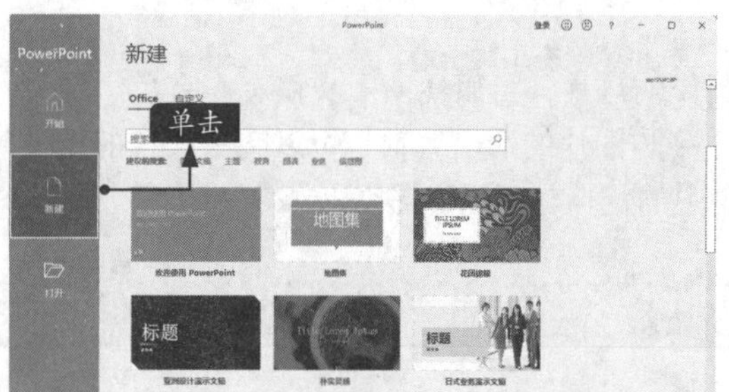

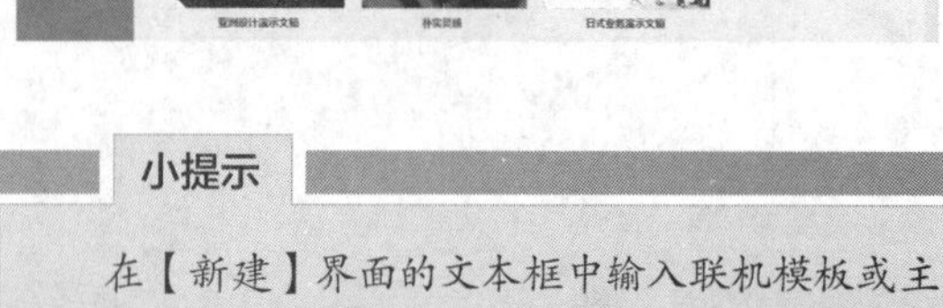

小提示

在【新建】界面的文本框中输入联机模板或主题的名称，然后单击【开始搜索】按钮即可快速找到需要的联机模板或主题。

步骤02 在“搜索联机模板和主题”文本框中输入要搜索的模板，如这里输入“销售策略”，单击【开始搜索】按钮，搜索相关模板，如下图所示。

步骤03 在搜索结果中单击任意一个搜索结果的按钮，在弹出的预览界面中单击【创建】按钮，如下图所示。

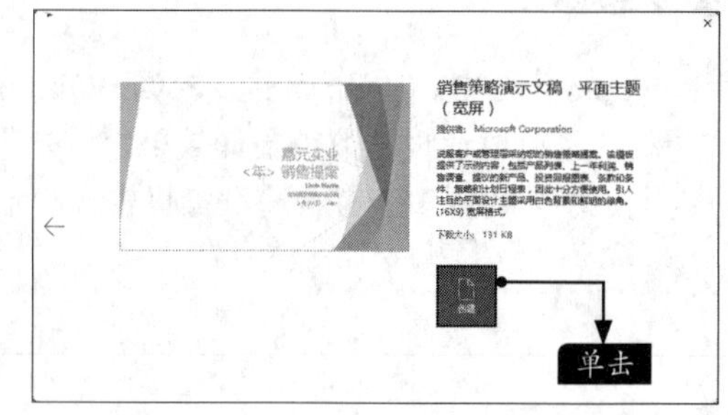

步骤04 即可创建演示文稿，效果如下图所示。

小提示

也可以使用从网络中下载的模板或者使用本书赠送资源中的模板创建演示文稿。

9.1.2 修改幻灯片的主题

创建演示文稿后，用户可以对幻灯片的主题进行修改，具体操作步骤如下。

步骤 01 使用模板创建演示文稿后，单击【设计】选项卡下【主题】组中的【其他】按钮，在弹出的下拉列表中选择【柏林】选项，如下图所示。

步骤 02 即可更换不同颜色效果的主题，如下图所示。

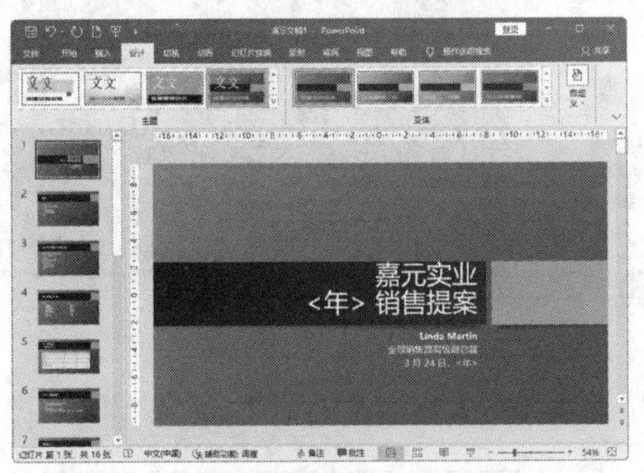

步骤 03 选择【变体】组中的其他效果，如这里选择第2种效果，如下图所示。

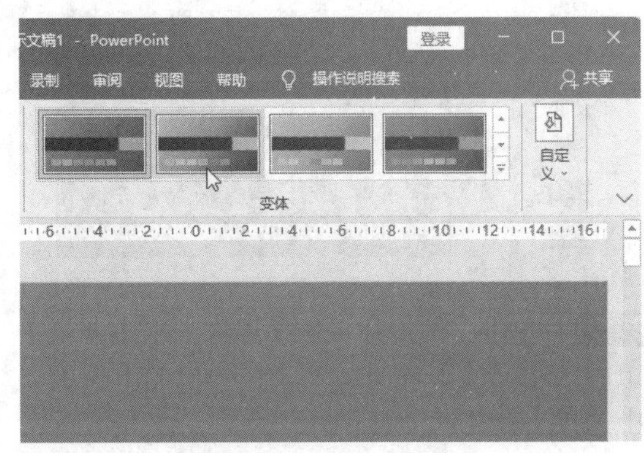

步骤 04 即可修改幻灯片的主题，如下图所示。

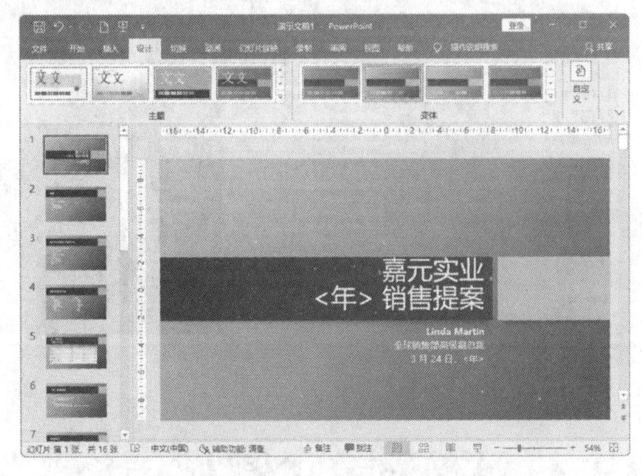

9.1.3 编辑母版

在幻灯片母版视图下可以为整个演示文稿设置相同的颜色、字体、背景和效果等，具体操作步骤如下。

步骤 01 接上一小节的操作，单击【视图】选项卡下【母版视图】组中的【幻灯片母版】按钮，如下图所示。

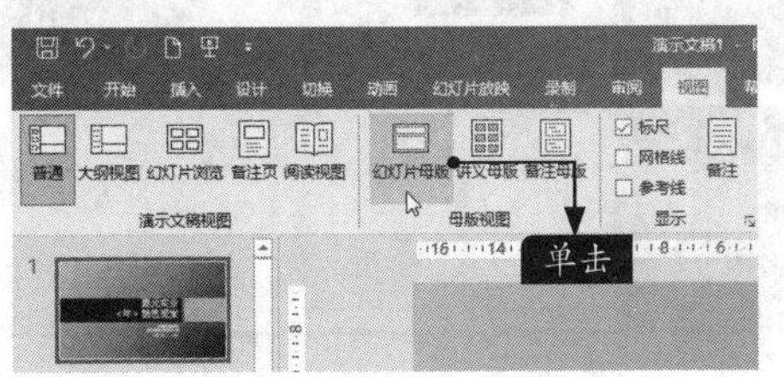

步骤 02 单击后，即可打开一个新的【幻灯片母版】选项卡，如下图所示。

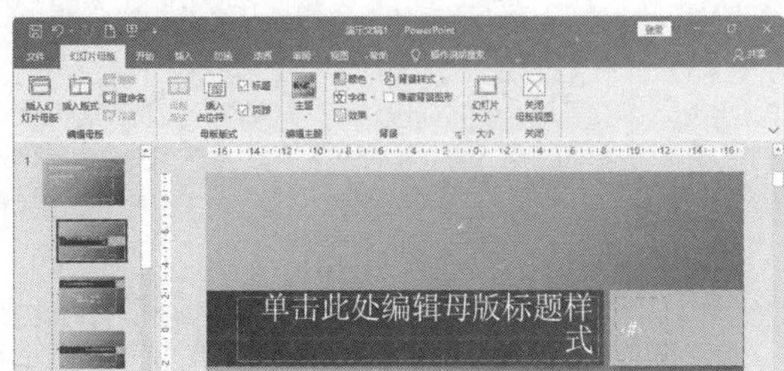

步骤03 用户选择幻灯片中的文本占位符，在【开始】选项卡下，可以设置文本格式，如下图所示。

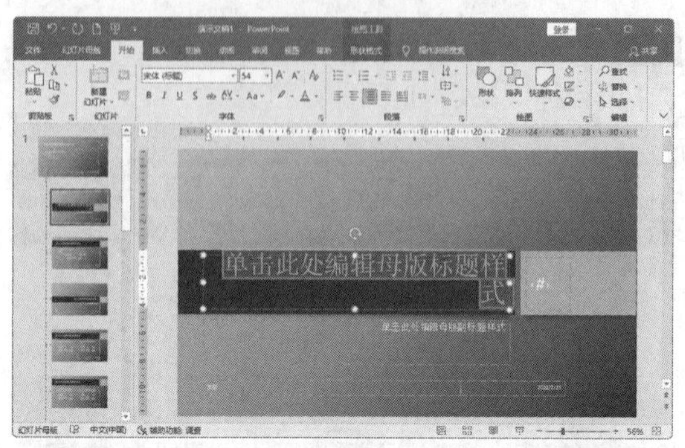

步骤04 单击【幻灯片母版】选项卡下【背景】组中的【颜色】按钮颜色，在弹出的下拉列表中选择一种颜色，如下图所示。

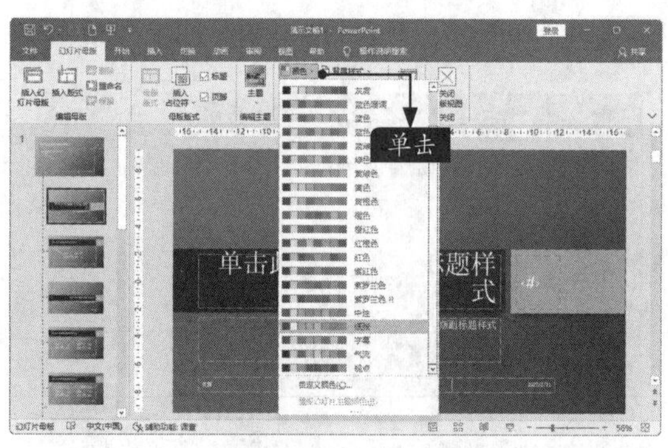

步骤05 单击【背景】组中的【背景样式】按钮，在弹出的下拉列表中选择一种背景样式，如下图所示。

步骤06 编辑母版后的效果如下图所示，单击【幻灯片母版】选项卡下【关闭】组中的【关闭母版视图】按钮，关闭母版视图，如下图所示。

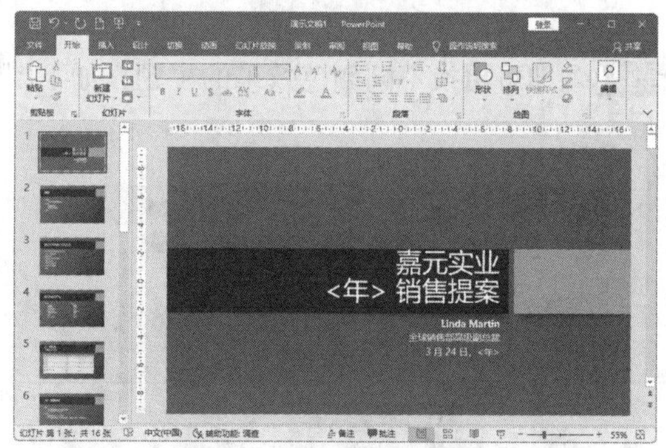

9.1.4 保存演示文稿

编辑完演示文稿后，需要将演示文稿保存起来，以便以后使用。保存演示文稿的具体操作步骤如下。

步骤01 编辑母版后，制作销售策略演示文稿，单击快速访问工具栏上的【保存】按钮，或在【文件】选项卡，在打开的列表中选择【保存】选项，在右侧的【另存为】界面中单击【浏览】按钮，如右图所示。

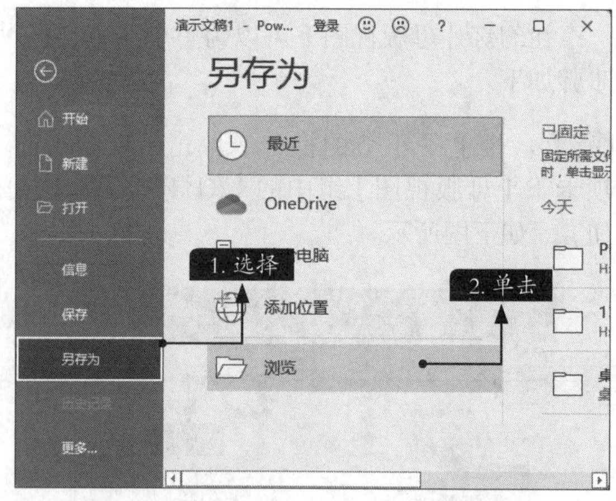

步骤02 弹出【另存为】对话框，选择演示文稿的保存位置，在【文件名】文本框中输入演示文稿的名称，单击【保存】按钮即可，如右图所示。

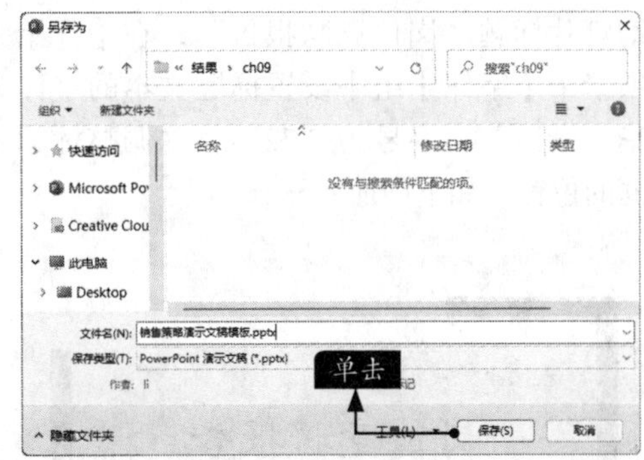

小提示

如果用户需要为当前演示文稿重命名、更换保存位置或改变演示文稿类型，则可以选择【文件】→【另存为】选项，在【另存为】界面中单击【浏览】按钮，将弹出【另存为】对话框。在【另存为】对话框中设置演示文稿的新文件名、保存位置和保存类型后，单击【保存】按钮即可另存演示文稿。

9.2 制作岗位竞聘报告演示文稿

岗位竞聘报告一般也称竞聘演讲，即竞聘者在竞聘会议上向与会者发表阐述自己的条件、优势及对竞聘岗位的认识等。

在做岗位竞聘报告时借助演示文稿，既可以使报告内容更为生动，也可以更好地传递准确的信息。本节以制作岗位竞聘报告演示文稿为例介绍幻灯片的制作方法。

9.2.1 制作幻灯片首页

制作岗位竞聘报告演示文稿时，首先要制作的是幻灯片首页，具体操作步骤如下。

步骤01 打开PowerPoint，新建一个演示文稿。单击【设计】选项卡下【主题】组中的【其他】按钮▽，在弹出的下拉列表中选择一种主题，如下图所示。

步骤02 例如这里选择【剪切】主题作为幻灯片的主题，如下图所示。

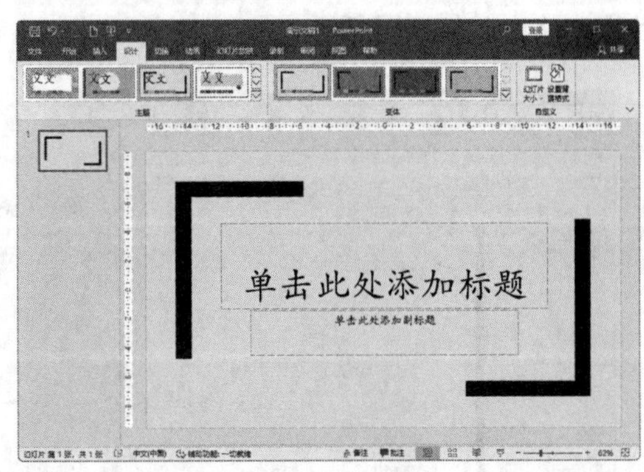

步骤03 选择幻灯片中的文本占位符，将其修改

为幻灯片标题"岗位竞聘报告"，在【开始】选项卡下【字体】组中设置标题文本的字体为"华文楷体"，字号为"72"，并调整标题文本框的位置，如下图所示。

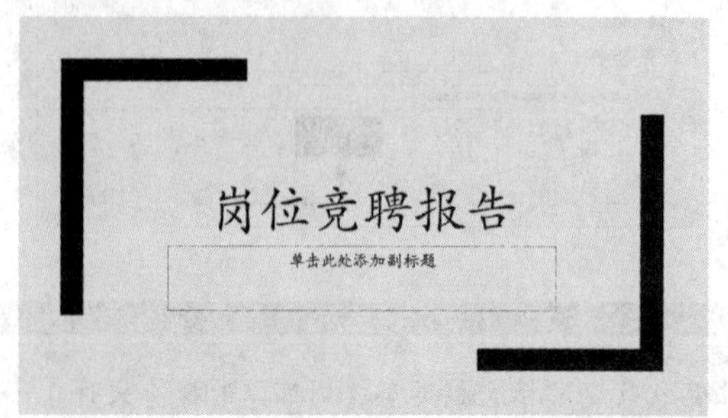

步骤04 重复上面的操作步骤，在副标题文本框中输入副标题文本，并设置文本格式，调整文本框的位置，如下图所示。

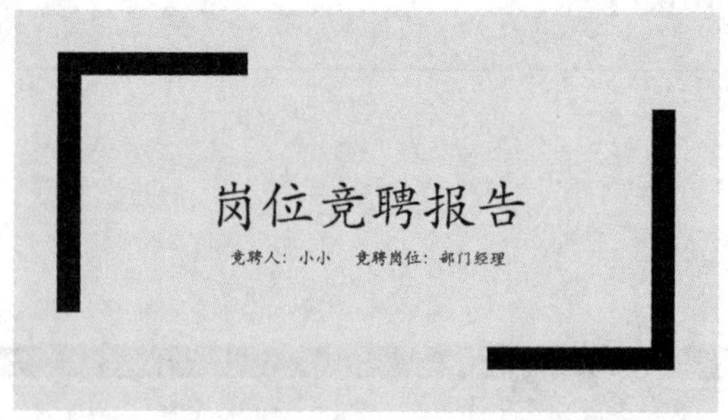

9.2.2 新建幻灯片

幻灯片首页制作完成后，需要新建幻灯片以承载岗位竞聘报告的主要内容，具体操作步骤如下。

步骤01 单击【开始】选项卡下【幻灯片】组中的【新建幻灯片】下拉按钮，在弹出的下拉列表中选择【标题和内容】选项，如下图所示。

步骤02 新建的幻灯片即显示在左侧的【幻灯片】窗格中，如下图所示。

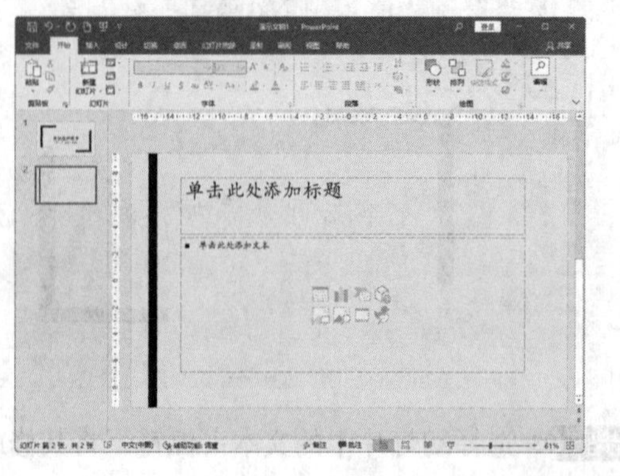

步骤03 在【幻灯片】窗格中右击，在弹出的快捷菜单中选择【新建幻灯片】命令，如下图所示。

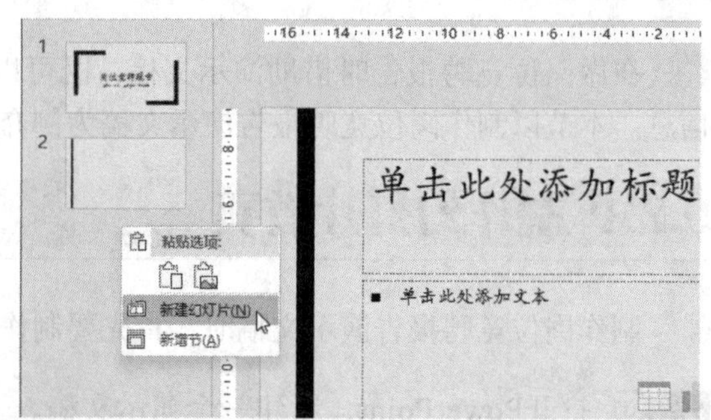

步骤04 即可快速新建幻灯片，如下图所示。

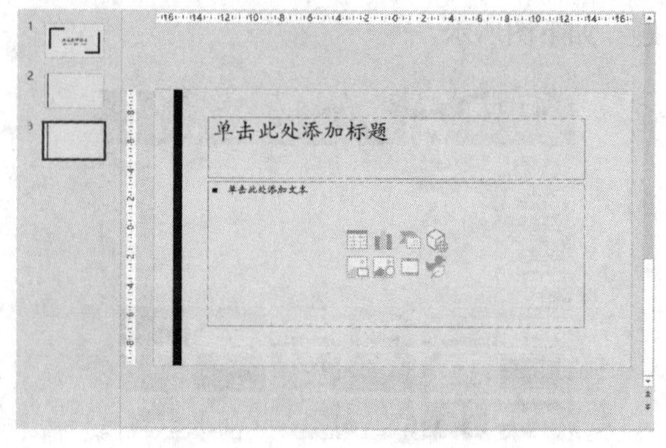

9.2.3 为内容页添加和编辑文本

1. 输入文本

在普通视图中，幻灯片中会出现“单击此处添加标题”或“单击此处添加副标题”等提示文本框。这种文本框统称为“文本占位符”。

在文本占位符中输入文本是最基本、最方便的一种输入方式。在文本占位符上单击即可输入文本，同时输入的文本会自动替换文本占位符中的提示性文字。

步骤01 选择“标题和内容”幻灯片，单击“单击此处添加标题”文本框，如下图所示。

步骤02 在标题文本框中输入标题“个人资料”，如下图所示。

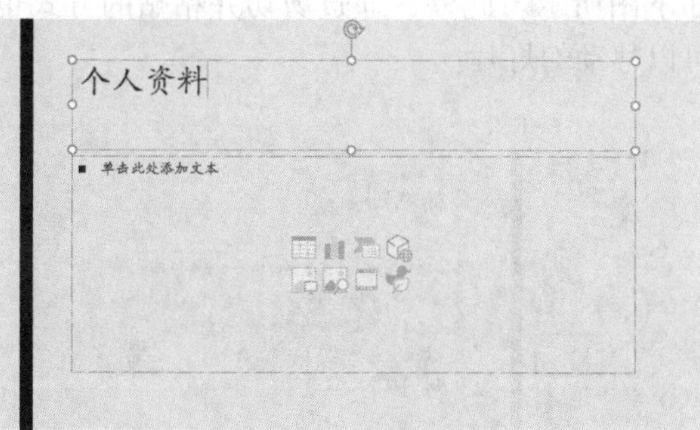

小提示

另外，也可以单击【插入】选项卡下【文本】组中的【文本框】按钮，添加文本框以输入文本内容。

步骤03 在“单击此处添加文本”文本框上单击，可直接输入文字，例如将“素材\ch09\竞聘报告.txt”中的内容复制到幻灯片中，如右上图所示。

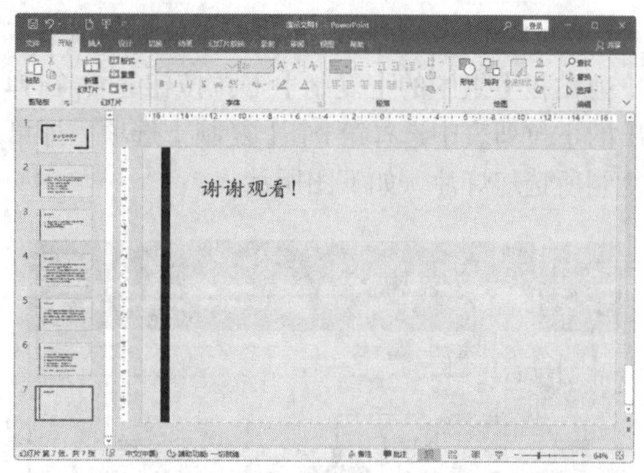

步骤04 使用同样的方法，新建幻灯片，将“素材\ch09\竞聘报告.txt”中的其他内容复制到新建的幻灯片中，如下图所示。

2. 选择文本

如果要更改文本或者设置文本的字体样式，可以先选择文本。将鼠标指针定位至要选择文本的起始位置，按住鼠标左键并拖曳，选择结束，释放鼠标左键即可选择文本，如下图所示。

3. 移动文本

PowerPoint中的文本都是在文本占位符或者文本框中显示的，可以根据需要移动文本的位置。选择要移动文本的文本占位符或文本框，按住鼠标左键并拖曳，至合适位置释放鼠标左键，即可完成移动文本的操作，如右图所示。

9.2.4 复制和移动幻灯片

用户可以在演示文稿中复制和移动幻灯片，复制和移动幻灯片的具体操作步骤如下。

1. 复制幻灯片

（1）选择幻灯片，单击【开始】选项卡下【剪贴板】组中的【复制】下拉按钮，在弹出的下拉列表中选择第1个【复制】选项，即可复制所选幻灯片，如下图所示。

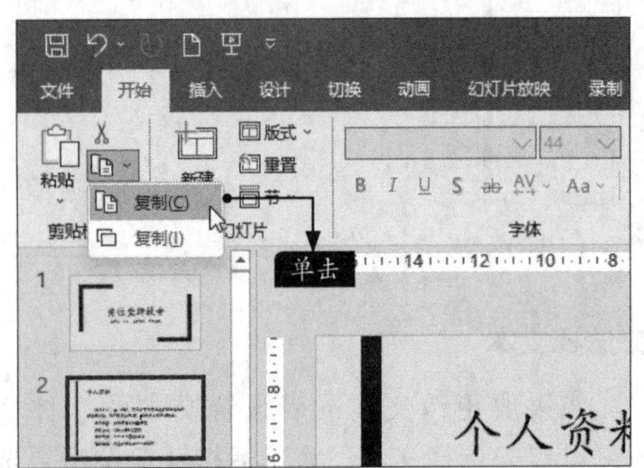

（2）在要复制的幻灯片上右击，在弹出的快捷菜单中选择【复制】命令，即可复制所选幻灯片，如右上图所示。

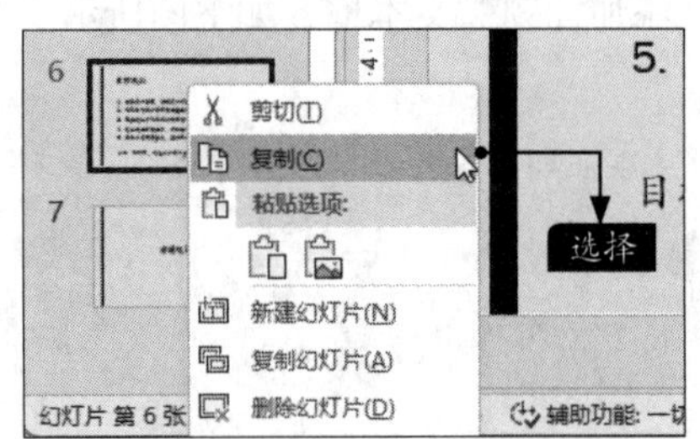

2. 移动幻灯片

选择需要移动的幻灯片并按住鼠标左键，拖曳幻灯片至目标位置，松开鼠标左键即可，如下图所示。此外，通过剪切并粘贴的方式也可以移动幻灯片。

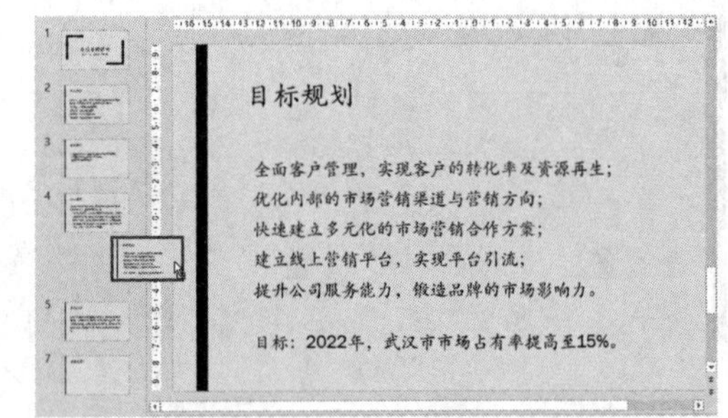

9.2.5 设置字体格式和段落格式

本节主要介绍字体格式和段落格式的设置方法。

1. 设置字体格式

用户可以根据需要设置字体的格式。

步骤 01 选择第7张幻灯片中要设置字体格式的文本，如下页图所示。

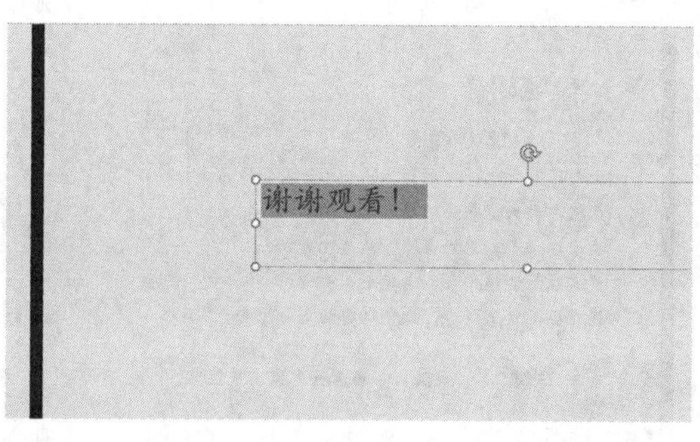

步骤02 在【开始】选项卡下的【字体】组中，将文本的字体设置为“华文楷体”，字号设置为“88”，如下图所示。

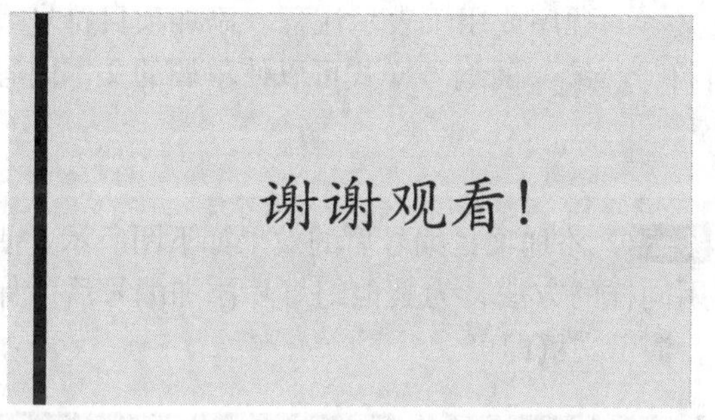

步骤03 选择文本，单击【绘图工具-形状格式】选项卡下【艺术字样式】组中的【其他】按钮，在弹出的下拉列表中选择要应用的艺术字样式，如下图所示。

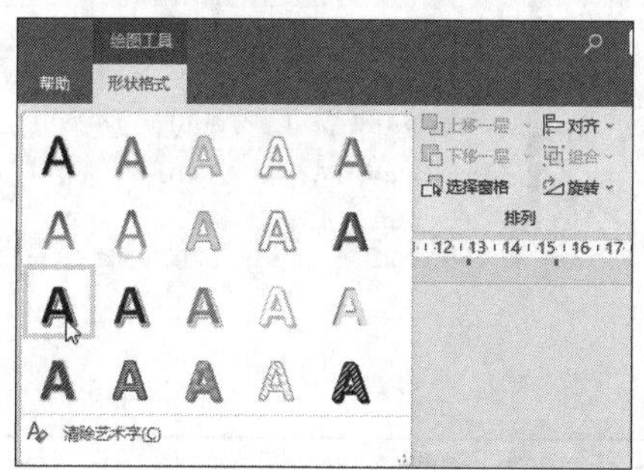

步骤04 即可为选择文本应用该效果，如下图所示。

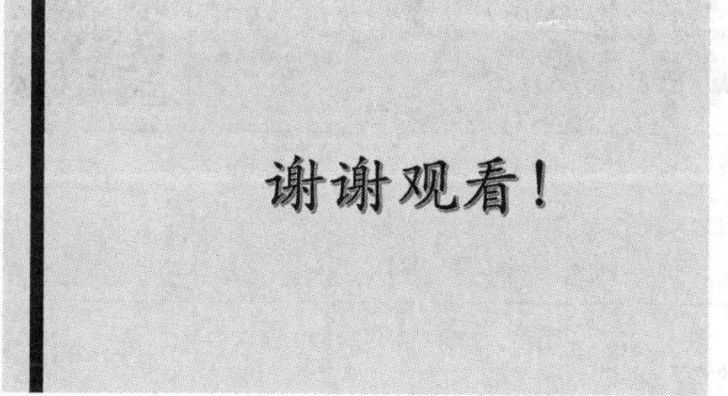

2. 设置段落格式

段落格式主要包括缩进、间距与行距等。对段落格式的设置主要是通过【开始】选项卡【段落】组中的各个按钮来实现的。

步骤01 选择第2张幻灯片，选择要设置格式的段落，设置其字体为“华文楷体”，字号为“28”，然后单击【开始】选项卡【段落】选项组右下角的【段落】按钮，如下图所示。

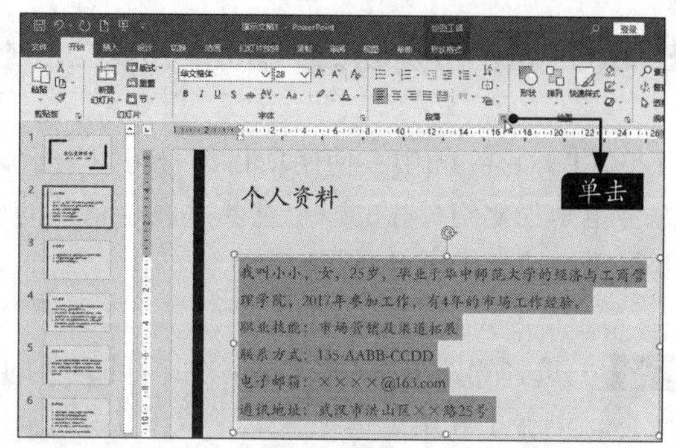

步骤02 在弹出的【段落】对话框的【缩进和间距】选项卡中，设置首行缩进 “2厘米”，设置【行距】为多倍行距，【设置值】为“1.4”，单击【确定】按钮，如下图所示。

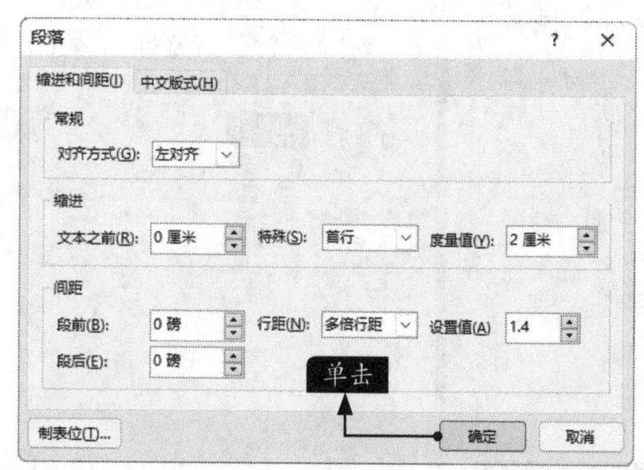

步骤03 设置后的效果如下图所示。

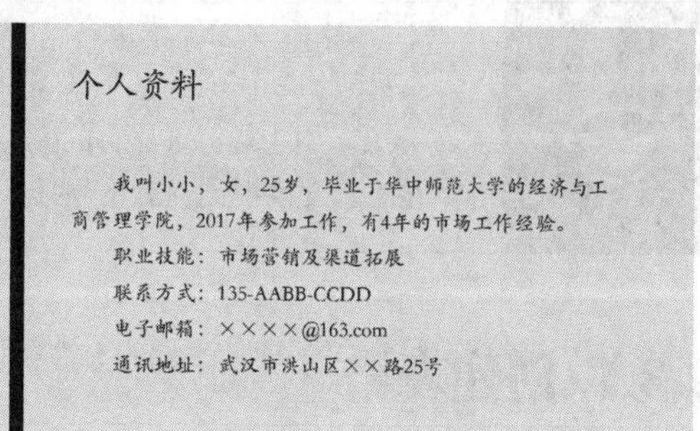

步骤04 使用同样的方法，设置其他幻灯片的段落格式，如为其设置首行缩进、段间距及居中方式等，如右图所示。

目标规划

全面客户管理，实现客户的转化率及资源再生；
优化内部的市场营销渠道与营销方向；
快速建立多元化的市场营销合作方案；
建立线上营销平台，实现平台引流；
提升公司服务能力，锻造品牌的市场影响力。

目标：2022年，武汉市市场占有率提高至15%。

9.2.6 添加项目编号

在PowerPoint中，使用项目编号可以表示大量文本的顺序或用于表示流程。添加项目符号或编号也是美化幻灯片的一个重要手段，精美的项目符号、统一的编号样式可以使单调的文本内容变得更生动、显得更专业。

步骤01 选择第3张幻灯片需要添加项目编号的文本，单击【开始】选项卡下【段落】组中的【编号】下拉按钮☰ˇ，在弹出的下拉列表中选择相应的项目编号，即可将其添加到文本中，如下图所示。

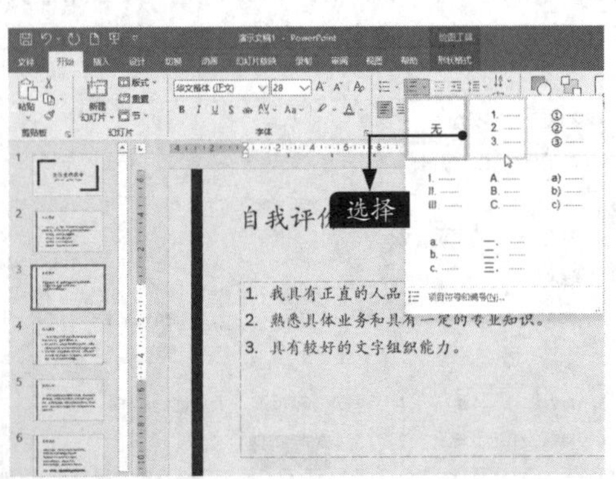

步骤02 添加项目编号后的效果如下图所示。使用同样的方法，为其他幻灯片添加编号后，保存演示文稿即可。

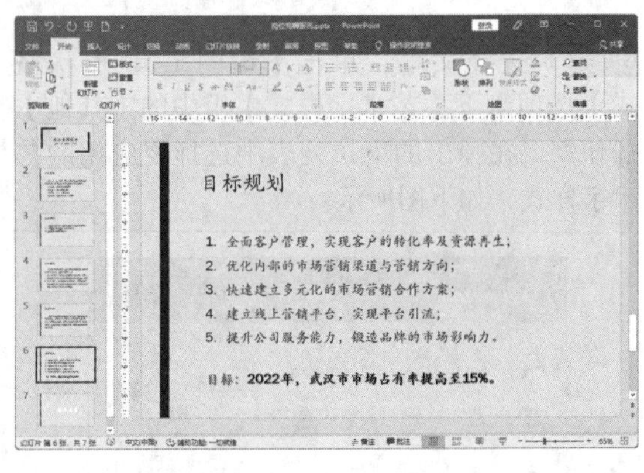

9.3 制作公司文化宣传演示文稿

公司文化宣传演示文稿主要用于介绍企业的主营业务、产品、规模及人文历史，用于提高企业知名度。本节以制作公司文化宣传演示文稿为例介绍在演示文稿中创建表格与插入图片的方法。

9.3.1 创建表格

在PowerPoint中可以通过表格来组织幻灯片的内容。

步骤01 打开“素材\ch09\公司文化宣传.pptx”文件，新建“标题和内容”幻灯片，然后输入该幻灯片的标题“1月份各渠道销售情况表”，并设置标题字体格式，如下图所示。

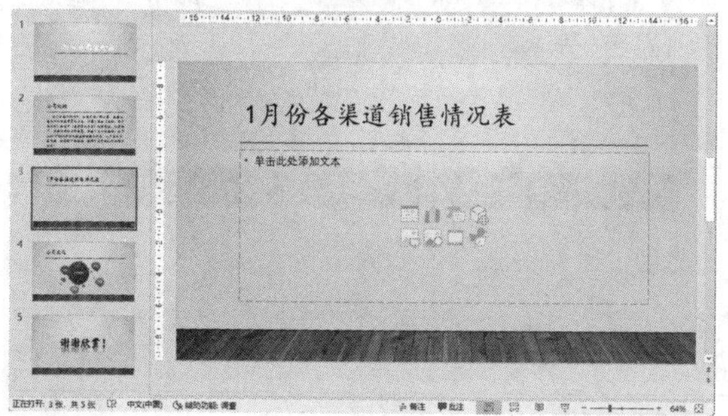

步骤02 单击幻灯片中的【插入表格】按钮，如下图所示。

步骤03 弹出【插入表格】对话框，分别在【行数】和【列数】微调框中输入行数和列数，单击【确定】按钮，如下图所示。

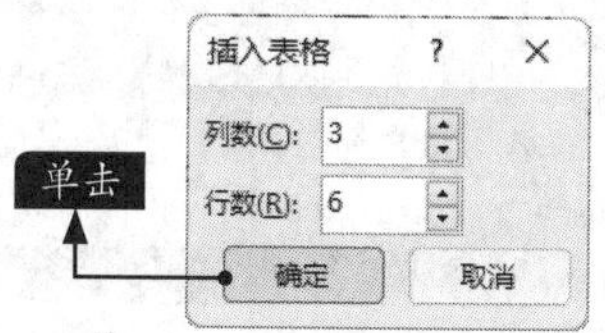

步骤04 即可创建一个表格，如下图所示。

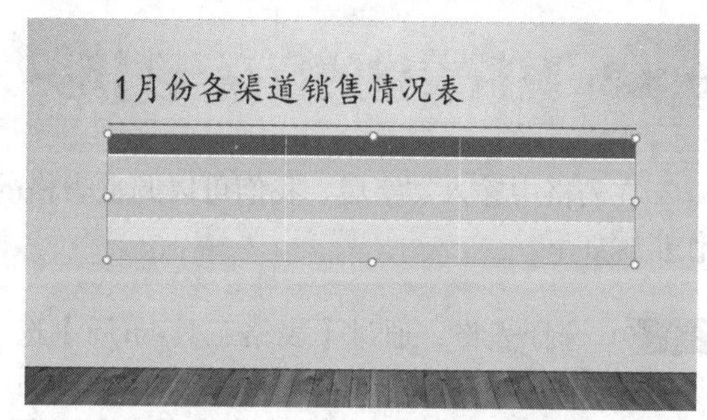

小提示

除了上述方法外，还可以使用【插入】选项卡下【表格】组中的【表格】按钮，其方法和在Word中创建表格的方法一致，在此不赘述。

9.3.2 在表格中输入文字

创建表格后，需要在表格中填充文字，具体操作步骤如下。

步骤01 选择要输入文字的单元格，在表格中输入相应的内容，如下图所示。

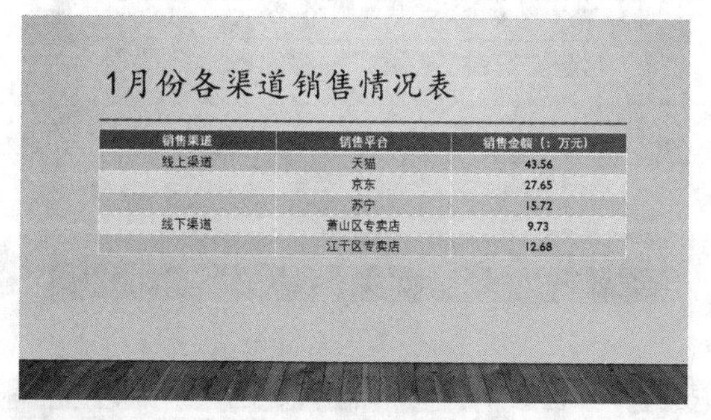

步骤02 拖曳选择第一列的第二行到第四行的单元格，并右击，在弹出的快捷菜单中选择【合并单元格】命令，如右图所示。

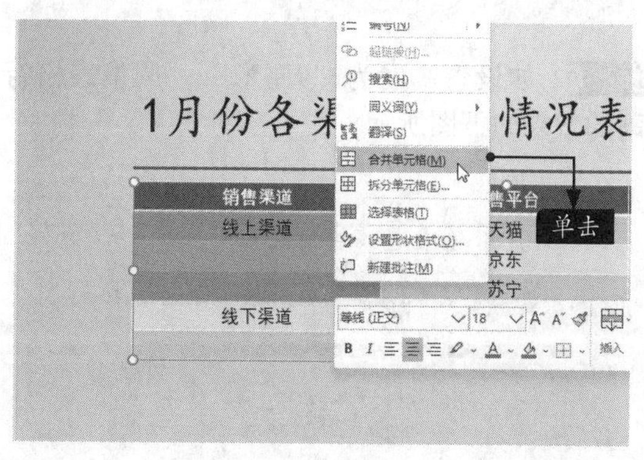

步骤03 即可合并选择的单元格，并将其内容设置为“垂直居中”显示，效果如下页图所示。

步骤04 重复上面的操作步骤，合并需要合并的单元格，最终效果如下图所示。

9.3.3 调整表格的行高与列宽

在表格中输入文字后，我们可以调整表格的行高与列宽，以满足表格中文字的需要，具体操作步骤如下。

步骤01 选择表格，通过【表格工具-布局】选项卡下【表格尺寸】组中的【高度】微调框后的微调按钮进行设置，或直接在【高度】微调框中输入新的高度值，如下图所示。

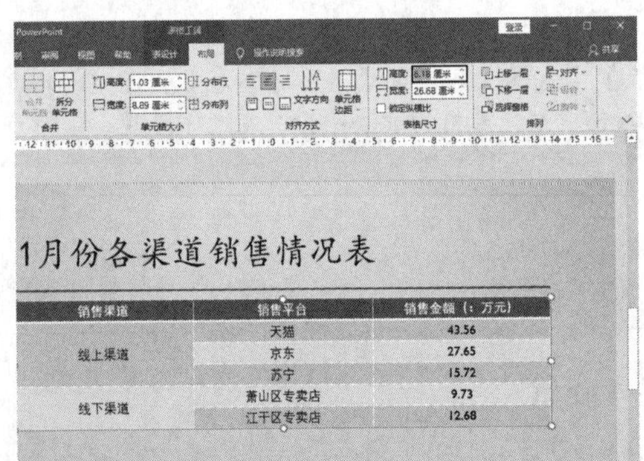

步骤02 如设置高度为“9厘米”，调整表格行高的效果如下图所示。

步骤03 通过【表格工具-布局】选项卡下【表格尺寸】组中的【宽度】微调框后的微调按钮进行调整，或直接在【宽度】微调框中输入新的宽度值，如下图所示。

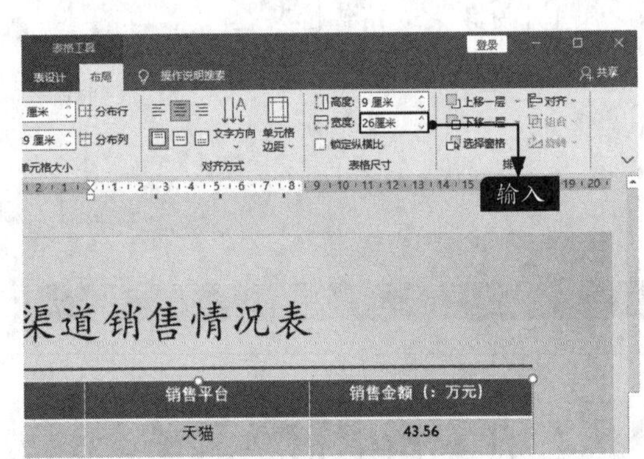

步骤04 即可调整表格列宽，然后根据当前的行高与列宽设置字体格式和段落格式，效果如下图所示。

小提示

用户也可以把鼠标指针放在要调整的单元格边框线上，当鼠标指针变成÷或⫩形状时，按住鼠标左键并拖曳，即可调整表格的行高或列宽。

9.3.4 设置表格样式

调整表格的行高与列宽之后，用户还可以设置表格的样式，使表格看起来更加美观，具体操作步骤如下。

步骤 01 选择表格，单击【表格工具-表设计】选项卡下【表格样式】组中的【其他】按钮 ，在弹出的下拉列表中选择一种表格样式，如下图所示。

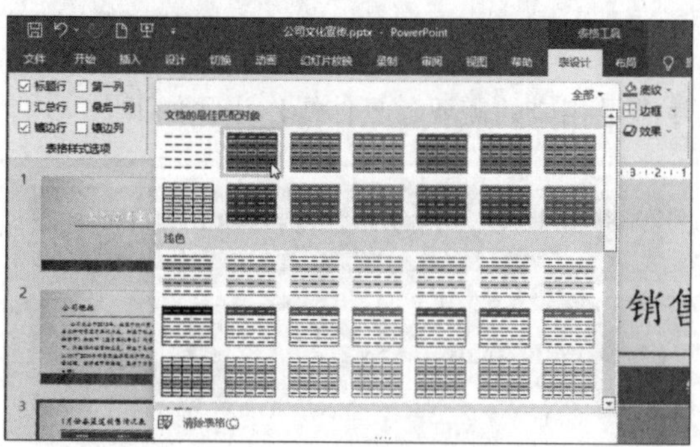

步骤 02 即可把选择的表格样式应用到表格中，效果如下图所示。

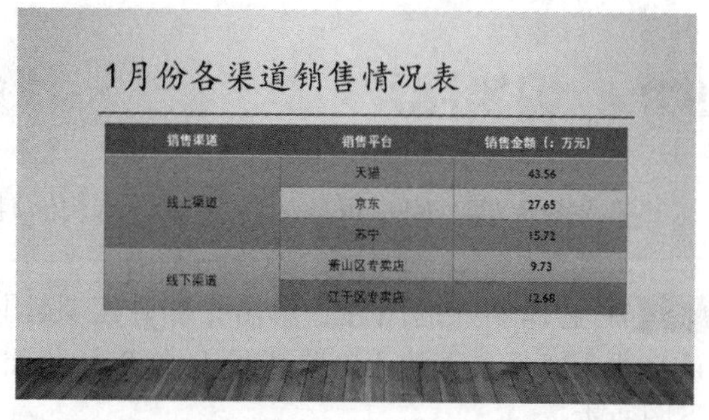

小提示

另外，还可以在【表格样式】组中设置表格的样式。

9.3.5 插入图片

在制作幻灯片时插入适当的图片，可以取得图文并茂的效果。插入图片的具体操作步骤如下。

步骤 01 在第3张幻灯片后，新建“标题和内容”幻灯片，输入标题后，单击幻灯片中的【图片】按钮，如下图所示。

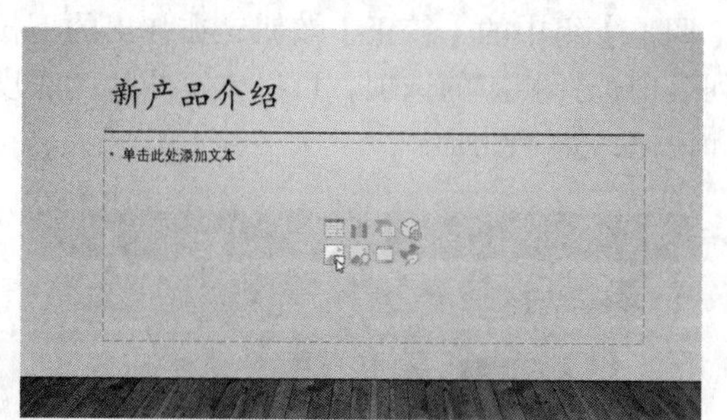

步骤 02 弹出【插入图片】对话框，选择图片所在的位置，选择要插入幻灯片的图片，单击【插入】按钮，如右上图所示。

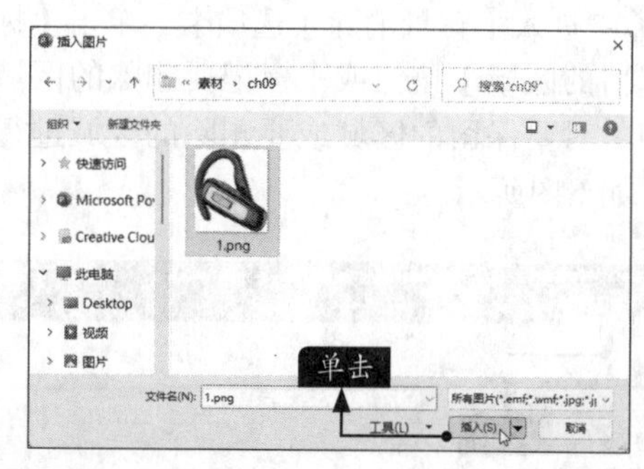

步骤 03 将图片插入幻灯片中，如下图所示。

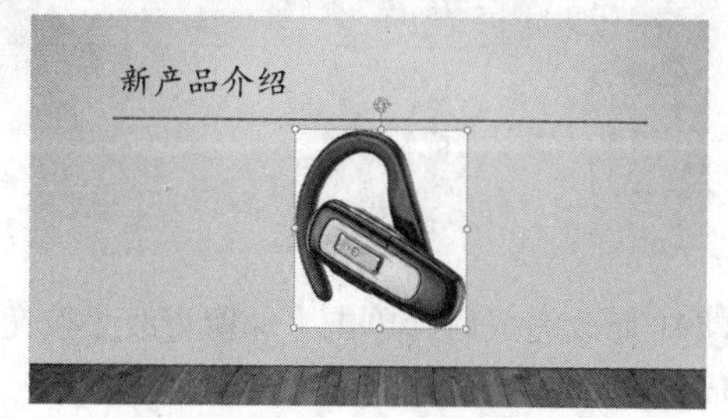

步骤 04 单击图片，并移动图片到合适位置，如右图所示。

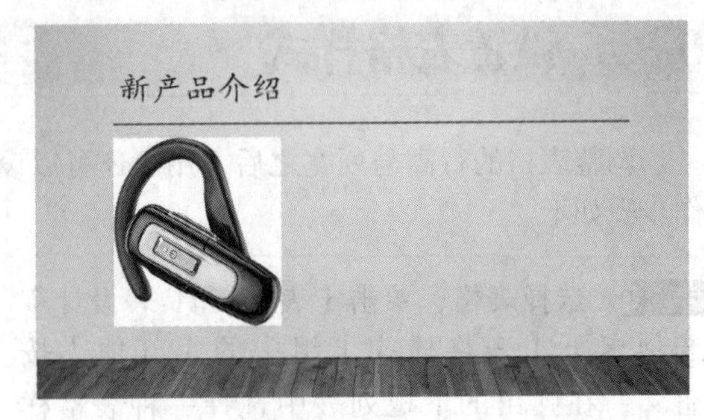

9.3.6 编辑图片

插入图片后，用户可以对图片进行编辑，使图片满足相应的需要，具体操作步骤如下。

步骤 01 选择插入的图片，单击【图片工具-图片格式】选项卡下的【删除背景】按钮，如下图所示。

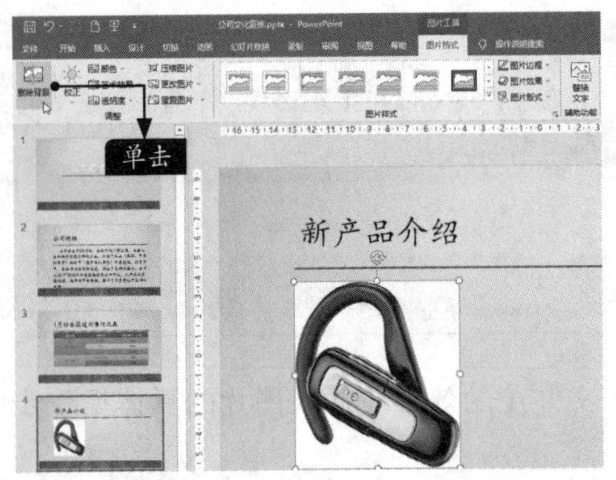

步骤 02 进入【背景消除】选项卡，单击【标记要保留的区域】按钮或【标记要删除的区域】按钮，对要保留的区域或要删除的区域进行修改，如下图所示。

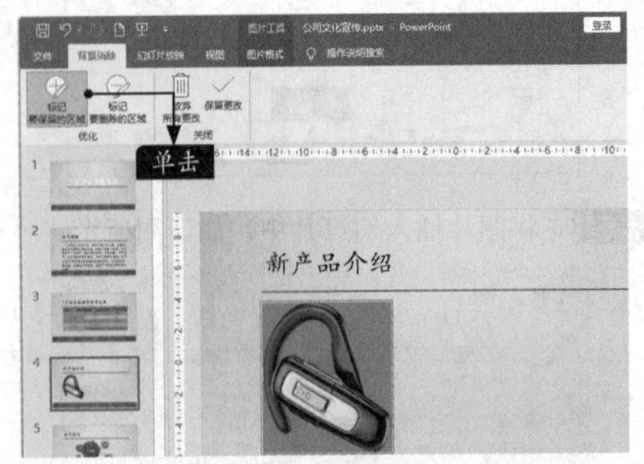

步骤 03 修改完成后，单击【保留更改】按钮，如右上图所示。

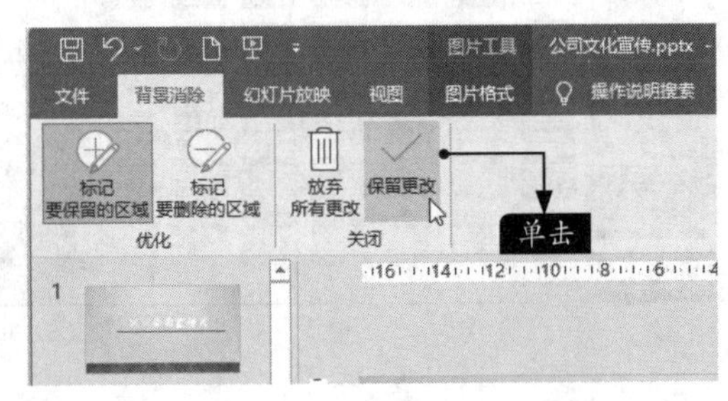

步骤 04 即可删除背景，效果如下图所示。

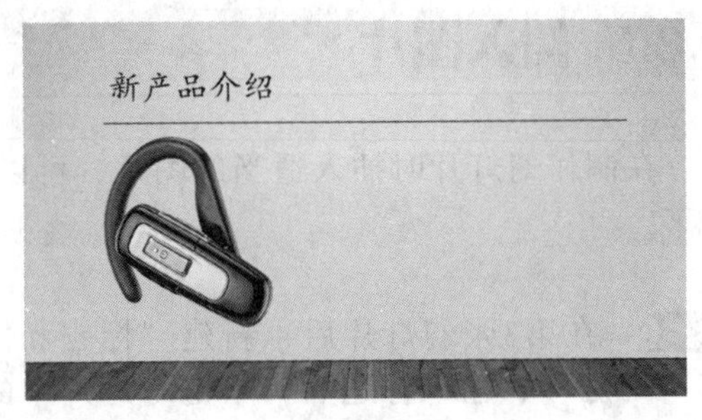

步骤 05 单击【图片工具-图片格式】选项卡下【调整】组中的【校正】按钮，在弹出的下拉列表中选择相应的选项，可以校正图片的亮度和锐化，如下图所示。

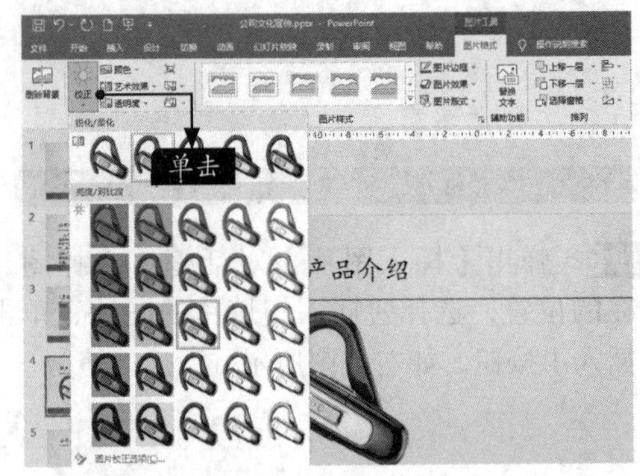

步骤06 调整后，根据需求在图片右侧添加文字，最终效果如右图所示。

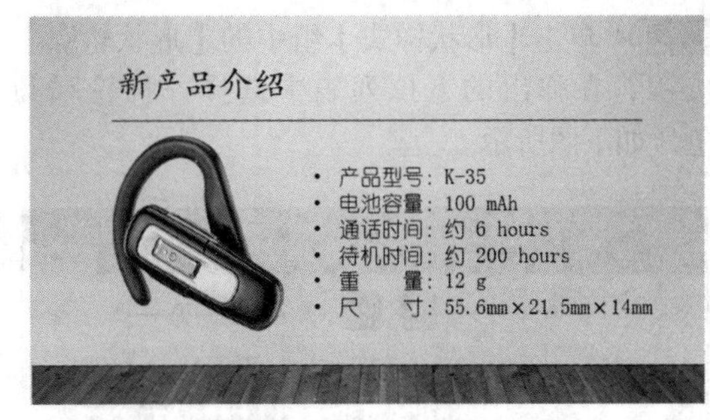

9.4 制作销售业绩报告演示文稿

销售业绩报告演示文稿主要用于展示公司的销售业绩情况。在PowerPoint中，可以使用形状、图表等来表达公司的销售业绩，例如在演示文稿中插入形状、SmartArt图形等。

本节以制作销售业绩报告演示文稿为例介绍各种图形的使用方法。

9.4.1 插入形状

在幻灯片中插入形状的具体操作步骤如下。

步骤01 打开“素材\ch09\销售业绩报告.pptx”文件，选择第2张幻灯片。单击【插入】选项卡【插图】组中的【形状】按钮，在弹出的下拉列表中选择【基本形状】区域的【椭圆】形状，如下图所示。

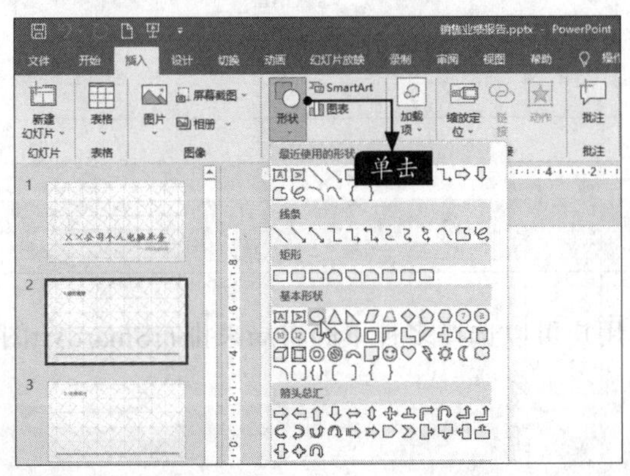

步骤02 此时鼠标指针在幻灯片中的形状显示为十，按住【Shift】键，按住鼠标左键不放并拖曳到适当位置处，释放鼠标左键，绘制的圆形形状如右上图所示。

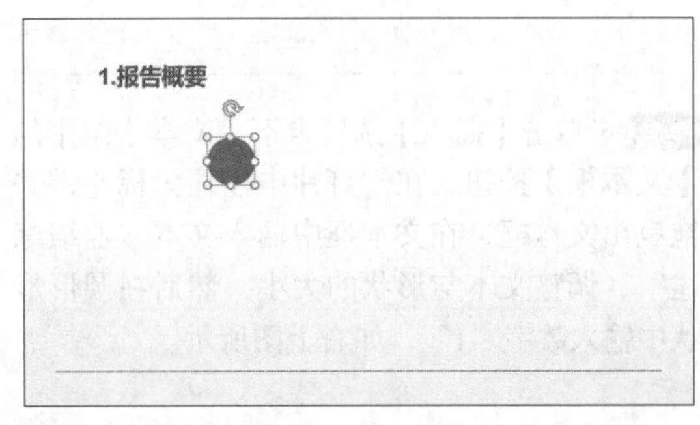

步骤03 单击【绘图工具-形状格式】选项卡下【形状样式】组中的【形状填充】按钮，在弹出的下拉列表中选择一种填充颜色，如下图所示。

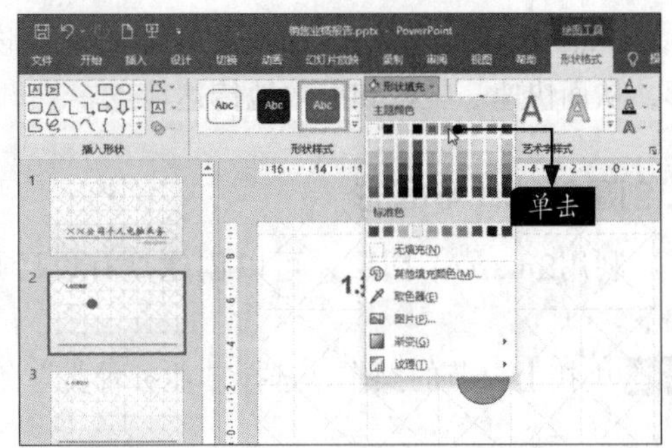

步骤04 单击【形状样式】组中的【形状轮廓】按钮，在弹出的下拉列表中选择一种轮廓颜色，如下图所示。

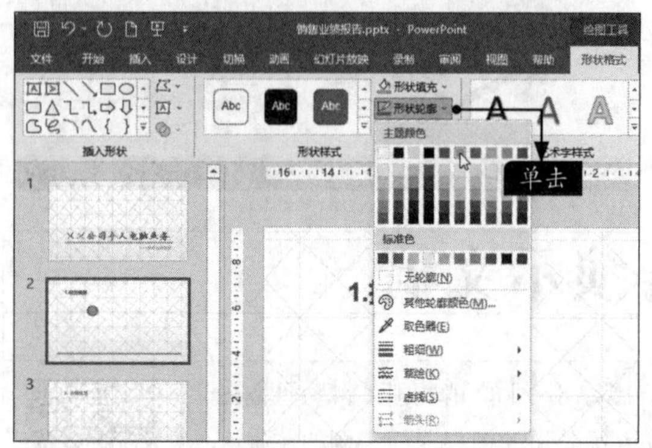

步骤05 重复上面的操作步骤，插入一个直线形状，并设置形状样式，效果如下图所示。

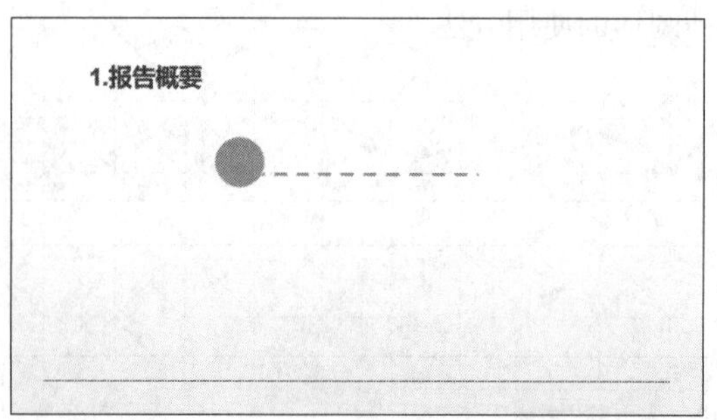

步骤06 单击【插入】选项卡下【文本】组中的【文本框】按钮，在幻灯片中按住鼠标左键并拖曳出文本框，在文本框中输入文本“业绩综述”，调整文本与形状的大小，然后在圆形形状中输入数字“1”，如右上图所示。

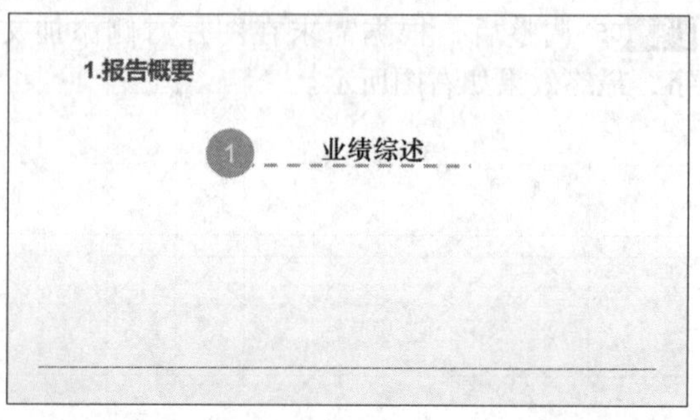

步骤07 选择插入的对象，按键盘上的【Ctrl+C】组合键复制，并按键盘上的【Ctrl+V】组合键粘贴出3组，如下图所示。

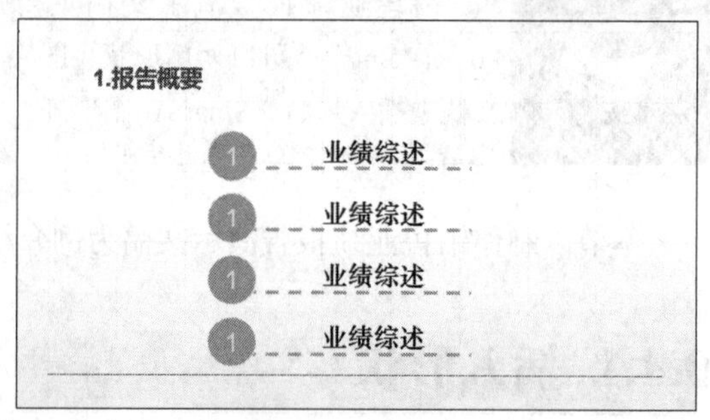

步骤08 为复制出的形状设置形状格式，并编辑文字，最终效果如下图所示。

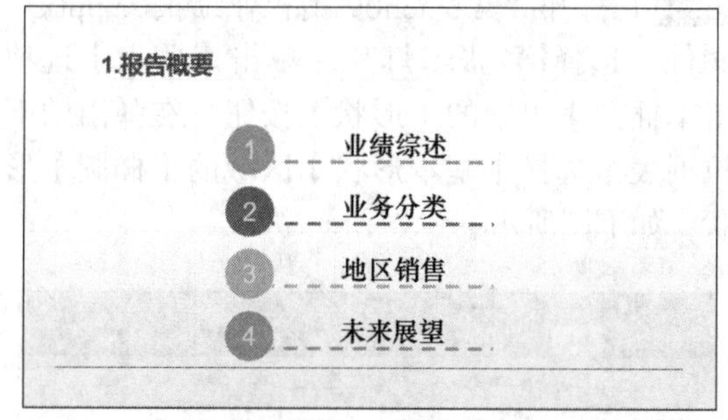

9.4.2 插入SmartArt图形

SmartArt图形是信息和观点的视觉表示形式。用户可以选择多种不同布局来排布SmartArt图形，从而快速、轻松和有效地传达信息。

1. 创建SmartArt图形

利用SmartArt图形，可以创建具有设计师水准的插图。创建SmartArt图形的具体操作步骤如下。

步骤01 接上一节的操作，选择“业务种类”幻灯片，如下页图所示。

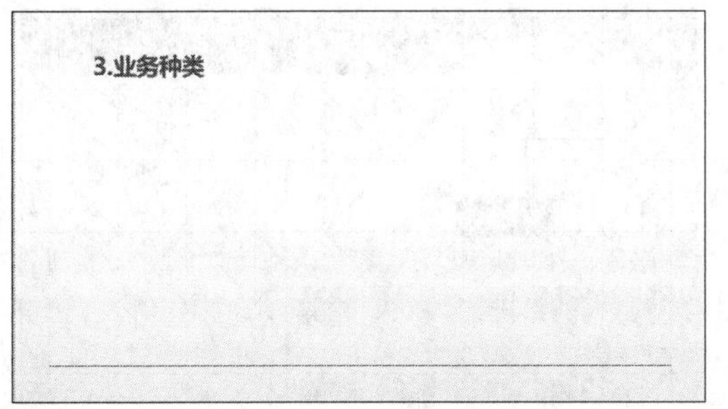

步骤02 单击【插入】选项卡下【插图】组中的【SmartArt】按钮，如下图所示。

步骤03 弹出【选择SmartArt图形】对话框，单击【列表】区域的【梯形列表】图样，然后单击【确定】按钮，如下图所示。

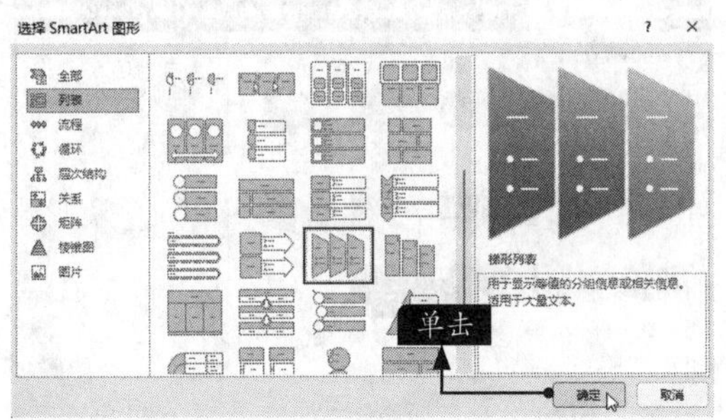

步骤04 在幻灯片中创建一个列表图，并适当调整其大小，如下图所示。

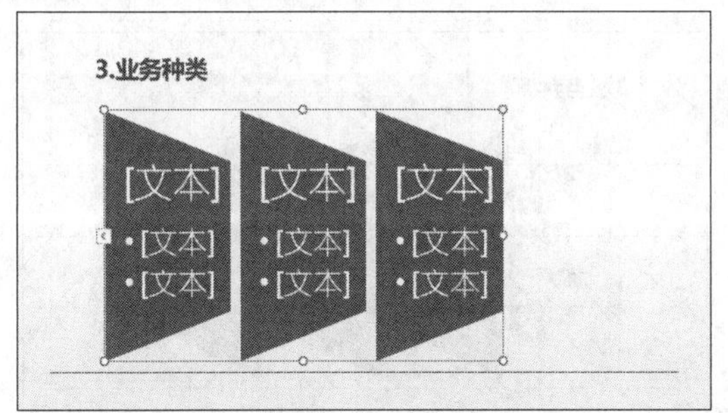

步骤05 SmartArt图形创建完成后，单击图形中的“文本”可直接输入文字内容，如下图所示。

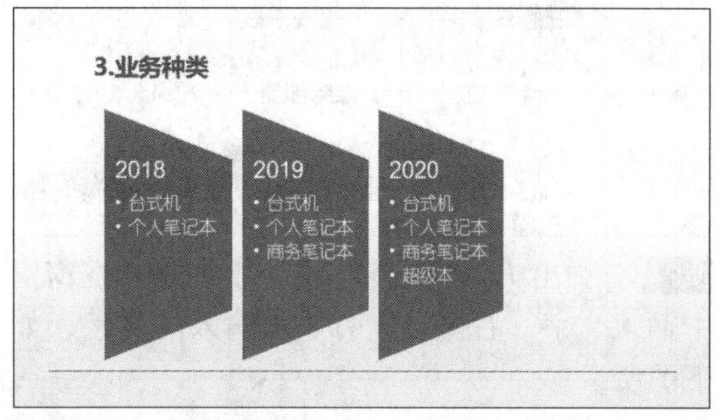

步骤06 单击【SmartArt工具-SmartArt设计】选项卡下【创建图形】组中的【添加形状】下拉按钮，在弹出的下拉列表中选择【在后面添加形状】选项，如下图所示。

步骤07 在插入的SmartArt图形中添加一个形状，并调整其大小，如下图所示。

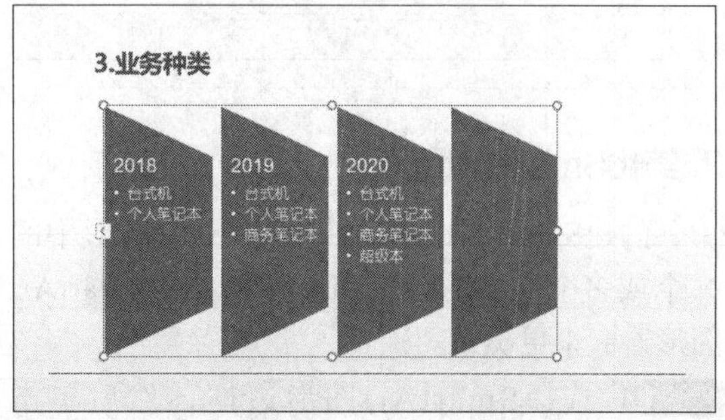

步骤08 单击【SmartArt工具-SmartArt设计】选项卡下【创建图形】组中的【文本窗格】按钮，如下页图所示。

步骤 09 弹出【在此处键入文字】窗格，在窗格中输入文字，右侧会同时显示输入的文字，如下图所示。

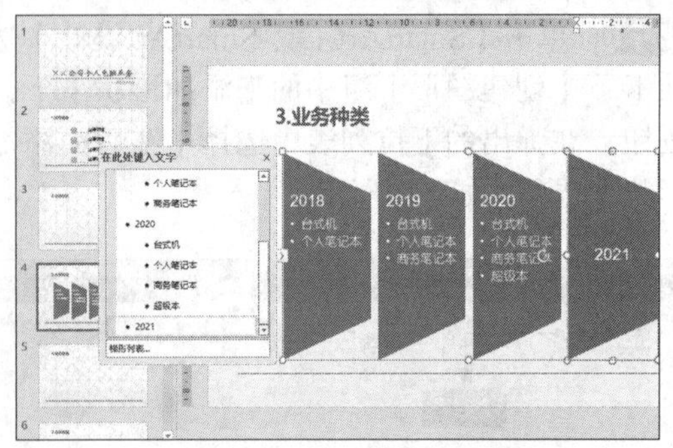

步骤 10 在图形中输入文字后，如下图所示。

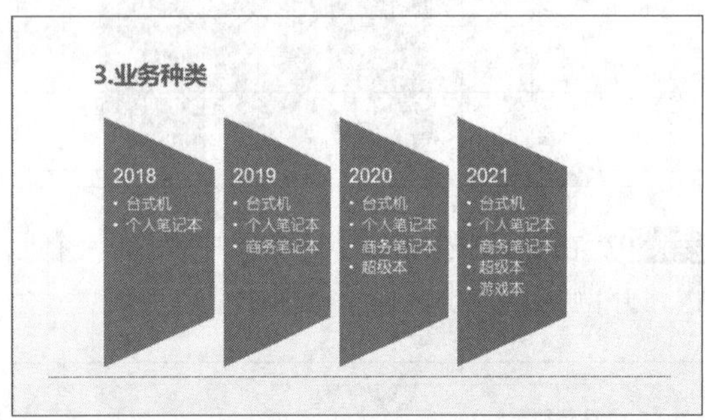

2. 美化SmartArt图形

创建SmartArt图形后，可以更改图形中的一个或多个形状的颜色和轮廓等，使SmartArt图形看起来更美观。

步骤 01 选择SmartArt图形边框，然后单击【SmartArt工具-SmartArt设计】选项卡下【SmartArt样式】组中的【更改颜色】按钮，在弹出的下拉列表中选择【彩色】区域的【彩色-个性色】选项，如右上图所示。

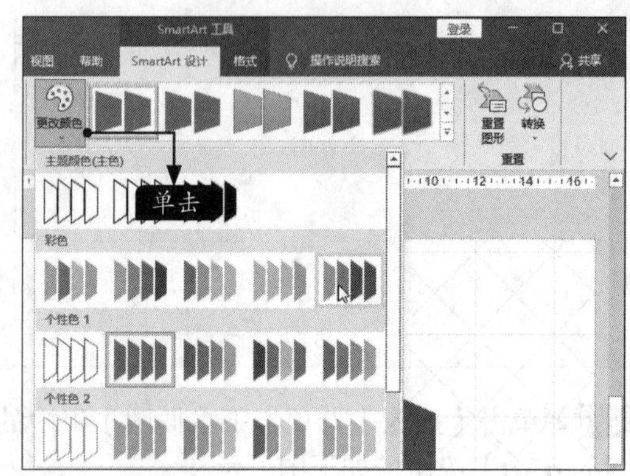

步骤 02 更改颜色后的效果如下图所示。

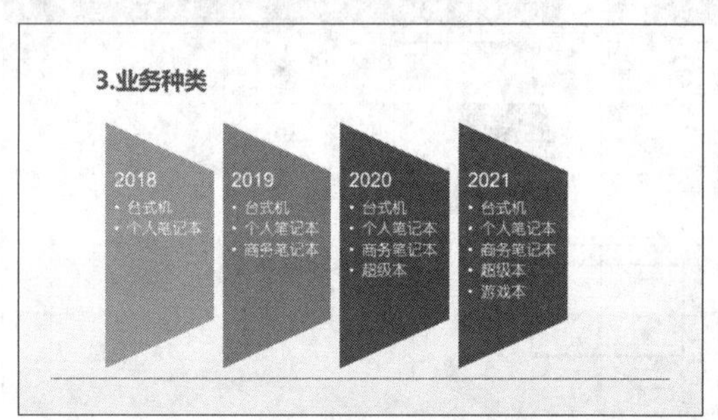

步骤 03 单击【SmartArt样式】组中的【其他】按钮，在弹出的下拉列表中选择【三维】区域中的【嵌入】选项，如下图所示。

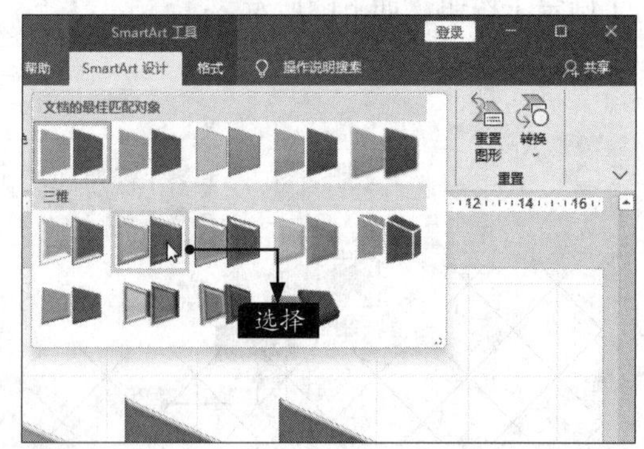

步骤 04 美化SmartArt图形后的效果如下图所示。

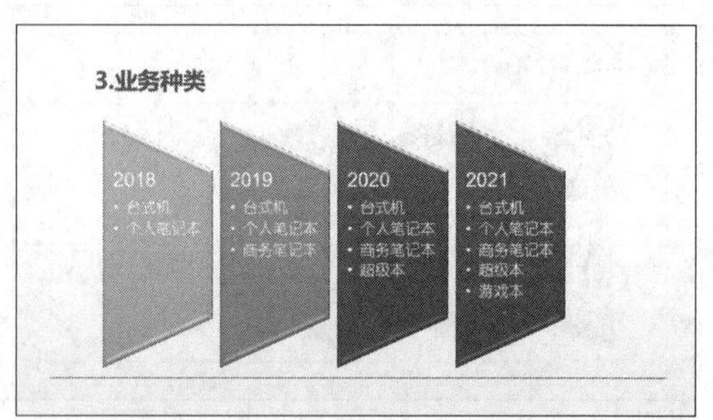

9.4.3 使用图表设计“业绩综述”和“地区销售”幻灯片

在幻灯片中加入图表或图形，可以使幻灯片的内容更为丰富。与文字和数据相比，形象直观的图表更容易让人理解，也可以使幻灯片的显示效果更加清晰。

步骤 01 选择“业绩综述”幻灯片，如下图所示。

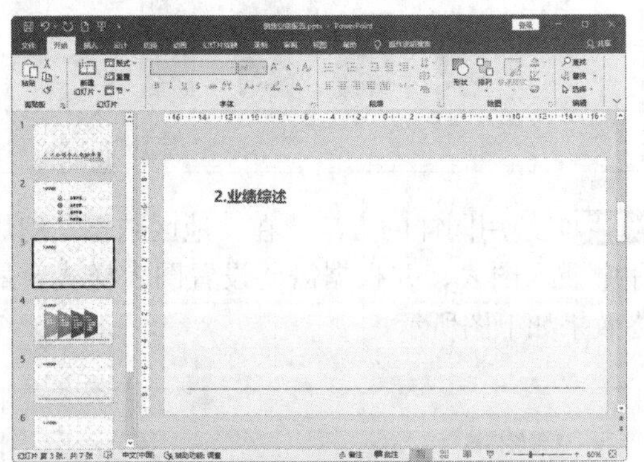

步骤 02 单击【插入】选项卡下【插图】组中的【图表】按钮 图表，如下图所示。

步骤 03 弹出【插入图表】对话框，在【所有图表】选项卡中选择【柱形图】中的【簇状柱形图】选项，单击【确定】按钮，如下图所示。

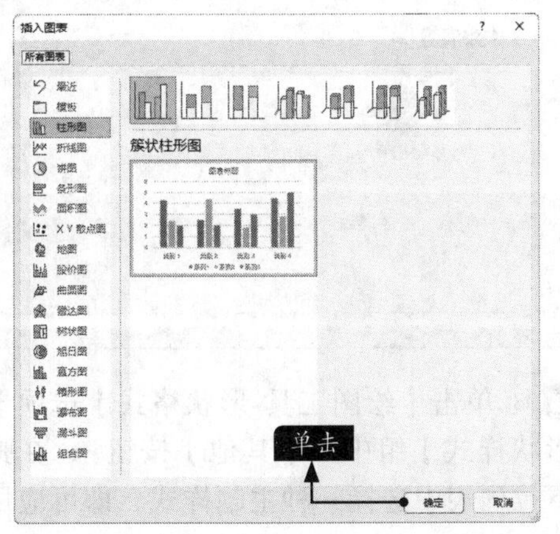

步骤 04 PowerPoint会自动弹出Excel工作表窗口，在工作表中输入需要显示的数据，输入完毕后关闭Excel工作表窗口，如下图所示。

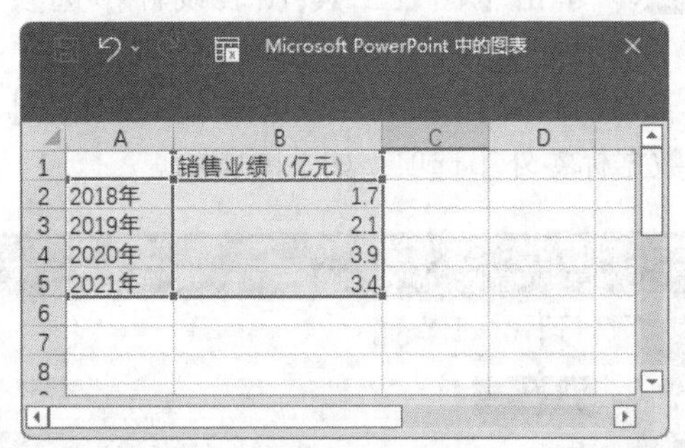

步骤 05 在演示文稿中插入一个图表，调整图表的大小，如下图所示。

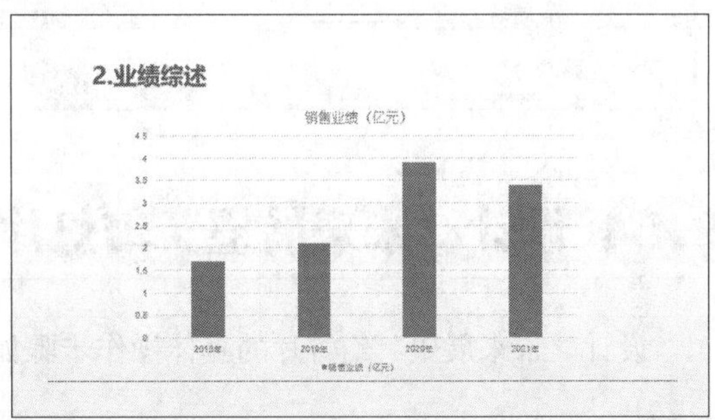

步骤 06 选择插入的图表，单击【图表工具-图表设计】选项卡下【图表样式】组中的【其他】按钮，在弹出的下拉列表中选择【样式13】选项，如下图所示。

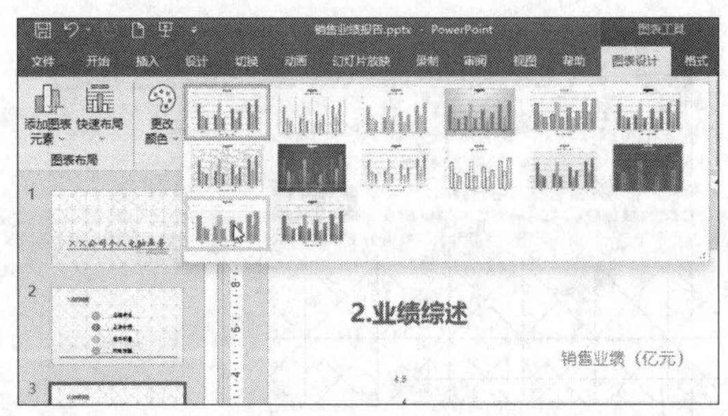

步骤 07 即可应用图表样式，调整图表标题，如下页图所示。

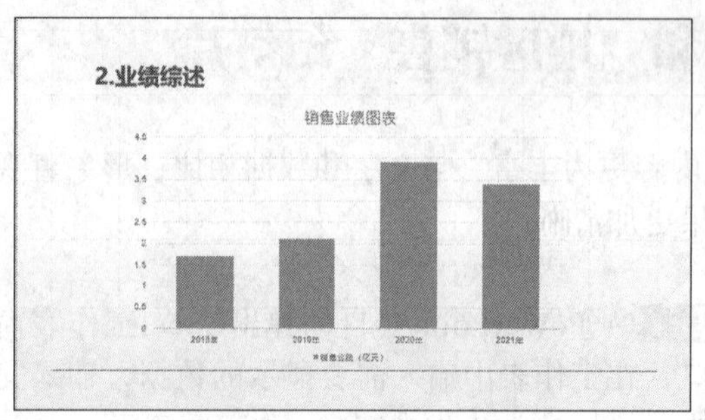

步骤 08 单击【图表工具-图表设计】选项卡下【图表布局】组中的【添加图表元素】按钮，在弹出的下拉列表中选择【数据标签】→【数据标签外】选项，如下图所示。

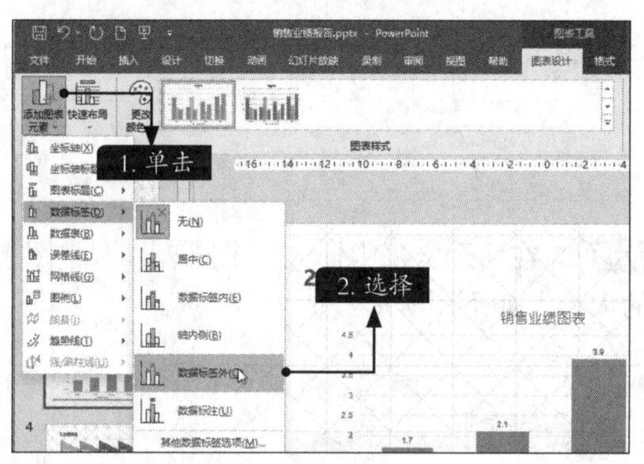

步骤 09 插入数据标签后，最终效果如下图所示。

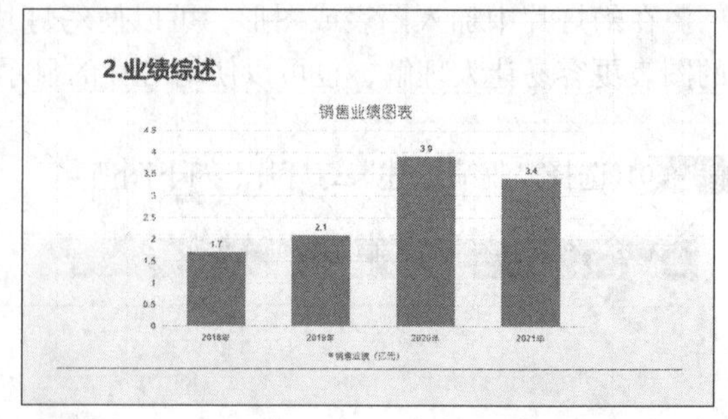

步骤 10 使用同样的方法，在"地区销售"幻灯片中插入图表，并根据需要设置图表样式，最终效果如下图所示。

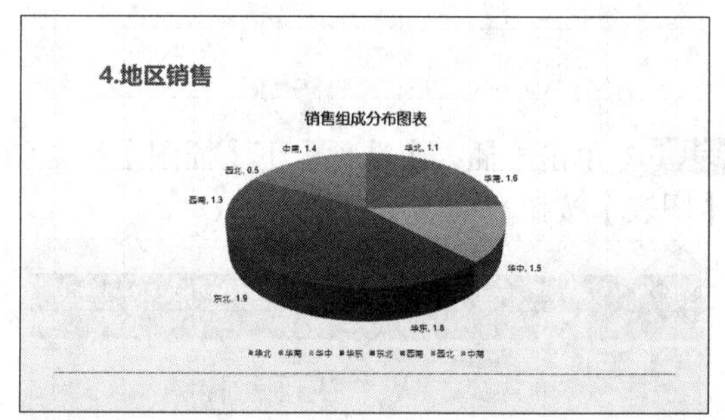

9.4.4 设计"未来展望"幻灯片

设计"未来展望"幻灯片的具体操作步骤如下。

步骤 01 接上一节的操作，选择"未来展望"幻灯片，单击【插入】选项卡下【插图】组中的【形状】按钮，在弹出的下拉列表中选择【箭头总汇】区域中的【箭头：上】形状，如下图所示。

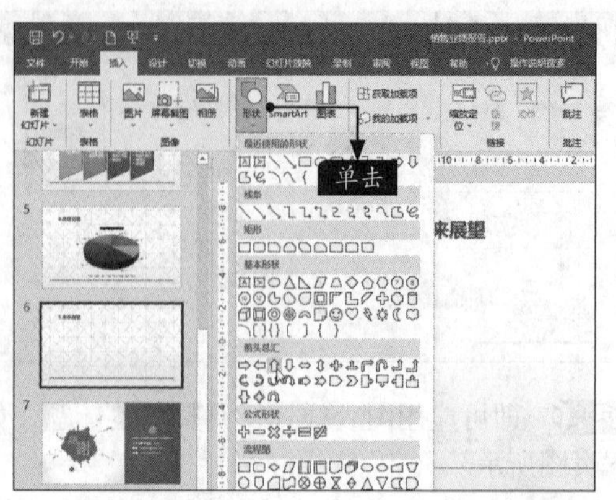

步骤 02 此时鼠标指针在幻灯片中的形状显示为+，在幻灯片空白位置处按住鼠标左键并拖曳到适当位置处，释放鼠标左键，绘制的"箭头：上"形状如下图所示。

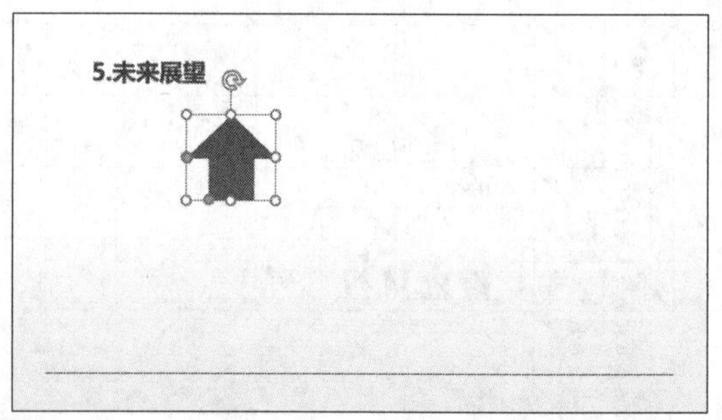

步骤 03 单击【绘图工具-形状格式】选项卡下【形状样式】组中的【其他】按钮，在弹出的下拉列表中选择一种主题样式，即可应用该

样式，如下图所示。

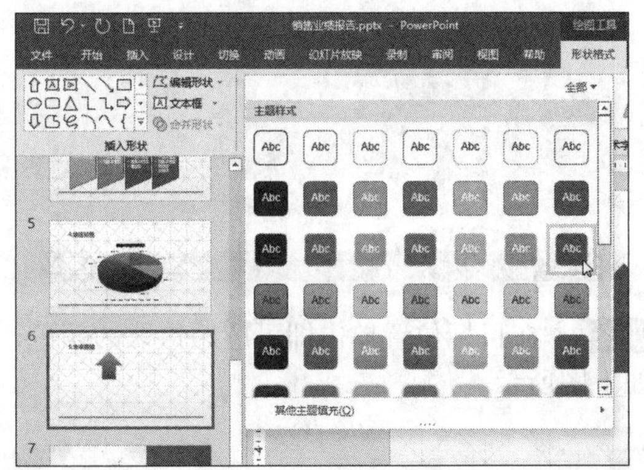

步骤 04 重复上面的操作步骤，插入矩形形状，并设置形状格式，如下图所示。

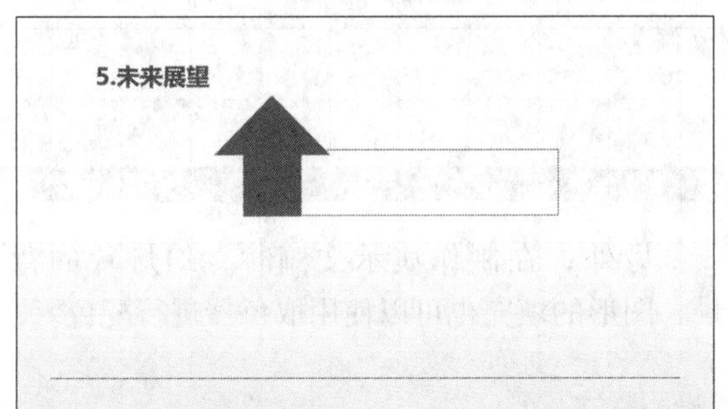

步骤 05 选择插入的形状并复制，粘贴2次，然后调整形状的位置，重复上面的操作步骤，设置形状的格式并输入文字，如下图所示。

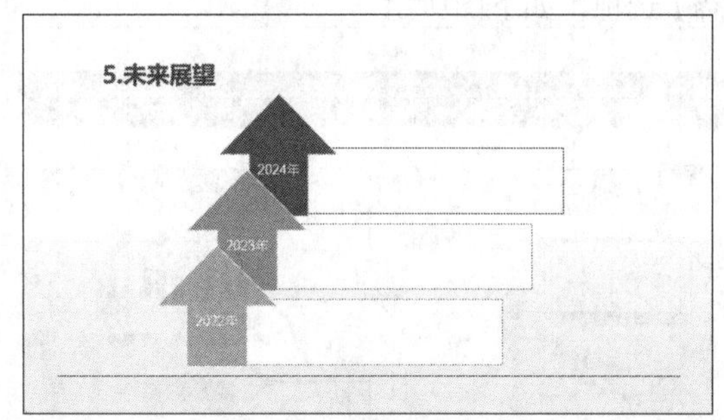

步骤 06 在形状中继续输入文字，并根据需要设置文字样式即可，最终效果如下图所示。

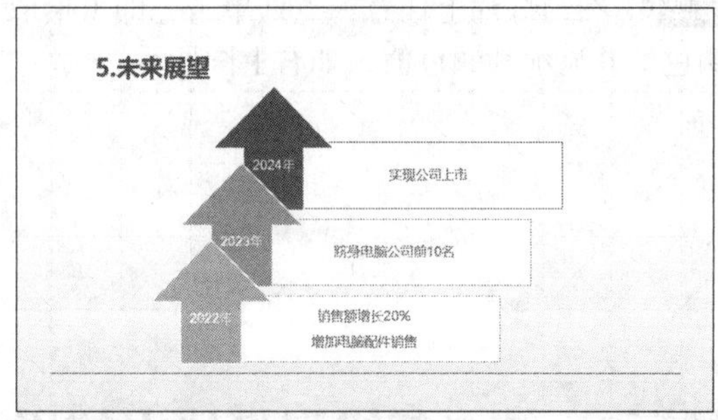

高手私房菜

技巧1：使用取色器为幻灯片配色

PowerPoint可以对图片的任何位置进行取色，以更好地搭配演示文稿颜色，具体操作步骤如下。

步骤 01 打开PowerPoint，并应用任意一种主题，如下图所示。

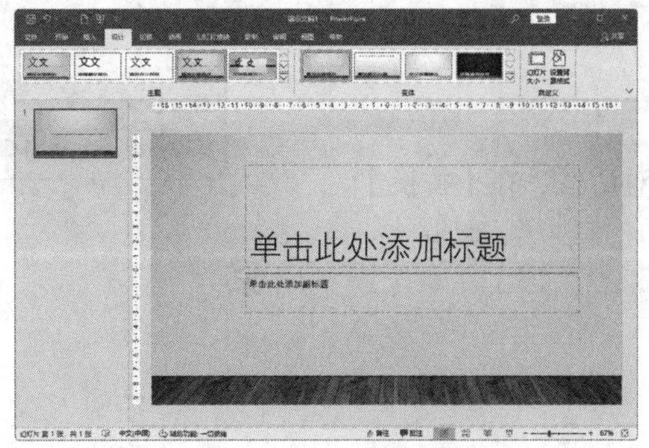

步骤 02 在标题文本框中输入任意文字，然后单击【开始】选项卡下【字体】组中的【字体颜色】下拉按钮，在弹出下拉列表中选择【取色器】选项，如下图所示。

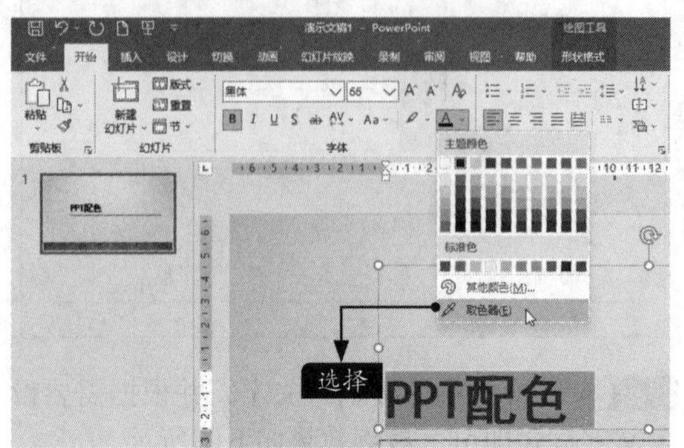

步骤 03 在幻灯片上任意一点处单击，即可拾取颜色，并显示其颜色值，如右上图所示。

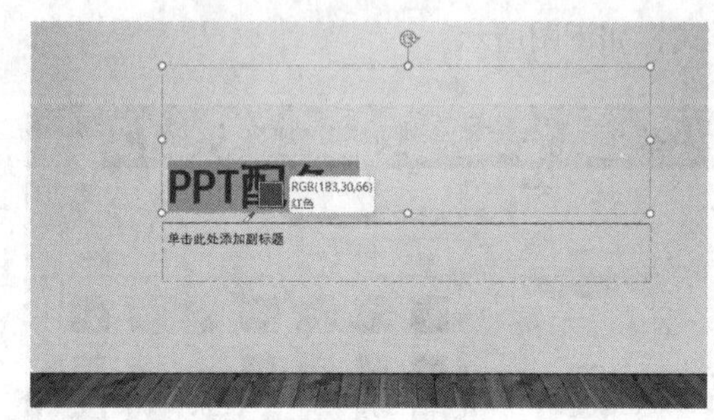

步骤 04 在目标位置单击即可应用拾取的颜色，如下图所示。

另外，在制作演示文稿时，幻灯片的背景、图形的填充也可以使用取色器进行配色。

技巧2：统一替换幻灯片中使用的字体

在制作演示文稿时，如果希望将演示文稿中的某种字体替换为其他字体时，不需要逐一替换，可统一进行替换幻灯片中的字体，具体操作步骤如下。

步骤 01 单击【开始】选项卡下【编辑】组中的【替换】下拉按钮，在弹出的下拉列表中选择【替换字体】选项，如下图所示。

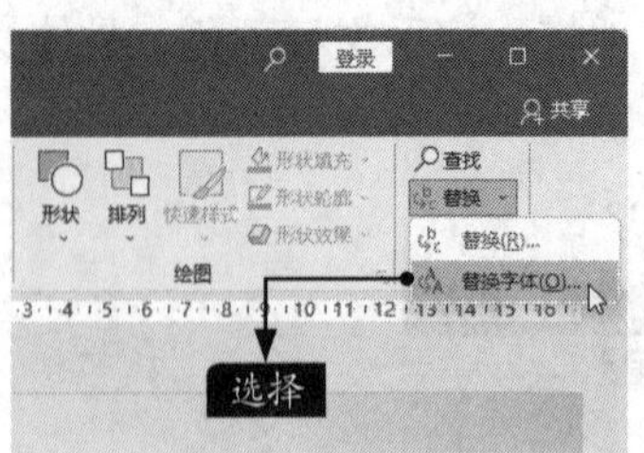

步骤 02 弹出【替换字体】对话框，在【替换】下拉列表框中选择要替换掉的字体，在【替换为】下拉列表框中选择要替换为的字体，单击【替换】按钮，即可将演示文稿中的所有使用“黑体”字体的字的字体替换为“方正中雅宋简体”，如下图所示。

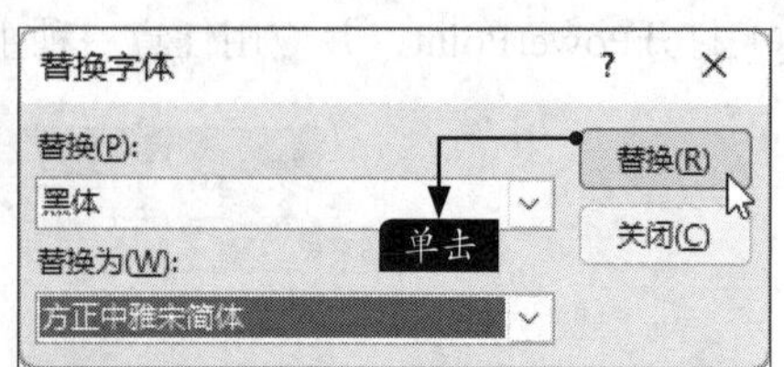

第10章

演示文稿动画及放映的设置

学习目标

动画及放映是PowerPoint的重要功能，可以使幻灯片的过渡和显示带给观众绚丽多彩的视觉享受。

学习效果

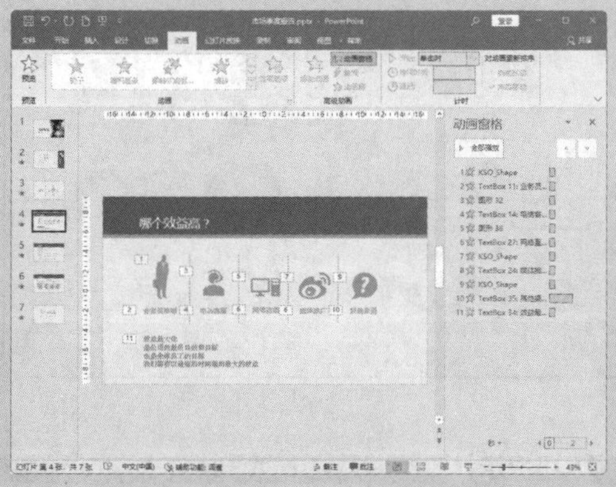

10.1 修饰市场季度报告演示文稿

修饰市场季度报告演示文稿的主要工作是对包含公司的活动推广内容的演示文稿进行动画修饰。

在PowerPoint中，创建并设置动画可以有效加深观众对幻灯片的印象。本节以修饰市场季度报告演示文稿为例介绍动画的创建和设置方法。

10.1.1 创建动画

在幻灯片中，可以为对象创建进入动画。例如，可以使对象逐渐淡入焦点、从边缘飞入幻灯片或者跳入视图中。创建进入动画的具体操作方法如下。

步骤 01 打开“素材\ch10\市场季度报告.pptx”文件，选择幻灯片中要创建进入动画的文字，如下图所示。

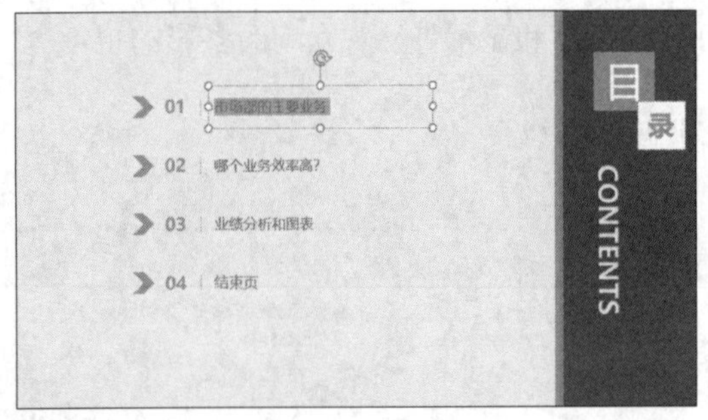

步骤 02 单击【动画】选项卡【动画】组中的【其他】按钮，在下拉列表的【进入】区域中选择【劈裂】选项，创建进入动画，如下图所示。

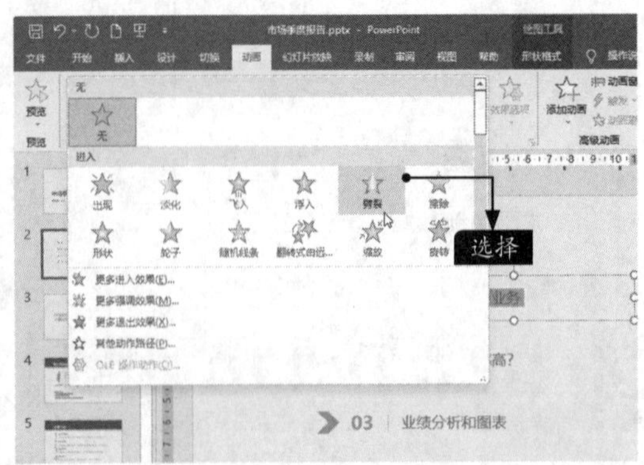

步骤 03 添加进入动画后，文字前面将显示一个动画编号标记 1，如下图所示。

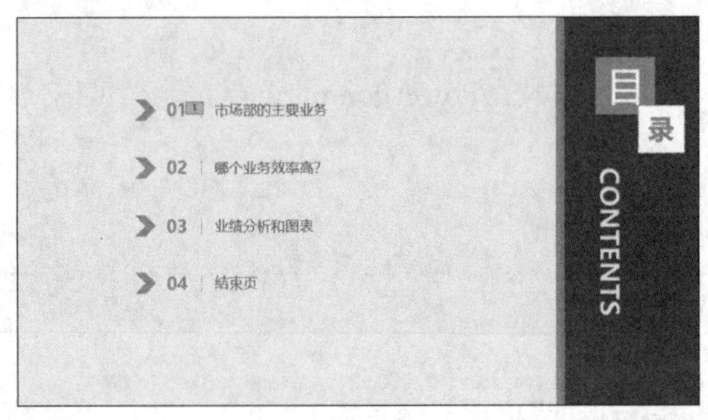

步骤 04 重复上面的操作步骤，为演示文稿中其他需要设置动画的对象创建动画，如下图所示。

小提示

创建动画后，幻灯片中的动画编号标记在打印时不会被打印出来。

10.1.2 设置动画

在幻灯片中创建动画后，可以对动画进行设置，包括调整动画顺序、设置动画计时等。

1. 调整动画顺序

在放映幻灯片前，可以对动画的播放顺序进行调整。

步骤 01 选择创建动画的幻灯片，可以看到设置的动画序号，如下图所示。

步骤 02 单击【动画】选项卡【高级动画】组中的【动画窗格】按钮，弹出【动画窗格】窗格，如下图所示。

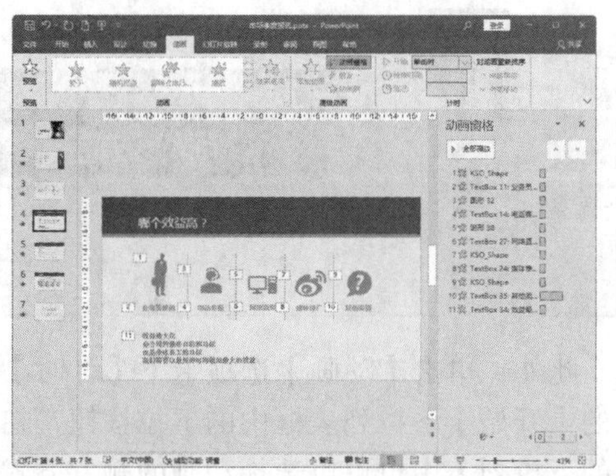

步骤 03 选择【动画窗格】窗格中需要调整顺序的动画，如选择动画2，然后单击【动画窗格】窗格上方的向上按钮或向下按钮进行调整，如下图所示。

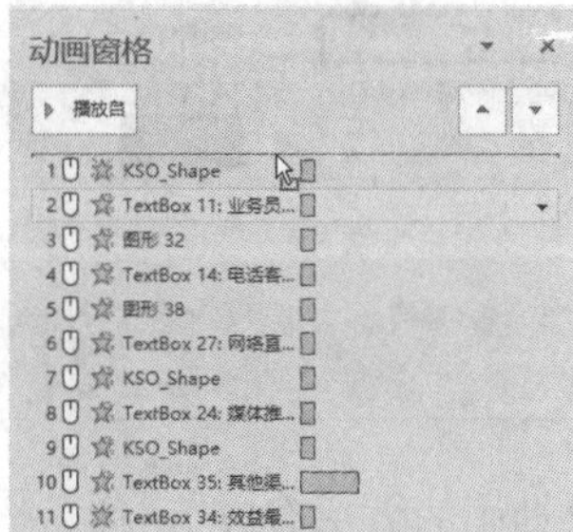

步骤 04 调整后的效果如下图所示。

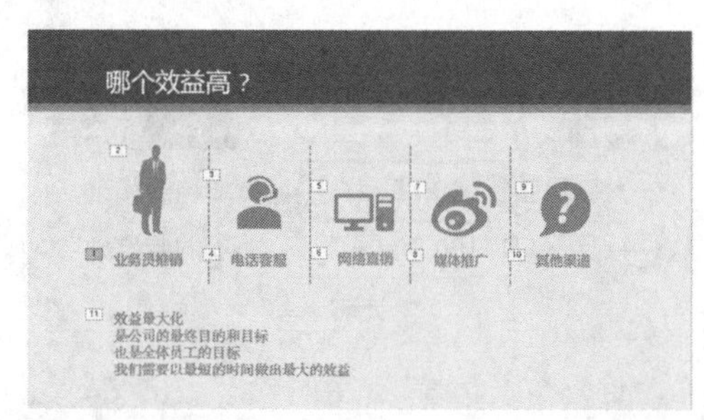

> **小提示**
>
> 也可以先选择要调整顺序的动画，然后按住鼠标左键不放并拖曳到适当位置，再释放鼠标，即可为动画重新排序。此外，也可以通过【动画】选项卡调整动画顺序。

2. 设置动画计时

创建动画之后，可以在【动画】选项卡上为动画设置开始时间、持续时间或者延迟时间。

（1）设置开始时间

若要为动画设置开始时间，可以单击【动画】选项卡下【计时】组中【开始】下拉列表框中的下拉按钮，然后从弹出的下拉列表中选择所需的计时开始时间，如下图所示。该下拉列表框包括【单击时】、【与上一动画同时】和【上一动画之后】3个选项。

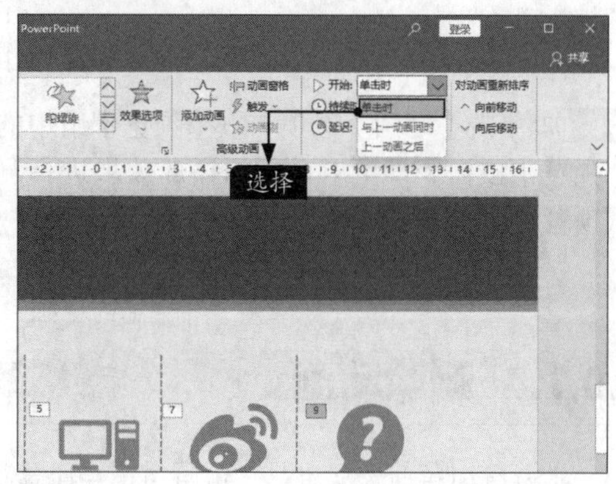

（2）设置持续时间

若要设置动画的持续时间，可以在【计时】组中的【持续时间】微调框中输入所需的秒数，或者单击【持续时间】微调框后面的微调按钮来调整动画要运行的持续时间，如下图所示。

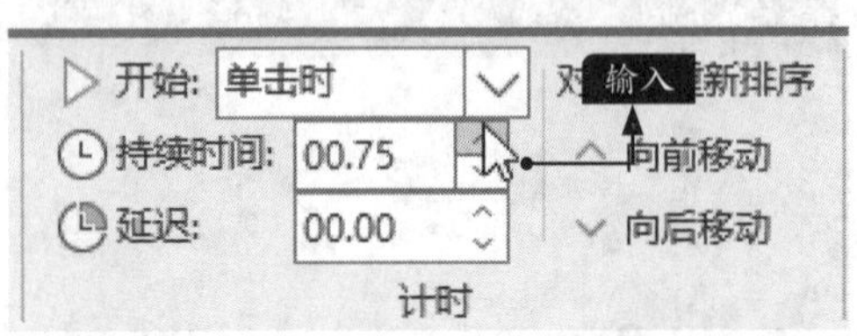

（3）设置延迟时间

若要设置动画开始前的延迟时间，可以在【计时】组中的【延迟】微调框中输入所需的秒数，或者使用微调按钮来调整，如下图所示。

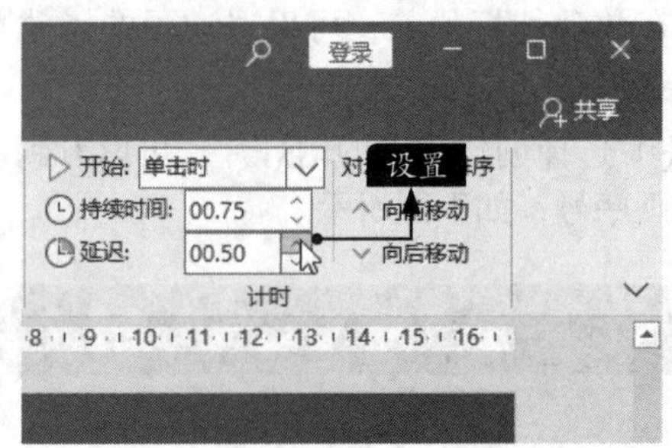

10.1.3 触发动画

创建并设置动画后，用户可以设置动画的触发方式，具体操作步骤如下。

步骤01 选择创建的动画，单击【动画】选项卡下【高级动画】组中的【触发】按钮，在弹出的下拉列表中选择【通过单击】→【TextBox 11】选项，如下图所示。

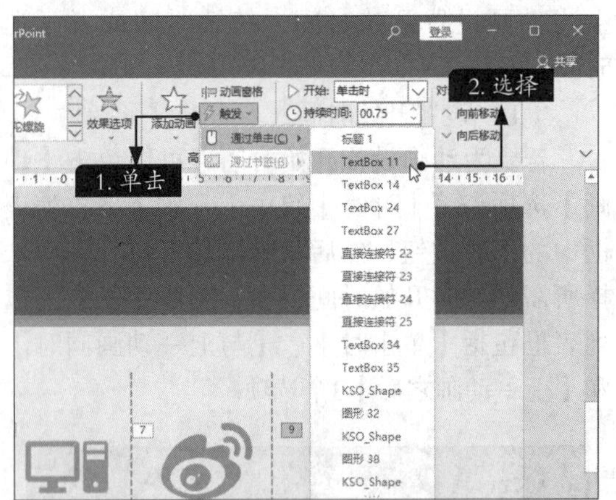

步骤02 单击【动画】选项卡下【预览】组中的【预览】按钮，即可对动画的播放效果进行测试预览，如右上图所示。

此外，单击【动画】选项卡下【计时】组中的【开始】下拉列表框中的下拉按钮，在弹出的下拉列表中也可以选择动画的触发方式，如下图所示。

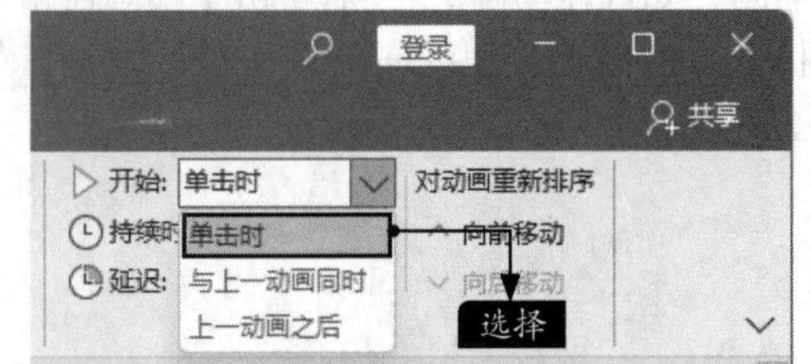

10.1.4 删除动画

为对象创建动画效果后，也可以根据需要删除动画。删除动画的方法有以下3种。

（1）单击【动画】选项卡【动画】组中的【其他】按钮，在弹出的下拉列表的【无】区域中选择【无】选项，如下图所示。

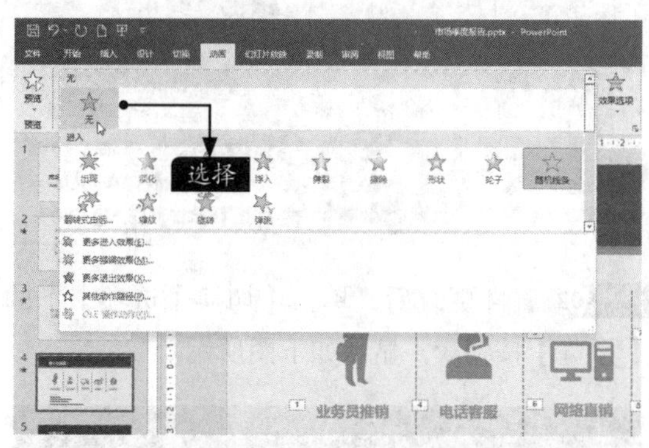

（2）单击【动画】选项卡【高级动画】组中的【动画窗格】按钮，在弹出的【动画窗格】窗格中选择要移除动画的选项，然后单击该选项的下拉按钮，在弹出的下拉列表中选择【删除】选项即可，如下图所示。

（3）选择添加动画的对象前的动画编号标记，按【Delete】键，也可删除添加的动画。

10.2 制作食品营养报告演示文稿

食品营养报告演示文稿主要用于介绍食品中包含的营养。在PowerPoint中，可以为幻灯片设置切换效果、添加和编辑超链接、设置按钮的交互效果等，从而使幻灯片更加绚丽多彩。

本节以制作食品营养报告演示文稿为例介绍幻灯片的切换效果的设置等。

10.2.1 设置切换效果

幻灯片的切换时产生的类似动画的效果，可以使幻灯片在放映时更加生动形象。

1. 添加切换效果

幻灯片的切换效果是在演示期间从一张幻灯片切换到下一张幻灯片时，在【幻灯片放映】视图中出现的效果。添加切换效果的具体操作步骤如下。

步骤 01 打开“素材\ch10\食品营养报告.pptx”文件，选择要添加切换效果的幻灯片，这里选择文件中的第1张幻灯片。单击【切换】选项卡下【切换到此幻灯片】组中的【其他】按钮，在弹出的下拉列表中选择【细微】区域的【覆盖】切换效果，如右图所示。

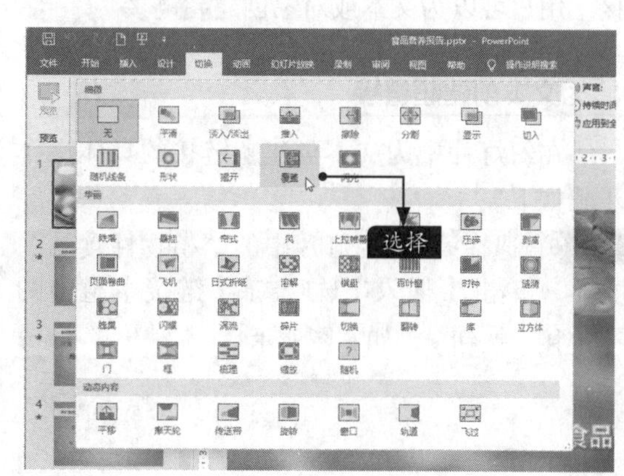

步骤 02 添加过“覆盖”效果的幻灯片在放映时

即可显示此切换效果，下图是显示切换效果时的部分截图。

小提示

使用同样的方法，可以为其他幻灯片添加切换效果。

2. 设置切换效果的属性

PowerPoint中的部分切换效果具有可自定义的属性，我们可以对这些属性进行自定义设置。

步骤 01 添加切换效果后，单击【切换】选项卡【切换到此幻灯片】组中的【效果选项】按钮，在弹出的下拉列表中选择【自底部】选项，如右上图所示。

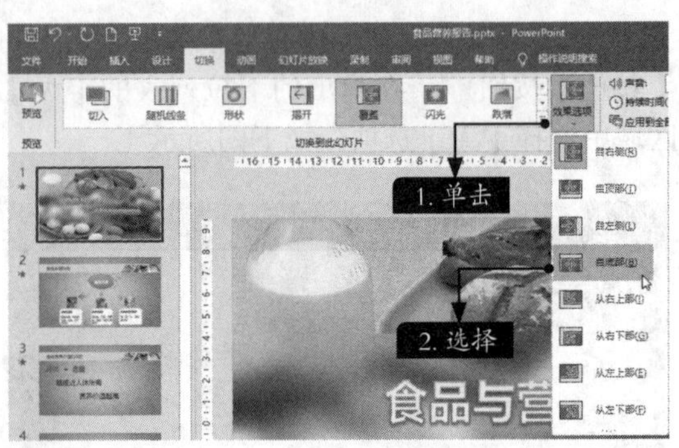

步骤 02 属性更改后，单击【切换】选项卡下的【预览】按钮，显示如下图所示。

小提示

为幻灯片添加的切换效果不同，单击【效果选项】按钮后弹出的下拉列表中的选项也是不相同的。

10.2.2 添加和编辑超链接

在PowerPoint中，超链接可以是从一张幻灯片跳转到同一演示文稿中另一张幻灯片的链接，也可以是从一张幻灯片跳转到不同演示文稿中另一张幻灯片、电子邮件地址、网页或文件等的链接。用户可以为文本或对象创建超链接。

1. 为文本创建超链接

在幻灯片中为文本创建超链接的具体操作步骤如下。

步骤 01 选择第2张幻灯片中的“植物性食品”文本，单击【插入】选项卡下【链接】组中的【链接】按钮，如右图所示。

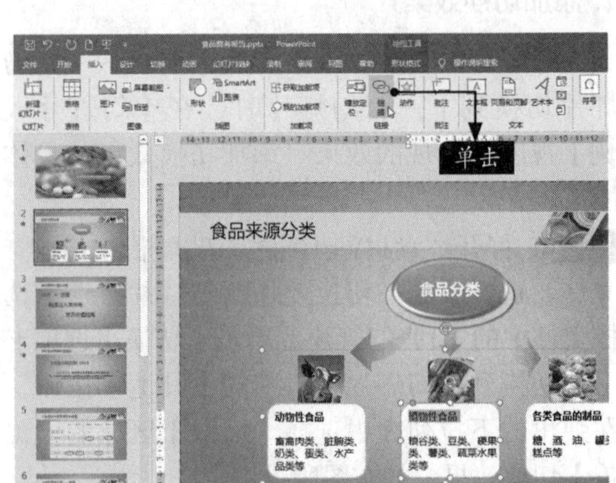

步骤 02 在弹出的【插入超链接】对话框左侧的【链接到】列表框中选择【本文档中的位置】选项，在右侧的【请选择文档中的位置】列表框中选择【6.水果的营养价值——香蕉】选项，单击【确定】按钮，如下图所示。

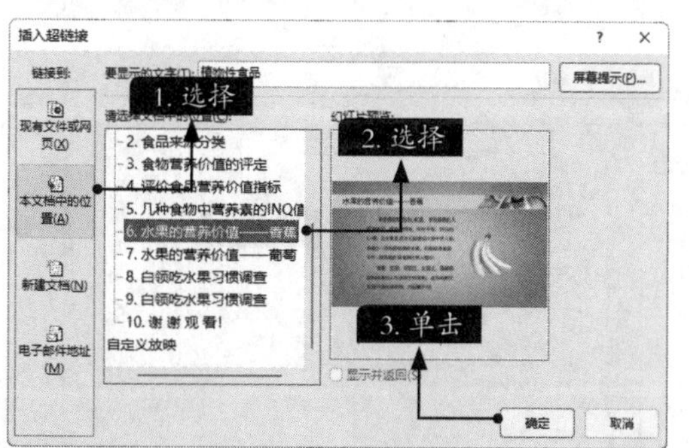

步骤 03 即可将选择的文本链接到同一演示文稿中的另一张幻灯片。添加超链接后的文本以红色、下画线显示，如下图所示。

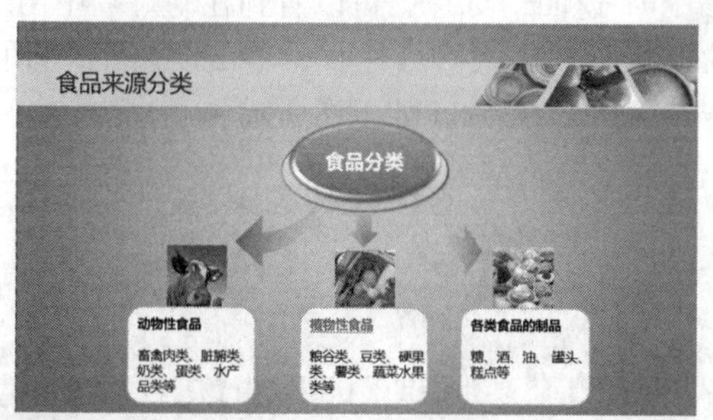

步骤 04 在放映幻灯片时，单击创建超链接后的文本“植物性食品”，即可将幻灯片链接到另一幻灯片。可以按【Ctrl】键，并单击超链接文本，实现快速跳转，如下图所示。

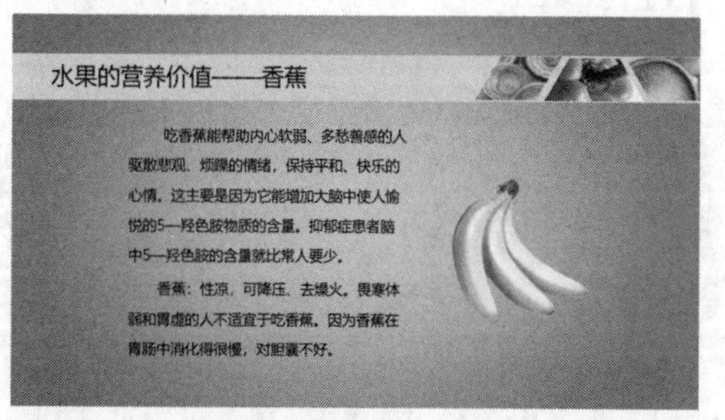

2. 编辑超链接

创建超链接后，用户还可以根据需要更改超链接或取消超链接。

步骤 01 在要更改的超链接对象上右击，在弹出的快捷菜单中选择【编辑链接】命令，如下图所示。

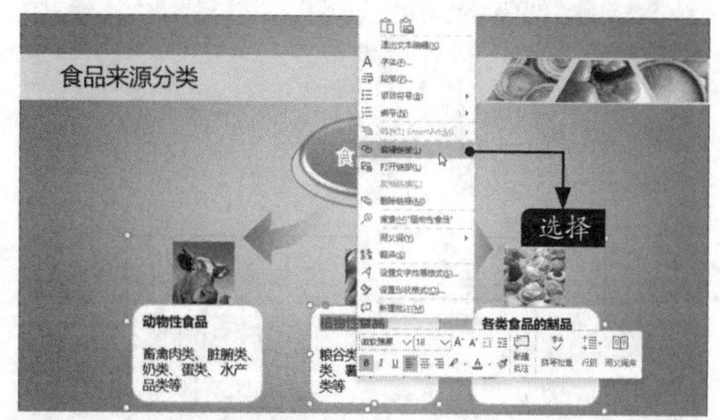

步骤 02 弹出【编辑超链接】对话框，在左侧的【链接到】列表框中选择【本文档中的位置】选项，在右侧的【请选择文档中的位置】列表框中选择【7.水果的营养价值——葡萄】选项，单击【确定】按钮，即可更改超链接，如下图所示。

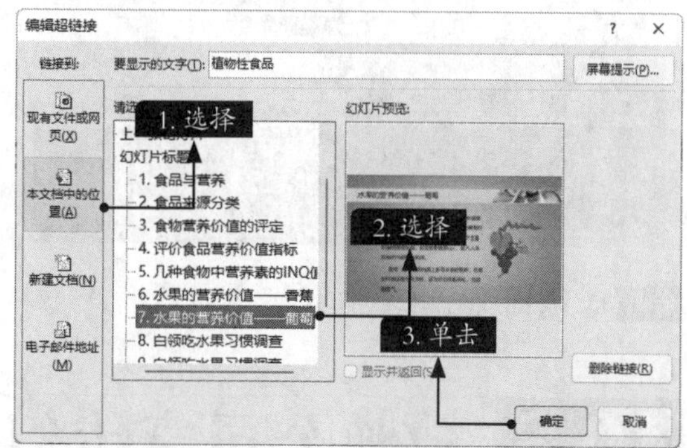

小提示

如果当前幻灯片不再需要使用超链接，在要取消的超链接对象上右击，在弹出的快捷菜单中选择【删除链接】命令即可。

10.2.3 设置按钮的交互效果

在PowerPoint中，可以为幻灯片、幻灯片中的文本或对象创建链接到幻灯片的超链接，也可以使用动作按钮设置交互效果。动作按钮是预先设置好的带有特定动作的形状按钮，可以实现在放映幻灯片时跳转的目的。设置按钮交互的具体操作步骤如下。

步骤01 选择最后一张幻灯片，单击【插入】选项卡下【插图】组中的【形状】按钮，在弹出的下拉列表中选择【动作按钮】区域的【动作按钮：转到主页】选项，如下图所示。

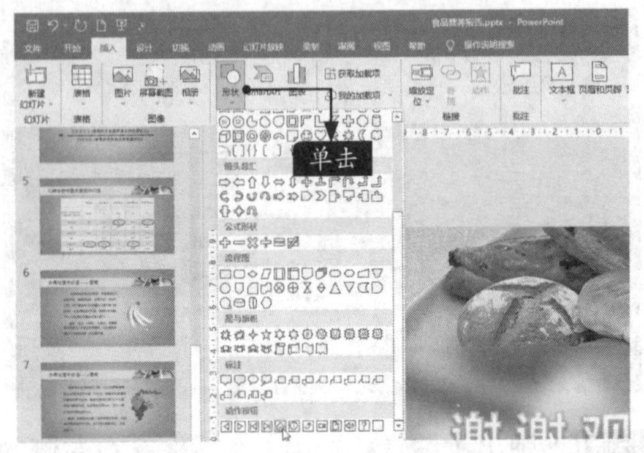

步骤02 在幻灯片上，拖曳绘制该形状，如下图所示。

步骤03 随即弹出【操作设置】对话框，选中【超链接到】单选按钮，并在下拉列表框中选择【第一张幻灯片】选项，单击【确定】按钮，如下图所示。

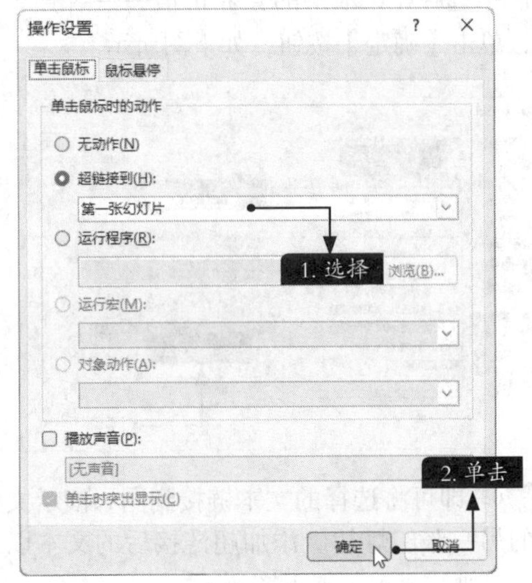

步骤04 返回幻灯片，可以看到在幻灯片中出现的形状，在放映幻灯片时，单击该按钮，即可转到第1张幻灯片，如下图所示。

10.3 放映公司宣传幻灯片

公司宣传幻灯片主要用于介绍公司的文化、背景、成果等。PowerPoint为用户提供了良好的放映方法。本节以放映公司宣传幻灯片为例介绍幻灯片的放映方法。

10.3.1 浏览幻灯片

用户可以通过缩略图的形式浏览幻灯片，具体操作步骤如下。

步骤01 打开“素材\ch10\公司宣传片.pptx”文件，单击【视图】选项卡下【演示文稿视图】组中的【幻灯片浏览】按钮，如下页图所示。

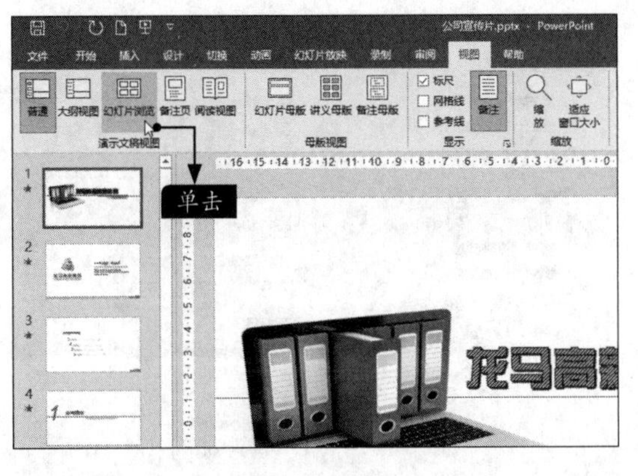

步骤 02 系统会打开【幻灯片浏览】视图，如下图所示。

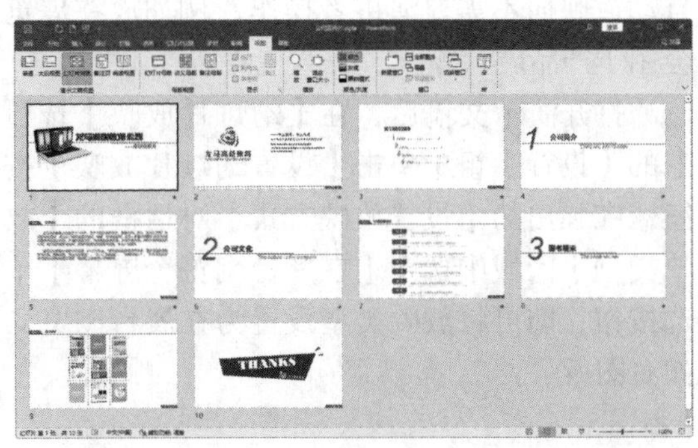

10.3.2 幻灯片的3种放映类型

在PowerPoint中，演示文稿的放映类型包括演讲者放映、观众自行浏览和在展台浏览3种。可以通过单击【幻灯片放映】选项卡【设置】组中的【设置幻灯片放映】按钮，然后在弹出的【设置放映方式】对话框中对放映类型、放映选项等进行具体设置。

（1）演讲者放映

演示文稿放映方式中的演讲者放映是指由演讲者一边讲解一边放映幻灯片，此演示方式一般用于比较正式的场合，如专题讲座、学术报告等。

将演示文稿的放映类型设置为演讲者放映的具体操作步骤如下。

步骤 01 单击【幻灯片放映】选项卡下【设置】组中的【设置幻灯片放映】按钮，如下图所示。

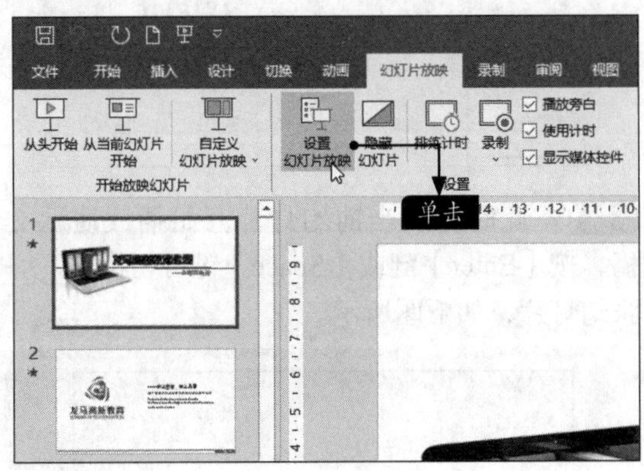

步骤 02 弹出【设置放映方式】对话框，默认设置为演讲者放映，如右上图所示。

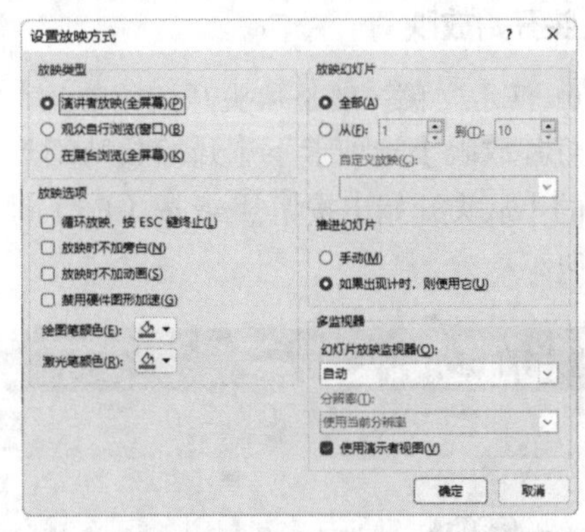

（2）观众自行浏览

观众自行浏览指由观众自己动手使用计算机观看幻灯片。如果希望让观众自行浏览幻灯片，可以将演示文稿放映类型设置成观众自行浏览，如下图所示。

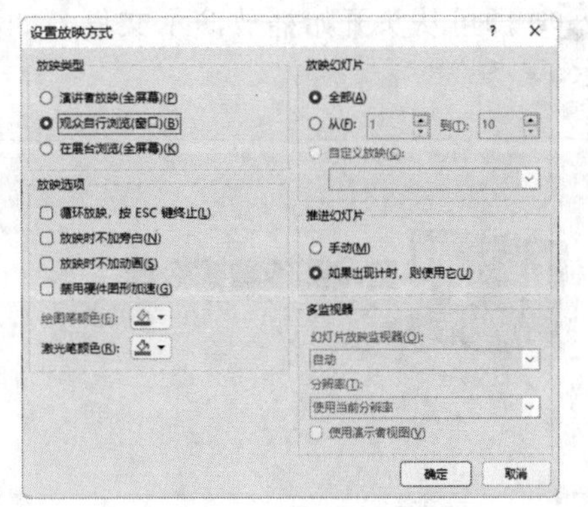

（3）在展台浏览

在展台浏览这一放映方式可以让演示文稿自动放映而不需要演讲者操作，例如放在展览会用于产品展示等。

打开演示文稿后，在【幻灯片放映】选项卡的【设置】组中单击【设置幻灯片放映】按钮，在弹出的【设置放映方式】对话框的【放映类型】区域中选中【在展台浏览全屏幕】单选按钮，即可将放映类型设置为在展台浏览，如右图所示。

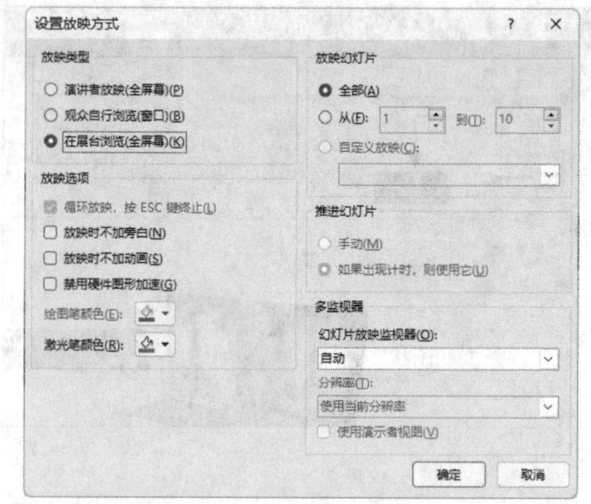

10.3.3 放映幻灯片

默认情况下，幻灯片的放映方式为普通手动放映。用户可以根据实际需要，设置幻灯片的放映方式，如从头开始放映、从当前幻灯片开始放映等。

1. 从头开始放映

步骤 01 演示文稿一般是从头开始放映的，单击【幻灯片放映】选项卡下【开始放映幻灯片】组中的【从头开始】按钮 或按【F5】键，如下图所示。

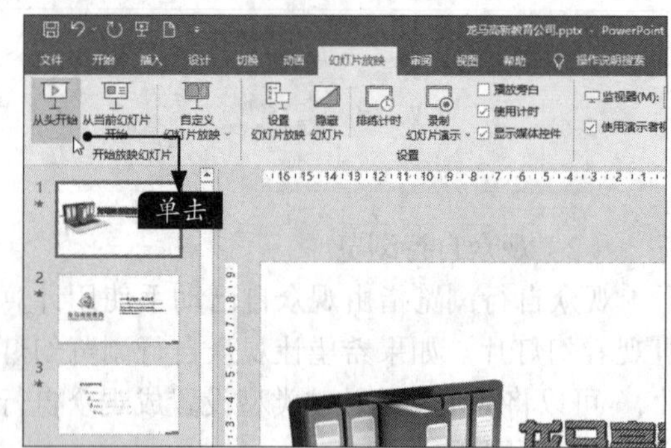

步骤 02 即可从头开始播放演示文稿，如下图所示。

2. 从当前幻灯片开始放映

步骤 01 放映演示文稿时也可以从选定的幻灯片开始放映，单击【幻灯片放映】选项卡下【开始放映幻灯片】组中的【从当前幻灯片开始】按钮，或按【Shift+F5】组合键，如下图所示。

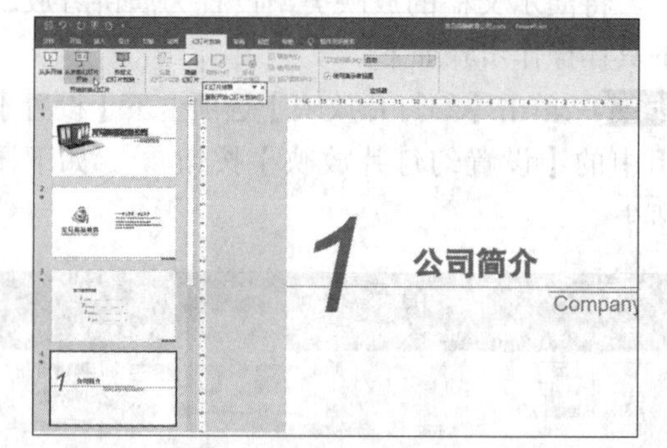

步骤 02 此时将从当前幻灯片开始播放演示文稿，按【Enter】键或【Space】键可切换到下一张幻灯片，如下图所示。

10.3.4 为幻灯片添加标注

要想使观看者更加了解幻灯片所表达的意思，可以在幻灯片中添加标注。添加标注的具体操作步骤如下。

步骤 01 放映幻灯片，右击，在弹出的快捷菜单中选择【指针选项】→【笔】命令，鼠标指针即会变为一个点，如下图所示。

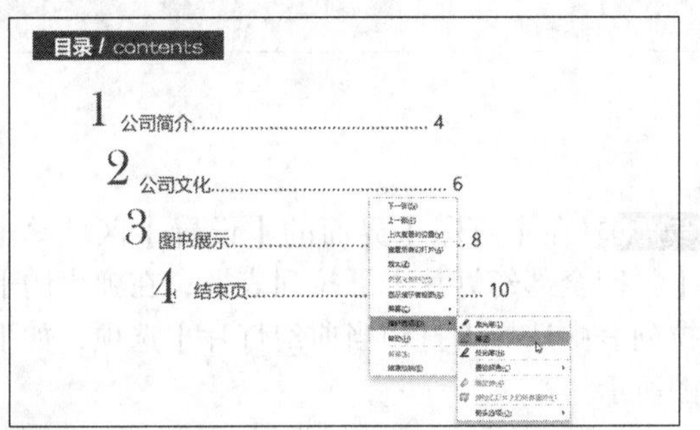

步骤 02 即可在幻灯片中添加标注，如下图所示。

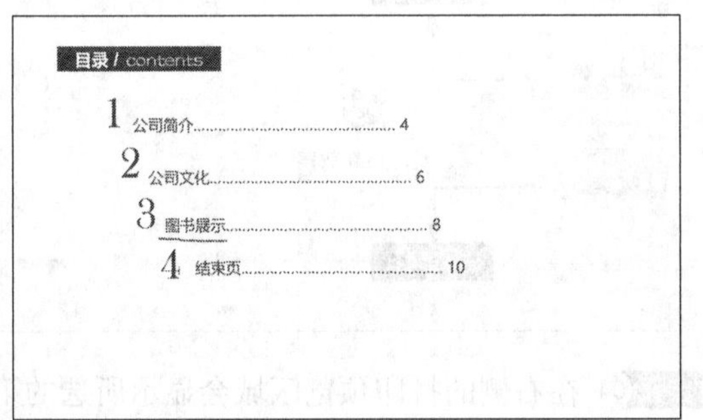

步骤 03 右击，在弹出的快捷菜单中选择【指针选项】→【荧光笔】命令，然后选择【指针选项】→【墨迹颜色】命令，在【墨迹颜色】列表中选择一种颜色，如蓝色，如下图所示。

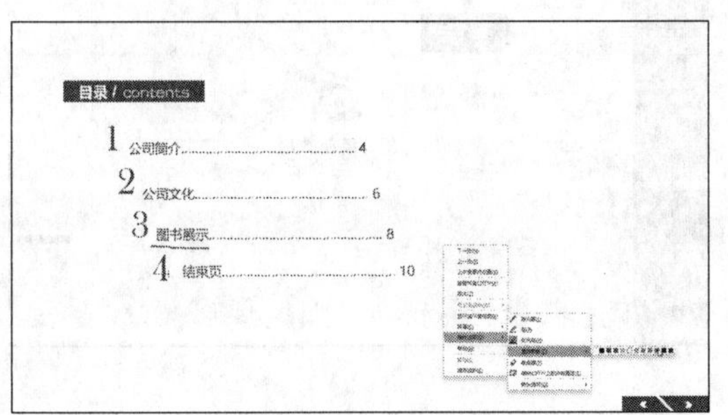

步骤 04 使用荧光笔在幻灯片中添加标注，此时标注的颜色即变为蓝色，如下图所示。

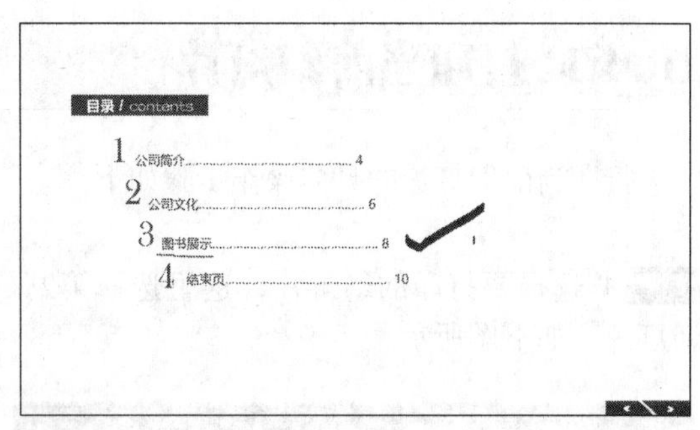

步骤 05 如果要删除添加的标注，单击幻灯片左下角的按钮，在弹出的快捷菜单中选择【橡皮擦】命令，如下图所示。

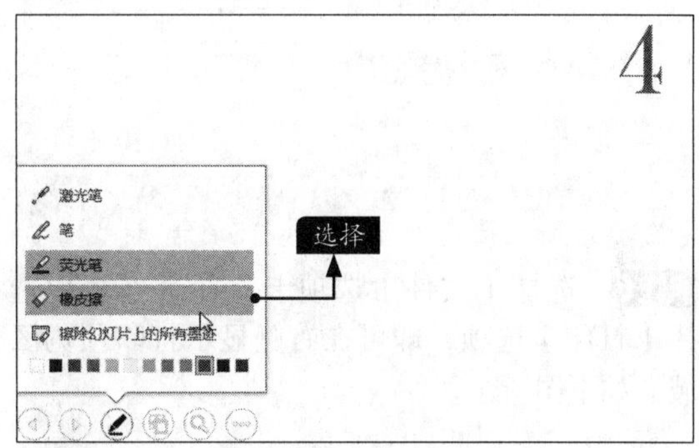

步骤 06 此时鼠标指针变为形状，将其移至要清除的标注上，单击即可清除，如下图所示。

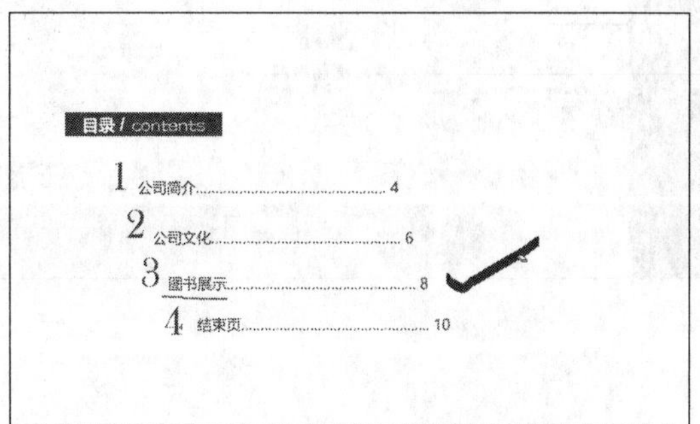

10.4 打印演示文稿

演示文稿的打印主要包括打印当前幻灯片以及在一张纸上打印多张幻灯片等。

10.4.1 打印当前幻灯片

打印当前幻灯片的具体操作步骤如下。

步骤 01 选择要打印的幻灯片，这里选择第2张幻灯片，如下图所示。

步骤 02 选择【文件】选项卡，在其列表中选择【打印】选项，即可在右侧显示打印预览区域，如下图所示。

步骤 03 在【打印】界面的【设置】区域单击【打印全部幻灯片】下拉列表框，在弹出的下拉列表中选择【打印当前幻灯片】选项，如下图所示。

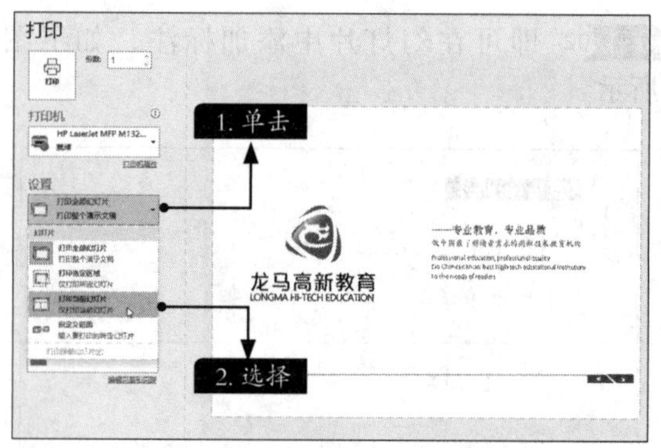

步骤 04 在右侧的打印预览区域会显示所选的第2张幻灯片内容，单击【打印】按钮即可打印，如下图所示。

10.4.2 在一张纸上打印多张幻灯片

在一张纸上可以打印多张幻灯片，以便节省纸张，其具体操作步骤如下。

步骤 01 在打开的演示文稿中，选择【文件】选项卡，选择【打印】选项。在【设置】区域单击【整页幻灯片】下拉列表框中的下拉按钮，在弹出的下拉列表中选择【9张水平放置的幻灯片】选项，设置每张纸打印9张幻灯片，如下图所示。

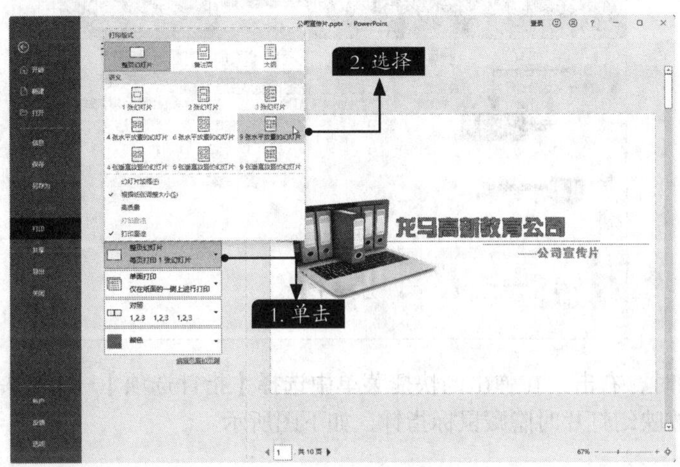

步骤 02 此时可以看到右侧的打印预览区域一张纸上显示了9张幻灯片，如下图所示。

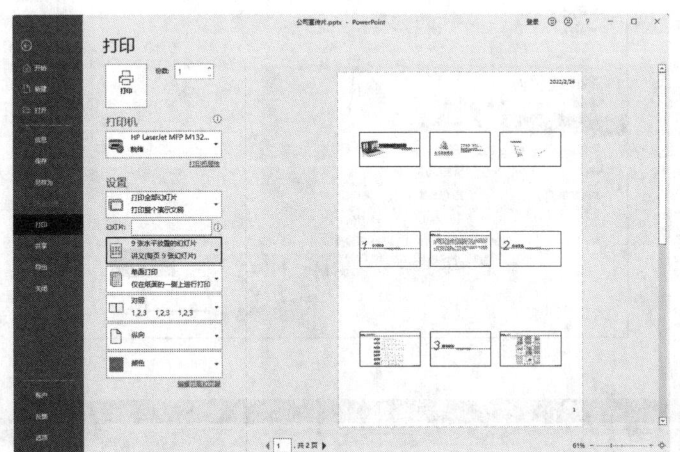

高手私房菜

技巧1：快速定位幻灯片

在播放PowerPoint演示文稿时，如果要快进到或快退回第6张幻灯片，可以先按数字【6】键，再按【Enter】键。

技巧2：放映幻灯片时隐藏鼠标指针

在放映幻灯片时可以隐藏鼠标指针，具体操作步骤如下。

步骤01 在【幻灯片放映】选项卡的【开始放映幻灯片】组中单击【从头开始】按钮或按【F5】键，如下图所示。

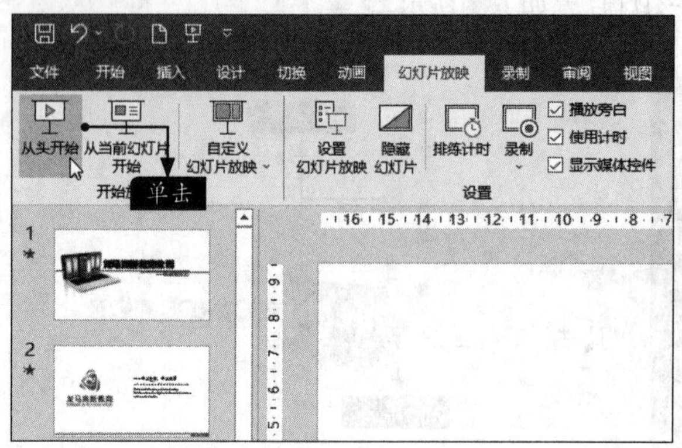

步骤02 放映幻灯片时，右击，在弹出的快捷菜单中选择【指针选项】→【箭头选项】→【永远隐藏】命令，即可在放映幻灯片时隐藏鼠标指针，如下图所示。

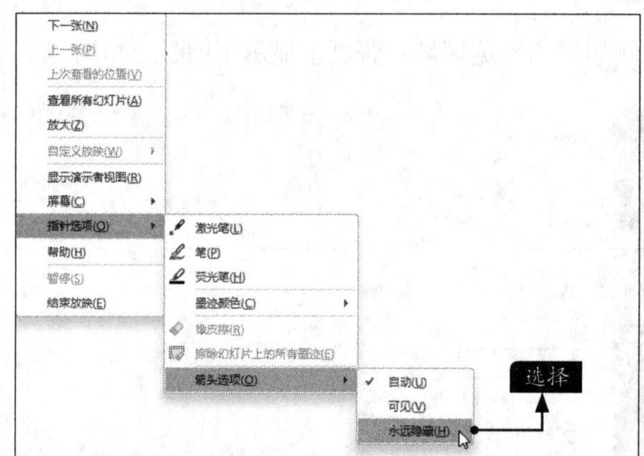

小提示

按键盘上的【Ctrl+H】组合键，也可以隐藏鼠标指针。

第 11 章

Outlook和OneNote的应用

学习目标

Outlook 2021（以下简称“Outlook”）是Office 2021办公软件中的电子邮件管理组件，其可操作性和全面的辅助功能为用户进行邮件传输和个人信息管理提供了极大的方便。而OneNote 2021（以下简称“OneNote”）是一款数字笔记本，用户使用它可以快速收集和组织工作和生活中的各种图文资料，和Office 2021的其他办公组件结合使用，可以大大提高办公效率。

学习效果

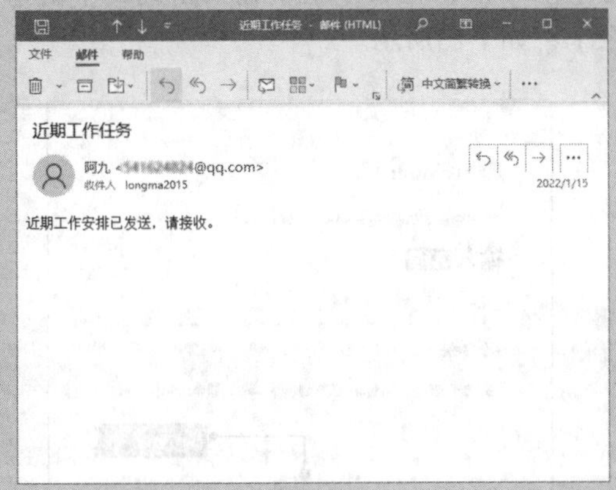

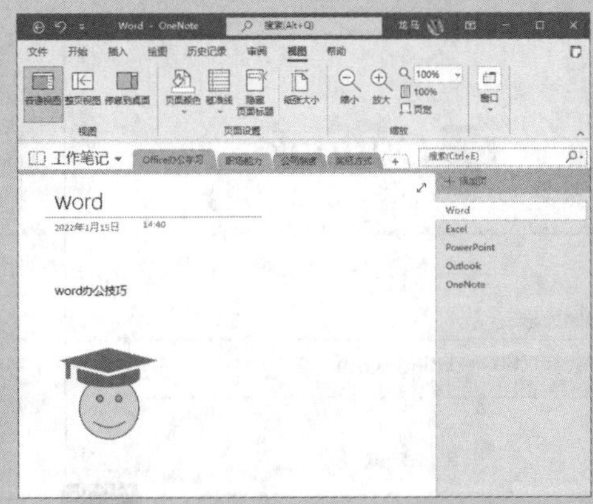

11.1 邮件的管理与发送

Outlook在办公中主要用于邮件的管理与发送，本节主要介绍配置Outlook邮件账户创建、编辑和发送邮件，接收和回复邮件及转发邮件等内容。

11.1.1 配置Outlook邮件账户

首次使用Outlook，需要对Outlook进行配置。配置Outlook的具体操作步骤如下。

步骤01 打开Outlook软件后，选择【文件】选项卡，在弹出的界面中单击【添加账户】按钮，如下图所示。

步骤02 弹出Outlook对话框，在文本框中输入Microsoft账户名称，单击【连接】按钮，如下图所示。

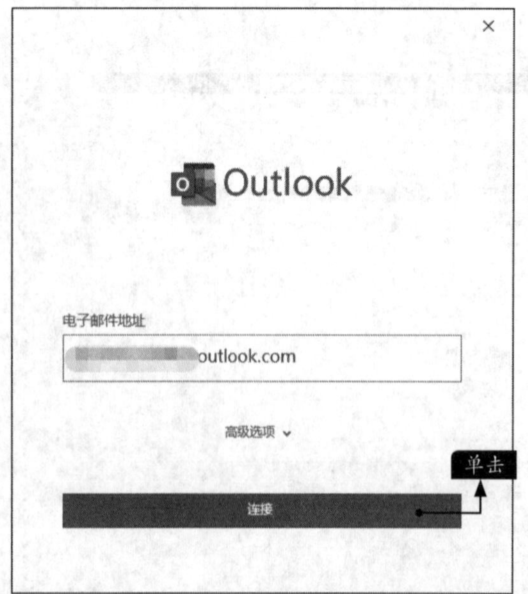

步骤03 此时可看到下方显示正在添加的账户的信息，如下图所示。

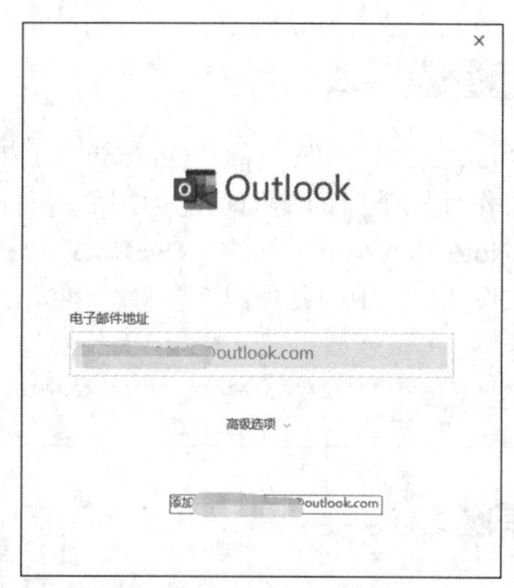

步骤04 稍等片刻，即会弹出【Windows安全中心】对话框，在文本框中输入密码，单击【登录】，如下图所示。

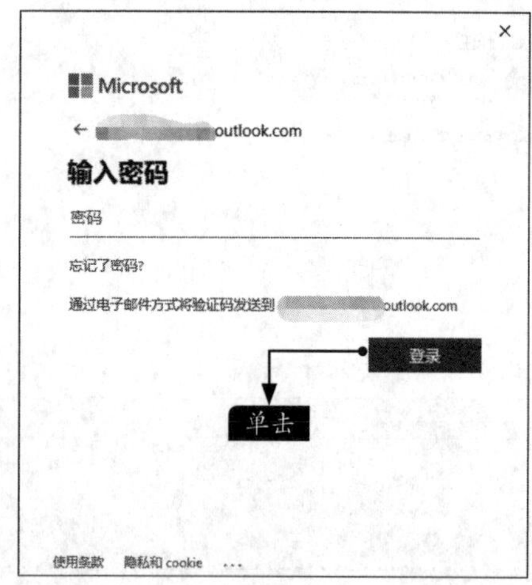

步骤 05 弹出【已成功添加账户】对话框，单击【已完成】按钮，如下图所示。

步骤 06 返回Outlook中，即可看到Outlook已配置完成，如下图所示。

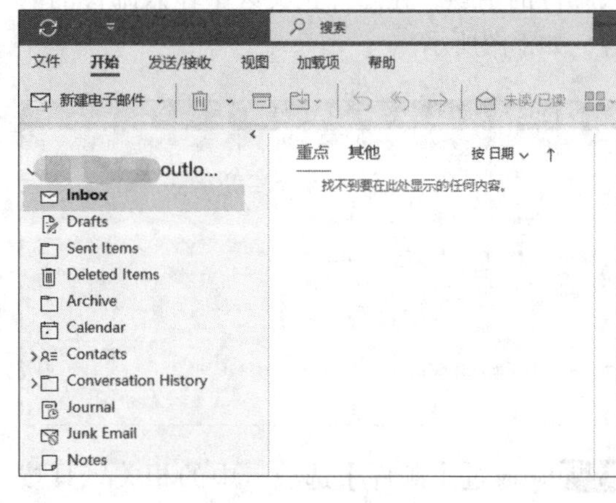

小提示

如果要删除添加的电子邮件账户，选择账户并右击，在弹出的快捷菜单中选择【删除】命令，如下图所示。

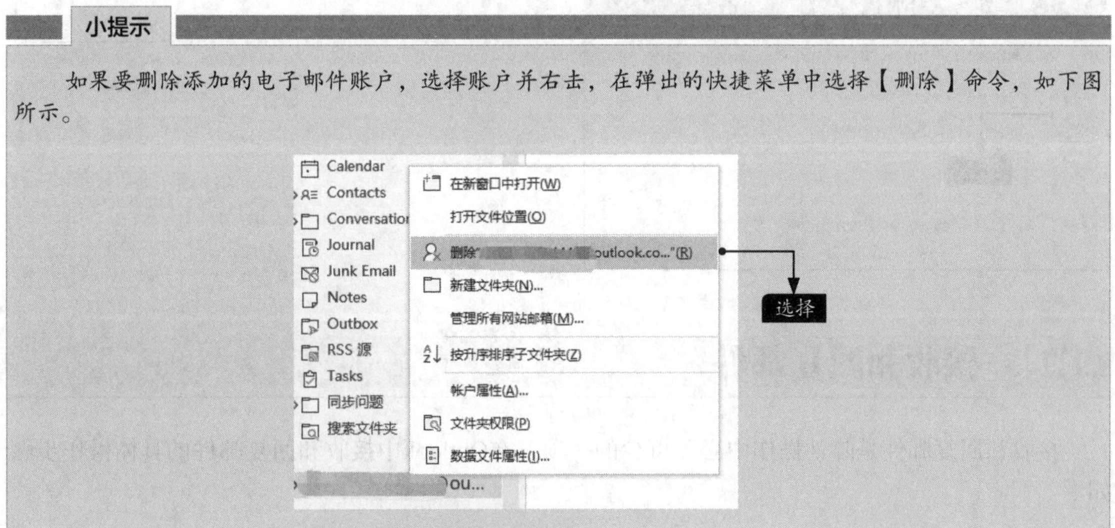

11.1.2 创建、编辑和发送邮件

处理电子邮件是Outlook中最主要的功能，使用电子邮件功能，可以很方便地发送电子邮件。具体的操作步骤如下。

步骤 01 单击【开始】选项卡下的【新建电子邮件】按钮，弹出【未命名-邮件】窗口，如右图所示。

步骤02 在【收件人】文本框中输入收件人的电子邮箱地址，在【主题】文本框中根据需要输入邮件的主题，在邮件正文区中输入邮件的内容，如下图所示。

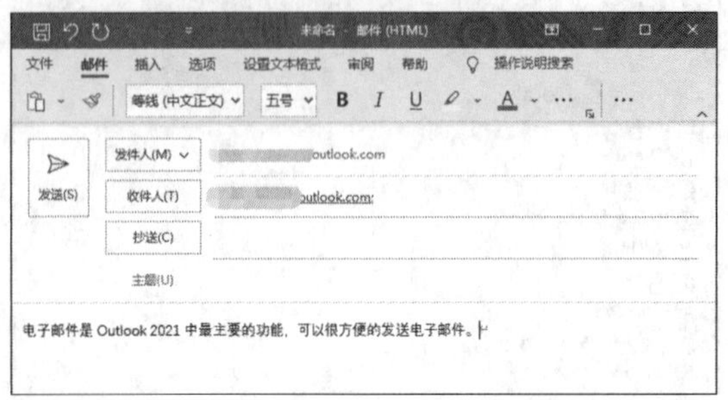

步骤03 通过【邮件】选项卡中的相关工具按钮，对邮件文本内容进行调整，调整完毕后单击【发送】按钮，如下图所示。

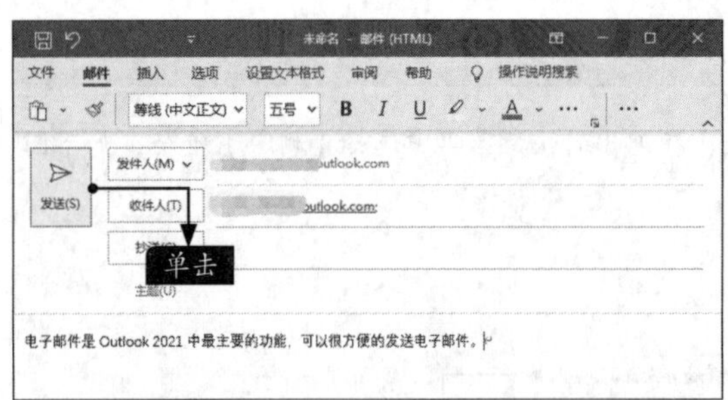

小提示

若在【抄送】文本框中输入电子邮箱地址，那么所填电子邮件地址对应的用户将收到邮件的副本。

步骤04 【邮件】选项卡会自动关闭并返回主界面，在导航窗格中的【已发送邮件】窗格中便多了一封已发送的邮件信息，Outlook会自动将其发送出去，如下图所示。

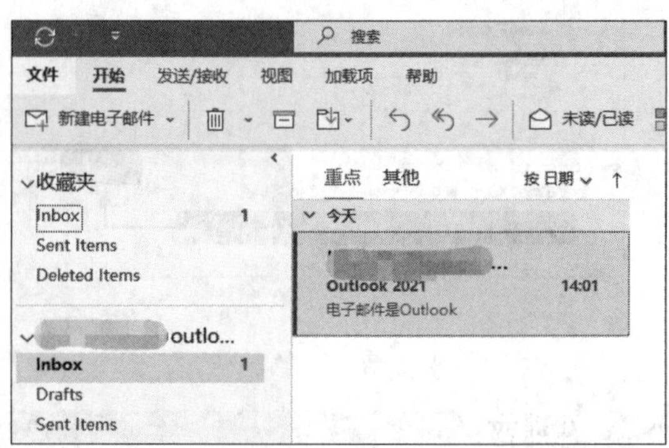

11.1.3 接收和回复邮件

接收和回复邮件是邮件操作中必不可少的一项，在Outlook中接收和回复邮件的具体操作步骤如下。

步骤01 当Outlook有接到收到邮件时，会在桌面右下角弹出消息弹窗，如下图所示。

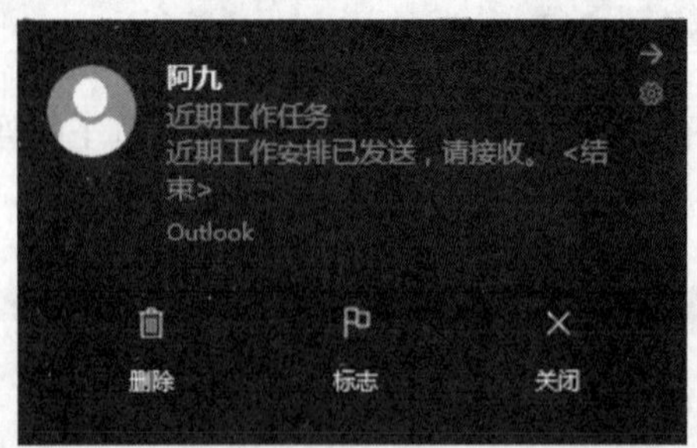

步骤02 当要查看该邮件时，单击消息弹窗，即可打开Outlook并进入【收件箱】页面，双击邮件即可查看接收到的邮件。

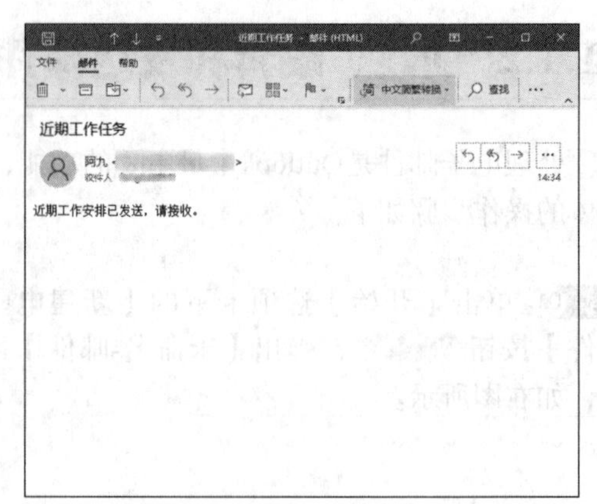

步骤 03 单击【邮件】中的【答复】按钮回复，也可以使用【Ctrl+R】组合键回复，如下图所示。

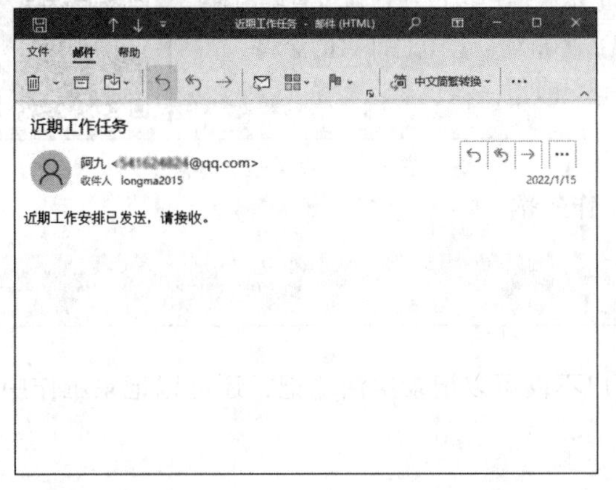

步骤 04 系统弹出【回复】窗口，在【主题】下方的邮件正文区中输入需要回复的内容，Outlook默认保留原邮件的内容，可以根据需要对其进行删除。内容输入完成后单击【发送】按钮，即可完成邮件的回复，如下图所示。

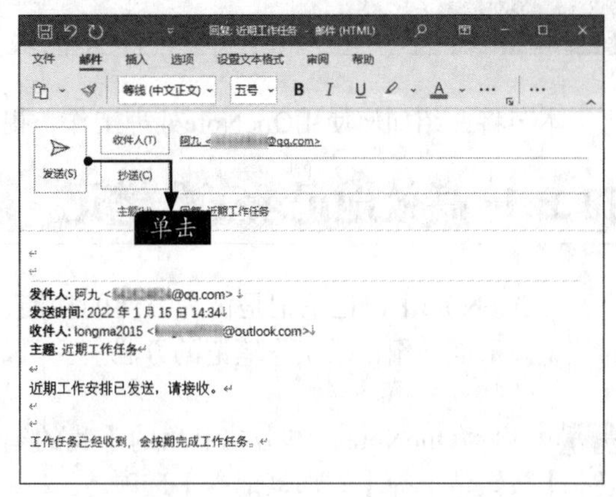

11.1.4 转发邮件

转发邮件即保持邮件原文不变或者稍加修改后发送给其他联系人，用户可以利用Outlook将所收到的邮件转发给一个或者多个人。

步骤 01 选择需要转发的邮件并右击，在弹出的快捷菜单中选择【转发】命令，如下图所示。

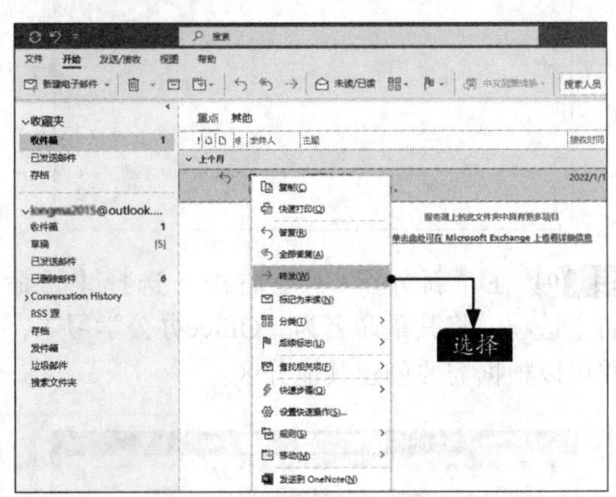

步骤 02 在右侧区域中弹出邮件转发界面，在【主题】下方的邮件正文区中输入需要补充的内容，Outlook默认保留原邮件内容，可以根据需要将其删除。在【收件人】文本框中输入收件人的电子邮件地址，单击【发送】按钮，即可完成邮件的转发，如下图所示。

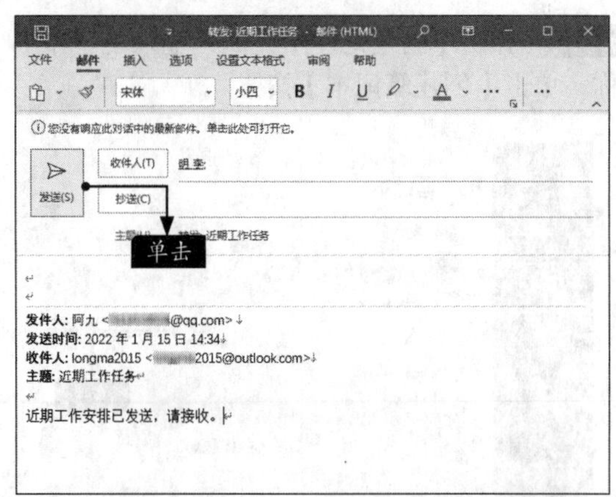

小提示

在右侧区域弹出的邮件转发界面中单击【弹出】按钮，即可弹出一个邮件转发窗口，单击【放弃】按钮，即可关闭邮件转发界面。

11.2 用OneNote处理工作

OneNote是一款自由度很高的数字笔记本，用户可以在任何位置随时使用它来记录自己的想法、添加图片、记录待办事项，甚至是即兴的涂鸦。

本节将介绍如何使用OneNote处理工作，提高工作效率。

11.2.1 高效地记录工作笔记

在OneNote中，记笔记是极为方便的功能，用户不仅可以记录生活笔记，还可以记录工作中的笔记。下面介绍记录工作笔记的方法。

步骤 01 启动OneNote，单击左上角的【我的笔记本】按钮，选择【添加笔记本】选项。

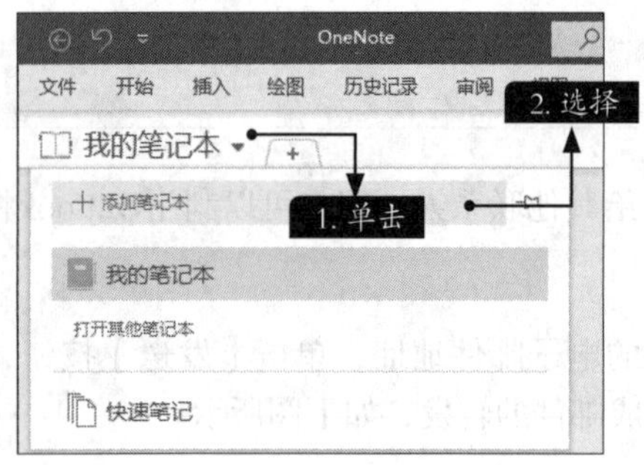

步骤 02 弹出【新笔记本】界面，输入笔记本名称，单击【创建笔记本】按钮。

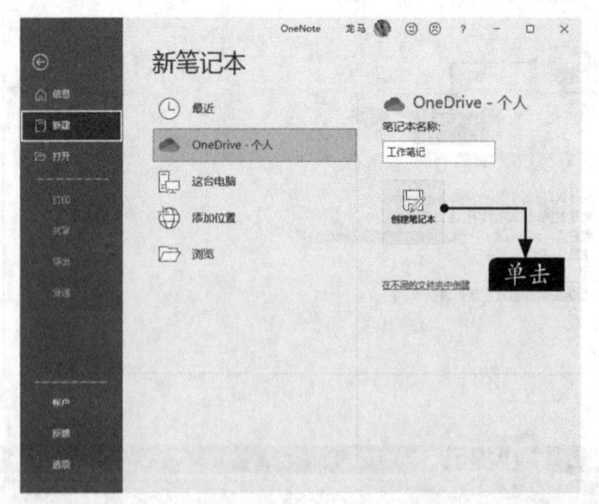

> **小提示**
>
> OneNote笔记本是一个相对独立的文件，需要用户创建后才可以使用。

步骤 03 即可创建一个名为“工作笔记”的笔记本，并显示在【最近的笔记】列表中。默认情况下，新建笔记本后，包含一个“新分区1”的分区，分区相当于活页夹中的标签分割片，用户可以创建不同的分区，以方便管理，如下图所示。

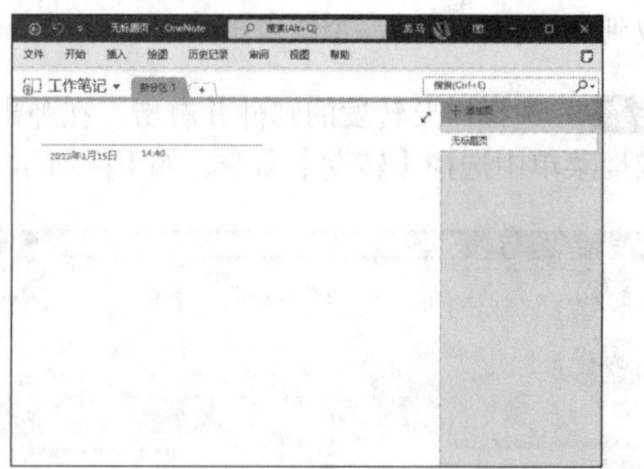

步骤 04 在“新分区1”上右击，选择【重命名】选项，将其重命名为“Office办公学习”，并可以根据需要创建其他分区。

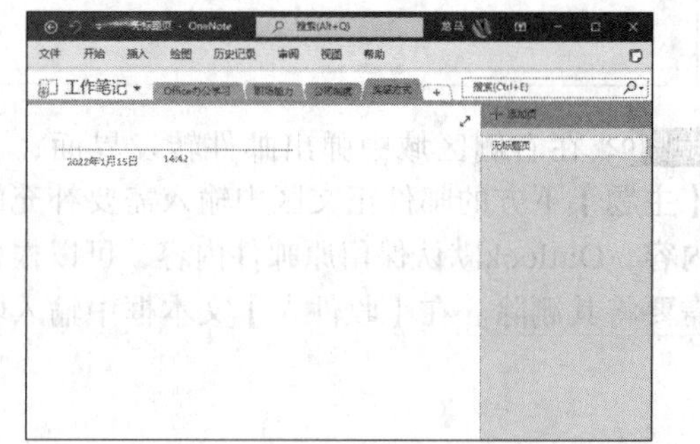

步骤 05 在每个分区中，单击右侧的【添加页】按钮，可以添加页面，并且能够为每个页面设置名称，如下图所示。

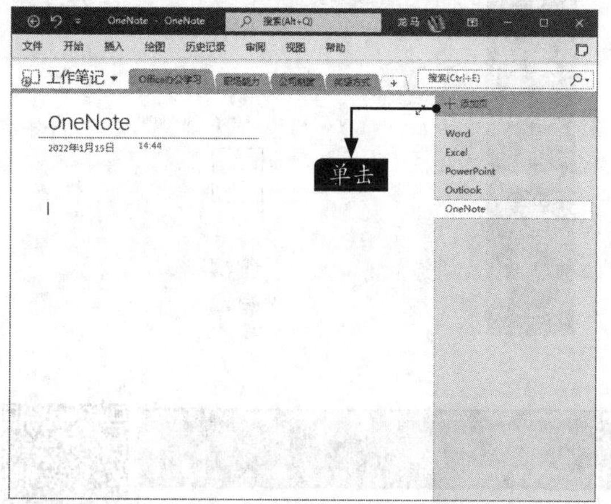

步骤 06 选择一页，可以根据需要输入文字，选择【插入】选项卡，可以在笔记中添加表格、文件、图片以及多媒体文件等，如右上图所示添加了图片文件。

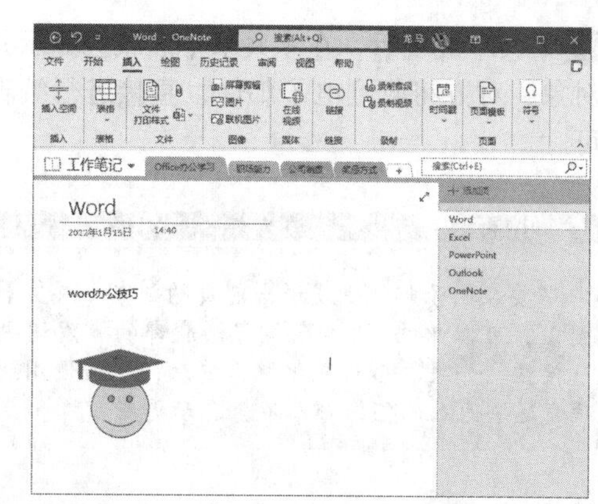

步骤 07 在【视图】选项卡下，可以设置页面的视图。

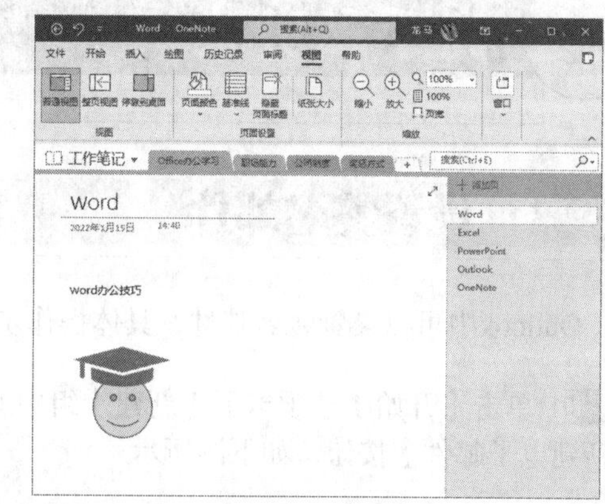

11.2.2 与同事协同完成工作

OneNote支持共享功能，用户不仅可以在多个平台之间进行共享，还可以通过多种方式在不同用户之间进行共享，使信息被最大化利用，尤其在实际工作中，可以方便同事间协同办公，完成工作。

步骤 01 选择【文件】选项卡，选择【共享】选项，在中间的【共享】区域选择【与人共享】选项。

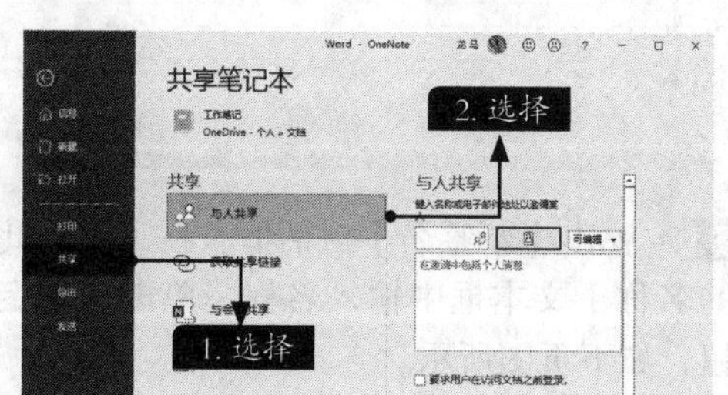

步骤 02 在右侧弹出【与人共享】区域，输入对方的电子邮箱地址或者联系人姓名，在【权限】下拉列表框中选择“可编辑”选项，然后单击【共享】按钮。

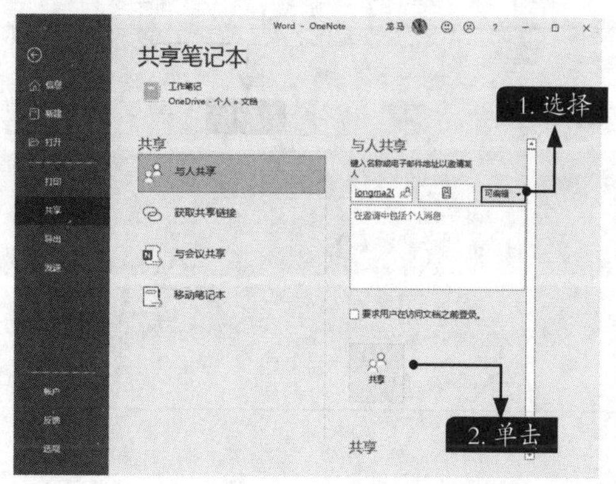

步骤03 共享成功后，在【共享】区域会显示共享对象，对方将收到电子邮件，直接进行编辑即可。

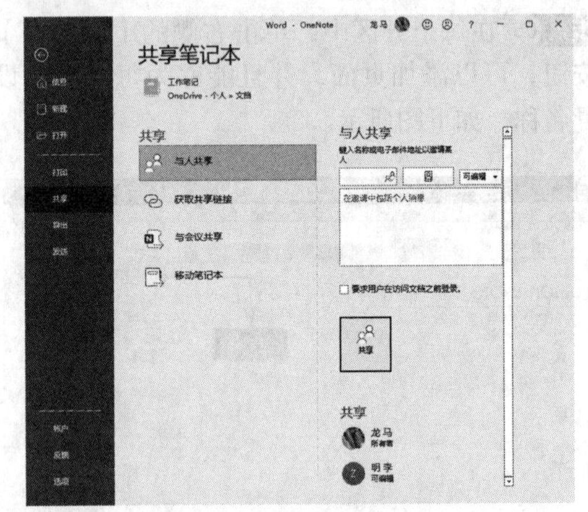

小提示

若要在电子邮件中发送当前页的副本（或屏幕截图），可以单击“共享”窗格底部的“发送副本”按钮。如果之后对笔记做出更改，之前使用此选项发送给他人的任何副本不会自动更新。

高手私房菜

技巧1：设置签名邮件

Outlook中可以设置签名邮件，具体操作步骤如下。

步骤01 单击【开始】选项卡下【新建】组中的【新建电子邮件】按钮，如下图所示。

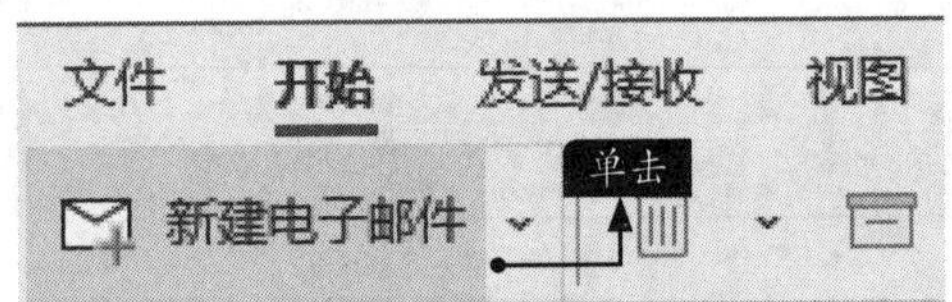

步骤02 弹出【未命名-邮件】窗口，选择【邮件】选项卡下的【签名】→【签名】选项，如下图所示。

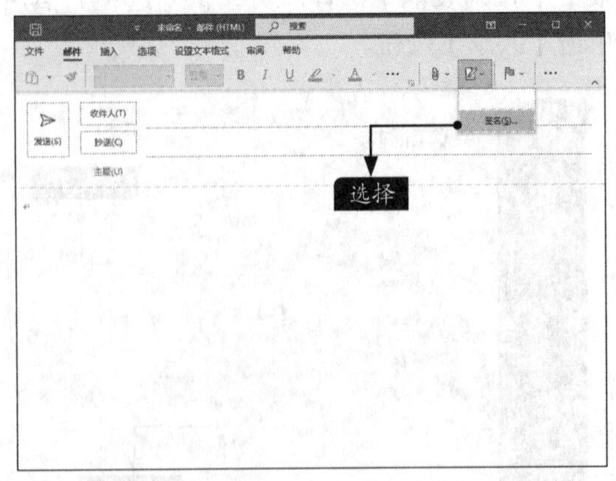

步骤03 弹出【签名和信纸】对话框，单击【电子邮件签名】选项卡下【选择要编辑的签名】区域中的【新建】按钮，如下图所示。

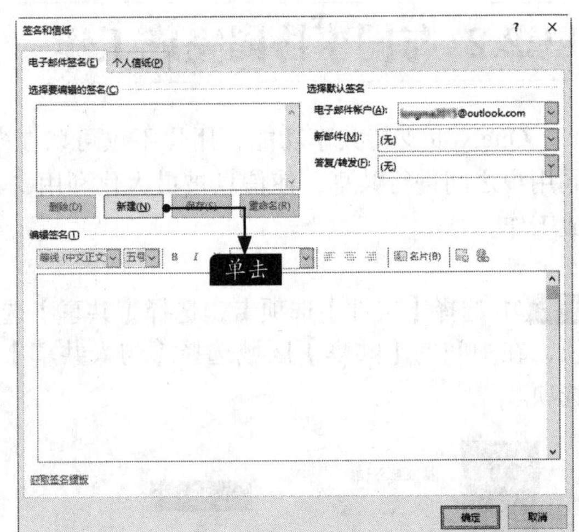

步骤04 弹出【新签名】对话框，在【键入此签名的名称】文本框中输入名称，单击【确定】按钮，如下页图所示。

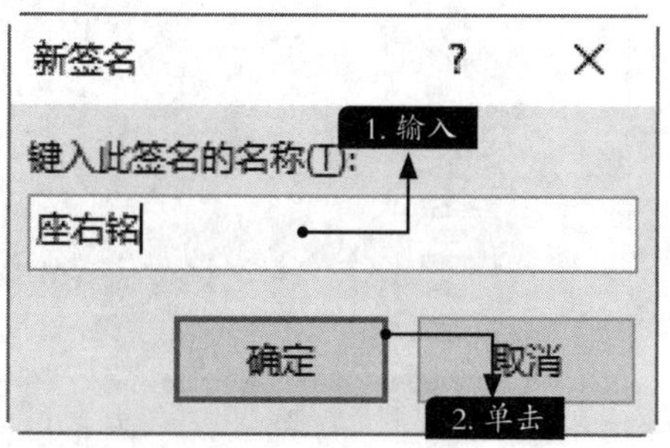

步骤05 返回【签名和信纸】对话框，在【编辑签名】区域输入签名的内容，设置文本格式后单击【确定】按钮，如下图所示。

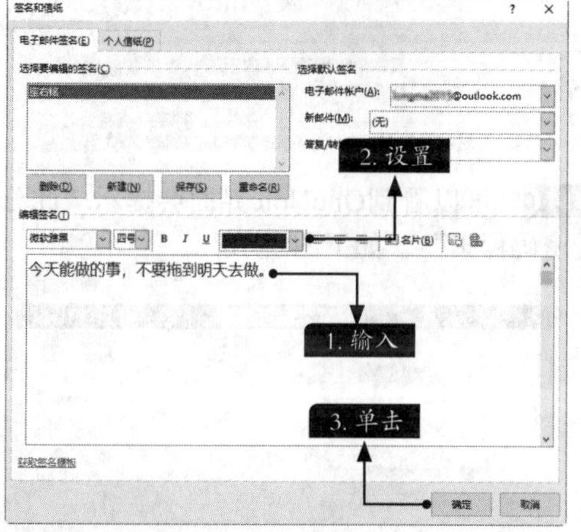

步骤06 在【未命名-邮件】窗口中单击【邮件】选项卡下【添加】组中的【签名】按钮，在弹出的下拉列表中选择【座右铭】选项，如下图所示。

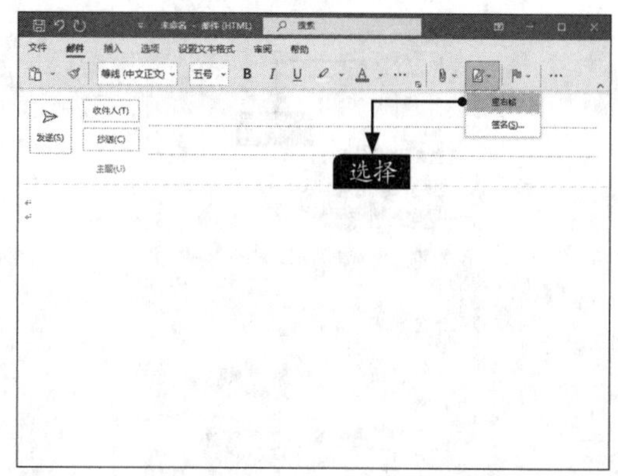

步骤07 即可在编辑区域中出现签名，如下图所示。

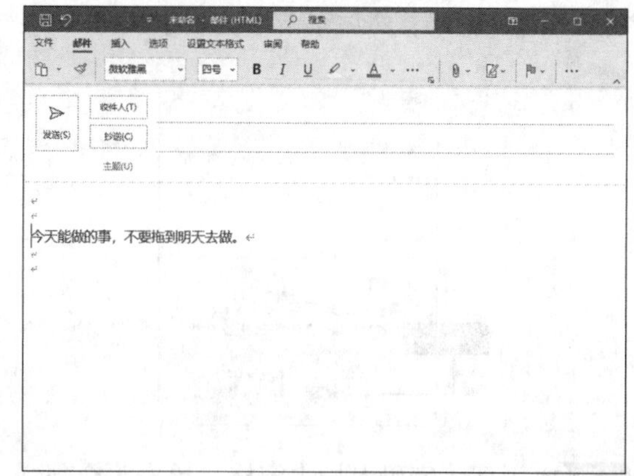

技巧2：为OneNote分区添加密码保护

用户可以对OneNote进行加密，这样可以更好地保护个人隐私 。

步骤01 右击要加密的分区，在弹出的快捷菜单中选择【使用密码保护此分区】命令。

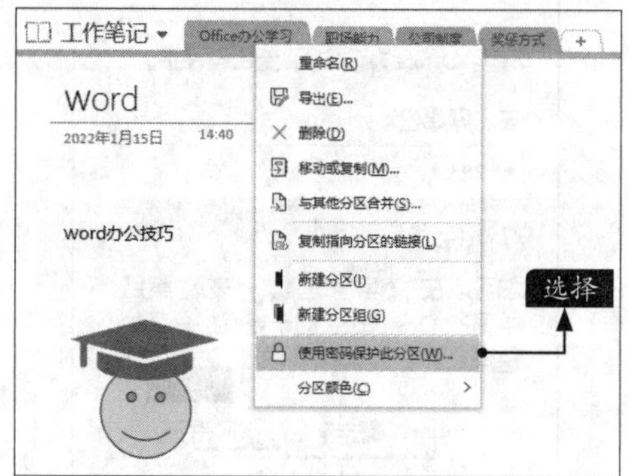

步骤02 弹出【密码保护】窗格，单击【设置密码】按钮。

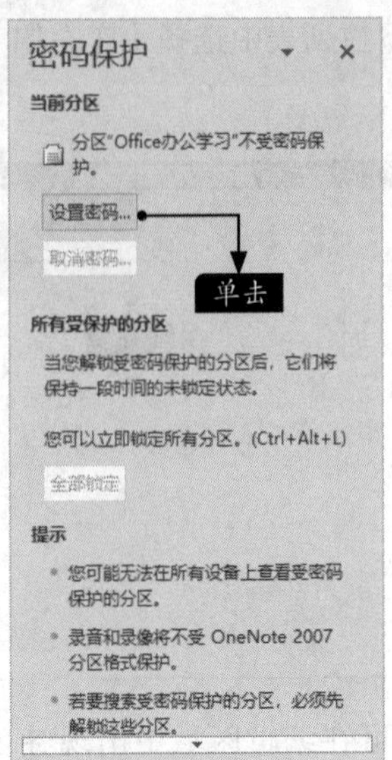

步骤03 在弹出的【密码保护】对话框中，输入密码和确认密码，然后单击【确定】按钮。

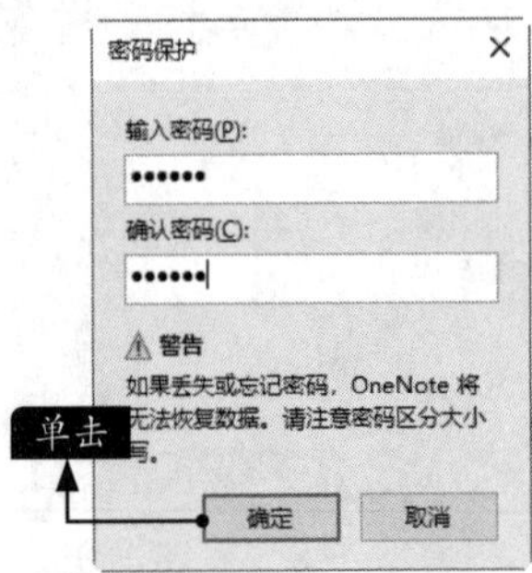

步骤04 返回【密码保护】窗格，单击【全部锁定】按钮。

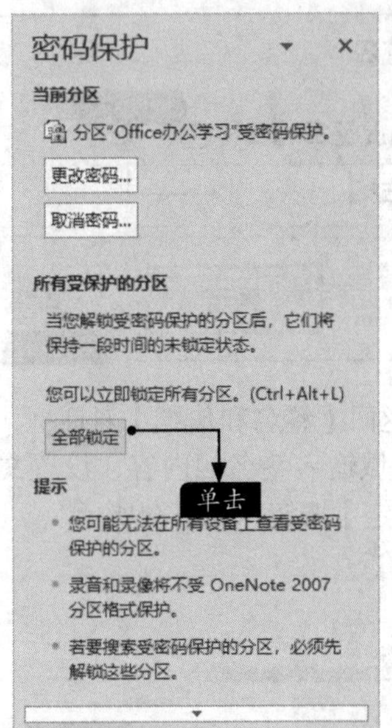

步骤05 可以看到OneNote界面会提示“此分区受密码保护”，如下图所示。

步骤06 如果要编辑，单击保护区域或按【Enter】键，弹出【保护的分区】对话框，输入正确的密码，单击【确定】按钮，即可重新编辑该分区。

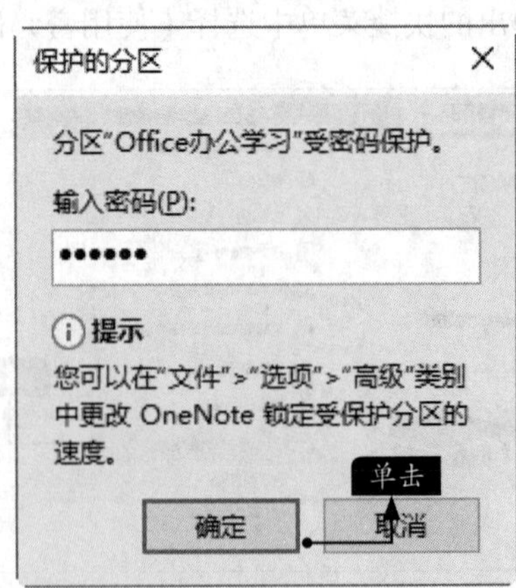

第12章

Office 2021的行业应用——文秘办公

学习目标

Office 2021在文秘办公方面有着得天独厚的优势，无论是文档制作、数据统计还是会议报告，使用Office都可以轻松搞定。

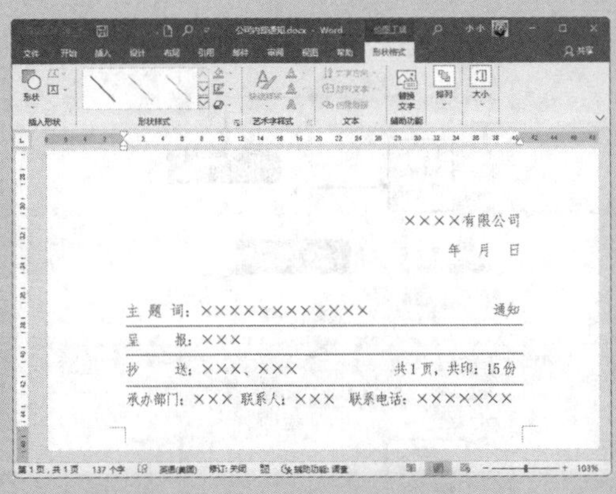

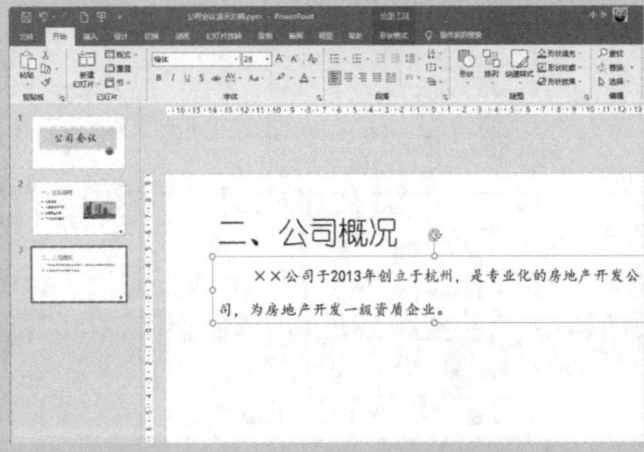

12.1 制作公司内部通知

通知类型很多，例如公司的行政决议往往就会以内部通知的形式发出。本节将介绍如何使用Word文档制作公司内部通知。

12.1.1 通知页面的设置

在制作公司内部通知之前，需要先对页面的大小进行设置。

步骤 01 新建一个Word文档，命名为“公司内部通知.docx”，并将其打开。

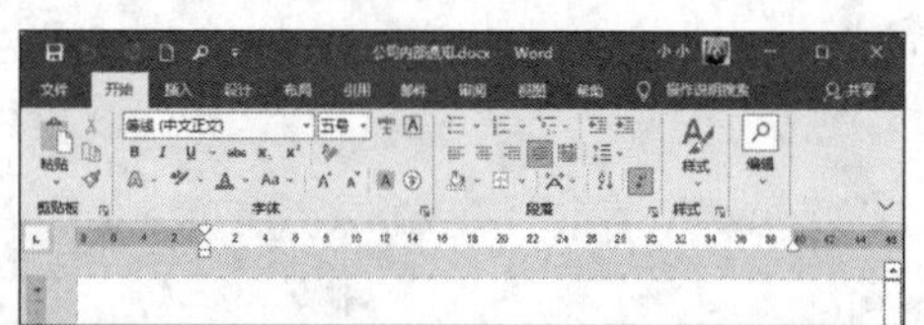

步骤 02 单击【布局】选项卡的【页面设置】组中的【页面设置】按钮，弹出【页面设置】对话框，选择【页边距】选项卡，设置页边距的【上】边距值为“2.5厘米”，【下】边距值为“2.5厘米”，【左】边距值为“3厘米”，【右】边距值为“3厘米”。

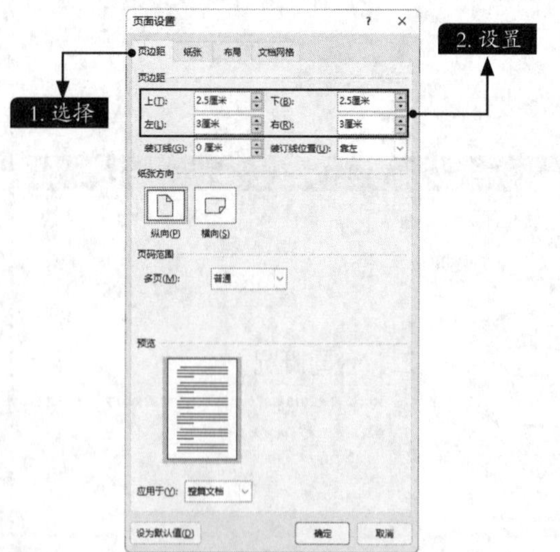

步骤 03 选择【纸张】选项卡，设置【纸张大小】为“A4”，【宽度】为“21厘米”，【高度】为“29.7厘米”。

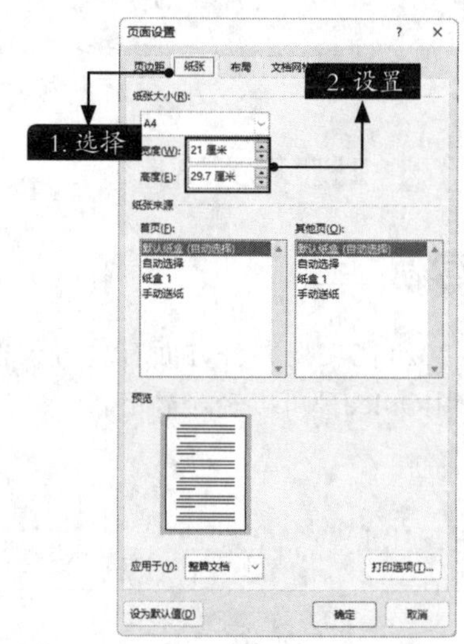

步骤 04 选择【文档网格】选项卡，设置【文字排列】的【方向】为“水平”，设置【栏数】为“1”，单击【确定】按钮，完成对页面的设置。

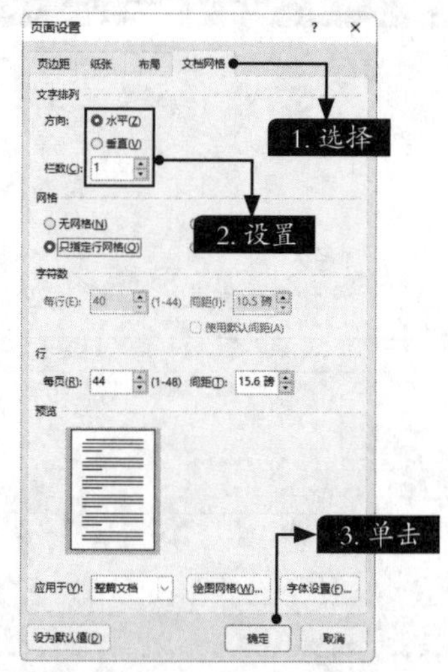

12.1.2 撰写内容并设计版式

设置完页面后，就可以撰写公司内部通知的内容，并对版式进行设计，具体的操作步骤如下。

步骤01 输入标题“××××有限公司（通知）”，如下图所示。

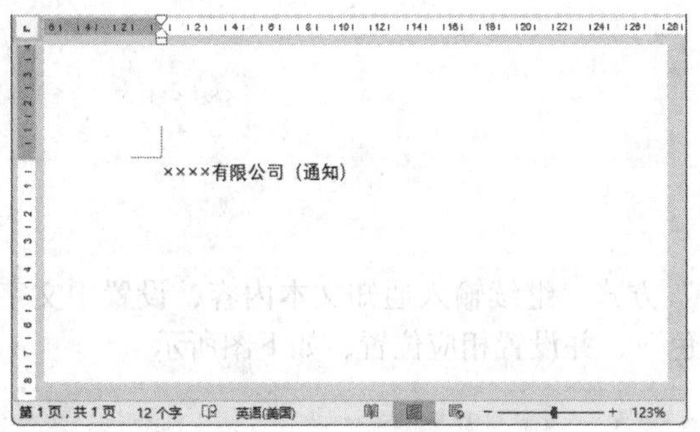

步骤02 选择标题文字，设置标题字体为“宋体”，字号为“二号”，加粗并居中显示，并设置字体颜色为“红色”。

步骤03 按【Enter】键两次，然后输入文本“×××字[2022]第001号”，设置中文字体为“楷体”，数字为“Times New Roman”字体，字号为“三号”，字体颜色为“黑色”。

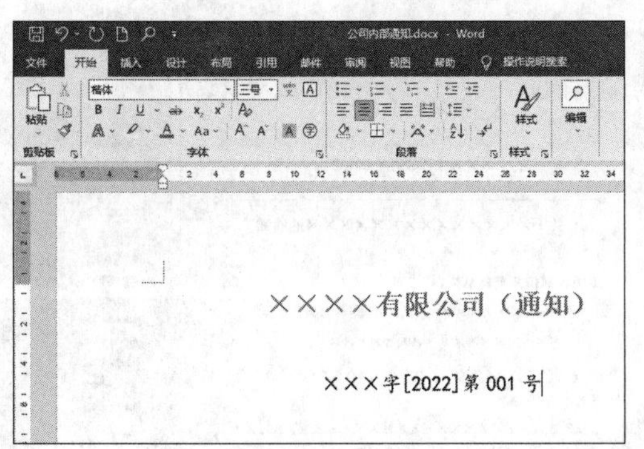

步骤04 按【Enter】键两次，然后输入文本“关于×××××××××××××的通知”，设置中文字体为“黑体”，字号为“小二”，字体颜色为“黑色”。

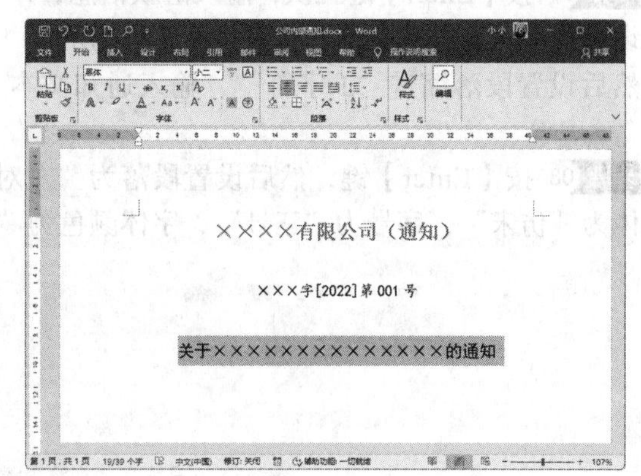

步骤05 按【Enter】键两次，然后设置段落为“左对齐”方式，输入文本“集团各部门及直属单位：”，设置中文字体为“宋体”，字号为“三号”，设置字体“加粗”，字体颜色为“黑色”。

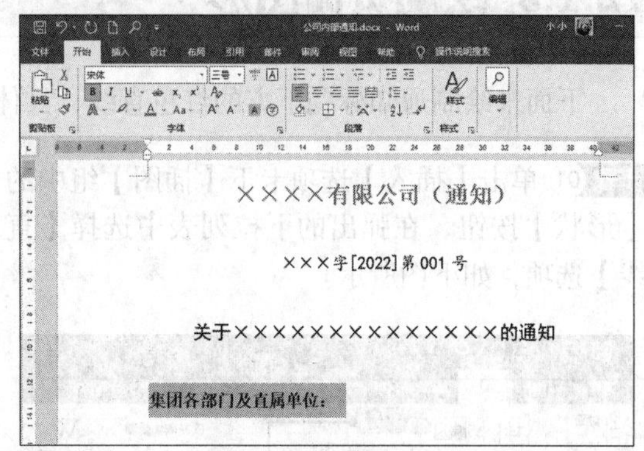

步骤06 按【Enter】键一次，然后设置段落缩进“2 字符”，输入通知文本内容，设置中文字体为“仿宋”，字号为“三号”，字体颜色为“黑色”，如下页图所示。

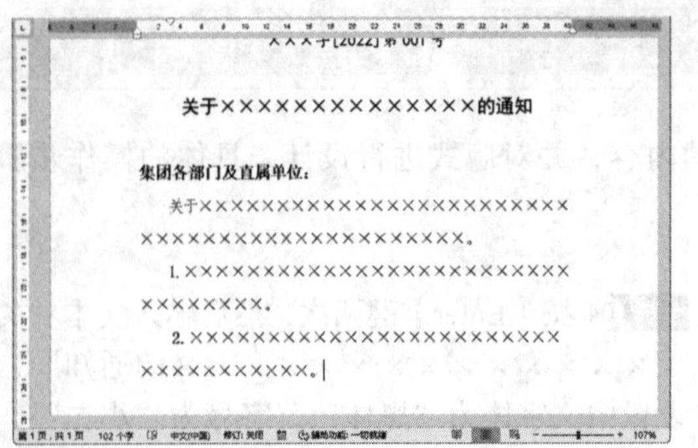

步骤 07 按【Enter】键三次，输入落款信息，并设置段落对齐方式为“右对齐”，如下图所示。然后设置段落缩进“2 字符”，输入通知文本内容，设置中文字体为“仿宋”，字号为“三号”，字体颜色为“黑色”，如下图所示。

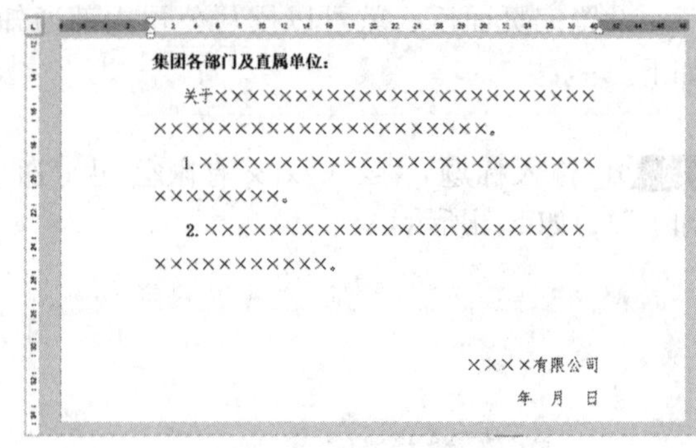

步骤 08 按【Enter】键，然后设置段落为“左对齐”方式，继续输入通知文本内容，设置中文字体为“仿宋”，字号为“三号”，字体颜色为“黑色”，并设置相应位置，如下图所示。

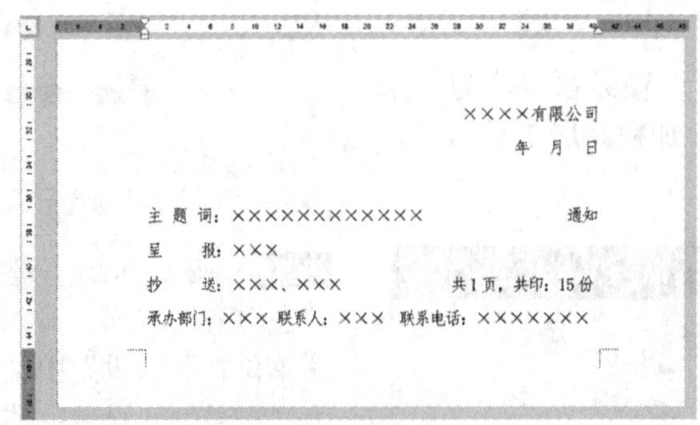

12.1.3 绘制页面图形

下面来绘制通知标题下方的红色直线，具体的操作步骤如下。

步骤 01 单击【插入】选项卡下【插图】组中的【形状】按钮，在弹出的下拉列表中选择【直线】选项，如下图所示。

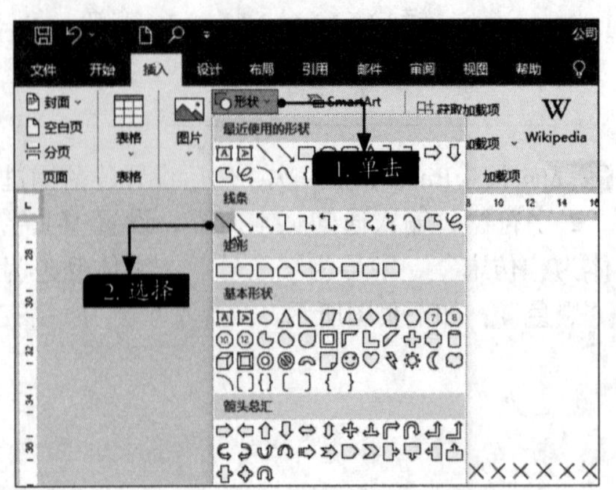

步骤 02 在通知主体上方绘制一条直线，设置直线颜色为“红色”，粗细为“1.5磅”，如下图所示。

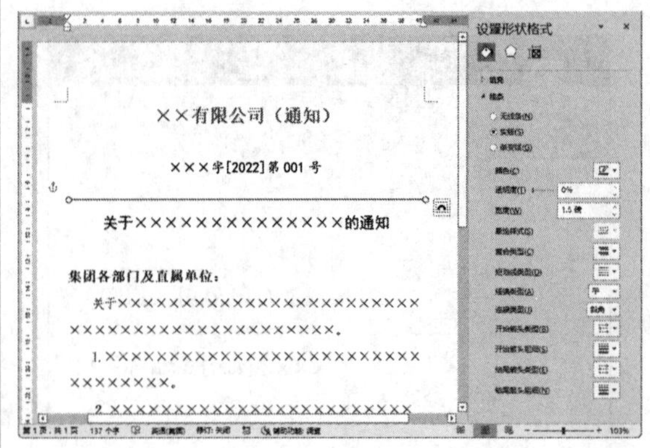

小提示

按住【Shift】键的同时绘制直线，可以确保直线水平。

步骤 03 使用同样的方法在通知下方的内容中插入红色直线，如下图所示。

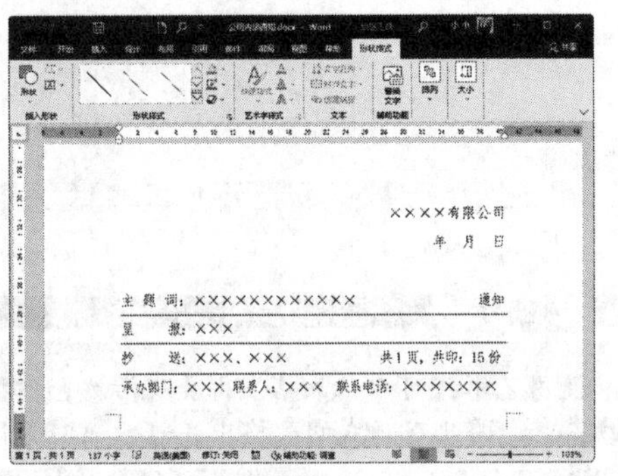

步骤 04 至此，公司内部通知就制作完成，最终效果如下图所示。

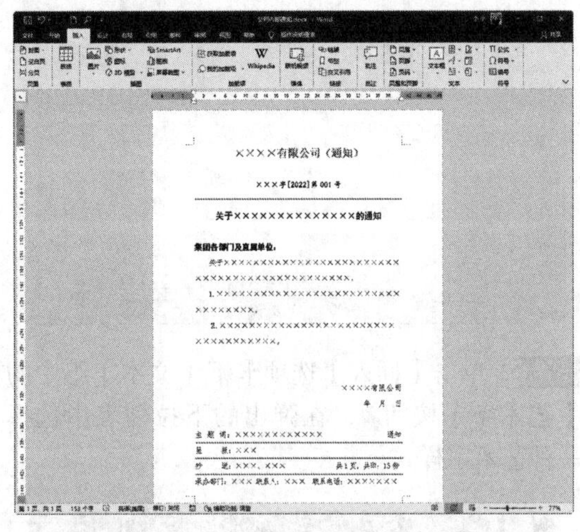

12.2 制作工作日程安排表

日程安排表根据时间安排活动顺序及内容的表格，是行政工作中较常见的表格。本节主要讲述如何制作工作日程安排表。

工作日程安排表主要包括日期、时间、工作内容、地点、准备内容及参与人员等。当然，读者在设计时，也可以根据实际工作需要，增加一些其他事项及内容。

12.2.1 使用艺术字设置标题

使用艺术字设置工作日程安排表的标题步骤如下。

步骤 01 打开Excel，新建一个工作簿，在A2:F2单元格区域中，分别输入表头“日期”“时间”“工作内容”“地点”“准备内容”及“参与人员”等。

步骤 02 选择A1:F1单元格区域，在【开始】选项卡中，单击【对齐方式】组中的【合并后居中】按钮。选择A2:F2单元格区域，在【开始】选项卡中，设置字体为“华文楷体”，字号为“16”，

对齐方式为“居中对齐”，然后调整列宽。

步骤 03 单击【插入】选项卡下【文本】组中的【艺术字】按钮，在弹出的下拉列表中选择一种艺术字样式。

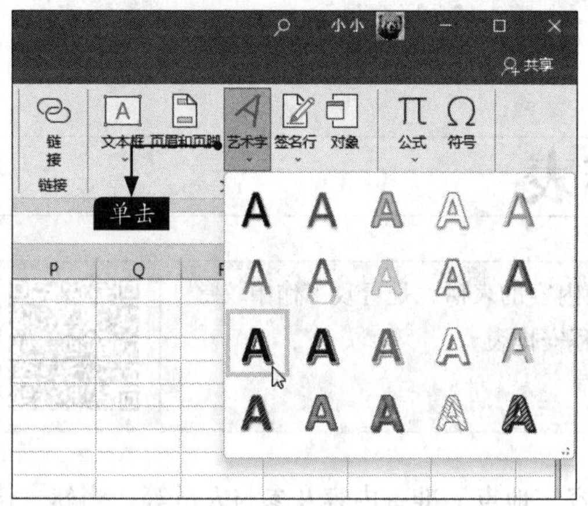

步骤 04 工作表中即会出现艺术字体的“请在此放置您的文字”，将其文本内容修改为“工作日程安排表”，并设置字体大小为“40”。

步骤 05 适当调整第1行的行高，将艺术字拖曳至A1:F1单元格区域位置处。

小提示

使用艺术字可以让表格显得美观活泼，但稍显不够庄重，因此在正式的表格中，一般应避免使用艺术字。

步骤 06 在A3:F5单元格区域内，依次输入日程信息，并适当调整行高和列宽。

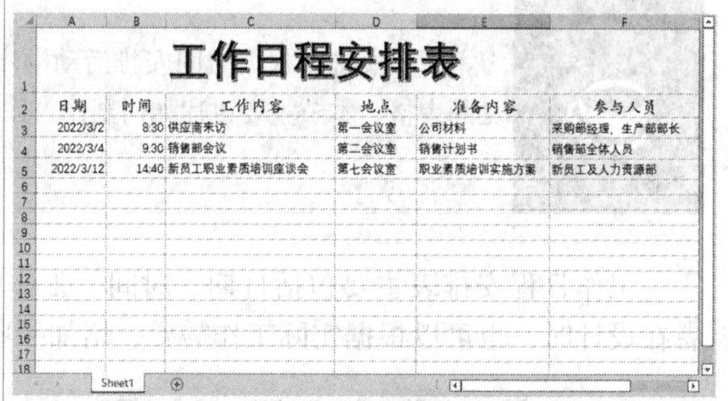

小提示

使通常单元格的默认格式为“常规”，输入时间后都能正确显示，往往会显示一个5位数字。这时可以选择要输入日期的单元格并右击，在弹出的快捷菜单中选择【设置单元格格式】命令，弹出【设置单元格格式】对话框，选择【数字】选项卡。在【分类】列表框中选择【日期】选项，在右边的【类型】中选择适当的格式。将单元格格式设置为【日期】类型，可避免出现显示不当等错误。

12.2.2 设置条件格式

在工作日程安排表中，可以通过设置条件格式，更清晰地显示日期信息。

步骤 01 选择A3:A10单元格区域，单击【开始】选项卡下【样式】组中的【条件格式】按钮 条件格式 ，在弹出的下拉列表中选择【新建规则】选项。

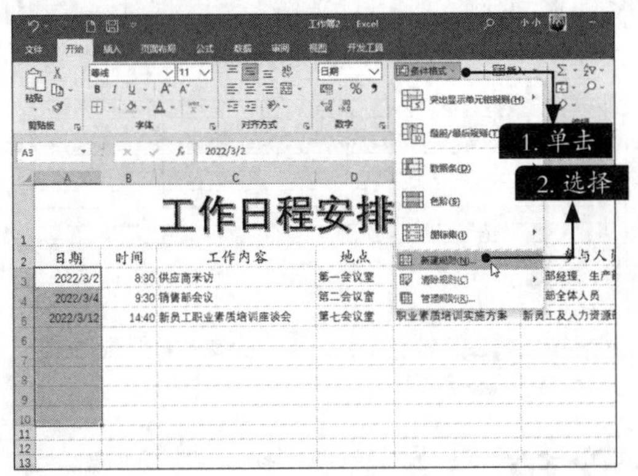

步骤 02 弹出【新建格式规则】对话框，在【选择规则类型】列表框中选择【只为包含以下内容的单元格设置格式】选项，在【编辑规则说明】区域的第1个下拉列表框中选择【单元格值】选项、第2个下拉列表框中选择【大于】选项，在右侧的文本框中输入“=TODAY()”，然后单击【格式】按钮。

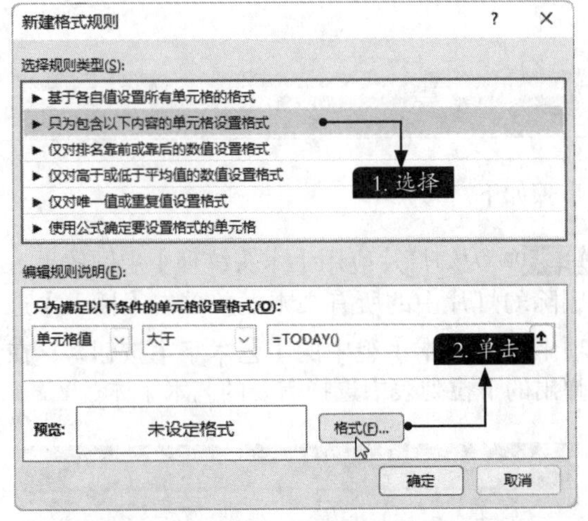

> **小提示**
>
> 函数TODAY()用于返回日期格式的当前日期。例如，计算机系统当前日期为2022-3-9，输入公式“=TODAY()”时，将返回当前日期。大于“=TODAY()”表示大于今天的日期，即今后的日期。

步骤 03 打开【设置单元格格式】对话框，选择【填充】选项卡，在【背景色】中选择“红色”，在【示例】区域可以预览效果，单击【确定】按钮，回到【新建格式规则】对话框，然后单击【确定】按钮。

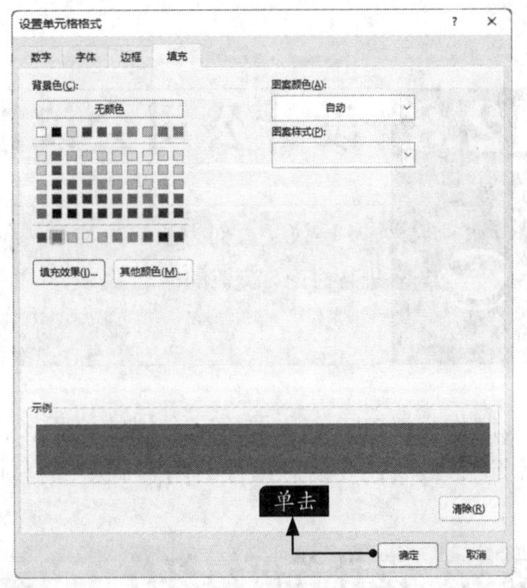

步骤 04 继续输入日期，已定义格式规则的单元格就会遵循这些条件，显示出红色的背景色

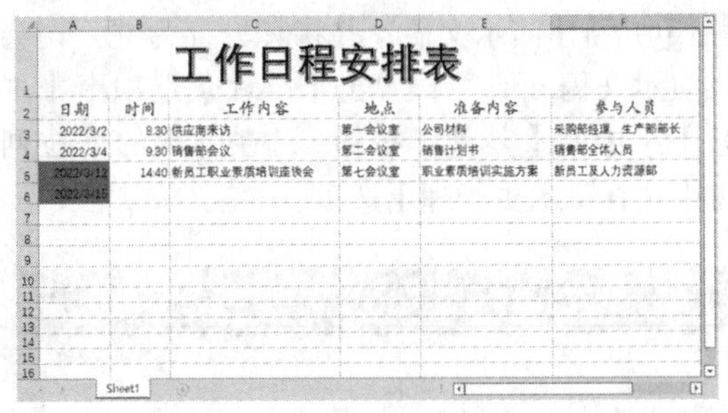

12.2.3 添加边框线

表格内容制作完成后，用户可根据需求添加表格边框线，具体操作步骤如下。

步骤 01 选择A2:F10单元格区域，单击【开始】选项卡下【字体】组中的【边框】下拉按钮 ，在弹出的下拉列表中选择【所有框线】选项。

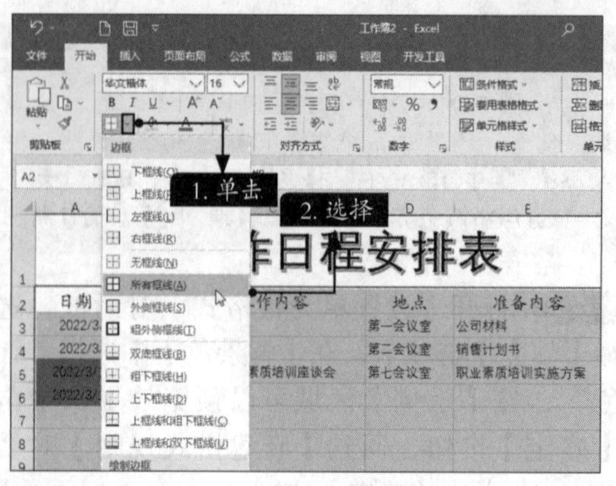

步骤 02 制作完成后，将其保存为“工作日程安排表.xlsx”，最终效果如下图所示。

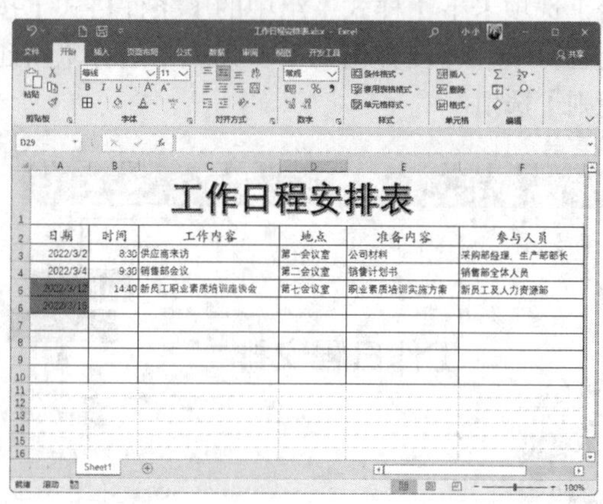

12.3 设计公司会议演示文稿

会议是人们为了解决某个共同的问题，或出于不同的目的聚集在一起进行讨论、交流的活动。

制作会议PPT 首先要确定会议的议程，提出会议的目的或要解决的问题，随后对这些问题进行讨论，最后还要以总结性的内容或新的目标来结束幻灯片。

12.3.1 设计首页幻灯片

创建公司会议演示文稿首页幻灯片的具体操作步骤如下。

步骤 01 新建演示文稿，并将其另存为“公司会议演示文稿.pptx”，单击【设计】选项卡【主题】组中的【其他】按钮，在弹出的下拉列表中选择【木头纹理】选项。

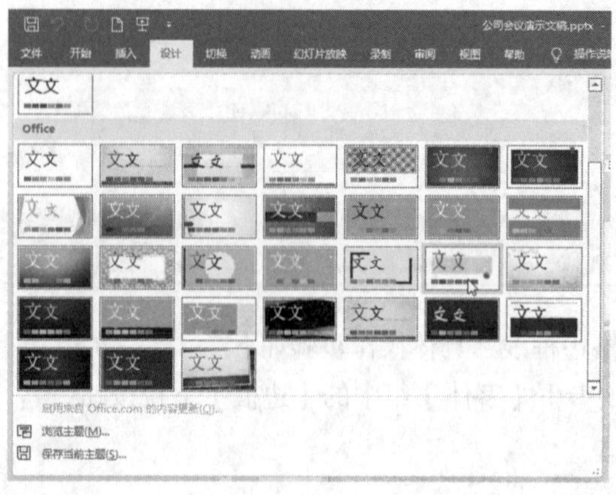

步骤 02 为幻灯片应用【木头纹理】主题效果，删除幻灯片中的所有文本框，单击【插入】选项卡下【文本】组中的【艺术字】按钮，在弹出的下拉列表中选择需要的艺术字体。

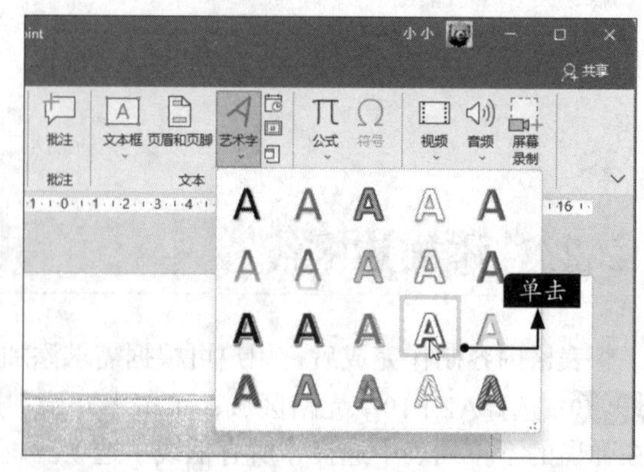

步骤 03 在插入的艺术字文本框中输入“公司会议”，并设置其字体为“华文行楷”，字号为“115”，根据需要设置艺术字文本框的位置。

步骤 04 选择艺术字，单击【绘图工具-形状格式】选项卡下【艺术字样式】组中的【文本效果】按钮，在弹出的下拉列表中选择【棱台】→【圆形】选项，设置艺术字样式的效果，完成首页幻灯片的制作。

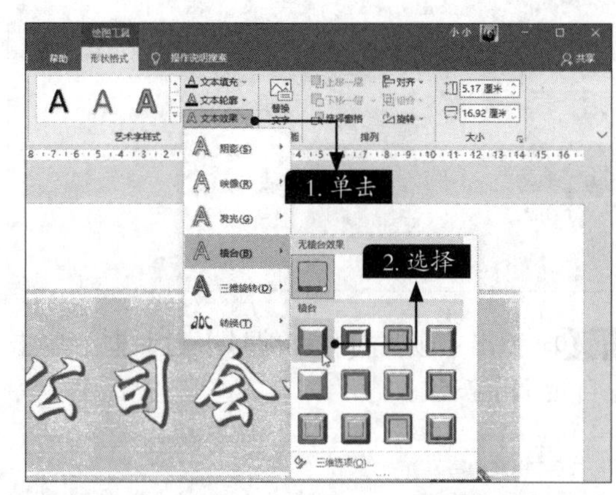

12.3.2 设计“会议议程”幻灯片

创建“会议议程”幻灯片的具体操作步骤如下。

步骤 01 新建一个“标题和内容”幻灯片。

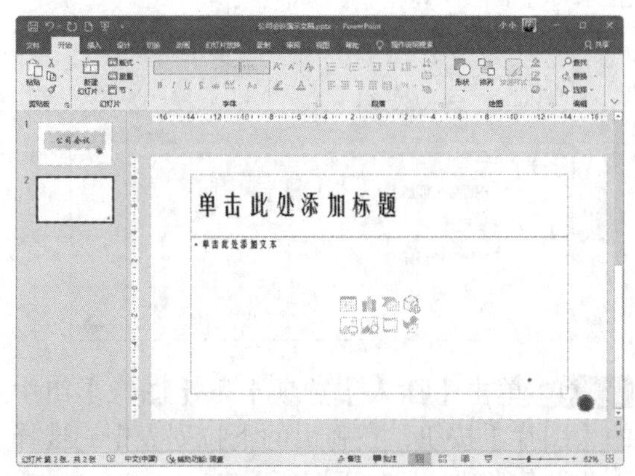

步骤 02 在“单击此处添加标题”文本框中输入“一、会议议程”，并设置其字体为“幼圆”，字号为“54”，效果如下图所示。

步骤 03 打开“素材\ch12\公司会议.txt”文件，将“议程”下的内容复制到幻灯片中，设置其字体为“幼圆”，字号为“28”，行距为“1.5”倍行距。效果如下图所示。

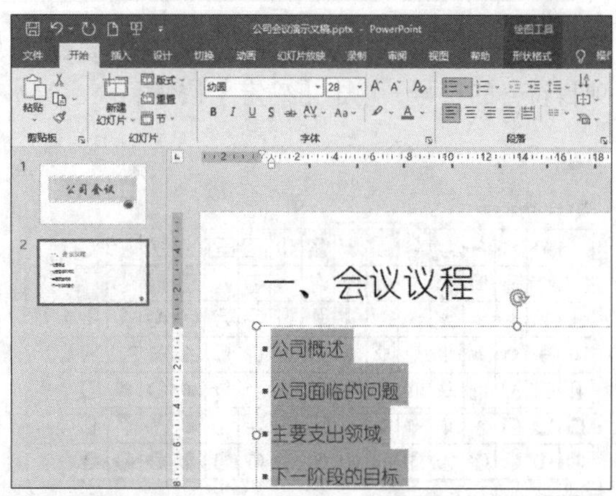

步骤 04 选择该幻灯片中的正文内容，单击【开始】选项卡下【段落】组中【项目符号】下拉按钮，在弹出的下拉列表中选择【项目符号和编号】选项。

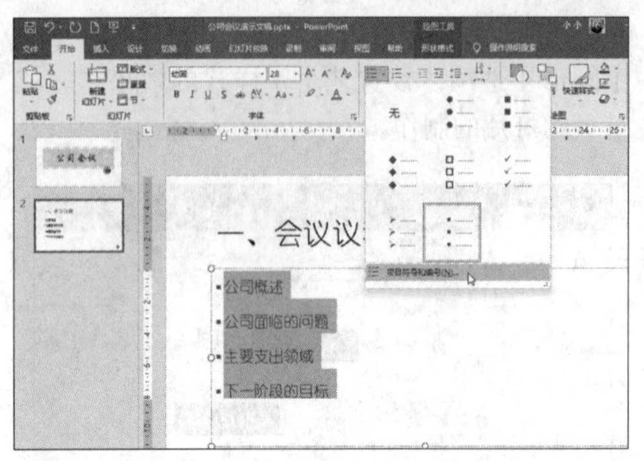

步骤05 弹出【项目符号和编号】对话框，单击【自定义】按钮。

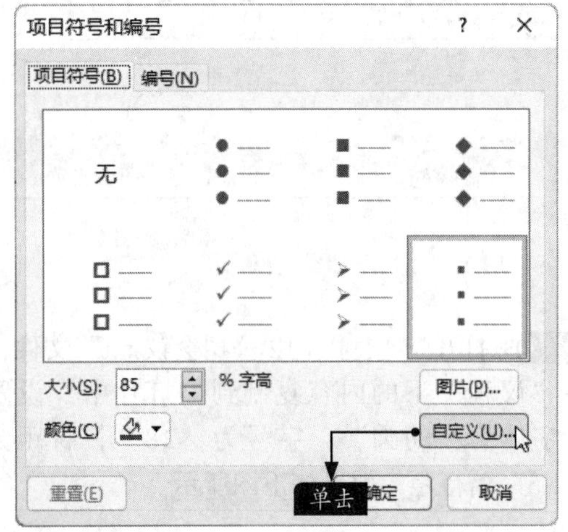

步骤06 弹出【符号】对话框，选择一种要作为项目符号的符号，单击【确定】按钮。

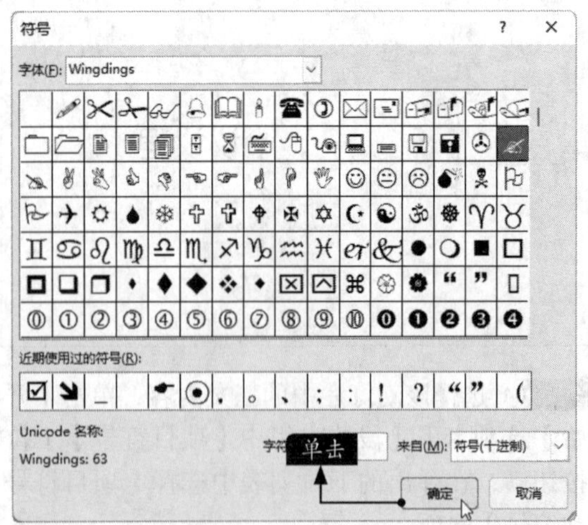

步骤07 返回至【项目符号和编号】对话框，单击【确定】按钮，

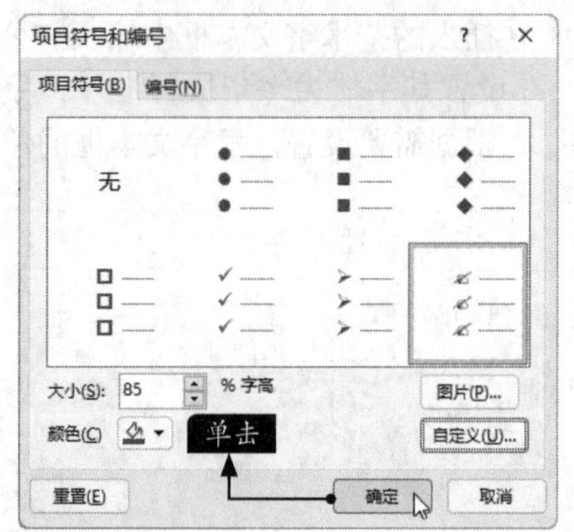

步骤08 即可完成项目符号的添加，效果如下图所示。

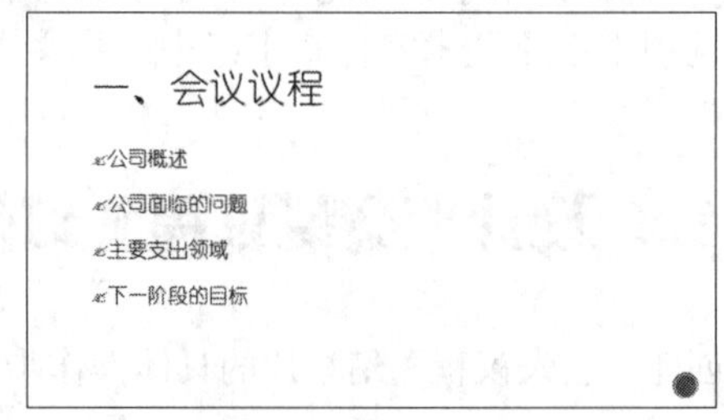

步骤09 适当调整文本与项目符号之间的距离，效果如下图所示。

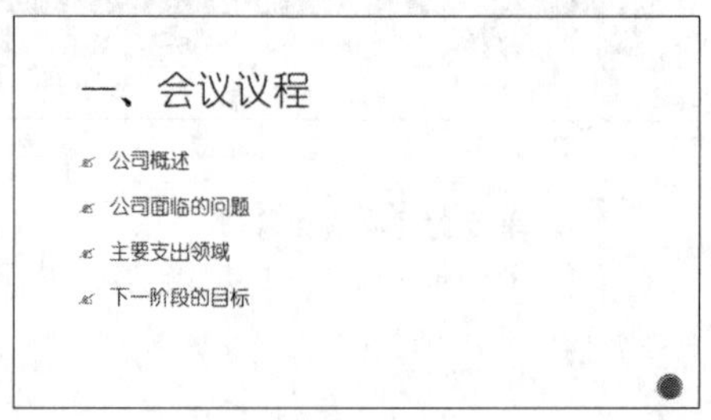

步骤10 单击【插入】选项卡下【图像】组中的【图片】按钮，在弹出的下拉列表中，选择【此设备】选项，如下图所示。

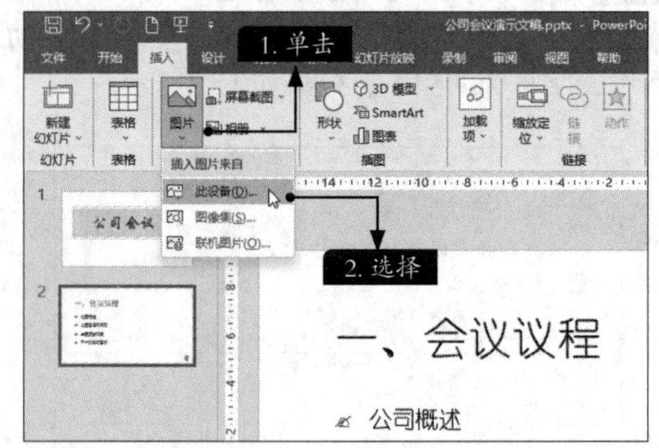

步骤 11 弹出【插入图片】对话框，选择“素材\ch12\公司宣传.jpg”，单击【插入】按钮。

步骤 12 完成插入图片的操作，效果如下图所示。

步骤 13 选择插入的图片，调整图片的大小和位置，如下图所示。

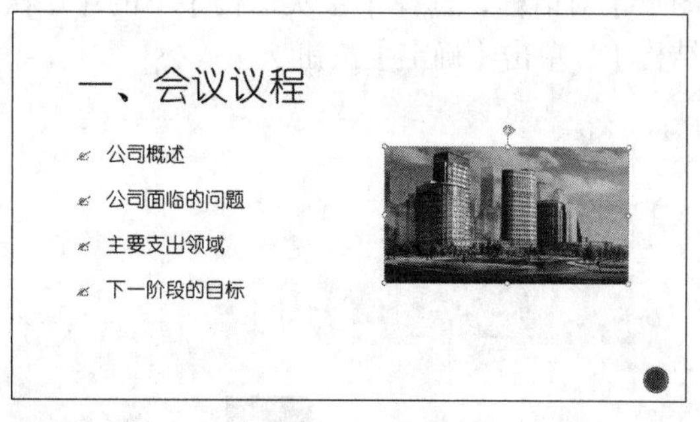

步骤 14 根据需要设置图片的样式，完成“会议议程”幻灯片的制作，最终效果如下图所示。

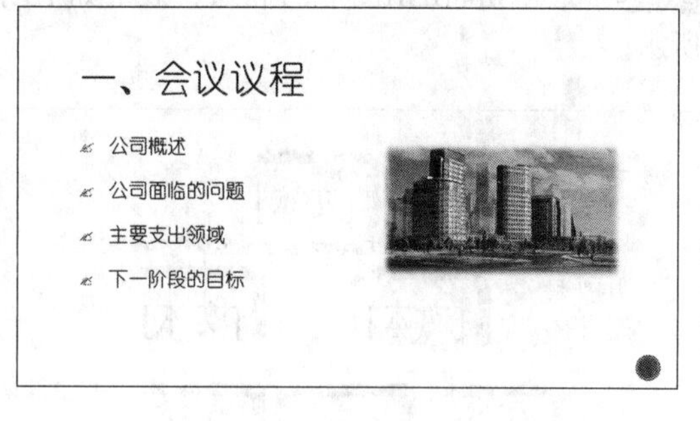

12.3.3 设计内容幻灯片

设计内容幻灯片的具体操作步骤如下。

1. 制作“公司概况”幻灯片

步骤 01 新建“标题和内容”幻灯片，并输入“二、公司概况”，设置其字体为“幼圆”，字号为“54”，效果如下图所示。

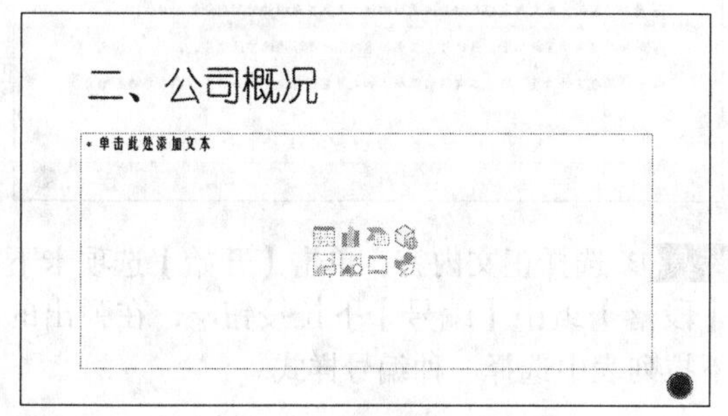

步骤 02 将“素材\ch12\公司会议.txt”中“二、公司概况”下的内容复制幻灯片中，设置其字体为“楷体”，字号为“28”，并设置其特殊格式为“首行缩进”，度量值为“1.7厘米”，效果如下图所示。

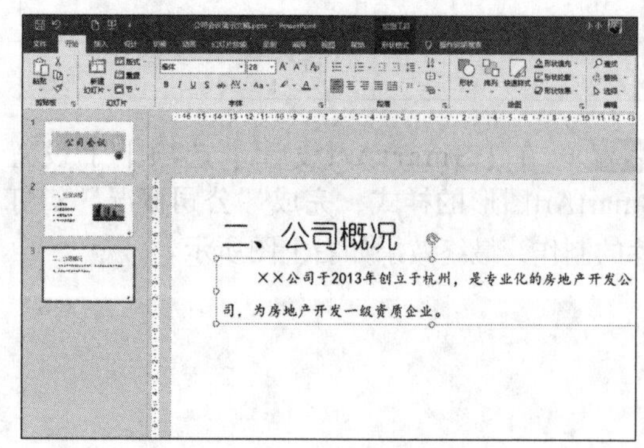

步骤 03 单击【插入】选项卡下【插图】组中的【SmartArt】按钮，打开【选择SmartArt图形】对话框，选择【层次结构】下的【层次结构】，单击【确定】按钮。

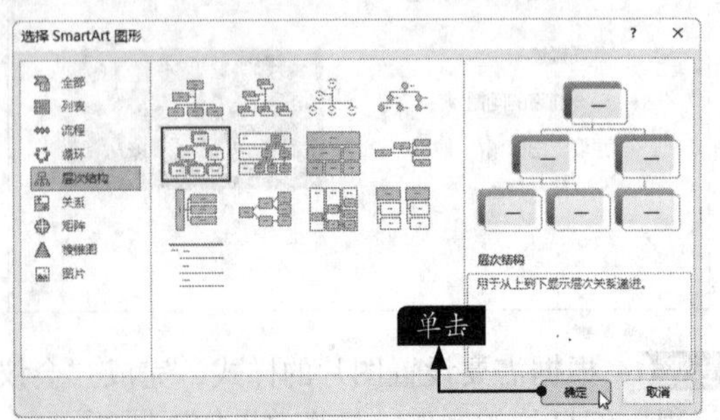

步骤 04 完成SmartArt图形的插入，效果如下图所示。

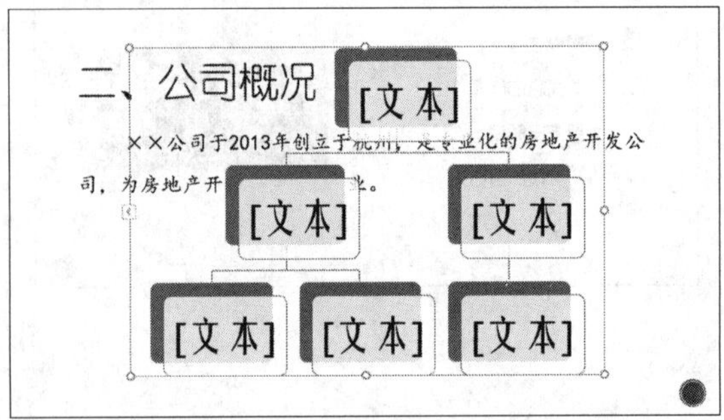

步骤 05 根据需要在SmartArt图形中输入文本内容，并调整SmartArt图形的大小和位置，效果如下图所示。

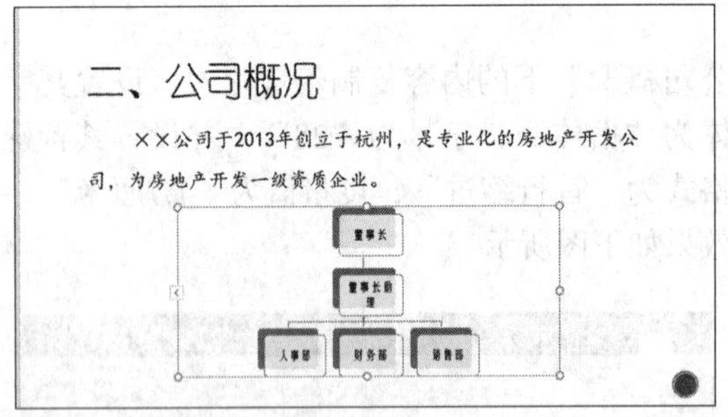

步骤 06 在【SmartArt设计】选项卡下设置SmartArt图形的样式，完成“公司概况”幻灯片的制作，最终效果如右上图所示。

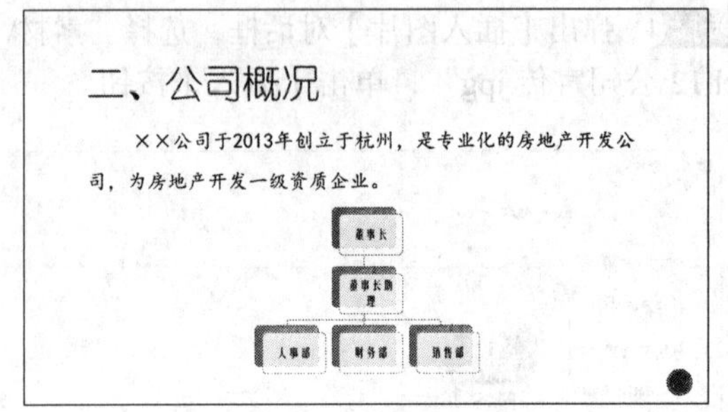

2. 制作“公司面临的问题”幻灯片

步骤 01 新建“标题和内容”幻灯片，并输入“三、公司面临的问题”，设置其“字体”为“幼圆”，“字号”为“54”，效果如下图所示。

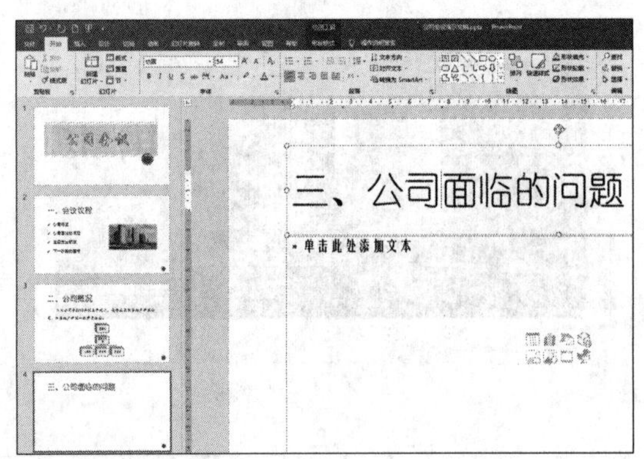

步骤 02 将“素材\ch12\公司会议.txt”中“三、公司面临的问题”下的内容复制到幻灯片中，设置其字体为“楷体”，字号为“20”，并设置其段落行距，效果如下图所示。

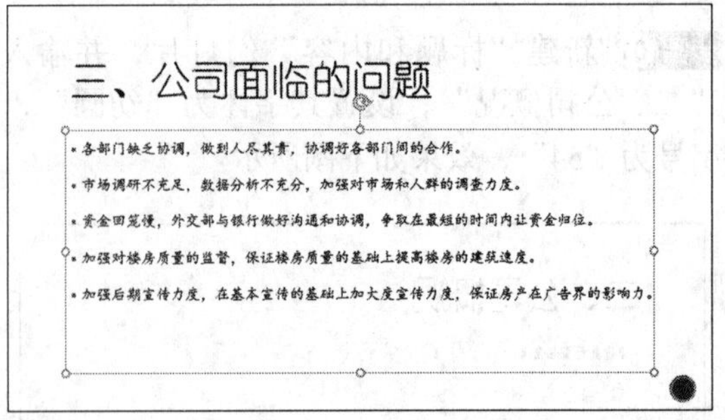

步骤 03 选择正文内容，单击【开始】选项卡下【段落】组中【编号】下拉按钮，在弹出的下拉列表中选择一种编号样式。

步骤04 完成添加编号的操作，效果如下图所示。

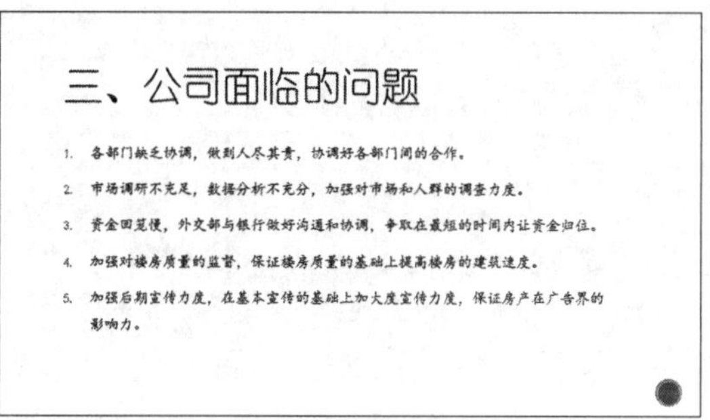

3. 制作其他幻灯片

步骤01 重复上面的操作，制作“主要支出领域”幻灯片，最终效果如下图所示。

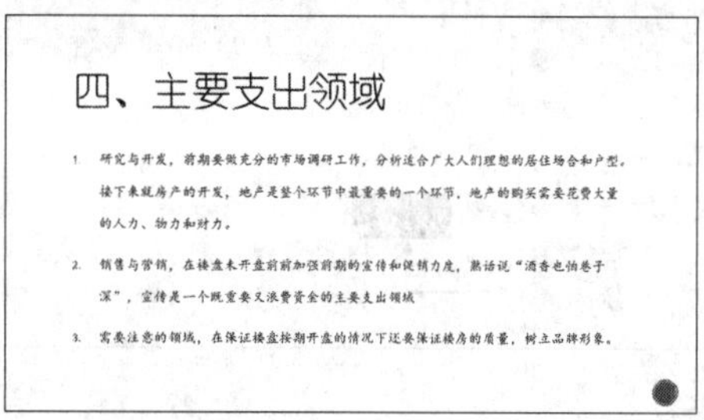

步骤02 重复上面的操作，制作“下一阶段的目标”幻灯片，最终效果如下图所示。

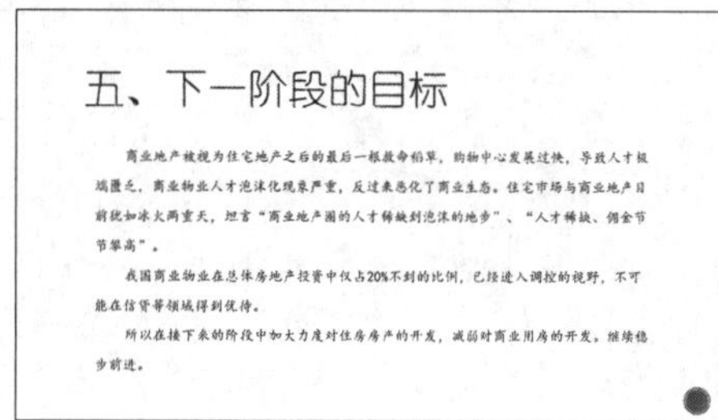

12.3.4 设计结束页幻灯片

制作结束页幻灯片的具体操作步骤如下。

步骤01 新建“空白”幻灯片，单击【插入】选项卡下【文本】组中的【艺术字】按钮，在弹出的下拉列表中选择需要的艺术字选项。

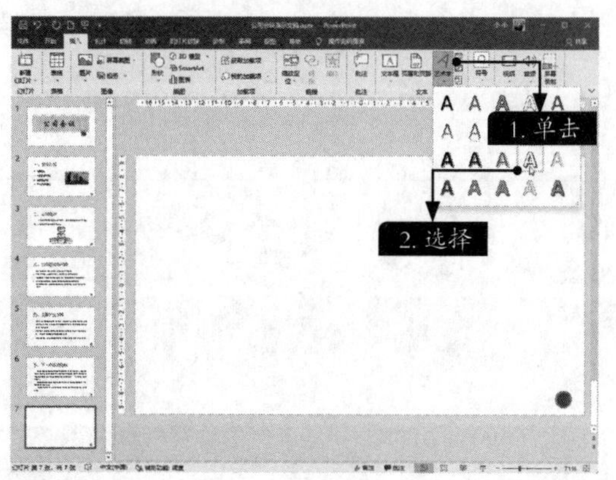

步骤02 在插入的艺术字文本框中输入“谢谢观看！”，并设置其字体为“楷体”，字号为“96”，根据需要设置艺术字文本框的位置。

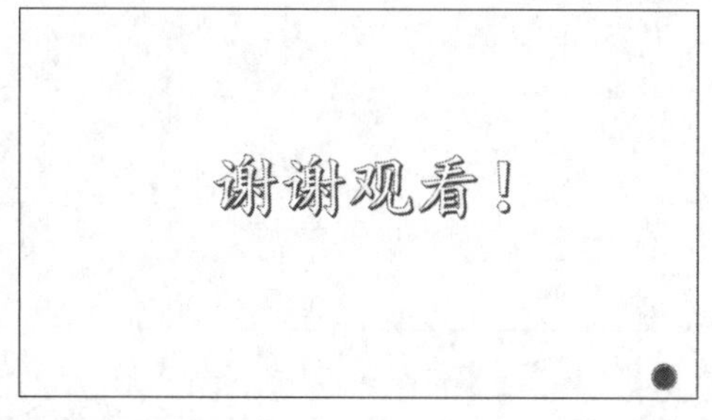

步骤03 选择艺术字，单击【绘图工具-形状格式】选项卡下【艺术字样式】组中的【形状效果】按钮，在弹出的下拉列表中选择【映像】→【紧密映像：8磅 偏移量】选项。

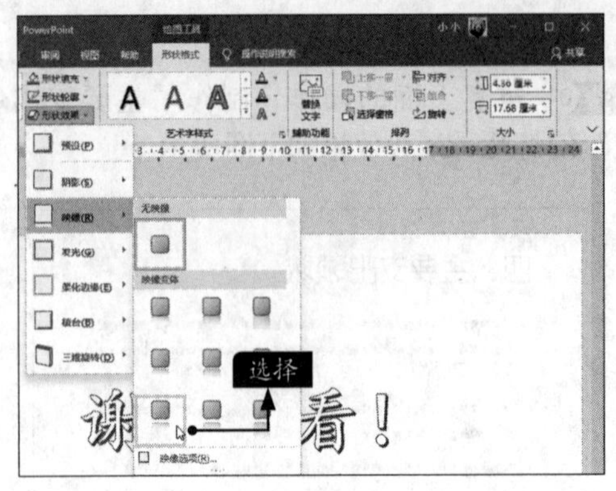

步骤 04 设置艺术字样式后的效果如下图所示。至此，就完成了公司会议演示文稿的设计。

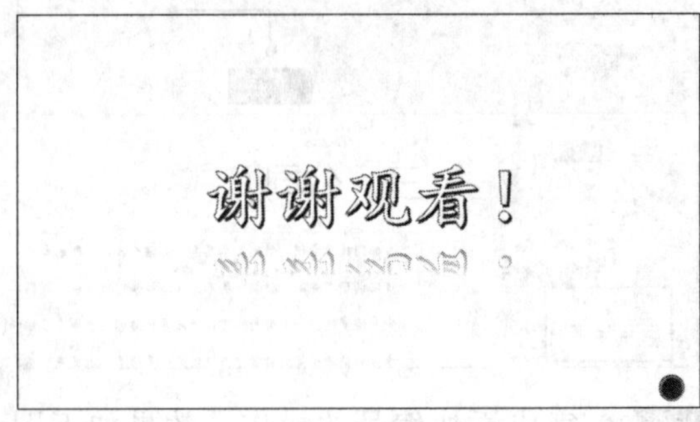

第13章

Office 2021的行业应用——人力资源管理

学习目标

人力资源管理是一项复杂、烦琐的工作，使用 Office 2021可以提高人力资源管理部门员工的工作效率。通过本章的学习，读者可以掌握Office 2021在人力资源管理领域中的应用方法。

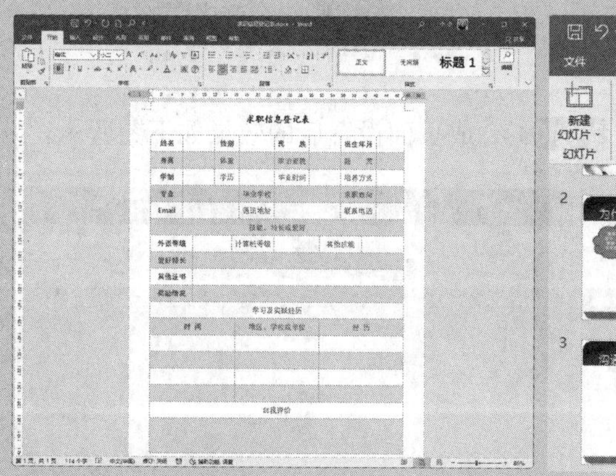

13.1 制作求职信息登记表

人力资源管理部门通常会根据需要制作求职信息登记表并将其打印出来，以便求职者填写。

13.1.1 页面设置

制作求职信息登记表之前，首先需要设置页面，具体操作步骤如下。

步骤01 新建一个Word文档，命名为“求职信息登记表.docx”，并将其打开。单击【布局】选项卡【页面设置】组中的【页面设置】按钮。

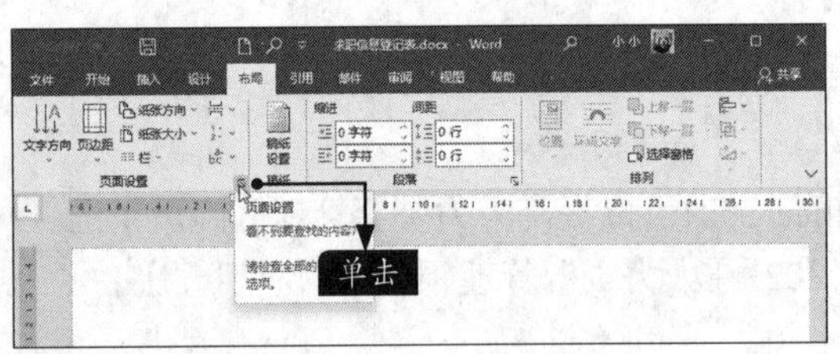

步骤02 弹出【页面设置】对话框，选择【页边距】选项卡，设置页边距的【上】边距值为“2.5厘米”，【下】边距值为“2.5厘米”，【左】边距值为“1.5厘米”，【右】边距值为“1.5厘米”。

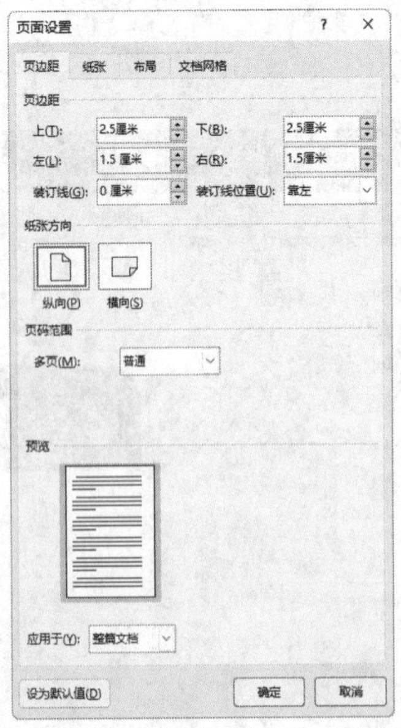

步骤03 选择【纸张】选项卡，在【纸张大小】区域设置【宽度】为“20.5厘米”，【高度】为“28.6厘米”，单击【确定】按钮，完成页面设置。

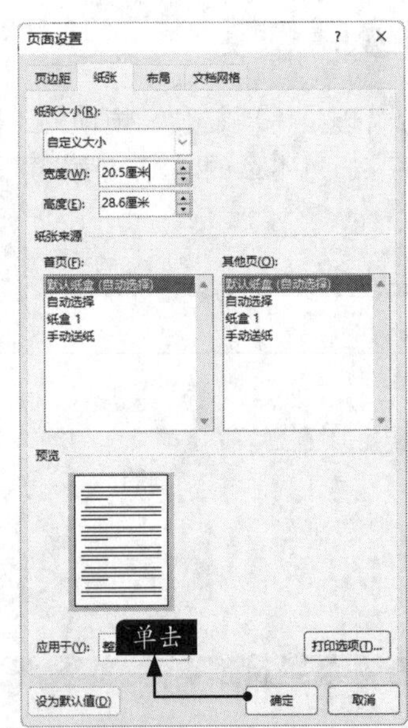

步骤04 完成页面设置后的效果如下图所示。

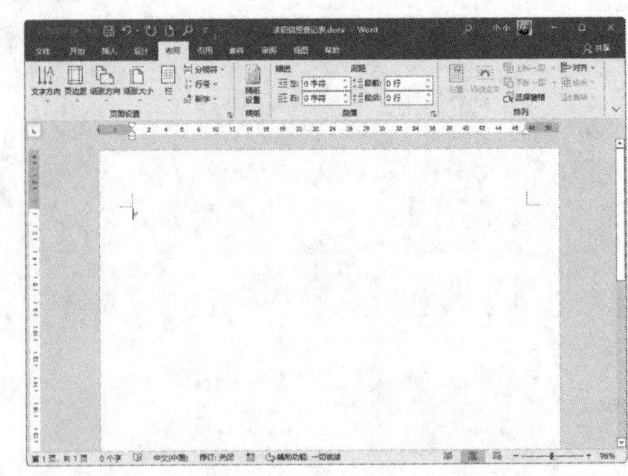

13.1.2 绘制整体框架

要使用表格制作求职信息登记表，需要绘制表格的整体框架，具体操作步骤如下。

步骤01 在绘制表格的整体框架之前，需要先输入求职信息表的标题，这里输入“求职信息登记表”，然后设置字体为“楷体”，字号为“小二”，设置“加粗”并进行居中显示，如下图所示。

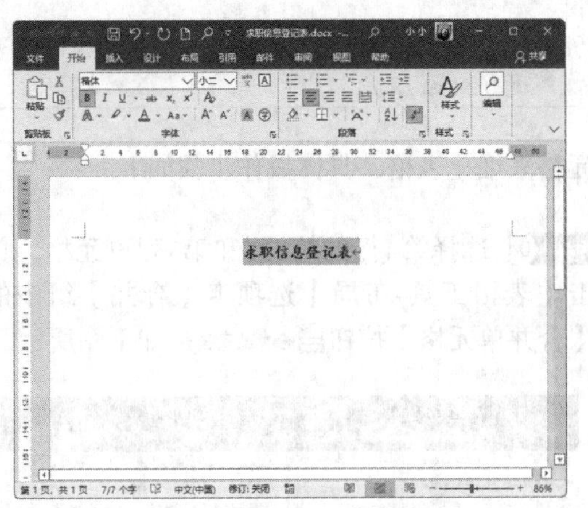

步骤02 打开【段落】对话框，设置标题的段后间距为“1行”，单击【确定】按钮，如下图所示。

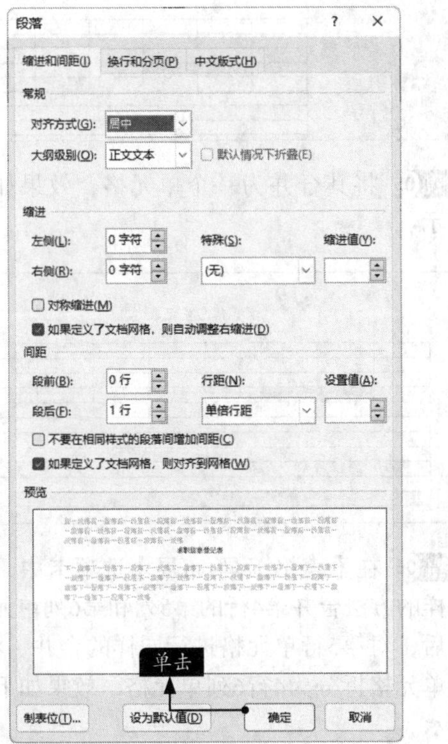

步骤03 设置后的效果如下图所示。

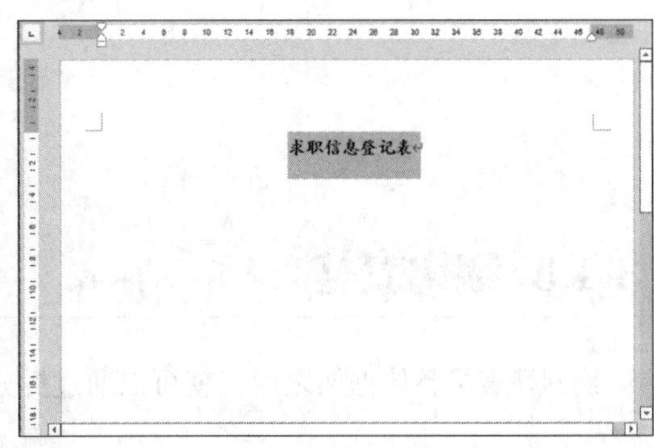

步骤04 将光标定位到标题末尾，按【Enter】键，对新的行进行左对齐，清除格式，然后单击【插入】选项卡【表格】组中的【表格】按钮，在弹出的下拉列表中选择【插入表格】选项。

步骤05 弹出【插入表格】对话框，在【表格尺寸】区域中设置【列数】为“1”，【行数】为“7”，单击【确定】按钮。

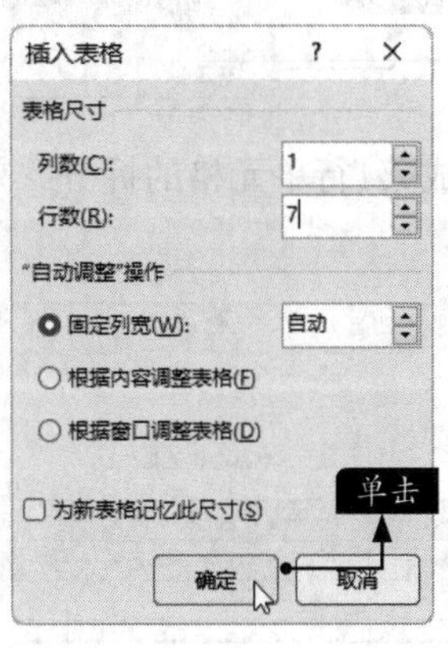

步骤06 插入一个7行1列的表格，如右图所示。

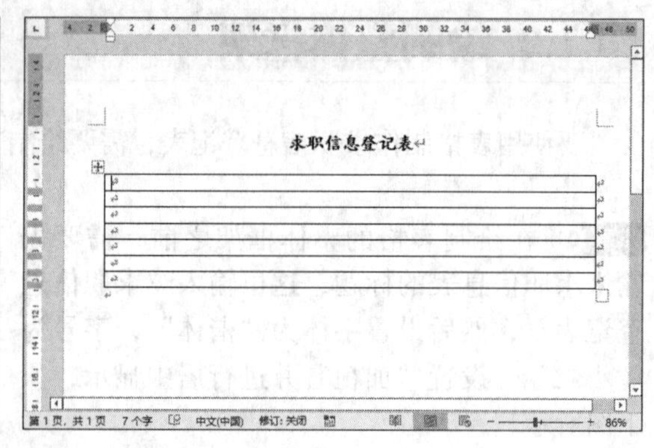

13.1.3 细化表格

绘制好表格整体框架之后，就可以通过拆分单元格来细化表格，具体操作步骤如下。

步骤01 将光标置于第1行单元格中，单击【表格工具-布局】选项卡【合并】组中的【拆分单元格】按钮拆分单元格，如下图所示。

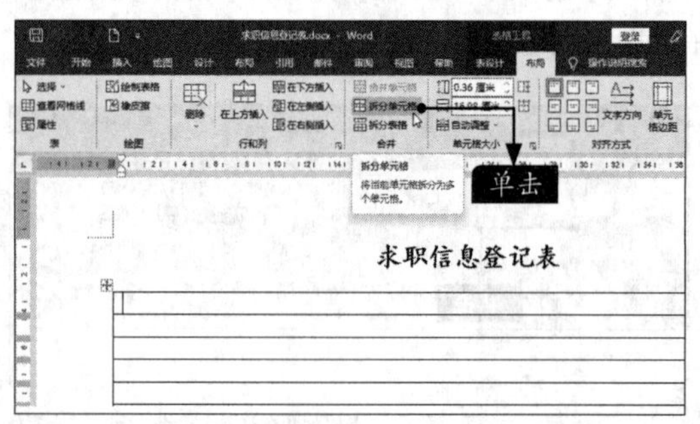

步骤02 在弹出的【拆分单元格】对话框中，设置【列数】为“8”，【行数】为“5”，单击【确定】按钮。

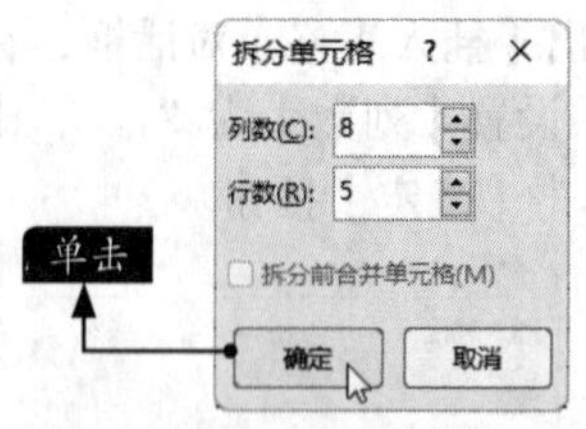

步骤03 完成第1行单元格的拆分，效果如下图所示。

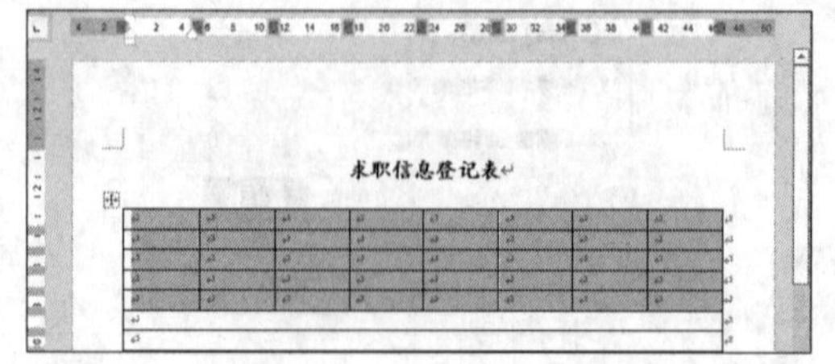

步骤04 选择第4行的第2列和第3列单元格，单击【表格工具-布局】选项卡【合并】组中的【合并单元格】按钮合并单元格，如下图所示。

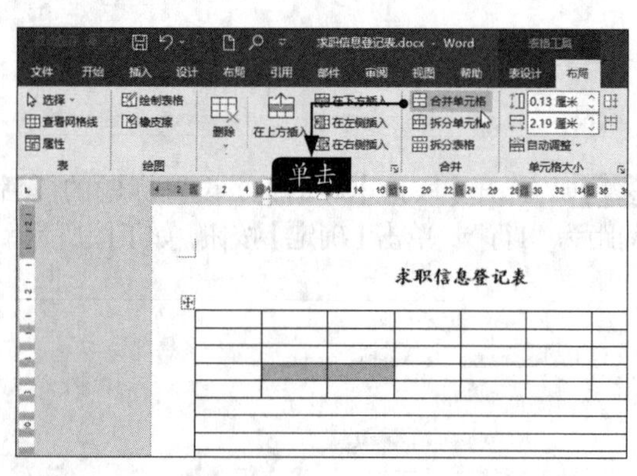

步骤05 将其合并为一个单元格，效果如下图所示。

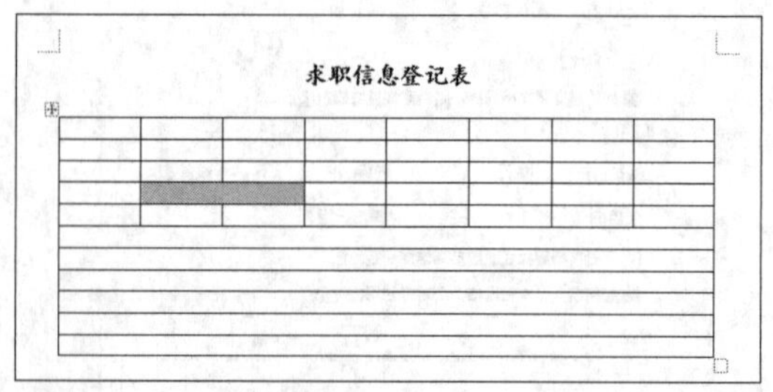

步骤06 在【表格工具-布局】选项卡中，使用同样的方法合并第4行的第5列和第6列单元格。之后，对第5行单元格进行同样的合并，将第7行单元格拆分为4行6列单元格，效果如下页图所示。

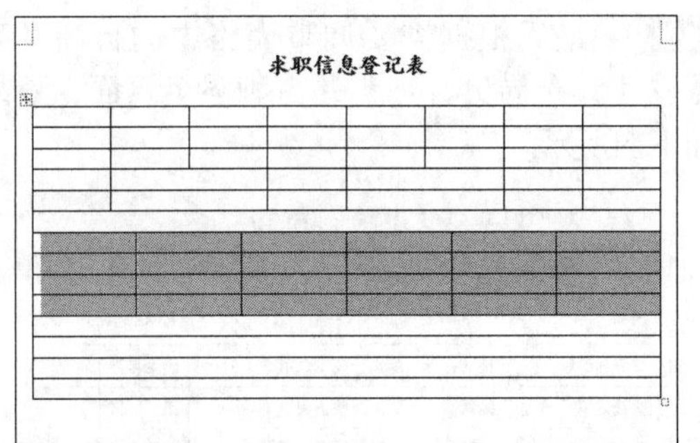

步骤07 合并第8行单元格的第2列至第6列单元格，之后对第9行、10行单元格进行同样的操作，效果如下图所示。

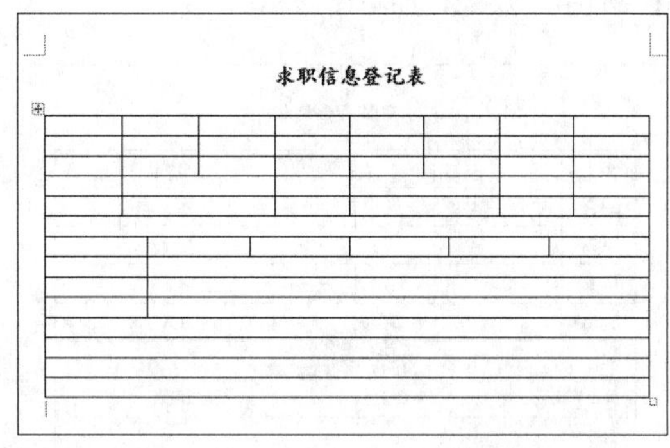

步骤08 将第12行单元格拆分为5行3列，就完成了表格的细化操作，最终效果如下图所示。

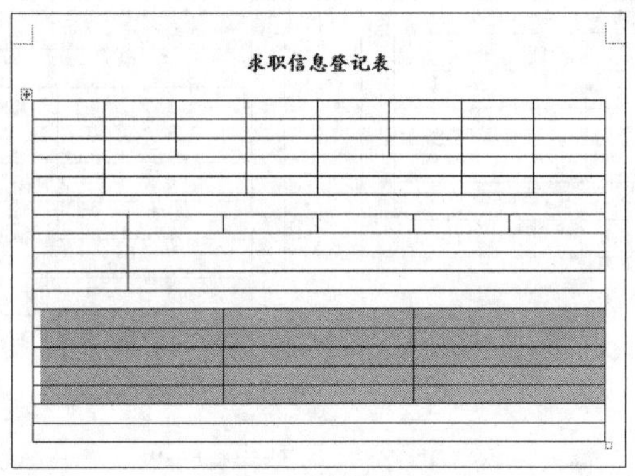

13.1.4 输入文本内容

对表格进行整体框架的绘制和单元格的划分之后，即可根据需要向单元格中输入相关的文本内容。

步骤01 在“求职信息登记表.docx”中输入相关内容，如下图所示。

求职信息登记表

姓名		性别		民　族		出生年月	
身高		体重		政治面貌		籍　贯	
学制		学历		毕业时间		培养方式	
专业		毕业学校				求职意向	
E-mail		通信地址				联系电话	
技能、特长或爱好							
外语等级		计算机等级		其他技能			
爱好特长							
其他证书							
奖励情况							
学习及实践经历							
时 间		地区、学校或单位		经 历			
自我评价							

步骤02 选择表格内的所有文本，设置字体为“等线”，字号为“四号”，对齐方式为“居中”，如右图所示。

求职信息登记表

姓名		性别		民　族		出生年月	
身高		体重		政治面貌		籍　贯	
学制		学历		毕业时间		培养方式	
专业		毕业学校				求职意向	
E-mail		通信地址				联系电话	
技能、特长或爱好							
外语等级		计算机等级		其他技能			
爱好特长							
其他证书							
奖励情况							
学习及实践经历							
时 间		地区、学校或单位		经 历			
自我评价							

步骤03 为第6行、第11行和第17行中的文字应用“加粗”效果，如下图所示。

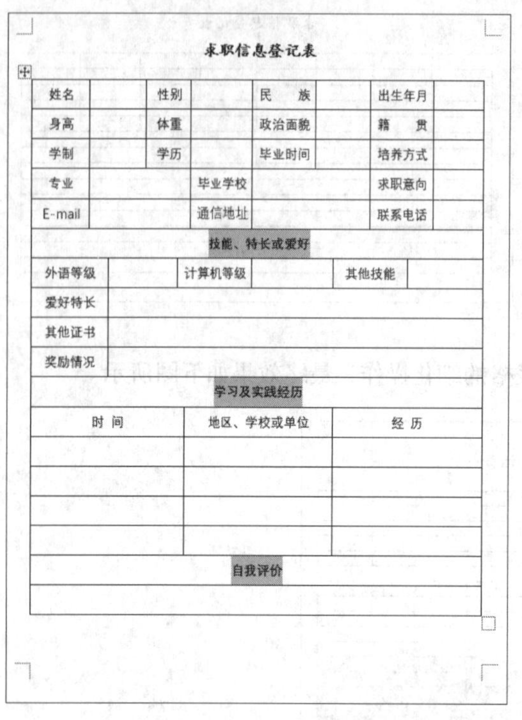

步骤04 最后根据需要调整表格中的行高及列宽，使其布局更合理，并占满整个页面，效果如下图所示。

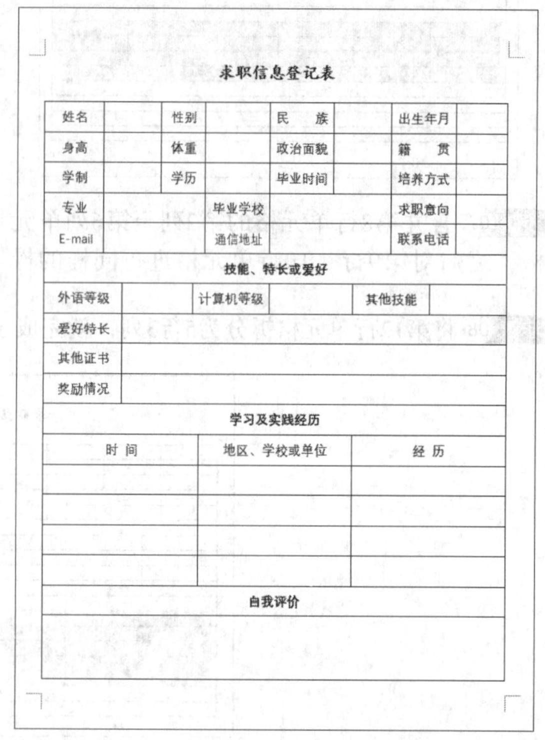

13.1.5 美化表格

制作完成求职信息登记表的基本框架之后，就可以对表格进行美化操作，具体操作步骤如下。

步骤01 选择整个表格，单击【表格工具-表设计】选项卡下【表格样式】组中的【其他】按钮▽，在弹出的下拉列表中选择一种表格样式。

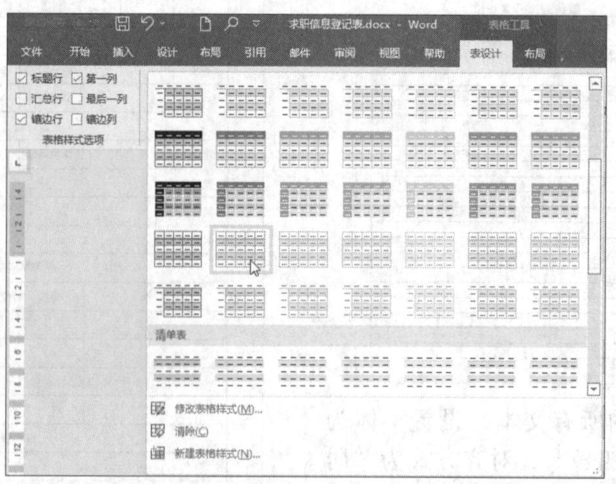

步骤 02 设置表格样式后，可根据情况调整字体，效果如下图所示。

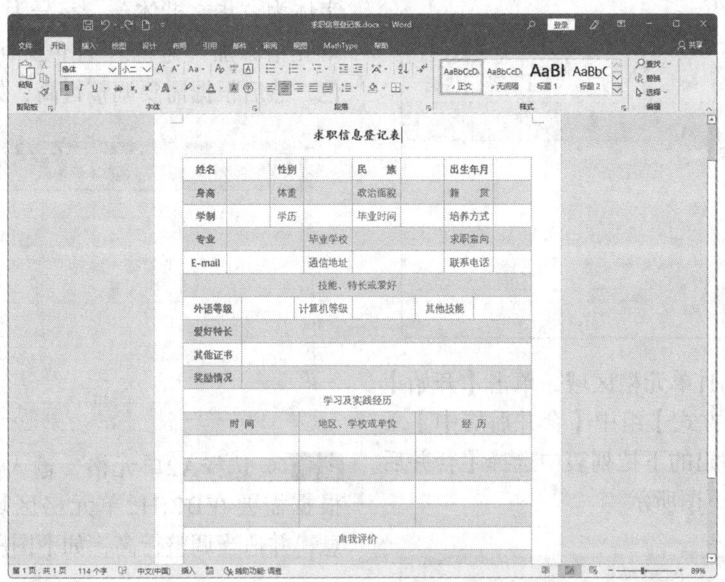

至此，就完成了制作求职信息登记表的操作。

13.2 制作员工基本资料表

员工基本资料表是可以根据公司的需要记录公司员工基本资料的表格。

13.2.1 设计员工基本资料表表头

设计员工基本资料表首先需要设计表头，表头中需要添加完整的员工信息标题，具体操作步骤如下。

步骤 01 新建空白Excel工作簿，并将其另存为“员工基本资料表.xlsx”。在“Sheet1”工作表标签上右击，在弹出的快捷菜单中选择【重命名】命令，如下图所示。

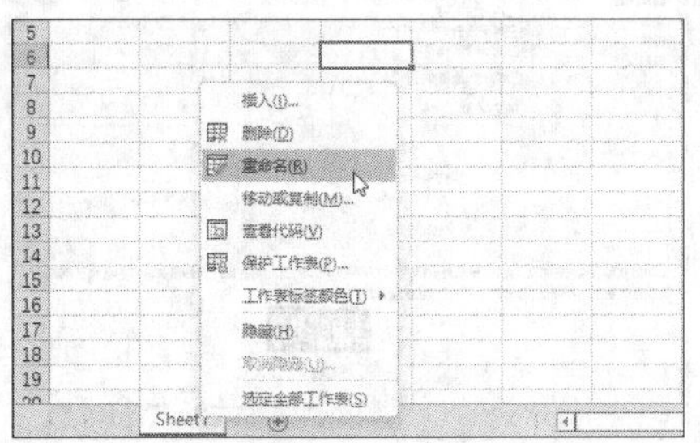

步骤 02 输入“基本资料表”，按【Enter】键确认，完成工作表重命名操作，如下图所示。

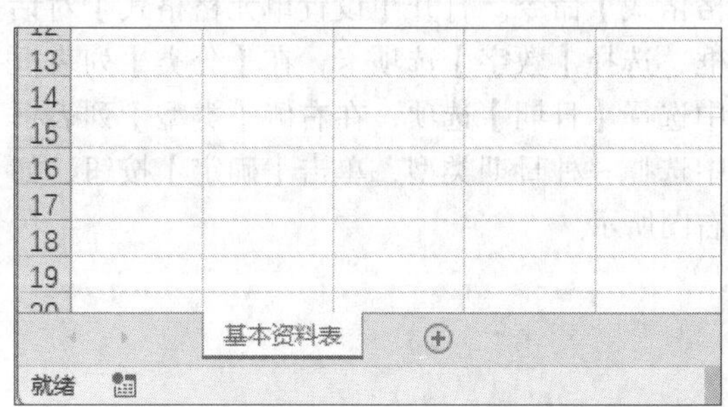

步骤03 选择A1单元格，输入“员工基本资料表”，如下图所示。

步骤04 选择A1:H1单元格区域，单击【开始】选项卡下【对齐方式】组中【合并后居中】下拉按钮，在弹出的下拉列表中选择【合并后居中】选项，如下图所示。

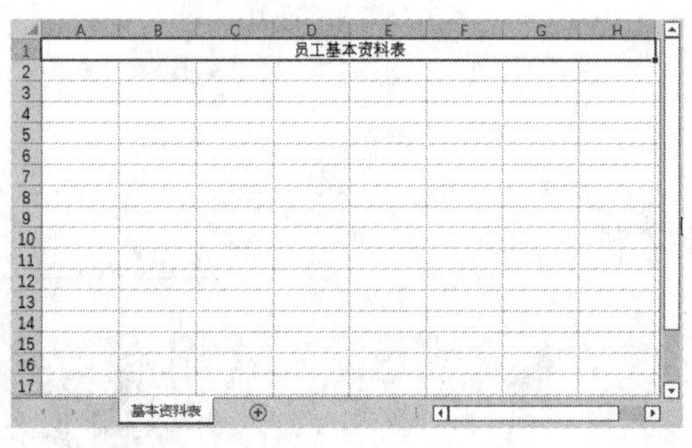

步骤05 选择A1单元格中的文本内容，设置其字体为“华文楷体”，字号为“16”，并为A1单元格添加“蓝色,个性色5,淡色80%”填充颜色，然后根据需要调整行高，如下图所示。

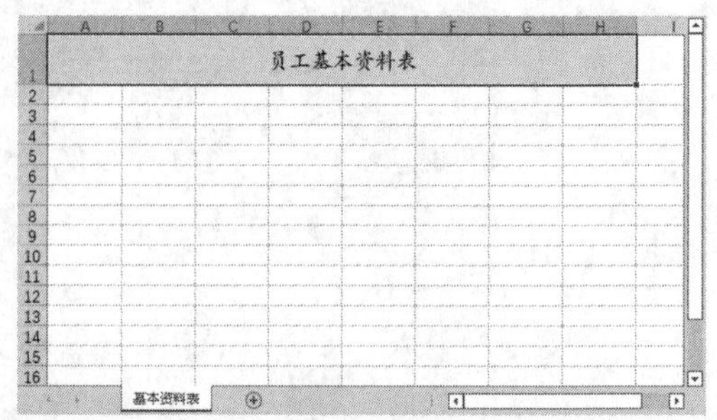

步骤06 选择A2单元格，输入“姓名”，然后根据需要在B2:H2单元格区域中输入表头信息，并适当调整行高，如下图所示。

13.2.2 输入员工基本资料

表头创建完成后，就可以根据需要输入员工的基本资料。

步骤01 按住【Ctrl】键的同时选择C列和F列并右击，在弹出的快捷菜单中选择【设置单元格格式】命令。打开【设置单元格格式】对话框，选择【数字】选项卡，在【分类】列表框中选择【日期】选项，在右侧【类型】列表框中选择一种日期类型，单击【确定】按钮，如右图所示。

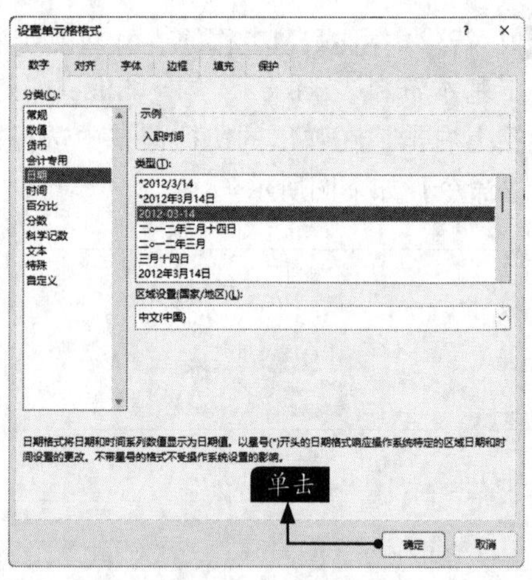

步骤02 打开“素材\ch13\员工基本资料.xlsx”文件，复制A2:F23单元格区域中的内容，并将其粘贴至“员工基本资料表.xlsx”工作簿中，然后根据需要调整列宽，显示所有内容，如右图所示。

13.2.3 计算员工年龄

在员工基本资料表中可以使用公式计算员工的年龄，每次使用该工作表时都将显示当前员工的年龄。

步骤01 选择H3:H24单元格区域，输入公式“=DATEDIF(C3,TODAY(),"y")”，如下图所示。

步骤02 按【Ctrl+Enter】组合键，即可计算出所有员工的年龄，如下图所示。

13.2.4 计算员工工龄

计算员工工龄的具体操作步骤如下。

步骤01 选择G3:G24单元格区域，输入公式“=DATEDIF(F3,TODAY(),"y")”，如右图所示。

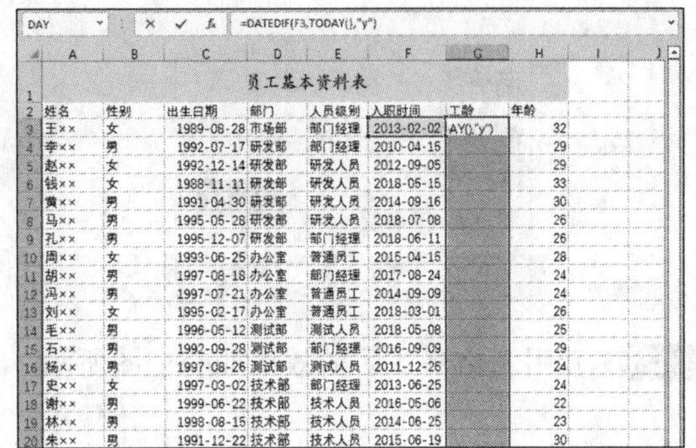

步骤 02 按【Ctrl+Enter】组合键，即可计算出所有员工的工龄，如右图所示。

13.2.5 美化员工基本资料表

输入员工基本资料并进行相关计算后，可以进一步美化员工基本资料表，具体操作步骤如下。

步骤 01 选择A2:H24单元格区域，单击【开始】选项卡下【样式】组中【套用表格格式】按钮 套用表格格式，在弹出的下拉列表中选择一种表格格式，如下图所示。

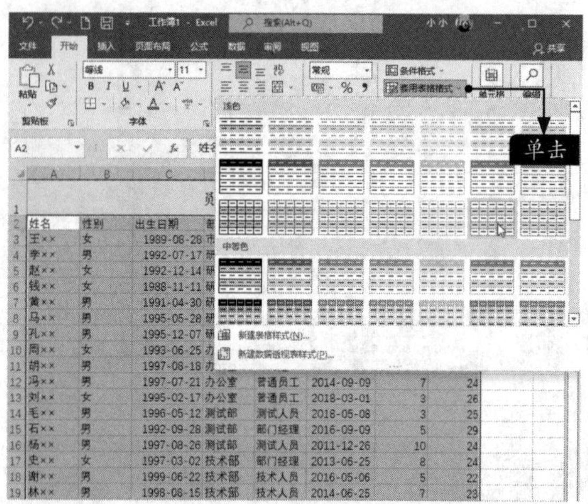

步骤 02 弹出【创建表】对话框，单击【确定】按钮，如下图所示。

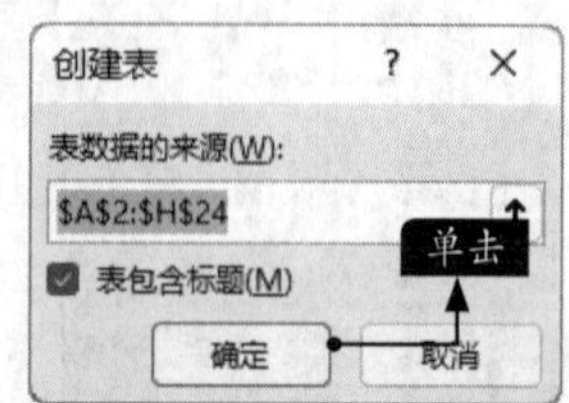

步骤 03 套用表格格式后的效果如右上图所示。

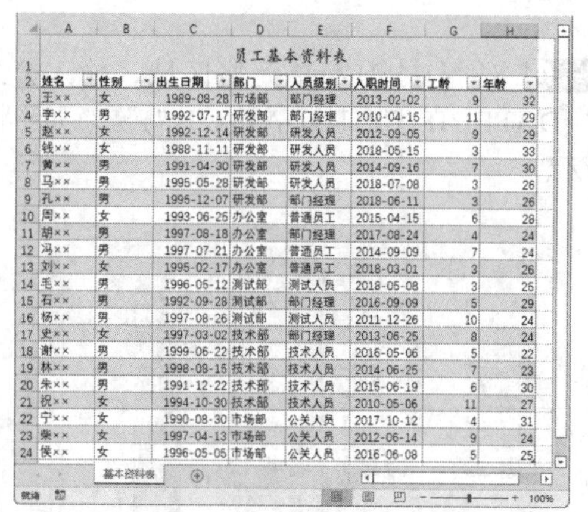

步骤 04 选择第2行中包含数据的任意单元格，按【Ctrl+Shift+L】组合键，取消工作表的筛选状态。将所有内容居中对齐，并保存当前工作簿，就完成了员工基本资料表的美化操作，最终效果如下图所示。

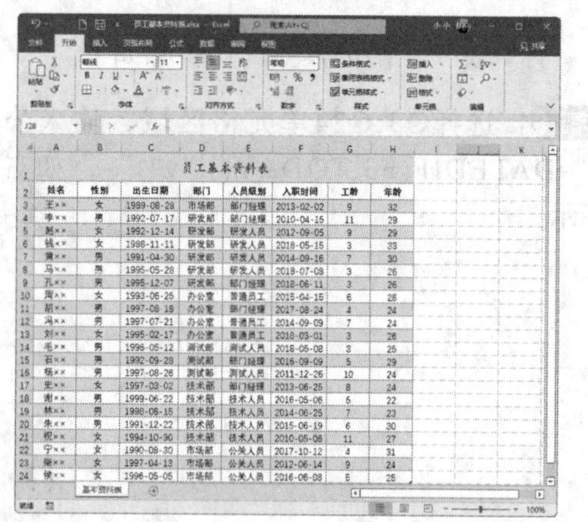

13.3 制作沟通技巧培训演示文稿

沟通是人与人之间、群体与群体之间思想与感情的传递和反馈过程，是人们在社会交际中必不可少的技能。很多时候，沟通的成效直接影响着事业能否成功。

本节将制作一个介绍沟通技巧的演示文稿，用来展示提高沟通水平的要素，具体操作步骤如下。

13.3.1 设计幻灯片母版

此演示文稿中除了首页和结束页外，其他所有幻灯片都需要在标题处放置一张关于沟通交际的图片。为了使版面美观，我们会将版面的四角设置为弧形。设计幻灯片母版的步骤如下。

步骤01 启动PowerPoint，新建演示文稿并另存为“沟通技巧.pptx”，如下图所示。

步骤02 单击【视图】选项卡下【母版视图】组中的【幻灯片母版】按钮，如下图所示。

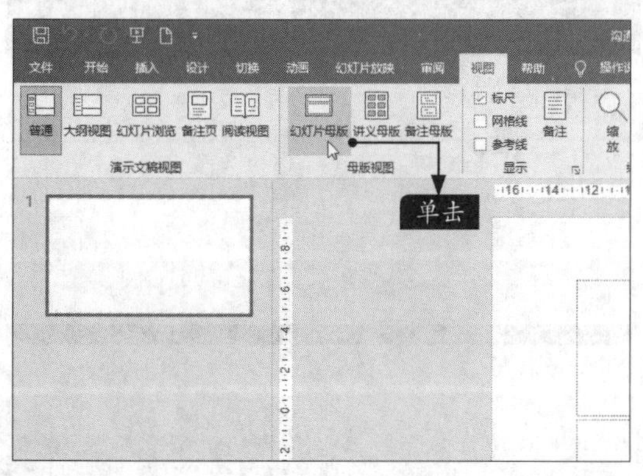

步骤03 切换到幻灯片母版视图，在左侧列表中选择第1张Office主题幻灯片，然后单击【插入】选项卡下【图像】组中的【图片】按钮，在弹出的下拉列表中选择【此设备】选项，如下图所示。

步骤04 在弹出的对话框中选择“素材\ch13\背景1.png”，单击【插入】按钮，如下图所示。

步骤05 插入图片并调整图片的位置，右击图片，在弹出的快捷菜单中选择【置于底层】命令，如下图所示。

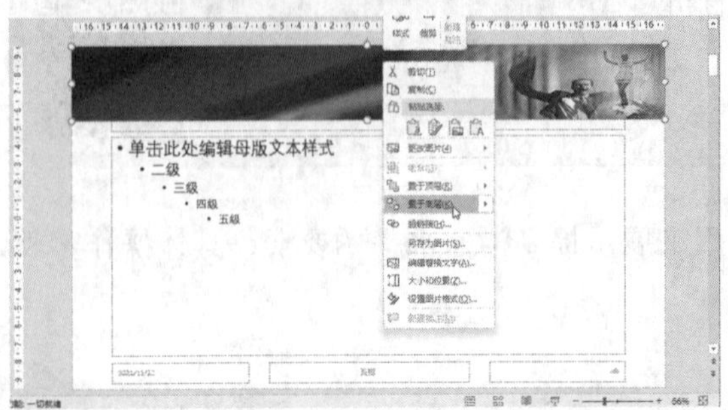

步骤06 选择后即可将该图片置于底层，标题文本框会显示在顶层，然后设置标题文本框中文本的字体、字号及颜色，如下图所示。

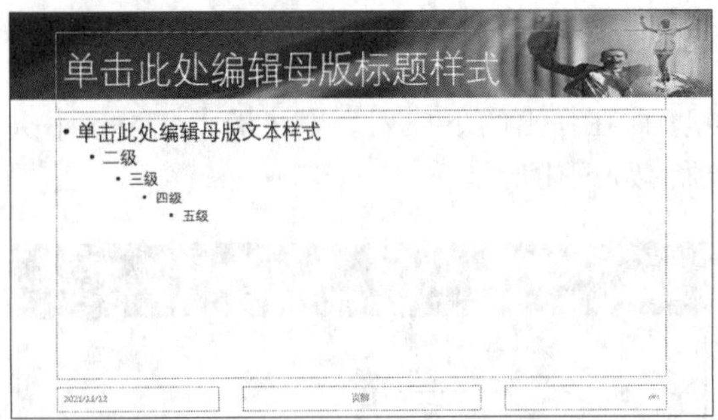

步骤07 使用形状工具在幻灯片底部绘制一个矩形，将其填充为蓝色（R:29，G:122，B:207）并置于底层，效果如下图所示。

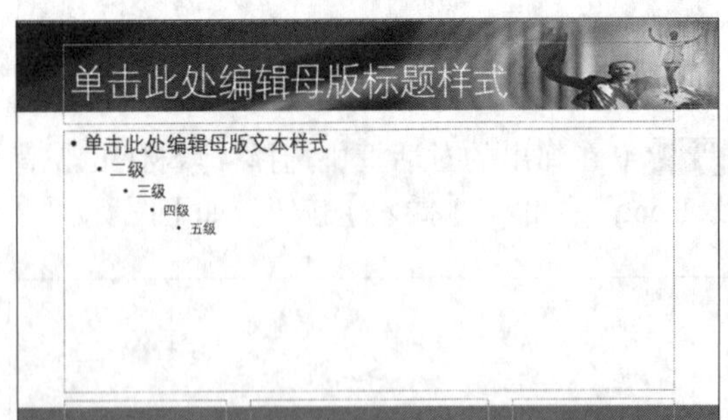

步骤08 使用形状工具绘制一个圆角矩形，拖曳圆角矩形左上方的黄点，调整圆角角度。设置其形状填充为“无填充颜色”，形状轮廓为“白色”，粗细为“4.5磅”，效果如下图所示。

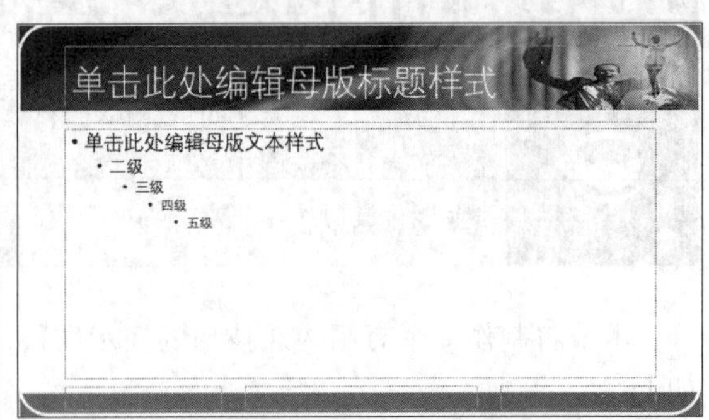

步骤09 在左上角绘制一个正方形，设置其形状填充和形状轮廓为“白色”，右击该正方形，在弹出的快捷菜单中选择【编辑顶点】命令，删除右下角的顶点，并向左上方拖曳斜边中点，将其调整为如下图所示的形状。

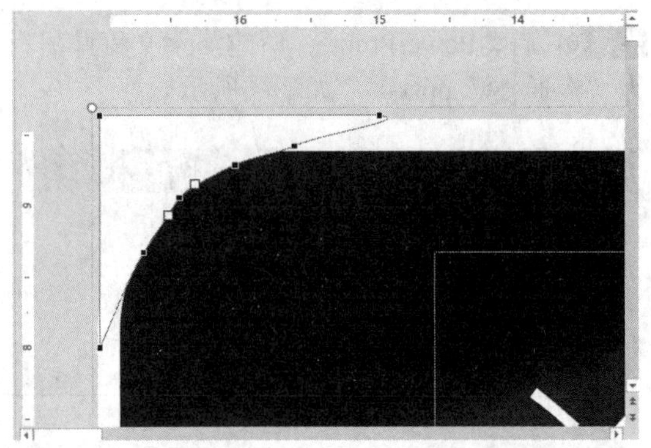

步骤10 重复上面的操作，绘制并调整幻灯片其他角，然后右击绘制的形状，在弹出的快捷菜单中选择【组合】→【组合】命令，将形状组合，效果如下图所示。

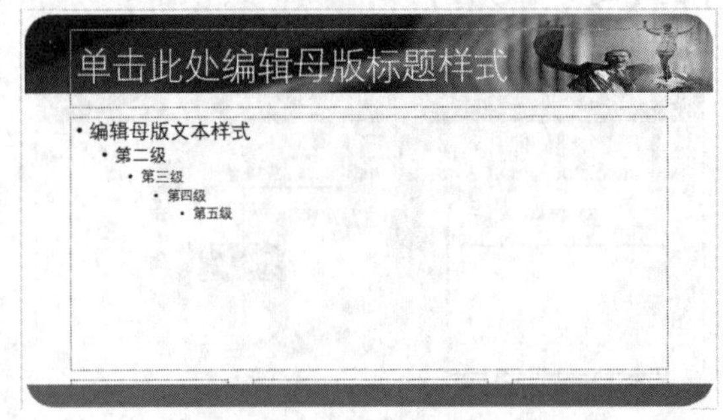

13.3.2 设计演示文稿的首页

演示文稿的首页由能够体现沟通交际的背景图和标题组成，设计演示文稿的首页幻灯片的具体操作步骤如下。

步骤01 在幻灯片母版视图中选择左侧列表的第2张幻灯片，选中【幻灯片母版】选项卡下【背景】组中的【隐藏背景图形】复选框，将背景隐藏，如下图所示。

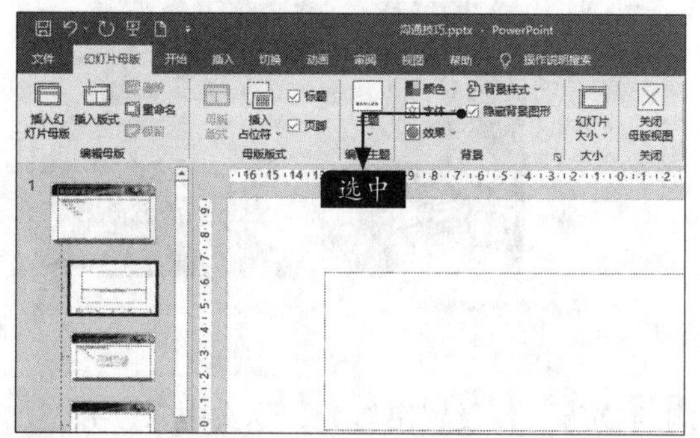

步骤02 单击【背景】选项组右下角的【设置背景格式】按钮，如下图所示。

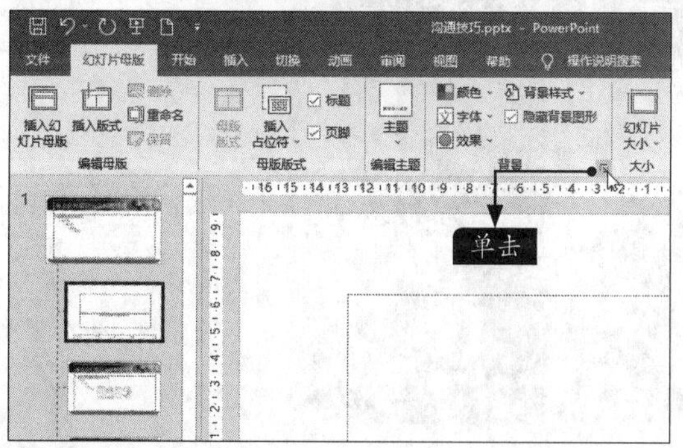

步骤03 弹出【设置背景格式】窗格，在【填充】区域选中【图片或纹理填充】单选按钮，并单击【插入】按钮，如下图所示。

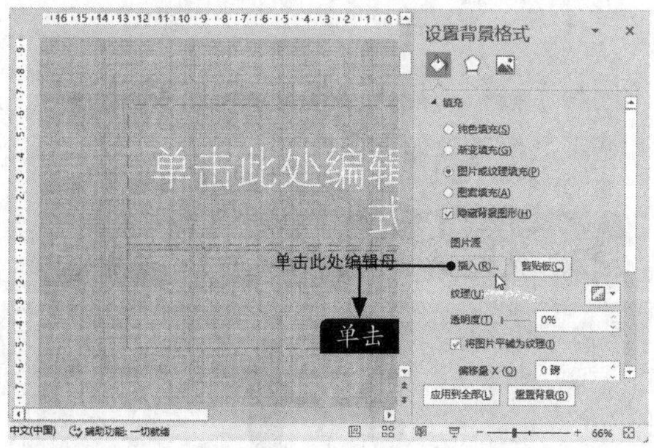

步骤04 在弹出的【插入图片】对话框中，单击【来自文件】按钮，如右上图所示。

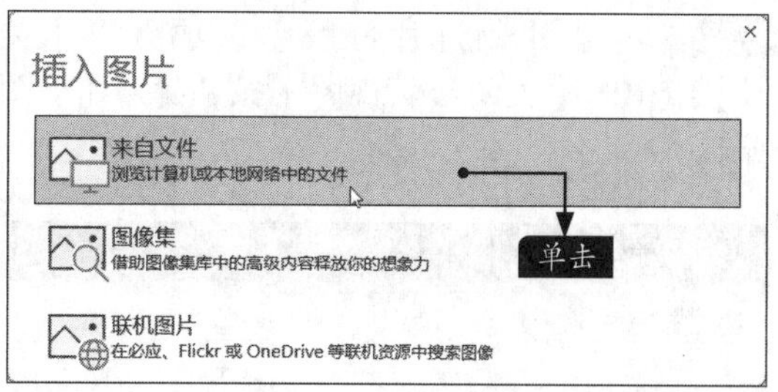

步骤05 在弹出的【插入图片】对话框中，选择“素材\ch13\首页.jpg”，然后单击【插入】按钮。

步骤06 关闭【设置背景格式】窗格，设置背景后的幻灯片如下图所示。

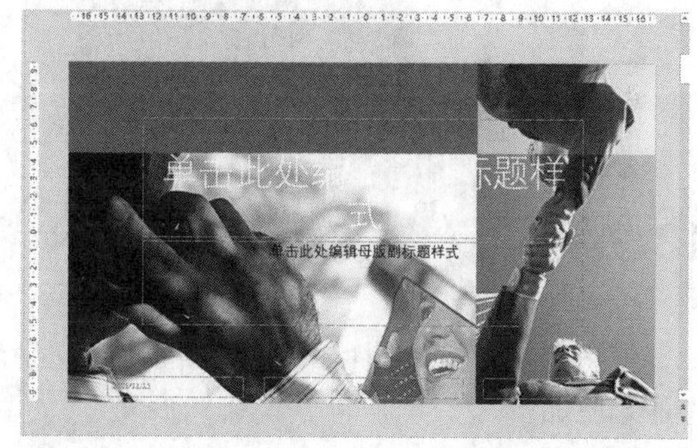

步骤07 按照13.3.1节步骤08~步骤10的操作绘制形状，并将其组合，效果如下图所示。

步骤 08 单击【幻灯片母版】选项卡下【关闭】组中的【关闭母版视图】按钮，如下图所示。

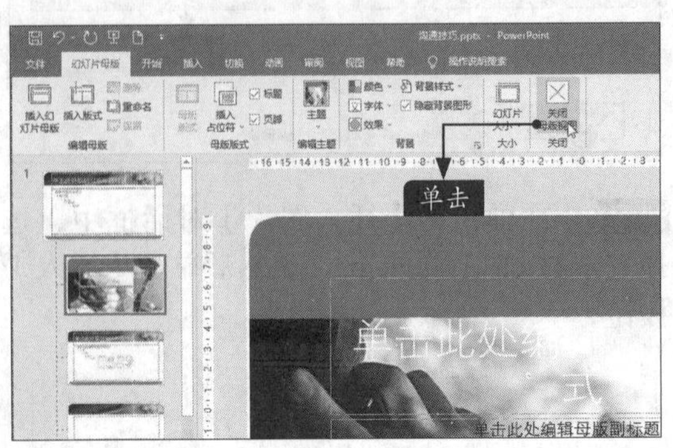

步骤 09 单击后即可切换为演示文稿的普通视图，如下图所示。

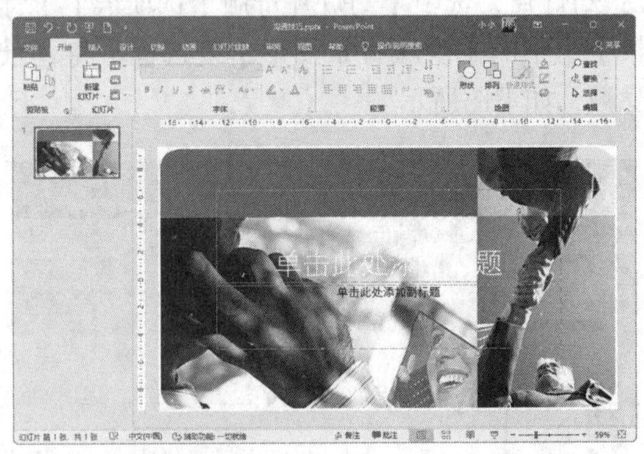

步骤 10 在幻灯片的标题文本框中输入“提升你的沟通技巧”，设置字体为“华文中宋”并“加粗”，调整文本框的大小与位置，删除副标题文本框，效果如下图所示。

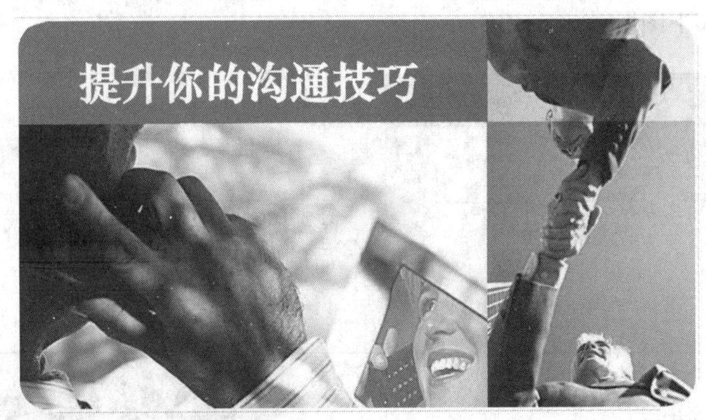

13.3.3 设计图文幻灯片

使用图文幻灯片的目的是使用图形和文字形象地说明沟通的重要性，设计图文幻灯片的具体操作步骤如下。

步骤 01 新建一张“仅标题”幻灯片，并输入标题“为什么要沟通？”，如下图所示。

步骤 02 单击【插入】选项卡下【图像】组中的【图片】按钮，插入“素材\ch13\沟通.png”，并调整其位置，如下图所示。

步骤 03 使用形状工具插入两个“思想气泡：

云”形状，如下图所示。

步骤04 右击插入的形状，在弹出的快捷菜单中选择【编辑文字】命令，并输入下图所示的文本，根据需要设置文本样式，如下图所示。

步骤05 新建一张“标题和内容”幻灯片，并输入标题“沟通有多重要？”，如下图所示。

步骤06 单击内容文本框中的【插入图表】按钮，在弹出的【插入图表】对话框中选择【三维饼图】选项，再单击【确定】按钮，如下图所示。

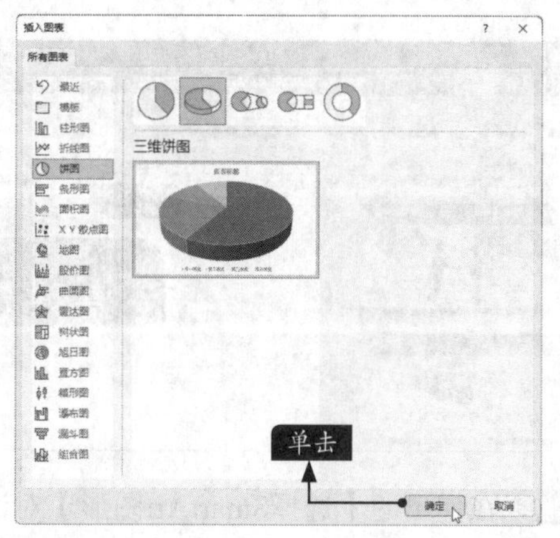

步骤07 在打开的【Microsoft PowerPoint中的图表】工作簿中修改数据，如下图所示。

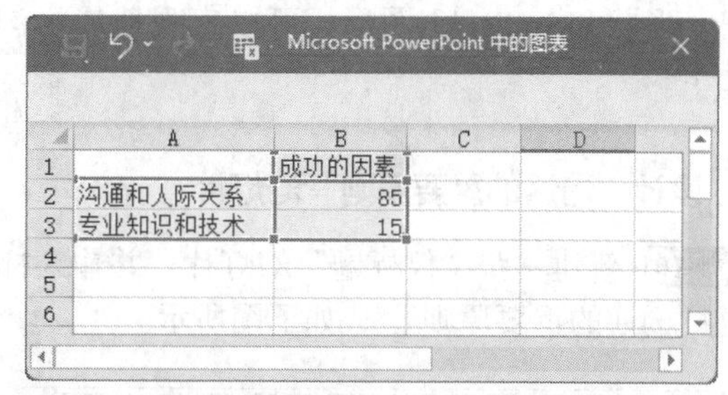
Microsoft PowerPoint 中的图表

	A	B	C	D
1		成功的因素		
2	沟通和人际关系	85		
3	专业知识和技术	15		
4				
5				
6				

步骤08 关闭【Microsoft PowerPoint中的图表】工作簿，即可在幻灯片中插入图表，如下图所示。

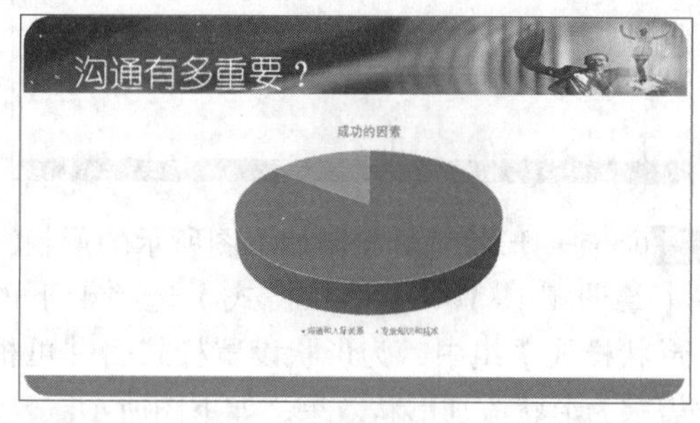

步骤09 根据需要修改图表的样式，效果如下图所示。

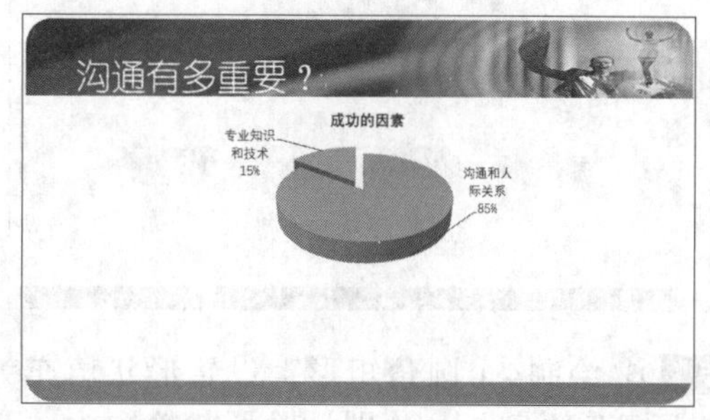

步骤10 在图表下方插入一个文本框，输入下图所示的内容，并调整其字体、字号和颜色，最终效果如下图所示。

13.3.4 设计图形幻灯片

形状和SmartArt图形，可以直观地展示沟通的重要原则和高效沟通的步骤，具体操作步骤如下。

1. 设计“沟通的重要原则”幻灯片

步骤 01 新建一张“仅标题”幻灯片，并输入标题“沟通的重要原则”，如下图所示。

步骤 02 使用形状工具绘制如下图所示的形状，在【绘图工具】→【形状格式】选项卡下的【形状样式】组中，为形状设置样式，并可根据需求为形状添加形状效果，如下图所示。

步骤 03 绘制4个圆角矩形，设置形状填充为“无填充颜色”，分别设置形状轮廓为“灰色”“橙色”“黄色”和“绿色”，并将其置于底层，然后绘制直线将它们连接起来，效果如下图所示。

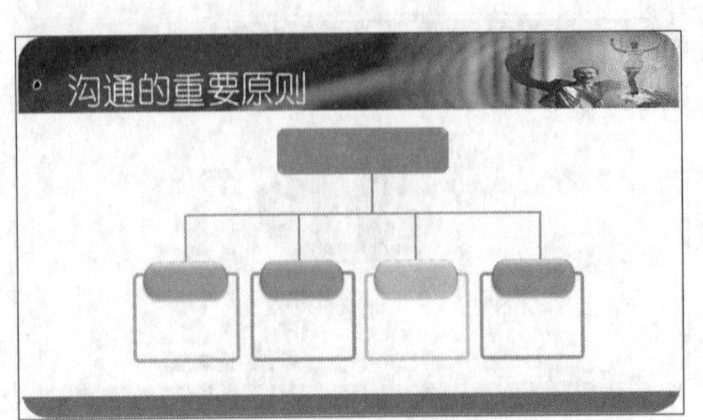

步骤 04 分别右击各个形状，在弹出的快捷菜单中选择【编辑文字】命令，根据需要输入文字，效果如下图所示。

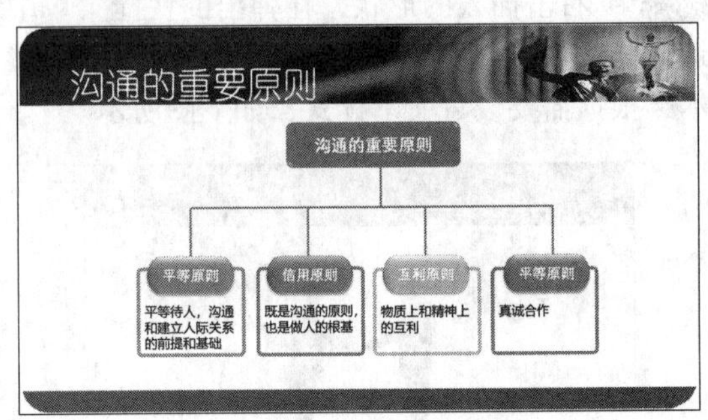

2. 设计“高效沟通的步骤”幻灯片

步骤 01 新建一张“仅标题”幻灯片，并输入标题“高效沟通的步骤”，如下图所示。

步骤 02 单击【插入】选项卡下【插图】组中的【SmartArt】按钮，如下图所示。

步骤 03 在弹出的【选择SmartArt图形】对话框

中选择【连续块状流程】选项，单击【确定】按钮，如下图所示。

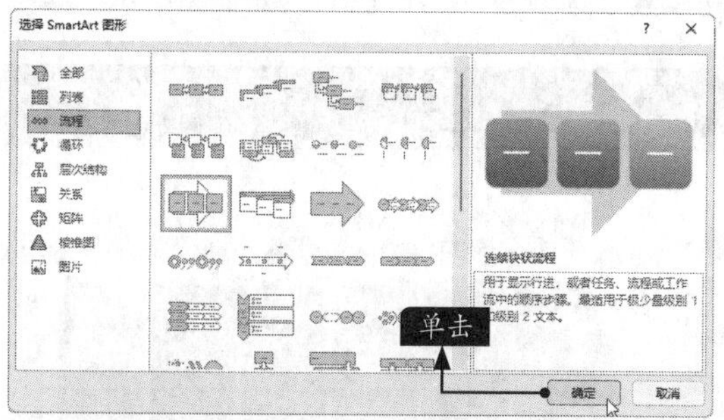

步骤04 单击后即可在幻灯片中插入SmartArt图形，如下图所示。

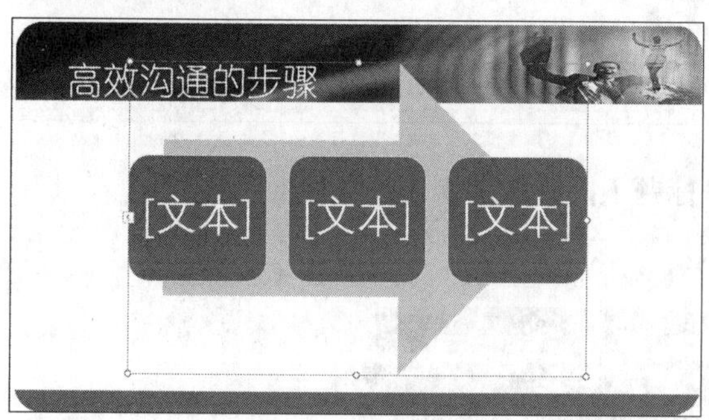

步骤05 选择SmartArt图形，在【SmartArt工具-SmartArt设计】选项卡下的【创建图形】组中，多次单击【添加形状】按钮，然后输入文字，并调整形状的大小，如下图所示。

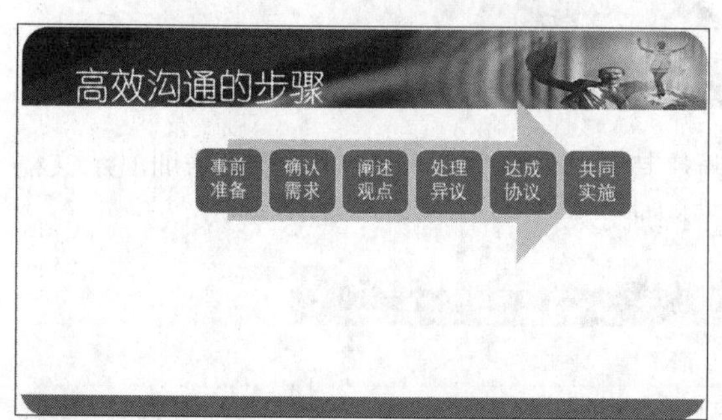

步骤06 选择SmartArt图形，单击【SmartArt工具-SmartArt设计】选项卡下【SmartArt样式】组中的【更改颜色】按钮，在下拉列表中选择【彩色轮廓 - 个性色3】选项，如右上图所示。

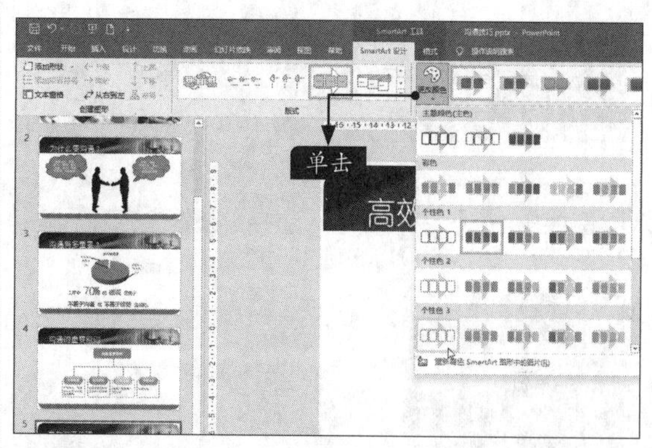

步骤07 单击【SmartArt样式】组中的【其他】按钮，在下拉列表中选择【嵌入】选项，如下图所示。

步骤08 在SmartArt图形下方绘制6个圆角矩形，并为其应用蓝色形状样式，如下图所示。

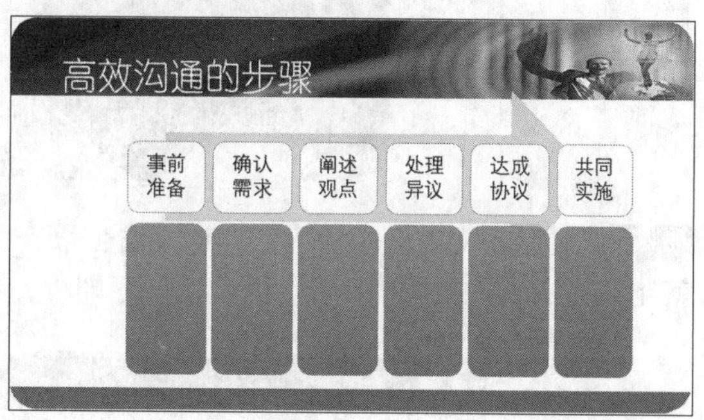

步骤09 右击绘制的6个形状，在弹出的快捷菜单中选择【设置形状格式】命令，打开【设置形状格式】窗格，单击【形状选项】→【大小与属性】按钮，在其下方区域设置各边距为“0厘米”，如下页图所示。

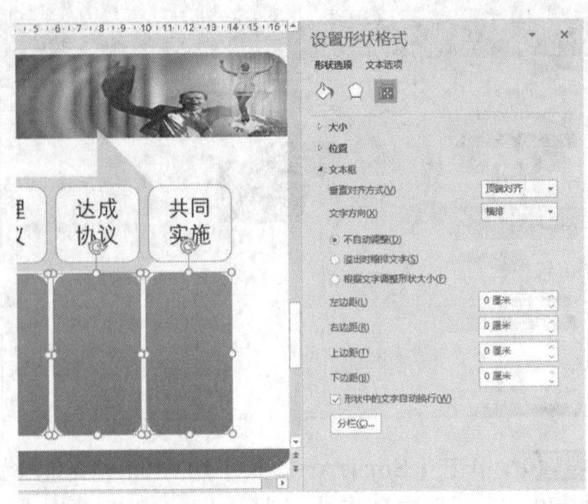

步骤 10 关闭【设置形状格式】窗格，在圆角矩形中输入文本，为文本添加√形式的项目符号，并设置字体颜色为“白色”，如下图所示。

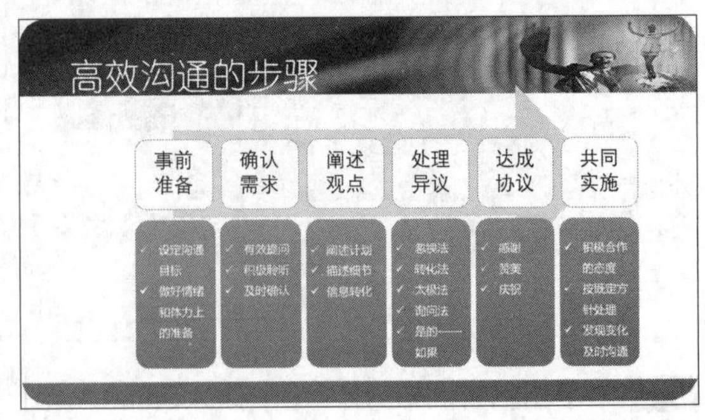

13.3.5 设计演示文稿的结束页

结束页幻灯片和首页幻灯片的背景一致，只是标题不同，具体操作步骤如下。

步骤 01 新建一张“标题幻灯片”，如下图所示。

步骤 02 在标题文本框中输入“谢谢观看！”，并调整其字体和位置。至此沟通技巧培训演示文稿就制作完成了，按【Ctrl+S】组合键保存即可，如下图所示。

第 14 章

Office 2021的行业应用——市场营销

学习目标

在市场营销领域可以使用Word 编排产品使用说明书，也可以使用Excel的数据透视表功能分析员工销售业绩，还可以使用PowerPoint设计产品销售计划演示文稿等。通过本章的学习，读者可以掌握 Office 2021在市场营销领域中的应用方法。

学习效果

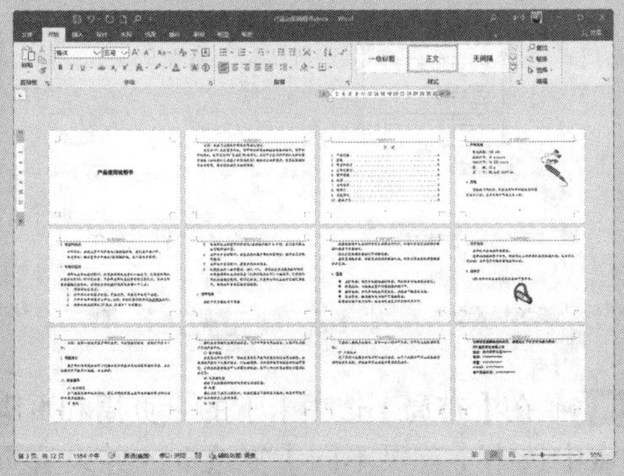

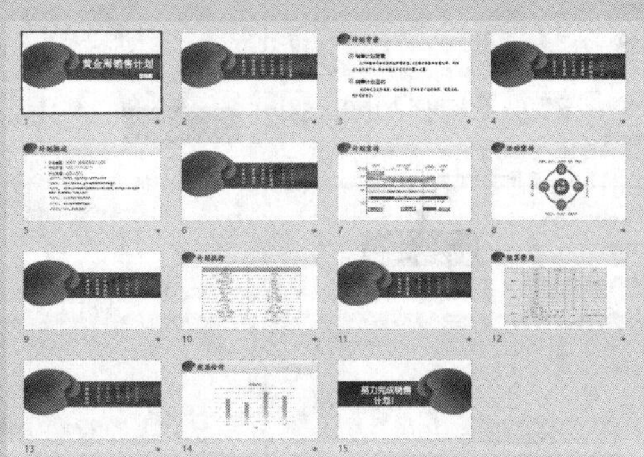

14.1 编排产品使用说明书

产品使用说明书是一种常见的文档，是生产厂家向消费者全面、明确地介绍产品名称、用途、性质、性能、原理、构造、规格、使用方法、保养维护、注意事项等内容而写的准确、简明的文字材料，可以起到宣传产品、扩大消息传播范围和传播知识的作用。

14.1.1 设计页面大小

新建Word空白文档时，默认情况下使用的纸张大小为“A4”。编排产品使用说明书时，首先要设置页面的大小，具体操作步骤如下。

步骤 01 打开“素材\ch14\产品使用说明书.docx”文件，单击【布局】选项卡的【页面设置】组中的【页面设置】按钮，如下图所示。

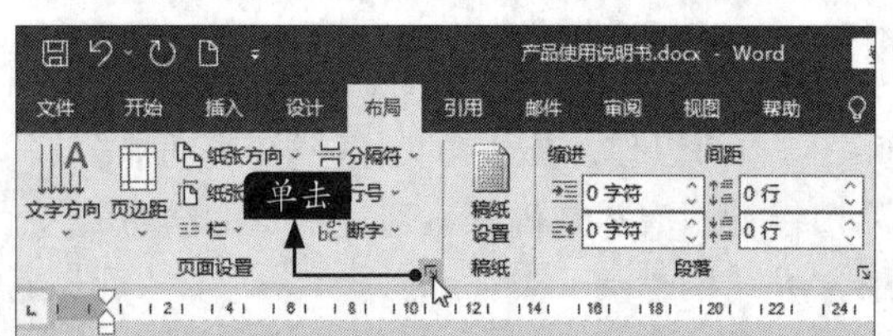

步骤 02 弹出【页面设置】对话框，在【页边距】选项卡下设置【上】和【下】页边距为“1.4厘米”，【左】和【右】页边距设置为“1.3厘米”，设置【纸张方向】为“横向”，如下图所示。

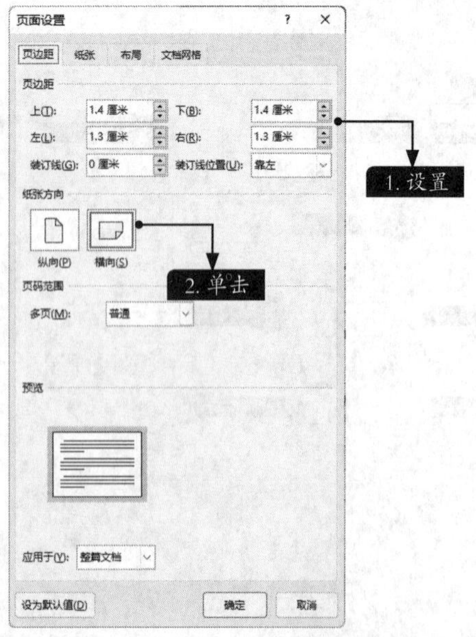

步骤 03 在【纸张】选项卡下【纸张大小】下拉列表框中选择【自定义大小】选项，并设置宽度为“14.8厘米”，高度为“10.5厘米”，如下图所示。

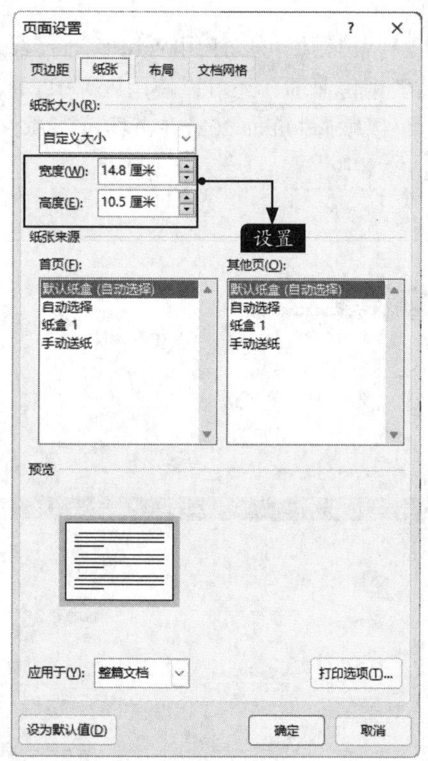

步骤 04 在【布局】选项卡下的【页眉和页脚】区域中选中【首页不同】复选框，并设置页眉和页脚距边界的距离为“1厘米”，单击【确定】按钮，如下页图所示。

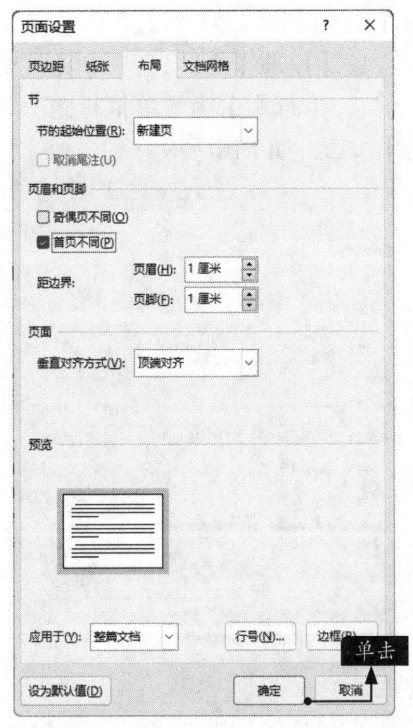

步骤 05 完成对页面的设置，设置后的效果如下图所示。

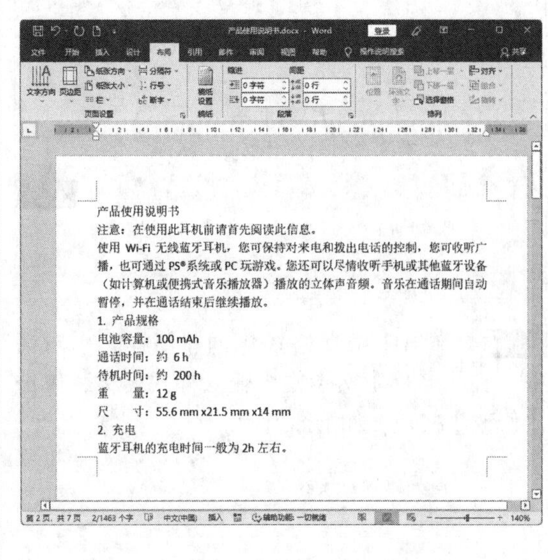

14.1.2 产品使用说明书内容的格式化

输入产品使用说明书内容后就可以根据需要分别格式化标题和正文内容。产品使用说明书内容格式化的具体操作步骤如下。

1. 设置标题样式

步骤 01 选择第1行的标题，单击【开始】选项卡的【样式】组中的【其他】按钮，在弹出的下拉列表中选择【标题】样式，如下图所示。

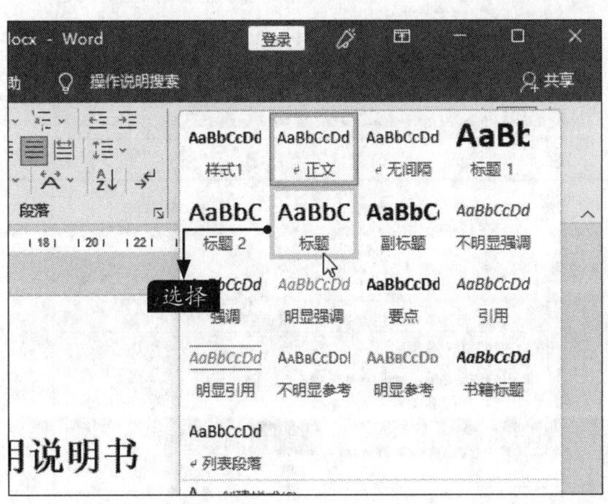

步骤 02 根据需要设置其字体样式，效果如下图所示。

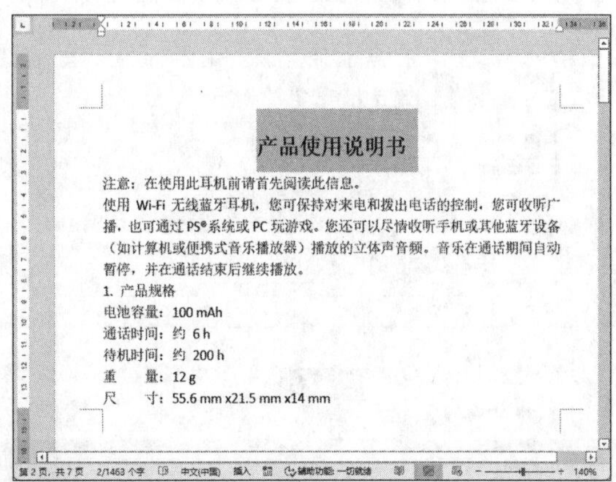

步骤 03 选择“1.产品规格”段落，单击【开始】选项卡的【样式】组中的【其他】按钮，在弹出的下拉列表中选择【创建样式】选项，如下页图所示。

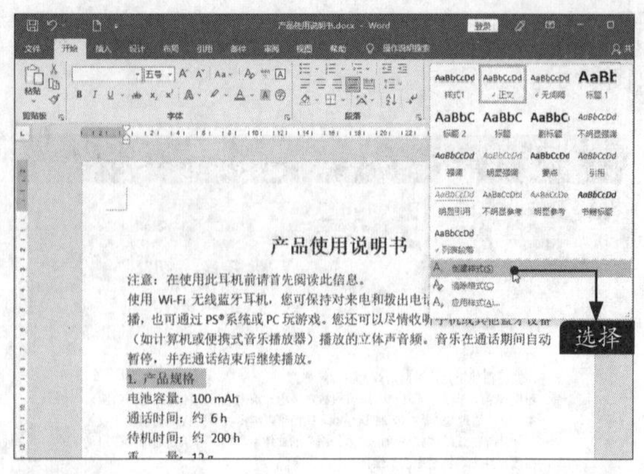

步骤04 弹出【根据格式化创建新样式】对话框，在【名称】文本框中输入样式名称，单击【修改】按钮，如下图所示。

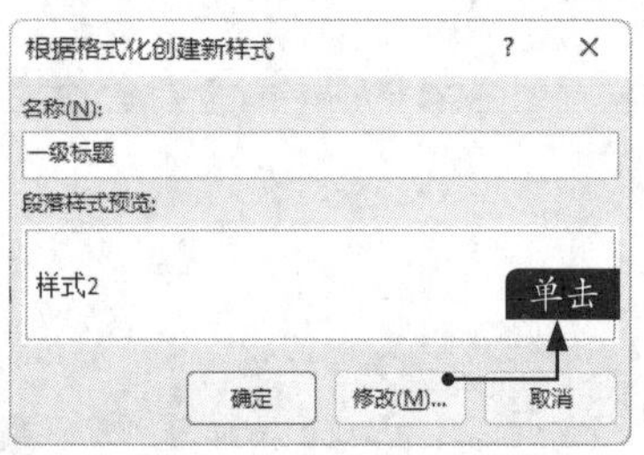

步骤05 展开【根据格式化创建新样式】对话框，在【样式基准】下拉列表框中选择【无样式】选项，设置字体为“黑体”，字号为“五号”，单击左下角的【格式】按钮，在弹出的下拉列表中选择【段落】选项，如下图所示。

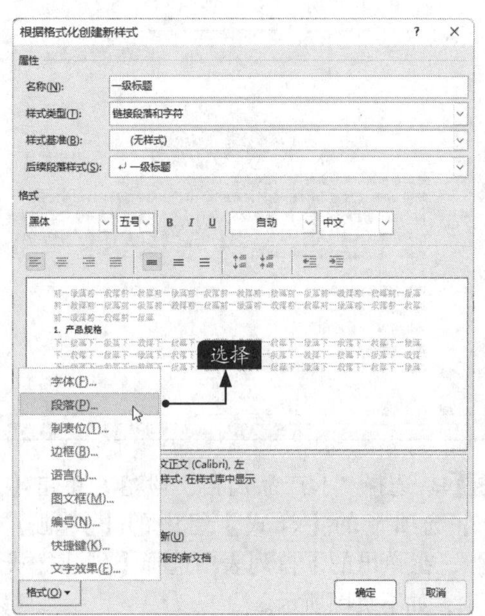

步骤06 弹出【段落】对话框，在【常规】区域中设置【大纲级别】为“1级”，在【间距】区域中设置【段前】为“1行”，【段后】为“0.5行”，【行距】为“单倍行距”，单击【确定】按钮，如下图所示。

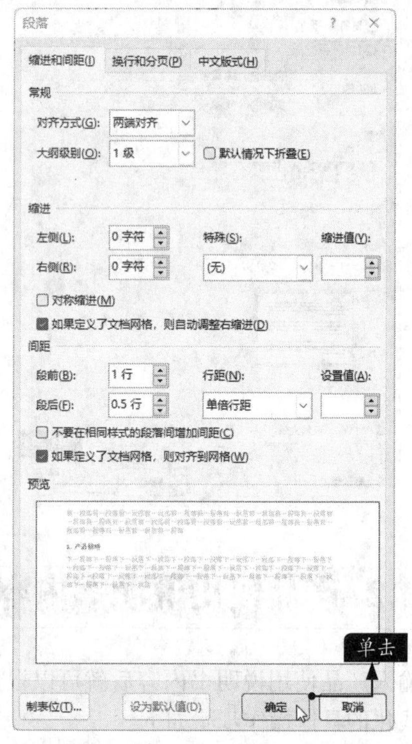

步骤07 返回至【根据格式化创建新样式】对话框中，单击【确定】按钮，如下图所示。

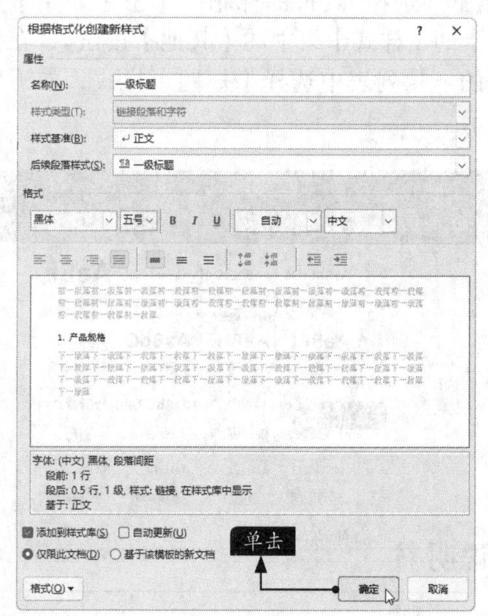

步骤08 设置样式后的效果如下页图所示。

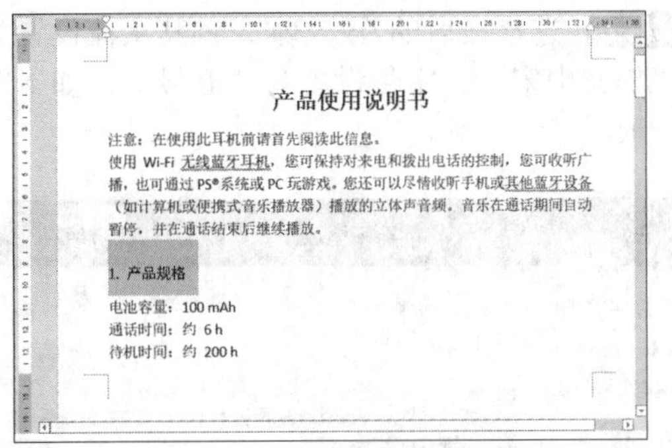

步骤 09 选择"2.充电"，单击【开始】选项卡下【样式】组中的【其他】按钮，在弹出的下拉列表中，选择"一级标题"选项，如下图所示。

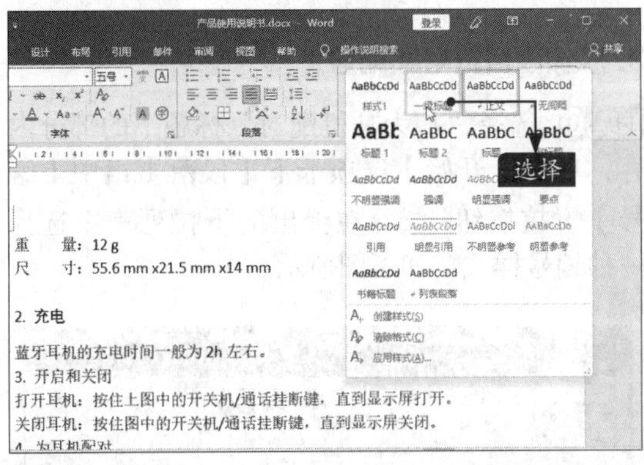

步骤 10 使用同样的方法，为同类标题应用样式，如下图所示。

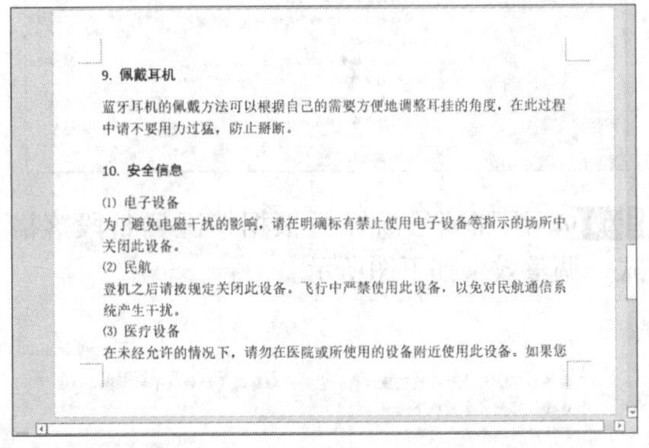

2. 设置正文字体及段落样式

步骤 01 选择第2段和第3段内容，在【开始】选项卡下的【字体】组中根据需要设置正文的字体和字号，如右上图所示。

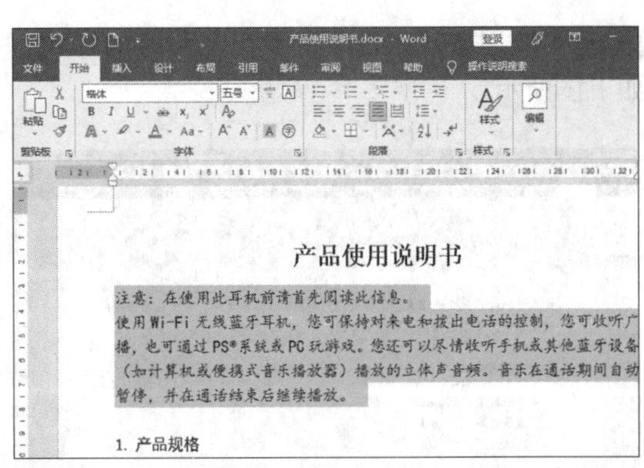

步骤 02 单击【开始】选项卡的【段落】组中的【段落】按钮，在弹出的【段落】对话框的【缩进和间距】选项卡中设置【特殊】为"首行"缩进，【缩进值】为"2字符"，设置完成后单击【确定】按钮，如下图所示。

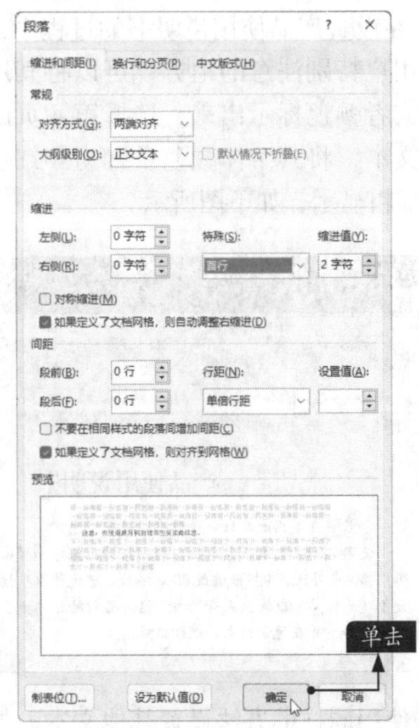

步骤 03 设置段落样式后的效果如下图所示。

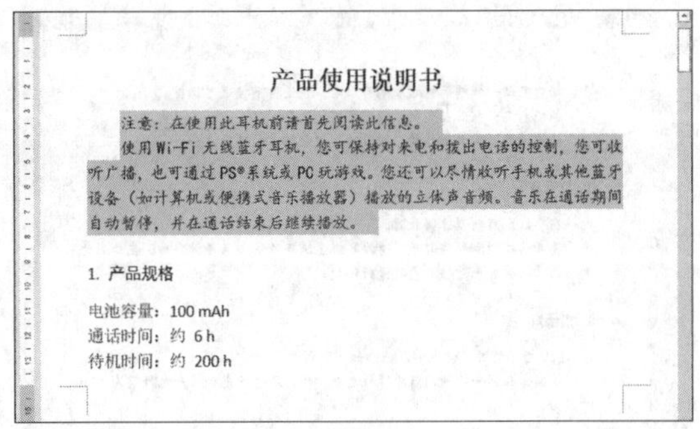

步骤 04 使用格式刷设置其他正文段落的样式，如下图所示。

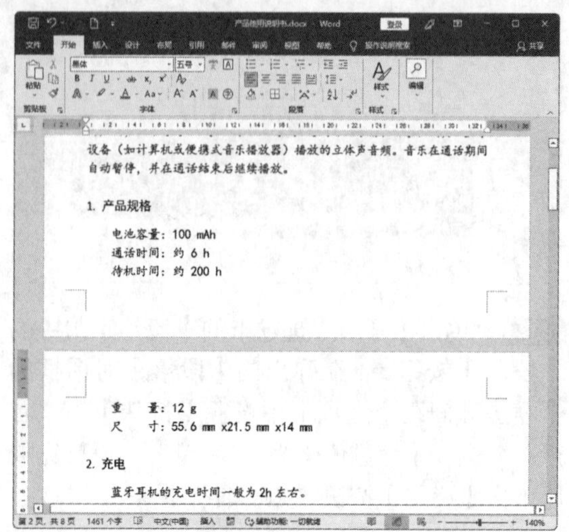

步骤 05 在设置产品使用说明书的过程中，如果有需要用户特别注意的地方，可以将其用特殊的字体或者颜色标示出来，选择第一页的“注意：”文本，将其字体颜色设置为“红色”，并将其加粗显示，如下图所示。

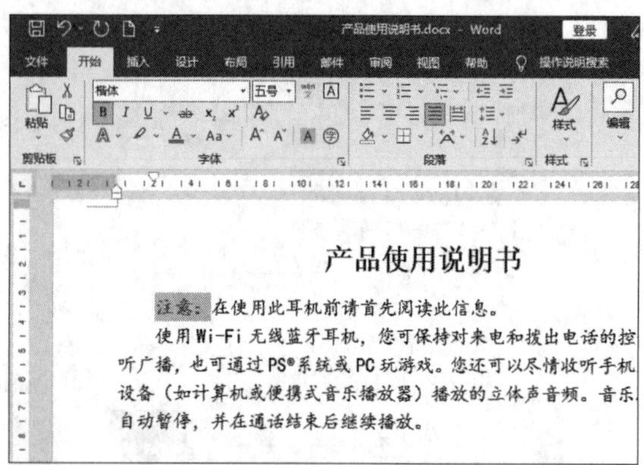

步骤 06 使用同样的方法设置其他文本，如下图所示。

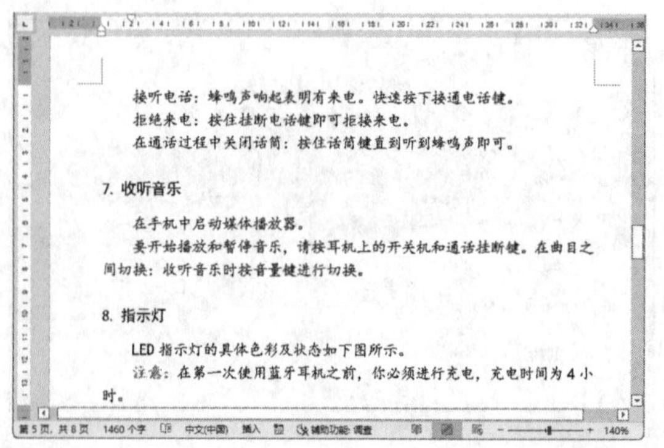

步骤 07 选择最后的7段文本，将其字体设置为“华文中宋”，字号设置为“五号”，如下图所示。

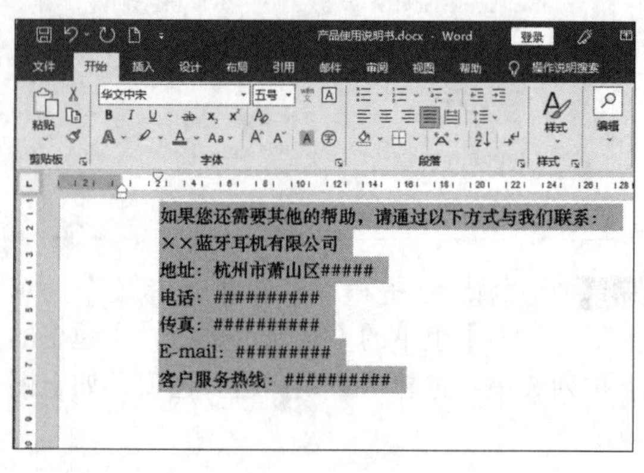

3. 添加项目符号和编号

步骤 01 选择“4. 为耳机配对”标题下的部分内容，单击【开始】选项卡下【段落】组中【编号】下拉按钮，在弹出的下拉列表中选择一种编号样式，如下图所示。

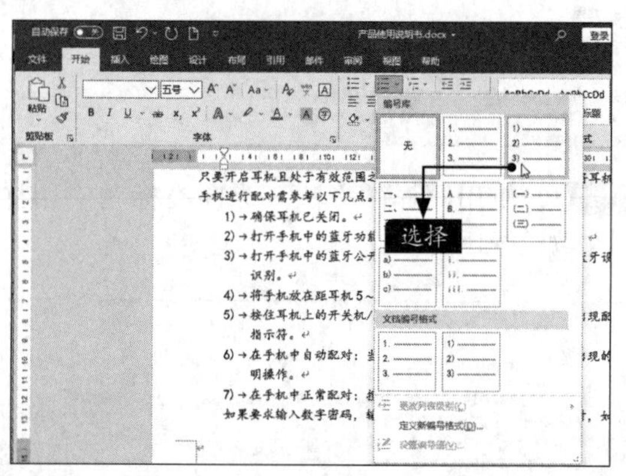

步骤 02 添加编号后，可根据情况调整段落格式，调整效果如下图所示。

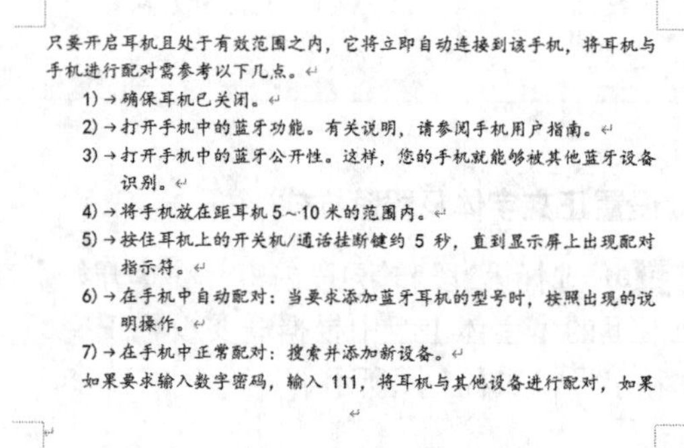

步骤03 选择“6. 通话”标题下的部分内容，单击【开始】选项卡下【段落】组中【项目符号】下拉按钮，在弹出的下拉列表中选择一种项目符号样式，如下图所示。

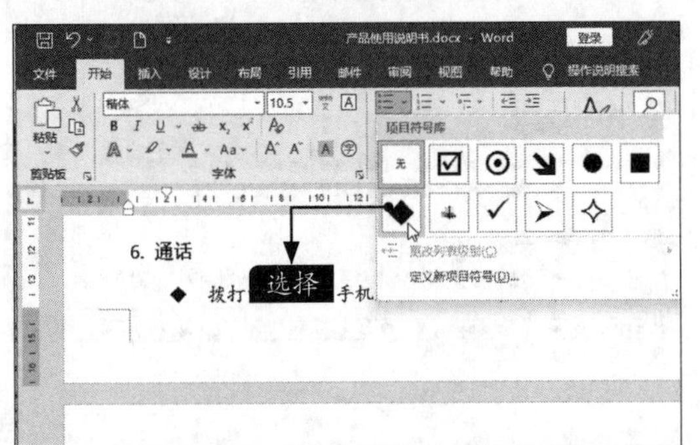

步骤04 添加项目符号后的效果如下图所示。

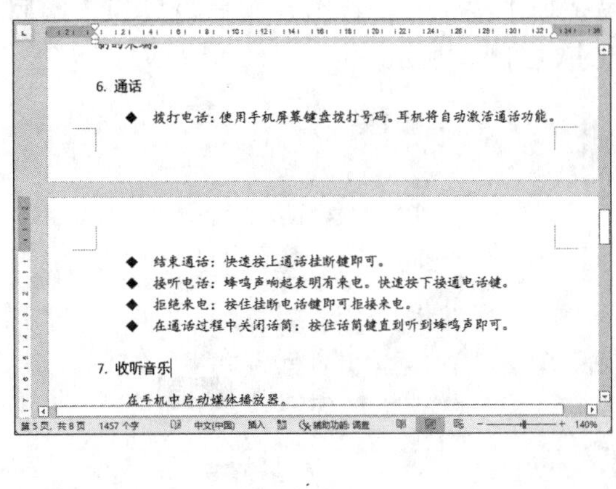

14.1.3 设置图文混排

在产品使用说明书中添加图片不仅能够直观地展示文字描述效果，便于用户阅读，还可以起到美化文档的作用。

步骤01 将光标定位至“2. 充电”文本后，单击【插入】选项卡下【插图】组中的【图片】按钮，在弹出的下拉列表中，选择【此设备】选项，如下图所示。

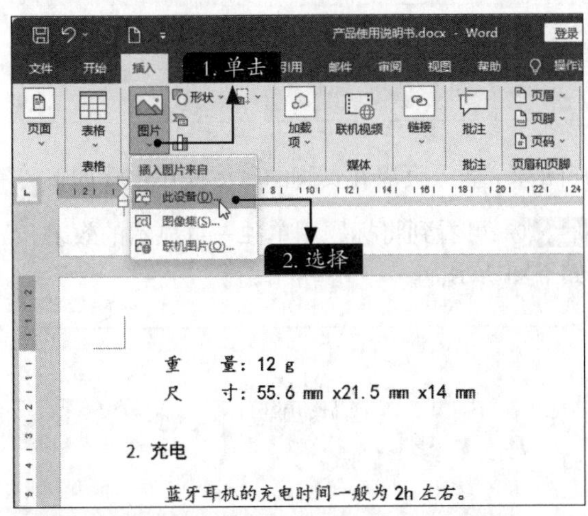

步骤02 弹出【插入图片】对话框，选择“素材\ch14\图片01.png”，单击【插入】按钮，如右上图所示。

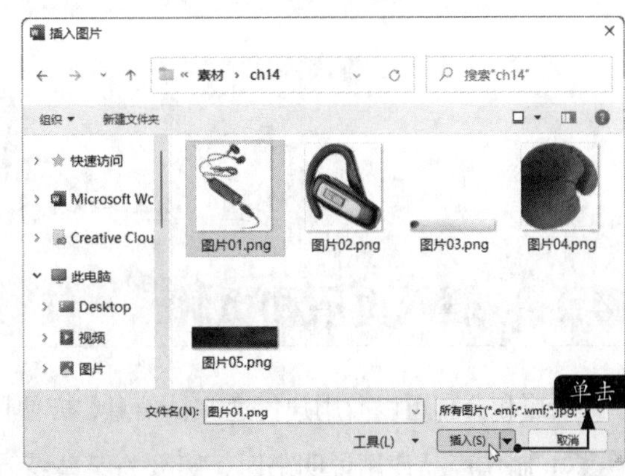

步骤03 将选择的图片插入文档中，如下图所示。

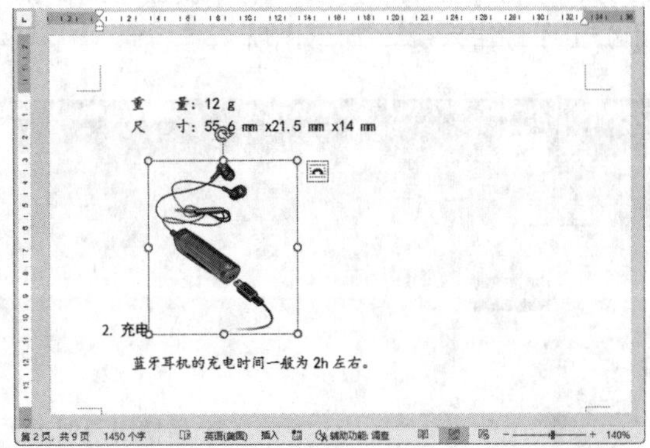

步骤 04 选择插入的图片，单击图片右侧的【布局选项】按钮，将图片布局设置为【四周型】，如下图所示。

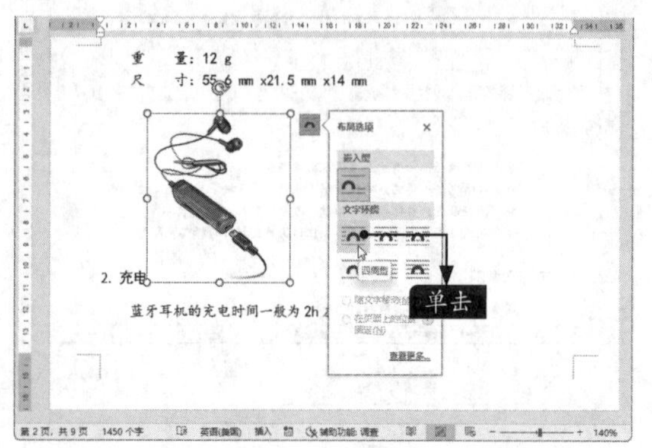

步骤 05 调整图片的位置，效果如下图所示。

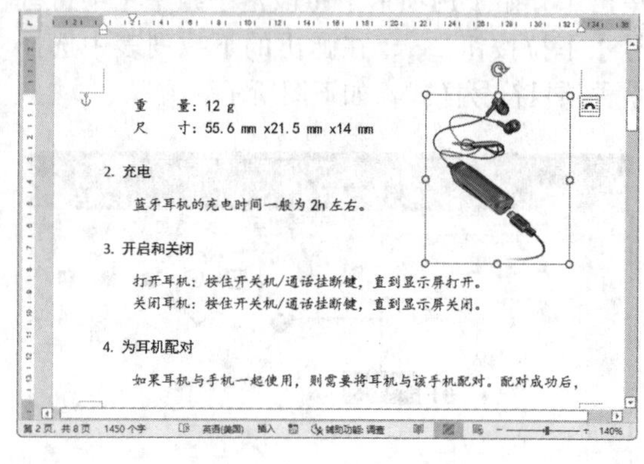

步骤 06 将光标定位至“8. 指示灯”文本后，重复步骤01~步骤05，插入“素材\ch14\图片02.png”，并适当调整图片的大小，如下图所示。

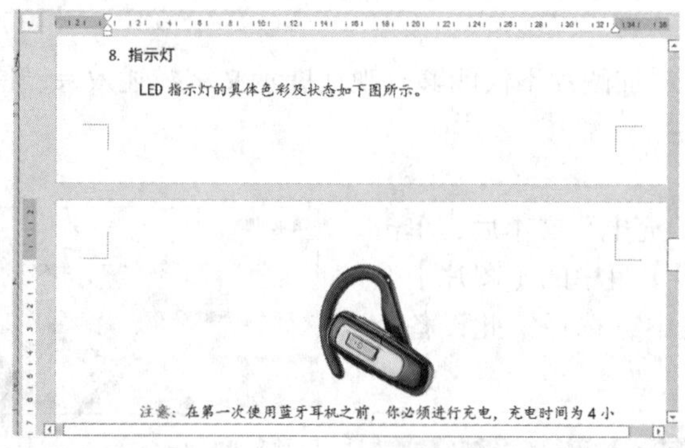

14.1.4 插入页眉和页脚

页眉和页脚可以向用户传递文档信息，方便用户阅读。插入页眉和页脚的具体操作步骤如下。

步骤 01 制作产品使用说明书时，需要将某些特定的内容用单独一页显示，这时就需要插入分页符。将光标定位在“产品使用说明书”文本后方，单击【插入】选项卡下【页面】组中的【分页】按钮，如下图所示。

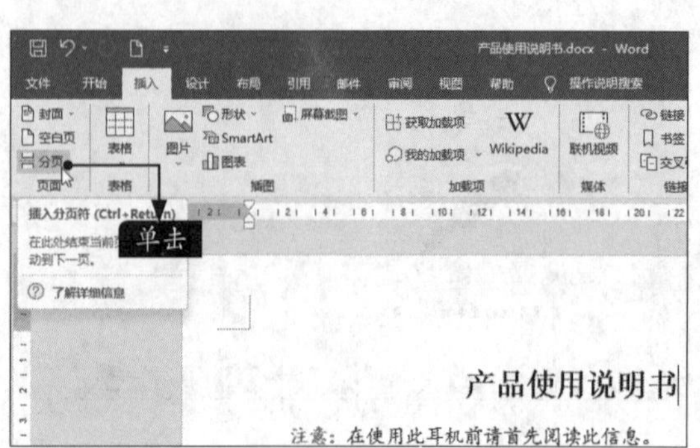

步骤 02 可看到将标题用单独一页显示的效果，如下图所示。

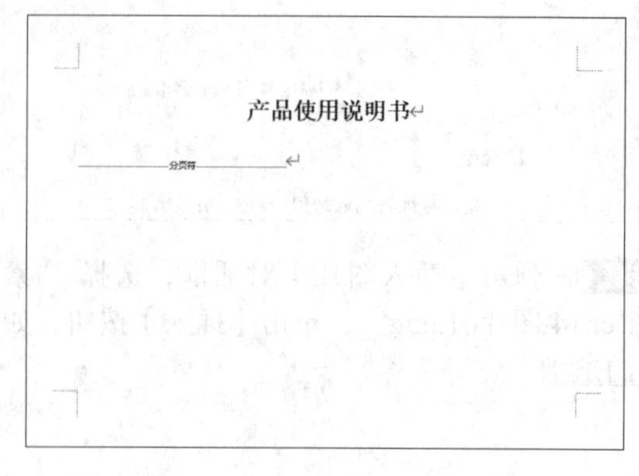

步骤03 调整“产品使用说明书”文本的段前间距，使其位于页面的中间，如下图所示。

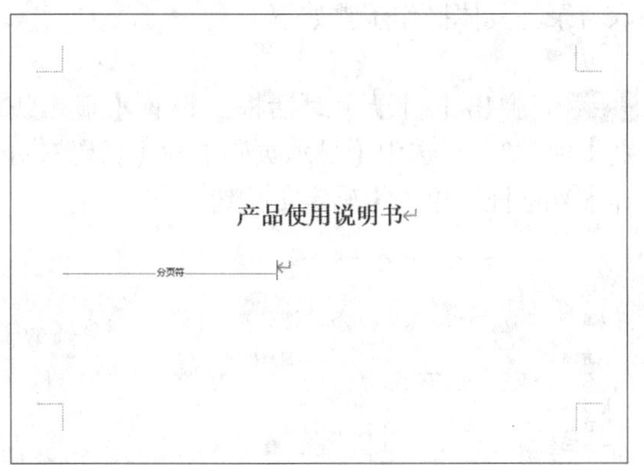

步骤04 使用同样的方法，在其他需要用单独一页显示的内容后插入分页符，如下图所示。

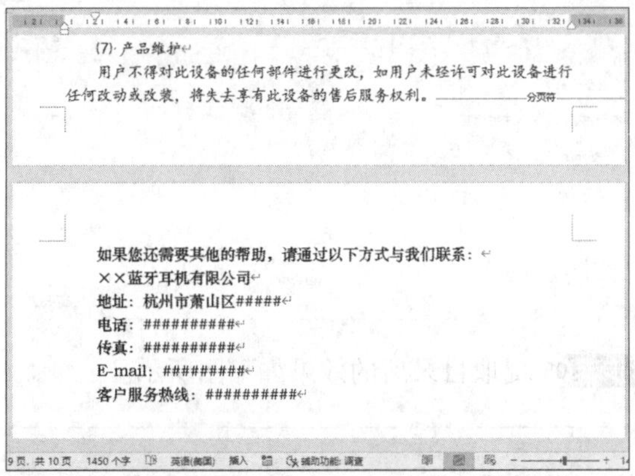

步骤05 将光标定位在第2页中，单击【插入】选项卡的【页眉和页脚】组中的【页眉】按钮，在弹出的下拉列表中选择【空白】选项，如下图所示。

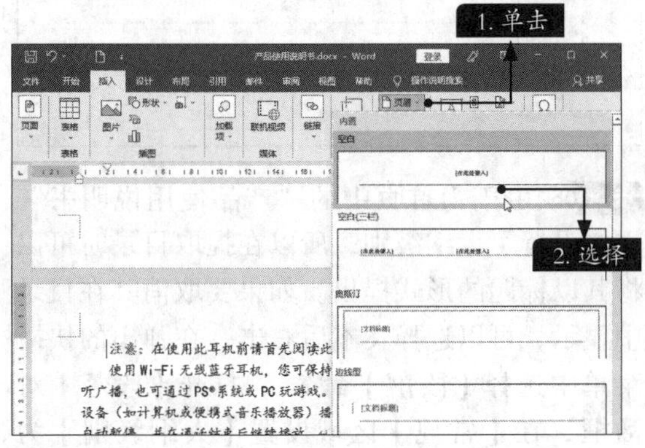

步骤06 在页眉的【文档标题】文本域中输入“产品使用说明书”，如下图所示。

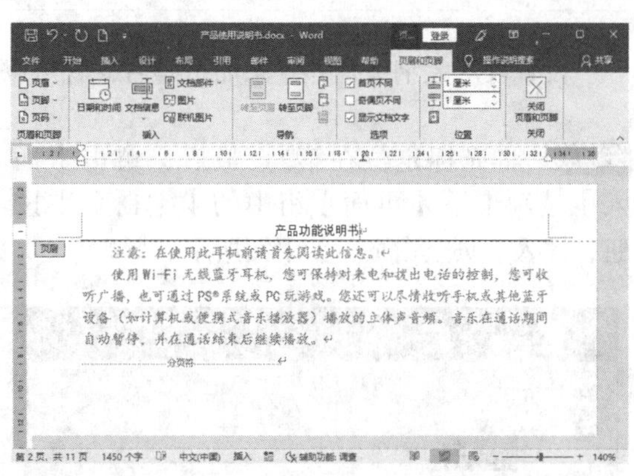

步骤07 单击【页眉和页脚工具-页眉和页脚】选项卡下【页眉和页脚】组中的【页码】按钮，在弹出的下拉列表中选择【页面底端】→【普通数字 2】选项，如下图所示。

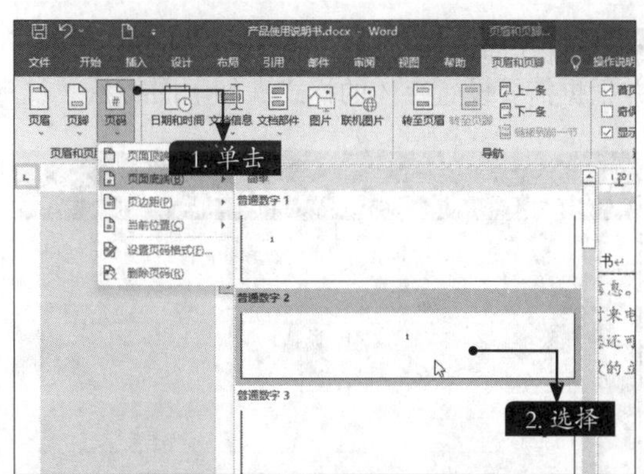

步骤08 可看到添加页码后的效果，单击【关闭页眉和页脚】按钮，返回文档编辑模式，如下图所示。

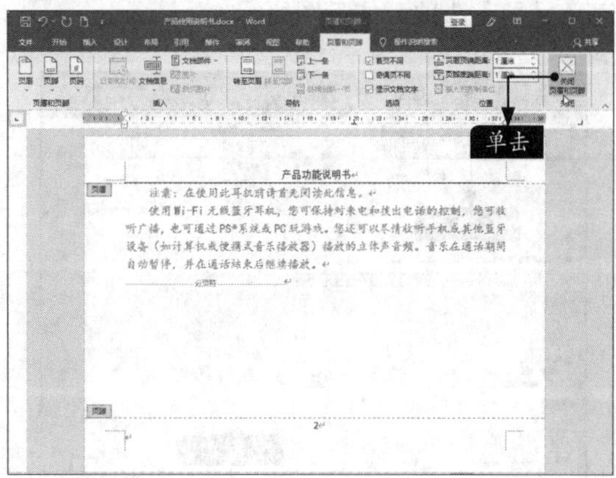

14.1.5 提取目录

设置段落大纲级别并且添加页码后，就可以提取目录，具体操作步骤如下。

步骤 01 将光标定位在第2页最后，单击【插入】选项卡下【页面】组中的【空白页】按钮，插入一页空白页，如下图所示。

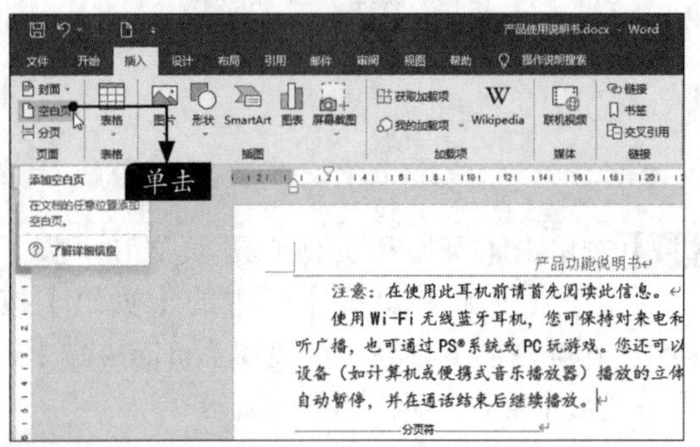

步骤 02 在插入的空白页中输入“目录”文本，并根据需要设置字体的样式，如下图所示。

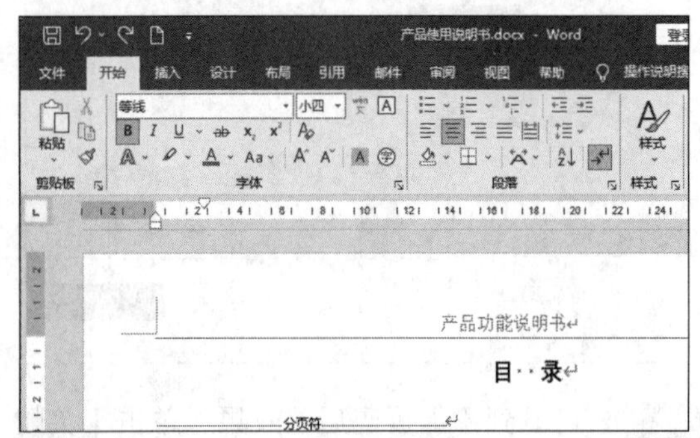

步骤 03 单击【引用】选项卡下【目录】组中的【目录】按钮，在弹出的下拉列表中选择【自定义目录】选项，如下图所示。

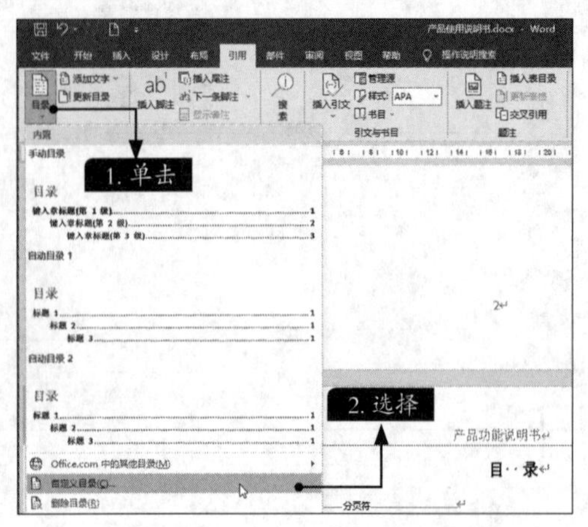

步骤 04 弹出【目录】对话框，设置【显示级别】为“2”，选中【显示页码】和【页码右对齐】复选框。单击【确定】按钮。

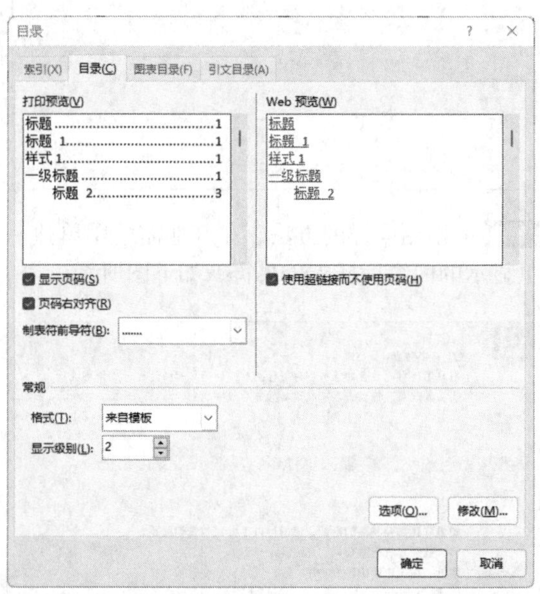

步骤 05 提取目录后的效果如下图所示。

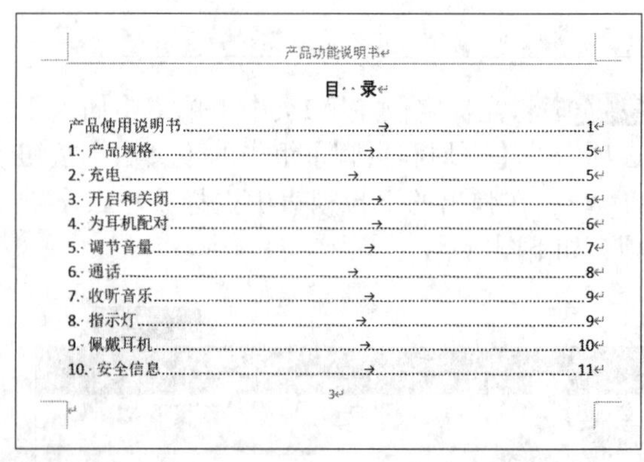

步骤 06 由于为首页中的“产品使用说明书”文本设置了大纲级别，所以在提取目录时可以将其以标题的形式提出。如果要取消其在目录中显示，可以选择文本后右击，在弹出的快捷菜单中选择【段落】命令，打开【段落】对话框，在【常规】区域设置【大纲级别】为“正文文本”，单击【确定】按钮，如下页图所示。

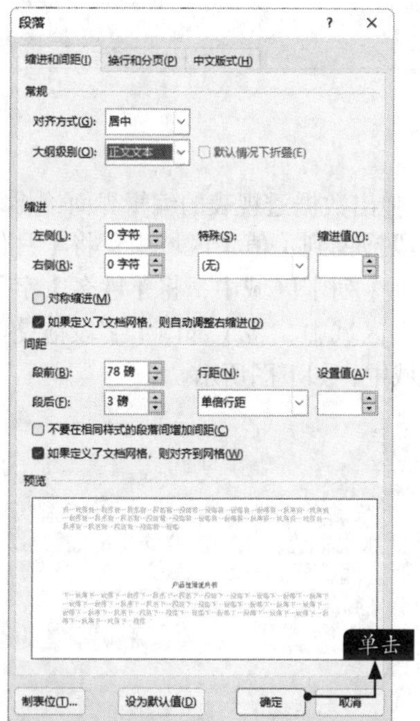

步骤 07 选择目录，并右击，在弹出的快捷菜单中选择【更新域】命令，如下图所示。

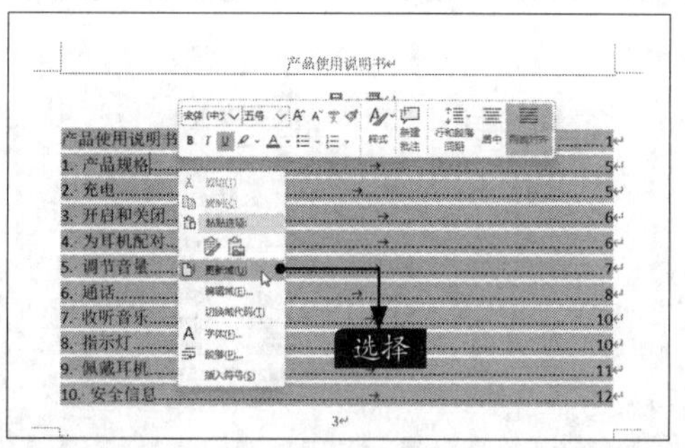

步骤 08 弹出【更新目录】对话框，选中【更新整个目录】单选按钮，单击【确定】按钮，如右上图所示。

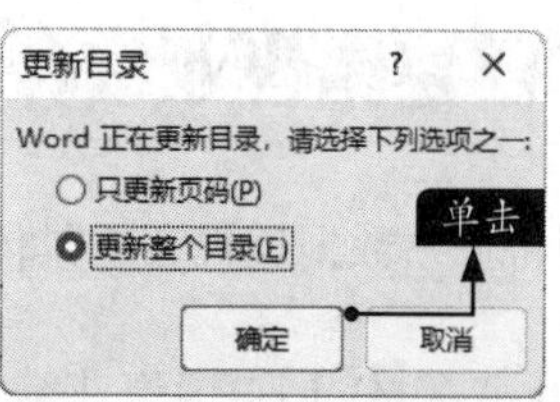

步骤 09 可看到更新目录后的效果，并可根据需要调整字体的格式，如下图所示。

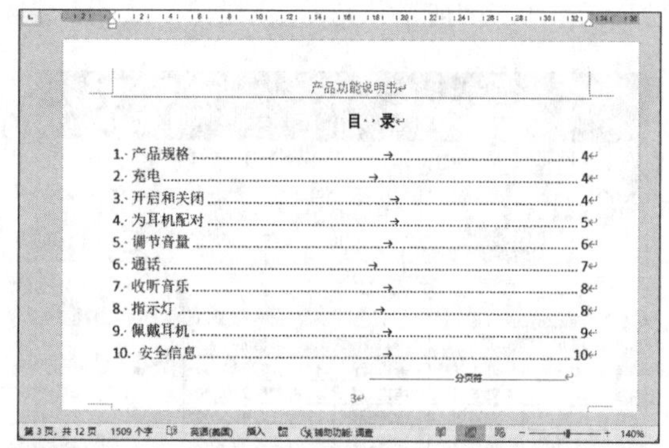

步骤 10 根据需要适当调整文档并保存，最后效果如下图所示。

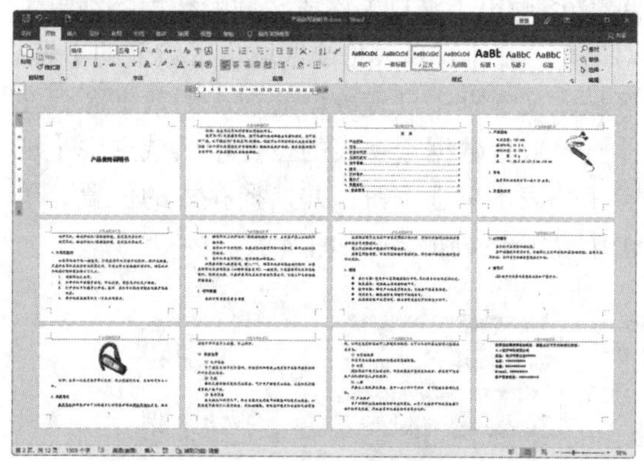

至此，就完成了产品使用说明书的编排操作。

14.2 使用数据透视表分析员工销售业绩

在统计员工的销售业绩时，单纯地通过数据很难看出差距。而使用数据透视表，能够更方便地筛选与比较数据。

如果想要使数据表更加美观，还可以设置数据透视表的格式。

14.2.1 创建销售业绩数据透视表

创建销售业绩数据透视表的具体操作步骤如下。

步骤01 打开“素材\ch14\销售业绩表.xlsx”文件，选择数据区域的任意单元格，单击【插入】选项卡下【表格】组中的【数据透视表】按钮，如下图所示。

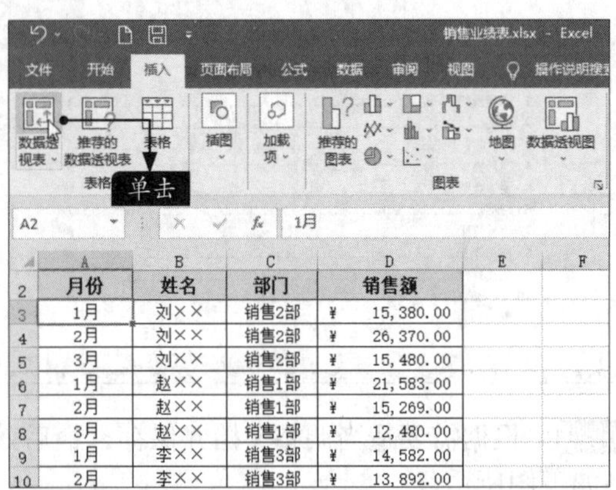

步骤02 弹出【来自表格或区域的数据透视表】对话框，在【选择表格或区域】区域下的【表/区域】文本框中设置数据透视表的数据源，在【选择放置数据透视表的位置】区域选中【现有工作表】单选按钮，并选择存放的位置，单击【确定】按钮，如下图所示。

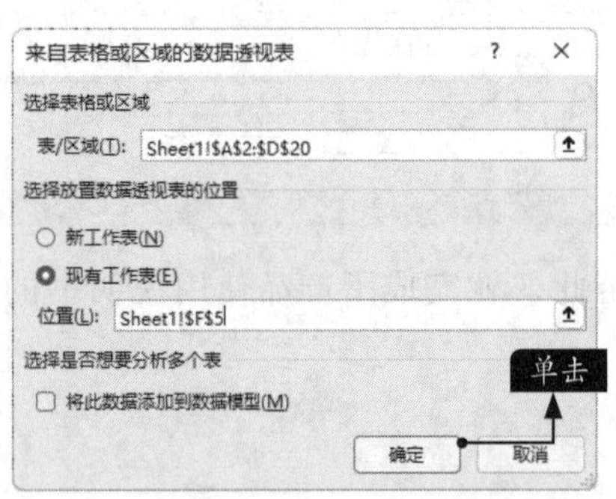

步骤03 弹出数据透视表的编辑界面，将【销售额】字段拖曳到【值】区域中，将【月份】字段拖曳到【列】区域中，将【姓名】字段拖曳至【行】区域中，将【部门】字段拖曳至【筛选】区域中，如下图所示。

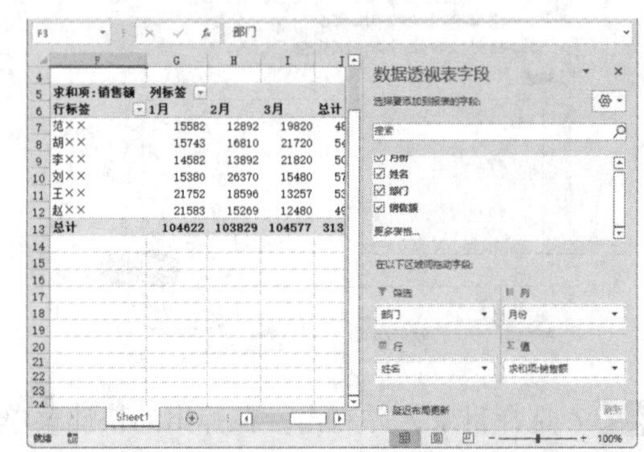

步骤04 创建的销售业绩数据透视表如下图所示。

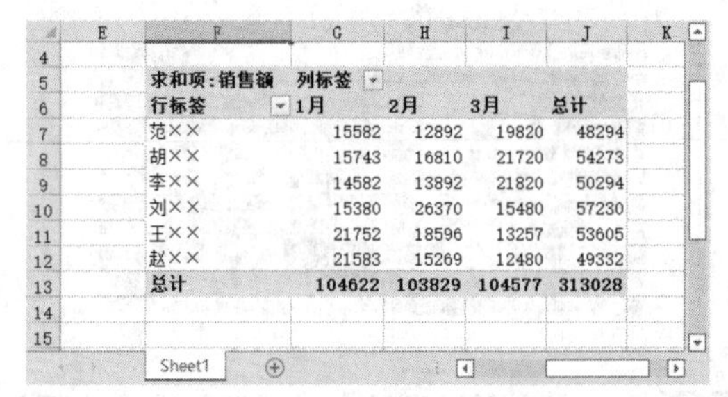

求和项:销售额	列标签			
行标签	1月	2月	3月	总计
范××	15582	12892	19820	48294
胡××	15743	16810	21720	54273
李××	14582	13892	21820	50294
刘××	15380	26370	15480	57230
王××	21752	18596	13257	53605
赵××	21583	15269	12480	49332
总计	104622	103829	104577	313028

14.2.2 美化销售业绩数据透视表

美化销售业绩数据透视表的具体操作步骤如下。

步骤01 选择创建的数据透视表，单击【数据透视表工具-设计】选项卡下【数据透视表样式】组中的【其他】按钮，在弹出的下拉列表中选择一种样式，如下页图所示。

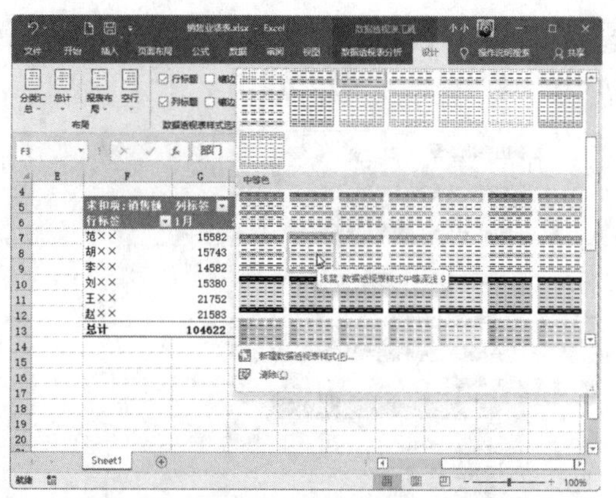

步骤02 美化数据透视表的效果如下图所示。

部门	(全部)			
求和项:销售额	列标签			
行标签	1月	2月	3月	总计
范××	15582	12892	19820	48294
胡××	15743	16810	21720	54273
李××	14582	13892	21820	50294
刘××	15380	26370	15480	57230
王××	21752	18596	13257	53605
赵××	21583	15269	12480	49332
总计	104622	103829	104577	313028

14.2.3 设置数据透视表中的数据

设置数据透视表中的数据主要包括使用数据透视表筛选、在数据透视表中排序、更改汇总方式等，具体操作步骤如下。

1. 使用数据透视表筛选

步骤01 在创建的数据透视表中单击【部门】后的下拉按钮，在弹出的下拉列表中选中【选择多项】复选框，并选中【销售1部】复选框，单击【确定】按钮，如下图所示。

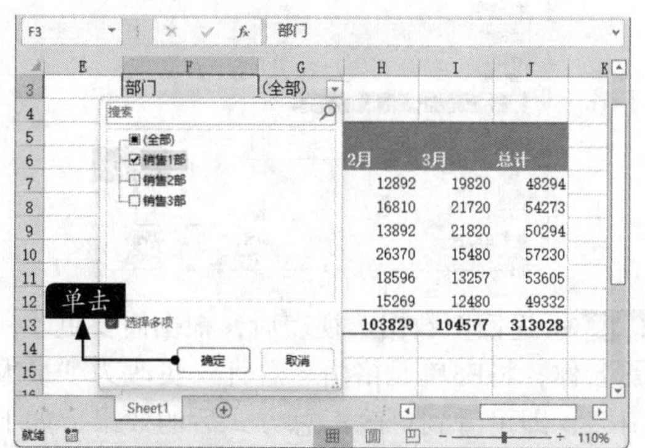

步骤02 数据透视表将筛选出部门在销售1部的员工的销售结果，如下图所示。

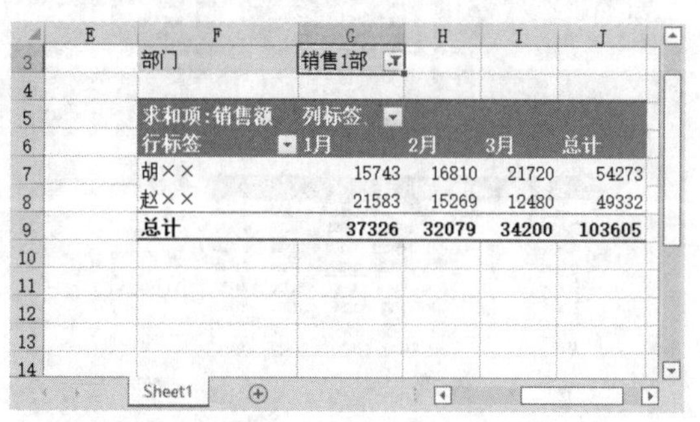

部门	销售1部			
求和项:销售额	列标签			
行标签	1月	2月	3月	总计
胡××	15743	16810	21720	54273
赵××	21583	15269	12480	49332
总计	37326	32079	34200	103605

步骤03 单击【列标签】后的下拉按钮，在弹出的下拉列表中取消选中【2月】复选框，单击【确定】按钮，如下图所示。

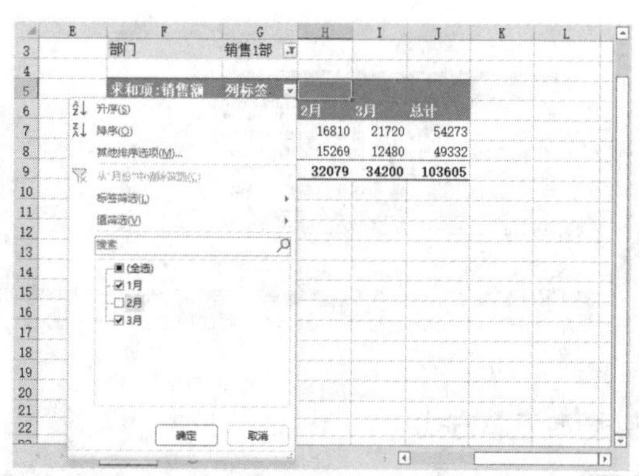

步骤04 数据透视表将筛选出部门在销售1部的员工在1月及3月的销售结果，如下图所示。

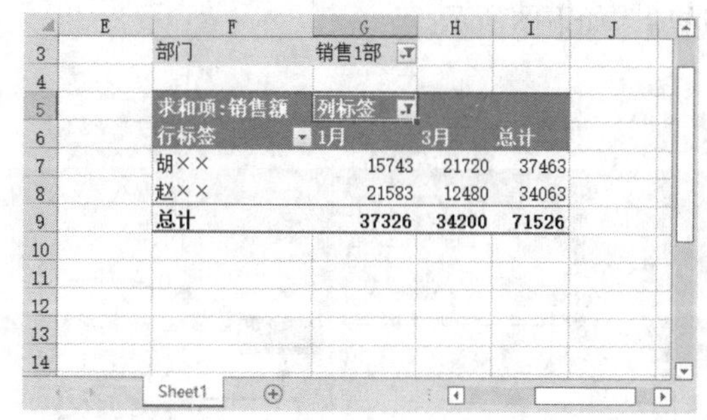

部门	销售1部		
求和项:销售额	列标签		
行标签	1月	3月	总计
胡××	15743	21720	37463
赵××	21583	12480	34063
总计	37326	34200	71526

2. 在数据透视表中排序

步骤 01 在透视表中显示全部数据，选择H列中的任意单元格，如下图所示。

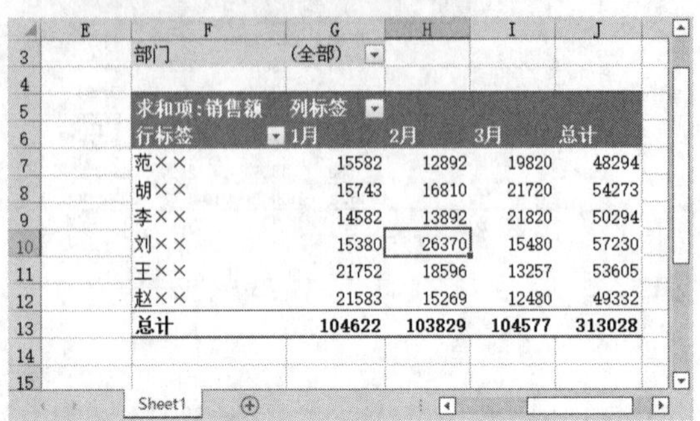

步骤 02 单击【数据】选项卡下【排序和筛选】组中的【升序】按钮或【降序】按钮，即可根据该列数据进行排序。根据H列数据进行升序排序后的效果，如下图所示。

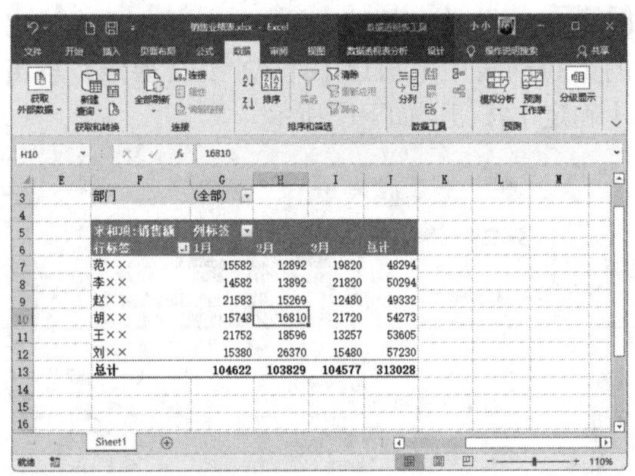

3. 更改汇总方式

步骤 01 单击【数据透视表字段】窗格中【值】区域中的【求和项：销售额】右侧的下拉按钮，在弹出的下拉列表中选择【值字段设置】选项，如下图所示。

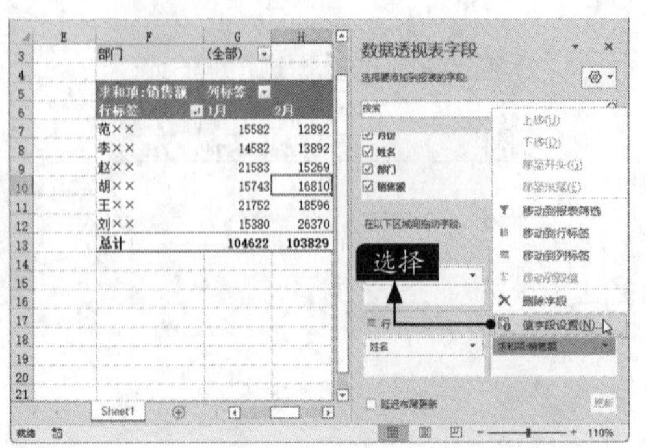

步骤 02 弹出【值字段设置】对话框，如下图所示。

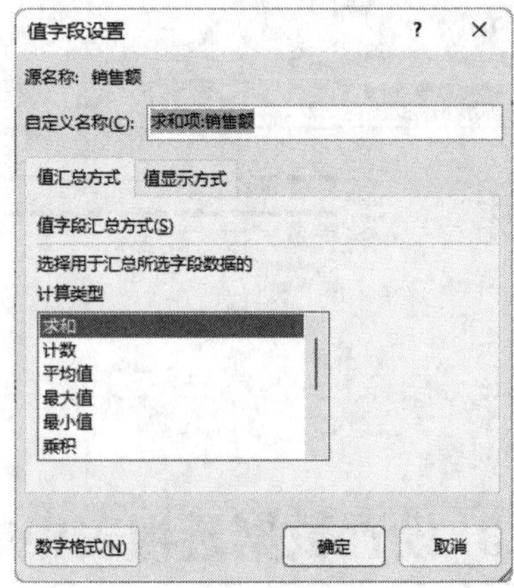

步骤 03 在【计算类型】列表框中选择汇总方式，这里选择【最大值】选项，单击【确定】按钮，如下图所示。

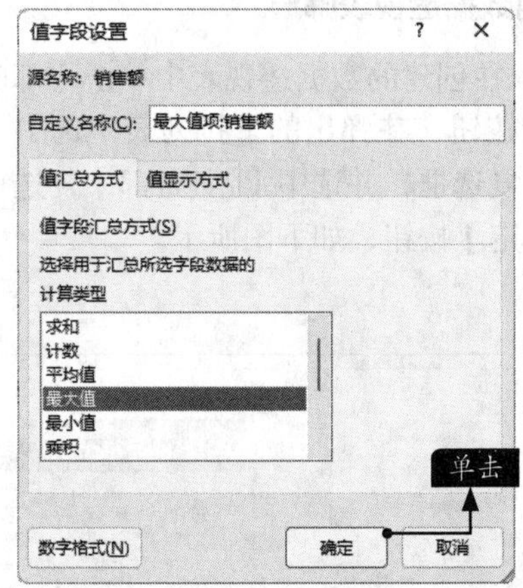

步骤 04 返回至数据透视表后，根据需要更改标题名称，将F5单元格由“总计”更改为“最大值”，即可看到更改汇总方式后的效果，如下图所示。

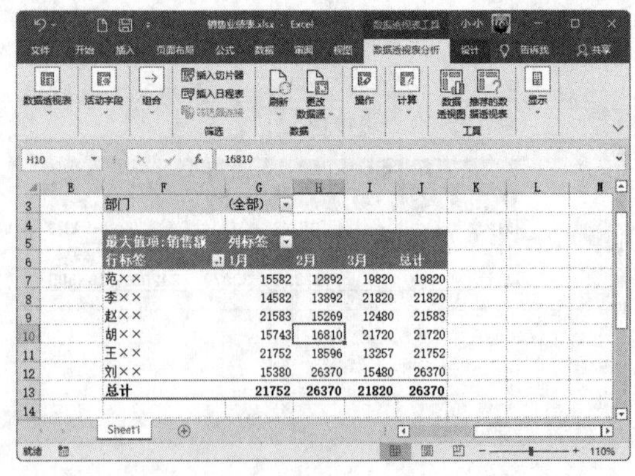

14.3 设计产品销售计划演示文稿

产品销售计划是指不同的主体对某产品的销售推广做出的规划。

从不同的层面可以将其分为不同的类型：从时间长短来分，可以分为周销售计划、月度销售计划、季度销售计划、年度销售计划等；从范围大小来分，可以分为企业总体销售计划、分公司销售计划、个人销售计划等。

14.3.1 设计幻灯片母版

制作产品销售计划演示文稿前首先需要设计幻灯片母版，具体操作步骤如下。

1. 设计幻灯片母版

步骤 01 启动PowerPoint，新建演示文稿，并将其保存为“产品销售计划演示文稿.pptx”。单击【视图】选项卡【母版视图】组中的【幻灯片母版】按钮，如下图所示。

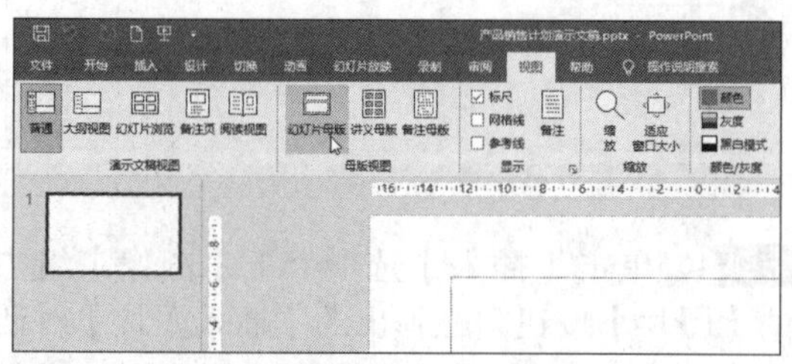

步骤 02 切换到幻灯片母版视图，并在左侧列表中选择第1张幻灯片，单击【插入】选项卡下【图像】组中的【图片】按钮，在弹出的下拉列表中选择【此设备】选项，如下图所示。

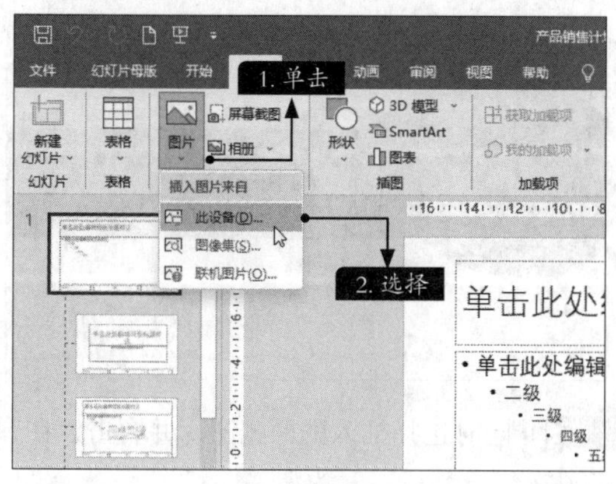

步骤 03 在弹出的【插入图片】对话框中选择“素材\ch14\图片03.png”，单击【插入】按钮，将选择的图片插入幻灯片中。选择插入的图片，并根据需要调整图片的大小及位置，如下图所示。

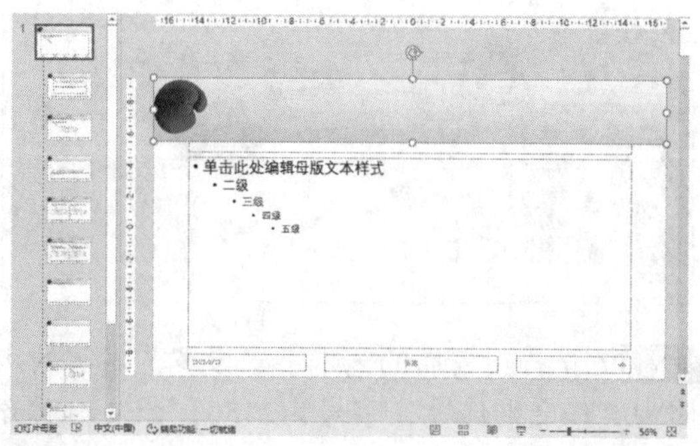

步骤 04 在插入的图片上右击，在弹出的快捷菜单中选择【置于底层】→【置于底层】命令，将图片在底层显示，如下图所示。

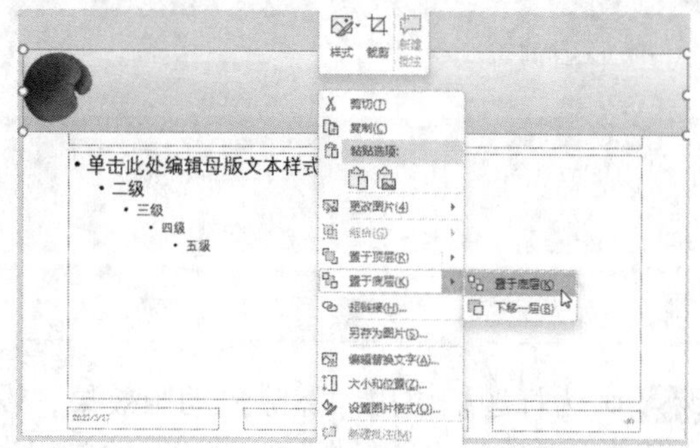

步骤05 单击【幻灯片母版】选项卡下【背景】组中的【颜色】按钮，在弹出的下拉列表中，选择【视点】选项，如下图所示。

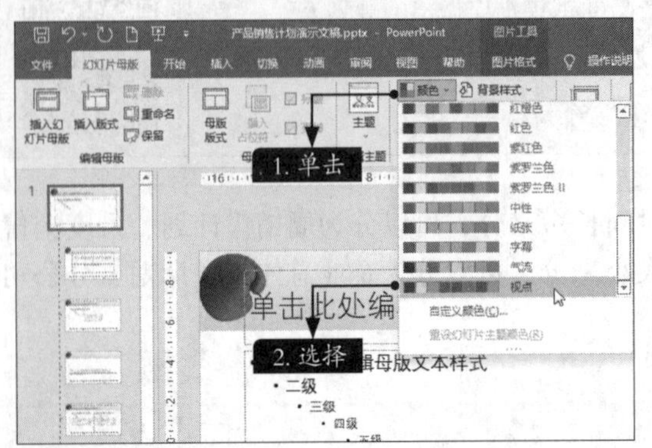

步骤06 选择标题框内文本，单击【绘图工具-形状格式】选项卡下【艺术字样式】组中的【快速样式】按钮，在弹出的下拉列表中选择一种艺术字样式，如下图所示。

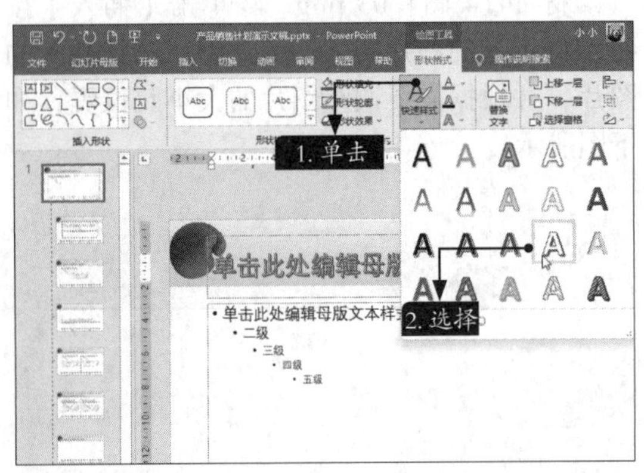

步骤07 选择设置后的艺术字。设置艺术字的字体为“华文楷体”，字号为“50”，文本对齐方式为“左对齐”。此外，还可以根据需要调整文本框的位置，如下图所示。

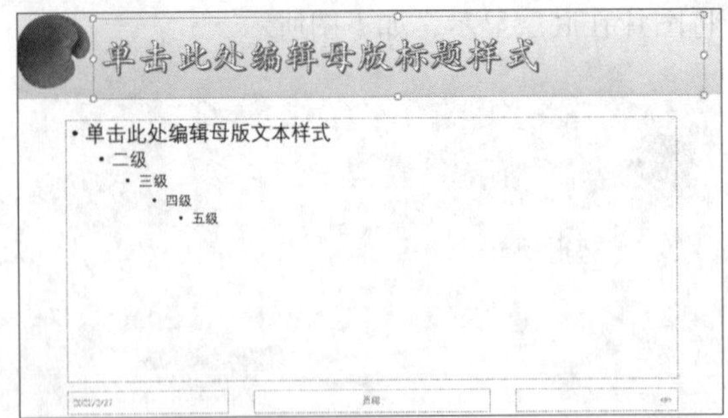

步骤08 为标题框应用“擦除”动画效果，设置其效果选项为“自左侧”，设置开始模式为“上一动画之后”，如下图所示。

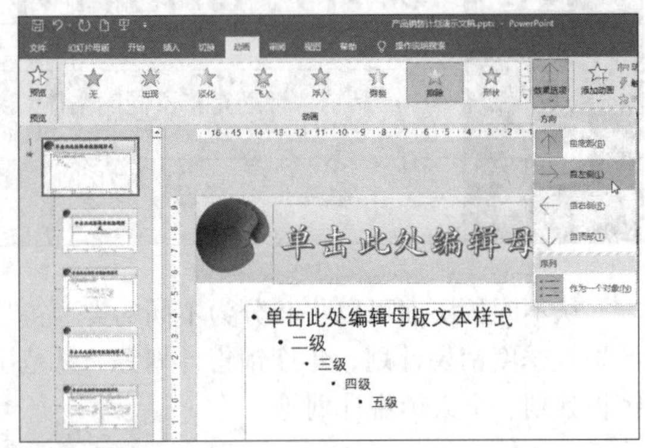

步骤09 在幻灯片母版视图中，在左侧列表中选择第2张幻灯片，选中【幻灯片母版】选项卡下【背景】组中的【隐藏背景图形】复选框，并删除文本框，如下图所示。

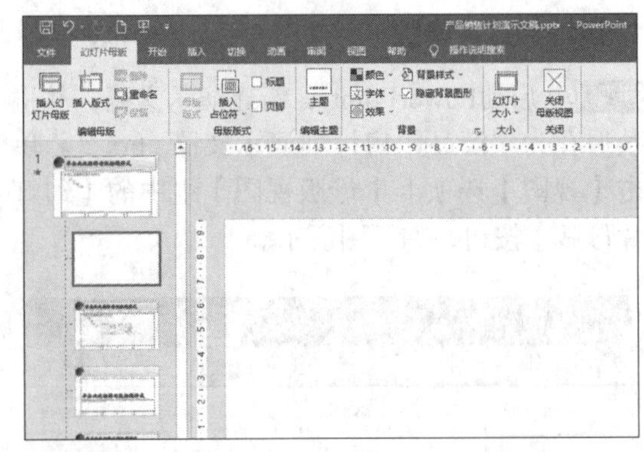

步骤10 单击【插入】选项卡下【图像】组中的【图片】按钮，在弹出的【插入图片】对话框中选择“素材\ch14\图片04.png”和“素材\ch14\图片05.png”，单击【插入】按钮，将图片插入幻灯片中，将“图片04.png”图片放置在“图片05.png”图片上方，并调整图片位置，如下图所示。

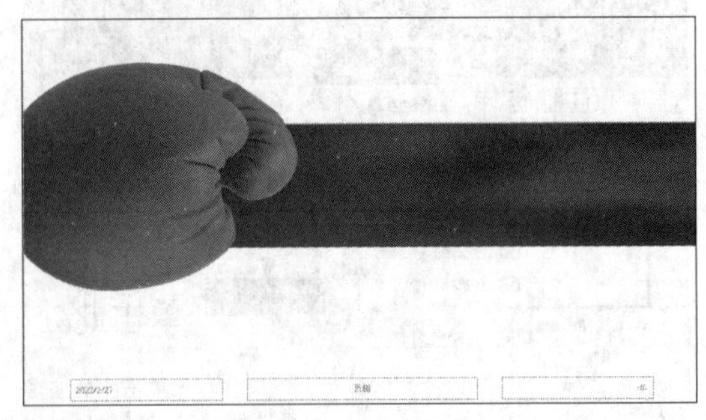

步骤11 同时选择插入的两张图片并右击，在弹

出的快捷菜单中选择【组合】→【组合】命令组合图片，然后将其置于底层，如下图所示。

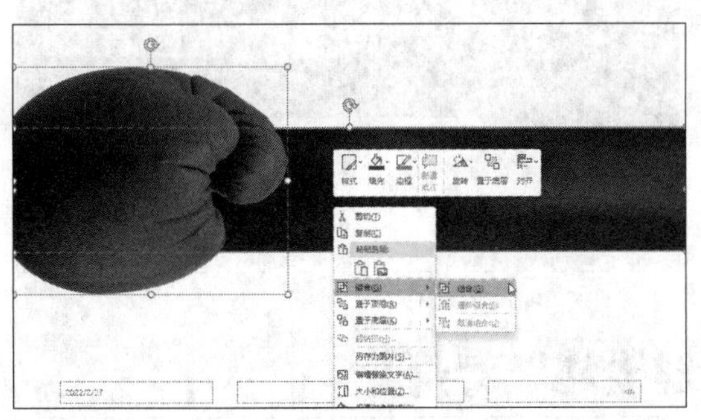

2. 新增母版样式

步骤 01 在幻灯片母版视图中，在左侧列表中选择最后一张幻灯片，单击【幻灯片母版】选项卡下【编辑母版】组中的【插入幻灯片母版】按钮，添加新的幻灯片母版，在新建母版中选择第1张幻灯片，并删除其中的文本框，插入"素材\ch14\图片04.png"和"素材\ch14\图片05.png"，并将"图片04.png"图片放置在"图片05.jpg"图片上方，如右上图所示。

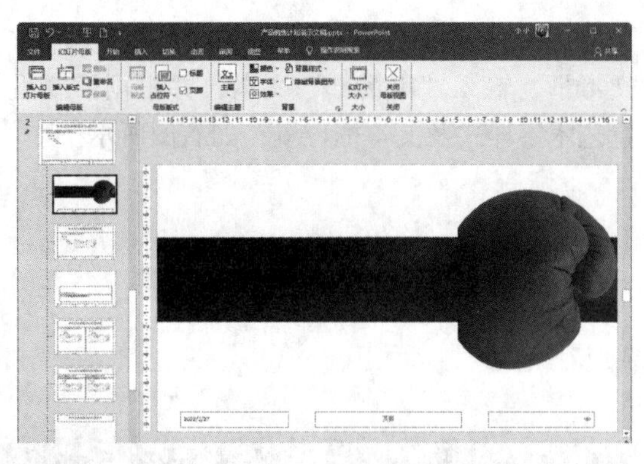

步骤 02 选择"图片04.png"图片，单击【图片格式】选项卡下【排列】组中的【旋转】按钮，在弹出的下拉列表中选择【水平翻转】选项，调整图片的位置，组合图片并将其置于底层，如下图所示。

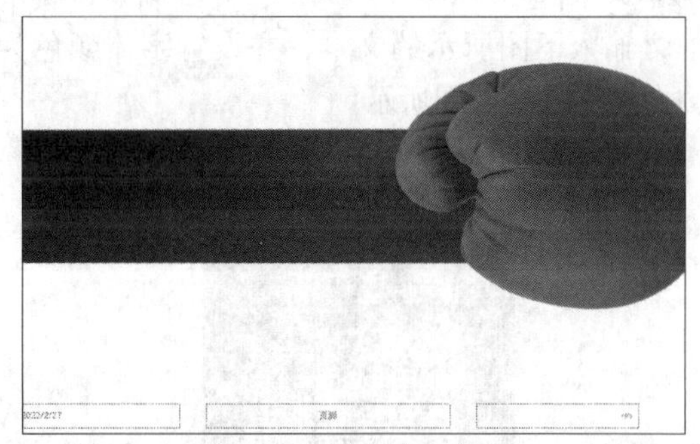

14.3.2 设计销售计划首页幻灯片

设计销售计划首页幻灯片的具体操作步骤如下。

步骤 01 单击【幻灯片母版】选项卡中的【关闭母版视图】按钮，返回普通视图，删除幻灯片中的文本框，单击【插入】选项卡下【文本】组中的【艺术字】按钮，在弹出的下拉列表中选择一种艺术字样式，如下图所示。

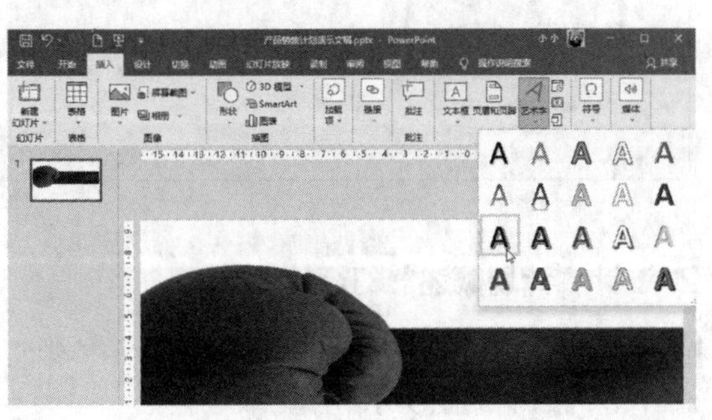

步骤 02 输入"黄金周销售计划"文本，设置其字体为"宋体"，字号为"72"，颜色为"橙色"。并根据需要调整艺术字文本框的位置，如下图所示。

步骤03 重复上面的操作步骤，添加新的艺术字文本框，输入“市场部”文本，并根据需要设置艺术字样式及文本框位置，如右图所示。

14.3.3 设计“计划背景”和“计划概述”幻灯片

设计计划背景和计划概述部分幻灯片的具体操作步骤如下。

1. 设计“计划背景”幻灯片

步骤01 新建“标题”幻灯片，并绘制竖排文本框，输入下图所示的文本，并设置字体颜色为“白色”，如下图所示。

步骤02 选择“1.计划背景”文本，设置其字体为“方正楷体简体”，字号为“32”，字体颜色为“白色”。选择其他文本，设置字体为“方正楷体简体”，字号为“28”，字体颜色为“黄色”。同时，设置所有文本的行距为“双倍行距”，如下图所示。

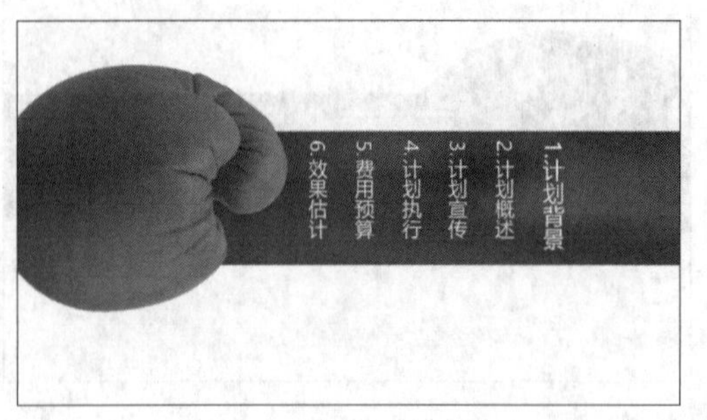

步骤03 新建“仅标题”幻灯片，并输入标题“计划背景”，如下图所示。

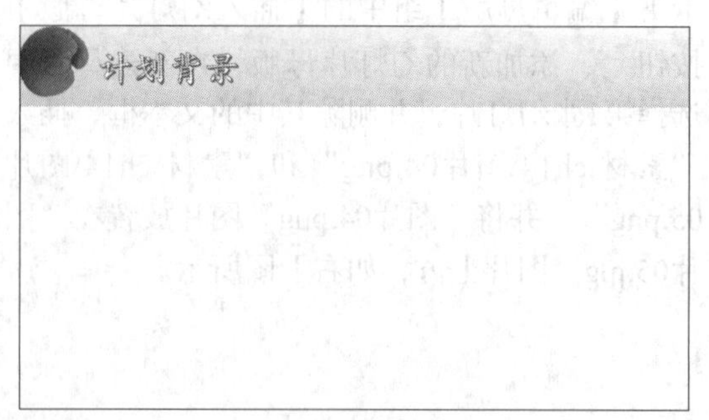

步骤04 打开“素材\ch14\计划背景.txt”文件，将其内容粘贴至文本框中，并设置字体。在需要插入图标的位置单击【插入】选项卡下【插图】组中的【图标】按钮，在弹出的对话框中选择要插入的图标，如下图所示。

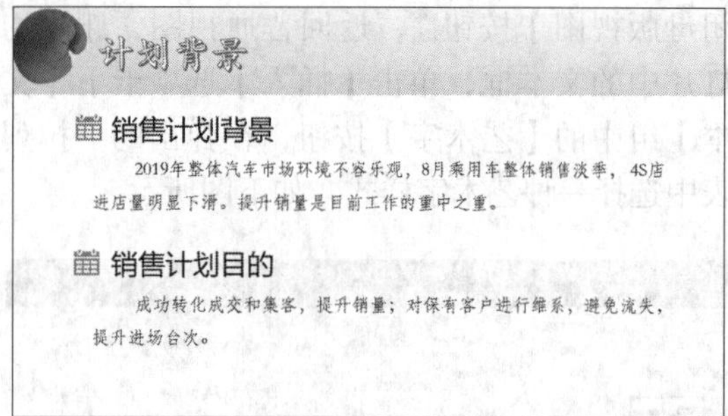

2. 设计“计划概述”幻灯片

步骤01 复制第2张幻灯片并将其粘贴至第3张幻灯片下，如下页图所示。

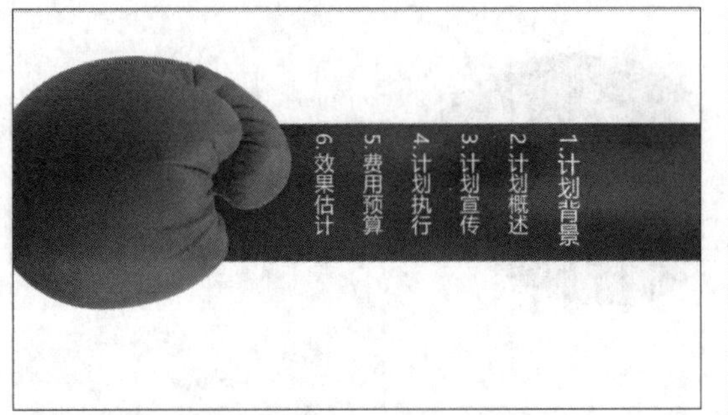

步骤02 更改“1. 计划背景”文本的字号为“24”，字体颜色为“浅绿”。更改“2. 计划概述”文本的字号为“30”，字体颜色为“白色”。其他文本样式不变，如下图所示。

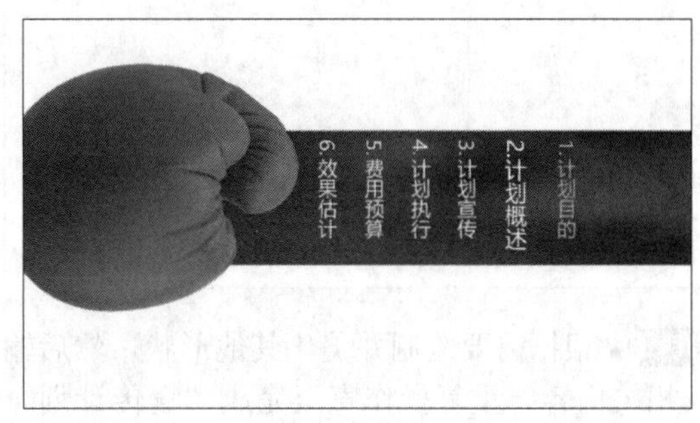

步骤03 新建“仅标题”幻灯片，输入标题“计划概述”，打开 “素材\ch14\计划概述.txt”文件，将其内容粘贴至文本框中，并根据需要设置字体样式，如下图所示。

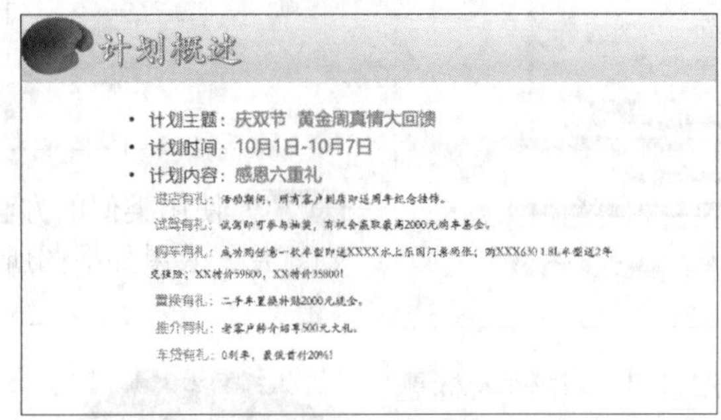

14.3.4 设计“计划宣传”及其他部分幻灯片

设计“计划宣传”及其他部分幻灯片的具体操作步骤如下。

步骤01 重复14.3.3节设计“计划概述”幻灯片中步骤01~步骤02的操作，复制幻灯片并设置字体样式，如下图所示。

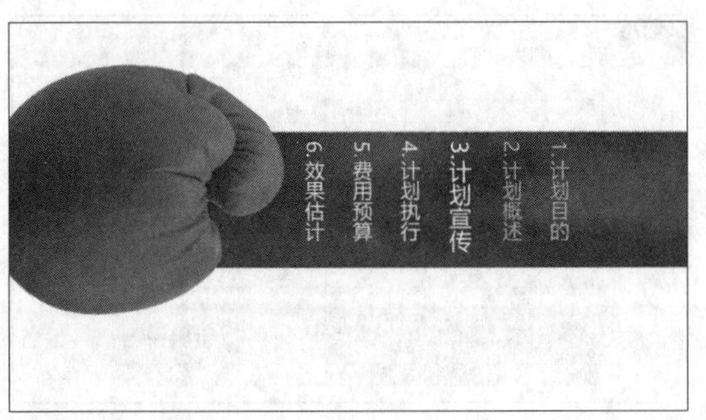

步骤02 新建“仅标题”幻灯片，并输入标题“计划宣传”，单击【插入】选项卡下【插图】组中的【形状】按钮，在弹出的下拉列表中选择【线条】区域下的【箭头】按钮，绘制箭头形状。在【绘图工具-形状格式】选项卡下单击【形状样式】组中的【形状轮廓】按钮，选择【虚线】→【圆点】选项，如下图所示。

步骤03 使用同样的方法绘制其他线条，并绘制文本框用于标记时间和其他内容，如下页图所示。

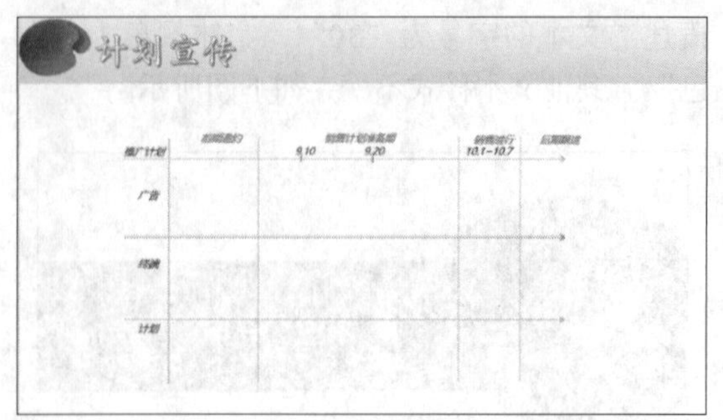

步骤04 根据需要绘制并美化其他形状，然后输入相关内容。重复操作直至完成“宣传计划”幻灯片的制作。效果如下图所示。

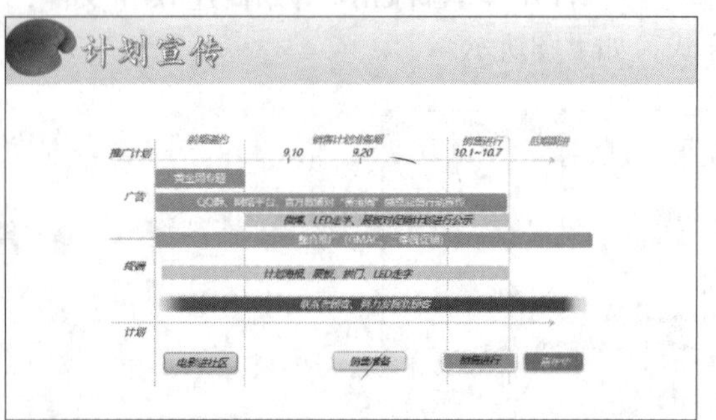

步骤05 新建“仅标题”幻灯片，并输入标题“计划宣传”，单击【插入】选项卡下【插图】组中的【SmartArt】按钮，在打开的【选择SmartArt图形】对话框中选择【循环】→【射线循环】选项，单击【确定】按钮，完成图形插入。根据需要输入相关内容及说明文本，如下图所示。

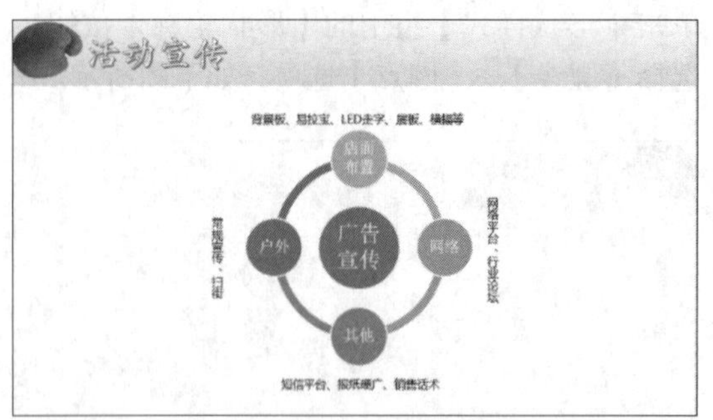

步骤06 使用类似的方法制作“计划执行”幻灯片等，如右上图所示。

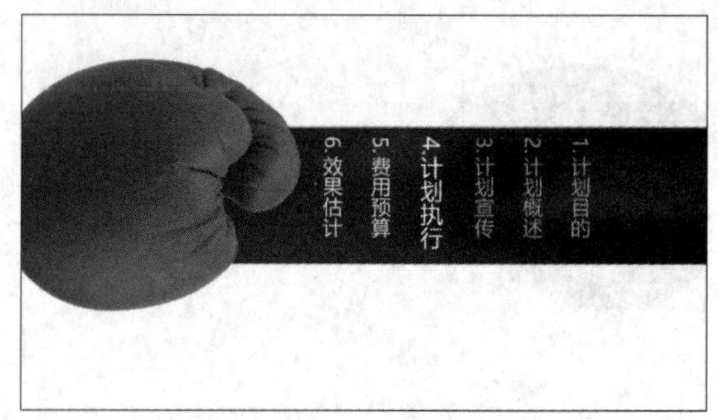

步骤07 使用类似的方法制作“费用预算”目录幻灯片，效果如下图所示。

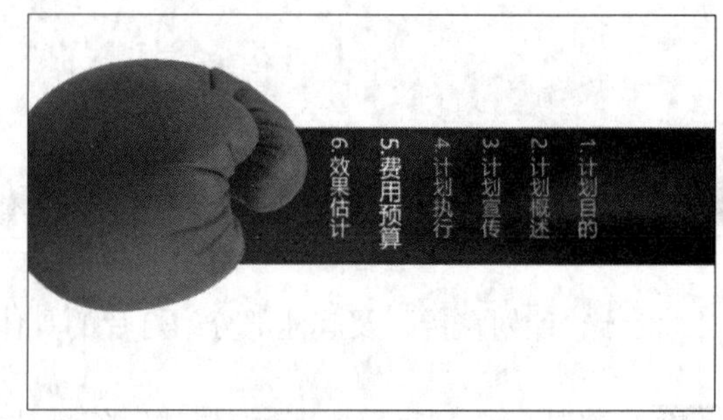

步骤08 制作“费用预算”幻灯片后的效果如下图所示。

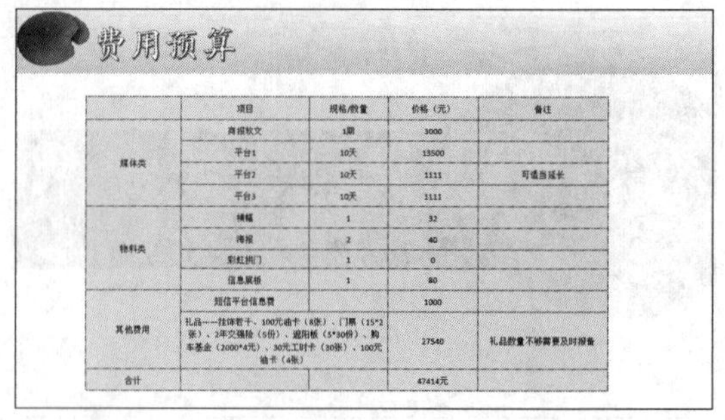

	项目	规格/数量	价格（元）	备注
媒体类	商报软文	1期	3000	
	平台1	10天	13500	
	平台2	10天	1111	可适当延长
	平台3	10天	1111	
物料类	横幅	1	32	
	海报	2	40	
	彩虹拱门	1	0	
	信息展板	1	80	
其他费用	短信平台信息费		1000	
	礼品——挂饰若干、100元油卡（8张）、门票（15*2张）、2年交强险（5份）、遮阳板（5*30份）、购车基金（2000*4元）、30元工时卡（30张）、100元油卡（4张）		27540	礼品数量不够需要及时报备
合计			47414元	

14.3.5 设计“效果评估”及结束页幻灯片

设计“效果评估”及结束幻灯片的具体操作步骤如下。

步骤01 重复上面的操作，制作“效果估计”目录幻灯片，如下图所示。

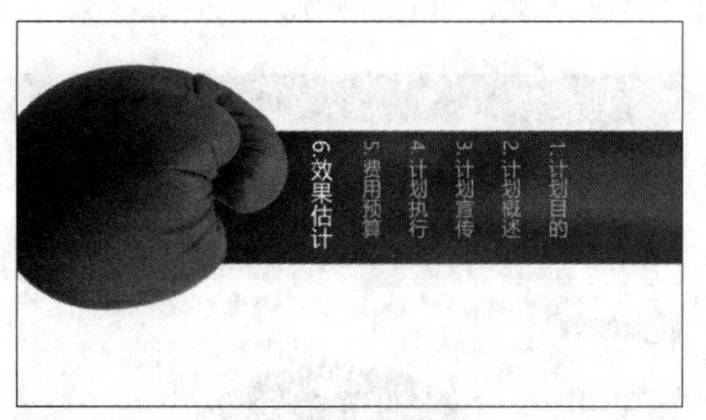

步骤02 新建“仅标题”幻灯片，并输入标题“效果估计”文本。单击【插入】选项卡下【插图】组中的【图表】按钮，在打开的【插入图表】对话框中选择【柱形图】→【簇状柱形图】选项，单击【确定】按钮，在打开的Excel窗口中输入下图所示的数据。

Microsoft PowerPoint 中的图表

	A	B	C
1		销量	
2	车型1	24	
3	车型2	20	
4	车型3	31	
5	车型4	27	

步骤03 关闭Excel窗口，即可看到插入的图表，对图表进行适当美化，如下图所示。

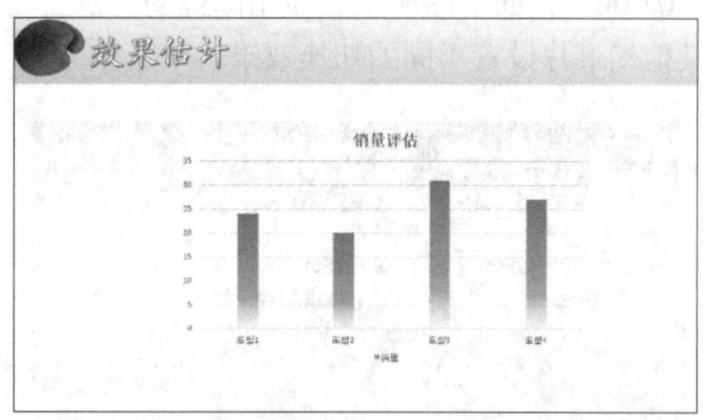

步骤04 单击【开始】选项卡下【幻灯片】组中的【新建幻灯片】下拉按钮，在弹出的下拉列表中选择【Office主题】区域下的【标题幻灯片】选项，绘制文本框，输入“努力完成销售计划！”文本，并根据需要设置字体样式，如下图所示。

14.3.6 添加切换效果和动画效果

添加切换效果和动画效果的具体操作步骤如下。

步骤01 选择要设置切换效果的幻灯片，这里选择第1张幻灯片。单击【切换】选项卡下【切换到此幻灯片】组中的【其他】按钮，在弹出的下拉列表中选择【华丽】区域中的【帘式】选项，即可自动预览该效果，如下图所示。

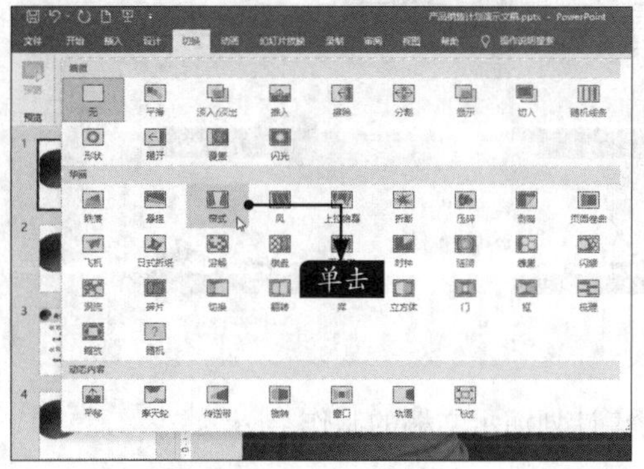

步骤02 在【切换】选项卡下【计时】组中【持续时间】微调框中设置【持续时间】为“03.00”，如下图所示。使用同样的方法，为其他幻灯片设置不同的切换效果。

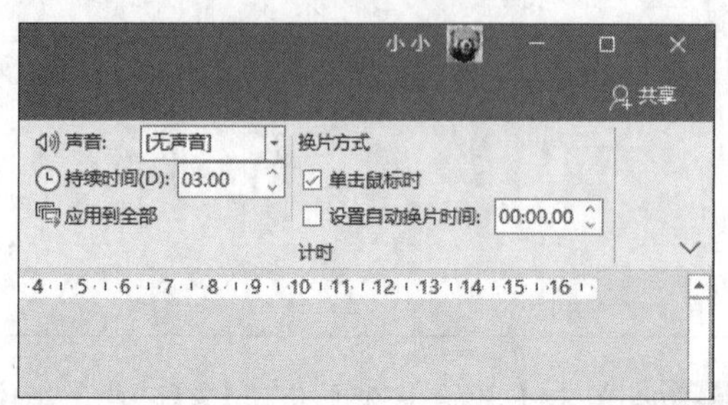

步骤03 选择第1张幻灯片中要创建进入动画效果的文字。单击【动画】选项卡【动画】组中的【其他】按钮，在下拉列表的【进入】区域中选择【浮入】选项，即可创建进入动画效果，如下图所示。

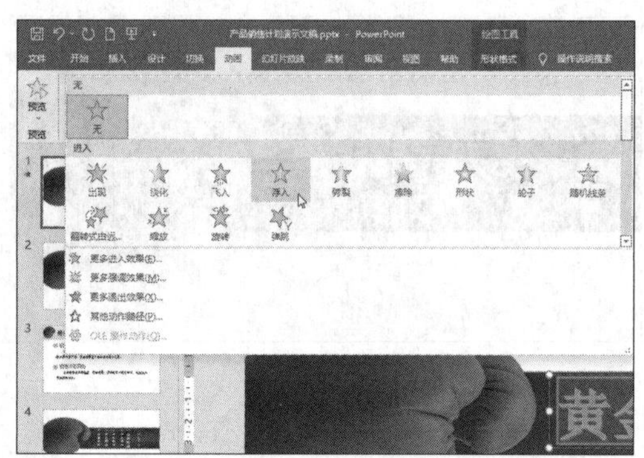

步骤04 添加动画效果后，单击【动画】组中的【效果选项】按钮，在弹出的下拉列表中选择【下浮】选项，如下图所示。

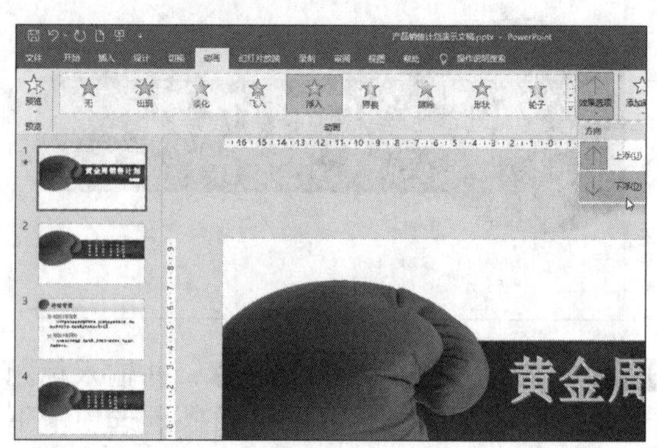

步骤05 在【动画】选项卡的【计时】组中设置【开始】为“上一动画之后”，设置【持续时间】为“01.50”，如下图所示。

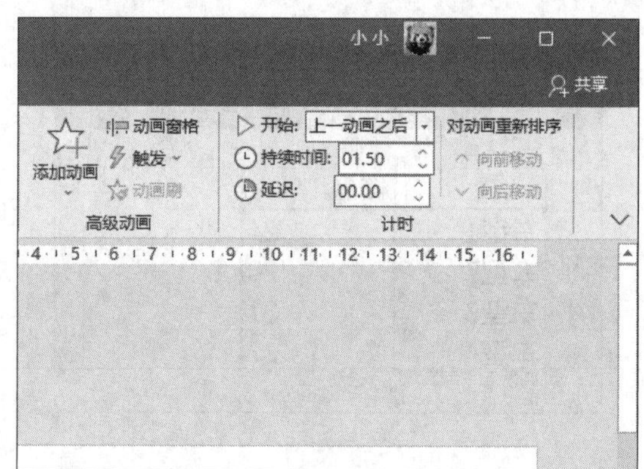

步骤06 使用同样的方法为其他幻灯片中的内容设置不同的动画效果。最终制作完成的销售计划推广演示文稿，如下图所示。

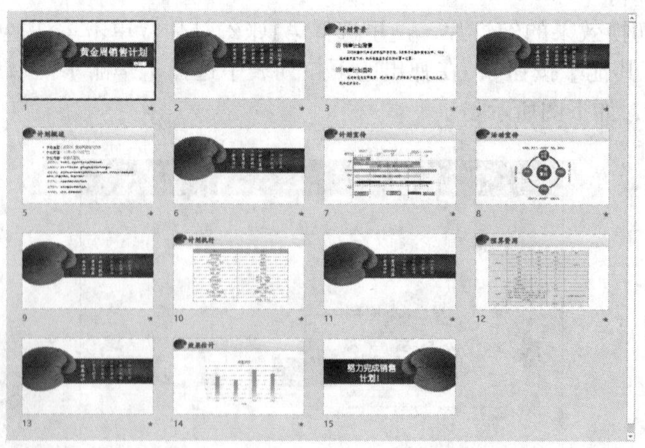

至此，就完成了产品销售计划演示文稿的制作。

第 15 章

Office 2021文档的共享与保护

学习目标

本章主要讲解Office 2021文档的共享、保护等内容，使用户能更进一步了解Office 2021的应用方法，掌握共享Office 2021文档的技巧，并掌握保护文档的方法。

学习效果

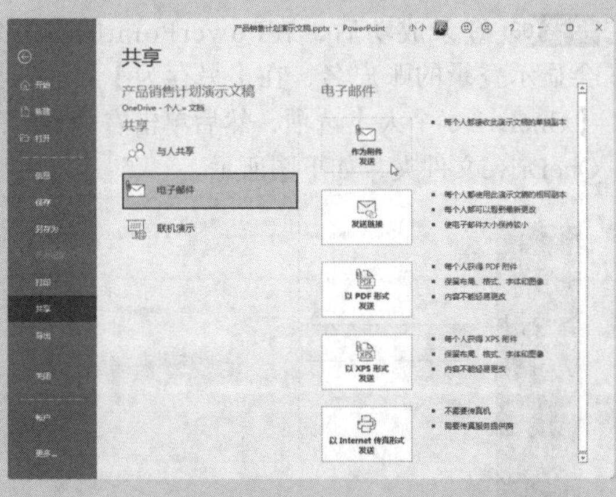

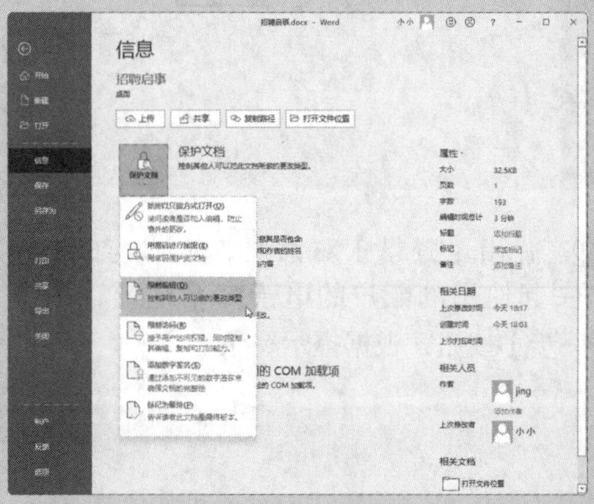

15.1 Office 2021文档的共享

用户可以将Office 2021文档存放在网络或其他存储设备中，以便于查看和编辑Office 2021文档；还可以跨平台、跨设备与其他人协作，共同编写论文、准备演示文稿、创建电子表格等。

15.1.1 保存到云端OneDrive

OneDrive是微软公司推出的一项云存储服务，用户可以通过自己的Microsoft账户登录，并上传自己的图片、文档等到OneDrive中进行存储，不仅可以随时随地访问OneDrive上的所有内容，而且可以共享文档实现多人协作，还可以在编辑OneDrive中的文档时，实时保存文档。

下面以PowerPoint 为例，介绍将文档保存到云端OneDrive的具体操作步骤。

步骤 01 打开要保存到云端的文件。选择【文件】选项卡，在打开的列表中选择【另存为】选项，在【另存为】界面单击【OneDrive】按钮，单击【登录】按钮。

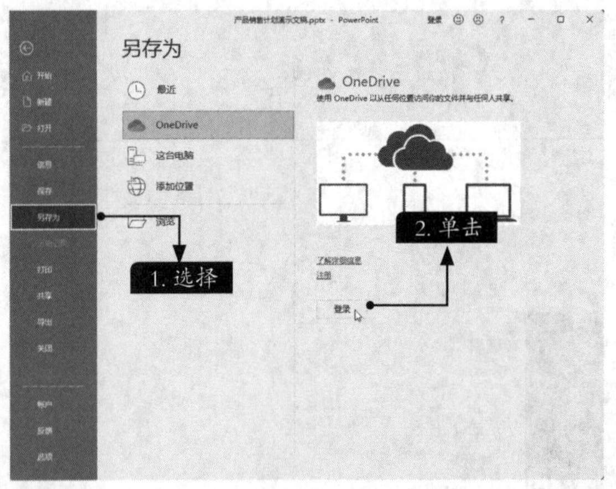

步骤 02 弹出【登录】对话框，输入与Office 2021一起使用的账户的电子邮箱地址，单击【下一步】按钮，根据提示登录。

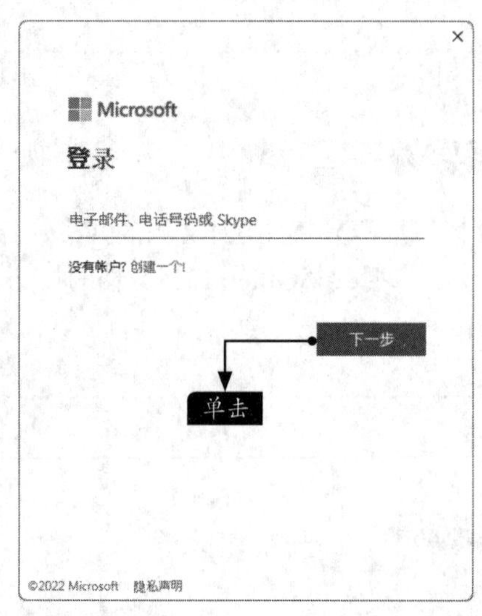

步骤 03 登录成功后，在PowerPoint的右上角会显示登录的账户名，在【另存为】界面选择【OneDrive-个人】选项，然后单击右侧显示的OneDrive文件夹，如下图所示。

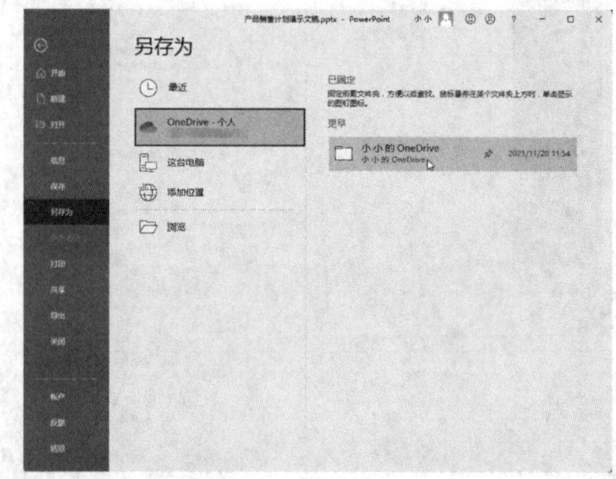

步骤04 弹出【另存为】对话框，在对话框中选择文件要保存的位置，这里选择保存在OneDrive的【文档】目录下，单击【保存】按钮。

步骤05 返回PowerPoint界面，在界面下方显示“正在上载到OneDrive”字样。上载完毕后即已将文档保存到OneDrive中。

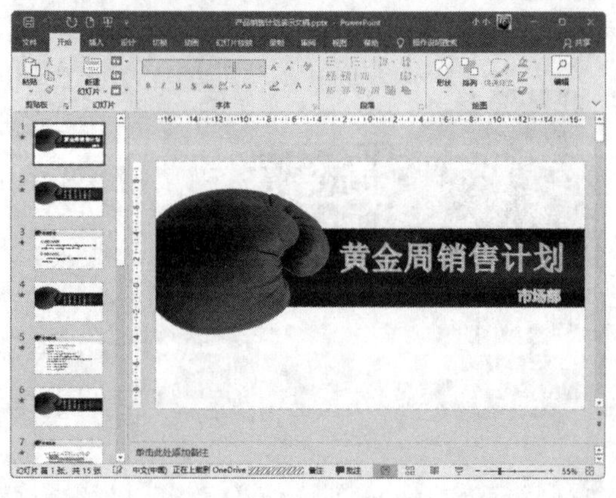

步骤06 上传完毕后，此时文档左上角的【保存】按钮，由[图标]变为[图标]，如下图所示。

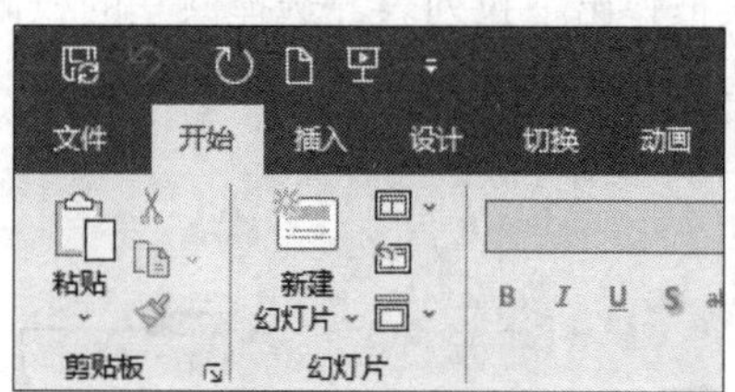

步骤07 如果要打开该文档，用户可以打开Powerpoint，在【文件】选项卡中，单击【打开】→【OneDrive-个人】按钮，在其右侧选择保存文件的文件夹位置，然后单击要打开的文件，即可打开该文档，如下图所示。

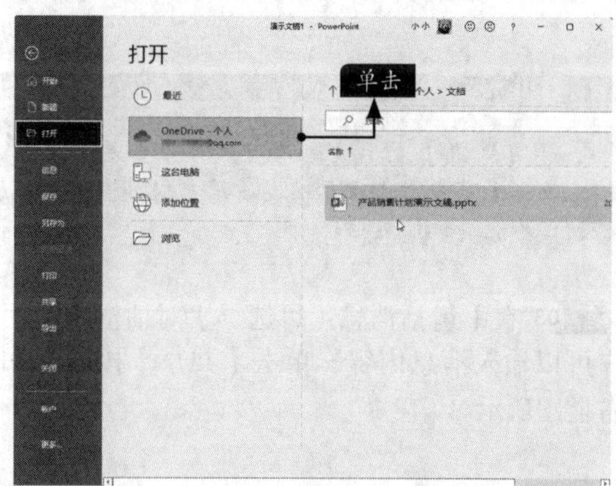

小提示

在【此电脑】窗口中，用户可以通过打开OneDrive应用，查看保存的文件。

15.1.2 与他人共享Office 2021文档

Office 2021文档保存到OneDrive后，可以将该文档共享给其他人查看或编辑，下面以PowerPoint为例，具体操作步骤如下。

步骤01 打开要共享的文档，单击软件右上角的【共享】按钮[图标]，如右图所示。

步骤 02 弹出【共享】窗格，在【邀请人员】文本框中输入电子邮箱地址，单击【可编辑】下拉列表框弹出下拉列表，选择共享的权限，如这里选择【可编辑】权限，如下图所示。

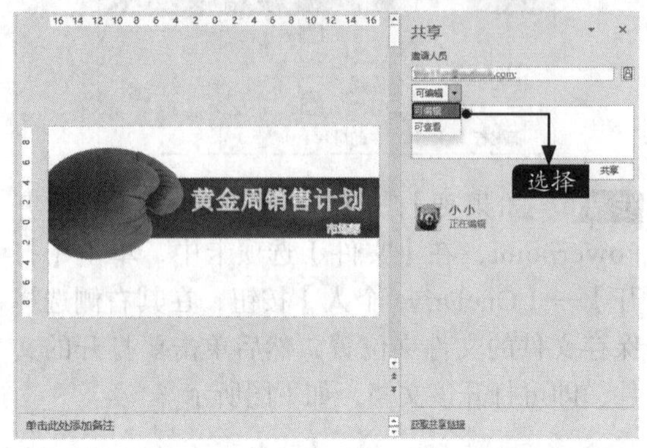

小提示

【可编辑】表示被邀请用户可以查看并编辑该文档；【可查看】表示被邀请用户仅可查看该文档，但不能编辑该文档。

步骤 03 在【包括消息（可选）】对话框中，用户可以输入消息内容，单击【共享】按钮，如右上图所示。

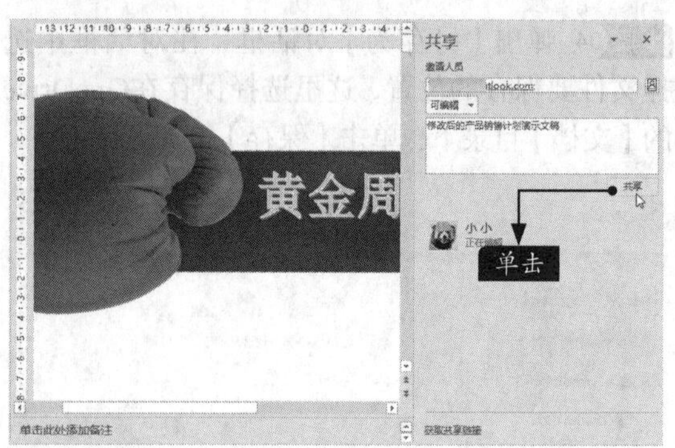

步骤 04 单击后即将文档可以电子邮件形式共享给被邀请人，如下图所示。

步骤 05 发送成功后，被邀请人及其权限则显示在【共享】窗格中。

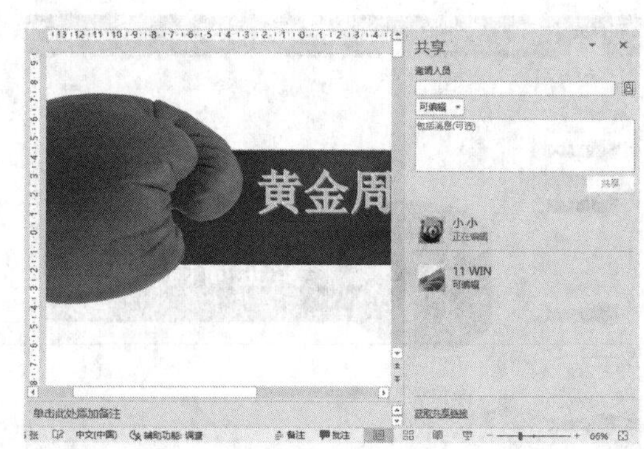

15.1.3 发送共享链接

除了可以以电子邮件的形式共享外，还可以获取共享链接，通过其他方式将链接发送给他人，实现多人协同编辑，具体操作步骤如下。

步骤 01 单击右上角的【共享】按钮，弹出【共享】窗格，单击【获取共享链接】超链接。

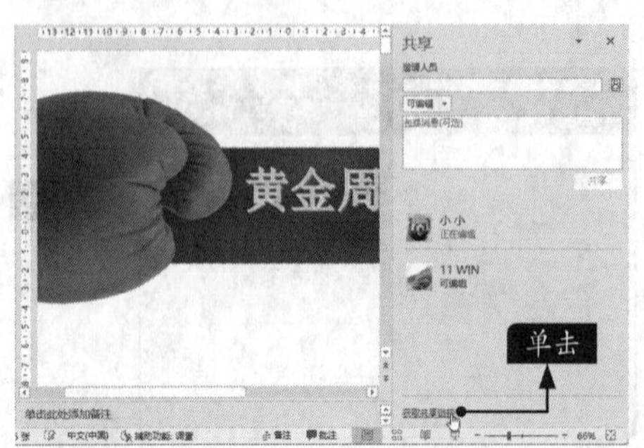

步骤 02 在【获取共享链接】区域中，单击【创建编辑链接】超链接。

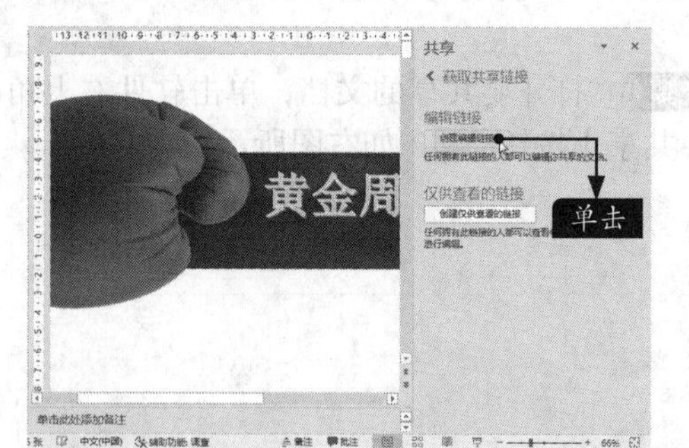

步骤03 即可显示该文档的共享链接，单击【复制】按钮，将此链接发送给其他人，接收到链接的人就可编辑该文档。

小提示

单击【创建仅供查看的链接】按钮，可显示仅有查看权限的链接。

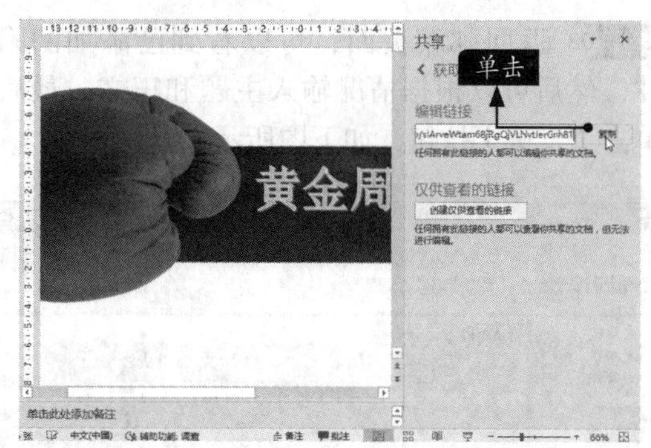

15.1.4 通过电子邮件共享

Office 2021支持通过以发送电子邮件的方式进行共享，发送电子邮件主要有【作为附件发送】、【发送链接】、【以PDF形式发送】、【以XPS形式发送】和【以Internet传真形式发送】5种形式，其中如果使用【发送链接】形式，则必须将文档保存到OneDrive中。本节主要介绍通过以附件形式进行电子邮件发送的方法。

步骤01 打开要发送的文档，选择【文件】选项卡，在打开的列表中选择【共享】选项，在【共享】界面单击【电子邮件】按钮，然后单击【作为附件发送】按钮。

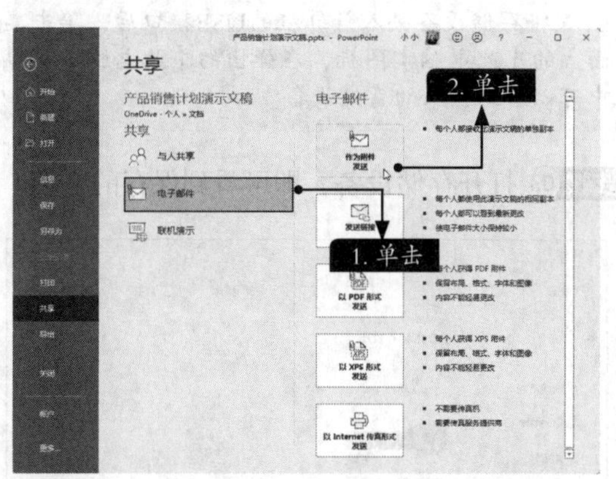

步骤02 系统将自动打开计算机中的邮件客户端，在邮件客户端窗口中可以看到添加的附件，在【收件人】文本框中输入收件人的电子邮箱地址，单击【发送】按钮即可将文档作为附件发送。

另外，用户也可以使用QQ邮箱、网易邮箱等网页版客户端，通过添加附件将文档发送，具体操作步骤如下。

步骤01 打开网页版客户端，进入【写信】页面，输入收件人的电子邮箱地址，然后单击【添加附件】超链接，如下图所示。

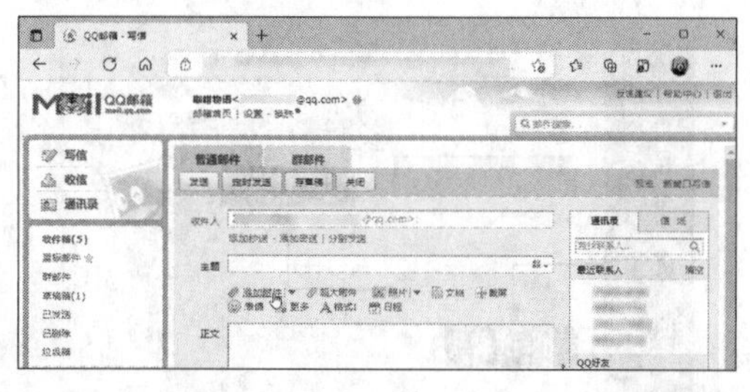

步骤02 弹出【打开】对话框，选择要添加的附件，然后单击【打开】按钮，如下图所示。

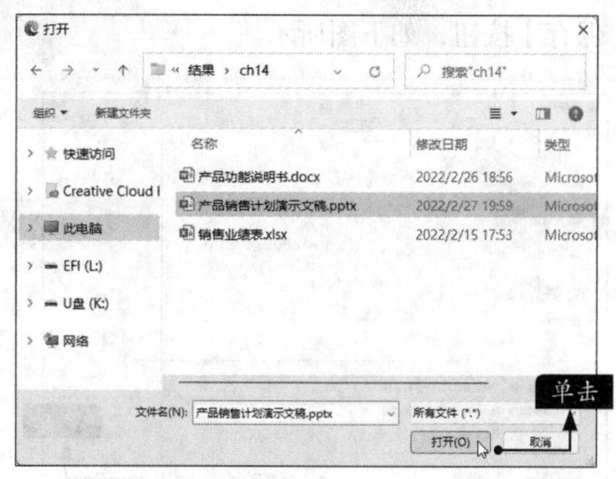

步骤 03 返回邮箱页面，可以看到已添加的附件，然后可以根据情况输入主题和正文，最后单击【发送】按钮，如下图所示。

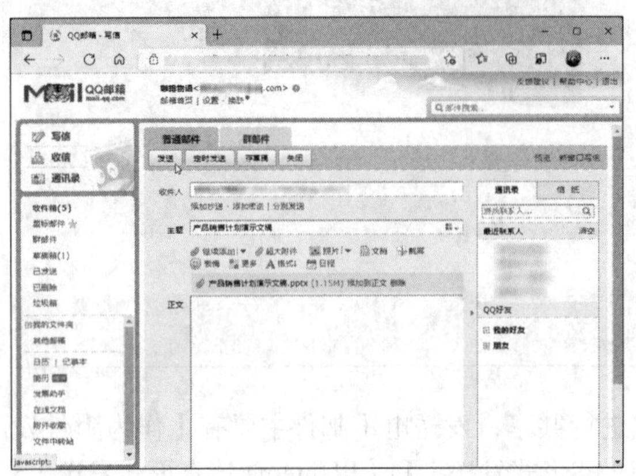

步骤 04 发送成功后，即会提示与发送成功相关的信息，如下图所示。

15.1.5 向存储设备中传输

用户还可以将文档传输到存储设备（U盘、移动硬盘等）中，具体的操作步骤如下。

步骤 01 将存储设备连接到计算机，打开要存储的文档，选择【文件】→【另存为】选项，在【另存为】界面单击【浏览】按钮，如下图所示。

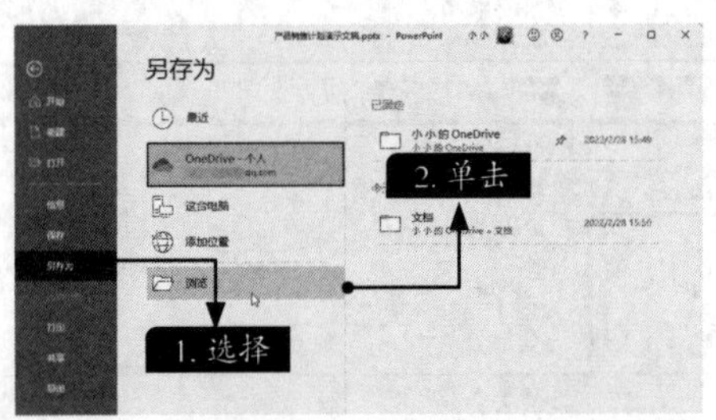

步骤 02 弹出【另存为】对话框，选择文档的存储位置为存储设备，选择要保存的位置，单击【保存】按钮，如下图所示。

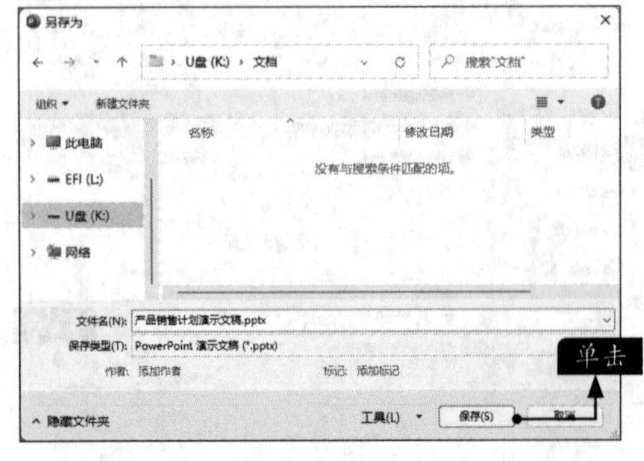

小提示

将存储设备插入计算机的USB接口后，单击桌面上的【此电脑】图标，在弹出的【此电脑】窗口中可以看到插入的存储设备。

步骤 03 打开存储设备，即可看到保存的文档。

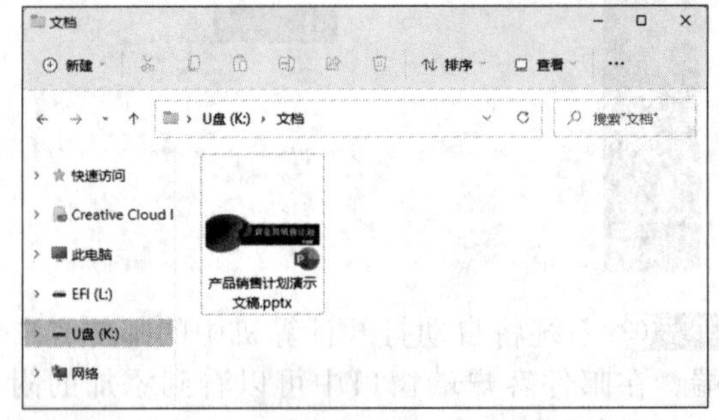

小提示

用户可以复制该文档，打开存储设备通过粘贴即可将文档传输到存储设备中，或者通过右击要复制的文档，在弹出的快捷菜单中，选择【发送】命令，然后选择目标存储设备即可。在本例中的存储设备为U盘，如果使用其他存储设备，操作过程类似，这里不赘述。

15.1.6 使用云盘同步重要数据

随着云技术的快速发展，云盘应运而生，其不仅功能强大，而且用户体验很好。上传、分享和下载是云盘的主要功能，用户可以将重要资料上传到云盘，并将其分享给其他用户，也可以在不同的客户端下载云盘上的资料，方便不同用户、不同客户端之间的交互。下面介绍如何使用百度网盘上传、分享和下载文件。

步骤01 下载并安装百度网盘客户端后，在【此电脑】窗口中，双击【设备和驱动器】中的【百度网盘】图标，打开该软件，如下图所示。

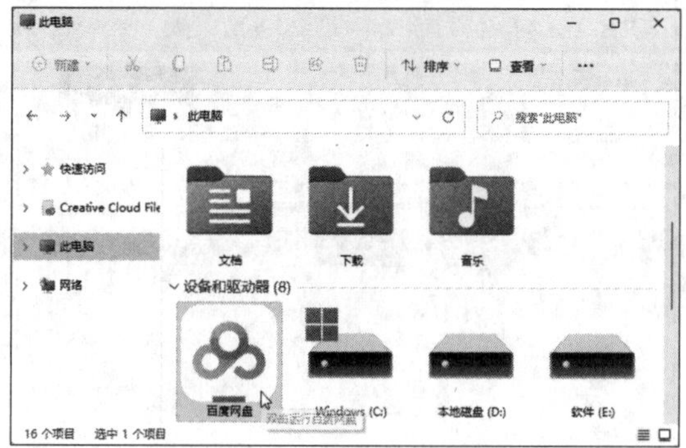

小提示

百度网盘也支持网页版，但为了有更好的体验，建议安装客户端版。

步骤02 打开并登录百度网盘，在【我的网盘】界面中，用户可以新建文件夹，也可以直接上传文件，如这里单击【新建文件夹】按钮，如下图所示。

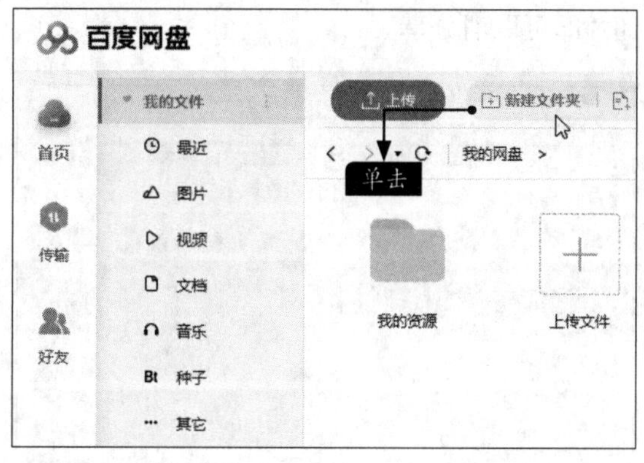

步骤03 新建一个文件夹，并命名为“重要备份”，如右上图所示。

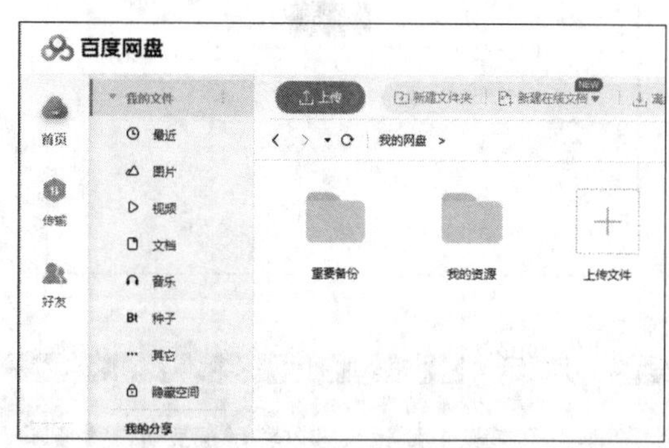

步骤04 打开新建的文件夹，选择要上传的文件，并将其拖曳到百度网盘界面上，如下图所示。

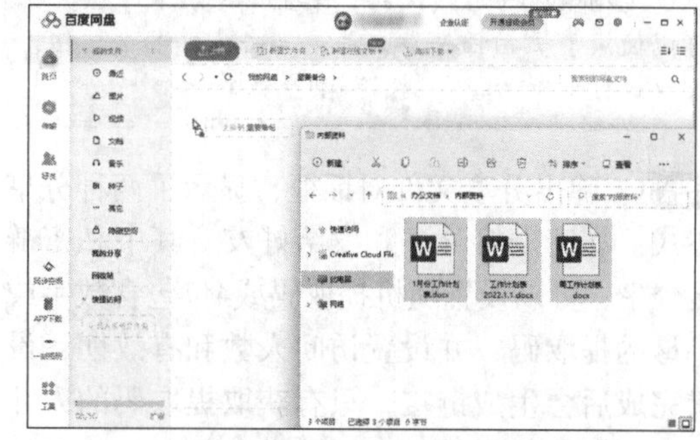

小提示

用户也可以单击【上传】按钮，通过选择路径的方式上传文件。

步骤05 自动跳转至【传输列表】界面，并显示具体的传输情况，如下图所示。

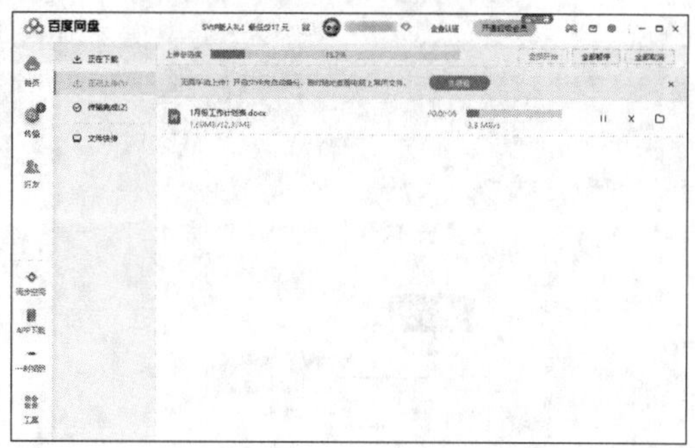

步骤06 上传完毕后，返回新建的文件夹，即可看到已上传的文件。用户可以单击上方的按钮进行相应操作，如这里单击【分享】按钮 分享，如下图所示。

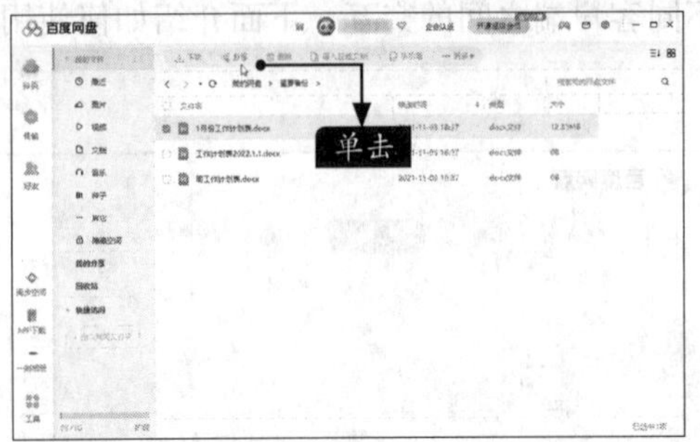

小提示

单击【下载】按钮，可以将所选文件下载到计算机中；单击【分享】按钮，可以生成分享链接，供他人下载；单击【删除】按钮，可以删除所选文件或文件夹；单击【导入在线文档】按钮，可以将所选文档生成为在线文档；单击【手机看】按钮，可以使用手机扫描查看文件；单击【更多】按钮，可以执行重命名、复制、移动等操作。

步骤07 弹出分享文件对话框，显示了两种分享方式：私密链接分享和发给好友。其中私密链接分享，可以设置随机提取码或4位包含数字或字母的提取码，并设置访问人数和有效期，设置完成后会生成链接，只有获取提取码的人才能通过链接查看并下载分享的文件。如这里选中【系统随机生成提取码】单选按钮，并将有效期设置为“30天”，然后单击【创建链接】按钮，如下图所示。

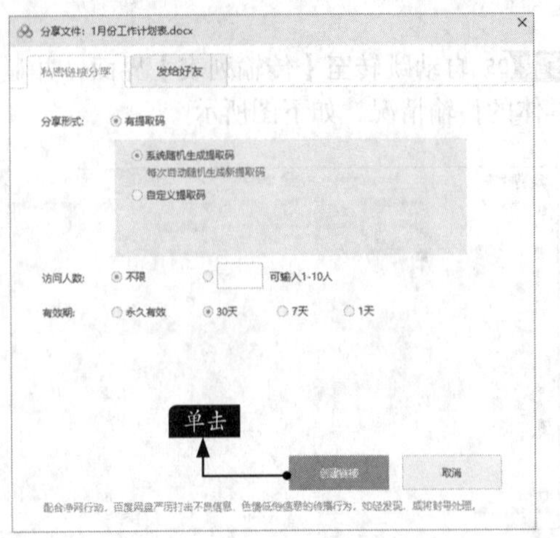

小提示

【发给好友】分享方式主要用于直接将文件发送给百度网盘好友。

步骤08 单击后即可看到生成的链接和提取码，单击【复制链接及提取码】按钮，即可复制内容，然后可将其发送给其他用户，如下图所示。

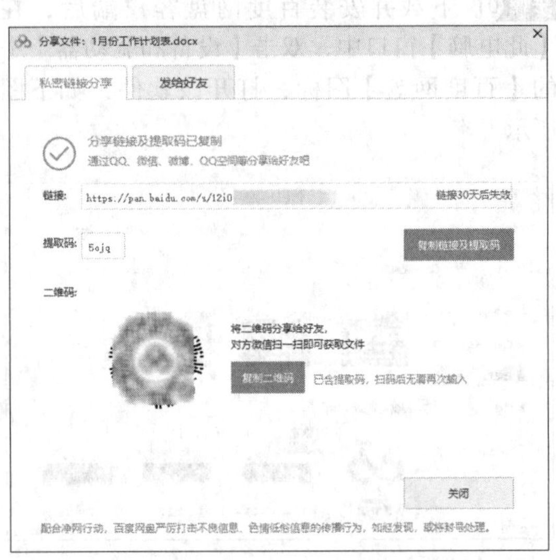

小提示

用户也可以将二维码复制并分享给好友。

步骤09 在【百度网盘】主界面，选择左侧的【我的分享】选项，进入【我的分享】界面，其中列出了当前分享的文件，带有🔒标识的为私密分享文件，否则为公开分享文件，如下图所示。选择分享的文件，单击【取消分享】按钮⊘即可取消分享。

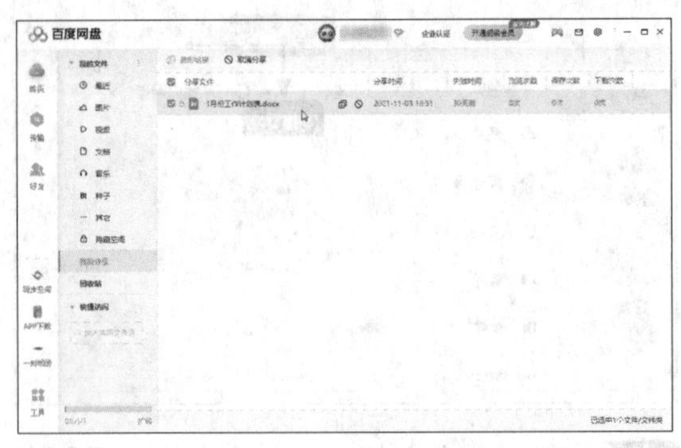

15.2 Office 2021文档的保护

如果用户不想制作好的文档被别人看到或修改，可以将文档保护起来。常用的保护文档的方法有标记为最终状态、用密码进行加密、限制编辑等。

15.2.1 标记为最终状态

标记为最终状态可将文档设置为只读，以防止审阅者或读者无意中更改文档。在将文档标记为最终状态后，输入、编辑命令以及校对标记等都会被禁用或关闭，文档的“状态”属性会被设置为“最终”，具体操作步骤如下。

步骤 01 打开“素材\ch15\招聘启事.docx”文件。

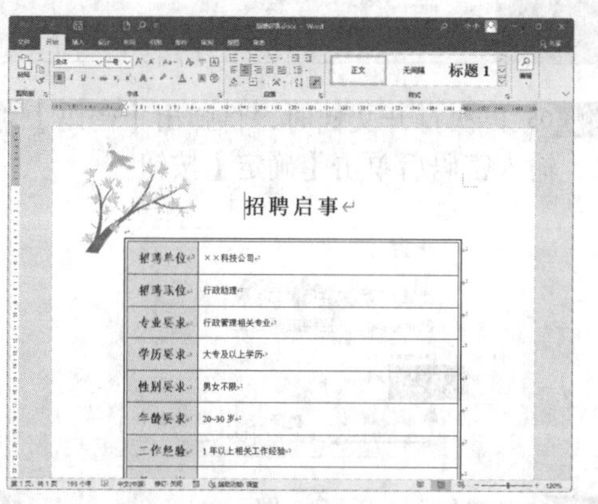

步骤 02 选择【文件】选项卡，在打开的列表中选择【信息】选项，在【信息】界面单击【保护文档】按钮，在弹出的下拉列表中选择【标记为最终】选项。

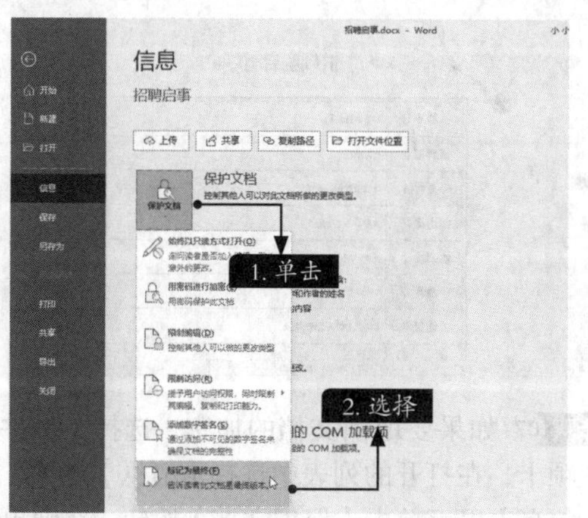

步骤 03 弹出【Microsoft Word】对话框，提示该文档将被标记为终稿并被保存，单击【确定】按钮。

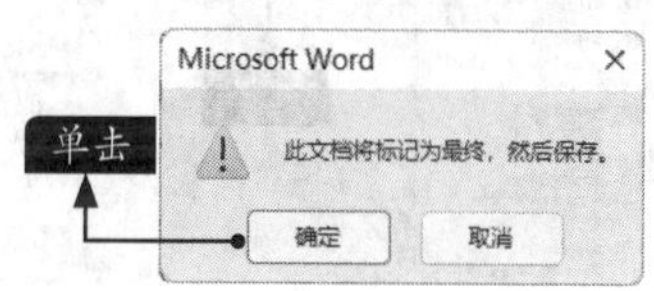

步骤 04 再次弹出【Microsoft Word】提示框，单击【确定】按钮。

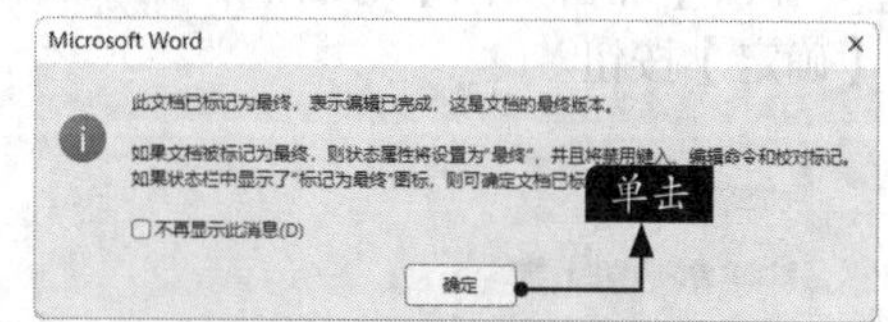

步骤 05 返回Word页面，该文档即被标记为最终状态，以只读形式显示。

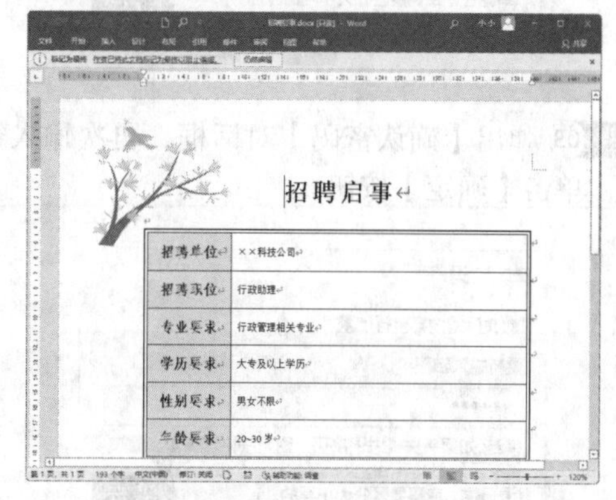

小提示

单击页面上方的【仍然编辑】按钮，可以对文档进行编辑。

15.2.2 用密码进行加密

在Office 2021中，可以使用密码阻止其他人打开或修改文档、工作簿和演示文稿。用密码进行加密的具体操作步骤如下。

步骤 01 打开“素材\ch15\招聘启事.docx”文件，选择【文件】选项卡，在打开的列表中选择【信息】选项，在【信息】界面单击【保护文档】按钮，在弹出的下拉列表中选择【用密码进行加密】选项。

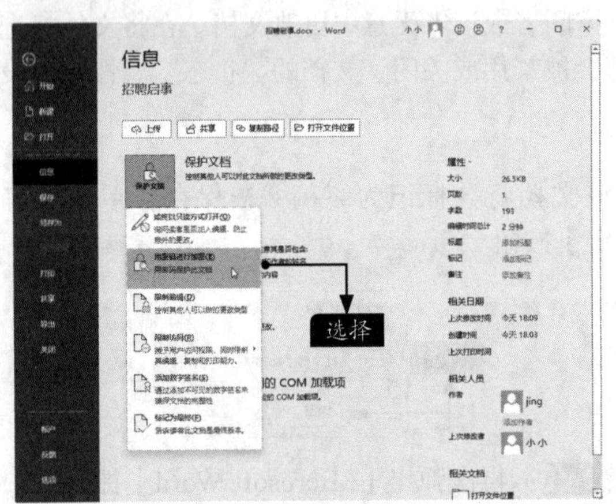

步骤 02 弹出【加密文档】对话框，输入密码，单击【确定】按钮。

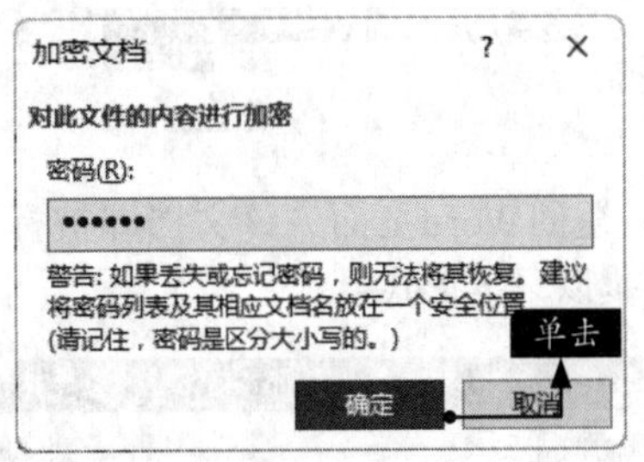

步骤 03 弹出【确认密码】对话框，再次输入密码，单击【确定】按钮。

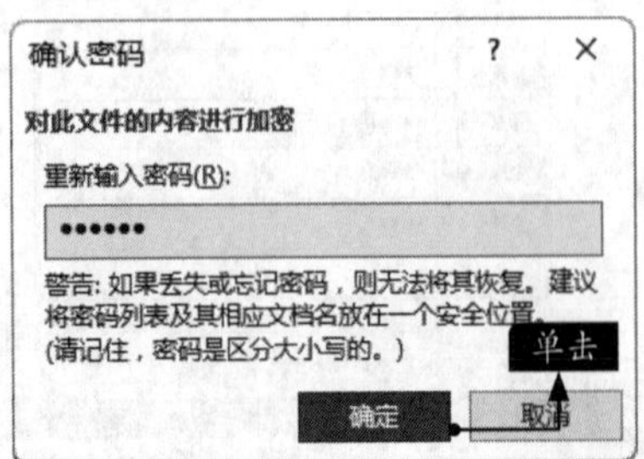

步骤 04 此时就使用密码为文档进行了加密。在【信息】界面内显示已加密。

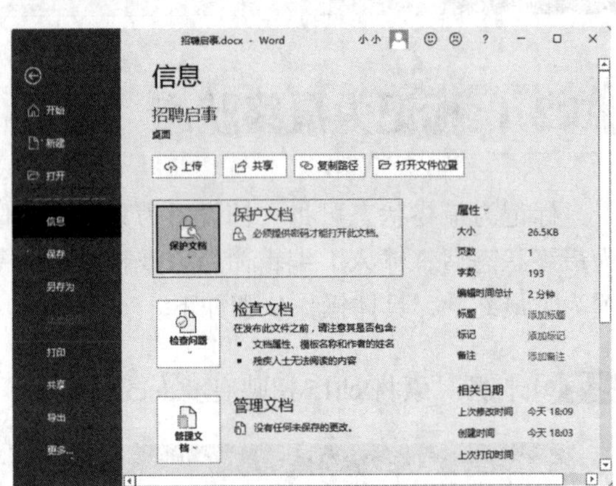

步骤 05 再次打开文档时，将弹出【密码】对话框，输入密码后单击【确定】按钮。

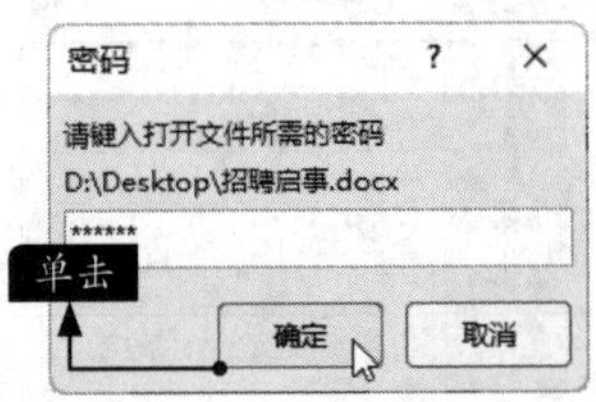

步骤 06 此时就打开了文档。

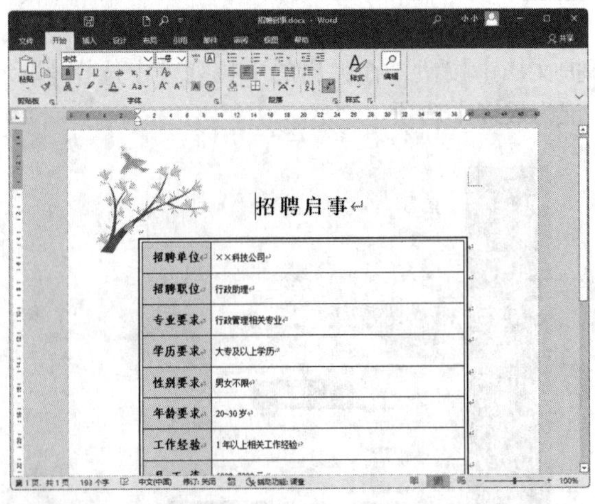

步骤 07 如果要取消文档的加密，选择【文件】选项卡，在打开的列表中选择【信息】选项，在【信息】界面单击【保护文档】按钮，在弹出的下拉列表中选择【用密码进行加密】选项。

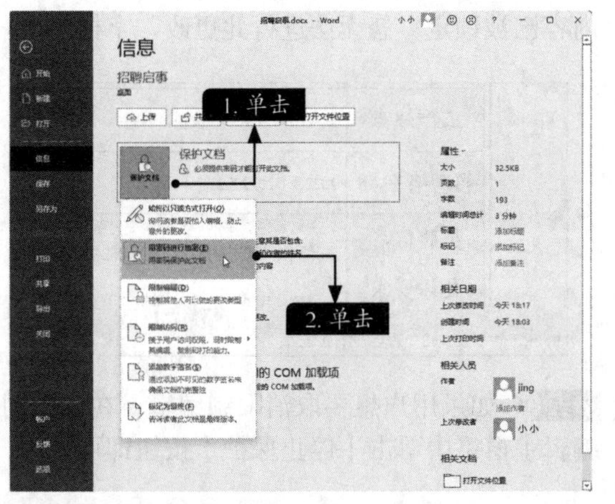

步骤 08 弹出【加密文档】对话框，删除文本框中的密码，单击【确定】按钮，即可删除密码。

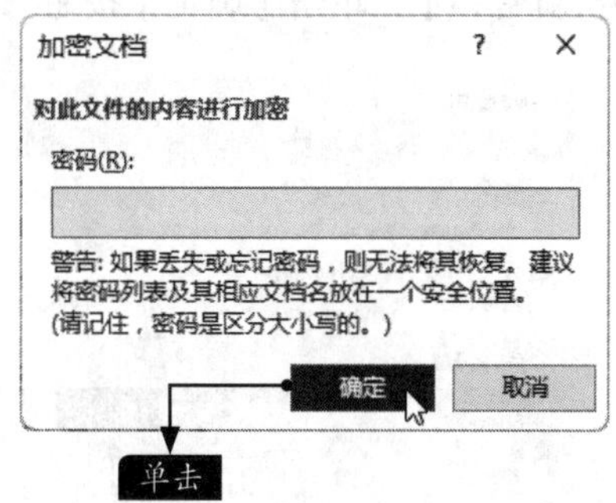

15.2.3 限制编辑

限制编辑是指控制其他人可对文档进行哪些类型的更改。限制编辑提供了 3 种选项：格式化限制，可以有选择地限制格式编辑选项，用户可以单击其下方的【设置】进行格式选项自定义；编辑限制，可以有选择地限制文档编辑类型，包括“修订”“批注”“填写窗体”及“不允许任何更改（只读）”；启动强制保护，可以通过密码保护或用户身份验证的方式保护文档，此功能需要信息权限管理（Information Rights Management，IRM）的支持。为文档添加限制编辑的具体操作步骤如下。

步骤 01 打开“素材\ch15\招聘启事.docx”文件，选择【文件】选项卡，在打开的列表中选择【信息】选项，在【信息】界面单击【保护文档】按钮，在弹出的下拉列表中选择【限制编辑】选项。

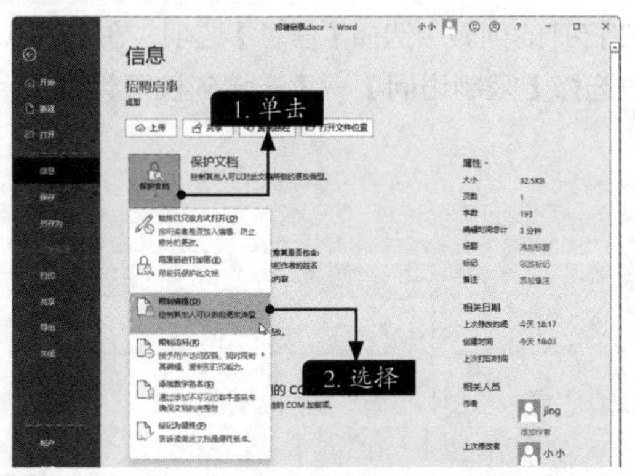

步骤 02 在文档的右侧弹出【限制编辑】窗格，选中【仅允许在文档中进行此类型的编辑】复选框，单击【不允许任何更改(只读)】下拉列表框，在弹出的下拉列表中选择允许修改的类型，这里选择【不允许任何更改(只读)】选项。

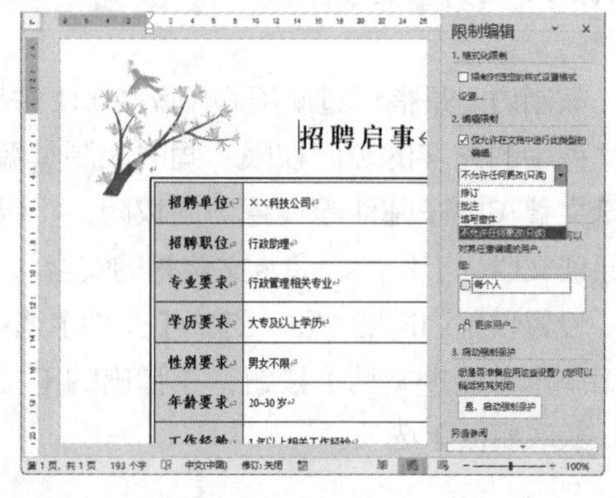

步骤 03 单击【限制编辑】窗格中的【是，启动强制保护】按钮。

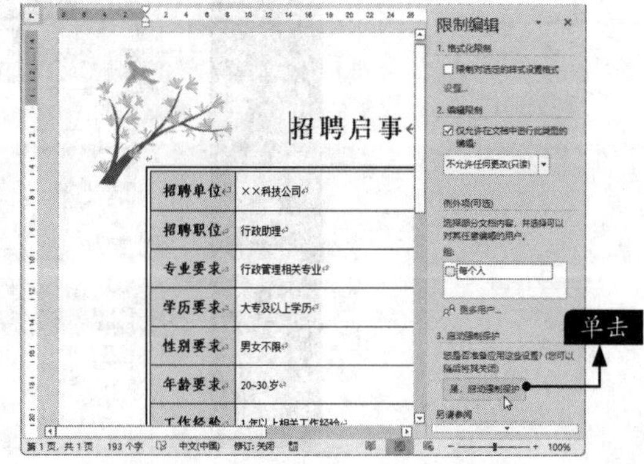

步骤 04 弹出【启动强制保护】对话框，在对话框中选中【密码】单选按钮，输入【新密码】及【确认新密码】，单击【确定】按钮。

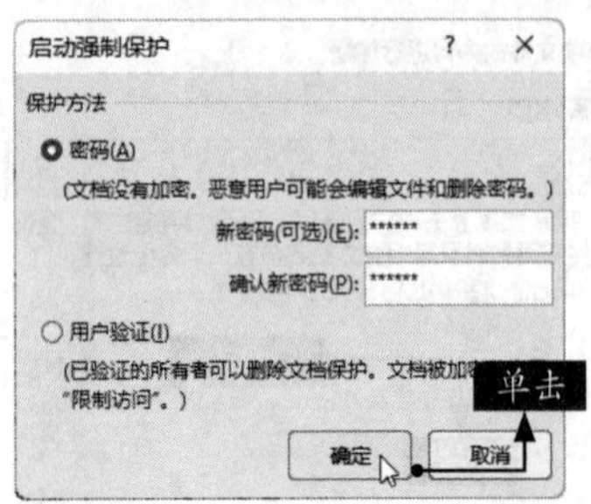

小提示

如果选中【用户验证】单选按钮，已验证的所有者可以删除文档保护。

步骤 05 此时就为文档添加了限制编辑。当阅读者修改文档时，在文档下方会显示“由于所选内容已被锁定，您无法进行此更改”字样。

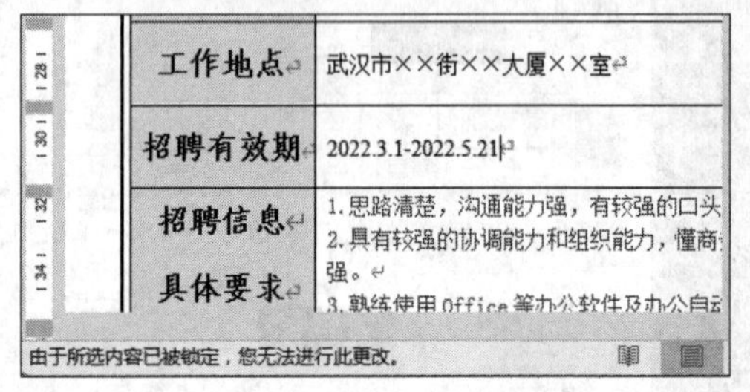

步骤 06 如果用户想要取消限制编辑，在【限制编辑】窗格中单击【停止保护】按钮即可。

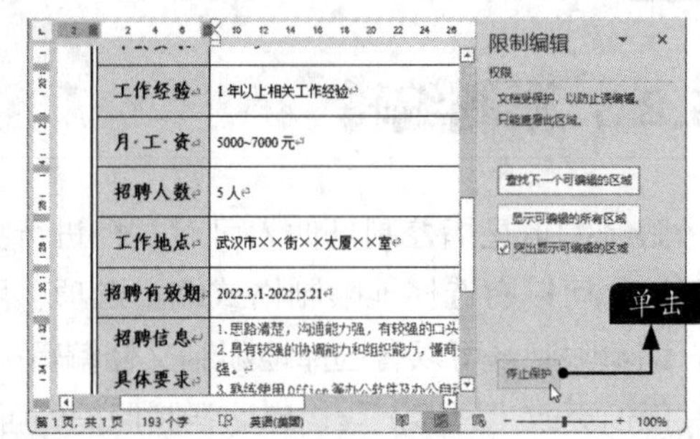

15.2.4 限制访问

限制访问是指通过使用 Office 2021 中提供的信息权限管理来限制用户对文档、工作簿和演示文稿中的内容的访问权限，同时限制其编辑、复制和打印能力。用户通过对文档、工作簿、演示文稿和电子邮件等设置访问权限，可以防止未经授权的用户打印、转发和复制敏感信息，以保证文档、工作簿、演示文稿等的安全。

设置限制访问的方法：选择【文件】选项卡，在打开的列表中选择【信息】选项，在【信息】界面单击【保护文档】按钮，在弹出的下拉列表中选择【限制访问】→【连接到权限管理服务器并获取模板】选项。

15.2.5 数字签名

数字签名是电子邮件、宏或电子文档等数字信息上的一种经过加密的电子身份验证戳，用于确认电子邮件、宏或电子文档来自数字签名本人且未经更改。添加数字签名可以确保文档的完整性，从而进一步保证文档的安全。用户可以在 Microsoft 官网上获得数字签名。

添加数字签名的方法：选择【文件】选项卡，在打开的列表中选择【信息】选项，在【信息】界面单击【保护文档】按钮，在弹出的下拉列表中选择【添加数字签名】选项。

高手私房菜

技巧：保护单元格

保护单元格的实质就是通过限制其他用户的编辑能力来防止他们对单元格进行不需要的更改，具体的操作步骤如下。

步骤 01 打开 “素材\ch15\学生成绩登记表.xlsx”文件。选择要保护的单元格并右击，在弹出的快捷菜单中选择【设置单元格格式】命令。

步骤 02 弹出【单元格格式】对话框，选择【保护】选项卡，选中【锁定】复选框，单击【确定】按钮。

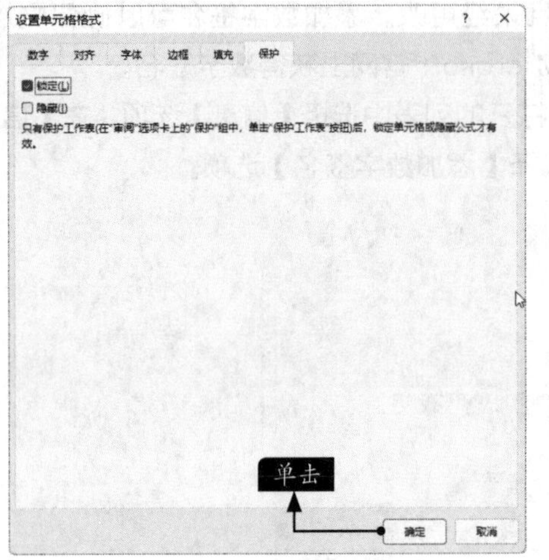

步骤 03 单击【审阅】选项卡下【保护】组中的【保护工作表】按钮，弹出【保护工作表】对话框，进行图中所示的设置后，单击【确定】按钮。

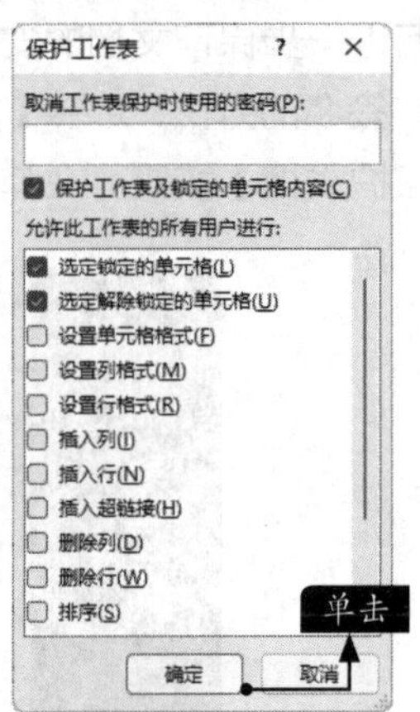

步骤 04 在受保护的单元格区域中输入数据时，会提示如下内容。

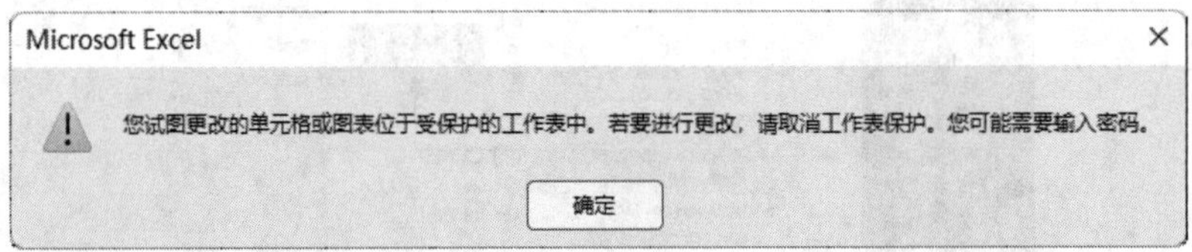

小提示

单击【审阅】选项卡下【保护】组中的【撤销保护工作表】按钮，即可撤销保护。

第 16 章

Office 2021组件间的协作应用

在Office 2021办公软件中，Word、Excel和PowerPoint之间可以通过资源共享和相互调用提高工作效率。

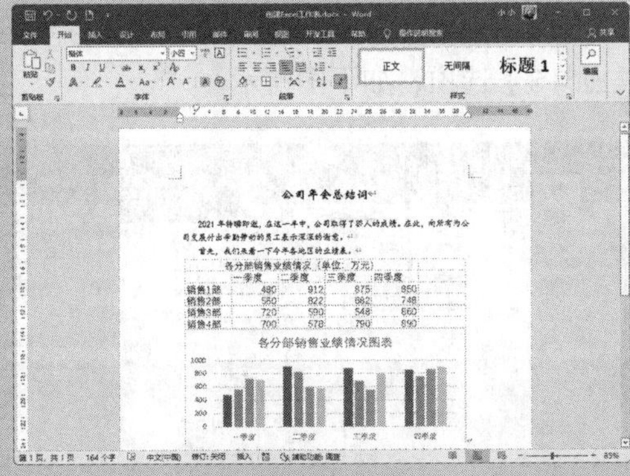

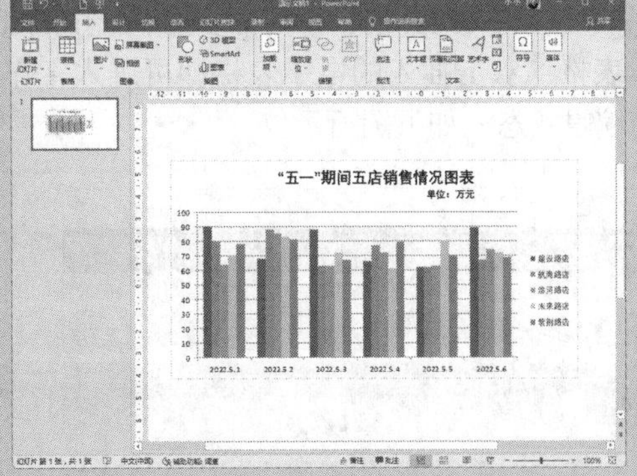

16.1 Word与其他组件的协同

在Word文档中不仅可以创建Excel工作表，而且可以调用已有的PowerPoint演示文稿，来实现资源的共用。

16.1.1 在Word文档中创建Excel工作表

当制作的Word文档涉及与报表相关的内容时，我们可以直接在Word文档中创建Excel工作表，这样不仅可以使文档的内容更加清晰、表达的意思更加完整，而且可以节约时间，其具体的操作步骤如下。

步骤 01 打开“素材\ch16\创建Excel工作表.docx”文件，将光标定位至需要插入表格的位置，单击【插入】选项卡下【表格】组中的【表格】按钮，在弹出的下拉列表中选择【Excel电子表格】选项，如下图所示。

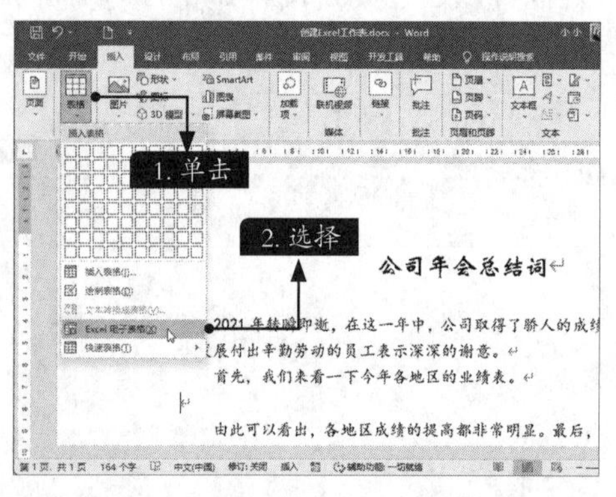

步骤 02 返回Word文档，即可看到插入的Excel电子表格，双击插入的电子表格即可进入工作表的编辑状态，如下图所示。

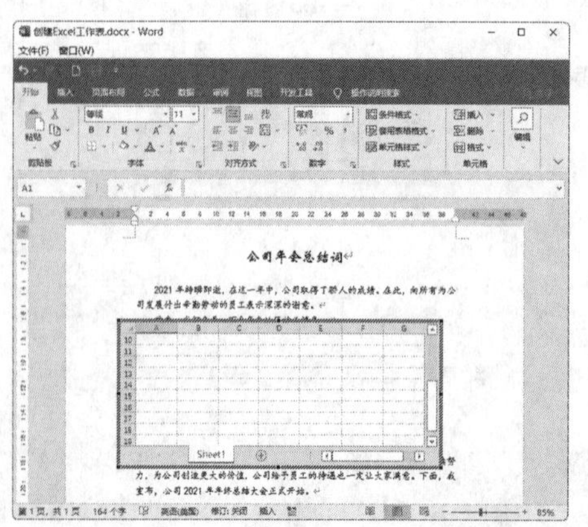

步骤 03 在Excel电子表格中输入如图所示的数据，并根据需要设置文字及单元格样式，如下图所示。

步骤 04 选择A2:E6单元格区域，单击【插入】选项卡下【图表】组中的【插入柱形图或条形图】按钮，在弹出的下拉列表中选择【簇状柱形图】选项，如下图所示。

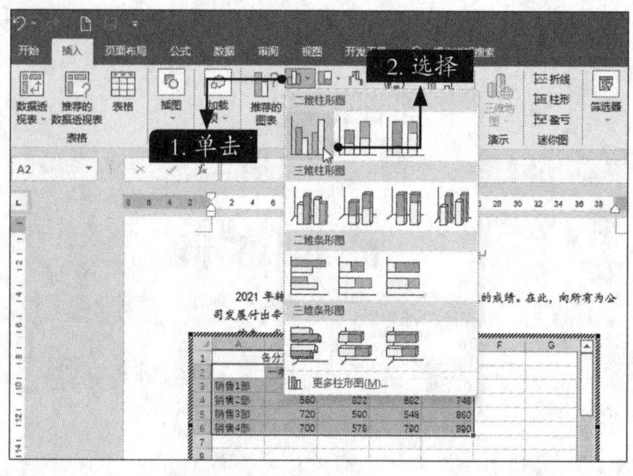

步骤05 在图表中插入下图所示的柱形图，将鼠标指针放置在图表上，当鼠标指针变为![]形状时，按住鼠标左键，拖曳图表到合适位置，并根据需要调整表格的大小，如下图所示。

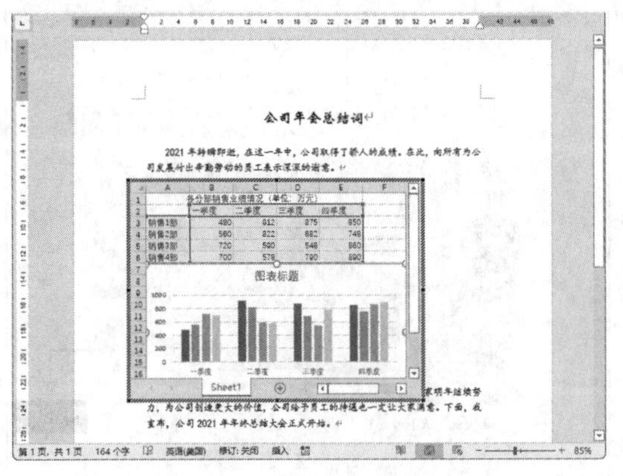

步骤06 在图表【图表标题】文本框中输入“各分部销售业绩情况图表”，并设置其文本的字体为“华文楷体”、字号为“14”，单击Word文档的空白位置，结束表格的编辑状态，并根据情况调整表格的位置及大小，如下图所示。

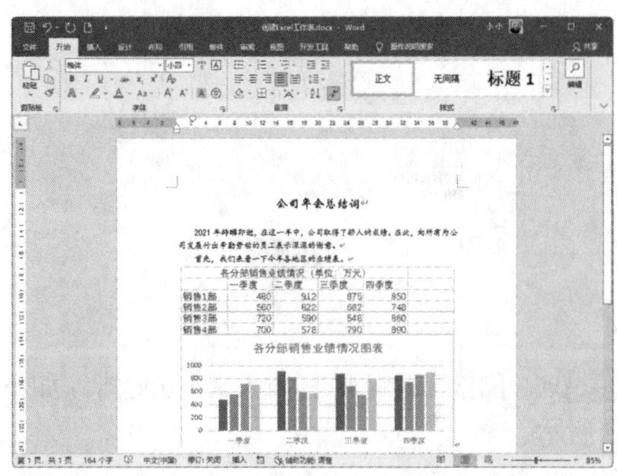

16.1.2 在Word文档中调用PowerPoint演示文稿

不仅可以在Word文档中直接调用PowerPoint演示文稿，还可以在Word文档中播放演示文稿，具体操作步骤如下。

步骤01 打开“素材\ch16\Word调用PowerPoint.docx”文件，将光标定位在要插入演示文稿的位置，如下图所示。

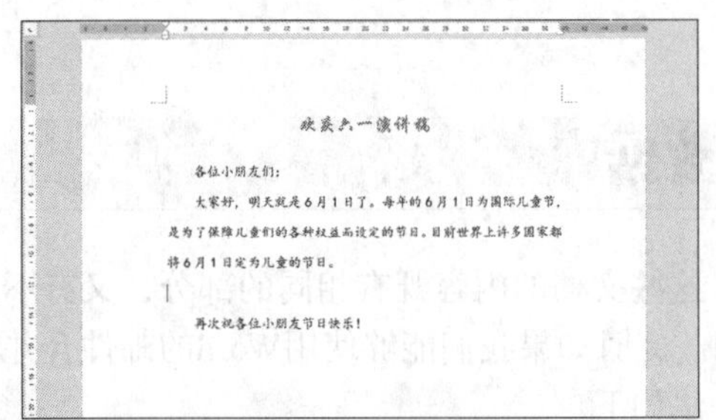

步骤02 单击【插入】选项卡下【文本】组中【对象】下拉按钮![]，在弹出的下拉列表中选择【对象】选项，如下图所示。

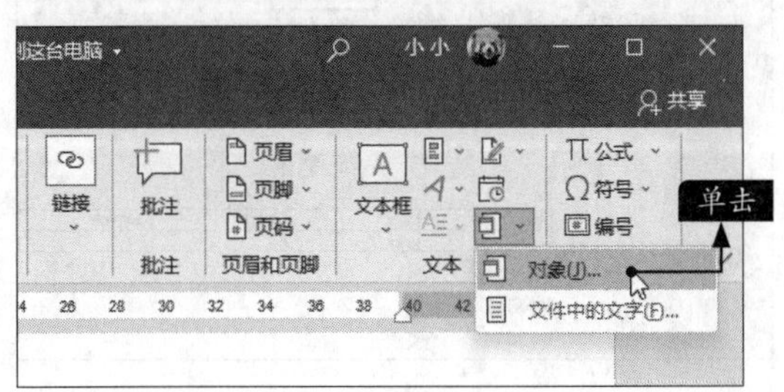

步骤03 弹出【对象】对话框，选择【由文件创建】选项卡，单击【浏览】按钮，如下图所示。

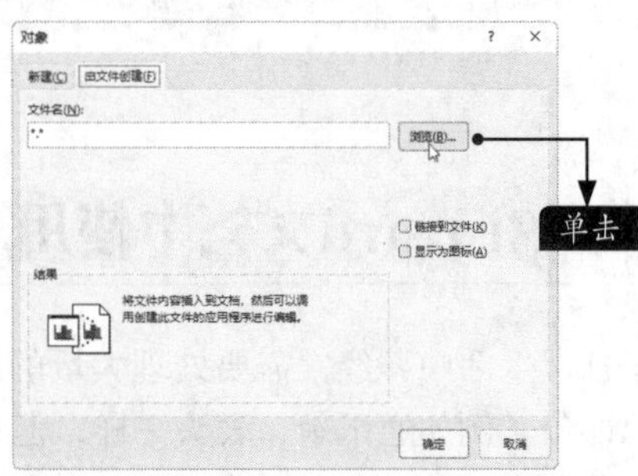

步骤04 在打开的【浏览】对话框中选择“素材\ch16\六一儿童节快乐.pptx”，单击【插入】按钮，如下图所示。

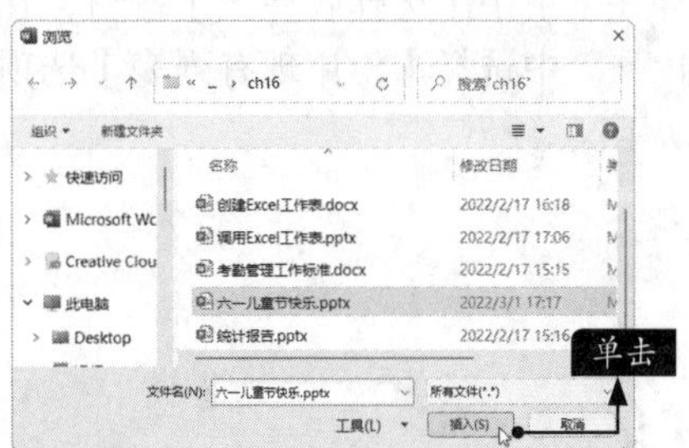

步骤05 返回【对象】对话框，单击【确定】按钮，即可在文档中插入所选的演示文稿，如下图所示。

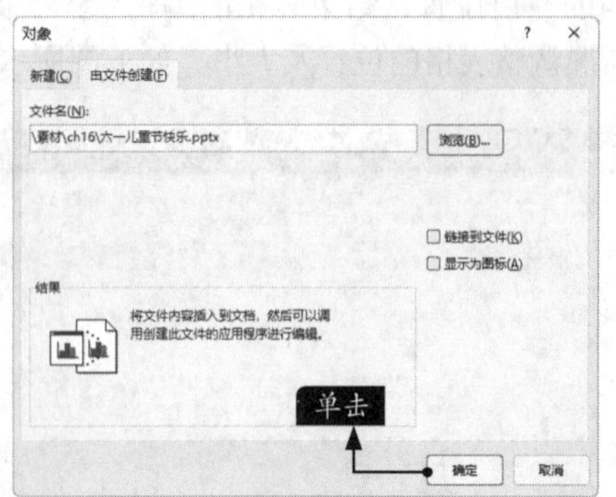

步骤06 单击后即可将其插入Word文档，如下图所示。

步骤07 拖曳演示文稿四周的控制点可调整演示文稿的大小。在演示文稿中右击，在弹出的快捷菜单中选择【“Presentation”对象】→【显示】命令，如下图所示。

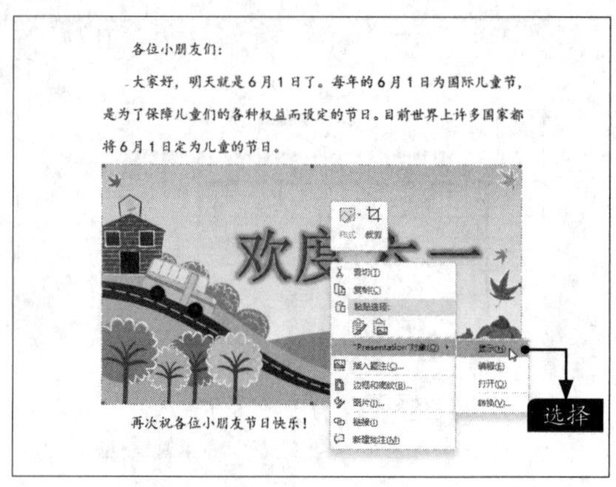

步骤08 播放幻灯片，如下图所示。

16.1.3 在Word文档中使用Access数据库

在日常生活中，经常需要处理大量的通用文档，这些文档的内容既有相同的部分，又有不同的标识部分。例如通讯录，表头一样，但是内容不同。此时如果我们能够使用Word的邮件合并功能，就可以将二者有效地结合起来，其具体的操作方法如下。

步骤01 打开“素材\ch16\使用Access数据库.docx”文件，单击【邮件】选项卡下【开始邮件合并】组中【选择收件人】按钮，在弹出的下拉列表中选择【使用现有列表】选项，如右图所示。

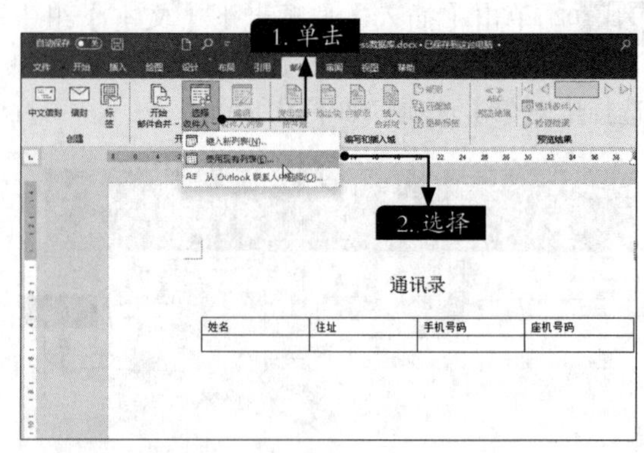

步骤02 在打开的【选取数据源】对话框中，选择“素材\ch16\通讯录.accdb”文件，然后单击【打开】按钮，如下图所示。

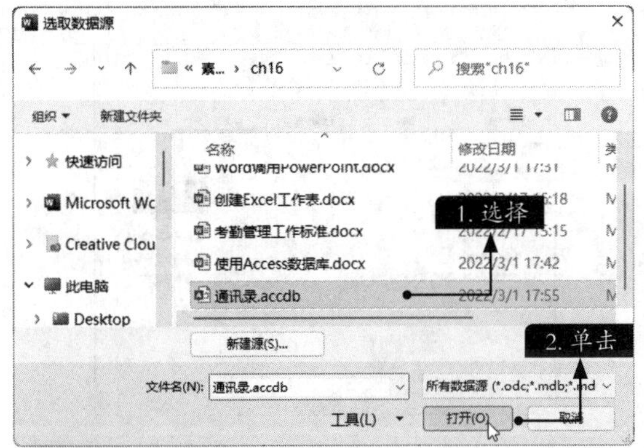

步骤03 将光标定位在第2行第1个单元格中，然后单击【邮件】选项卡【编写和插入域】组中的【插入合并域】按钮，在弹出的下拉列表中选择【姓名】选项，如下图所示。

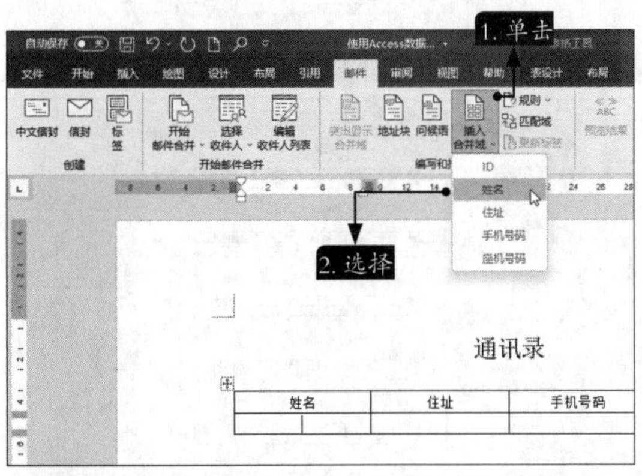

步骤04 根据表格标题，依次将第1条“通讯录.accdb”文件中的数据填充至表格中，然后单击【完成并合并】按钮，在弹出的下拉列表中选择【编辑单个文档】选项，如下图所示。

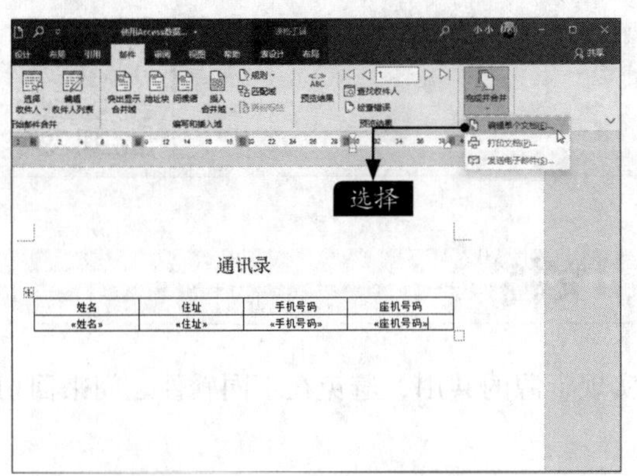

步骤05 弹出【合并到新文档】对话框，选中【全部】单选按钮，然后单击【确定】按钮，如下图所示。

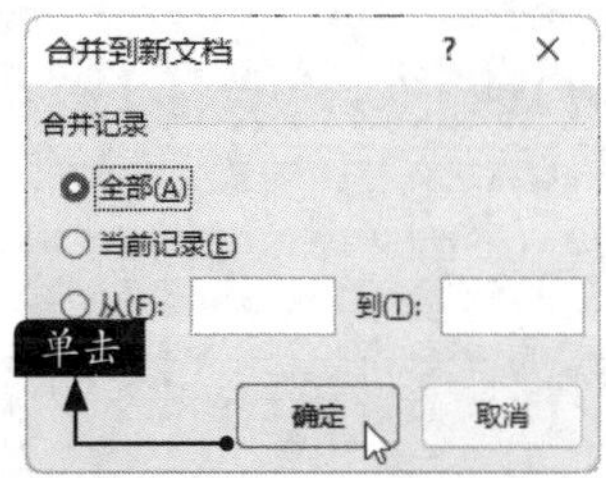

步骤06 此时，新生成一个名称为“信函1”的文档，该文档对每人的通讯录分页显示，如下图所示。

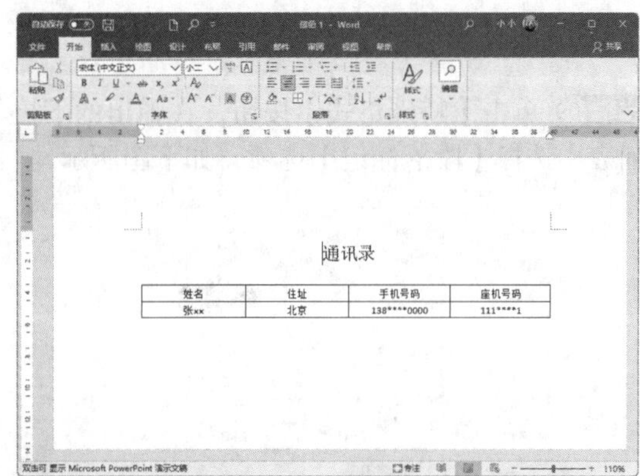

步骤07 此时，我们可以使用替换功能，将分节符替换为段落标记。在【查找和替换】对话框中，将光标定位在【查找内容】文本框中，单击【特殊格式】按钮，在弹出的下拉列表中选择【分节符】选项，如下图所示。

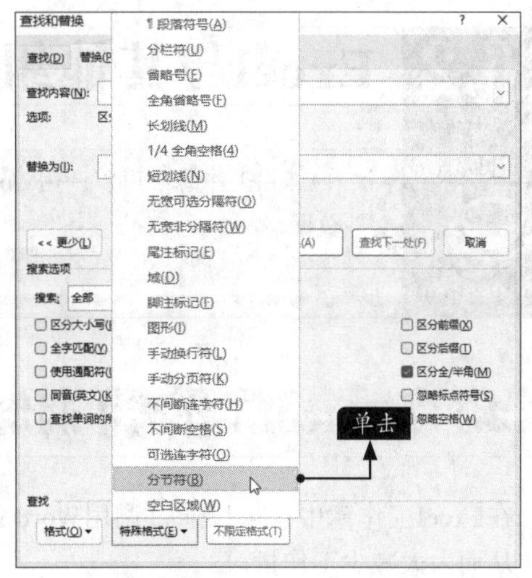

步骤 08 即可看到【查找内容】文本框中添加的“^b”，然后将光标定位至“替换为”文本框中，如下图所示。

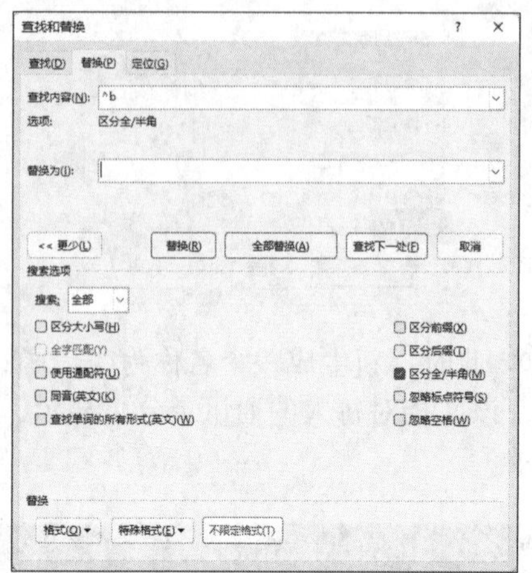

步骤 09 单击【特殊格式】按钮，在弹出的下拉列表中选择【段落标记】选项，如下图所示。

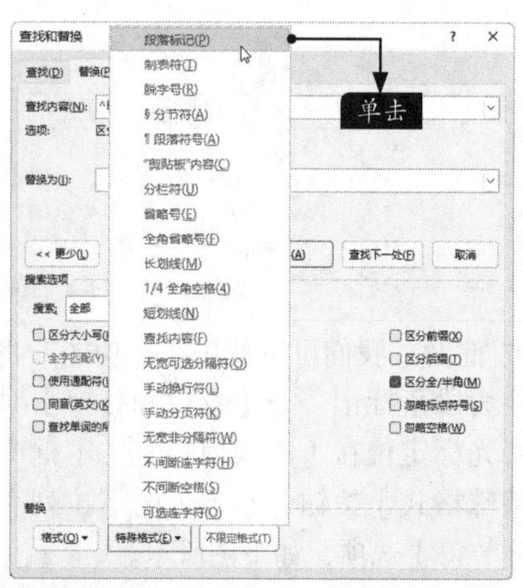

步骤 10 单击【全部替换】按钮，如下图所示。

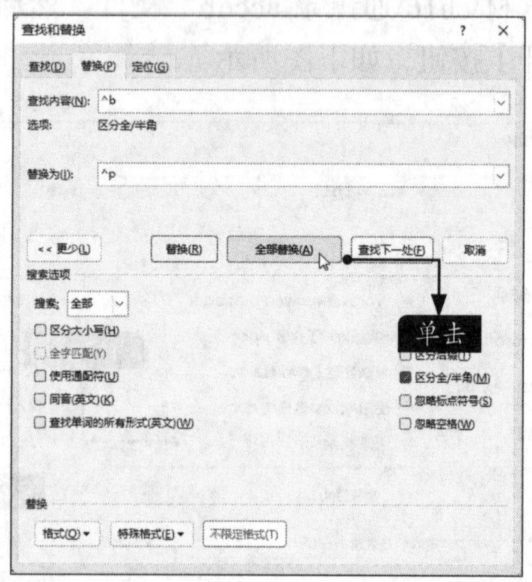

步骤 11 弹出【Microsoft Word】对话框，单击【确定】按钮，如下图所示。

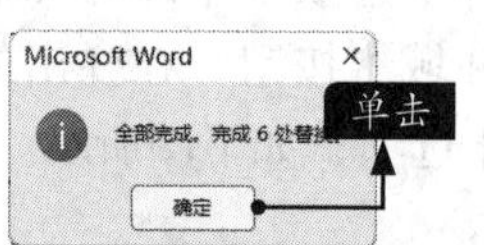

步骤 12 单击后，如下图所示。

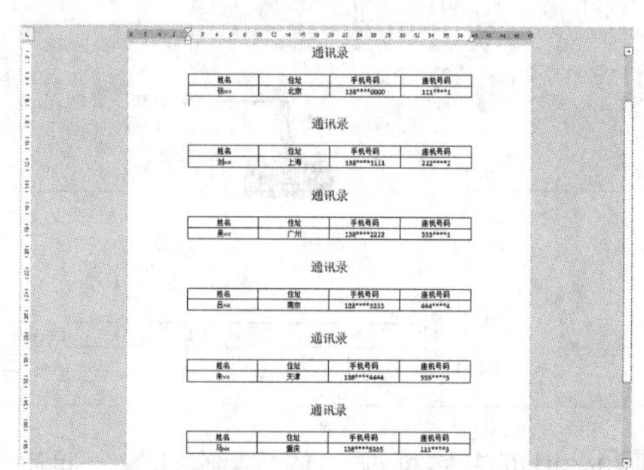

16.2 Excel与其他组件的协同

在Excel工作簿中可以调用Word文档、PowerPoint演示文稿和其他文本文件数据。

16.2.1 在Excel工作簿中调用Word文档

在Excel工作簿中，可以通过调用Word文档来实现资源的共用，避免在不同软件之间来回切换，从而大大减少工作量。

步骤 01 新建一个工作簿，单击【插入】选项卡下【文本】组中的【对象】按钮，如下图所示。

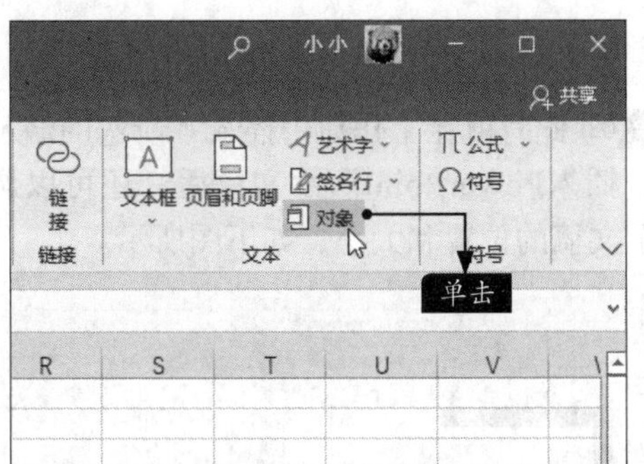

步骤 02 弹出【对象】对话框，选择【由文件创建】选项卡，单击【浏览】按钮，如下图所示。

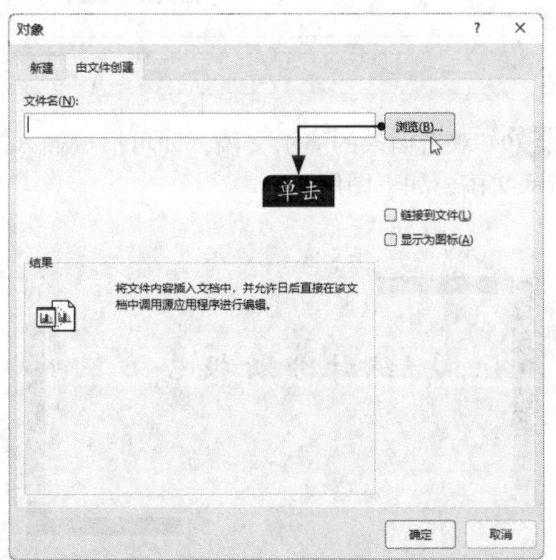

步骤 03 弹出【浏览】对话框，选择"素材\ch16\考勤管理工作标准.docx"，单击【插入】按钮，如下图所示。

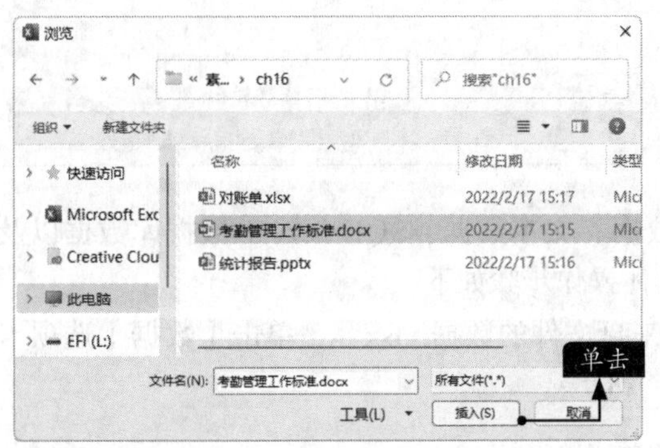

步骤 04 返回【对象】对话框，单击【确定】按钮，如下图所示。

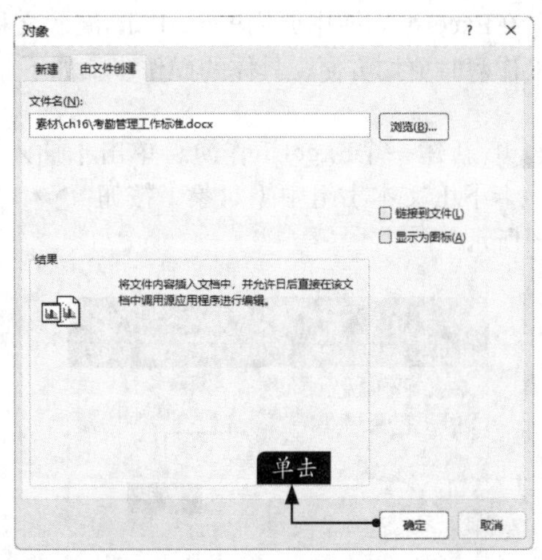

步骤 05 在Excel工作簿中调用Word文档后的效果如下图所示。

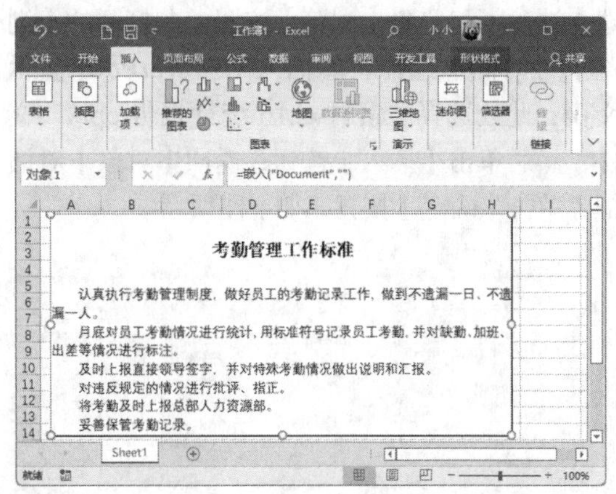

步骤 06 双击插入的Word文档，即可显示Word功能区，便于编辑插入的文档，如下图所示。

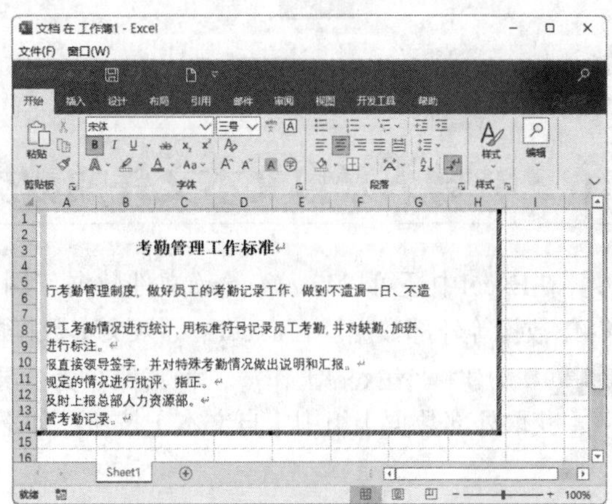

16.2.2 在Excel工作簿中调用PowerPoint演示文稿

在Excel工作簿中调用PowerPoint演示文稿，可以节省软件之间来回切换的时间，使我们在使用工作簿时更加方便，具体的操作步骤如下。

步骤01 新建一个Excel工作簿，单击【插入】选项卡下【文本】组中【对象】按钮 对象，如下图所示。

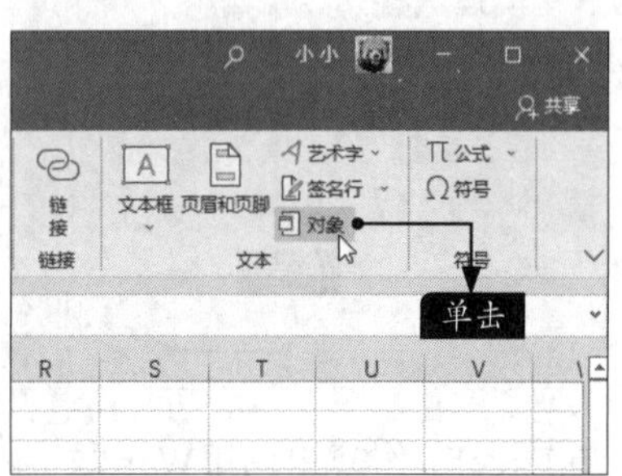

步骤02 弹出【对象】对话框，选择【由文件创建】选项卡，单击【浏览】按钮，在打开的【浏览】对话框中选择将要插入的PowerPoint演示文稿，此处选择“素材\ch16\统计报告.pptx”文件，然后单击【插入】按钮，返回【对象】对话框，单击【确定】按钮，如下图所示。

步骤03 此时就在工作簿中插入了所选的演示文稿。插入PowerPoint演示文稿后，还可以调整演示文稿的位置和大小，如下图所示。

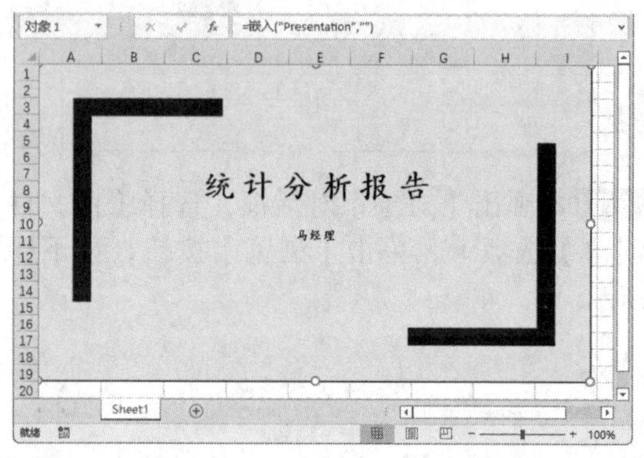

步骤04 双击插入的演示文稿，即可播放插入的演示文稿，如下图所示。

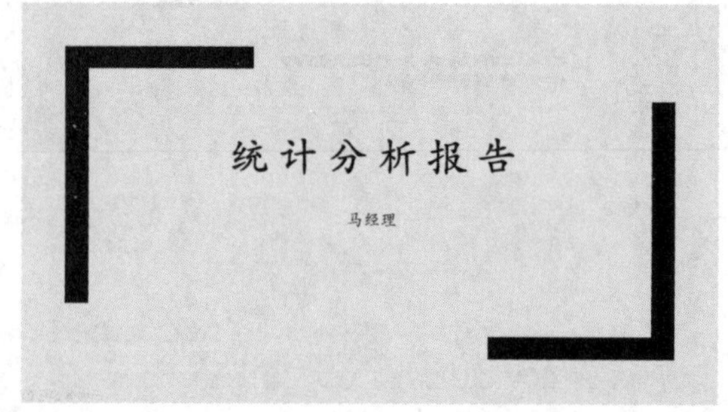

16.2.3 导入来自文本文件的数据

在Excel中还可以导入Access文件数据、网站数据、文本数据、SQL Server 数据库数据以及XML数据等外部数据。在Excel中导入文本数据的具体操作步骤如下。

步骤01 新建一个Excel工作簿，将其保存为“导入来自文件的数据.xlsx”，单击【数据】选项卡下【获取外部数据】组中【自文本】按钮，如下页图所示。

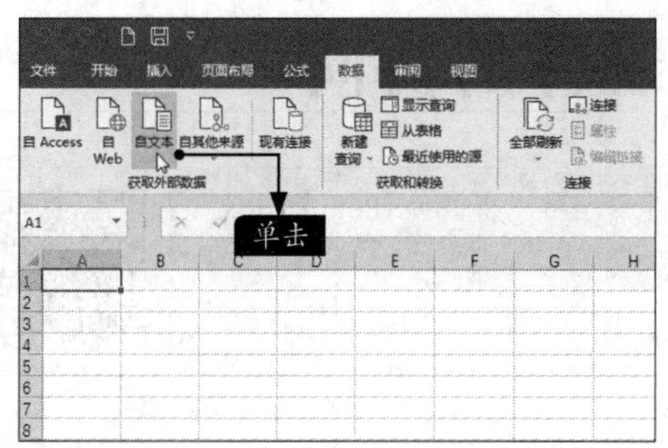

步骤02 弹出【导入文本文件】对话框中，选择“素材\ch16\成绩表.txt”文件，单击【导入】按钮，如下图所示。

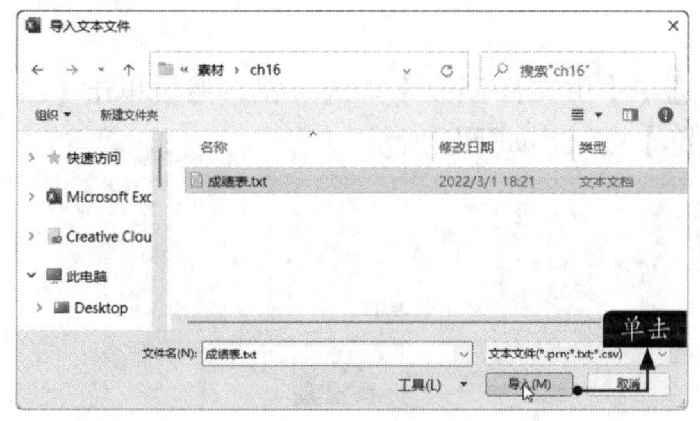

步骤03 弹出【文本导入向导-第1步，共3步】对话框，选中【分隔符号】单选按钮，然后单击【下一步】按钮，如下图所示。

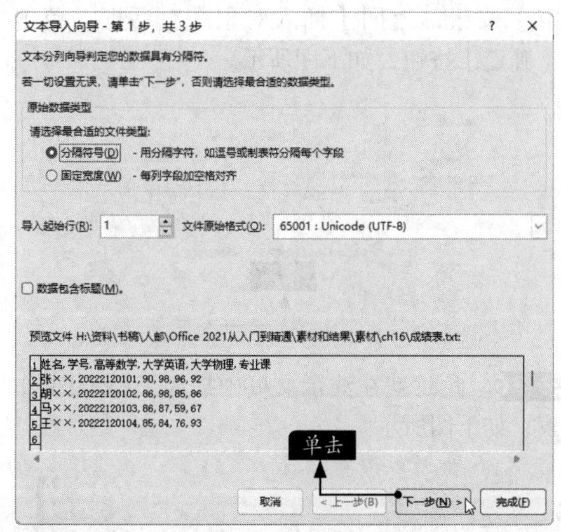

步骤04 进入【文本导入向导-第2步，共3步】对话框，根据文本情况选择分隔符号，如这里选中【逗号】复选框，然后单击【下一步】按钮，如右上图所示。

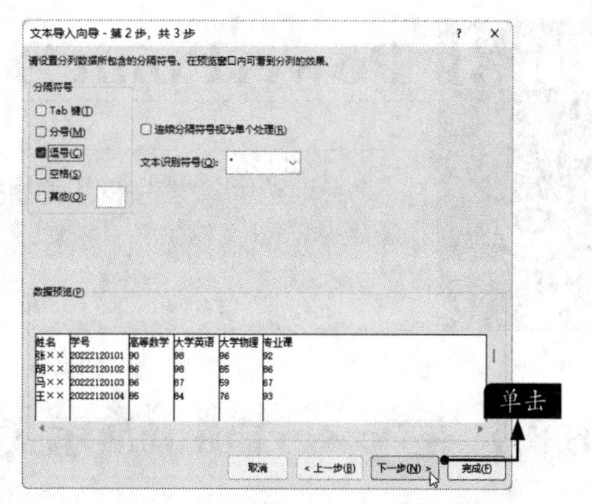

步骤05 进入【文本导入向导-第3步，共3步】对话框，单击【完成】按钮，如下图所示。

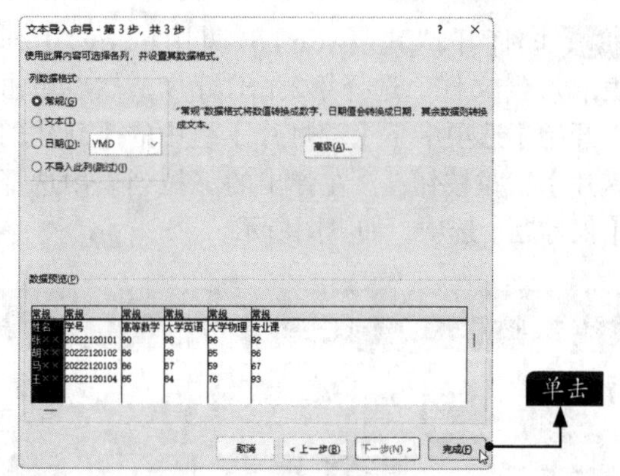

步骤06 弹出【导入数据】对话框，设置数据的放置位置，然后单击【确定】按钮，如下图所示。

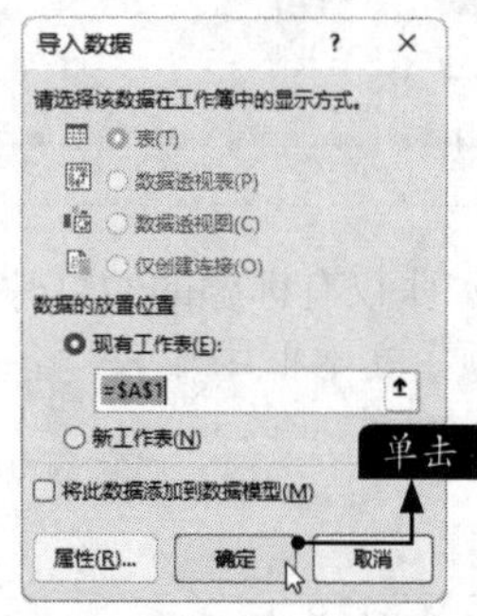

步骤07 即可将文本文件中的数据导入Excel工作簿中，如下图所示。

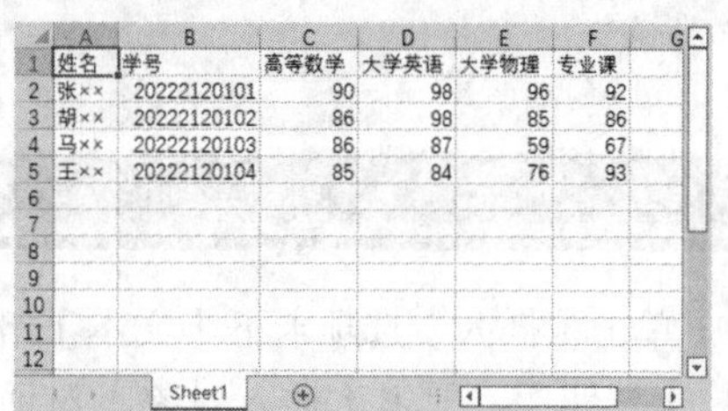

16.3 PowerPoint与其他组件的协同

不仅可以在PowerPoint中调用Excel等组件，还可以将PowerPoint演示文稿转化为Word 文档。

16.3.1 在PowerPoint演示文稿中调用Excel工作表

用户可以将在Excel中制作完成的工作表调用到PowerPoint演示文稿中进行放映，这样可以为讲解省去许多麻烦，具体的操作步骤如下。

步骤 01 打开“素材\ch16\调用Excel工作表.pptx”文件，选择第2张幻灯片，然后单击【开始】选项卡下【幻灯片】组中的【新建幻灯片】下拉按钮，在弹出的下拉列表中选择【仅标题】选项，如下图所示。

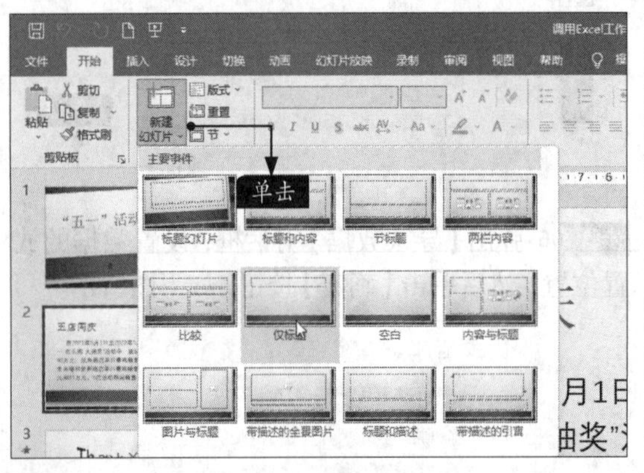

步骤 02 新建一张仅有标题的幻灯片，在【单击此处添加标题】文本框中输入“各店销售情况详表”，如下图所示。

步骤 03 单击【插入】选项卡下【文本】组中的【对象】按钮，弹出【插入对象】对话框，选中【由文件创建】单选按钮，然后单击【浏览】按钮，如下图所示。

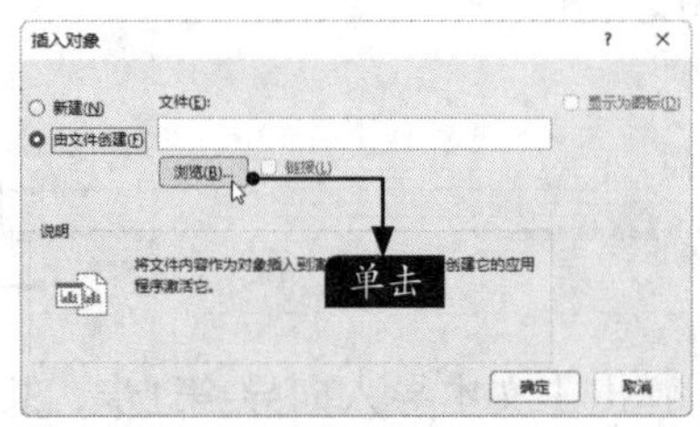

步骤 04 在弹出的【浏览】对话框中选择“素材\ch16\销售情况表.xlsx”文件，然后单击【确定】按钮，返回【插入对象】对话框，单击【确定】按钮，如下图所示。

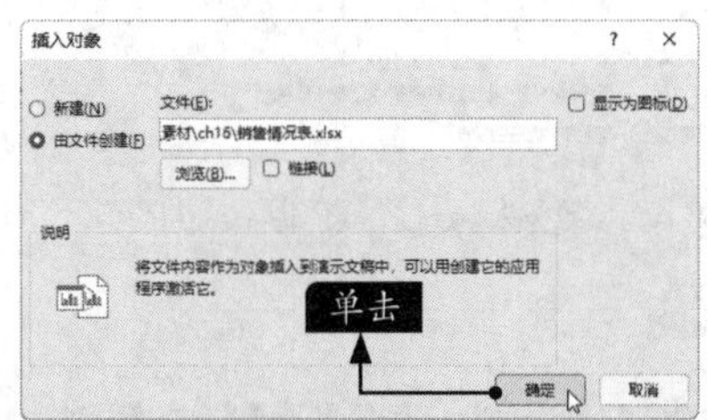

步骤 05 此时就在演示文稿中插入了Excel工作表，如下图所示。

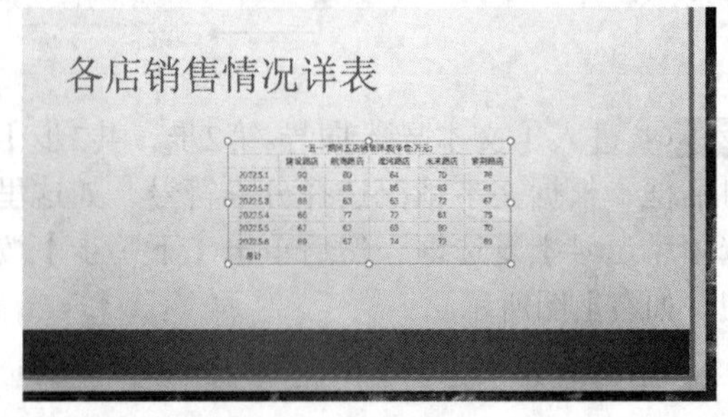

步骤06 双击表格，进入Excel工作表的编辑状态，调整表格的大小。选择B9单元格，单击编辑栏中的【插入函数】按钮，弹出【插入函数】对话框，在【选择函数】列表框中选择【SUM】函数，单击【确定】按钮，如下图所示。

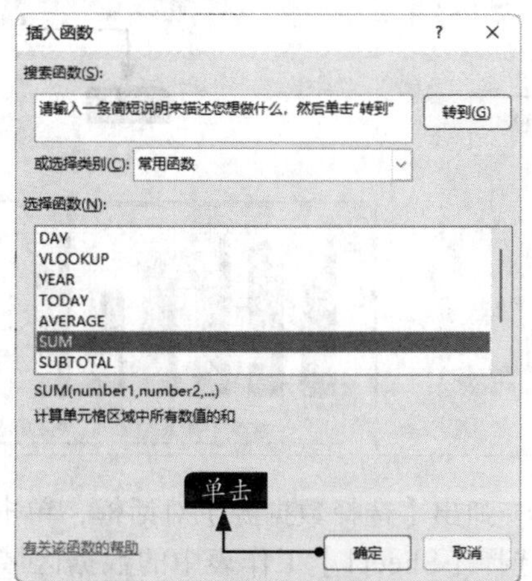

步骤07 弹出【函数参数】对话框，在【Number1】文本框中输入“B3:B8”，单击【确定】按钮，如下图所示。

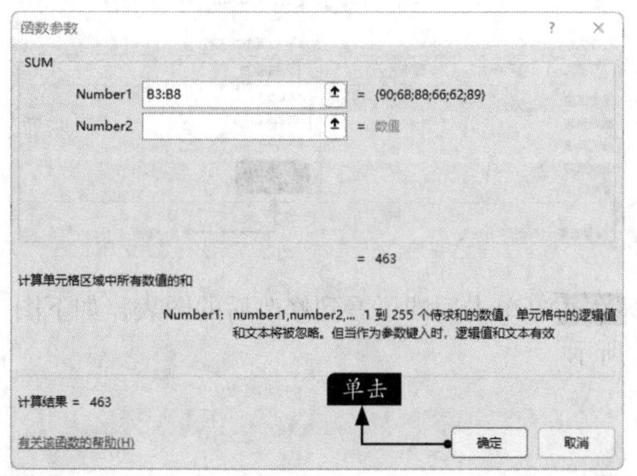

步骤08 此时，就在B9单元格中计算出了总销售额，填充C9:F9单元格区域，计算出各店总销售额，如下图所示。

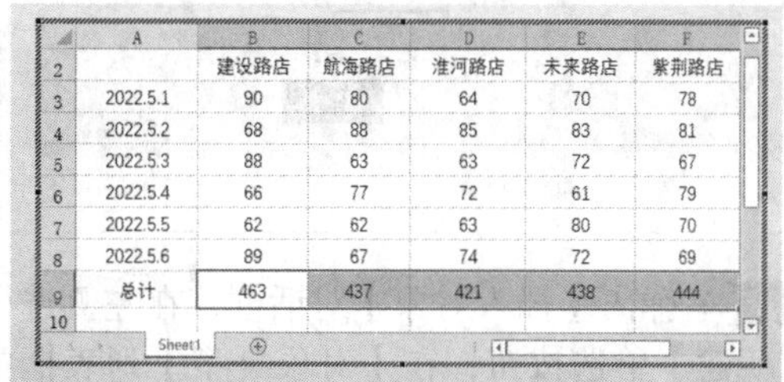

	A	B	C	D	E	F
2		建设路店	航海路店	淮河路店	未来路店	紫荆路店
3	2022.5.1	90	80	64	70	78
4	2022.5.2	68	88	85	83	81
5	2022.5.3	88	63	63	72	67
6	2022.5.4	66	77	72	61	79
7	2022.5.5	62	62	63	80	70
8	2022.5.6	89	67	74	72	69
9	总计	463	437	421	438	444
10						

步骤09 选择A2:F8单元格区域，单击【插入】选项卡下【图表】组中的【插入柱形图或条形图】按钮，在弹出的下拉列表中选择【簇状柱形图】选项，如下图所示。

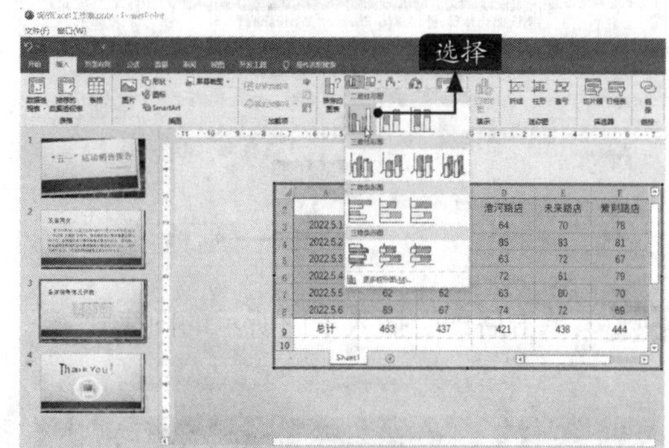

步骤10 插入柱形图后，设置图表的位置和大小，并根据需要美化图表，最终效果如下图所示。

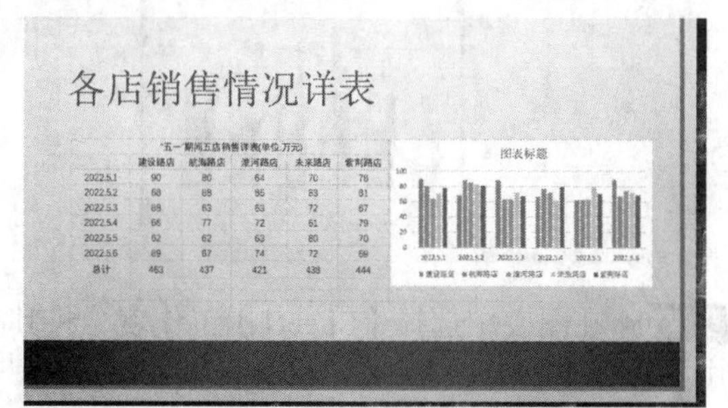

16.3.2 在PowerPoint演示文稿中插入Excel图表对象

在PowerPoint演示文稿中插入Excel图表对象，可以方便在PowerPoint演示文稿中查看图表数据，从而快速修改图表中的数据，具体的操作步骤如下。

步骤01 新建一个空白演示文稿，将幻灯片中的文本占位符删除，单击【插入】选项卡下【文本】组中的【对象】按钮，如下页图所示。

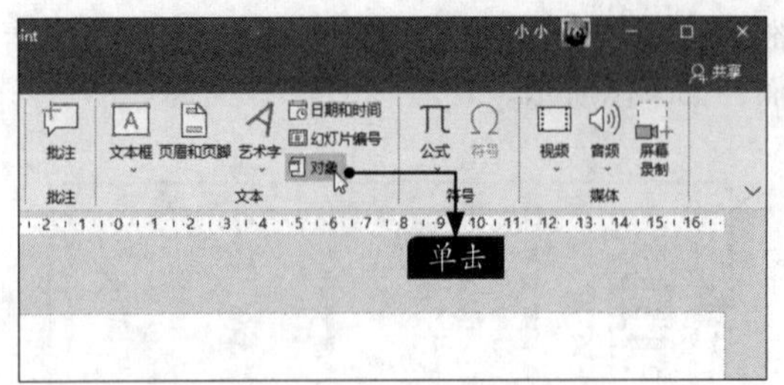

步骤 02 弹出【插入对象】对话框，在左侧选中【新建】单选按钮，在【对象类型】列表框中选择【Microsoft Excel Chart】选项，单击【确定】按钮，如下图所示。

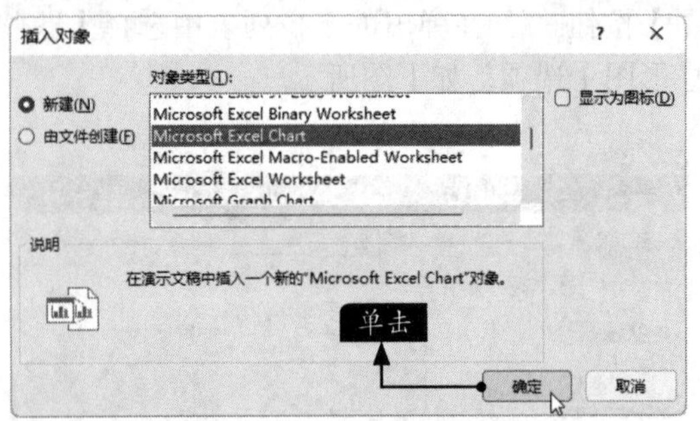

步骤 03 单击后即会插入下图所示的图表。

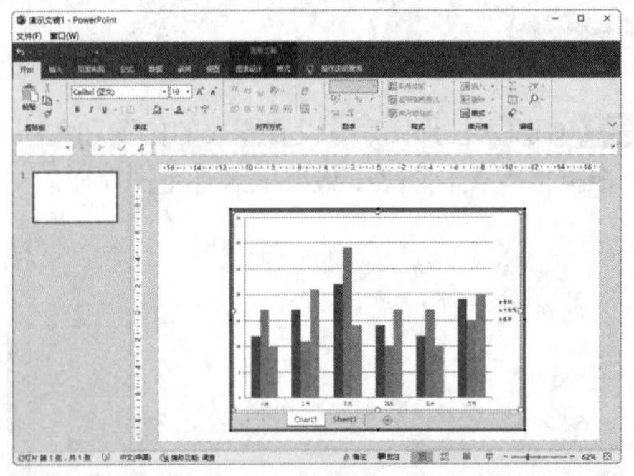

步骤 04 在图表中选择【Sheet1】工作表，将其中的数据修改为“素材\ch16\销售情况表.xlsx”工作簿中的数据，如下图所示。

	A	B	C	D	E	F	G
1		建设路店	航海路店	淮河路店	未来路店	紫荆路店	
2	2022.5.1	90	80	64	70	78	
3	2022.5.2	68	88	85	83	81	
4	2022.5.3	88	63	63	72	67	
5	2022.5.4	66	77	72	61	79	
6	2022.5.5	62	62	63	80	70	
7	2022.5.6	89	67	74	72	69	
8							
9							
10							
11							
12							
13							
14							
15							
16							

步骤 05 选择【Chart1】工作表，单击【图表工具-图表设计】选项卡下【数据】组中的【选择数据】按钮，如下图所示。

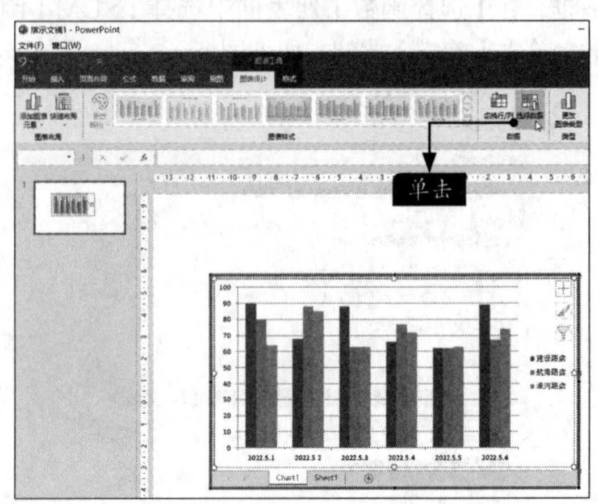

步骤 06 弹出【选择数据源】对话框，单击按钮，选择【Sheet1】工作表中的数据区域，然后单击【确定】按钮，如下图所示。

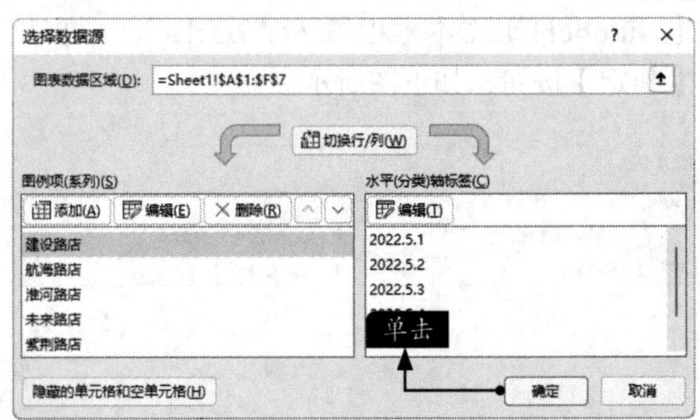

步骤 07 单击后即可看到修改后的图表，如下图所示。

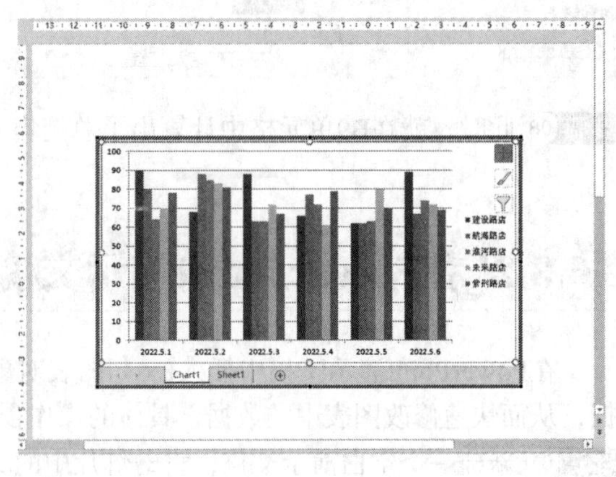

步骤08 用户可以根据需求，调整图表大小、位置及布局等，单击工作表外的空白处，即可返回演示文稿界面，最终效果如下图所示。

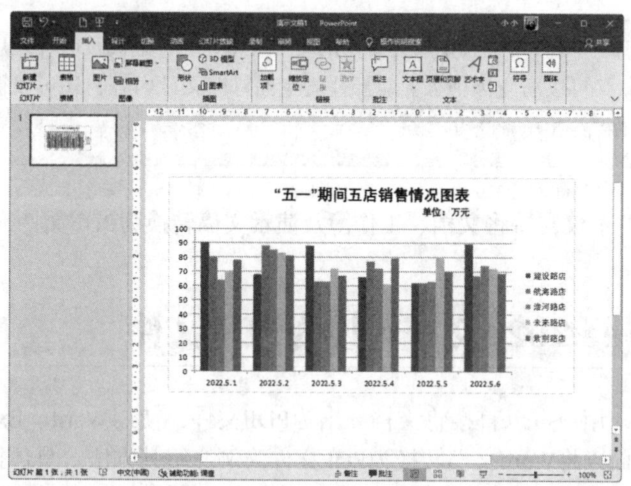

16.3.3 将PowerPoint演示文稿转换为Word文档

用户可以将PowerPoint演示文稿转换为Word文档，以方便阅读、打印和检查，具体操作步骤如下。

步骤01 打开"素材\ch16\调用Excel工作表.pptx"文件，选择【文件】选项卡，选择【导出】选项，在右侧【导出】界面单击【创建讲义】按钮，然后单击【创建讲义】按钮，如下图所示。

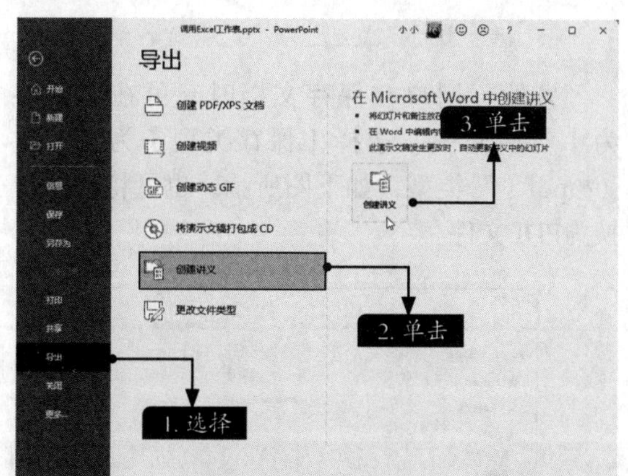

步骤02 弹出【发送到Microsoft Word】对话框，选中【只使用大纲】单选按钮，然后单击【确定】按钮，如右上图所示。

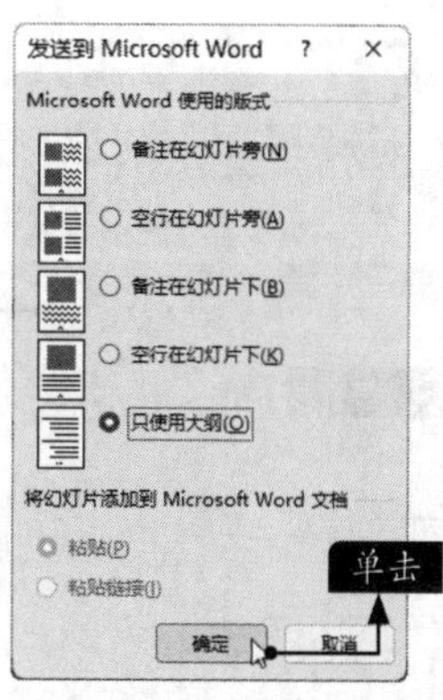

步骤03 即可生成一个名为"文档1"的Word文档，如下图所示。

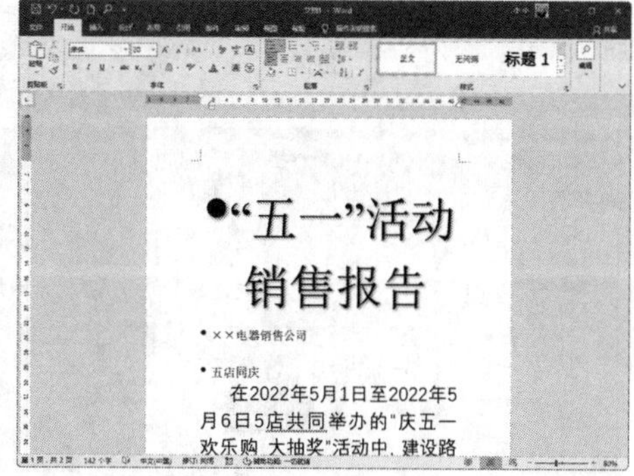

16.4 Office 2021与PDF文件的协同

PDF文件是日常办公中较为常用的文件类型，在传递阅读时，既可以方便阅读，又可以防止因他人无意触碰键盘而修改文件内容，还可以很好地保留文件字体以方便打印。

在Office 2021中，不仅支持将文档、工作簿及演示文稿转换为PDF文件，还可以对PDF文件进行编辑。

16.4.1 将Office 2021文档转换为PDF文件

在Office 2021中，用户可以直接将文档导出为PDF文件，使用Word、Excel和PowerPoint进行导出的方法相同，下面以将Word文档转换为PDF文件为例介绍其方法，具体操作步骤如下。

步骤 01 打开“素材\ch16\创建Excel工作表.docx”文件，选择【文件】选项卡，选择【导出】选项，在右侧单击【创建PDF/XPS文档】按钮，然后单击【创建PDF/XPS】按钮，如下图所示。

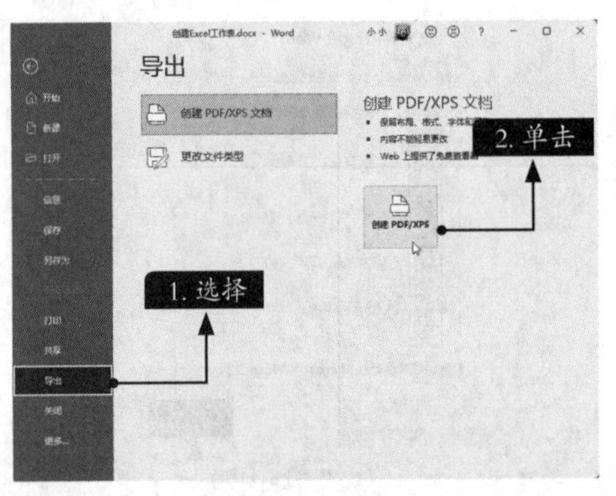

步骤 02 弹出【发布为PDF或XPS】对话框，选择保存位置，并设置文件名，然后单击【发布】按钮，如下图所示。

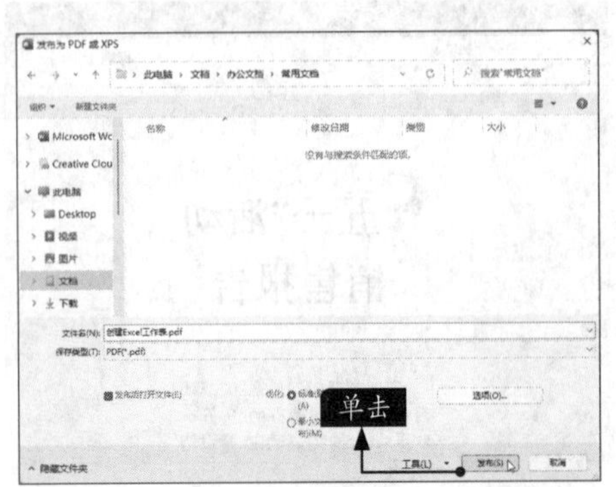

步骤 03 单击后即可将文件保存为PDF文件，并自动打开该文件，如下图所示。

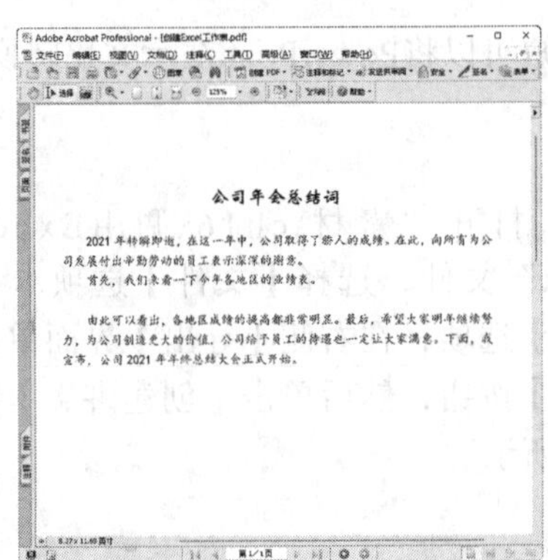

另外，用户在保存文档时，可在【另存为】对话框中，选择【保存类型】为“PDF（*.pdf）”类型，如下图所示，也可将文档转换为PDF文件。

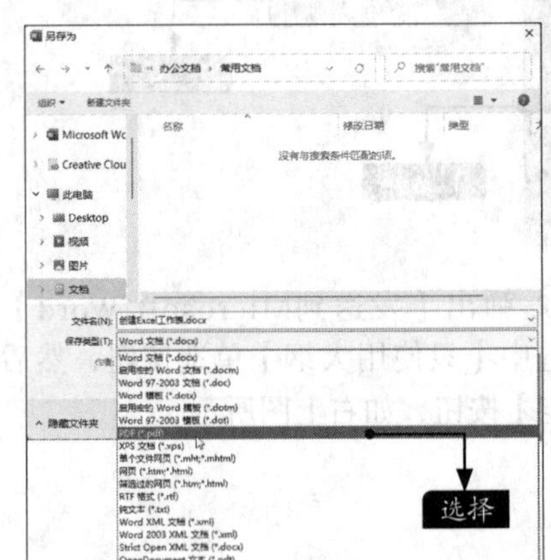

16.4.2 在Word中编辑PDF文件

Office 2021新增了对PDF文件的编辑功能，用户可以使用Word打开并查看PDF文件，也可以对文件进行编辑，具体操作步骤如下。

步骤01 打开Word，选择【打开】选项，单击右侧的【浏览】按钮，如下图所示。

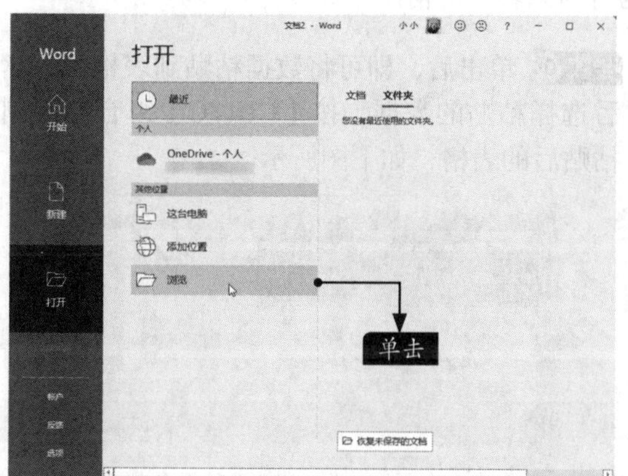

步骤02 弹出【打开】对话框，选择要编辑的PDF文件，然后单击【打开】按钮，如下图所示。

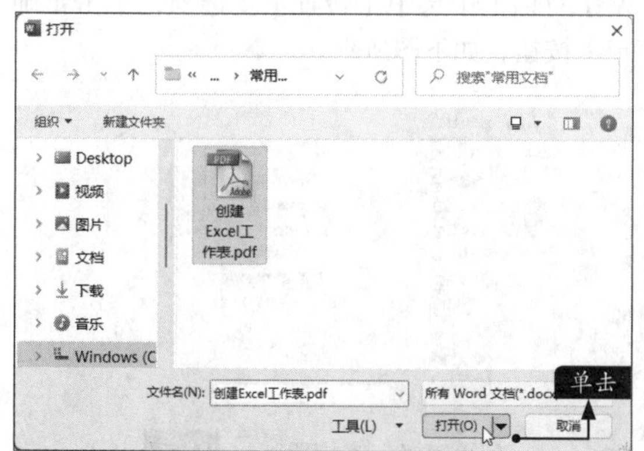

步骤03 弹出【Microsoft Word】对话框，单击【确定】按钮，如下图所示。

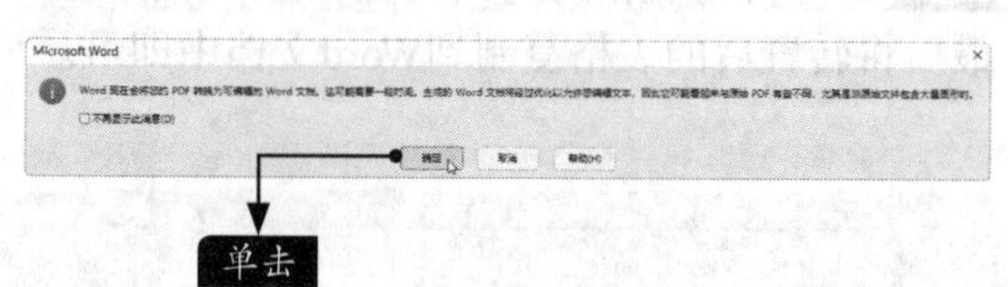

步骤04 单击后，Word即可将PDF文件转换为可编辑的Word文档，如右上图所示。

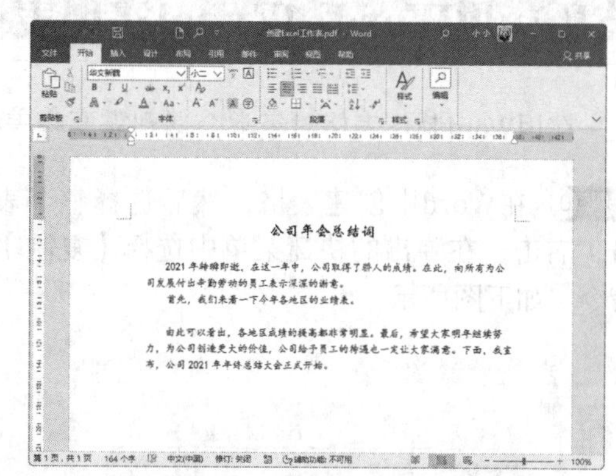

步骤05 此时，文档中的文字处于可编辑的状态，用户可以根据需求对文档进行修改，如调整文档的文字，如下图所示。

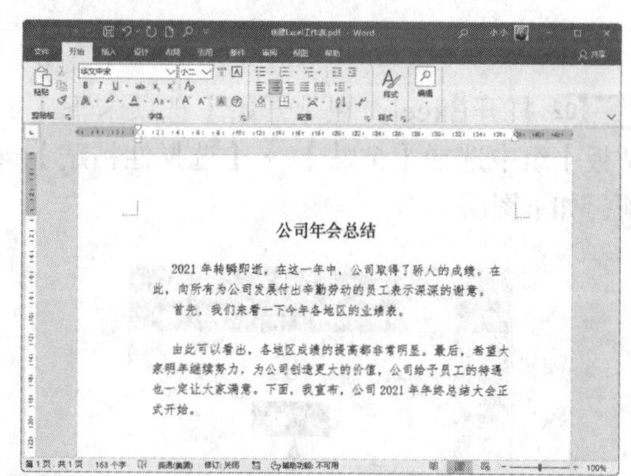

步骤06 完成修改后，按【Ctrl+S】组合键，弹出【另存为】对话框，用户可以将文档保存为Word文档格式，也可以保存为PDF文件，如下图所示。

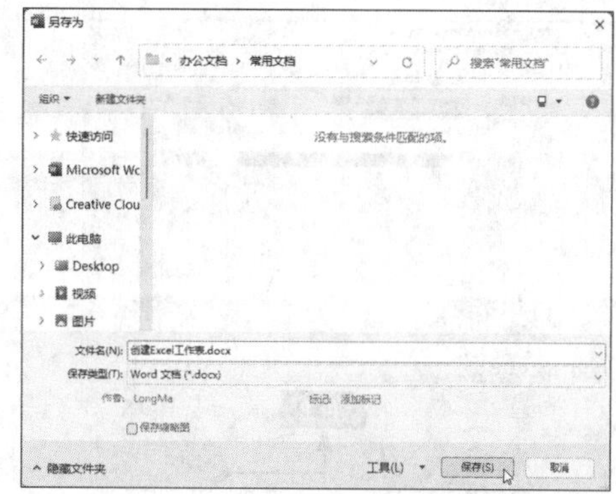

高手私房菜

技巧：用Word和Excel实现表格的行列转置

在用Word制作表格时经常会遇到需要将表格的行与列转置的情况，具体操作步骤如下。

步骤01 在Word中创建表格，然后选择整个表格，右击，在弹出的快捷菜单中选择【复制】命令，如下图所示。

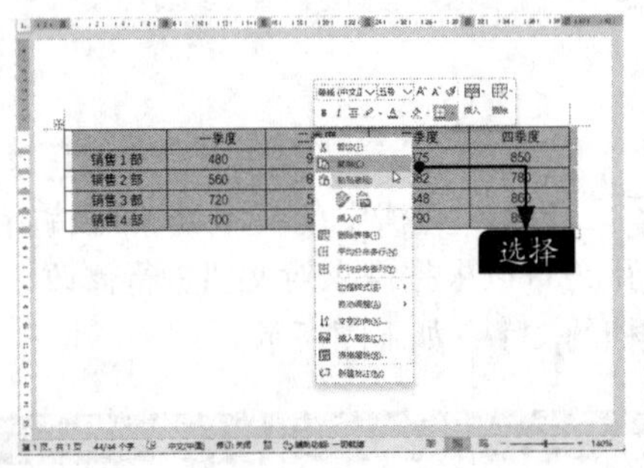

步骤02 打开Excel，在【开始】选项卡下【剪贴板】组中选择【粘贴】→【选择性粘贴】选项，如下图所示。

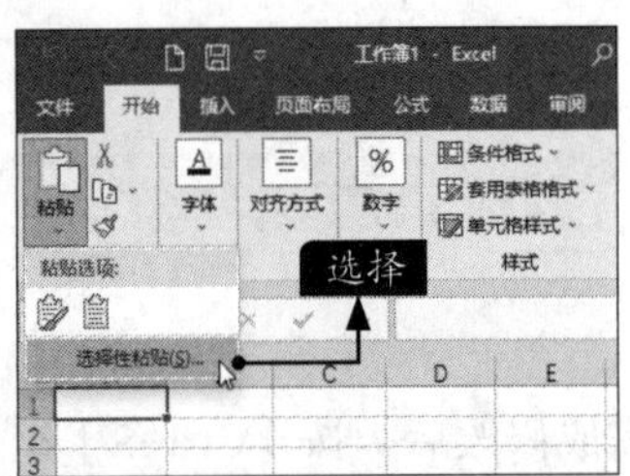

步骤03 在弹出的【选择性粘贴】对话框中选择【文本】选项，单击【确定】按钮，如下图所示。

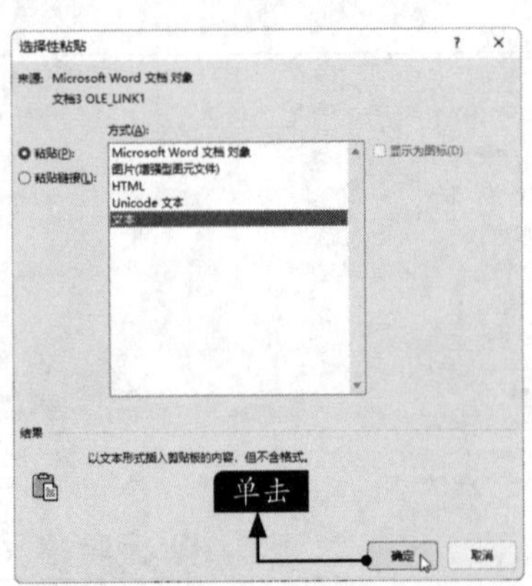

步骤04 单击后，即可将数据粘贴到表格中，然后选择粘贴的数据，按【Ctrl+C】组合键复制粘贴后的表格，如下图所示。

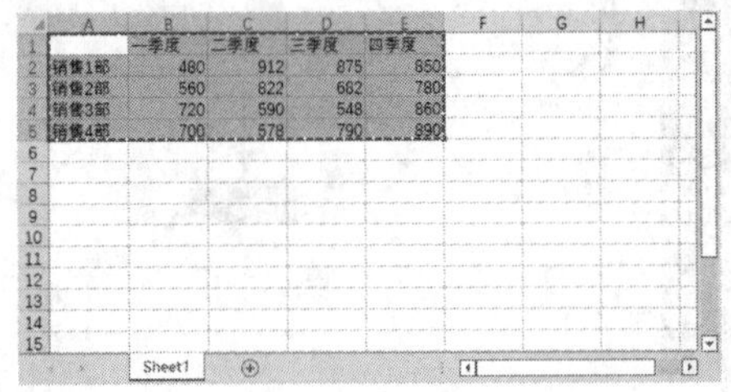

步骤05 在任一单元格上单击，选择【粘贴】→【选择性粘贴】选项，在弹出的【选择性粘贴】对话框中选中【转置】复选框，单击【确定】按钮，如下图所示。

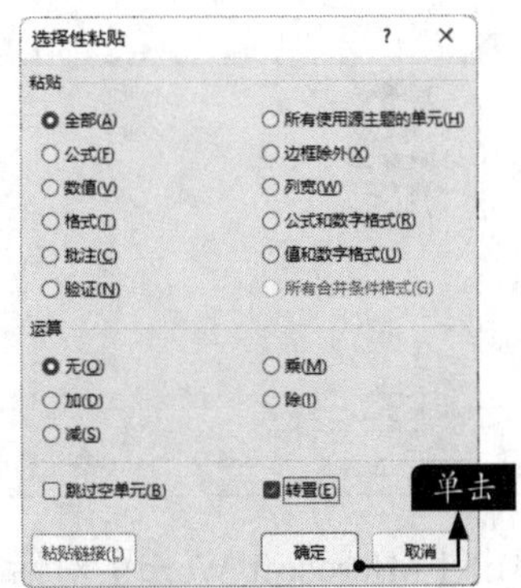

步骤06 即可将表格行与列转置，如下图所示，最后将转置后的表格复制到Word文档中即可。

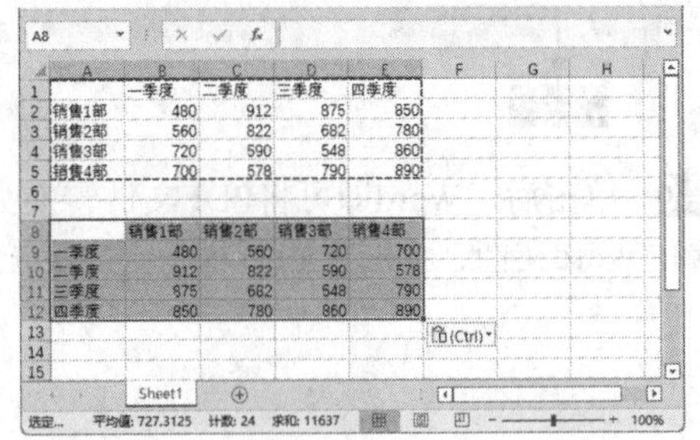